60天讓網站流量增加20倍

實戰 第四版

SEO

本書簡體版名為《SEO 实战密码 —— 60 天网站流量提高 20 倍（第 4 版）》，ISBN 978-7-121-41293-6，由電子工業出版社出版，版權屬電子工業出版社所有。本書為電子工業出版社獨家授權的中文繁體字版本，僅限於臺灣地區、香港和澳門特別行政區出版發行。未經本書原著出版者與本書出版者書面許可，任何單位和個人均不得以任何形式（包括任何資料庫或存取系統）複製、傳播、抄襲或節錄本書全部或部分內容。

本書系統地介紹了正規、有效的 SEO 實戰技術，涵蓋為什麼要做 SEO、搜尋引擎工作原理、關鍵字研究、網站結構最佳化、行動 SEO、外部連結建設、SEO 效果監測及策略修改、SEO 作弊及懲罰、搜尋引擎演算法更新、常用的 SEO 工具、SEO 專案管理中需要注意的問題等專題，最後提供了一個非常詳細的案例供讀者參考。

第 4 版在原第 3 版的基礎上做了比較大的改寫，除刪除已無法使用的工具、增加新工具、修正新形勢下的 SEO 觀點，還大幅增加了 SEO 業界近年來的最新發展，如將「行動 SEO」這一部分擴充完善並獨立成章；增加「搜尋引擎演算法更新」一章；增加「人工智慧與 SEO」小節；增加近年常見的「SEO 作弊及懲罰」討論，如偽原創、負面 SEO 等；增加最新 SEO 技術講解，如大型網站抓取比例控制、使用者體驗最佳化、頁面速度最佳化、精選摘要最佳化。

本書不僅對需要做 SEO 的人員有所助益，如個人站長、公司 SEO 人員、網路行銷人員、SEO 服務公司人員等，而且對所有從事與網站相關工作的人都能提供參考價值，如網站設計人員、程式師、大中專院校網路行銷和電子商務專業學生、網路公司技術和行銷團隊、傳統商業公司電子商務團隊等。

I enjoyed doing an interview with Zac about search engine optimization (SEO) back in 2007. Not only did Zac ask great questions, but he has provided countless people with helpful, solid advice over the years. So when Zac asked me to write a preface for his book about SEO, I was happy to say yes.

I think learning about SEO can be good for anyone who works with the Web. Not only designers and programmers, but also CEOs and regular users can benefit from knowing more about how search engines rank pages, and why some pages rank more highly than others. SEO can be done in a good way that keeps users' needs in mind and create useful websites in alignment with search engine quality guidelines. So SEO can be a powerful tool that not only helps a website rank higher, but also makes a website easier to use.

Some people think that SEO only means spam or deceptive techniques, and that's not true. SEO can include designing a website or web page to be clear and easy for people and computers to discover new pages by following links. Attention to SEO can suggest phrases that people will type when looking for your products or pages, which you can then include on the page in a natural way. Learning SEO includes learning the lesson that people want to read high-quality information and that they appreciate useful services or resources. Students of SEO also learn ways to promote their web site in a number of ways that can raise awareness and result in more links to a web page.

It turns out that the Chinese Web is different from the English Web or the German Web. Different countries have different link structures, not to mention different keyword areas that are more or less popular. Countries also have different mixes between standalone domain names vs. content that appears on forums or bulletin boards. For that reason, it's helpful to have an SEO book that is written specifically for the Chinese market. I'm glad that Zac has written that book.

Matt Cutts, Administrator, United States Digital Service
Former Head of Webspam Team at Google

早在 2007 年，我與 Zac 進行過一次關於搜尋引擎優化（SEO）的愉快訪談。Zac 不僅問了很好的問題，而且也在這些年為無數人提供了有益、扎實的建議。所以，當 Zac 請我為他的書寫序時，我很高興地說 "Yes"。

我認為，學習 SEO 對任何從事網路工作的人都是好事。不僅是設計師和程式師，CEO 和普通用戶如果能更多地瞭解搜尋引擎怎樣排名、為什麼有的網頁比其他的排名更高，也能受益良多。

SEO 能以很合理的方式進行，既照顧使用者需求，又創造出有用的、符合搜尋引擎品質指南的網站。SEO 是個強有力的工具，既能幫助網站提高排名，又能使網站易於使用。

有的人認為，SEO 只意味著發送垃圾和欺騙性手段，這是不正確的。SEO 可以為站長給用戶設計一個清晰易用的網站提供 明，電腦可以透過跟蹤連結發現新的頁面。關注 SEO 可以發現使用者尋找產品或網頁時輸入的關鍵字，然後站長就可以在頁面上自然地融入這些詞。學習 SEO 使站長瞭解人們需要高品質的資訊，以及他們喜歡的、有用的服務和資源。學習 SEO 的人也能學習到提高網站認知度並且為網頁帶來更多連結的各種網站推廣方法。

事實證明，中文網站與英文或德文網站不同。不同國家的網站有不同的連結結構，更不要說不同的流行關鍵字。不同的國家也有不同的獨立功能變數名稱和出現在論壇或電子公告板的內容組合。因此，有一本專門為中國市場寫的 SEO 的圖書是很有幫助的。很高興 Zac 寫了這樣一本書。

Matt Cutts
前 *Google* 反垃圾組負責人，現美國數位服務局執行長

2020 年對整個世界而言，從各個角度來說，都是魔幻的一年。

過去幾年，SEO 也是個紛亂的行業。很少看到高品質的 SEO 文章。很多 SEO 人員覺得已經沒人做 SEO 了。實際上，正規公司和網站依然在做正規 SEO。我沒聽到也沒看到有真正的大公司裁撤 SEO 部門。SEO 依然是網站的標準配置。我也依然堅持向 SEO 們介紹正規、白帽 SEO 技術，因為我覺得這才是真正的實力所在。

欣慰的是，本書對想做好正規 SEO 的朋友提供了一些協助。本書第一版於 2011 年上市，轉眼間已經 10 年了。這 10 年中，前三版都取得了驕人的成績，連續 5 年獲得電子工業出版社最暢銷書獎，第 2 版還獲得「第十二屆輸出版優秀圖書」的榮譽，第 3 版獲得電子工業出版社「2015 年度好書」、中國工信出版集團「2016 年度優秀出版物」。

銷售數字可以證明這一點。即使不算各種盜版數量，單就《SEO 實戰密碼》這 10 年的累計銷量也接近 18 萬冊，這本書和我的另一本暢銷書《網路行銷實戰密碼》已經直接服務了至少幾十萬讀者，這在技術書領域應該不多見。

現在是出新版的時候了。自從 1990 年代中期 SEO 行業誕生以來，SEO 技術真正發生巨大變化的時候並不多，過去這幾年算是 SEO 行業快速變化的一個時期。巨變之一是行動裝置上的搜尋量超過 PC 端，行動 SEO 成為主流。巨變之二是搜尋引擎演算法對頁面的要求從相關性轉向整體品質、用戶體驗。讀者手裡拿到的這本書已經針對新演算法、新技術做了大幅修改。

特色內容

筆者在看過幾本 SEO 的書籍及網路上很多新手的回饋意見後覺得，一些剛開始學 SEO 的人需要一個手把手示範的過程。小範圍單獨指導是個方法，但無法擴展，若要對更多的人有益，還得靠書籍。所以本書提供了一個非常

詳細、篇幅近 6 萬字的真實案例。這是本書的獨到之處，在其他書中還沒有見到過這樣的案例。

本書詳細且系統地介紹了正規、有效的 SEO 實戰技術，包括關鍵字研究、網站結構優化、頁面優化、外部連結建設、效果監測及策略修改，以及作弊與懲罰等專題。第 4 版將「行動 SEO」這一部分獨立成章，並增加了人工智慧、用戶體驗優化等最新的 SEO 發展知識介紹。全書主要內容如下：

第 1 章　為什麼要做 SEO	討論為什麼要做 SEO
第 2 章　了解搜尋引擎	介紹搜尋引擎工作原理，為深入瞭解 SEO 打下良好基礎
第 3 章　競爭研究	討論競爭研究，包括對關鍵字、競爭對手的深入研究
第 4 章　網站結構最佳化 第 5 章　頁面最佳化	介紹站內最佳化，包括網站結構最佳化和頁面最佳化
第 6 章　行動裝置的 SEO	介紹行動搜尋最佳化會遇到的特殊問題
第 7 章　外部連結建設	探討外部連結建設
第 8 章　SEO 效果監測及策略修改	介紹 SEO 效果監測及策略調整
第 9 章　SEO 作弊及懲罰	介紹 SEO 作弊及搜尋引擎懲罰
第 10 章　SEO 專題 第 11 章　SEO 觀念及原則	討論不好歸類的一些專題，包括 SEO 觀念、垂直搜尋排名、多語言最佳化等
第 12 章　SEO 工具	介紹常用的 SEO 工具
第 13 章　SEO 專案管理	簡單討論 SEO 專案管理中需要注意的問題
第 14 章　搜尋引擎演算法更新	介紹 Google 主要演算法更新
第 15 章　SEO 案例分析	提供真實案例
附錄 A　SEO 術語	總結 SEO 相關術語

目標讀者

我相信這本書不僅對需要做 SEO 的人有所助益，對於個人站長、公司 SEO、網路行銷人員、SEO 服務公司人員等，以及所有從事與網站相關工作的人都能提供參考價值，如網站設計人員、程式師、大專院校網路行銷和電子商務專業學生、網路公司技術和行銷團隊、傳統商業公司電子商務團隊等，因為 SEO 已經是所有網站的基本要求。

致謝

本書將繼續引領更多的朋友走進 SEO，我非常高興。從本書第一版寫作開始，到前三版出版之後，有很多 SEO 同行、站長，還有並不從事 SEO，甚至談不上是站長的業界人士，還有老朋友、讀者，也有素不相識的熱心人，透過各種形式給予了我支持、鼓勵、指正和幫助，在此表示衷心的感謝。還要特別感謝參與本書部分內容寫作的王婷女士。

感謝我太太 Tina，我女兒 Michelle，還有其他家人，這些年來不僅將我照顧得無微不至，而且使我的生活充滿快樂，可以安心工作。

Zac

CHAPTER 08 SEO 效果監測及策略修改 321

CHAPTER 09 SEO 作弊及懲罰 365

Chapter 01

為什麼要做 SEO

本章將是簡短的一章。如果你已經知道 SEO 對網站成功的意義，就可以直接跳到第 2 章，開始學習 SEO 的具體方法。

1.1 什麼是 SEO

SEO 是英文 Search Engine Optimization 的縮寫，中文譯為「搜尋引擎最佳化」。簡單地說，SEO 是指網站從自然搜尋結果獲得流量的技術和過程。複雜但更嚴謹的定義如下：

> SEO 是指在了解搜尋引擎自然排名機制的基礎上，對網站進行內部及外部的調整最佳化，改進網站在搜尋結果頁面上的關鍵字自然排名，以獲得更多流量，從而達成網站銷售及品牌建設的目標。

關於 SEO 的完整意義和過程，讀者隨著閱讀本書會感到越來越清晰，這裡只對定義做簡單說明。

在某種意義上來說，SEO 是網站、搜尋引擎及競爭對手三方博弈的過程。做 SEO，雖然不需要細緻地了解搜尋引擎的技術細節，但依然要理解搜尋引擎的基本工作原理，不然只能是知其然而不知其所以然，不能從根本上理解 SEO 技巧。理解了搜尋引擎原理後，很多看似「新」的問題都可以迎刃而解。

網站的最佳化包括站內和站外兩部分。站內最佳化指的是站長能控制的網站本身的調整，如網站結構、頁面 HTML 程式碼等。站外最佳化指的是外部連結建設及社群的參與互動等，這些活動不是在網站本身進行的。

SEO 的研究對象是搜尋引擎結果頁面上的自然排名部分，與付費的搜尋廣告沒有直接關係。以前搜尋結果頁面的右側主要是放付費廣告的地方，自然搜尋結果顯示在頁面的左側，所以又有左側排名等說法。

獲得和提高關鍵字的自然排名是 SEO 效果的表現形式之一，其最終目的是獲得搜尋流量，沒有流量的排名是沒有意義的。因此，關鍵字研究（針對真實使用者搜尋的關鍵字進行最佳化）、文案寫作（用來吸引使用者點擊）等十分重要。進一步說，SEO 追求的是目標流量，是能最終帶來盈利的流量。

網站的最終目標是完成轉化，達到直接銷售、廣告點擊或品牌建設的目的。SEO、排名、流量都是手段。SEO 是網路行銷的一部分，當其與使用者體驗、業務流程等衝突時，一切應以完成最多轉化為最高原則，切不可為 SEO 而 SEO。

1.2　為什麼要做 SEO

親自做過網站的人都很清楚 SEO 的重要性。不排除有極小一部分網站不希望有人來瀏覽，例如我和太太為女兒寫的部落格，我們從不向別人提起，只有少數幾個至親好友知道，那幾乎算是我們的私人日記，並不想讓太多人看到。但 99.9% 的網站是希望有人來看的，而且觀看的人越多越好。不管網站盈利模式和目標是什麼，有人來訪問是前提。

而 SEO 是目前給網站帶來訪問者的最好方法，沒有「之一」。雖然其他的網站推廣方法如果運用得當也能取得非凡的效果，但總體來說，它們都無法像 SEO 一樣這麼吸引流量：

- 搜尋流量品質高。很多網站推廣的方法是把網站直接推到使用者眼前，使用者本身沒有瀏覽網站的意圖。來自搜尋的使用者則是在主動尋找你的網站和網站上的產品、資訊，目標受眾非常精準，轉化率高。

- 性價比高。SEO 絕不是免費的，但確實是成本相對較低、潛在收益較高的網路行銷方法，尤其是在站長自己掌握 SEO 技術時。

- 可擴展性。只要掌握了關鍵字研究和內容擴展方法，網站既可以不停地增加目標關鍵字及流量，也可以繼續建設新網站。

- 長期有效。網路顯示廣告、PPC（搜尋廣告）一旦停止投放，流量立即停止。雖然在當下，事件行銷效果明顯，但一旦話題過去，流量也就隨之消失了。而使用 SEO，只要不作弊，搜尋排名一旦上去就可以維持相當長時間，且流量源源不斷。

- 提高網站易用性，改善使用者體驗。SEO 是很少的必須透過修改網站才能實現的推廣方法之一，而且 SEO 對頁面的要求很多是與易用性、使用者體驗相通的。

還沒有親手做過網站的讀者，若想要明白為什麼要做 SEO，其實也很簡單，可以跟隨下面這個邏輯：

- 近幾年網路購物發展突飛猛進，網購已經成為年輕一代的常態。

- 搜尋引擎是現代人尋找、比較、確定商品的最重要管道，是電子商務發展的主要驅動力之一。

- 搜尋引擎不是站長開的，不是想排到前面就能排到前面的。而使用 SEO 能夠把自己的網站排名提高，獲得搜尋流量。

網路購物占社會消費總額的比例也在不斷提高，正代表了強勁的需求，人們不在你的網站購買，就得在別的網站購買，誰能夠被使用者看見，誰就能贏得更多的付費客戶。

那麼，使用者是怎樣發現、研究、比較產品和商家的呢？

除了即時通訊和近兩年大為熱門的網路影片和短影音，使用者最常使用的就是搜尋引擎，其使用者規模與使用率遠超過網路新聞、網路音樂、網路遊戲等。從某種意義上說，使用搜尋引擎已經成為一種習慣、一種生活方式，成為很多人取得資訊的最重要方式。有了搜尋引擎，人們甚至都不再使用英文字典了，遇到記不清的單字就使用搜尋引擎輸入印象中的拼法，搜尋引擎就會給出正確的拼法。

網路分析公司 Compete 於 2010 年 2 月做了一項問卷調查，其中一個問題是「網路購物時你最常使用哪個工具？」調查結果如圖 1-1 和表 1-1 所示。

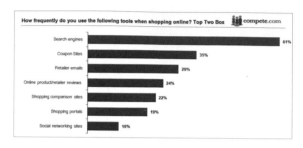

圖 1-1　網路購物時最常使用的工具

表 1-1　網路購物時最常使用的工具

常用工具	使用率
搜尋引擎	61%
優惠券網站	35%
商家電子郵件	29%
線上產品 / 商家評測	24%
比較購物網站	22%
購物入口網站	19%
社群網站	10%

搜尋引擎是使用者網購時最常使用的工具，平均每 5 個人裡就有 3 個人表示他們網路購物時總是或經常使用搜尋引擎，使用頻率遠遠超出其他工具或網站。對英文網站有所了解的人都知道，歐美使用者更依賴搜尋引擎，遇到任何問題，他們首先想到的就是使用搜尋引擎查詢。

越來越多的網站認識到搜尋流量的重要性，這也表現在搜尋引擎市場規模的快速成長上。

值得 SEO 注意的一個警訊是：近年來，搜尋廣告市場規模基本保持穩定，已經沒有了前幾年的大幅成長，甚至出現了微幅衰退。這反映了搜尋流量在總體上已經

達到高峰，沒有進一步成長的空間了。圖 1-2 是 SparkToro 根據市場調研服務商 jumpshot 提供的資料統計得到的 2016 ～ 2019 年美國 Google 自然搜尋流量趨勢圖，上面淺色部分是 PC（個人電腦）流量，下面深色部分是行動裝置流量。可以看到，總體自然搜尋流量呈小幅平穩下降趨勢。

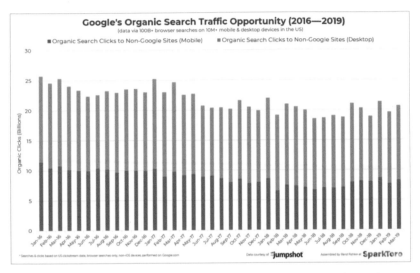

圖 1-2　2016 ～ 2019 年 Google 自然搜尋流量趨勢圖（美國）

這是可以理解的。能上網的使用者都已經上網，使用者數量已經不會再顯著增加了，每個使用者每天的搜尋次數也是基本固定的，所以長遠來說，搜尋引擎查詢量高機率不會成長了。當然，也有特殊情況，在 2020 年疫情期間，搜尋引擎的查詢量就有顯著的成長，不過我們不能把這種極特殊情況當作常態。所以，想做 SEO 的新人要有心理準備，SEO 已經不是 10 年前那種快速成長的產業了，不要對其寄予不切實際的過高期望。

已經在做 SEO 的人倒也不必過於擔心，至少未來 10 年內，SEO 依然是最好的網站推廣方法。2019 年 BrightEdge 的統計資料顯示，除去直接訪問，自然搜尋流量依然是網站流量的最大來源，平均占網站流量來源的 53%，相較於 2014 年 BrightEdge 第一次做統計時的 51%，還微漲了兩個百分點。如果再加上 PPC，搜尋流量占總流量的比重更是達到了 76%，BrightEdge 統計的 2019 年網站搜尋流量占比如圖 1-3 所示。

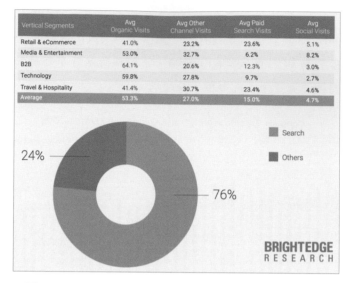

Vertical Segments	Avg Organic Visits	Avg Other Channel Visits	Avg Paid Search Visits	Avg Social Visits
Retail & eCommerce	41.0%	23.2%	23.6%	5.1%
Media & Entertainment	53.0%	32.7%	6.2%	8.2%
B2B	64.1%	20.6%	12.3%	3.0%
Technology	59.8%	27.8%	9.7%	2.7%
Travel & Hospitality	41.4%	30.7%	23.4%	4.6%
Average	53.3%	27.0%	15.0%	4.7%

圖 **1-3** BrightEdge 統計的 2019 年網站搜尋流量占比

當然，具體到某個網站的搜尋流量占比，視產業、品牌、類型、經營重心等因素而定，存在一定差異，BrightEdge 的統計顯示的是所有網站的平均水準。就筆者接觸到的網站看，這個統計資料基本符合實際情況，除去直接訪問，SEO 占各流量渠道的 40% ～ 50% 以上是正常比例。一些非常著名、本身就擁有龐大瀏覽量的品牌，如亞馬遜，60% 的美國人一想到網購，直接就去 amazon 了，根本不用透過搜尋的方式，即使這樣，其自然搜尋流量占到總流量（包括直接訪問）比重的 20% 以上，這是非常高的比例。

我們都知道現在網站流量來源碎片化，但其他來源在過去這些年裡起起落落，沒有一個能保持 10 年、20 年穩定成長，甚至撼動自然搜尋的地位。在過去的 20 年裡，自然搜尋流量一直是遙遙領先的。所以，20 年以後會是什麼樣子很難說，但在未來 10 年內，SEO 將依然是性價比最高、流量潛力最大的方式。

搜尋不僅帶動了電子商務的發展，而且對傳統線下銷售也有著巨大影響。早在 2007 年 7 月，Yahoo!（雅虎）和市場調查公司 Comscore 發布了一項 2006 年 4 月～ 2007 年 1 月進行的跟蹤調查，結果顯示，搜尋極大地促進了線下銷售。當消費者接觸到來自搜尋的產品促銷訊息時，在線上每花費 1 美元，就會離線花費 16 美元。而沒有接觸搜尋訊息的消費者，在線上每花費 1 美元，則會離線花費 6 美元。

Google 的最新統計，所有購物行為，包括線上線下，有 63% 是從線上開始的，也就是說，無論最後的購買行為是在線上還是線下實現，大部分購買都是從線上調研開始的，其中最主要的就是從搜尋開始。

相信很多讀者也有這種經歷：線上研究比較，線下購買。因此，就算是最傳統的線下生意，即便是無法進行線上銷售，其品牌和產品訊息是否能被使用者透過搜尋引擎找到，對其產品的線下銷售也至關重要。

1.3　搜尋引擎簡史

隨著網路的發展，搜尋引擎的出現是必然的。就像傳統的圖書館一樣，收藏的書籍、檔案多了，必然出現管理、尋找困難的問題，這時，索引和搜尋就成為必需的了。實際上，搜尋引擎原理在很大程度上源於傳統檔案的檢索技術。

網路上的資源數量遠超出我們的想像與掌控，沒有搜尋引擎，我們幾乎無法有效地利用這些資源，也就沒有網路的今天。

當今社群媒體如日中天，諸如 Facebook、Twitter 等應用的使用人次、網站流量、社會影響力已經達到甚至超過 Google 這樣的網路巨頭。有這樣一種傾向和觀點，使用者現在更加倚賴透過 Facebook 取得資訊，而不是搜尋引擎。也許搜尋引擎已經過時了？

關於這一點，SEO 人員其實倒不必擔心。也許 Google 會沒落，會消失，但搜尋引擎不會。就算 Facebook、Twitter 在當下十分熱門，或者以後再出現新的網路服務，當使用者要尋找資訊時，一樣要在搜尋框中輸入關鍵字，或者在行動網路時代依靠語音輸入，本質上還是搜尋，只不過搜尋資訊的來源可能從搜尋引擎收錄的頁面資料庫變成即時通訊軟體、Facebook、Twitter 的內部資料庫，排名演算法從頁面相關性、連結，變成使用者、好友的推薦程度及評論，但以上資料來源及演算法的改變都不能改變使用者對搜尋功能的需要，也不會改變搜尋的基本形式。

只要搜尋存在，就會存在哪個資訊排在前面的問題，就有 SEO 的存在。也許搜尋引擎這個名字變了，SEO 也只是需要改個名字而已。

搜尋是近 20 年網路變化最快的領域之一，這種變化不僅體現在搜尋技術的突飛猛進和其對網路經濟的巨大推動上，搜尋引擎本身的合縱連橫、興衰起伏也是精彩紛呈，常令人有眼花撩亂、瞠目結舌之感。

了解搜尋引擎的發展歷史有助於 SEO 人員理解搜尋引擎行銷的發展與變革，對未來有更準確的預期。本節就簡要列出搜尋引擎發展史上的重要事件，其中很多事件對今天的搜尋引擎以及 SEO 產業的形態發展有著至關重要的影響。

1990 年

第一個網路上的搜尋引擎 Archie 出現，用於搜尋 FTP 伺服器上的檔案。當時，基於 HTTP 協定的 Web 還沒有出現。

1993 年

6 月，第一個 Web 搜尋引擎 World Wide Web Wanderer 出現，它只收集網址，還無法索引檔案內容。

10 月，第二個 Web 搜尋引擎 ALIWEB 出現，它開始索引檔案元訊息（也就是標題標籤等訊息），但也無法索引檔案主體內容。

1994 年

1 月，Infoseek 創立，其搜尋服務稍後正式推出。Infoseek 是早期最重要的搜尋引擎之一，允許站長提交網址就是從 Infoseek 開始的。百度創始人李彥宏就是 Infoseek 的核心工程師之一。

4 月，Yahoo! 由 David Filo 和 Jerry Yang（楊致遠）創立。當時還沒有註冊 yahoo.com 域名，其網站建在史丹佛大學的域名上。Yahoo! 最初不是真正的搜尋引擎，而是人工編輯的網站目錄，創始人親自把收集到的有價值的網站列在 Yahoo! 目錄中。在網站數量還不多時，Yahoo! 可以實現人工編輯，既為使用者提供了方便，又保證了資訊品質，這點使其迅速成長為網路巨人。

4 月，第一個全文搜尋引擎（索引檔案全部內容）WebCrawler 推出。起初它是華盛頓大學的一個研究項目，1995 年被美國線上 AOL 收購，1996 年又被 Excite 收

購。2001 年停止研發自己的搜尋技術，網站成為元搜尋引擎（整合、顯示多個第三方搜尋引擎結果，被稱為元搜尋引擎）。

6 月，Lycos 創立並迅速成為最受歡迎的搜尋引擎之一。

1995 年

1 月，yahoo.com 域名註冊。4 月，Yahoo! 公司正式成立。

12 月，Excite 搜尋引擎正式上線，成為早期流行的搜尋引擎之一。2001 年其母公司破產，被 InfoSpace 購買。2004 年被 Ask Jeeves 收購。

12 月，AltaVista 創立並迅速成為最受歡迎的搜尋引擎，堪稱當時的 Google。AltaVista 在搜尋領域開展了很多開創性的工作，其頁面排名以站內因素為主，站長提交網址後會被迅速收錄。

12 月，Infoseek 成為網景瀏覽器的預設搜尋引擎。網景（Netscape），是當時瀏覽器市場的絕對統治者，曾占市場占有率的 90% 以上。後來隨著免費的微軟 IE 瀏覽器推出而逐漸衰落，2008 年正式停止研發和技術支援。

1996 年

3 月，Google 的創始人 Larry Page 和 Sergey Brin 在史丹佛大學開啟了他們的研究項目，當時使用的名稱是 BackRub，1997 年更名為 Google。

4 月，Yahoo! 上市。

5 月，Inktomi 創立，作為早期重要的搜尋技術提供商，其本身並沒有可供使用者使用的搜尋網站或介面，而是專門提供搜尋技術給其他公司。Inktomi 最先開始使用付費收錄的方式，但後來被 Google 等的成功證明此方式行不通。

5 月，Hotbot 創立，其最初使用 Inktomi 資料。1998 年被 Lycos 收購，後來轉型為元搜尋引擎，顯示來自 Google、FAST、Teoma 和 Inktomi 的結果。Hotbot 也是初期頗流行的搜尋引擎之一。

11 月，Lycos 收錄了 6000 萬份檔案，成為當時最大的搜尋引擎。然而這與今天的搜尋引擎索引庫相比，可以說是小巫見大巫。

1997 年

4 月，Ask Jeeves 上線，於 2006 年改名為 Ask，是唯一一個至今仍真實存在併有一定市場占有率的早期搜尋引擎。其創立時標榜的特點是「自然語言」搜尋，使用者可以使用問句形式搜尋。起初其雇用大量編輯透過人工編輯搜尋結果，但顯然（至少今天看來很顯然）這種模式行不通，於是不得不使用其他搜尋引擎資料。

1998 年

2 月 21 日，GoTo（後來改名為 Overture）正式啟用 Pay For Placement（出售搜尋結果位置）服務，誰付的錢多，誰就排在前面。這在當時飽受非議，但卻是後來所有主流搜尋引擎最主要的收入來源，並且是搜尋競價廣告（如 Google Ads）的始祖。

Direct Hit 建立，搜尋結果的使用者點閱率是影響其排名的重要因素，Direct Hit 因此流行一時，但很快也因此造成搜尋質量大幅下降。今天的搜尋引擎演算法中引入了使用者瀏覽資料，其實早在初期搜尋引擎就有探索並留下了教訓，一旦處理不好就會被作弊者利用。

1998 年中，迪士尼成為 Infoseek 的控股公司，並將 Infoseek 轉型為入口網站。早期的搜尋引擎沒有明確的盈利模式，遇到搜尋質量下降、沒有收入等困難時，常常採用轉型為入口網站的方法，寄希望於像 Yahoo! 那樣賺網路顯示廣告的錢，但幾乎沒有轉型成功的例子。這為 Google 等後來者堅持提高搜尋技術、堅持簡潔的搜尋核心業務提供了前車之鑑。

同樣在 1998 年，AltaVista 被賣給 Compaq，1999 年 10 月，Compaq 也將 AltaVista 轉型為入口網站，AltaVista 走向沒落。

1998 年中，Yahoo! 放棄 1996 年開始使用的 AltaVista，轉而使用 Inktomi 的搜尋資料。早期的 Yahoo! 只在其目錄中沒有使用者尋找的網站時，才顯示來自真正搜尋引擎的資料。

9 月，Google 公司正式成立。

MSN 搜尋推出，但在之後的很長時間裡，微軟都沒有重視搜尋引擎，一直到 2004 年，MSN Search 都在使用其他提供商提供的搜尋資料和技術。

1999 年

5 月，AllTheWeb.com 建立，並成為搜尋技術公司 FAST 展示其技術的平台。

6 月，Netscape 放棄 Excite 搜尋引擎，轉而使用 Google 搜尋資料，對 Google 來說是個里程碑式的時刻。

1999 年中，迪士尼將 Infoseek 流量轉入 Go.com，曾經流行一時的搜尋引擎 Infoseek 消失。Go.com 幾經波折，目前無聲無息。

Lycos 停止自己的搜尋技術，開始使用 AllTheWeb 資料。

2000 年

1 月，Ask Jeeves 以 5 億美元收購搜尋引擎 Direct Hit，但並沒有進一步發展它。2002 年初，Direct Hit 正式宣告結束。

1 月 18 日，百度成立，起初僅作為搜尋技術提供商向其他網站提供中文搜尋服務和資料。

5 月，Lycos 被西班牙公司 Terra Networks 收購，改名為 Terra Lycos。網路泡沫破滅後，Terra Lycos 漸漸勢微。

7 月，Yahoo! 開始使用 Google 搜尋資料，其以自己當時最強大的網路上品牌和流量，培養出日後最強大的競爭對手和掘墓人。

2000 年中，GoTo.com 基本放棄使用自己網站吸引使用者的做法，開始向多家搜尋引擎及網站提供付費搜尋服務，包括 MetaCrawler.com、DogPile.com、Ask Jeeves、AOL、Netscape 等。這可能是 GoTo.com（後來的 Overture）的重大失誤之一，它使用了一個具有開創意義的模式，但開創者的品牌名稱卻沒能被普通使用者知道，GoTo.com 也因此無法與 Google 這種家喻戶曉的品牌抗衡。

10 月，Google 推出 AdWords，以 CPM 模式，也就是按顯示付費的模式，提供搜尋廣告服務。這個模式並不成功。

2001 年

9 月，Ask Jeeves 收購了 Teoma，這是一個與 Google 一樣重視連結的搜尋引擎，並且曾經被認為是能與 Google 抗衡的搜尋引擎之一。

10 月，百度作為搜尋引擎正式上線，並直接獨立提供搜尋服務。簡體中文搜尋迅速進入了百度時代。

2002 年

3 月，Google Adwords 推出 PPC 形式，也就是按點擊付費，成為今天 Google Adwords 的主流。PPC 搜尋廣告由 Overture 發明，並由 Google 發揚光大。從 PPC 開始，Google Adwords 才算真正被客戶接受和廣泛使用，Google 成為充分利用搜尋的網路賺錢機器。

5 月，美國線上 AOL 放棄 Inktomi，轉而使用 Google 搜尋資料。

10 月，Yahoo! 放棄在使用者搜尋時先傳回 Yahoo! 目錄中資料的做法，全面改為顯示 Google 搜尋資料。Yahoo! 目錄還是最重要的網站目錄，但顯然使用者越來越少了。

12 月，Yahoo! 收購苦於沒有良好盈利模式的 Inktomi，為其 2003 年一系列收購和整合拉開序幕。顯然 Yahoo! 希望擁有自己的搜尋技術，而不想繼續依賴其他搜尋引擎，如 Google。

2003 年

2 月 18 日，Overture 宣布收購 AltaVista。除了廣告平台，Overture 也擁有了自己的搜尋技術。

2 月 25 日，Overture 宣布收購 FAST 的搜尋技術部門，FAST 擁有 AllTheWeb.com，也向另一個著名的搜尋網站 Lycos 提供搜尋資料。Overture 因此擁有了當時兩大主要搜尋技術公司。

3 月，Google 推出後來被稱為 Adsense 的內容廣告系統，並向其他內容網站提供廣告服務，這也成為很多內容網站的主要收入來源之一。

7 月，Yahoo! 宣布以 16 億美元的價格收購 Overture，將 Google 之外的幾乎所有主流搜尋技術（Inktomi、AltaVista、FAST）收歸旗下。可惜，隨著 2010 年 Yahoo! 放棄了自己的搜尋技術，並轉而使用微軟 Bing 服務，Yahoo! 以前收購的及自己在此基礎上研發多年的搜尋技術全部無疾而終。Overture 的 PPC 廣告平台被整合，改名為 Yahoo! Search Marketing。

2003 年，微軟 MSN 開始開發自己的搜尋引擎技術。此前，MSN 網站一直使用 Inktomi 等搜尋技術提供商的搜尋資料。

2004 年

2 月，正如所有人預料的，Yahoo! 在收購了幾大搜尋公司後推出了自己的搜尋引擎，不再使用 Google 資料和技術。

8 月，Google 上市。

11 月，微軟推出了自己的搜尋引擎 MSN Search，不再使用第三方搜尋服務。三雄鼎立時代開啟。

2005 年

8 月，百度上市。

2006 年

5 月，微軟推出類似於 Google Adwords 的廣告系統 adCenter。

9 月，MSN Search 改名 Live Search，實際上，MSN 網路品牌全部改為 Live，並做了大量推廣。不過這並沒有顯著提高微軟在搜尋市場的份額，Google 仍然一枝獨秀。

2007 年

3 月，Google 也開始提供類似網站聯盟的按轉化付費的廣告形式。4 月，Google 收購傳統網路廣告公司 DoubleClick，進入更廣泛的網路廣告領域。

2009 年

6 月，微軟 Live Search 改名為必應（Bing）。

7 月 29 日，微軟和 Yahoo! 達成歷史性協議，Yahoo! 將逐步放棄自己的搜尋技術，使用 Bing 資料。此前幾年，Yahoo! 始終在困境中掙扎，CEO 幾度更換，大股東內訌，搜尋市場占有率不斷下降。終於，Yahoo! 被自己親手培養的 Google 徹底打敗在搜尋戰場。Yahoo! 曾經是英雄，但它的時代正式結束了。

2010 年

8 月 25 日，Yahoo! 開始使用 Bing 搜尋資料。

2011 年

2 月 24 日，Google 推出旨在減少搜尋結果中低品質頁面的 Panda（熊貓）更新，這對 SEO 業界影響深遠。

2012 年

4 月 24 日，Google 上線 Penguin（企鵝）更新，用以打擊作弊連結和低品質連結。Penguin 更新使 SEO 業界對外鏈製造方法有了全新認識。

2013 年

2 月 20 日，百度推出綠蘿演算法，用以打擊參與連結買賣的網站。

5 月，百度推出石榴演算法，用以打擊低品質內容頁面。

6 月，Yahoo! 關閉了紅極一時的 AltaVista。

2014 年

9 月，在放棄了自己的搜尋技術 4 年後，Yahoo! 宣布將自己賴以起家的網站目錄於 2014 年底關閉。

2015 年

2015 年上半年的某個時間，Google 上線 RankBrain，這是以人工智慧為基礎的深入理解查詢詞意義的系統。RankBrain 的上線拉開了人工智慧廣泛應用於搜尋的序幕。

7 月，Google 上線第 29 次，也是最後一次進行 Panda 更新：Panda Update 4.2，這之後 Panda 成為了 Google 核心演算法的一部分，不再推出單獨的 Panda 更新。

2016 年

9 月，Google 上線第 7 次，也是最後一次進行 Penguin 更新：Penguin 4.0，這之後 Penguin 成為 Google 核心演算法的一部分，頁面被重新抓取索引後，將即時透過 Penguin 演算法處理。

2017 年

10 月，Google 開始實施行動版內容優先索引系統（mobile first index），也就是從原來的索引 PC 頁面轉為索引行動裝置版頁面。行動最佳化成為 SEO 的重點。

2018 年

3 月，Google 的第一次核心演算法更新（core algorithm update）上線。核心演算法更新並不針對某類特定問題，而是每年數次較大規模的整體演算法更新。

2003 年以來，搜尋領域的技術革新不斷，以 Google 為代表的搜尋引擎推出了整合搜尋、個人化搜尋、即時搜尋、地圖服務、線上檔案編輯、網站統計、瀏覽器、網管工具、超大容量電子郵件、即時通信等多重服務。從總體上看，通常是 Google 推出新服務，其他搜尋引擎很快跟進。

2011 年至今，Google 連續推出的多個版本的熊貓演算法和企鵝演算法深深地影響了全球 SEO 的思維，促使 SEO 必須更加自然、更強呼叫戶體驗。

2003 ～ 2009 年間，搜尋引擎服務商沒有大的變化，始終是 Google 獨占鰲頭，Yahoo! 位居第二，佔有不大不小的市場占有率，微軟 Live/Bing 位列第三，苦苦追趕而不得。2009 年微軟推出了 Bing，Yahoo! 在開始使用 Bing 技術後（嚴格地說，Yahoo! 已主動退出搜尋引擎市場），不僅放棄了自己的搜尋技術，而且其搜尋服務的市場占有率也持續下降，拱手讓出第二的位置。

據 NetMarketShare 統計，2019 年 10 月～ 2020 年 9 月全球搜尋引擎市場占有率分布如圖 1-4 所示。

Show 10 ∨ entries		Search:
↻	Search Engine ⇕	☑ Share ▼
☐	Google	83.64%
☐	Baidu	7.27%
☐	Bing	6.06%
☐	Yahoo!	1.41%
☐	Yandex	0.87%
☐	DuckDuckGo	0.33%
☐	Naver	0.16%
☐	Ask	0.10%
☐	Ecosia	0.08%
☐	Seznam	0.03%

圖 1-4 2019 年 10 月至 2020 年 9 月全球搜尋引擎市場占有率

從圖中可以看出，Google 擁有超過 8 成的市占率，繼續居於絕對領先地位，其市場佔有率相比幾年前還有所提高。由於中國使用者數量龐大，百度排在了第二位，但除了中國，其他國家很少使用百度。Bing 所佔有的市場占有率此時已經超越 Yahoo!。

Chapter 02

了解搜尋引擎

　　一個合格的 SEO 人員必須了解搜尋引擎的基本工作原理。很多看似令人疑惑的 SEO 問題及解決方法，其實從搜尋引擎原理出發，都是自然而然的事情。

為什麼要了解搜尋引擎原理？

說到底，SEO 是在滿足使用者體驗的基礎上盡量迎合搜尋引擎。與研究使用者介面及其可用性不同的是，SEO 既要從使用者的角度出發，也要站在搜尋引擎的角度思考，才能清楚地瞭解如何怎樣最佳化網站。SEO 人員必須知道：搜尋引擎要解決什麼問題，有哪些技術上的困難，受到什麼限制，搜尋引擎又該如何取捨。

從某個角度來說，SEO 人員最佳化網站就是為了盡量減少搜尋引擎的工作量、降低搜尋引擎的工作難度，使搜尋引擎能更輕鬆、快速地抓取網站頁面，更準確地提取頁面內容。不了解搜尋引擎工作原理，也就無從替搜尋引擎解決一些 SEO 力所能及的技術問題。當搜尋引擎面對一個網站，卻發現需要處理的問題太多、難度太高時，可能對這樣的網站就敬而遠之了。

很多 SEO 技巧是基於對搜尋引擎的理解。下面舉幾個例子。

比如對權重的理解和處理。我們都知道網站域名和頁面權重非常重要，這是知其然，很多人不一定知其所以然。權重除了意味著權威度高、內容可靠，因而容易獲得好排名外，獲得一個最基本的權重，也是頁面能參與相關性計算的最基本條件。一些權重太低的頁面，就算有很高的相關性也很可能無法獲得排名，因為根本沒有機會參與排名，甚至可能沒機會被索引。

比如很多 SEO 津津樂道的「偽原創」。首先，抄襲是不道德甚至違法的行為。把別人的文章拿來簡單加工，僅調整段落順序就當成自己的原創放在網站上，美其名曰「偽原創」，這一樣是令人鄙視的抄襲行為。如果了解搜尋引擎原理，就會知道這樣的偽原創並不管用。搜尋引擎並不會因為兩篇文章差幾個字，標題、段落順序不同，就真的把它們當成不同的內容。搜尋引擎的演算法要先進、準確得多。

再如，對大型網站來說，最關鍵的問題是解決收錄。只有收錄充分，才能帶動大量的長尾關鍵字。就算是有人力、有財力的大公司，當面對上千萬頁面的網站時，也不容易處理好充分收錄的問題。只有深入了解搜尋引擎蜘蛛程式的爬行、抓取、索引原理，才能使蜘蛛抓得快而全面。

上面所舉的幾個例子，讀者在看完 2.4 節後，會有更深入的認識。

2.1 搜尋引擎與目錄

早期的 SEO 資料經常把真正的搜尋引擎與目錄放在一起討論，甚至把目錄也列為搜尋引擎的一種，這種講法並不準確。

真正的搜尋引擎由蜘蛛程式沿著連結爬行並抓取網路上的大量頁面，存進資料庫，經過預處理，生成索引庫，使用者在搜尋框輸入查詢詞後，搜尋引擎排序演算法從索引庫中挑選出符合查詢詞要求的頁面並排序顯示。蜘蛛程式的爬行、頁面的索引及排序都是自動處理的。

而網站目錄則是一套人工編輯的分類目錄，由編輯人員人工建立多個層次的分類，站長可以在適當的分類下提交網站，目錄編輯在後台審核站長提交的網站，並將網站放置於相應的分類頁面。有的時候，編輯也會主動收錄網站。典型的網站目錄包括 Yahoo! 目錄、hao123、265.com 以及開放目錄等。目錄並不是本書要討論的 SEO 所關注的真正的搜尋引擎。雖然網站目錄也常有一個搜尋框，但目錄的資料來源是人工編輯得到的。

搜尋引擎和目錄兩者各有優劣，但顯然搜尋引擎更能滿足使用者搜尋資訊的需求。

搜尋引擎收錄的頁面數量遠遠高於目錄能收錄的頁面數量，但搜尋引擎收錄的頁面品質參差不齊，對網站內容和關鍵字提取的準確性通常也沒有目錄高。

目錄收錄的通常只是網站首頁，而且規模十分有限，不過收錄的網站通常品質比較高。像 Yahoo!、開放目錄、hao123 這些大型目錄，收錄標準非常高。目錄收錄網站時使用的頁面標題、說明文字都是經過人工編輯的，因而比較準確。

搜尋引擎資料更新快，而目錄中收錄的很多網站內容十分陳舊，甚至有的網站已經不存在了。

Yahoo! 目錄、搜狐目錄等曾經是使用者在網路上尋找資訊的主流方式，給使用者的感覺與真正的搜尋引擎相差不多。這也是目錄有時候被誤認為是「搜尋引擎的一種」的原因。但隨著 AltaVista、Google、百度等真正意義上的搜尋引擎發展起來，目錄的使用迅速減少，現在已經很少有人使用網站目錄找資料了。

現在的網站目錄對 SEO 的最大意義就是建設外部連結，像 Yahoo!、開放目錄、hao123 等都有很高的權重，可以給被收錄的網站帶來高品質的外部連結。可惜，曾經很重要的 Yahoo! 目錄、開放目錄現在都已經不存在了，hao123 的形態也已經變化很大了。

2.2 搜尋引擎面對的挑戰

搜尋引擎系統是最複雜的計算系統之一，當今主流搜尋引擎服務商都是財力、人力、技術雄厚的大公司。但即使有技術、人力、財力的保證，搜尋引擎還是面臨很多技術挑戰。搜尋引擎誕生後的十多年中，技術已經得到了長足的進步。我們今天看到的搜尋結果質量與十幾年前，甚至二十年前相比已經好得多了。不過這還只是一個開始，搜尋引擎必然還會有更多創新，提供更多、更準的內容。

總體來說，搜尋引擎主要面臨以下挑戰：

1. 頁面抓取需要快而全面

網路是一個動態的內容網路，每天有無數頁面被更新、建立，無數使用者在網站上發布內容、溝通聯繫。想要傳回最有用的內容，搜尋引擎就要抓取最新的頁面。但是由於頁面數量巨大，搜尋引擎蜘蛛每更新一次資料庫中的頁面都要花很長時間。搜尋引擎剛誕生時，抓取、更新的週期往往以月為單位計算。這也是 Google 在 2003 年以前每個月進行一次大更新的原因。

現在主流的搜尋引擎都已經能在幾天之內更新重要頁面了，高權重網站上的新頁面在幾小時甚至幾分鐘之內就會被收錄。不過，這種快速被收錄和更新的情況也只局限於高權重網站，很多頁面幾個月不被重新抓取和更新也是常見的。

要呈現最好的結果，搜尋引擎必須抓取盡量全面的頁面，這就需要解決很多技術問題。一些網站並不利於搜尋引擎蜘蛛的爬行和抓取，諸如網站連結結構存在缺陷、大量使用 JavaScript 腳本，或者把內容放在使用者必須登入以後才能訪問的部分，都增加了搜尋引擎抓取內容的難度。

2. 巨量資料儲存

一些大型網站單是一個網站就有百萬、千萬，甚至上億個頁面，可以想像，網路上所有網站的頁面加起來是一個什麼規模的資料量。搜尋引擎蜘蛛抓取頁面後，還必須有效地儲存這些資料，且資料結構必須合理，具備極高的擴展性，這對寫入和訪問速度的要求也很高。

除了頁面資料，搜尋引擎還需要儲存頁面之間的連結關係和大量歷史資料，這樣的資料量是使用者無法想像的。據估測，Google 有幾十個資料中心，上百萬台伺服器。這樣大規模的資料儲存和訪問必然存在很多技術挑戰。

我們經常在搜尋結果中看到，排名會沒有明顯原因地上下波動，甚至可能重新整理一下頁面，就會看到不同的排名，有的時候網站資料也可能遺失。這些情況有時候與大規模資料儲存、同步的技術難題有關。

3. 索引處理快速有效，具可擴展性

搜尋引擎將頁面資料抓取和儲存後，還要進行索引處理，包括連結關係的計算、正向索引、倒排索引等。由於資料庫中頁面數量大，進行 PR 值之類的疊代計算也是耗時費力的。要想提供相關又及時的搜尋結果，僅依靠抓取是沒有用的，還必須進行大量的索引計算。由於隨時都有新資料、新頁面加入，索引處理也要具備很好的擴展性。

當資料量不大時，上面說的抓取、儲存和索引計算都不是很大的難題，但當資料多到難以想像的巨量時，即使最頂尖的科技巨頭也無法避免出現問題。2020 年，Google 已經發生了數次大規模索引庫無法索引新頁面、資料遺失之類的問題。

4. 查詢處理快速準確

查詢是一般使用者唯一能看到的搜尋引擎工作步驟。使用者在搜尋框輸入查詢詞，點擊搜尋按鈕後，通常不到一秒，搜尋結果頁面就會顯示最相關、品質最好、最有用的資訊，並且按照相關性、權威性排列。表面上看這一過程非常簡單，實際上涉及了非常複雜的後台處理。搜尋引擎排序演算法高度複雜，細節極為保密，且處於不停變動更新中。

在最後的查詢階段，另一個難題是速度，這考驗了搜尋引擎怎樣在不到一秒的時間內，從可能多達上億個包含查詢詞的頁面中，快速找到最合適的頁面並計算排名。

5. 準確判斷使用者的搜尋意圖

前四項挑戰現在的搜尋引擎都已經能夠比較好地應對。為進一步提高搜尋結果質量，近幾年搜尋引擎都非常關注準確判斷使用者搜尋意圖的問題。不同使用者搜尋相同的查詢詞，很可能是在尋找不同的東西。例如搜尋「蘋果」，使用者到底是想了解水果、電腦，還是電影？有的查詢詞本身就有歧義，例如搜尋「台灣 新加坡 簽證」，使用者是想了解台灣人去新加坡的簽證，還是新加坡人去台灣的簽證呢？沒有上下文，沒有對使用者個人搜尋習慣的了解，就完全無從判斷。

搜尋引擎目前正在致力於基於對使用者搜尋習慣的了解、歷史資料的積累,在語義搜尋技術的基礎上,判斷搜尋意圖,理解文件真實意義,傳回更相關的結果。根據搜尋引擎這幾年透露的訊息,人工智慧、深度學習在理解使用者真實意圖、理解文件主題方面發揮著越來越重要的作用。今後,搜尋引擎是否能夠達到人工智慧的水準,能否真正了解使用者查詢的意義和目的,讓我們拭目以待。

2.3 搜尋結果顯示格式

首先了解一下搜尋結果的展現形式。

需要說明的是,搜尋引擎是在不斷調整、實驗搜尋結果的展現方式的,因此讀者在搜尋引擎看到的結果與下面的舉例和畫面不一定完全一樣。

2.3.1 搜尋結果頁面

使用者在搜尋引擎搜尋框中輸入查詢詞,點擊搜尋按鈕後,搜尋引擎在很短的時間內傳回一個搜尋結果頁面。

頁面主體有兩部分最重要:一是廣告,二是自然搜尋結果。標有「廣告」字樣的都是付費搜尋廣告。搜尋廣告在網路行銷界經常稱為 PPC,由廣告商針對關鍵字進行競價,僅用來顯示廣告,廣告商無須付費,只有搜尋使用者點擊廣告後,廣告商才會根據競價價格支付廣告費用。PPC 是搜尋行銷的另一個主要內容。

早期,Google 都是在右側顯示最多 8 個廣告,後來改為左側頂部 3 ～ 5 個,底部 3 個。廣告標註文字使用「廣告」。廣告區域也曾經加上較淺的底色,使廣告和自然搜尋結果能更清楚地分開。

在搜尋結果頁面左側頂部廣告的下方,占據頁面最大部分的是自然搜尋結果。通常每個頁面會列出 10 個自然搜尋結果。搜尋引擎傳回的自然搜尋結果最初都是純文字的頁面連結,現在則增加了很多變化,如新聞、圖片、影片、地圖等。各種搜尋結果列表的格式後面再做介紹。

頁面搜尋框下方是垂直搜尋導覽連結，使用者點擊後可以直接查看新聞、圖片、影片、地圖等垂直搜尋結果，垂直導覽下方還顯示了滿足查詢條件的結果總數，如圖 2-1 中所顯示的約 323 萬筆結果。這個搜尋結果數是研究競爭程度的依據之一。

圖 2-1　垂直導覽及搜尋結果

頁面最下方，翻頁連結之上，還會顯示相關搜尋，如圖 2-2 所示。搜尋引擎根據歷史搜尋資料，列出使用者還可能搜尋的其他相關詞。

圖 2-2　相關搜尋

SEO 最關注的是占據頁面主體的自然搜尋結果。統計資料顯示，自然搜尋結果的總點擊訪問數要遠遠大於廣告點擊數。但是企業花費在 SEO 上的費用卻遠遠低於花費在搜尋廣告上的費用。這既是 SEO 的尷尬，也是 SEO 的機會。掌握了 SEO 流量，才能掌握最大的搜尋流量。

各家搜尋引擎結果頁面大同小異，例如自然搜尋結果的排版各有特點，廣告標註方法稍有不同，但整體版面差異不大：左側頂部、底部顯示廣告，中間是自然搜尋的結果，左側最下面有相關的搜尋，右側是知識圖譜或知心搜尋一類的內容以及少量廣告。

2.3.2 經典搜尋結果列表

我們再來看看網頁搜尋結果的最傳統展現格式。如圖 2-3 所示是搜尋結果列表格式，主要分三部分。

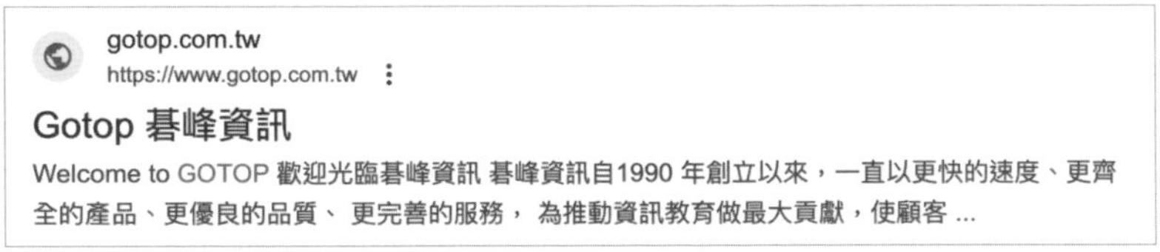

圖 2-3 搜尋結果列表格式

第一行是網址。第二行是頁面標題，通常取自頁面 HTML 程式碼中的標題標籤（Title Tag）。這是搜尋結果列表中最醒目的部分，使用者點擊標題就可以瀏覽對應的網頁。頁面標題標籤的寫法，無論對排名還是對點閱率都有重要意義。第三行是頁面說明。頁面說明大部分時候取自頁面 HTML 中的說明標籤（Description Tag），有時從頁面可見文字中動態抓取相關內容。顯示什麼內容的頁面說明文字取決於使用者的查詢詞。

網址旁有個類似冒號的圖示，點選然後選擇「頁庫存檔」，可以查看儲存在 Google 資料庫中的頁面內容。當頁面被刪除或者存在其他技術問題導致其不能打開時，使用者至少還可以從快照中查看想要的內容。使用者所搜尋的關鍵字在標題及說明部分都使用紅字顯示，使用者可以非常快速地看到頁面與自己搜尋的關鍵字。

以上介紹的是目前文字搜尋結果列表的最經典形式。不過讀者搜尋時看到的不一定就是現在書中所呈現的樣子，因為搜尋引擎一直不停地實驗和修改搜尋結果的

列表方式。但十多年來，頁面標題、說明文字、URL 這三項最穩定，基本保持不變。

現在已經較少看到這種單純文字的搜尋結果頁面了。隨著整合搜尋、知識圖譜等技術的發展，使用者現在會看到更多的變化形式。以下介紹幾種。

2.3.3　圖文展現

在說明文字右側放上一張圖片的呈現方式，如圖 2-4 所示。

圖 2-4　圖文展現（圖片來自頁面）

列表左側的圖片來源有兩個，大部分情況下是從頁面本身選取的，從經驗來看，被選取的圖片需要滿足以下條件：

- 圖片與頁面內容相關。
- 圖片在頁面正文部分。
- 足夠清晰。
- 正常 IMG 標籤圖片，不是背景層。

如果頁面正文有多個圖片，越靠前和尺寸大的圖片更容易中選，但這並不絕對，所以如果想控制圖文展現中的圖片，正文中只放一張圖片才保險。

圖文展現這種形式非常直覺，可以提高使用者體驗，使用戶更容易快速判斷頁面內容，對頁面吸引視線、提高點閱率有明顯作用。

2.3.4 整合搜尋結果

在整合搜尋（或稱通用搜尋）出現之前，使用者搜尋後看到的就是 10 個文字結果，想看圖片、影片等垂直搜尋內容時，就要點擊頁面頂部的導覽列，到圖片或影片垂直搜尋結果頁面去看。2007 年出現的整合搜尋，將垂直搜尋內容直接混合顯示在網頁搜尋結果頁面上，使用者不必再點擊垂直導覽連結。如圖 2-5 ～圖 2-8 所示是搜尋結果上顯示的圖片、影片、地圖和資訊（新聞）整合搜尋結果。

圖 2-5　圖片整合搜尋結果

圖 2-6　影片整合搜尋結果

整合搜尋結果現在很常見，我相信搜尋引擎自己的評估資料也證明整合搜尋結果帶來的使用者體驗很好。是否顯示整合搜尋，顯示哪種整合結果，顯然是和使用者需求有關的，如查詢明星的使用者，傾向於看圖片和影片；查詢餐廳等線下服

務，很可能是地圖結果更有用；熱門話題查詢肯定要傳回新聞等。搜尋引擎在 AI
領域的進步、對查詢詞的理解、歷史點擊資料的機器學習，對整合搜尋觸發的準
確性都有幫助。

圖 2-7　地圖整合搜尋結果

圖 2-8　資訊（新聞）整合搜尋結果

目前最佳化圖片、影片、地圖等內容的難度比頁面要低一些，因為內容來源少，
競爭度低。而整合搜尋結果在搜尋頁面上所占的篇幅和吸睛度是非常高的，所以
整合內容的最佳化也是 SEO 必須考慮的方向。

2.3.5　全站連結

全站連結是 Google 首先開始使用的。對某些權重比較高的網站,當使用者搜尋一個查詢詞,這個網站的結果是最權威的內容來源時(如品牌詞查詢),Google 除了顯示正常搜尋結果列表,還可能顯示被稱為「全站連結」(Sitelinks)的內頁連結,如圖 2-9 所示。

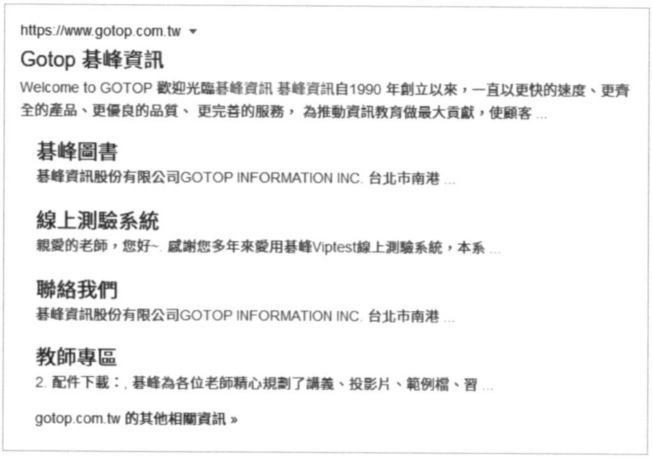

圖 2-9　Google 全站連結

2.3.6　OneBox

使用者搜尋某些查詢詞時,搜尋引擎可能直接在搜尋結果頁面上顯示相關資訊和答案,使用者不用再點擊到其他網站上查看。這樣的顯示方式首次出現在 Google。呈現的資訊種類繁多,諸如天氣、體育比賽成績、計算器、計量單位換算、距離計算、航班火車資訊等,通常是可結構化的資料。如圖 2-10 所示為 Google 的天氣資訊框。

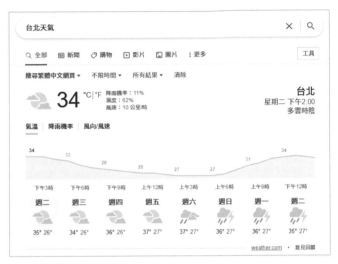

圖 2-10　Google 的 OneBox

2.3.7　複合式摘要

使用 schema、RDFa、Microdata、Microformats 等結構化資料標註的頁面時，搜尋引擎會嘗試從頁面提取結構化資料，並以複合式摘要（Rich Snippets）形式展現在搜尋結果列表中。

這樣的排版格式無疑也會提高關注度和點閱率。在複合式摘要中顯示合適的資訊，有助於說服使用者點擊結果，比如顯示產品價格、使用者評分、使用者評論數目、是否有貨等。如圖 2-11 所示為 Google 產品頁面複合式摘要。

常見的結構化資料包括產品、評論、How to 類教學、FAQ 等。但即使有結構化資料標註，也不保證一定會顯示複合式摘要。

圖 2-11　Google 產品頁面複合式摘要

2.3.8 知識圖譜

2012 年 Google 推出了知識圖譜。Google 在搜尋結果頁面右側顯示的知識圖譜，往往是資訊整合的方式，顯示查詢詞對應實體的基本資訊和各種關係（也就是所謂圖譜）。其中的基本資訊大部分情況下摘自維基百科，所以品牌要想顯示知識圖譜，就必須有維基詞條。圖譜關係部分視具體查詢詞有很大不同，比如查詢人物，經常顯示出生地、特徵資料、配偶、父母資料等，查詢公司經常顯示創始人、CEO、營業額、地址、產品等。Google 行動搜尋的知識圖譜顯示在搜尋結果頁面的最上方。

Google 知識圖譜顯示的範圍，通常出現在使用者搜尋人名、地名、實體、事件、專業詞彙等查詢詞。

圖 2-12　Google 知識圖譜

2.3.9 精選摘要

很多情況下，使用者在搜尋引擎查詢是想知道某個問題的答案，現在的搜尋引擎如果有比較大的把握能給出正確答案，就會在搜尋結果頁面的最頂部把答案直接顯示在頁面上。Google 將這個直接顯示的答案稱為 Featured Snippets，官方翻譯為「精選摘要」。

這個精選摘要幾乎總是顯示在最頂部，下面還有正常的搜尋結果頁面，所以也經常被稱為「第 0 位」排名，比第 1 位還靠前。如圖 2-13 所示為 Google 精選摘要，精選摘要裡的內容都是從網站頁面中摘選出來的。

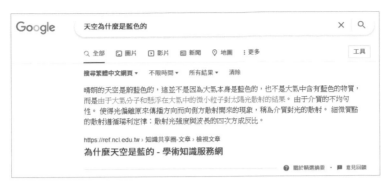

圖 2-13　Google 精選摘要

由於位置靠前，第 0 位的位置經常是值得追求的。有時候，排在第 0 位不一定會給網站帶來點擊流量，因為答案已經直接顯示在搜尋結果頁面上了，似乎沒必要瀏覽網站了。但稍微複雜一點的查詢，光看摘要裡的答案可能還不是很明白，需要繼續閱讀，精選摘要的位置和排版格式對點擊吸引力就不言而喻了。

2.4　搜尋引擎工作原理簡介

搜尋引擎的工作過程非常複雜，接下來的幾節將簡單介紹搜尋引擎是怎樣實現網頁排名的。這裡介紹的內容相對於真正的搜尋引擎技術來說只是皮毛，不過對大部分 SEO 人員來說已經夠用了。

搜尋引擎的工作過程大體可以分成三個階段。

（1）爬行和抓取：搜尋引擎蜘蛛透過跟蹤連結發現和瀏覽網頁，讀取頁面 HTML 程式碼，存入資料庫。

（2）預處理：索引程式對抓取來的頁面資料進行文字提取、中文分詞、索引、倒排索引等處理，以備排名程式呼叫。

（3）排名：使用者輸入查詢詞後，排名程式呼叫索引庫資料，計算相關性，然後按一定格式生成搜尋結果頁面。

2.4.1 爬行和抓取

爬行和抓取是搜尋引擎工作的第一步，是為了完成資料收集的任務。

1. 蜘蛛

搜尋引擎用來爬行和訪問頁面的程式被稱為蜘蛛（spider）或機器人（bot）。

搜尋引擎蜘蛛瀏覽網站頁面的過程與一般使用者使用的瀏覽器的過程相似。蜘蛛程式發出頁面訪問請求後，伺服器傳回 HTML 程式碼，蜘蛛程式把收到的程式碼存入原始頁面資料庫。搜尋引擎為了提高爬行和抓取速度，常使用多個蜘蛛同時分布爬行。

蜘蛛在瀏覽任何一個網站時，都會先瀏覽網站根目錄下的 robots.txt。如果 robots.txt 禁止搜尋引擎抓取某些檔案或目錄，蜘蛛將遵守協定，不抓取被禁止的網址。

和瀏覽器一樣，搜尋引擎蜘蛛也有標明自己身份的使用者代理（User Agent）名稱，站長可以在日誌檔案中看到搜尋引擎的特定使用者代理，從而辨識搜尋引擎蜘蛛。下面列出常見搜尋引擎蜘蛛的目前版本。

Google PC 蜘蛛

```
Mozilla/5.0 (compatible; Googlebot/2.1; +http://www.google.com/bot.html)
```

或

```
Mozilla/5.0 AppleWebKit/537.36 (KHTML, like Gecko; compatible; Googlebot/2.1;
+http://www.google.com/bot.html) Chrome/W.X.Y.Z Safari/537.36
```

其中 W.X.Y.Z 是 Chrome 瀏覽器版本編號。Google 蜘蛛從 2019 年開始使用最新版本的 Chrome 引擎抓取、繪製頁面，所以這個版本編號會不斷更新。

Google 行動蜘蛛

```
Mozilla/5.0 (Linux; Android 6.0.1; Nexus 5X Build/MMB29P) AppleWebKit/537.36
(KHTML, like Gecko) Chrome/W.X.Y.Z Mobile Safari/537.36 (compatible; Googlebot/2.1;
+http://www.google.com/bot.html)
```

Bing PC 蜘蛛

```
Mozilla/5.0 (compatible; bingbot/2.0; +http://www.bing.com/bingbot.htm)
```

或

```
Mozilla/5.0 AppleWebKit/537.36 (KHTML, like Gecko; compatible; bingbot/2.0;
+http://www.bing.com/bingbot.htm) Chrome/W.X.Y.Z Safari/537.36 Edg/W.X.Y.Z
```

Bing 行動蜘蛛

```
Mozilla/5.0 (Linux; Android 6.0.1; Nexus 5X Build/MMB29P) AppleWebKit/537.36
(KHTML, like Gecko) Chrome/W.X.Y.Z Mobile Safari/537.36 Edg/W.X.Y.Z (compatible;
bingbot/2.0; +http://www.bing.com/bingbot.htm)
```

其中 W.X.Y.Z 是 Chrome 和 Edge 瀏覽器版本編號。和 Google 一樣，Bing 也使用最新版本的 Microsoft Edge 引擎抓取、繪製頁面。Edge 和 Chrome 一樣，也使用 Chromium 核心，所以 Bing 蜘蛛使用者代理字串裡還包含一個 Chrome 版本編號。

2. 跟蹤連結

為了抓取盡量多的頁面，搜尋引擎蜘蛛會跟蹤頁面上的連結，從一個頁面爬行到下一個頁面，就好像蜘蛛在蜘蛛網上爬行那樣，這也是搜尋引擎蜘蛛這個名稱的由來。

整個網路是由相互連結的網站及頁面組成的。從理論上說，蜘蛛從任何一個頁面出發，順著連結都可以爬行到網路上的所有頁面（除了一些與其他網站沒有任何連結的孤島頁面）。當然，由於網站及頁面連結結構異常複雜，蜘蛛需要採取一定的基於圖論的爬行策略才能遍歷網路上所有的頁面。

最簡單的爬行遍歷策略分為兩種：深度優先與廣度優先。

所謂深度優先，指的是蜘蛛沿著發現的連結一直向前爬行，直到前面再也沒有其他連結，然後傳回到第一個頁面，沿著另一個連結再一直往前爬行。深度優先遍歷策略如圖 2-14 所示，蜘蛛跟蹤連結，從 A 頁面爬行到 A1、A2、A3、A4。爬完 A4 頁面後，如果已經沒有其他連結可以跟蹤，則傳回 A 頁面，順著頁面上的另一

個連結，爬行到 B1、B2、B3、B4。在深度優先策略中，蜘蛛一直爬到無法再向前，才傳回爬行另一條線。

廣度優先是指蜘蛛在一個頁面上發現多個連結時，不是順著一個連結一直向前，而是把頁面上所有第一層連結都爬行一遍，然後再沿著第二層頁面上發現的連結爬向第三層頁面。

廣度優先遍歷策略如圖 2-15 所示，蜘蛛從 A 頁面順著連結爬行到 A1、B1、C1 頁面，直到 A 頁面上的所有連結都爬行完畢，再從 A1 頁面發現的下一層連結，爬行到 A2、A3、A4……頁面。

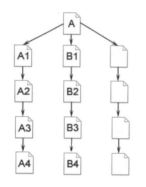

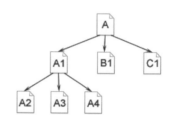

圖 2-14　深度優先遍歷策略　　　　圖 2-15　廣度優先遍歷策略

從理論上說，無論是深度優先還是廣度優先，只要給予蜘蛛足夠的時間，都能爬完整個網路。但在實際工作中，蜘蛛的頻寬資源、時間都不是無限的，不可能、也沒必要爬完所有頁面。實際上，最大的搜尋引擎也只是爬行和收錄了網路的一小部分內容。

深度優先和廣度優先這兩種遍歷策略通常是混合使用的，這樣既可以照顧到盡量多的網站（廣度優先），也能照顧到一部分網站的內頁（深度優先），同時也會考慮頁面權重、網站規模、外部連結、更新等因素。

3. 吸引蜘蛛

由此可見，雖然理論上蜘蛛能爬行和抓取所有頁面，但實際上不能、也不會這麼做。SEO 人員要想讓更多自己的頁面被收錄，就要想方設法吸引蜘蛛來抓取。既

然不能抓取所有頁面，蜘蛛所要做的就是盡量抓取重要頁面。哪些頁面會被認為比較重要呢？影響因素如下：

- **網站和頁面權重**。品質高、資格老的網站被認為權重比較高，這種網站上的頁面被爬行的深度也會比較高，所以會有更多內頁被收錄。

- **頁面更新度**。蜘蛛每次抓取都會把頁面資料儲存起來。如果下一次抓取發現頁面與第一次收錄的完全一樣，說明頁面沒有更新。多次抓取後，蜘蛛會對頁面的更新頻率有所了解，不常更新的頁面，蜘蛛也就沒有必要經常抓取了。如果頁面內容經常更新，蜘蛛就會更加頻繁地訪問這種頁面，頁面上出現的新連結，也自然會被蜘蛛更快地跟蹤，抓取新頁面。

- **匯入連結**。無論是外部連結還是同一個網站的內部連結，要被蜘蛛抓取，就必須有能夠進入頁面的匯入連結，否則蜘蛛根本不知道頁面的存在。高品質的匯入連結也經常使頁面上的匯出連結被爬行的深度增加。

- **與首頁點擊距離**。一般來說，網站上權重最高的是首頁，大部分外部連結是指向首頁的，蜘蛛訪問最頻繁的也是首頁。與首頁點擊距離越近，頁面權重越高，被蜘蛛爬行的機會也就越大。

- **URL 結構**。頁面權重是在收錄並進行疊代計算後才知道的，前面提到過，頁面權重越高越有利於被抓取，那麼搜尋引擎蜘蛛在抓取前怎麼知道這個頁面的權重呢？蜘蛛會進行預判，除了連結、與首頁距離、歷史資料等因素，短的、層次淺的 URL 也可能被直觀地認為在網站上的權重相對較高。

4. 網址庫及調度系統

為了避免重複爬行和抓取網址，搜尋引擎會建立網址庫，記錄已經被發現但還有沒有抓取的頁面，以及已經被抓取的頁面。蜘蛛在頁面上發現連結後並不是馬上就去訪問，而是將 URL 存入網址庫，然後統一由調度系統安排抓取。

網址庫中的 URL 有以下幾個來源：

- 人工輸入的種子網站。

- 蜘蛛抓取頁面後，從 HTML 中解析出新的連結 URL，與網址庫中的資料進行比對，如果是網址庫中沒有的網址，就存入待訪問網址庫。

- 站長主動透過表格提交進來的網址。
- 站長透過 XML 網站地圖、站長平台提交的網址。

蜘蛛按重要性從待訪問網址庫中提取 URL，訪問並抓取頁面，然後把這個 URL 從待訪問網址庫中刪除，存放進已訪問網址庫中。

無論是透過 XML 網站地圖還是透過表格提交的網址，都只是存入網址庫而已，是否抓取和收錄取決於其頁面的重要性和品質。搜尋引擎收錄的絕大部分頁面是蜘蛛自己跟蹤連結得到的。對中小網站來說，提交頁面的作用微乎其微，搜尋引擎更喜歡自己沿著連結發現新頁面。大型網站提交 XML 網站地圖對收錄有一定幫助。

5. 檔案儲存

搜尋引擎蜘蛛抓取的資料存入原始頁面資料庫，其中的頁面資料與使用者瀏覽器得到的 HTML 是完全一樣的，每個 URL 都有一個獨特的檔案編號。

6. 爬行時的複製內容檢測

檢測並刪除複製內容通常是在下面介紹的預處理過程中進行的，但現在的蜘蛛在爬行和抓取檔案時，也會進行一定程度的複製內容檢測。若發現權重很低的網站上出現大量轉載或抄襲內容，蜘蛛很可能不再繼續爬行。這也是有的站長在日誌檔案中發現了蜘蛛，但頁面卻從來沒有被真正收錄過的原因之一。

2.4.2 預處理

在一些 SEO 教學中，「預處理」也被簡稱為「索引」，因為索引是預處理最主要的內容。

搜尋引擎蜘蛛抓取的原始頁面，並不能直接用於查詢排名處理。搜尋引擎資料庫中的頁面數量都在數萬億級別以上，使用者輸入搜尋詞後，若靠排名程式即時分析這麼多頁面的相關性，計算量太大，不可能在一秒內傳回排名結果。因此抓取來的頁面必須先經過預處理，為最後的查詢排名做好準備。

和爬行抓取一樣，預處理也是在後台提前完成的，使用者在搜尋時察覺不到這個過程。

1. 提取文字

現在的搜尋引擎還是以文字內容為基礎的。蜘蛛抓取到的頁面 HTML 程式碼，除了使用者在瀏覽器上可以看到的可見文字，還包含了大量的 HTML 格式標籤、JavaScript 程式等無法用於排名的內容。搜尋引擎在預處理時，首先要做的就是從 HTML 程式碼中去除標籤、程式，並提取出可以用於排名處理的頁面文字內容。

以下列這段 HTML 程式碼為例：

```
<div id="post-1100" class="post-1100 post hentry category-seo">
<div class="posttitle">
<h2><a
href="https://www.seozac.com/seo/fools-day/"
rel="bookmark" title="Permanent Link to 今天愚人節哈 "> 今天愚人節哈 </a></h2>
```

除去 HTML 程式碼後，用於排名的文字只剩下這一行：

```
今天愚人節哈
```

除了可見的文字內容，搜尋引擎也會提取出一些包含文字訊息的特殊程式碼，如 Meta 標籤中的文字、圖片替代文字、連結錨文字等。

2. 中文分詞

分詞是中文搜尋特有的步驟。搜尋引擎儲存和處理頁面內容及使用者查詢都是以詞為基礎的。英文等語言在單字與單字之間有空格作為天然分隔，搜尋引擎索引程式可以直接把句子劃分為單字的集合。而中文在詞與詞之間沒有任何分隔符，一個句子中所有的字和詞都是連在一起的。搜尋引擎必須首先分辨哪幾個字組成一個詞，哪些字本身就是一個詞。比如「減肥方法」就將被分詞為「減肥」和「方法」兩個詞。

中文分詞方法基本上有兩種：一種是基於詞典匹配，另一種是基於統計。

基於詞典匹配的方法是指將待分析的一段漢字串與一件事先造好的詞典中的詞條進行匹配，在待分析中文字串中掃描到詞典中已有的詞條則匹配成功，或者說切分出一個單字。

按照掃描方向，基於詞典的匹配法可以分為正向匹配和逆向匹配。按照匹配長度優先度的不同，又可以分為最大匹配和最小匹配。將掃描方向和長度優先混合，又可以產生正向最大匹配、逆向最大匹配等不同方法。

詞典匹配方法計算簡單，其準確度在很大程度上取決於詞典的完整性和更新情況。

基於統計的分詞方法指的是透過分析大量文字樣本，計算出字與字相鄰出現的統計機率，幾個字相鄰出現的次數越多，就越可能被確定為一個單字。基於統計的方法的優勢是對新出現的詞反應更快速，也有利於消除歧義。

基於詞典匹配和基於統計的分詞方法各有優劣，實際使用中的分詞系統都是混合使用兩種方法的，既快速高效，又能識別生詞、新詞，消除歧義。

中文分詞的準確性往往會影響搜尋引擎排名的相關性。搜尋引擎對頁面的分詞情況取決於詞庫的規模、準確性和分詞演算法的好壞，而不是取決於頁面本身如何，所以 SEO 人員對分詞所能做的工作很少。唯一能做的是在頁面上用某種形式提示搜尋引擎，某幾個字應該被當作一個詞來處理，尤其是可能產生歧義的時候，比如在頁面標題、H1 標籤及粗體中出現關鍵字。如果頁面是關於「和服」的內容，那麼可以把「和服」這兩個字特意標為粗體。如果頁面是關於「化妝和服裝」，可以把「服裝」兩個字標為粗體。這樣，搜尋引擎對頁面進行分析時就知道標為粗體的幾個相鄰字應該是一個詞。

3. 去停止詞

無論是英文還是中文，頁面內容中都會有一些出現頻率很高，卻對內容沒有實質影響的詞，如「的」、「地」、「得」之類的助詞，「啊」、「哈」、「呀」之類的感嘆詞，「從而」、「以」、「卻」之類的副詞或介詞。這些詞被稱為停止詞，因為它們對頁面的主要意思沒什麼影響。英文中的常見停止詞有 the、a、an、to、of 等。

搜尋引擎在索引頁面內容之前會去掉這些停止詞，使索引資料主題更為突出，減少無謂的計算量。

4. 消除噪聲

絕大部分頁面上還有一部分對頁面主題沒有什麼貢獻的內容，比如版權聲明文字、導覽內容、廣告等。以常見的部落格導覽為例，幾乎每個部落格頁面上都會出現文章分類、歷史存檔等導覽內容，但是這些頁面本身與「分類」、「歷史」這些詞沒有任何關係。使用者搜尋「歷史」、「分類」這些關鍵字時，僅因為頁面上有這些詞出現，就回傳部落格文章，這種行為是毫無意義的，因為這些詞與頁面主題完全不相關。這些內容都屬於噪聲，對頁面主題只有分散注意力的作用。

搜尋引擎需要識別並消除這些噪聲，排名時不使用噪聲內容。消噪的基本方法是根據 HTML 標籤對頁面分塊，區分出頁頭、導覽、正文、頁尾、廣告等區域，在網站上大量重複出現的區塊往往屬於噪聲。對頁面進行消噪後，剩下的才是頁面主體內容。

5. 移除重複資料

搜尋引擎還需要對頁面進行移除重複資料的處理。

同一篇文章經常會重複出現在不同網站或同一網站的不同網址上，搜尋引擎並不喜歡這種重複性的內容。使用者在搜尋時，如果在前兩頁看到的都是來自不同網站的同一篇文章，那麼使用者體驗就太差了。搜尋引擎希望相同的文章只出現一篇，所以在進行索引前還需要識別和刪除重複內容的處理。

移除重複資料的基本方法是對頁面特徵關鍵字計算指紋。典型的指紋計算方法如 MD5 演算法（訊息摘要演算法第 5 版）。這類指紋演算法的特點是，輸入有任何微小的變化，都會導致計算出的指紋有很大差距。

6. 正向索引

正向索引也可以簡稱為索引。

經過文字提取、分詞、消噪、移除重複資料後，搜尋引擎得到的就是獨特的、能反映頁面主體內容的、以詞為單位的字串。接下來搜尋引擎索引程式就可以提取關鍵字，把頁面轉換為一個由關鍵詞組成的集合，同時記錄每一個關鍵字在頁面上出現的頻率、次數、格式（如出現在標題標籤、粗體、H 標籤、錨文字等）、位置等訊息。這樣，每一個頁面都可以記錄為一串關鍵字集合，其中每個關鍵字的詞頻、格式、位置等權重訊息也都被記錄在案。

搜尋引擎索引程式將頁面和關鍵字形成的詞表結構儲存進索引庫。簡化的索引詞表結構如表 2-1 所示。

表 2-1　簡化的索引詞表結構

文件 ID	內容
文件 1	關鍵字 1，關鍵字 2，關鍵字 7，關鍵字 10，……，關鍵字 L
文件 2	關鍵字 1，關鍵字 7，關鍵字 30，……，關鍵字 M
文件 3	關鍵字 2，關鍵字 70，關鍵字 305，……，關鍵字 N
……	
文件 6	關鍵字 2，關鍵字 7，關鍵字 10，……，關鍵字 X
……	
文件 x	關鍵字 7，關鍵字 50，關鍵字 90，……，關鍵字 Y

每個文件都對應一個文件 ID，文件內容被表示為一串關鍵字的集合。實際上，在搜尋引擎索引庫中，關鍵字也已經轉換為關鍵字 ID。這樣的資料結構就稱為正向索引。

7. 倒排索引

正向索引還不能直接用於排名。假設使用者搜尋關鍵字 2，如果只存在正向索引，那麼排名程式就需要掃描所有索引庫中的文件，找出包含關鍵字 2 的文件，再進行相關性計算。這樣的計算量無法滿足即時傳回排名結果的要求，所以搜尋引擎會將正向索引資料庫重新構造為倒排索引，把文件對應到關鍵字的映射轉換為關鍵字到文件的映射，倒排索引結構如表 2-2 所示。

表 2-2　倒排索引結構

關鍵字	文件
關鍵字 1	文件 1，文件 2，文件 15，文件 58，……，文件 l
關鍵字 2	文件 1，文件 3，文件 6，……，文件 m
關鍵字 3	文件 5，文件 700，文件 805，……，文件 n
……	
關鍵字 7	文件 1，文件 2，文件 6，……，文件 x
……	
關鍵字 Y	文件 80，文件 90，文件 100，……，文件 x

在倒排索引中，關鍵字是主鍵，每個關鍵字都對應著一系列文件，這些文件中都出現了這個關鍵字。這樣當使用者搜尋某個關鍵字時，排序程式就可以在倒排索引中定位到這個關鍵字，馬上找出所有包含這個關鍵字的文件。

8. 連結關係計算

連結關係計算也是預處理中很重要的一部分。現在所有的主流搜尋引擎排名因素中都包含網頁之間的連結流動訊息。搜尋引擎在抓取頁面內容後，必須事前計算出頁面上有哪些連結指向哪些其他頁面，每個頁面有哪些匯入連結，連結使用了什麼錨文字。這些複雜的連結指向關係形成了網站和頁面的連結權重。

Google PR 值就是這種連結關係最主要的代表之一。其他搜尋引擎也都進行類似計算，雖然它們並不稱為 PR 值。

由於頁面和連結數量巨大，網路上的連結關係又時時處在更新狀態，因此連結關係及 PR 值的計算要耗費很長時間。關於 PR 值和連結分析，後面將有專門的章節進行介紹。

9. 特殊檔案處理

除了 HTML，搜尋引擎通常還能抓取和索引以文字為基礎的多種檔案類型，如PDF、Word、WPS、XLS、PPT、TXT 檔等。我們在搜尋結果中也經常會看到這

些檔案類型。但目前的搜尋引擎對圖片、影片、腳本和程式等非文字內容只能進行有限的處理。

雖然搜尋引擎在識別圖片內容方面有些進步，不過距離直接靠讀取圖片、影片內容傳回結果的目標還很遠。對圖片、影片內容的排名往往還是依據與之相關的文字內容來進行的，詳細情況可以參考第 2.6 節中關於整合搜尋的描述。曾經很熱門的 Flash 已經被 Adobe 停止支援，搜尋引擎也不再讀取 Flash 檔了。

10. 品質判斷

在預處理階段，搜尋引擎會對頁面內容品質、連結品質等做出判斷。Google 的熊貓演算法、企鵝演算法等都是預先計算，然後上線，而不是查詢時即時計算。

這裡所說的品質判斷包含很多因素，並不局限於針對關鍵字的提取和計算，或者針對連結進行數值計算。比如對頁面內容的判斷，很可能包括了使用者體驗、頁面排版、廣告版面、語法、頁面開啟速度等，也可能會涉及模式識別、機器學習、人工智慧等方法。

2.4.3 排名

經過搜尋引擎蜘蛛抓取頁面，索引程式計算得到倒排索引後，搜尋引擎就已準備好，可以隨時處理使用者搜尋了。使用者在搜尋框輸入查詢詞後，排名程式就會呼叫索引庫資料，計算排名並顯示給使用者。排名過程是與使用者直接互動的。

1. 搜尋詞處理

搜尋引擎接收到使用者輸入的搜尋詞後，需要對搜尋詞做一些處理，才能進入排名過程。搜尋詞處理包括如下幾方面。

（1） 中文分詞。與頁面索引時一樣，搜尋詞也必須進行中文分詞，將查詢字串轉換為以詞為基礎的關鍵詞組合。其分詞原理與頁面分詞相同。

（2） 去停止詞。和頁面索引時一樣，搜尋引擎也需要把搜尋詞中的停止詞去掉，最大限度地提高排名相關性及排名效率。

（3） 指令處理。查詢詞完成分詞後，搜尋引擎的預設處理方式是在關鍵字之間使用「與」邏輯。也就是說，使用者搜尋「減肥方法」時，程式分詞為「減肥」和「方法」兩個詞，搜尋引擎排序時預設使用者尋找的是既包含「減肥」，又包含「方法」的頁面。只包含「減肥」不包含「方法」，或者只包含「方法」不包含「減肥」的頁面，則被認為是不符合搜尋條件的。當然，這種說法只是為了極為簡要地說明原理，實際上我們還是會看到只包含一部分關鍵字的搜尋結果。另外，使用者輸入的查詢詞還可能包含一些進階搜尋指令，如加號、減號等，搜尋引擎都需要進行識別並做出相應處理。有關進階搜尋指令將在後面詳細說明。

（4） 拼寫錯誤矯正。使用者如果輸入了明顯錯誤的字或錯誤的英文單字拼法，搜尋引擎會提示使用者正確的用字或拼法，並進行矯正，如圖 2-16 所示。

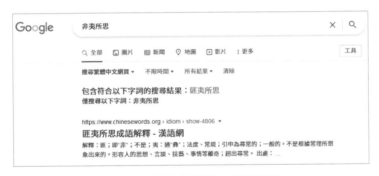

圖 2-16　輸入的錯拼、錯字矯正

（5） 整合搜尋觸發。某些搜尋詞會觸發整合搜尋，比如明星的姓名就經常觸發圖片和影片內容，目前的熱門話題又容易觸發資訊內容。哪些詞觸發哪些整合搜尋，也需要在搜尋詞處理階段計算。

（6） 搜尋框提示。使用者在搜尋框輸入查詢詞的過程中，搜尋引擎就會根據熱門搜尋資料給出多組相關的查詢詞，減少使用者的輸入時間。

（7） 理解搜尋真實意圖。現在的搜尋演算法都會嘗試深入理解使用者的真實搜尋意圖，尤其是在查詢詞意義不明或存在歧義時，理解錯誤，自然會傳回錯誤的頁面。對查詢意圖的理解無法透過關鍵字的匹配實現，目前是以人工智慧、機器學習方法為主，而且進展快速。後面的章節將詳細介紹。

2. 文件匹配

搜尋字經過處理後，搜尋引擎得到的是以詞為基礎的關鍵字集合。文件匹配階段就是找出包含所有搜尋關鍵字的所有文件。在索引部分提到的倒排索引使得文件匹配能夠快速完成，如表 2-3 所示。

表 2-3　倒排索引快速匹配文件

關鍵詞	文件
關鍵字 1	文件 1，文件 2，文件 15，文件 58，……，文件 l
關鍵字 2	文件 1，文件 3，文件 6，……，文件 m
關鍵字 3	文件 5，文件 700，文件 805，……，文件 n
……	
關鍵字 7	文件 1，文件 2，文件 6，……，文件 x
……	
關鍵字 Y	文件 80，文件 90，文件 100，……，文件 x

假設使用者搜尋「關鍵字 2」和「關鍵字 7」，排名程式只要在倒排索引中找到「關鍵字 2」和「關鍵字 7」這兩個詞，就能找到分別含有這兩個詞的所有頁面。經過簡單的求交集計算，就能找出既包含「關鍵字 2」，又包含「關鍵字 7」的所有頁面：文件 1 和文件 6。

3. 初始子集的選擇

找到包含所有關鍵字的匹配文件後，還不能進行相關性計算，因為找到的文件通常會有幾十萬、幾百萬，甚至上億個。要對這麼多文件即時進行相關性計算，需要很長時間。

實際上，使用者並不需要知道所有與關鍵字匹配的幾十萬、幾百萬個頁面，絕大部分使用者只會查看前兩頁的搜尋結果，也就是前 20 個結果。搜尋引擎也並不需要計算這麼多頁面的相關性，而只要計算最重要的一部分頁面即可。經常使用搜尋引擎的人都會注意到，搜尋結果頁面通常最多可顯示 100 個。使用者點擊搜尋

結果頁面底部的「下一頁」連結，最多也只能看到第 100 頁，也就是 1000 個搜尋結果。如圖 2-17 所示，Google 曾經顯示 100 頁搜尋結果，現在則不固定，不同查詢詞可能顯示 40 ～ 50 頁搜尋結果。

圖 2-17　Google 顯示 100 頁搜尋結果（曾經）

總之，一次搜尋最多顯示 1000 個搜尋結果，所以搜尋引擎只需要計算前 1000 個結果的相關性，就能滿足使用者的搜尋要求。

但問題在於，在還沒有計算相關性時，搜尋引擎又怎麼知道哪 1000 個文件是最相關的呢？所以選擇用於最後相關性計算的初始頁面子集時，必須依靠其他特徵而不是相關性，其中最主要的就是頁面權重。由於所有匹配文件都已經具備了最基本的相關性（這些文件都包含所有查詢詞），搜尋引擎通常會用非相關性的頁面特徵選出一個初始子集。初始子集的數目是多少？幾萬個？或許更多，外人並不知道。不過可以肯定的是，當匹配頁面數目巨大時，搜尋引擎不會對這麼多頁面進行即時計算，而必須選出頁面權重較高的一個子集作為初始子集，再對子集中的頁面進行相關性計算。

4. 相關性計算

選出初始子集後，子計算集中的頁面與關鍵字的相關性。計算相關性是排名過程中最重要的一步，也是搜尋引擎演算法中最令 SEO 感興趣的部分。

最經典的關鍵字 - 文件相關性計算方法是 TF-IDF 公式：

$$W_{x,y} = tf_{x,y} \times \log(N/df_x)$$

- $W_{x,y}$ 是文件 y 與關鍵字 x 的相關性。
- $tf_{x,y}$ 是關鍵字 x 在頁面 y 上出現的次數，即詞頻（term frequency）。

- df_x 是文件頻率（document frequency），也就是包含關鍵字 x 的文件總數。
- N 是常量，所有文件的總數。

N 除以 df_x 後取對數，稱為 IDF，逆文件頻率（inverse document frequency）。取對數是為了歸一化，使數值範圍按比例縮小。所以，TF-IDF 所代表的意思就是，相關性等於詞頻乘以逆文件頻率。

關鍵字出現的次數越多，詞頻越大，文件與關鍵字的相關性就越高，這是僅憑直覺就可以想到的。但詞頻作為相關性因子存在幾個問題：一是可以很容易地被人為提高、作弊。二是沒有考慮文件的篇幅，所以真正使用時還應該考慮關鍵字密度。三是沒有考慮關鍵字的常用程度，因此引入逆文件頻率。

逆文件頻率代表了關鍵字的常用程度。語言中越常見的詞，包含這個詞的文件總數越多，文件頻率也就越高，逆文件頻率越低，關鍵字與文件的相關性也越低。

所以逆文件頻率也代表了這個詞的語義重要性及其對相關性的貢獻程度，或者說是區別文件的能力。舉例來說，「的」在幾乎所有文件中都會出現，文件頻率極高，逆文件頻率極低，也就是說，「的」這個詞的語義重要性很低，對文件相關性沒什麼貢獻，幾乎無法用來代表和區別文件內容。

反過來，越不常用的詞對文件相關性的貢獻越大。「搜尋引擎」這個詞只出現在一小部分文件中，逆文件頻率要高得多，對文件內容來說重要性要高得多。舉個極端例子，假如使用者輸入的查詢詞是「作者昝輝」。「作者」這個詞還算常用，在很多頁面上會出現，它對「作者昝輝」這個查詢詞的辨識程度和意義相關度的貢獻就很小。找出那些包含「作者」這個詞的頁面，對搜尋排名相關性幾乎沒有什麼影響，顯然無法滿足搜尋需求。而「昝輝」這個詞的常用程度極低，除了指我本人，大概沒有其他意思，對「作者昝輝」這個查詢詞的意義貢獻要大得多。那些與「昝輝」這個詞相關度高的頁面，才是真正與「作者昝輝」這個查詢詞相關的頁面。

常用詞的極致就是停止詞，對頁面意義完全沒有影響。所以搜尋引擎在對搜尋詞字串中的關鍵字進行處理時並不是一視同仁的，會根據其常用程度進行加權。不常用的詞加權係數高，常用詞加權係數低，排名演算法對不常用的詞會給予更多關注。

我們假設 A、B 兩個頁面都出現了「作者」及「昝輝」兩個詞。但是「作者」這個詞在 A 頁面出現於普通文字中，「昝輝」這個詞在 A 頁面出現於標題標籤中。B 頁面正相反，「作者」出現在標題標籤中，而「昝輝」出現在普通文字中。那麼針對「作者昝輝」這個查詢，A 頁面的相關性將更高。

TF-IDF 是最經典的相關性演算法，其概念和公式很簡單，搜尋引擎真正使用的演算法以此為基礎，但肯定要複雜得多。

除了 TF-IDF，相關性演算法還可能考慮：

（1）關鍵字位置及形式。就像在索引部分中提到的，頁面關鍵字出現的格式和位置都被記錄在索引庫中。關鍵字越是出現在比較重要的位置，如頁面標題、粗體、H 標籤等，就說明頁面與關鍵字越相關。這一部分就是頁面 SEO 要解決的問題。

（2）關鍵字距離。切分後的關鍵字在頁面上完整匹配地出現，說明此頁面與查詢詞最相關。比如搜尋「減肥方法」時，連續完整出現「減肥方法」四個字的頁面是最相關的。如果「減肥」和「方法」兩個詞在頁面上沒有連續匹配出現，但出現的距離較近，此頁面也被搜尋引擎認為相關性較大。

（3）連結分析及頁面權重。除了頁面本身的因素，頁面之間的連結和權重關係也影響其與關鍵字的相關性，其中最重要的是錨文字。頁面有越多以查詢詞為錨文字的匯入連結，就說明頁面的相關性越強。連結分析還包括了連結源頁面本身的主題、錨文字周圍的文字等。

上面簡單介紹的幾個因素在本書後面的章節都有更詳細的說明。

5. 排名過濾及調整

選出匹配文件子集、計算相關性後，大體排名就已經確定了。之後搜尋引擎可能還有一些過濾演算法，對排名進行輕微調整，其中最主要的過濾就是施加懲罰。一些有作弊嫌疑的頁面，雖然按照正常的權重和相關性計算排到前面，但搜尋引擎的懲罰演算法卻可能在最後一步把這些頁面調到後面。典型的例子是 Google 的負 6、負 30、負 950 等演算法。

6. 排名顯示

所有排名確定後，排名程式呼叫原始頁面的標題標籤、說明標籤、頁面發布或更新時間、結構化資料等訊息顯示就在搜尋結果頁面上。如果頁面沒有說明標籤，或說明標籤寫得不好，搜尋引擎也會從頁面正文中動態生成頁面說明文字。

7. 搜尋快取

使用者搜尋的查詢詞有很大一部分是重複的。按照二八定律，20% 的搜尋詞占到了總搜尋次數的 80%。按照長尾理論，最常見的搜尋詞即便沒有占到 80% 那麼多，通常也有一個比較粗大的頭部，很少一部分搜尋詞占到了所有搜尋次數的很大部分。尤其是有熱門新聞發生時，每天可能有幾百萬人都在搜尋完全相同的詞。

如果每次搜尋都重新處理排名，可以說是很大的浪費。搜尋引擎會把最常見的查詢詞及結果存入快取，使用者搜尋時直接從快取中呼叫，而不必經過文件匹配和相關性計算，大大提高了排名效率，縮短了搜尋反應時間。

8. 查詢及點擊日誌

搜尋使用者的 IP 位址、搜尋詞、搜尋時間，以及點擊了哪些結果頁面，搜尋引擎都會記錄並形成日誌。這些日誌檔案中的資料對搜尋引擎判斷搜尋結果品質、調整搜尋演算法、預期搜尋趨勢、開發人工智慧演算法等都具有重要意義。

前文簡單介紹了搜尋引擎的工作過程，實際上搜尋引擎的工作步驟與演算法是極為複雜的。上面的說明很簡單，但其中包含了很多技術難點。

搜尋引擎還在不斷最佳化、更新演算法，並大力引入人工智慧。不同搜尋引擎的工作步驟會有差異，但大致上所有主流搜尋引擎的基本工作原理都是如此，在可以預期的未來十幾年，不會有實質性的改變。

2.5 連結原理

在 Google 誕生以前,傳統搜尋引擎主要依靠頁面內容中的關鍵字匹配使用者查詢詞的方式進行排名。這種排名方式的劣勢現在看來顯而易見,那就是很容易被刻意操縱。黑帽 SEO 在頁面上堆積關鍵字,或加入與主題無關的熱門關鍵字,都能提高排名,使搜尋引擎排名結果的品質大為下降。現在的搜尋引擎都使用連結分析技術來減少垃圾,提高使用者體驗。本節就簡要探討連結在搜尋引擎排名中的應用原理。

在排名中計入連結因素,不僅有助於減少垃圾,提高結果相關性,也使傳統關鍵字在匹配無法排名的文件時能夠有辦法進行處理。比如圖片、影片檔案無法進行關鍵字匹配,但是卻可能附加了外部連結,透過連結訊息,搜尋引擎就可以了解圖片和影片的內容並排名。

對不同文字的頁面進行排名也成為了可能。比如在 Google 搜尋「SEO」,可以看到英文和其他文字表示形式的 SEO 網站。甚至搜尋「搜尋引擎最佳化」,也可以看到非中文頁面,原因就在於,有的連結可能使用「搜尋引擎最佳化」為錨文字指向英文頁面。

理解連結關係比較抽象,透過研究頁面本身的因素對排名的影響,容易直觀理解這一關係。舉個簡單的例子,搜尋一個特定關鍵字,只要觀察前幾頁搜尋結果,就能看到:關鍵字出現在標題標籤中有什麼影響,出現在標題標籤的最前面又有什麼影響,有技術資源的還可以進行大規模統計,計算出關鍵字出現在標題標籤中不同位置與排名之間的關係。雖然這種關係不一定是因果關係,但至少是統計上的相關性,使 SEO 人員大致了解如何進行最佳化。

連結對排名的影響就無法直觀了解,也很難進行統計,因為沒有人能獲得搜尋引擎的連結資料庫。我們能做的最多只是定性觀察和分析。

下面介紹的一些關於連結的專利,多少透露了連結在搜尋引擎排名中的使用方法和地位。

2.5.1 李彥宏超鏈分析專利

百度創始人李彥宏在創辦百度之前，就是美國頂級的搜尋引擎工程師之一。據說李彥宏在尋找風險投資時，投資人詢問了其他三個搜尋引擎業界的技術專家一個問題：要了解搜尋引擎技術應該問誰？這三個被問到的高人中有兩個回答：搜尋引擎的事就問李彥宏。由此投資人斷定李彥宏是最了解搜尋引擎的人之一。

這其實就是現實生活中連結關係的應用：要判斷哪個頁面（人）最具權威性，不能光看頁面（人）自己怎麼說，還要看其他頁面（人）怎麼評價。

李彥宏在 1997 年就提交了一份名為「超鏈文件檢索系統和方法（Hypertext document retrieval system and method）」的專利申請，這是非常具有前瞻性的研究工作，比 Google 的創始人發明 PR 值要早得多。在這份專利中，李彥宏提出了與傳統資訊檢索系統不同、基於連結的排名方法。

這個系統除了索引頁面，還建立了一個連結詞庫，記錄連結錨文字的一些相關資訊，如錨文字中包含哪些關鍵字，發出連結的頁面索引，包含特定錨文字的連結總數，包含特定關鍵字的連結都指向哪些頁面等。詞庫不僅包含關鍵字原型，也包含同一個詞幹的其他衍生關鍵字。

根據這些連結資料，尤其是錨文字，計算出基於連結的文件相關性。在使用者搜尋時，將基於連結的相關性與基於關鍵字匹配的傳統相關性綜合使用，將得到更準確的排名。

在今天看來，這種基於連結的相關性計算是搜尋引擎的常態，每個 SEO 人員都知道。但是在二十多年前，這無疑是非常創新的概念。當然現在的搜尋引擎演算法對連結的考慮，已經不僅僅是錨文字，實際上要複雜得多。

這份專利的所有人是李彥宏當時所在的公司，發明人是李彥宏。感興趣的讀者可以透過以下網址查看美國專利局發布的「Hypertext document retrieval system and method（超鏈文件檢索系統和方法）」專利詳情：

https://image-ppubs.uspto.gov/dirsearch-public/print/downloadPdf/5920859

2.5.2　HITS 演算法

HITS 是英文 Hyperlink-Induced Topic Search 的縮寫，意譯為「超鏈誘導主題搜尋」。HITS 演算法由 Jon Kleinberg 於 1997 年首先提出，並申請了專利，網址如下：

https://image-ppubs.uspto.gov/dirsearch-public/print/downloadPdf/6112202

按照 HITS 演算法，使用者輸入查詢詞後，演算法會對傳回的匹配頁面計算兩種值：一種是樞紐值（Hub Scores），另一種是權威值（Authority Scores），這兩個值是互相依存、互相影響的。所謂樞紐值，指的是頁面上所有匯出連結指向頁面的權威值之和。權威值指的是所有匯入連結所在頁面的樞紐值之和。

上面的定義比較拗口，可以簡單地總結為，HITS 演算法會提煉出兩種比較重要的頁面，也就是樞紐頁面和權威頁面。樞紐頁面本身可能沒有多少匯入連結，但是有很多匯出連結指向權威頁面。權威頁面可能本身的匯出連結不多，但是有很多來自樞紐頁面的匯入連結。

典型的樞紐頁面就是如 Yahoo! 目錄、開放目錄或 hao 123 這樣的網站目錄。這種高品質的網站目錄的作用就在於指向其他權威網站，所以被稱為樞紐。而權威頁面有很多匯入連結，其中包含很多來自樞紐頁面的連結。權威頁面通常是提供真正相關內容的頁面。

HITS 演算法是針對特定查詢詞的，所以稱為主題搜尋。

HITS 演算法的最大缺點是，它在查詢階段進行計算，而不是在抓取或預處理階段進行。所以 HITS 演算法是以犧牲查詢排名反應時間為代價的。也正因為如此，原始 HITS 演算法在搜尋引擎中並不常用。不過 HITS 演算法的思想很可能融入到搜尋引擎的索引階段，也就是根據連結關係找出具有樞紐特徵或權威特徵的頁面。

成為權威頁面是第一優先，不過難度比較大，唯一的方法就是獲得高品質連結。若你的網站不能成為權威頁面，就讓它成為樞紐頁面。所以匯出連結也是影響搜尋引擎排名因素之一。絕不連結到其他網站並不是好的 SEO 方法。

2.5.3 TrustRank 演算法

TrustRank 是多年來常被討論的基於連結關係的排名演算法。TrustRank 可以被翻譯為「信任指數」。

TrustRank 演算法最初來自 2004 年史丹佛大學和 Yahoo! 的一項聯合研究,用來檢測垃圾網站,並且於 2006 年申請專利。TrustRank 演算法的發明人還發表了一份專門的 PDF 檔,說明 TrustRank 演算法的應用。感興趣的讀者可以在下列網址下載這份 PDF:

http://www.vldb.org/conf/2004/RS15P3.PDF

TrustRank 演算法並不是由 Google 提出的,不過由於 Google 所占市場占有率最大,而且 TrustRank 的概念很可能在 Google 排名中也是一個重要的因素,所以有些人誤以為 TrustRank 是 Google 提出的。更讓人糊塗的是,2005 年 Google 也曾經把 TrustRank 申請為商標,雖然後來放棄了。

TrustRank 演算法基於一個基本假設:好的網站很少會連結到壞的網站。反之,則不成立。也就是說,壞的網站很少連結到好網站這句話並不成立。正相反,很多垃圾網站會連結到高權威、高信任指數的網站,試圖提高自己的信任指數。

基於這個假設,如果能挑選出可以百分之百信任的網站,將這些網站的信任指數評為最高,將這些網站所連結到的網站信任指數稍微降低,但也會很高。依此類推,第二層被信任的網站連結出去的第三層網站,信任度繼續下降。由於種種原因,好的網站也不可避免地會連結到一些垃圾網站,不過離第一層網站點擊距離越近,所傳遞的信任指數越高,離第一級網站點擊距離越遠,信任指數將依次下降。這樣,透過 TrustRank 演算法就能計算出所有網站相應的信任指數,離第一層網站越遠,是垃圾網站的可能性就越大。

計算 TrustRank 值首先要選擇一批種子網站,然後人工查看網站,設定一個初始 TrustRank 值。挑選種子網站有兩種方式:一種是選擇匯出連結最多的網站,因為 TrustRank 演算法就是計算指數隨著匯出連結的衰減。匯出連結多的網站,在某種意義上可以理解為「逆向 PR 值」比較高。另一種挑選種子網站的方法是選 PR 值高的網站,因為 PR 值越高,在搜尋結果頁面出現的機率就越大。這些網站才正是

TrustRank 演算法應該關注的、需要調整排名的網站。那些 PR 值很低的頁面，在沒有 TrustRank 演算法時排名也很靠後，計算 TrustRank 值的意義就不大了。

根據測算，挑選出兩百個左右網站作為種子，之後就可以比較精確地計算出所有網站的 TrustRank 值。

計算 TrustRank 值隨連結距離遞減的公式有兩種方式：一種是隨連結次數衰減，也就是說如果第一層頁面 TrustRank 值是 100，第二層頁面衰減為 90，第三層衰減為 80。第二種計算方法是按匯出連結的數目分配 TrustRank 值，也就是說，如果一個頁面的 TrustRank 值是 100，頁面上有 5 個匯出連結，每個連結將傳遞 20% 的 TrustRank 值。衰減和分配這兩種計算方法通常會被綜合使用，使用後的整體效果是隨著連結層次的增加，TrustRank 值逐步降低。

得出網站和頁面的 TrustRank 值後，可以透過兩種方式影響排名。一種是把傳統排名演算法挑選出的相關頁面，根據 TrustRank 值比較，重新進行排名調整。另一種是設定一個最低的 TrustRank 值門檻，只有超過這個門檻的頁面，才被認為有足夠的水準進入排名，低於門檻的頁面將被認為是垃圾頁面，從搜尋結果中過濾出去。

雖然 TrustRank 演算法最初是作為檢測垃圾頁面的方法，但在現在的搜尋引擎排名演算法中，TrustRank 概念使用更為廣泛，常常影響網站的整體排名。TrustRank 演算法最初針對的是頁面級別，在現在的搜尋引擎演算法中，TrustRank 值也經常表現在域名級別，整個域名的信任指數越高，整體排名能力就越強。

2.5.4 Google PR 值

PR 值是 PageRank 的縮寫。Google PR 理論是所有基於連結的搜尋引擎理論中最有名的。SEO 人員可能不清楚本節介紹的其他連結理論，但不可能不知道 PR 值。

PR 值是 Google 創始人之一 Larry Page 發明的，是用於表示頁面重要性的概念。簡單來說，反向連結越多的頁面就是越重要的頁面，PR 值也就越高。

PR 值的專利發明人是 Larry Page，專利所有人是史丹佛大學，Google 公司擁有永久性排他使用權。

Google PR 值的概念與科技文獻中互相引用的概念相似，被其他文獻引用較多的文獻，很可能是比較重要的文獻。

1. PR 值的概念和計算

我們可以把網路理解為由節點及連結組成的有向圖，頁面就是一個個節點，頁面之間的有向連結傳遞著頁面的重要性。一個連結傳遞的 PR 值首先取決於連結所在頁面的 PR 值，發出連結的頁面本身 PR 值越高，所能傳遞出去的 PR 值也越高。傳遞的 PR 值也取決於頁面上的匯出連結數目。對於給定 PR 值的頁面來說，假設能傳遞到下級頁面 100 份 PR 值，如果頁面上有 10 個匯出連結，那麼每個連結能傳遞 10 份 PR 值；如果頁面上有 20 個匯出連結，那麼每個連結只能傳遞 5 份 PR 值。所以一個頁面的 PR 值取決於匯入連結總數，連結源頁面的 PR 值，以及連結源頁面上的匯出連結數目。

PR 值計算公式是：

$$PR(A) = (1-d) + d(PR(t_1)/C(t_1) + \cdots + PR(t_n)/C(t_n))$$

- A 代表頁面 A。
- PR(A) 則代表頁面 A 的 PR 值。
- d 為阻尼指數。通常認為 d=0.85。
- $t_1 \cdots t_n$ 代表連結向頁面 A 的頁面 t_1 到 t_n。
- C 代表頁面上的匯出連結數目。$C(t_1)$ 即為頁面 t_1 上的匯出連結數目。

從 PR 值的概念及計算公式都可以看到，PR 值必須經過多次疊代計算才能得到。頁面 A 的 PR 值取決於連結向 A 的頁面 t_1 至頁面 t_n 的 PR 值，而頁面 t_1 至頁面 t_n 的 PR 值又取決於其他頁面的 PR 值，其中很可能還包含頁面 A。計算時先給所有頁面設定一個初始值，經過一定次數的疊代計算後，各個頁面的 PR 值將趨於穩定，收斂到一個特定值。研究證明，無論初始值怎麼選取，經過疊代計算的最終 PR 值不會受到影響。

下面對阻尼係數進行簡要說明。如圖 2-18 所示是一個連結構成的循環（實際網路上是一定存在這種循環的）。外部頁面 Y 向循環注入 PR 值，循環中的頁面不停地

疊代傳遞 PR 值，如果沒有阻尼係數，循環中的頁面 PR 值將達到無窮大。引入阻尼係數，使 PR 值在傳遞時自然衰減，才能將 PR 值計算穩定在一個值上。

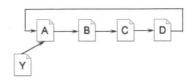

圖 2-18　連結構成的循環

2. PR 值的兩個比喻模型

關於 PR 值有兩個著名的比喻。一個比喻是投票。連結就像民主投票一樣，A 頁面連結到 B 頁面，就意味著 A 頁面對 B 頁面投了一票，使 B 頁面的重要性提高。同時，A 頁面本身的 PR 值決定了 A 所能投出去的投票力，PR 值越高的頁面，投出的票也更重要。在這個意義上，基於關鍵字匹配的傳統演算法是看頁面本身的自我描述，而基於連結的 PR 值則是看別人如何評價一個頁面。

另一個比喻是隨機衝浪。假設一個訪問者從一個頁面開始，不停地隨機點擊連結，訪問下一個頁面。有時候這個使用者感到無聊了，不再點擊連結，就隨機跳到了另外一個網址，再次開始不停地向下點擊。所謂 PR 值，就是一個頁面在這種隨機衝浪訪問中被訪問到的機率。一個頁面的匯入連結越多，被訪問到的機率就越高，因此 PR 值也越高。

阻尼係數也與隨機衝浪模型有關。(1-d)=0.15 實際上就是使用者感到無聊，停止點擊，隨機跳到新 URL 的機率。

3. 工具列 PR 值

真正用於排名計算的 Google PR 值我們是無法知道的，我們所能看到的只是 Google 工具列 PR 值。需要清楚的是，工具列 PR 值並不是真實 PR 值的精確反映。真實 PR 值是一個準確的、大於 0.15、沒有上限的數字，工具列上顯示的 PR 值已經規範化為 0 ～ 10 這 11 個數字，是一個整數，也就是說 PR 值最小的近似為 0，最大的近似為 10。實際上，每一個工具列 PR 值代表的都是一個很大的範圍，工具列 PR5 代表的頁面 PR 值與真實 PR 值可能相差很多倍。

真正的 PR 值是不間斷計算更新的，工具列 PR 值只是某一個時間點上真實 PR 值的簡化快照輸出。2013 年之前，Google 快則每個月更新一次工具列 PR 值，慢則近一年更新一次。在 Google 目錄（Google Directory，現早已取消）上，甚至在搜尋結果頁面上，也曾都顯示過工具列 PR 值。

但工具列顯示的 PR 值對 SEO 的作用越來越與 Google 的初衷相背離，PR 值變成了一些站長的追求，甚至變成騙取交換連結的本錢，所以後期 Google 多次表達不打算更新工具列 PR 值了。最後一次工具列 PR 值更新是 2013 年 12 月 6 日，而且那次也是 Google 工程師在做別的事情時順便（估計是不小心或不得已）輸出的，並不在計劃中。2016 年，Google 完全取消了工具列和瀏覽器顯示 PR 值的功能。

工具列 PR 值與反向連結數目呈對數關係，而不是線性關係。也就是說如果從 PR1 到 PR2 需要的外部連結是 100 個，從 PR2 到 PR3 則需要大致 1000 個，PR5 到 PR6 需要的外部連結則更多。所以 PR 值越高的網站想提升一級所要付出的時間和努力，比 PR 值低的網站提升一級要多得多。

4. 關於 PR 值的幾個誤解

PR 值的英文全稱是 PageRank。這個 Page 指的是發明人 Larry Page 的名字，巧合的是 Page 在英文中也是頁面的意思。所以準確地說，PageRank 這個名稱應該翻譯為佩吉級別，而不是頁面級別。不過約定俗成，再加上巧妙的一語雙關，大家都把 PR 值稱為頁面級別。

PR 值只與連結有關。經常有站長詢問，自己的網站做了很長時間，內容也全是原創的，怎麼 PR 值還是 0 呢？其實 PR 值與站長是否認真、做站時間長短、內容是否原創都沒有直接關係。有反向連結就有 PR 值，沒有反向連結就沒有 PR 值。一個高品質的原創網站，一般來說自然會吸引到比較多的外部連結，間接地提高 PR 值，但這並不是必然的。

工具列 PR 值更新與頁面排名變化在時間上沒有對應關係。在工具列 PR 值更新的過程中，經常有站長說 PR 值提高了，難怪網站排名也提高了。可以肯定地說，這只是時間上的巧合而已。前面說過，真正用於排名計算的 PR 值是連續計算更新的，隨時計入排名演算法。我們看到的工具列 PR 值幾個月才更新一次，最後一次

更新已經是 2013 年 12 月。即使在工具列 PR 值還更新時，當我們看到 PR 值有變化時，其時真實的 PR 值早在幾個月之前就已更新和計入排名裡了。所以，透過工具列 PR 值的變化來研究 PR 值與排名變化之間的關係是沒有意義的。

5. PR 值的意義

Google 工程師說過很多次，Google PR 值現在已經是一個被過度宣傳的概念，其實 PR 值只是影響 Google 排名演算法的 200 多個因素之一，而且其重要性已經下降很多，SEO 人員完全不必太執著於 PR 值的提高。這也是 Google 不再更新工具列 PR 值的原因。

當然，PR 值還是 Google 排名演算法中的重要因素之一。取消工具列 PR 值顯示，不是取消 PR 值，真實的內部 PR 值還是一直更新和使用的。

除了直接影響排名，PR 值的重要性還表現在以下幾個面向：

（1）網站收錄深度和總頁面數。搜尋引擎蜘蛛爬行時間及資料庫的空間都是有限的。Google 希望盡量優先收錄重要性高的頁面，所以 PR 值越高的網站就能被收錄更多頁面，蜘蛛爬行內頁的深度也更高。對大中型網站來說，首頁 PR 值是帶動網站收錄的重要因素之一。

（2）訪問及更新頻率。PR 值越高的網站，搜尋引擎蜘蛛訪問得就越頻繁，網站上出現的新頁面或舊頁面上有了內容更新，都能更快速地被收錄。由於網站新頁面通常都會在現有頁面上出現連結，因此訪問頻率越高也就意味著新頁面被發現的速度越快。

（3）重複內容判定。當 Google 在不同網站上發現完全相同的內容時，會選擇一個作為原創，其他作為轉載或抄襲。使用者搜尋相關查詢詞時，被判斷為原創的版本會排在前面。而在判斷哪個版本為原創時，PR 值也是重要因素之一。這也就是為什麼那些權重高、PR 值高的大網站轉載了小網站的內容，卻經常被當作原創。

（4）排名初始子集的選擇。前面介紹排名過程時提到，搜尋引擎挑選出所有與關鍵字匹配的文件後，不可能對所有文件都進行相關性計算，因為傳回的文件可能有幾百萬、幾千萬個，搜尋引擎需要從中挑選出一個初始子集，再做相

關性計算。初始子集的選擇顯然與關鍵字的相關度無關，只能從頁面的重要程度著手，PR 值就是衡量頁面重要程度的指標。

現在的 PR 演算法與當初 Larry Page 專利中的描述相比肯定有了改進和變化。一個可以觀察到的現象是，PR 演算法應該已經排除了一部分 Google 認為可疑或者無效的連結，比如付費連結、部落格和論壇中的垃圾連結等。所以有時候我們會看到一個頁面有 PR6 甚至 PR7 的匯入連結，經過幾次工具列 PR 值更新後，卻還維持在 PR3 甚至 PR2。按說一個 PR6 或 PR7 的連結，應該能把被連結的頁面帶到 PR5 或 PR4。所以很可能 Google 已經把一部分它認為可疑的連結排除在 PR 值計算之外了。

再比如，同一個頁面上，不同位置的連結是否應該傳遞出相同數量的 PR 值？正文、側欄導覽、頁尾的連結是否應該同等對待？如果按照最初的 PR 值設計，那麼是的，因為沒有考慮連結的位置。但顯然，不同位置的連結重要性是不一樣的，被真實使用者點擊的機率也是不一樣的，那麼傳遞出去的 PR 值是否也應該不一樣呢？現在的 Google PR 值演算法中是否已經引入了矯正呢？

雖然 PR 值是 Google 擁有專利使用權的演算法，但其他所有主流搜尋引擎也都有類似演算法，只不過不稱為 PR 值而已。所以這裡提到的 PR 值的作用和意義，同樣適用於其他搜尋引擎。

6. Google 新版 PR 值

2019 年 7 月，Google 前員工 Jonathan Tang 在 Hacker News 透露，Google 早在 2006 年就不再使用 Google PR 值了。這些年 Google 與 SEO 業界的官方溝通人 John Mu 在 Twitter 上評論此事時並沒有否認，只是說：「SEO 們應該知道，20 年來 Google 工程師不可能沒有對搜尋做出修改。」間接肯定了這個說法。

那麼從 2006 ～ 2016 年，工具列上顯示的 PR 值是什麼東西呢？ Google 的另一位發言人 Gary Illyes，在 2017 年還發 twitter 消息明確說 Google 依然在排名演算法中使用 PR 值，又是怎麼回事呢？

Jonathan Tang 後續又解釋了一下，他們在 2006 年用另一個演算法取代了 PR 值演算法，那個演算法給出的結果大致和 PR 值演算法相似，但計算速度快得多。工具

列顯示的宣稱是 PR 的數值就是這個替代演算法的結果。這個替代演算法的名字都和 PR 相似，所以 Google 這麼宣稱，在技術上也不能說是錯的。

所以，從 2006 年開始，Google 演算法中使用的、工具列所顯示的，都不是原始 PR 值計算公式的結果，而是一個結果類似、名稱類似、計算速度快得多的演算法。我們姑且稱之為 Google 新 PR 值吧。

那麼這個 Google 新 PR 值的計算原理是什麼？ Jonathan Tang 沒說，連真實名稱也沒說，大家只能猜測了。

專門研究 Google 專利的大神 Bill Slawski 發現，Google 的新版本 PR 值演算法專利剛好於 2006 年通過，這有可能就是 Google 現在正在使用的新 PR 值演算法，專利名稱是 Producing a ranking for pages using distances in a web-link graph，中文譯為「基於連結距離的頁面級別計算」。

簡單來說，新 PR 值不再計算匯入連結的總數，而是計算這個頁面與種子頁面之間的距離，距離越近，頁面品質越高，頁面級別、新 PR 值越高。這個概念和 Yahoo! 的 TrustRank 演算法是極為相近的，其基本假設都是：好網站不會連結向壞網站，但會連結向其他好網站。

這個專利涉及幾個概念：種子頁面（Seed Pages）、連結長度（Link Length）、連結距離（Link Distance）。

（1）種子頁面（Seed Pages）

如圖 2-19 的 Google 新 PR 值演算法示意圖所示，Google 選出一部分頁面作為種子頁面集合，如圖中上半部分的種子頁面 106、108、110，下半部分都是在種子頁面集之外的、需要計算新 PR 值的頁面。

關於種子頁面的幾個要點如下：

- 種子頁面顯然是高品質的頁面，專利裡舉的例子是 Google 目錄（其實就是開放目錄的複製，這兩個現在都已經不存在了）和《紐約時報》。

- 種子頁面需要與其他非種子頁面有很好的連通性，有比較多的匯出連結指向其他高品質頁面。

- 種子頁面需要穩定可靠，具有多樣性，能大範圍覆蓋各類主題。

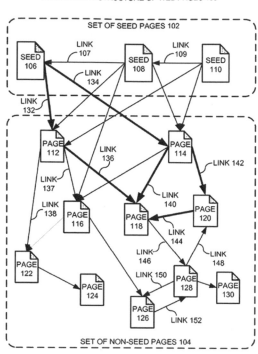

圖 2-19 Google 新 PR 值演算法示意圖

（2）連結長度（Link Length）

　　種子頁面和非種子頁面之間有的距離近，有的距離遠。如種子頁面 106 透過連結 132 直接連向非種子頁面 112，非種子頁面 118 則沒有種子頁面直接連向它，要透過兩層連結。

　　連結距離並不是簡單地數連結層數。每個連結 Google 會計算一個連結長度，連結長度取決於連結本身的特徵和連結所在頁面的特徵，比如頁面上有多少連結、連結的位置、連結文字所用字體等。

　　所以，同樣是一個連結，連結長度是不一樣的：

- 頁面匯出連結越多，連結長度越長。這和原始 PR 值的思路是一樣的，匯出連結越多，每個連結分到的權重越少。

- 連結所在位置越重要，比如正文中、正文靠前部分，連結長度越短。

- 連結錨文字字號越大，或者在 H1 標籤中，可能連結長度越短。

這正符合前一節提到的對原始 PR 值的修正。

（3） 連結距離（Link Distance）

連結距離就是種子頁面與非種子頁面集合之間的最短連結長度之和。種子頁面和非種子頁面之間通常存在不止一條連結通路，如圖 2-19，非種子頁面 118 可以透過連結 132、136 從種子頁面 106 到達，也可以透過連結 134、142、140 到達，還可以透過連結 134、140 到達，以及透過其他連結從其他種子頁面到達，所有這些從種子頁面集合到非種子頁面的連結通路中，連結長度之和最短的那個被定義為連結距離。

如果一個非種子頁面無法從任何種子頁面出發並實現訪問，就說明種子頁面集合到這個非種子頁面完全沒有連結通路，那麼二者之間的連結距離就是無限大。

Google 演算法會根據連結距離計算出一個頁面的排名能力分數，也就是新 PR 值，在最後的排名演算法中，這個新 PR 值成為排名因素之一。也就是說，連結距離越短，離種子頁面越近，Google 就認為這個非種子頁面越重要，排名能力越高。

連結距離的計算不需要疊代，所以新 PR 值相比原版 PR 值的計算要快得多，而在代表非種子頁面重要性上，我相信 Google 對兩種演算法做過對比，發現準確性差不多，所以就用來代替原來的 PR 值了。

專利最後面提到了另一個概念：簡化連結網路圖（Reduced Link-Graph），不過沒有進一步說明這個概念有什麼作用，僅用一個段落介紹簡化連結網路圖這個概念後，專利內容就結束了。不過，簡化連結網路圖有可能和連結品質判斷、企鵝演算法更新等相關。

在圖 2-19 中，所有頁面之間的所有連結組成一個完整的連結網路圖，其中只由最短連結距離通路組成的連結被稱為簡化連結網路圖，也就是用來計算新 PR 值的那些連結。顯然，簡化連結網路圖是完整連結網路的一個子集，不過每個頁面的連結距離都已經保留在簡化連結網路圖中了，去掉的那些連結對頁面連結距離和新 PR 值不造成影響。在簡化連結網路圖中，每個頁面獲得的連結權重來源都可以回溯到距離最近的種子頁面。

如果一個非種子頁面完全沒有可以從種子頁面集合到達的連結通路，也就是前面說的連結距離為無限大，這個非種子頁面將被排除在簡化連結網路圖之外。如果一個非種子頁面得到的連結都來自簡化連結網路圖之外，雖然連結總數可能很大，但其連結距離依然是無限大。

換句話說，在簡化連結網路圖之外的連結是被忽略掉的，無論其有多少個。聯想到 Penguin 4.0 演算法更新，其中一個特徵就是，垃圾連結是被忽略掉的，不被計入連結的流動中，這和基於連結距離的 PR 值非常相似。

2.5.5 Hilltop 演算法

Hilltop 演算法是由 Krishna Bharat 在 2000 年左右研究的，於 2001 年申請了專利，並且把專利授權給 Google 使用，後來 Krishna Bharat 本人也加入了 Google。

Hilltop 演算法可以簡單理解為與主題相關的 PR 值。傳統 PR 值與特定關鍵字或主題沒有關聯，只計算連結關係。這就有可能出現某種漏洞。比如一個關於環保內容的大學頁面的 PR 值極高，上面有一個連結連向一個兒童用品網站，這個連結出現的原因可能僅僅是因為這個大學頁面維護人是個教授，他太太在那個賣兒童用品的公司工作。這種與主題無關、卻有著極高 PR 值的連結，有可能使一些權威性、相關性並不高的網站反而獲得很好的排名。

Hilltop 演算法就在嘗試矯正這種可能出現的疏漏。Hilltop 演算法同樣是計算連結關係，不過它更關注來自主題相關頁面的連結權重。Hilltop 演算法把這種主題相關頁面稱為專家文件。顯然，它針對不同主題或搜尋詞有不同的專家文件。

根據 Hilltop 演算法，使用者搜尋查詢詞後，Google 先按正常排名演算法找到一系列相關頁面並排名，然後計算這些頁面有多少是來自專家文件的、與主題相關的連結，來自專家文件的連結越多，頁面的排名分值越高。按 Hilltop 演算法的最初構想，一個頁面至少要有兩個來自專家文件的連結，才能傳回一定的 Hilltop 值，不然傳回的 Hilltop 值將為零。

根據專家文件連結計算的分值被稱為 LocalRank。排名程式根據 LocalRank 值，對原本傳統排名演算法計算的排名做重新調整，給出最後排名。這就是前面討論的搜尋引擎在排名階段最後的過濾和調整步驟。

Hilltop 演算法在最初寫論文和申請專利時對專家文件的選擇有不同描述。在最初的研究中，Krishna Bharat 把專家文件定義為包含特定主題內容，並且有比較多匯出連結到第三方網站的頁面，這有些類似於 HITS 演算法中的樞紐頁面。專家文件連結指向的頁面與專家文件本身應該沒有關聯，這種關聯指的是來自同一個主域名下的子域名，來自相同或相似 IP 位址的頁面等。最常見的專家文件通常來自學校、政府及專業組織網站。

在最初的 Hilltop 演算法中，專家文件是預先挑選的。搜尋引擎可以根據最常見的搜尋詞，預先計算出一套專家文件，使用者搜尋時，排名演算法從事先計算的專家文件集合中選出與搜尋詞相關的專家文件子集，再從這個子集中的連結計算 LocalRank 值。

不過在 2001 年所申請的專利中，Krishna Bharat 描述了另外一個挑選專家文件的方法。專家文件並不預先選擇，使用者搜尋特定查詢詞後，搜尋引擎按傳統演算法挑出一系列初始相關頁面，這些頁面就是專家文件。Hilltop 演算法在這個頁面集合中再次計算哪些網頁有來自集合中其他頁面的連結，並為其賦予比較高的 LocalRank 值。由傳統演算法得到的頁面集合已經具備了相關性，這些頁面再提供連結給某一個特定頁面，這些連結的權重自然就很高了。這種挑選專家文件的方法是即時進行的。

通常認為 Hilltop 演算法對 2003 年底的佛羅里達更新有重大影響，不過 Hilltop 演算法是否真的已經被融入進 Google 排名演算法中，沒有人能夠確定。Google 從來沒有承認，但也沒有否認自己的排名演算法中使用了這項專利。不過從對排名結果的觀察和招攬 Krishna Bharat 至麾下等跡象看，Hilltop 演算法得到了 Google 的極大重視。

Hilltop 演算法提示 SEO，建設外部連結時更應該關注與主題相關，並且本身排名就不錯的網站和頁面。最簡單的方法是搜尋某個關鍵字，目前排在前面的頁面就是最好的連結來源，甚至可能一個來自競爭對手網站的連結效果是最好的。當然，獲得這樣的連結難度最大。這裡說的排在前面，是指排名前幾百位的頁面，而不僅僅是普通使用者會看的前二三十位頁面，能排在前幾百位都已經算是專家文件了。

2.6 使用者如何瀏覽和點擊搜尋結果

使用者搜尋查詢詞後，搜尋引擎通常傳回 10 個自然搜尋結果。由於上下順序的差異，使用者對這 10 個自然搜尋結果列表的瀏覽和點擊有很大差別，再加上地圖結果、全站連結、整合搜尋結果、精選摘要、知心搜尋 / 知識圖譜等各種內容的混排，使用者在搜尋結果頁面的點擊差異越來越大。本節介紹使用者在搜尋結果頁面上的瀏覽方式，包括對關注度及點擊的一些研究。

2.6.1 英文搜尋結果頁面

頁面瀏覽主要的研究方法之一是視線跟蹤（eye-tracking），使用特殊的裝置跟蹤使用者目光在搜尋結果頁面上的瀏覽及點擊資料。enquiro.com 就是專門做這方面實驗和統計的公司。2005 年初，enquiro.com 聯合 eyetools.com 和 did-it.com 兩家公司進行了一次很著名的視線跟蹤實驗，實驗資料於 2005 年 6 月發表，提出在 SEO 業界著名的使用者視線分布金三角圖像，也有人稱其為「F 型」瀏覽圖像，如圖 2-20 所示。

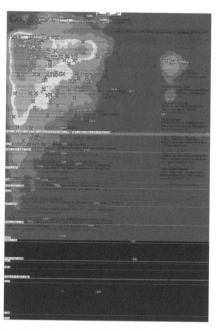

圖 2-20 著名的使用者視線分布金三角

圖 2-20 中的顏色區塊代表使用者目光的停留位置及關注時間，圖像中的「×」號代表點擊。從圖中可以看到，典型搜尋使用者打開搜尋結果頁面後，目光會首先放在最左上角，然後向正下方移動，挨個瀏覽搜尋結果，當看到感興趣的頁面時，橫向向右閱讀頁面標題。排在最上面的結果得到的目光關注度最多，越往下越少，形成一個所謂的「金三角」。金三角中的搜尋結果都有比較高的目光關注度。這個金三角結束於第一頁底部的排名結果，使用者下拉頁面查看第二頁結果的機率大為降低。

這個瀏覽統計是針對 Google 搜尋結果頁面做。後來 enquiro.com 針對 Yahoo! 及 MSN 等主流搜尋引擎搜尋結果頁面做的實驗也取得大致相同的結果，如圖 2-21 所示。

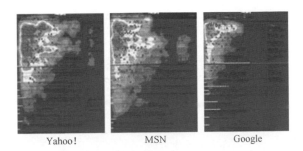

圖 2-21　主流搜尋引擎都存在視線分布金三角

2009 年 Google 官方部落格也發布了一個類似的視線跟蹤實驗結果，確認了 enquiro.com 的金三角圖像。Google 的實驗結果如圖 2-22 所示。

圖 2-22　Google 官方部落格發布的視線分布金三角圖像

2006 年 10 月，康乃爾大學做了更進一步的實驗和統計，記錄了 397 次實驗對象（搜尋使用者）對搜尋結果的關注時間及點擊分布，其實驗顯示的資料如圖 2-23 所示。

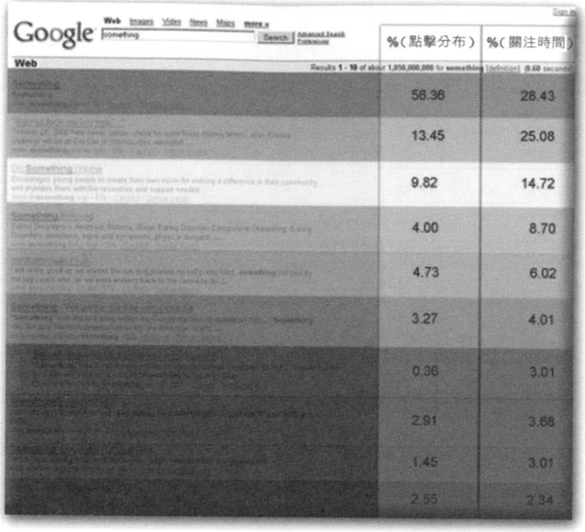

圖 2-23　康乃爾大學實驗顯示的搜尋結果關注時間及點擊分布

我們可以看到，排名在前三位的頁面得到的關注時間相差不大，尤其是前兩位差距很小，但是點擊次數卻有很大差異。排名第一位的搜尋結果占據了 56.36% 的點擊，排名第二位的搜尋結果，其點擊量不到第一位的四分之一，第四位以後點閱率更是急劇下降。唯一的特例是排名第十位的點擊結果，比第九位稍微多了一點。原因可能是使用者瀏覽到最後一個結果時沒有更多的結果可看，也沒有其他選擇，於是就點擊了最後一個頁面。

中間還有一個值得注意的結果，排名第七位的頁面點閱率非常低，只占 0.36%。這是因為前六位結果都處在第一屏，使用者如果在第一屏沒有找到滿意結果，就會拉動右側滑動條看第二屏內容。不過大多數使用者不會剛好把螢幕下拉到第七位結果排在最上面，而是直接拉動到頁面最下面，這樣第七位結果反倒已經跑到第二屏之外，很多使用者根本沒看到第七位排名頁面。

圖 2-24 所示為把關注時間及點擊次數按曲線顯示的結果。黑色是關注時間，灰色是點擊次數。

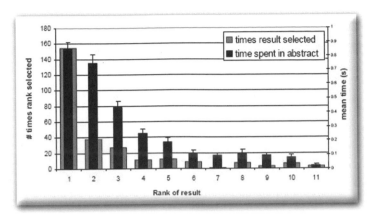

圖 2-24　關注時間及點擊次數按曲線顯示

可以更清楚地看到，關注時間是按比較平滑的曲線下降的，而點擊次數在第一位和第二位結果上有了巨大的差別，從第二位之後才形成比較平滑的曲線。

上面的實驗資料來自於對使用者搜尋的觀察記錄，還不是來自搜尋引擎的真正點擊資料，而且樣本數量有限。

2006 年 8 月，美國線上（AOL）因為疏忽洩漏了三個月的真實搜尋記錄，包括 2006 年 3 月 1 日到 5 月 31 日的 1900 萬次搜尋，1080 多萬不同的搜尋詞，還包括 658,000 個使用者 ID。這份資料洩露後引起了軒然大波。雖然使用者 ID 都是匿名的，但是搜尋詞本身就可能洩露個人隱私，使得有心人士可以從這份資料中挖掘出不少與具體個人相關聯的資料。

也有 SEO 人員對這些搜尋記錄做了大量統計，得出搜尋結果頁面的真實點擊資料。有人從 9,038,794 個搜尋中統計到 4,926,623 次點擊，這些點擊在頁面排名前 10 名的搜尋結果中分布如表 2-4 所示。

表 2-4　根據 AOL 洩露資料計算的搜尋結果點擊分布（前 10 名）

頁面排名	點擊次數	占點擊總數比例
1	2,075,765	42.13%
2	586,100,	11.90%
3	418,643	8.50%

頁面排名	點擊次數	占點擊總數比例
4	298,532	6.06%
5	242,169	4.92%
6	199,541	4.05%
7	168,080	3.41%
8	148,489	3.01%
9	140,356	2.85%
10	147,551	2.99%

從這份資料中可以看到，第一頁點擊分布與康乃爾大學的資料大體相當。排名第一位的結果獲得了 42.13% 的點閱率，排名第二位的結果點擊次數大幅下降，僅為第一位的四分之一。頁面排名在第一頁的 10 個結果，總共獲得所有點擊流量的 89.82%。第二頁排名第 11 ～ 20 的結果，得到 4.37% 的點擊。第三頁只得到 2.42%。前 5 頁共計占據了 99% 以上的點擊。

這是目前為止我們所能看到的唯一一份來自搜尋引擎的真實點擊資料，對 SEO 有很高的參考價值。

舉例來說，同樣是提高一位排名，從第十位提高到第九位，與從第二位提高到第一位獲得的流量提升有天壤之別。很多公司和 SEO 把排名進入前十或前五當作目標，但實際上第十名或第五名與第一名流量上的差距非常大。這就給我們一個啟示，有的時候我們可以找到網站有哪些關鍵字排名在第二位，想辦法把它提高到第一位，這樣就能使流量翻好幾倍。

AOL 的資料權威、真實，但距今已有十多年了，這個資料現在還適用嗎？近些年還有不少公司統計並發布了搜尋點擊資料，其結論與上面 AOL 資料揭示的結果大同小異，有程度的變化，但沒有趨勢上的本質變化。

下表列出了幾個公司近年來發布的搜尋點擊分布資料對比。由於採樣範圍、時間、統計方法等的不同，不同公司的資料有出入，但有三點是沒有疑義的，且多年來沒有大變化。

表 2-5　搜尋點擊分布資料對比

排名	AOL （2006年）	Chitika （2010年）	Slingshot （2011年）	Caphyon （2014年）	IMN （2017年）	Backlinko （2019年）
1	42.1%	34.35%	18.20%	31.24%	21.12%	31.73%
2	11.90%	16.96%	10.05%	14.04%	10.65%	24.71%
3	8.50%	11.42%	7.22%	9.85%	7.57%	18.66%
4	6.10%	7.73%	4.81%	6.97%	4.66%	13.60%
5	4.90%	6.19%	3.09%	5.50%	3.42%	9.51%
6	4.10%	5.05%	2.76%		2.56%	6.23%
7	3.40%	4.02%	1.88%	3.73% （6～10 名總計）	2.69%	4.15%
8	3.00%	3.47%	1.75%		1.74%	3.12%
9	2.80%	2.85%	1.52%		1.74%	2.97%
10	3.00%	2.71%	1.04%		1.64%	3.09%
前 10 名總計	89.71%	95.00%	52.00%	71.33%	57.00%	99.22%

- 排名第一的點閱率雖沒有 40% 以上這麼高，但依然遠高於後面排名的點閱率。

- 排名第二位到第六位的點閱率急劇下降。

- 第一頁搜尋結果占據了大部分點擊。

搜尋結果點擊資料對 SEO 人員預估流量也有著重要意義，第 3 章將進行更詳細的討論。

2.6.2　中文搜尋結果頁面

上面介紹的視線跟蹤及點擊資料都是針對英文網站及美國使用者的。那麼中文搜尋引擎的情況如何呢？

2007 年 4 月，enquiro.com 做了 Google 中文搜尋結果頁面實驗。參與實驗的是 50 個 18 ～ 25 歲的中國留學生，這些留學生來到美國只有幾個星期，正在就讀語言培訓班，所以其瀏覽習慣大體上還與主流中文使用者相同，沒有受英文使用者瀏覽習慣太大的影響。這次實驗的結果如圖 2-25 所示。

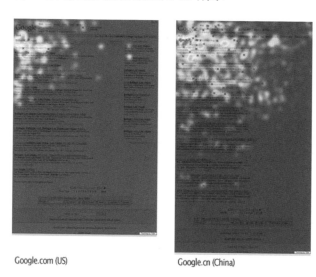

圖 2-25　英文使用者與中文使用者視線分布對比

圖 2-25 是英文版 Google 與中文版 Google 頁面上，英文使用者與中文使用者的視線分布對比。可以明顯看出，相對於英文 Google 上比較規則的 F 型分布，中文使用者在 Google 中文上的瀏覽更具隨機性。雖然大體上呈現的還是對最上面的頁面關注時間比較多，越往下越少。英文使用者會視線垂直向下的瀏覽結果，看到感興趣的結果則向右方移動目光，閱讀頁面標題或說明。而中文使用者的目光更多地像是橫向隨機跳動，點擊也是比較隨機的，視線及點擊分布都更廣。

與英文使用者搜尋瀏覽習慣相比，中文使用者似乎花費了更長時間、瀏覽了更大範圍，才能找到自己想要的結果。英文使用者在 Google 上平均 8 ～ 10 秒就找到想要的結果，而中文使用者在 Google 上則需要花 30 秒。這一方面說明中文搜尋結果比英文搜尋結果的準確度低，另一方面也更可能是因為語言表達方面的差異。中文句子裡的詞都是連在一起的，使用者必須花多時間真正閱讀標題，才能了解列出的搜尋結果是否符合自己的要求。而英文單字之間有空格分隔，更利於瀏覽，使用者很容易在一瞥之下就能看到自己搜尋的關鍵字。

目前還沒有見到中文搜尋結果頁面的點擊資料統計。顯然，前面介紹的點擊資料不完全適用於中文搜尋結果頁面。從視線分布的差異推論，百度搜尋結果點閱率沒有呈現英文那樣急劇下降的趨勢，排在第五六位與排在第一位應該不會相差 10 倍之多。預估中文關鍵字流量時，不能照搬英文點擊資料，還要參考自己網站的點擊資料。

2.6.3　整合搜尋及其他搜尋功能

近幾年隨著整合搜尋的流行，搜尋結果頁面中出現圖片、影片、新聞、地圖等結果，再加上精選摘要、知識圖譜等展現方式，整個頁面排版方式的變化必然影響使用者的瀏覽和點擊方式。

2007 年 9 月，enquiro.com 又做了整合搜尋結果的視線跟蹤實驗，其視線分布結果如圖 2-26 所示。圖中的字母 A、B、C、D 是使用者視線瀏覽順序。

可以看到，當有圖片出現在搜尋結果頁面上部時，使用者目光不再是從頁面最左上角開始，而是首先把目光放了圖片上，接著向右移動查看圖片對應的搜尋結果是否符合自己的要求。然後使用

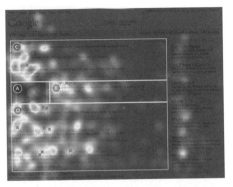

圖 2-26　整合搜尋結果對視線分布的影響

者視線再回到左上角重新向下瀏覽，看到合適的頁面時再向右側移動目光閱讀頁面標題和說明。

很明顯，圖片的出現完全改變了使用者的瀏覽方式，極大地吸引了使用者視線。因此，整合搜尋結果不僅獲得排名比普通頁面要容易，競爭更小，而一旦出現排名也更能吸引使用者眼球並獲得點擊。

enquiro.com 對整合搜尋結果的實驗也發現，帶有圖片的列表常常發揮分隔作用。如圖 2-27 所示，使用者把圖片當成了橫向分隔線，分隔線之上的搜尋結果獲得很大的視線關注，分隔線之下的搜尋結果則較少被瀏覽。

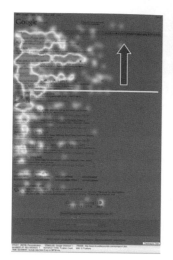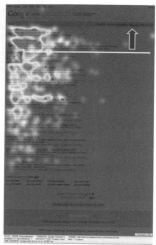

圖 2-27　整合搜尋結果中出現的圖片具有分隔作用

這對傳統的關注於頁面排名的 SEO 來說是個挑戰，而且是自己無法克服的挑戰。好在這個實驗是 2007 年進行的，當時整合搜尋結果還是個新鮮事物，使用者不太習慣，因此會吸引更多的不成比例的視線。當使用者對帶有圖片、影片等搜尋結果習以為常後，其瀏覽和點擊方式又會有變化。如果搜尋結果絕大部分都是圖文展現的形式，上述實驗個別位置的圖片對視線的吸引及分割作用就很小了。

2014 年 10 月，Mediative 公司（就是改名後的 enquiro.com）發布了更新後的搜尋結果頁面的視線跟蹤實驗。他們的實驗內容很多，涵蓋了知識圖譜、地圖結果、商戶互動圖片長廊（carousel）、廣告等的影響。這裡簡單介紹幾個。

實驗結果表明，當搜尋結果只包含傳統的 10 個文字內容時，金三角圖像基本保持穩定，但縱向瀏覽增加，瀏覽速度加快，2014 年視線跟蹤實驗的金三角圖像如圖 2-28 所示。

圖 2-28　2014 年視線跟蹤實驗的金三角圖像

Mediative 公司也給出了點擊資料，排在第一位的搜尋結果得到 34% 的點擊，比 2006 年有所降低，和其他點擊統計到的變化趨勢一樣。前 4 位搜尋結果共得到了 76% 的點擊，比重略有上升，但在誤差範圍內。

當有廣告、地圖、圖片等整合搜尋結果出現時，視線分布產生了較大變化，如圖 2-29 所示。

實驗結果顯示，使用者視線不再形成位於左上角的金三角圖像，由於第一個自然搜尋結果往往不在左上角，使用者開始在其他地方尋找自然搜尋結果。同時，橫向瀏覽（查看頁面標題等）減少，縱向瀏覽大大增加，使用者已經知道品質最高的自然搜尋結果不一定在頁面的固定位置，所以開始習慣於更快速地瀏覽，從

圖 2-29　2014 年有整合搜尋結果時的視線分布

而找到自己感興趣的結果。使用者在頁面上瀏覽的搜尋結果數量有所增加，但對每個搜尋結果的瀏覽時間降低了，2005 年，使用者對每個搜尋結果查看了將近 2 秒，2014 年縮短到 1.17 秒。

雖然視線分布變化較大，但點擊分布變化沒有那麼大。自然搜尋結果中排名第一位的還是得到了 32.5% 的點擊，前四名共計得到了 62% 的點擊。使用者視線雖然被干擾分散，但那些干擾因素並沒有強到可以吸引點擊。

前面介紹的知識圖譜和精選摘要等搜尋結果顯示樣式現在出現得越來越普遍，這對 SEO 是個不小的打擊，因為使用者不用瀏覽其他網站，在搜尋結果頁面上就看到答案了。Mediative 公司的實驗也證實了這一點，知識圖譜和精選摘要結果對使用者注意視線的影響如圖 2-30 所示，使用者在 Google 搜尋「紐奧良天氣」，想找的資訊在搜尋結果頁面上一目了然。

Advanced Web Ranking 提供了一個很有意思的
互動工具，使用者可以使用其查看 Google 搜
尋結果頁面在各種情況下的最新點閱率，網址
如下：

https://www.advancedwebranking.com/ctrstudy/

如圖 2-31 所示為 2020 年 9 月的 PC 搜尋結果
頁面，出現全站連結時和只有自然搜尋結果的
點閱率對比。只有自然搜尋結果時，第一位搜
尋結果點閱率為 37%，有全站連結時，第一位
搜尋結果（也就是全站連結那個網站）點閱率
上升到 57%，第二到第七位點閱率下降，第一
頁最後三個和第二頁前兩個搜尋結果點閱率則
明顯升高。

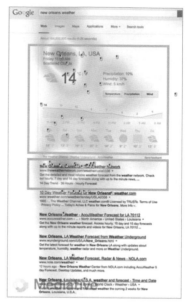

圖 2-30　Google 知識圖譜結果
影響使用者注意視線

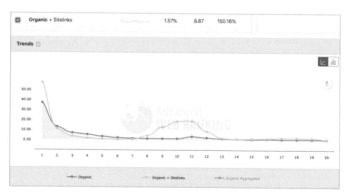

圖 2-31　出現全站連結和只有自然搜尋結果的點閱率

圖 2-32 是出現知識圖譜或精選摘要時的點閱率。有精選摘要時，精選摘要來源頁
面（排在第零位的搜尋結果）的平均點閱率並不會上升，而是下降到 21.32%，因
為很多查詢問題的答案已經顯示在頁面上了。但精選摘要的出現使排在第二、第
三位的搜尋結果點閱率稍微上升。同樣，有知識圖譜時，左側自然搜尋結果第一
位的點閱率下降到 24.97%，第二位開始點閱率更是極速下降。

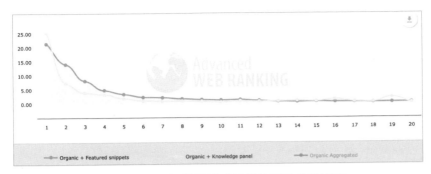

圖 2-32　出現知識圖譜或精選摘要時的點閱率

圖 2-33 是出現 OneBox 或圖片搜尋結果時的點閱率。可以看到，這兩種情況下，排在第一位的自然搜尋結果點閱率更是下降到百分之十幾。

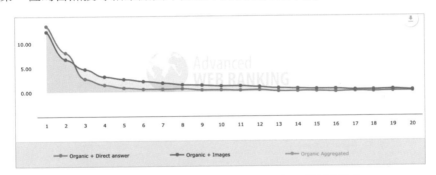

圖 2-33　出現 OneBox 或圖片搜尋結果時的點閱率

根據使用者視線及點閱率的最新資料，可以得出以下結論：

- 在出現整合搜尋及各種其他顯示格式（全站連結、知識圖譜等）時，自然搜尋結果的點閱率差異非常大，第一位搜尋結果點閱率可低至百分之十幾，也可高達百分之五十幾。

- 除了全站連結顯著提高了點閱率，其他搜尋功能和顯示格式幾乎都使自然排名結果點閱率下降。

- 自然排名位置依然至關重要。使用者即使不知道自然排名會在搜尋結果的什麼地方出現，還是會主動去尋找。很多使用者已經習慣性忽略廣告了。

- 雖然其他干擾因素吸引了大量注意力，但還沒有吸引同等比例的點擊，雖然點閱率下降，但點擊還是集中在自然排名上。

- SEO 應該想盡一切辦法豐富自己頁面的顯示格式，如增加圖片、影片、結構化標記，以形成複合式摘要和知心搜尋／知識圖譜、地圖和本地資訊等。現在不僅排名位置很重要，呈現方式也越來越重要。

2.6.4 行動搜尋結果頁面

現在行動搜尋已經超過 PC 搜尋，那麼使用者在行動搜尋結果頁面上的點擊情況如何？ Advanced Web Ranking 提供的互動工具也可以查看行動搜尋在各種情況下的點閱率，感興趣的讀者可以選擇、搭配不同情況進行對比。資料表明，上一節中最後的五點結論同樣適用於行動搜尋結果頁面。

這裡以 Sistrix 公司於 2020 年 7 月發布的專門針對行動搜尋所做的點擊資料分析作為佐證。Sistrix 公司收集、清理並分析了合作夥伴 Google 站長工具後台提供的 6 千萬關鍵字，十億級別頁面的行動搜尋顯示和點擊資料。

圖 2-34 是只有自然搜尋結果時的行動搜尋結果第一頁的點閱率。排在第一的頁面點閱率是 34.2%，後面的搜尋結果點閱率快速下降。

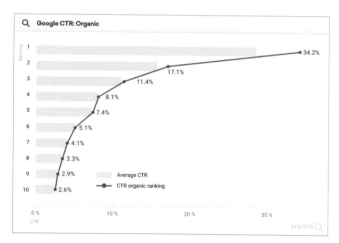

圖 2-34　只有自然搜尋結果時的行動搜尋結果第一頁的點閱率

圖 2-35 是出現全站連結時的行動搜尋第一頁點閱率。和 PC 端一樣，全站連結對自身點閱率有很大提升，達到 46.9%，但是後面幾個搜尋結果點閱率下降得更快。

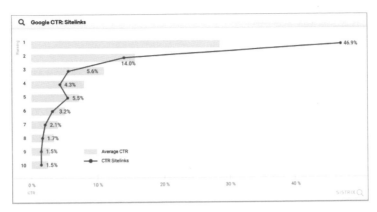

圖 2-35　出現全站連結時的行動搜尋第一頁的點閱率

圖 2-36 是出現精選摘要時的行動搜尋第一頁的點閱率。精選摘要會使來源頁面的點閱率下降，但有意思的是，它使排在第二位、第三位的搜尋結果的點閱率都上升了，這個特點也和 PC 端搜尋一樣。

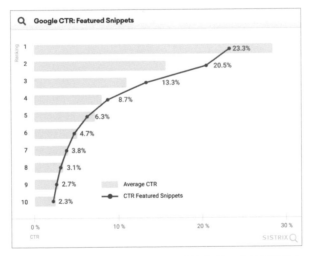

圖 2-36　出現精選摘要時的行動搜尋第一頁的點閱率

其他分析結果就不一一列舉了，結果和 PC 端搜尋基本一致，知識圖譜、圖片、影片、新聞等搜尋結果都會讓其他自然搜尋結果的點閱率下降，OneBox 和頂部 Shopping 廣告影響最大。

2.7 進階搜尋指令

使用者除了可以透過搜尋引擎搜尋普通查詢詞，還可以使用一些特殊的進階搜尋指令。這些搜尋指令是普通使用者很少會用到的，但對 SEO 人員進行競爭對手研究和尋找外部連結資源卻很有幫助。本節就簡單介紹常用的進階搜尋指令。

2.7.1 雙引號

把搜尋詞放在雙引號（""）中，代表完全匹配搜尋，也就是說，搜尋結果傳回的頁面包含雙引號中出現的所有詞，連順序也完全相同。

以搜尋「Python X ChatGPT」為例，不使用雙引號的搜尋結果如圖 2-37 所示。

圖 2-37　不使用雙引號的搜尋結果

從圖 2-37 中可以看到，傳回的結果高達 68,600,000 筆，而且出現的關鍵字並不是完整的「Python X ChatGPT」，有的頁面中「Python」、「Excel」分別出現在不同地方，中間有間隔，順序也不相同。把「Python X ChatGPT」放在雙引號中再搜尋，搜尋時使用雙引號的搜尋結果如圖 2-38 所示。可以看到，傳回的搜尋結果只剩下 1200 筆，而且是完全按順序出現「Python X ChatGPT」這個搜尋字串的頁面。

圖 2-38　搜尋時使用雙引號的搜尋結果

使用雙引號搜尋可以更準確地找到特定關鍵詞組的真正競爭對手，詞組分開且不按順序出現的頁面，高機率只是因為偶然，查詢詞至少一次完全匹配地出現在頁面上，才具有比較高的相關性。當然，現在人工智慧演算法還能傳回表面上沒有完全匹配，甚至不出現查詢詞，但意義卻高度相關的頁面。相關介紹可參考第10.14 節。

2.7.2　減號

減號（-）代表搜尋不包含減號後面的詞的頁面。使用這個指令時，減號前面必須是空格，而減號後面沒有空格，緊跟著需要排除的詞。

比如搜尋「新加」這個詞時，Google 傳回的普通的不使用減號的搜尋結果如圖2-39 所示。

圖 2-39　不使用減號的搜尋結果

排名靠前的是關於新加坡的頁面。如果我們搜尋「新加 - 坡」，傳回的則是包含「新加」這個詞，卻不包含「坡」這個詞的搜尋結果，搜尋時使用減號的搜尋結果如圖 2-40 所示。

圖 2-40　搜尋時使用減號的搜尋結果

使用減號也可以更準確地找到需要的檔案，尤其是在某些詞有多種意義時。比如，搜尋「蘋果 - 電影」，傳回的搜尋結果頁面就基本排除了《蘋果》這部電影的結果，而不會影響蘋果電腦和蘋果作為水果的內容。

2.7.3　星號

星號（*）是常用的萬用字元，也可以用在搜尋中。

比如搜尋「郭 * 綱」，其中的 * 號代表任何文字。傳回的搜尋結果不僅包含「郭德綱」，還包含了「郭明綱」、「郭的綱」等內容，也可以包含「郭綱」或「郭麒麟綱」等。

2.7.4　inurl:

inurl: 指令用於搜尋查詢詞出現在 URL 中的頁面。inurl: 指令支援中文和英文。由於關鍵字出現在 URL 中對排名有一定影響，在 URL 中包含關鍵字是 SEO 一般操作，因此，使用 inurl: 搜尋可以更準確地找到競爭對手，尤其是英文搜尋。URL 對中文的支援並不完善，經常出現亂碼，所以在 URL 中加入中文關鍵字越來越少見。

2.7.5　inanchor:

inanchor: 指令傳回的搜尋結果是匯入連結錨文字中包含搜尋詞的頁面。

比如，在 Google 搜尋「inanchor: 點擊這裡」，傳回的搜尋結果頁面本身並不一定包含「點擊這裡」這四個字，而是指向這些頁面的連結錨文字中出現的「點擊這裡」這四個字。

在後面的章節中會討論，連結錨文字是關鍵字排名因素之一，有經驗的 SEO 會盡量讓外部連結錨文字中出現一定次數的目標關鍵字。因此，使用 inanchor: 指令可以找到某個關鍵字的競爭對手，而且這些競爭對手往往是做過 SEO 的。研究競爭對手頁面有哪些外部連結，就可以找到很多連結資源。

2.7.6　intitle:

intitle: 指令傳回的是頁面 Title 中包含關鍵字的頁面。

Title（標題）是頁面最佳化的最重要因素。做 SEO 的人無論要做哪個詞的排名，都會把關鍵字放進 Title 中。因此使用 intitle: 指令找到的檔案才是更準確的競爭頁面。如果關鍵字只出現在頁面可見文字中，而沒有出現在 Title 中，大部分情況是並沒有針對關鍵字進行最佳化，也不是有力的競爭對手。

比如搜尋「zac 博客」，普通搜尋結果如圖 2-41 所示，雖然我的網站首頁 Title 沒有這幾個字，但搜尋引擎還是能夠知道使用者想找的是什麼。

圖 2-41　普通搜尋結果

但搜尋「intitle:zac 博客」，我的網站就不會出現，因為確實不滿足 Title 包含「zac 博客」這個要求，傳回的是符合要求的、Title 有這幾個字的頁面，搜尋結果如圖 2-42 所示。

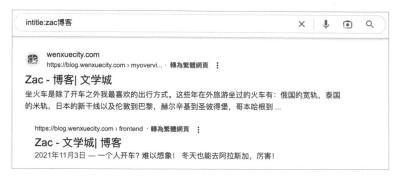

圖 2-42 intitle: 指令搜尋結果

2.7.7 allintitle:

allintitle: 指令傳回的是頁面標題中包含多組關鍵字的檔案。例如，搜尋：

```
allintitle:SEO 搜尋引擎最佳化
```

就相當於：

```
intitle:SEO intitle: 搜尋引擎最佳化
```

傳回的是標題中既包含「SEO」，又包含「搜尋引擎最佳化」的頁面。

2.7.8 allinurl:

與 allintitle: 指令類似。搜尋：

```
allinurl:SEO 搜尋引擎最佳化
```

就相當於：

```
inurl:SEO inurl: 搜尋引擎最佳化
```

2.7.9　filetype:

filetype: 指令用於搜尋特定的檔案格式。比如搜尋「filetype:pdf SEO」，傳回的搜尋結果就是包含 SEO 這個關鍵字的所有 PDF 檔的頁面，filetype: 指令搜尋結果如圖 2-43 所示。Google 則支援所有能索引的檔案格式，包括 HTML、PHP 等。filetype: 指令用來搜尋特定的資源，如 PDF 電子書、Word 文件等非常有用。

圖 2-43　filetype: 指令搜尋結果

2.7.10　site:

site: 指令是 SEO 最熟悉的進階搜尋指令，用來查詢某個域名下被索引的所有檔案。比如搜尋「site:sgotop.com.tw」傳回的就是 gotop.com.tw 這個域名下的所有被索引頁面，site: 指令搜尋結果如圖 2-44 所示。Google 的 site: 指令很不準確，只能作為參考，若要查看自己網站的準確收錄數，還應以 Google 站長平台資料為準。

圖 2-44 site: 指令搜尋結果

site: 指令也可以用於子域名，比如：

```
site:books.gotop.com.tw
```

搜尋的就是 books.gotop.com.tw 子域名下的所有收錄頁面。而

```
site:gotop.com.tw
```

則包含 gotop.com.tw 本身及其下面所有子域名（包括如 books.gotop.com.tw）下的頁面。

2.7.11 link:

link: 指令是以前 SEO 常用的指令，用來搜尋某個 URL 的反向連結，既包括內部連結，又包括外部連結。比如搜尋：

```
link: gotop.com.tw
```

傳回的就是 gotop.com.tw 的反向連結。搜尋：

```
link: gotop.com.tw -site:gotop.com.tw
```

傳回的則是 gotop.com.tw 的外部連結，並已去除 gotop.com.tw 域名本身的頁面，搜尋結果如圖 2-45 所示。

圖 2-45　link: 指令搜尋結果

Google 的 link: 指令傳回的連結只是 Google 索引庫中的一部分，而且是近乎隨機的一部分，所以用 link: 指令查反向連結只能看到部分樣本。2017 年，Google 直接把這個指令作廢了，所以現在搜尋 link:gotop.com.tw 傳回的有些是反向連結，有些則是包含 link:gotop.com.tw 這個字串的頁面。

2.7.12　linkdomain:

linkdomain: 指令曾經是 SEO 們必用的外部連結查詢工具，但隨著 Yahoo! 放棄了自己的搜尋技術，這個指令已作廢。保留這一節是為了做個紀念，新手 SEO 看到古老的 SEO 資料提到這個指令時也可以有個參考。

linkdomain: 指令只適用於 Yahoo!，傳回的是某個域名的反向連結。當年 Yahoo! 的反向連結資料還比較準確，是 SEO 人員研究競爭對手外部連結情況的重要工具之一。比如搜尋：

```
linkdomain:dunsh.org -site:dunsh.org
```

得到的就是點石網站的外部連結，因為 -site:dunsh.org 已經排除了點石本身的頁面，也就是內部連結，剩下的就都是外部連結了，搜尋結果如圖 2-46 所示。

圖 2-46　Yahoo! 的 linkdomain: 指令搜尋結果

2.7.13　related:

related: 指令只適用於 Google，傳回的搜尋結果是與某個網站有關聯的頁面。比如搜尋：

```
related:google.com
```

我們就可以得到 Google 所認為的與 Google 網站有關聯的其他頁面，related: 指令搜尋結果如圖 2-47 所示。

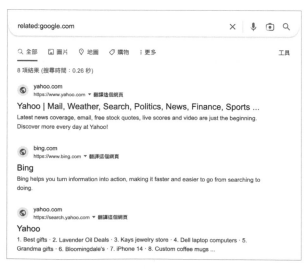

圖 2-47　related: 指令搜尋結果

這種關聯到底指的是什麼，Google 並沒有明確說明，一般認為指的是有共同外部連結的網站。

2.7.14 綜合使用進階搜尋指令

前面介紹的幾個進階搜尋指令，單獨使用可以找到不少資源，或者可以更精確地定位競爭對手。把這些指令混合起來使用則更強大。

比如下面這個指令：

```
inurl:gov 減肥
```

傳回的就是 URL 中包含「gov」頁面中有「減肥」這個詞的頁面。很多 SEO 人員認為政府和學校網站有比較高的權重，找到相關的政府和學校網站，就找到了最好的連結資源。

下面這個指令傳回的是來自 .edu.tw，也就是學校域名上的包含「交換連結」這個詞的頁面：

```
inurl:.edu.tw 交換連結
```

SEO 人員從中可以找到願意交換連結的學校網站。

或者使用一個更精確的搜尋：

```
inurl:.edu.tw intitle: 交換連結
```

傳回的則是來自 edu.tw 域名，標題中包含「交換連結」這四個字的頁面，傳回的結果大部分應該是願意交換連結的學校網站。

再如下面這個指令：

```
inurl:edu.tw/forum/*register
```

傳回的結果是在 .edu.tw 域名上，URL 中包含「forum」以及「register」這兩個單字的頁面，也就是學校論壇的註冊頁面。找到這些論壇後，也就找到了能在高權重域名上留下簽名的很多機會。

以下這個指令傳回的是與減肥有關，且 URL 中包含「links」這個單字的頁面：

```
減肥 inurl:links
```

很多站長把交換連結頁面命名為 links.html 等，所以這個指令傳回的就是與減肥主題相關的交換連結頁面。

下面這個指令傳回的是 URL 中包含「gov.tw」和「links」的頁面，也就是政府域名上的交換連結頁面：

```
allinurl:gov.tw+links
```

進階搜尋指令組合使用變化多端，功能強大。一個合格的 SEO 必須熟練掌握這些常用指令的意義及組合方法，才能更有效地找到更多競爭對手和連結資源。

競爭研究

初做網站的人很容易犯的大錯之一是:一時熱血就貿然進入某個領域,跳過競爭研究,沒規劃好目標關鍵字就開始做網站。這樣做常常會導致兩個結果:一是自己想做的關鍵字排名怎麼也上不去;二是自己認為不錯的關鍵字,排名到了第一也沒什麼流量。

進行競爭研究,確定適當的關鍵字是 SEO 的第一步,而且是必不可少的一步。競爭研究包括關鍵字研究和競爭對手研究。

3.1 為什麼要研究關鍵字

按照市場行銷理論,關鍵字研究就是市場需求研究。研究關鍵字的意義在於以下幾方面。

3.1.1 確保目標關鍵字有人搜尋

網站目標關鍵字的選擇不能想當然,必須經過關鍵字研究的過程,才能確認這個關鍵字確實是有使用者在搜尋的,沒人搜尋的詞沒有任何價值。

對 SEO 沒概念的人確定目標關鍵字時,常常會首先想到公司名稱,或自己特有的產品名稱、商標、品牌名稱等。但是當企業或網站沒有品牌知名度時,沒有使用

者會搜尋公司名、網站名或商標、品牌。產品名稱如果不包含產品的通用名稱，也往往沒人搜尋。

很多時候，即使使用業界最通用的名字，也不一定有足夠的真實搜尋次數。最典型的就是「SEO」這個詞本身。搜尋「SEO」的很多是站長或工具在研究記錄「SEO」這個詞排名的新動向，而不是對 SEO 服務感興趣。

想要確定適當的關鍵字，首先要做的是，確認此關鍵字的使用者搜尋次數能達到一定數量級。如果在這方面做出錯誤的方向選擇，對網站 SEO 的影響將會是災難性的。

3.1.2 降低最佳化難度

尋找有搜尋量的關鍵字，並不意味著就要把目標定在最熱門、搜尋次數最多的詞上，還得考慮有沒有做上去的可能性。雖然搜尋「新聞」、「律師」、「租房」、「機票」、「減肥」、「旅遊」、「化妝品」等這些詞的使用者很多，但是對中小企業和個人站長來說，要把這些詞做到前幾位，難度非常高。可以說，沒有強大的資源、人力支援，想都不用想。做關鍵字研究就是要找到被搜尋次數比較多，同時難度不太大的關鍵字，網站最佳化才有可能在一定的預算、週期下取得較好的效果。把時間、精力、預算花在不可能達到的目標上就是浪費。

3.1.3 尋找有效流量

排名和流量都不是目的，有效流量帶來的轉化才是目的。就算公司有足夠的實力將一些非常熱門的通用關鍵字排到前面，也不一定是投入 / 產出比最好的選擇。

假設網站提供律師服務，將目標關鍵字定為「律師」，一般來說並不是最好的選擇，因為搜尋「律師」的使用者動機和目的是什麼很難判定。使用者有可能是在尋找律師服務，但也可能是在尋找律師資格考試內容，這樣的使用者來到提供律師服務的網站就沒有什麼機會轉化為付費客戶。

如果把目標關鍵字定為「台北律師」，則針對性就要強得多，因為搜尋此詞的使用者已經透露出一定的購買意向。再進一步，如果目標關鍵字定為「台北刑事律

師」，則購買意向或者說商業價值就更高，幾乎可以肯定的是，搜尋此詞的使用者是在尋找特定區域、特定案件的律師服務，一旦這樣的使用者搜尋到你的網站，轉化為客戶的可能性將大大提高。

當然，如果貴公司確實是涵蓋法律所有類型、律師服務的全國性法律服務公司或律師事務所，又有足夠的人力、物力、耐心，那也不妨把「律師」之類的通用詞定為目標關鍵字。

要記住，流量本身並不一定是資產，也可能是浪費頻寬、客服的無謂付出，只有能轉化的有效流量才是資產。尋找精準的、潛在轉化率高的目標關鍵字才是關鍵字研究的目的。

3.1.4　搜尋多樣性

搜尋詞並不局限於我們容易想到的熱門關鍵字。使用者使用的搜尋詞五花八門，很多是站長自己想像不到的。

隨著搜尋經驗越來越豐富，使用者已經知道搜尋很短的、一般性的詞，往往找不到自己想要的內容，而搜尋更為具體的、比較長的詞效果更好。做過網站的人都會從流量分析中發現，很多使用者現在不僅搜尋關鍵字，甚至會搜尋完整的句子。隨著行動搜尋，尤其是語音搜尋的普及，句子式的查詢就更普遍了。

無論是從使用者意圖和商業價值看，還是從搜尋詞長度來看，更為具體的、比較長的搜尋詞都有非常重要的意義。SEO 人員必須知道，使用者除了搜尋專業通稱，還在搜尋哪些更具體的詞，以及搜尋次數是多少，這樣才能確定網站的目標關鍵字。

3.1.5　發現新機會

每個人的思維都會有局限。研發和銷售某些特定產品的人，思路很容易被局限在自己和同事最常用的詞彙上。而使用者需求千變萬化，上網經驗也不同，他們會搜尋各式各樣我們意想不到的詞。Google 員工多次提到過，Google 每天處理的查詢詞有 20% 左右是以前沒出現過的，很多以後也沒有再出現了。

SEO 人員查詢關鍵字擴展工具，或者分析網站流量，是非常有意思而且常常有意外發現的工作。我個人的經驗是，利用關鍵字工具的推薦，挖掘相關關鍵字，很容易幾個小時就過去了。期間，能看到太多自己完全不會去搜尋但卻實實在在有使用者在搜尋的查詢詞。在這個過程中，經常發現有共通性或明顯趨勢的主詞和修飾詞，把這些詞分拆、組合、融入網站上，甚至增加新欄位，是發現新機會、擴展內容來源的最好方式之一。

3.2 關鍵字的選擇

選擇恰當的關鍵字是 SEO 最具技巧性的環節之一。只有選擇正確的關鍵字，才能使網站 SEO 走在正確的大方向上。關鍵字的選擇決定了網站內容規劃、欄目設計、連結結構、外部連結建設等重要的後續步驟。

在介紹選擇關鍵字的步驟前，我們先討論選擇關鍵字的原則。

3.2.1 內容相關

目標關鍵字必須與網站內容或產品具有相關性。SEO 早期曾經流行在頁面上設定甚至堆積搜尋次數多但與本網站沒有實際相關性的關鍵字，也曾發揮過一些作用，能帶來不少流量。但現在這樣的做法早已過時。網站需要的不僅僅是流量，更應該是有效流量，是可以帶來訂單的流量。依靠欺騙性的關鍵字能夠帶來訪客卻不能實現轉化，這對網站毫無意義。這樣的排名和流量不是資產，而是負擔，除了消耗頻寬，沒有其他作用。

如果你的網站提供「台北律師服務」，就不要想著靠「世博會」這種關鍵字帶來流量。拋開難度和可能性不談，就算搜尋這種不相關關鍵字的訪客來到網站，也不會購買你的產品或服務。

當然，某些類型的網站不必硬套這個原則。比如，新聞入口網站或純粹依靠廣告盈利的內容網站。很多入口網站的內容包羅萬象，各類查詢詞都有對應的相關內容，網站上也不賣產品或服務，對這些網站來說，只要有流量，就能顯示廣告，就有一定的價值。

3.2.2 搜尋次數多，競爭小

很顯然，最好的關鍵字是搜尋次數最多、競爭程度最小的那些詞，這樣既能保證將 SEO 的代價降到最低，又能保證將帶來的流量提升至最大。可惜現實不是這麼理想的。大部分搜尋次數多的關鍵字，也是競爭大的關鍵字。不過，透過大量細緻的關鍵字挖掘、擴展，列出搜尋次數及競爭程度資料，還是可以找到搜尋次數相對多、競爭相對小的關鍵字。

研究搜尋次數比較直接、簡單，Google 關鍵字工具提供搜尋量資料。

競爭程度的確定比較複雜，需要參考的資料較多，而且帶有比較大的不確定性。這部分內容請參考 3.3 節。

根據搜尋次數和競爭程度可以大致判斷出關鍵字效能。在相同投入的情況下，效能高的關鍵字獲得好排名的可能性較大，可以帶來更多的流量。

3.2.3 主關鍵字不可太空泛

這實際上是上面兩點的自然推論。關鍵字空泛，競爭太大，所花費的代價太高，搜尋意圖不明確，轉化率也將降低。做房地產的公司，想當然地把「房地產」作為目標關鍵字，做旅遊的公司就把「旅遊」作為目標關鍵字，這都犯了主關鍵字過於空泛的毛病。

一般的通稱都是過於空泛的詞，如「新聞」、「旅遊」、「電器」等。把目標定在這種空泛的詞上，就算費了九牛二虎之力做上去，轉化率也很低，得不償失，而且還可能發現，空泛的詞查詢量其實也不大，並不能帶來多少流量。

當然，如果你的公司就是業界的絕對 No.1，那也不必太客氣，不必把業界通稱詞留給別人，雖然這個詞的流量與長尾總流量相比，可能只占很小比例，但把這種詞做上去更攸關品牌。

3.2.4 主關鍵字也不能太特殊

選擇主關鍵字也不能走向另一個極端。太特殊、太長的詞，搜尋次數將大大降低，甚至沒有人搜尋，因此不能作為網站的主關鍵字。

如果說「律師」這個詞太空泛，那麼選擇「台北律師」比較適當。根據不同公司業務範圍，可能「台北刑事律師」更合適。但是如果選擇「台北信義區律師」就不可靠了。這種已經屬於長尾關鍵字，可以考慮以內頁最佳化，放在網站首頁肯定不合適。

太特殊的關鍵字還包括公司名稱、品牌名稱、產品名稱等。所以，網站主關鍵字（或者稱為網站核心關鍵字）既不能太長、太空泛，也不能太短、太特殊，需要在二者之間找到一個平衡點。

3.2.5 商業價值

不同的關鍵字有不同的商業價值，就算搜尋量、難度、長度相同，也會產生不同的轉化率。

例如搜尋「液晶電視原理」的使用者購買意圖就比較低，商業價值也低，他們很可能是在做研究，學習液晶電視知識而已。而搜尋「液晶電檢視片」的使用者商業價值就稍微高一些，很可能是在尋找、購買液晶電視的過程中想看看產品實物有哪些選擇。搜尋「液晶電視價格」，購買意圖大大提高，已經進入產品比較選擇階段。而搜尋「液晶電視促銷」或「液晶電視購買」，其商業價值進一步提高，一個大減價訊息就可能促成使用者做出最後的購買決定。

在進行關鍵字研究時，SEO 人員可以透過各種方式查詢到大量的搜尋詞，透過常識就能判斷出不同搜尋詞的購買可能性。購買意圖強烈、商業價值較高的關鍵字應該是最佳化時最先考慮的，無論內容規劃，還是內部連結安排，都要予以側重。

3.3 關鍵字競爭程度判斷

關鍵字選擇最核心的要求是搜尋次數多、競爭程度小。搜尋次數可以透過搜尋引擎本身提供的關鍵字工具和指數查看，簡單明瞭，數值比較確定。

而競爭程度判斷起來就要複雜得多。下面列出幾個可以用於判斷關鍵字競爭程度的因素。每個因素單獨看都不能完整、準確地說明關鍵字的競爭情況，必須整體

考慮。更為困難的是，有的因素在數值上並不確定，比如對於競爭對手網站的最佳化水準，無法給出一個確定數值。這幾個競爭程度表現因素哪個占的比例更大，也沒有一定的結論。所以，基於經驗的主觀判斷就變得非常重要了。

3.3.1　搜尋結果數

搜尋結果頁面都會顯示這個查詢詞傳回的相關頁面總數。這個搜尋結果數是搜尋引擎經過計算認為與查詢詞相關的所有頁面，也就是參與這個關鍵字競爭的所有頁面。

顯然，搜尋結果數越大，競爭程度越大。通常，搜尋結果數在 10 萬以下，競爭很小，稍微認真地做一個網站，就可以獲得很好的排名。權重高的域名上經過適當最佳化的內頁也可以迅速獲得排名。

搜尋結果數達到幾十萬，代表關鍵字有一定難度，需要一個品質和權重都不錯的網站才能競爭。

搜尋結果數達到一兩百萬及以上，代表關鍵字已經進入比較熱門的門檻。新網站排名到前幾位的可能性大大降低，需要堅持擴展內容，建立外部連結，達到一定域名權重才能成功。

搜尋結果數達到千萬級別以上，通常是通用名稱，競爭非常激烈，只有大站、權重高的網站才能獲得好的排名。

上面只是大致而論，實際情況千差萬別。有的關鍵字雖然搜尋結果數很大，但沒有任何商業價值，競爭程度並不高，比如，「我們」、「方法」、「公園」等這些常見卻很一般化的詞，出現在網頁上的機率高，搜尋結果數自然很高，但搜尋的次數不多，商業價值反而很低。

而某些關鍵字看似搜尋結果數並不多，但是因為商業價值高，競爭程度非常激烈。比如，某些疑難雜症的治療方法、藥品等。

查看搜尋結果數時，查詢詞可以加雙引號，也可以不加雙引號。由於雙引號的意義是完全匹配，加雙引號的搜尋結果數通常比不加雙引號的小，實際上具有將競

爭頁面縮小到更精準範圍的作用。當然,在進行比較時,要在使用相同方法的條件下比較,要不加雙引號就都不加,要加就都加。

3.3.2　intitle 結果數

使用 intitle: 指令搜尋得到的結果數如圖 3-1 所示。

單純搜尋查詢詞傳回的結果中包括頁面上出現關鍵字,但頁面標題中沒有出現關鍵字的頁面,這些頁面雖然也有一定的相關性,但很可能只是偶然在頁面上提到關鍵字而已,並沒有針對關鍵字進行最佳化。在第 5 章中將提到,頁面最佳化的最重要因素之一就是 Title 中包含關鍵字。這些 Title 中不包含關鍵字的頁面競爭實力較低,在做關鍵字研究時可以排除在外。

圖 3-1　intitle: 指令搜尋結果

標題中出現關鍵字的頁面才是真正的,而且往往是有 SEO 意識的競爭對手。

3.3.3　競價結果數

搜尋結果頁面有多少個廣告結果,也是衡量競爭程度的指標之一。

一般來說,廣告商內部有專業人員做關鍵字研究和廣告投放,他們必然已經做了詳細的競爭程度分析、盈利分析及效果監測,只有能產生效果和盈利的關鍵字,

他們才會持續投放廣告。如果說搜尋結果數還只是網路內容數量帶來的競爭，那麼競價數則是拿著真金白銀與你競爭的，真實存在的競爭對手數目。

以前所有 PC 搜尋結果頁面右側最多顯示 8 個廣告，比較有商業價值的關鍵字，通常都會顯示滿 8 個廣告結果。如果某個關鍵字搜尋頁面右側只有兩三個廣告，表示關注這個詞的網站還比較少，競爭較低。現在 Google 已經完全取消右側廣告位了。

目前，Google 在搜尋結果頁面左側頂部有 4 個廣告位，在左側底部有 3 個廣告位。觀察這些廣告位是否顯示滿廣告，可以幫助判斷願意出價的廣告商，也就是競爭對手有多少。

要注意的是，競價結果數需要在白天的工作時間查看。廣告商投放競價廣告時，經常會設定為深夜停止廣告。對於經常晚上工作的 SEO 人員來說，如果半夜查看搜尋結果頁面，沒看到幾個廣告商，就認為沒有多少人參與競價，很可能導致誤判。

3.3.4　競價價格

幾大搜尋引擎都提供關鍵字工具，讓廣告商投放前就能看到某個關鍵字的大致價格，能排到第幾位，以及能帶來多少點擊流量。如 Google 的「關鍵字規劃工具 [1]」。如圖 3-2 所示是 Google 關鍵字規劃工具顯示的與「減肥」相關的幾個關鍵字競價價格及預估點擊流量。

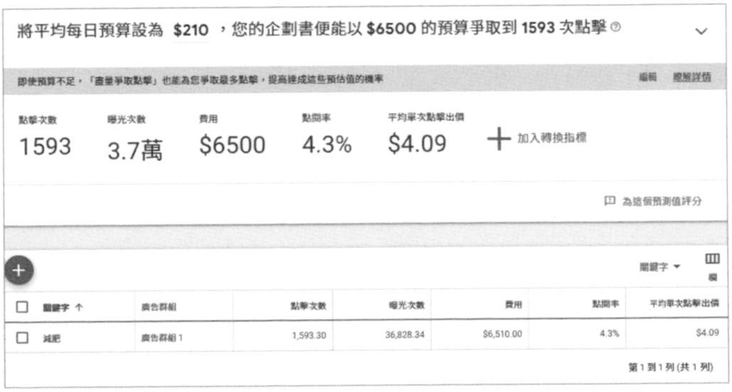

圖 3-2　Google 關鍵字規劃工具顯示相關的關鍵字競價價格及預估點擊流量

1　https://ads.google.com/home/tools/keyword-planner/

顯然，競價價格越高，競爭程度也越高。當然也不能排除是兩三個廣告商為了爭搶廣告位第一名而掀起了價格戰，把本來競爭程度不太高的關鍵字推到了很高的價格。實際上，如果廣告商只想出現在第四位或第五位的話，競價價格就會大幅下降，參與競價的廣告商人數也沒有那麼多。

另外，某些利潤率高的行業，搜尋競價經常超出自然排名的真正競爭程度，比如律師服務、特效藥品，這些產品及服務的特性決定了一個訂單的利潤可能是成千上萬的，因而企業可以把競價提到相當高的程度，甚至一個點擊幾十塊錢也不罕見。而銷售書籍、服裝、小家電等，利潤不是很高，競價價格也不可能太高。廣告價格的巨大差異，並不表示自然搜尋競爭程度真的有這麼大的差別。

3.3.5　競爭對手情況

自然搜尋結果排在前面的主要競爭對手情況，包括外部連結數量品質、網站結構、頁面關鍵字最佳化等。這部分很難量化，而且本身包含了眾多因素。我們在後面的 3.11 節再詳細討論。

3.3.6　內頁排名數量

搜尋結果頁面前 10 位或前 20 位中，有多少是網站首頁？有多少是網站內頁？這在一定程度上說明了競爭程度。一般來說，排在前面的內頁數越多，代表競爭越小。

通常，網站首頁是權重最高的頁面，排名能力也最強。如果一個關鍵字排在前 20 位的頁面多數是網站內頁，說明使用首頁特意最佳化這個關鍵字的網站不多。如果自己的網站首頁能夠針對這個關鍵字進行最佳化，獲得好排名的機會就比較大。如果有權重比較高的域名，分類頁面甚至產品頁面也都有機會獲得好排名。

要注意的是，這裡所說的內頁指的是一般網站內頁。如果排在前面的是大型知名入口網站的頻道首頁，他們經常使用的也是單獨子域名，這種頁面應視同網站首頁。權重高的網站，頻道首頁權重也比一般網站首頁高得多。

綜合上面幾種指標，SEO 人員可以結合經驗給關鍵字設定一個競爭程度指數，範例如表 3-1 所示。

表 3-1 關鍵字競爭程度指數範例

關鍵字	搜尋結果數	intitle 數	競價數	平均點擊價格（元）	競爭對手實力	前 10 位內頁數	競爭指數
減肥	66,400,000	9,030,000	8+3+2	1.64	9	4	10
運動減肥	17,800,000	829,000	6+1+1	0.99	5	8	7
快速減肥	16,400,000	2,050,000	8+3+2	2.04	7	4	9
飲食減肥	13,900,000	6,200,000	5+0+0	0.94	6	7	8
節食減肥	1,870,000	131,000	1+0+0	0	5	9	4
蘋果減肥	3,370,000	5,790,000	1+0+0	0.76	6	8	7
腹部減肥	2,060,000	278,000	3+0+0	7.19	5	8	7
臉部減肥	6,520,000	192,000	1+0+0	0	3	10	3
快走減肥	5,110,000	14,500	0	0.34	4	9	3
跑步減肥	1,460,000	273,000	0	1.07	4	9	6

註：（1）除了競爭對手實力和競爭指數是估算得出，表中其他所列是實際資料。有些看似不合邏輯的地方，如有的有廣告出現，平均競價價格卻是 0，以及有的有競價價格，卻沒廣告，這可能和觀察時間、資料統計時間差異有關。（2）關於表中的競價數以 8+3+2 為例，是指以前自然搜尋結果頁面右側廣告有 8 個，上部（自然搜尋結果前）有 3 個，下部（自然搜尋結果後）有 2 個。現在廣告位分布已經不同，而且搜尋引擎還可能繼續修改，讀者實際工作時可以改為其他適合的格式，如頂部廣告數 + 混排廣告數 + 右側廣告數。（3）競爭對手實力的判斷請參考 3.11 節。

3.4 核心關鍵字

選擇關鍵字的第一步是確定網站的核心關鍵字。

核心關鍵字通常就是網站首頁的目標關鍵字。一般來說，整個網站會有很多目標關鍵字，這些關鍵字不可能都集中在首頁上進行最佳化，而是合理地分布在整個網站，形成金字塔形結構。其中，難度最大、搜尋次數最多的兩三個是核心關鍵字，放在首頁；難度次一級、搜尋量少些但數量更多的關鍵字，放在欄目或分類首頁；難度更低的關鍵字，搜尋量更少，數量更為龐大，放在具體產品或文章頁面。

整個網站的關鍵字按照搜尋次數、競爭程度、最佳化難度逐級分布。關鍵在於確定核心關鍵字，首頁的核心關鍵字一旦確定，其下的欄目及產品頁面關鍵字也就相應確定了。

3.4.1 腦力激盪

確定核心關鍵字的第一步是列出與自己網站產品相關的、盡量多的、同時比較熱門的搜尋詞，可以透過腦力激盪先列出待選詞。

建議你問自己如下幾個問題：

- 你的網站能為使用者解決什麼問題？
- 使用者遇到這些問題時，會搜尋什麼樣的關鍵字？
- 如果你自己是使用者，在尋找這些問題的答案時會怎麼搜尋？
- 使用者在尋找你的產品時會搜尋什麼關鍵字？

只要具備一定的常識，並且了解自己的產品，就一定能列出至少一、二十個備選核心關鍵字。

3.4.2 同事、朋友

一個人的靈感有限，可以找幾個同事一起「腦力激盪」。不要給自己和別人設限，想到什麼就全都記下來。有的時候公司內部人員因為對自己的產品太過熟悉，反倒限制了想法，不容易從一般使用者的角度出發。這時就可以問一下公司之外的親戚朋友，在尋找你公司的產品或服務時會搜尋什麼關鍵字。

3.4.3 競爭對手

另一個備選關鍵字的來源是競爭對手。查看競爭對手網站首頁原始檔，關鍵字標籤列出了什麼關鍵字？標題標籤中又出現了什麼關鍵字？有實力的競爭對手應該已經做了功課，他們的網站最佳化的關鍵字很可能就是不錯的選擇。

現在很多網站沒有寫關鍵字標籤。標題標籤長度有限，再加上吸引點擊的考慮，不一定完整列出目標關鍵字。但首頁正文內容中一定會出現網站的核心關鍵字。

Google 關鍵字工具有一個功能很多人都忽略了，那就是除了列出關鍵字搜尋次數，Google 關鍵字工具還可以根據某個頁面的正文內容提煉出最相關的關鍵字。無論網站怎麼寫標籤，正文內容是沒辦法隱藏的，從正文中提煉的關鍵字通常是非常準確的。

3.4.4　查詢搜尋次數

經過自己及朋友、同事的腦力激盪和檢查競爭對手網站之後，再使用 Google 關鍵字工具之類的工具，查詢這些關鍵字的搜尋次數，可獲得「平均每月搜尋量」資料。同時，這些工具也會提供很多相關的關鍵字，也許有前面沒有想到也沒有查到的。

選出其中搜尋次數比較多的幾十個關鍵字，記錄下 Google 搜尋次數，再列出這些關鍵字對應的競爭指數和潛在效能，範例如表 3-2 所示。

表 3-2　關鍵字對應的競爭指數和潛在效能範例

關鍵詞	Google 月搜尋次數	競爭指數	潛在效能
減肥	673000	10	7
運動減肥	201000	7	6
快速減肥	301000	803	5
飲食減肥	135000	118	3
節食減肥	16500	155	8
蘋果減肥	8100	176	5
腹部減肥	5400	202	5
臉部減肥	60500	163	7
快走減肥	1000	0	4
跑步減肥	1300	236	2

有時候需要快速查看幾個關鍵字的搜尋次數對比，這時可以在 Google 趨勢中輸入多個關鍵字，之間用逗號隔開，能夠很直覺地看出搜尋量差別，如圖 3-3 所示。

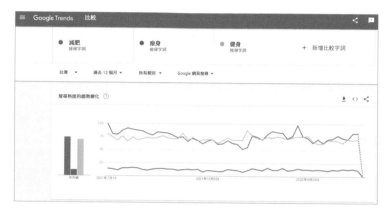

圖 3-3　Google 趨勢直觀顯示搜尋量差別

3.4.5　確定核心關鍵字

面對幾十個甚至是幾百個關鍵字，要選出兩三個作為網站的核心關鍵字，通常有幾種情況和策略。

對中小企業網站、個人網站及有志於從事電子商務的新站來說，核心關鍵字最好是效能最高的幾個關鍵字，也就是搜尋次數相對比較多、競爭指數相對比較小的幾個關鍵字，如表 3-3 中的「節食減肥」、「臉部減肥」。這樣既保證了足夠的搜尋量及最佳化成功後帶來的流量，又兼顧可行性。新站、小站把目標放在搜尋次數最多的熱門關鍵字上並不是一個務實的做法。

對於有資源、有實力並且有決心的公司來說，也可以把目標定在搜尋次數最多的幾個關鍵字上，只要這幾個詞不是太空泛。像前面所說，除非你想打敗 Yahoo! 這類已經成為領導品牌的網站，不然把「新聞」定為核心關鍵字是毫無意義的。就算把核心關鍵字確定在搜尋次數最多的幾個詞上，也要做關鍵字研究，因為次一級關鍵字在網站上的分布還是需要研究和安排的。

有的公司產品早就存在，但沒有太大的靈活性，所以不得不把核心關鍵字放在產品的通用稱呼上。這時候可能需要在產品名稱前加上限定詞，才有可能獲得比較好的排名。

這裡強調一下，本節中列出的關鍵字搜尋次數、競爭指數、潛在效能等數字只是範例，目的是讓讀者明白關鍵字研究的方法，請讀者不要把範例解讀為減肥領域的 SEO 建議。主要有以下幾點原因：

- 作為範例，此處並沒有列出可以判斷全域的足夠多的關鍵字。
- 列出的搜尋次數、指數、競價情況等雖然是真實數字，但都不是最新的，讀者查詢時得到的資料肯定已經發生變化。
- 各公司或站長有自己的產品情況，不能僅看關鍵字，還要與自己的產品相關。例如，如果公司銷售運動器材，顯然不適合把「節食減肥」作為核心關鍵字。
- 我本人對減肥產業沒有任何了解，標示的競爭指數可能與實際情況有很大出入。目前排名靠前的網站可能是減肥產業很強的域名，而我不了解，只作為普通網站判斷。

無論採取哪種策略，一般來說核心關鍵字設定 3 個左右比較合適，不要超過 4 個。

上述過程列出的其他關鍵字資料，後面還會用到，並不會浪費。

3.5　關鍵字擴展

確定了核心關鍵字後，接下來就是進行關鍵字擴展。對一個稍有規模的網站來說，研究幾十個關鍵字並不夠，還需要找出更多比核心關鍵字搜尋次數少一些的關鍵字，安排到次級分類或頻道首頁。挖掘擴展出幾百、幾千個關鍵字都很常見。

擴展關鍵字可以透過下面幾種方式。

3.5.1　關鍵字工具

使用關鍵字規劃工具查詢任何一個關鍵字，Google 都會列出至少幾十個相關關鍵字。再取其中的任何一個重新查詢，又可以帶出另外幾十個關鍵字。透過這種聯想式的不斷挖掘，就可以輕而易舉地擴展出幾百、幾千個關鍵字。

SEO 可以把 Google 提供的關鍵字下載為 Excel 檔，在 Excel 中合併得到所有相關詞，刪除重複及搜尋量很低的關鍵字，再按搜尋次數排序，就能得到有一定搜尋量的大量關鍵字。

3.5.2　搜尋建議

在 Google 搜尋框中輸入核心關鍵字，搜尋框會自動顯示與此相關的建議關鍵字，如圖 3-4 所示。

圖 3-4　Google 搜尋建議關鍵字

3.5.3　相關搜尋

Google 的搜尋結果頁面底部可以看到搜尋引擎給出的相關搜尋，如圖 3-5 所示。一般來說，搜尋建議和相關搜尋中的擴展詞在 Google 的關鍵字工具中都會出現，但搜尋建議和相關搜尋使用最簡單，是快速開拓思路的好方法。

圖 3-5　Google 相關搜尋

3.5.4　各種形式的變體

1. 同義詞

假設核心關鍵字是「酒店」，與酒店基本同義的還有飯店、旅館、住宿、旅店、賓館等。再如網站推廣、網路推廣、網路行銷的意義也很相近。

2. 相關詞

這裡指的是雖然不同義，但作用卻非常類似的詞。如網站建設、網頁設計、網路行銷與 SEO 非常相關，其目標客戶群也大致相同。

3. 簡寫

如 Google PR 值與 Google PageRank，台灣大學與台大，台北車站與北車。

4. 錯字

還有一類字變體是錯字。如 SEO 每天一貼與 SEO 每天一帖，點石與電石。有不少使用者使用注音輸入法經常會輸入錯字、同音字，所以產生一些搜尋量。但是最佳化錯別字就不可避免地要在頁面中出現這些錯別字，可能會給網站使用者帶來負面觀感，使用時需要非常小心。

3.5.5　補充說明文字

核心關鍵字可以加上各種形式的補充說明。

1. 地名

有的核心關鍵字配合地名就會很明顯，比如：

- 旅遊 —— 東京旅遊、韓國旅遊、歐洲旅遊。
- 酒店 —— 台北酒店、台中酒店。

有的關鍵字看似與地理位置無關，卻有不少使用者會加上地名搜尋，經常與當地購買有關，因此商業價值比較高，例如：

- 高雄辦公家具、台中辦公家具、台北辦公家具。
- 桃園鮮花、板橋鮮花。

究竟哪種核心關鍵字配合地名有搜尋量，需要在使用搜尋引擎關鍵字工具擴展時注意觀察和總結，規律性往往是比較明顯的。有的關鍵字就完全沒有人加上地名進行搜尋，比如：減肥。

2. 品牌

核心關鍵字加上品牌名稱也是很常見的形式，比如：

- 電視機 —— LG 電視機、SONY 電視機。
- 手機 —— 三星手機、蘋果手機、小米手機。

3. 限定詞和形容詞

包括前綴和後綴。比如：

- 主機 —— 免費主機、國外主機、免費伺服器。
- 電視機 —— 電視機價格、電視機促銷。
- 京東商城 —— 京東商城官方網站。

上面提到的免費、促銷、價格、官方網站這些附加限定詞都很常見。便宜、怎樣、是什麼、好嗎、評測、圖片等也都是常見的限定詞。

在做核心關鍵字研究、使用搜尋引擎工具時，會見到各式各樣的限定詞和形容詞，經常出現和查詢數較大的詞，都應該記下來。

3.5.6 網站流量分析

查看網站現有流量，分析使用者都搜尋什麼關鍵字來到網站時，經常能看到一些站長自己並沒有想到的關鍵字。使用者之所以能搜尋這些關鍵字找到網站，說明

搜尋引擎認為你的網站與這種關鍵字有比較高的相關性。把這些關鍵字輸入到關鍵字工具，生成更多相關詞，也是一個很好的關鍵字擴展方式。

3.5.7 單字交叉組合

上面提到的核心關鍵字、同義詞、相關詞、簡寫、地名、品牌、限定和形容詞等，放在一起又可以交叉組合出多種變化形式。如台北辦公家具價格、蝦皮商城電視機促銷、小米手機評價、東京旅遊攻略等。

如果前面已經找到了幾百個關鍵字，將它們交叉組合起來很容易生成數萬個擴展關鍵字。這些組合起來比較長的關鍵字可能搜尋次數並不多，但數量龐大，累計能帶來的流量潛力也是非常可觀的。這類關鍵字在詞庫生成、產品條件篩選系統等方面經常有很大用處。

3.6 關鍵字分布

經過核心關鍵字確定與關鍵字擴展，應該已經得到一個至少包含幾百個相關關鍵字的大列表。這些關鍵字需要合理分布在整個網站上。

最佳化多個關鍵字是很多初學 SEO 的人都感到迷惑的問題。顯然不可能把這麼多關鍵字都放在首頁上，否則頁面內容撰寫、連結建設、內部連結及錨文字的安排都將無所適從。

3.6.1 金字塔形結構

金字塔形結構是一個比較合理的整站關鍵字布局形式。核心關鍵字相當於塔尖部分，只有兩到三個，使用首頁最佳化。次一級關鍵字相當於塔身部分，可能有幾十個，放在一級分類（或頻道、欄目）首頁。意義最相關的兩三個關鍵字放在一起，成為一個一級分類的目標關鍵字。

再次一級的關鍵字則放置於二級分類首頁。同樣，每個分類首頁針對兩三個關鍵字，整個網站在這一級的目標關鍵字將達到幾百個甚至上千個。小型網站經常用不到二級分類。更多的長尾關鍵字處於塔底，放在具體產品（或文章、新聞）頁面。

3.6.2　關鍵字分組

得到關鍵字擴展列表後，接下來重要的一步是將這些關鍵字進行邏輯性分組，每一組關鍵字對應一個分類。

以旅遊為例。假設核心關鍵字確定為雲南旅遊，次級關鍵字可能包括昆明旅遊、麗江旅遊、大理旅遊、西雙版納旅遊、香格里拉旅遊等，這些詞放在一級分類首頁。

每個一級分類下，還可以再劃分出多個二級分類。如大理旅遊下又可以設定大理旅遊景點、大理旅遊地圖、大理旅遊攻略、大理美食、大理旅遊交通、大理旅遊自由行等，這些關鍵字放在二級分類首頁。

再往下，凡屬於大理地區內的景點介紹文章，則放在大理旅遊景點二級分類下的文章頁面。

這樣，整個網站將形成一個很有邏輯的結構，不僅使用者瀏覽起來方便，搜尋引擎也能更好地理解各分類與頁面的內容關係。

有的行業並不像旅遊一樣有地區這種明顯的劃分標準，所以關鍵字分組的邏輯性並不明顯。比如「減肥」這種詞，就需要在進行關鍵字擴展時，可按照生活常識將關鍵字分成多個組別。

經過關鍵字擴展得到相關關鍵字列表後，按搜尋量排序，整體觀察這些關鍵字後，可以從邏輯意義上分為幾種，如圖 3-6 所示。

減肥類關鍵字大致可以分為飲食減肥、減肥方法、局部減肥、快速減肥、運動減肥等一級分類。然後將所有關鍵字按上述分類進行分組，放在不同的表內，如圖 3-7 所示。可以看到，凡是和局部減肥有關的詞就放在局部減肥表內，飲食減肥、快速減肥等有關詞做同樣處理。

	A	B	C	D
1	關鍵字	廣告客戶競爭程度	本地搜尋量:12月	全球每月搜尋量
2	[減肥]	1	673000	673000
3	[dhc 減肥]	0.4	673000	140
4	[快速 減肥 方法]	0.93	450000	8100
5	[瘦身 減肥 方法]	0.66	450000	6600
6	[運動 減肥 方法]	0.86	450000	1600
7	[綠色 減肥]	0.66	301000	12100
8	[減肥 公斤]	0.73	301000	-1
9	[快速 減肥]	1	301000	165000
10	[減肥 瘦身]	1	301000	5500000
11	[減肥 法]	1	301000	8100
12	[冬季 減肥]	0.86	301000	3600
13	[減肥 湯]	0.86	301000	880
14	[減肥 絕招]	0.73	301000	260
15	[運動 減肥]	0.86	201000	14800
16	[蘋果 減肥]	0.93	201000	3600
17	[節食 減肥]	0.86	165000	1300
18	[辟穀 減肥]	0.6	165000	720
19	[夏日 減肥]	0.6	165000	260
20	[腹部 快速 減肥 方法]	0.73	135000	2400
21	[減肥 香蕉]	0.4	135000	28
22	[飲食 減肥]	0.86	135000	1300
23	[快速 減肥 瘦身 方法]	0.8	135000	8100
24	[蘋果 餐 減肥]	0.6	135000	36
25	[運動 減肥 瘦身]	0.66	135000	390
26	[運動 減肥 法]	0.73	135000	590
27	[針灸 減肥 食譜]	0.66	135000	1600
28	[減肥 餐]	0.86	90500	2400
29	[快速 減肥 食譜]	0.8	90500	1000
30	[腹部 減肥 法]	0.66	74000	320
31	[腹部 減肥 瘦身]	0.86	74000	14800
	[健康 減肥 食譜]	0.86	74000	33400

工作表1　+

圖 3-6　相關關鍵字按搜尋量排序

	A	B	C	D
1	[腹部 快速 減肥 方法]	0.73	135000	2400
2	[腹部 減肥 法]	0.66	74000	320
3	[臉 部 減肥]	0.73	60500	880
4	[下半身 減肥]	0.8	22200	320
5	[腹部 減肥 影片]	0.46	6600	390
6	[腹部 減肥]	1	5400	33100
7	[瑜珈 腹部 減肥 法]	0.4	480	320
8	[大腿 減肥]	0.86	3890	1900
9	[腹部 減肥 的 最好 方法]	0.66	390	1000
10	[腰部 減肥]	0.86	390	1600
11	[手臂 減肥]	0.73	390	720
12	[腿 部 減肥]	0.8	260	1600
13	[啤酒肚 減肥]	0.46	210	73
14	[腿 減肥]	0.4	170	91
15	[減肥 小腿]	0.53	170	110

局部減肥　飲食減肥　快速減肥　瘦身減肥　總表

圖 3-7　將關鍵字分組

從一級分類列表裡可以看出能夠進行劃分的二級分類，如局部減肥可以分為腹部減肥、大腿減肥、臉部減肥等。使用 Excel 將關鍵字進行合併、排序、分組後，整個網站的關鍵字金字塔結構就清晰地展現出來了，整個網站的欄目規劃和分類結構也就確定下來了。

做 SEO 一定要記住這一點，網站規劃和整體結構的根據是源自於關鍵字研究，不是來自於自己的假設，也不是來自老闆的指示。我見過不少網站，主導覽下的一級分類頁面是董事長的話、公司組織架構、最新團康活動……網站不是給自己或老闆看的，是用來滿足使用者需求的，而使用者需求是透過關鍵字表現出來的。

3.6.3 關鍵字布局

進行關鍵字布局時，還要注意以下兩點：

- 每個頁面只針對兩三個關鍵字，不能過多。這樣才能在頁面寫作時更有針對性，使頁面主題更突出。

- 避免內部競爭。同一個關鍵字，不要重複在網站的多個頁面上最佳化。有的站長認為同一個詞使用多個頁面最佳化，獲得排名的機會多一點。其實這是誤解，只能造成不必要的內部競爭。無論你為同一個關鍵字建造多少個頁面，搜尋引擎一般來說也只會挑出最相關的一個頁面排在前面。使用多個頁面既造成內容寫作的困擾，也分散了內部權重及錨文字效果，很可能使所有頁面沒有一個是突出的。

關鍵字研究決定內容策劃。從關鍵字布局可以看到，網站要策劃、撰寫哪些內容，在很大程度上是由關鍵字研究決定的，每個版塊都針對一組明確的關鍵字進行內容組織。關鍵字研究做得越詳細，內容策劃就越順利。內容編輯部門可以依據關鍵字列表不停地製造內容，將網站做大、做強。雖然網站的大小與特定關鍵字排名沒有直接關係，但是內容越多，創造出的連結和排名機會就越多。

3.6.4 關鍵字—URL 對應表

關鍵字分組和布局完成後，建議 SEO 部門將關鍵字搜尋次數、目標 URL 等情況列表，如表 3-3 所示。

尤其重要的是，每一個重要關鍵字（網站首頁及分類首頁）都必須事先確定目標頁面，不要讓搜尋引擎自己去挑選哪個頁面與哪個關鍵字最相關。SEO 人員自己就要有意識地確定好每一個關鍵字的對應最佳化頁面，技術、前端、編輯等相關部門也都要知曉，這樣在做內容組織和內部連結時才能做到有的放矢。

表 3-3　將關鍵字分配至 URL

關鍵詞	Google 月搜尋	競爭 指數	目標 URL	是否 已收錄	目前 排名	目前月搜尋 流量（次）
減肥瘦身	301000	10	www.domain.com	是	78	35
飲食減肥	135000	8	www.domain.com/yinshi/	是	21	29
腹部減肥	5400	7	www.domain.com/jubu/fubu/	否	無	無

3.6.5　關鍵字庫

有技術能力的公司和站長可以透過各種來源得到關鍵字表，建立包含幾萬、幾十萬，甚至上百萬關鍵字的詞庫。前面討論的關鍵字來源大多是透過自動收集獲得的。Google 提供競價 API，搜尋建議、相關搜尋、第三方工具資料是可以透過程式採集的。關鍵字和各種限定詞交叉組合，也可以自動生成大量關鍵字。第三方工具的關鍵字庫也是可以購買的。

幾十萬以上關鍵字的詞庫在使用上顯然要複雜得多。不可能使用 Excel 之類的工具進行人工處理，必然要有資料庫和程式。關鍵字分類不可能透過人工的方式處理，而使用程式處理就會產生分詞、關鍵字提取、移除重複資料、關係識別、自動分類等技術問題。

在內容建立上，最簡單的形式還是由編輯從詞庫中選取關鍵字，然後撰寫、組織內容。大型網站內容足夠多時也完全可以充分利用現有內容，以標籤、聚合、站內搜尋等形式生成針對特定關鍵字的內容聚合頁面。詞庫越大，頁面越多，覆蓋關鍵字越多，越能展現大站和長尾的威力。

當然，這也不意味著幾個大站就能獨霸天下，把所有關鍵字都做了。即使是大公司、大站，在使用關鍵字庫生成聚合頁面時，也必須考慮頁面相關性和品質問題，處理不好同樣會被懲罰。這樣的案例其實不少。

大型網站建立詞庫後不僅可以用於欄目、內容的規劃，建立聚合頁面，也可以應用於自動標籤、相關產品或內容的推薦連結等方面。

3.7 長尾關鍵字

長尾理論來自著名的《連線》雜誌主編 Chris Anderson 於 2004 年開始在《連線》雜誌發表的系列文章，他在自己撰寫的《長尾理論》這本書中也進行了具體闡述。Chris Anderson 研究了亞馬遜書店、Google，以及錄影帶出租網站 Netflix（是的，Netflix 當初是做錄影帶出租的）等的消費資料，提出了長尾理論。

3.7.1 長尾理論

所謂長尾理論，是指當商品儲存、流通、展示的場地和渠道足夠寬廣，商品生產成本急劇下降以至於個人都可以進行生產，並且商品的銷售成本急劇降低時，幾乎任何以前看似需求極低的產品，只要有人賣，都會有人買。這些需求和銷量不高的產品所占的市場占有率總和，可以和少數主流產品的市場占有率相媲美，甚至更大。

在傳統媒體領域，大眾每天接觸的都是經過主流媒體（如電視台、電台、報紙）所挑選出來的產品，諸如各電台每個月評選的十大暢銷金曲，每個月票房最高的電影。圖書市場也如此，權威的報紙雜誌經常推出暢銷書名單。大眾消費者無論品味差距有多大，在現實中都不得不處在主流媒體的狂轟濫炸之下，消費不得不趨向統一，所有的人都看相同的電影、書籍，聽相同的音樂。

網路及電子商務改變了這種情況。實體商店再大，也只能容下一萬本左右的書籍。但亞馬遜書店及 Netflix 這樣的錄影帶出租網站，其銷售場所完全不受實體空間限制。在亞馬遜書店，網站本身只是一個巨大的資料庫，網站能提供的書籍可以毫無困難地擴張到幾萬、幾十萬，甚至是幾百萬本。

有各式各樣奇怪愛好的消費者都可以在網路上找到自己喜愛的書籍、唱片。網路書店可以出售非常另類、沒有廣泛需求的書，可以上架一年只賣出一本的罕見書給一位消費者，行銷成本並不顯著增加。實體商店就無法做到這一點，不可能為了照顧那些有另類愛好的人，而特意把一年只賣一本的書放在店面裡。實體商店貨架展示成本是非常高的。

根據 Chris Anderson 對亞馬遜書店、Netflix 網站及 Google 的研究，這種另類的、單一銷售量極小的產品種類龐大，其銷售總數並不遜於流行排行榜中的熱門產品。這類網站的典型銷售數字曲線如圖 3-8 所示，也就是著名的長尾效應示意圖。

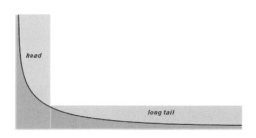

圖 3-8　長尾效應示意圖

橫軸是產品受歡迎程度，縱軸是相應的銷售數字。可以看到，最受歡迎的一部分產品，也就是左側所謂的「頭」部，種類不多，但單個銷量都很大。「長尾」指的是右側種類數量巨大，但單個產品需求和銷售都很小的那部分。長尾可以延長到近乎無窮。雖然長尾部分每個產品銷量不多，但因為長尾很長，其總銷量及利潤與頭部可以媲美。這就是只有在網路上才能實現的長尾效應。

3.7.2　搜尋長尾

在 SEO 領域，較長的、比較具體的、搜尋次數比較低的詞就是長尾關鍵字。單個長尾詞搜尋次數小，但詞的總體數量龐大，加起來的總搜尋次數不比熱門關鍵字的搜尋次數少，甚至會更多，而且搜尋意圖更明確，是名副其實的流量金礦。大型網站長尾流量往往遠超過熱門詞的流量。另一個 SEO 人員關注長尾詞的重要原因是，長尾詞競爭小，使大規模排名提高成為可能。

搜尋領域是長尾理論體現得最明顯的地方，因為渠道足夠寬，每個使用者的電腦都是渠道；送貨、生產成本低，搜尋引擎傳回每一個搜尋結果的成本幾乎可以忽略不計；使用者需求足夠多元化，搜什麼的都有。

搜尋引擎工程師確認過，被搜尋的關鍵字中有很大一部分搜尋量很小，但總體數量龐大。前面提到過，Google 工程師多次指出，Google 每天處理的查詢詞中有 20% ～ 25% 是以前從來沒出現過的。甚至有的搜尋詞只被一個使用者搜尋過一次，之後再也沒有出現過。

在長尾這個詞被發明以前，SEO 業界早就確立了同樣的關鍵字原則，只不過沒有長尾關鍵字這個名詞而已。長尾理論被提出以後，最常使用的就是 SEO 業界，因為這個詞非常具體地說明了大家一直以來已經在遵循的關鍵字選擇原則。

很多站長從流量統計中也可以明顯看到長尾現象。主要熱門關鍵字就算排名不錯，帶來的流量也經常比不過數量龐大的長尾關鍵字。可以說，長尾關鍵字是大中型網站的流量主力。大部分大型網站長尾流量至少占到一半以上，達到百分之七八十以上也屬於正常。所以做好長尾是增加流量的關鍵之一。

長尾效應在小網站上較難發揮力量。大中型網站主要關鍵字就算每天能帶來幾千訪問量，與網站的幾萬、幾十萬日流量相比，還是個小小的零頭。真正帶來大量流量的，還是數百萬的長尾網頁。小網站沒有大量頁面做基礎，也無法有效吸引長尾搜尋。

3.7.3　怎樣做長尾關鍵字

做好長尾既簡單又困難。說它簡單是因為，一般來說，不需要也無法做深入關鍵字研究，也不需要刻意最佳化特定的長尾關鍵字。由於數量龐大，去查看搜尋次數、專門人工調整頁面最佳化都是不可行的，只能透過大量有效內容及網站結構方面的最佳化確保頁面收錄。只要關鍵字庫和網站規模夠大，網站結構良好，頁面基本最佳化做好，長尾關鍵字排名就能全面提高。

曾有站長在論壇中詢問，怎樣做長尾關鍵字的研究？其實這很難。一個網站做幾百、幾千個關鍵字的研究具有可行性，但這個數量算不上是長尾詞。真正體現長尾效應的網站至少要幾萬個頁面，達到幾十萬、數百萬個也只是普通的。長尾關鍵字數量至少有上萬個。大致列出這些關鍵字，透過軟體查詢搜尋次數是可行的，但再進一步研究，如估計競爭程度、分配具體頁面等，就幾乎沒有可行性和必要性。

所以做好長尾詞的關鍵在於收錄和頁面基本最佳化，這兩方面都是網站整體最佳化時必須要做的。不必考慮特定關鍵字，但結果是長尾詞會全面上升。

說它難在於，做好長尾首先要有大量內容，對中小企業和個人站長來說，除了轉載、採集，似乎沒有更好的方法，除非網站是使用者生產內容。真正做長尾

詞一定是基於巨量內容的，批次、自動或半自動生產內容，自然而然地覆蓋長尾詞。

其次是網站基本最佳化，尤其是內部連結結構，必須過關，才能保證大量包含長尾關鍵字的頁面被收錄。對一些大型網站來說，保證收錄並不是一件簡單的事。

要提高長尾詞的排名，域名權重也是個因素。網路上相同或相似內容很多，域名權重低，頁面排名必然靠後。所以長尾理論是 SEO 人員必須理解和關注的概念，但是要真正顯示長尾關鍵字的效果，卻不能從關鍵字本身出發，而是從網站架構、內容及整體權重上著力。

經常在網路上看到站長做長尾詞的思路是這樣的：熱門詞雖然搜尋量大，但難度也大，基本上不可能得到排名，所以要找那些搜尋次數很小，但總數大、難度小的詞，用網站首頁做這些詞的排名，或者為這些詞做新頁面，這樣排名上去的可能性就大多了。這些詞確實是長尾詞，但這種最佳化方法可稱不上是做長尾詞，和長尾理論的本意相去甚遠。這是做難度小的詞，不是做長尾詞。

3.8　三類關鍵字

按照搜尋目的不同，關鍵字大致可以分為三種類型：導覽類、交易類和資訊類。

3.8.1　導覽類關鍵字

導覽類關鍵字指的是使用者在尋找特定網站時，知道自己想去哪個網站，只是不記得網址或懶得自己輸入網址，所以在搜尋引擎直接輸入品牌名稱或與特定品牌有關的詞。通常這類關鍵字排在第一的就應該是使用者想瀏覽的官方網站。

有的導覽類關鍵字非常明確，比如信箱登入、購物商城網站。這種關鍵字最符合使用者意圖的結果通常只有一個，沒有其他解釋。有的導覽型搜尋稍微有些模糊，像是搜尋 PCHOME、Yahoo，使用者有可能是想去逛 PCHOME 或 Yahoo 購物網，也有可能是想看新聞。

導覽類關鍵字常常搜尋量巨大。導覽類關鍵字的搜尋量大致占總搜尋量的 10%，這是一個不小的比例。甚至在 Google 搜尋百度「相關詞」、在百度搜尋 Google「相關詞」的都大有人在。使用者心裡明知道想瀏覽哪個網站，卻在搜尋引擎搜尋，通常是因為現在的使用者把搜尋引擎當書籤用，懶得把網站放入書籤，也懶得自己輸入網址，乾脆到搜尋引擎搜尋，然後直接點擊第一個結果。

自己的品牌名稱被搜尋時，網站排在搜尋結果頁面的第一位是必要的。只要網站做得不是太差，就相對容易做到。

競爭對手或其他相關品牌被當作導覽型關鍵字搜尋時對自己是個機會。搜尋廣告領域對使用他人註冊商標、品牌名稱的行為有一些爭議。現在通常的做法是，使用者搜尋任何品牌、商標，任何人都可以對這個關鍵字競價，但是在廣告文案中不允許出現其他公司的註冊商標和品牌名稱。

在自然搜尋方面則沒有什麼限制，使用者搜尋競爭對手品牌時，你的網站排到前面並沒有法律或道義方面的限制，只要不使用欺騙性手法，比如在頁面上暗示與原商標、品牌有關係（其實沒關係）、售賣劣質甚至非法產品。搜尋導覽類關鍵字，你的網站排在前面，從直接競爭對手的品牌搜尋中獲得流量，是一個可以接受而且目標比較精準的方法。

當然，在自己的頁面中出現和突出競爭對手品牌名稱一般不太適合。要想在競爭對手的導覽類關鍵字中排名靠前，增強外部連結和錨文字，或者建立專題頁面是比較主要的方法。

3.8.2　交易類關鍵字

交易類關鍵字指的是使用者明顯帶有購買意圖的搜尋關鍵字。例如「電視機網路上購買」、「小米手機價格」等。交易類關鍵字的搜尋量占總搜尋量的 10% 左右。

顯然交易類關鍵字的商業價值最大，使用者已經完成商品研究比較過程，正在尋找合適的商家，離線上交易只有一步之遙。吸引到這樣的搜尋使用者，轉化率是最高的。所以在進行關鍵字研究時，發現這類交易意圖比較明顯的關鍵字，優先度應該放在最高，可以考慮特殊頁面專門最佳化。交易類關鍵字在網站上的分布

需要非常精確，把使用者直接導向最能說服使用者購買的頁面，而不是分類或幫助等無關頁面。

3.8.3 資訊類關鍵字

資訊類關鍵字指的是沒有明顯購買意圖，也不含有明確網站指向性的搜尋關鍵字。如「手機圖片」、「減肥方法」等。這類關鍵字的搜尋量約占總搜尋數量的 80%。

資訊類關鍵字搜尋數量最多，變化形式也最多。使用者通常還處在了解需求、商品研究階段。雖然這類關鍵字並不一定立即導致購買，但是讓它們在使用者進行商品研究時進入使用者視野也是非常重要的。好的網站設計、出色的文案，能讓搜尋資訊的使用者記住網站或品牌名稱，使用戶在日後需要的時候會選擇直接搜尋此網站的名稱，也就是導覽類關鍵字，進而實現轉化。網站內容越多，出現在資訊類關鍵字結果中的機率越高。

3.9 預估流量及價值

關鍵字研究的最後一步是預估搜尋流量及價值。

個人站長做關鍵字研究不一定需要這一步。找到最合適的關鍵字就可以直接去做，能做多少就做多少。但正規公司，尤其是大公司則不行。整個 SEO 專案是否能獲得批准，能否獲得公司高層支援，能否申請預算，如何安排人員、工作流程及時間表等，都取決於 SEO 人員能否提供明確的預計搜尋流量及給公司帶來的價值。

3.9.1 確定目標排名

要預估搜尋流量，首先需要根據前面得到的關鍵字競爭指數及公司本身的人員、資金投入，預計網站關鍵字可以獲得什麼樣的排名。

前面做了關鍵字研究的所有核心關鍵字及擴展關鍵字都應該有預計排名位置。當然，這種預計與個人經驗、團隊決心有很大關係，與最後的實際結果不可能完全吻合，完全符合預計只是巧合而已。這是預估流量不可能很精確的第一個原因。

由於種種原因，項目執行下來能夠達到預計排名的比例不可能是百分之百，只可能實現其中一部分關鍵字排名。所以在預估流量時，不能按照所有目標關鍵字都達到預期排名計算，只要能完成 30% ～ 50% 就已經不錯了。好在網站通常還會獲得一些沒有預想到的關鍵字排名，使誤差減小。

3.9.2 預估流量

現在 SEO 手上已經有了三組資料：關鍵字搜尋次數、關鍵字預計排名、搜尋結果頁面各排名位置的點閱率。有了上面三組資料，再結合 Google 搜尋的市場佔有率，就可以預估出各關鍵字及整個網站預計能得到的搜尋流量，如表 3-4 所示。

表 3-4　預估搜尋流量範例

關鍵詞	Google 月搜尋次數	預計排名	點擊率	預計 Google 流量
減肥	673000	9	2.8%	18844
運動減肥	201000	8	3.0%	6030
快速減肥	301000	8	3.0%	9030
飲食減肥	135000	5	4.9%	6615
節食減肥	165000	5	4.9%	8050
蘋果減肥	8100	3	8.5%	688
腹部減肥	5400	8	3.0%	162
臉部減肥	60500	7	3.4%	2057
快走減肥	1000	54.9%	49	
跑步減肥	1300	54.9%	64	
預計 Google 月搜尋流量				57786
Google 市場占有率				33.2%
預計總搜尋流量 / 每月				174054
排名達成 50% 時月搜尋流量				87027
排名達成 30% 時月搜尋流量				52216

表 3-4 所示只是範例。讀者做自己的網站關鍵字研究時應該列出不止 10 個關鍵字。表中的搜尋次數、市場占有率都不是最新數字，但對預估方法的說明沒有任何影響。另外，考慮到無法預見的長尾關鍵字，總搜尋流量還會持續增加。

這樣預估出來的流量不可能非常精確，除了預計排名不準確之類的原因，還有多方面的影響因素。

1. 搜尋次數

首先，關鍵字搜尋次數很可能不準確。Google 關鍵字工具顯示的數字雖然明確標為搜尋次數，但很多統計資料表明，這個次數並不準確。一般 Google 給出的次數要高於實際次數。

實際有效搜尋次數與發生過的搜尋次數也有落差。比如搜尋「SEO」或「搜尋引擎最佳化」的次數可能不低，但其中有很大一部分是 SEO 人員在查看排名，他們不會點擊其中任何一個結果，這些就是無效搜尋。

即使排除站長查看排名的影響，關鍵字也有越來越多的查詢沒有帶來任何點擊。2019 年 Jumpshot 的統計表明，有 50% 的查詢實際沒有產生任何點擊。這個不產生點擊的查詢比例在手機端更高。所以，在預估流量時，將搜尋引擎給出的搜尋次數折半使用更為合適。

一個矯正搜尋次數的方法是，找出自己網站上（或能拿到流量資料的其他網站）已經有不錯排名的關鍵字，列出現有排名位置及對應的真實搜尋流量，就可以計算出實際搜尋次數與 Google 關鍵字工具給出的搜尋次數之比，就可以根據實際流量估計較準確的搜尋量，如表 3-5 所示。

表 3-5 根據實際流量估計較準確搜尋量

關鍵詞	搜尋引擎最佳化
排名	2
月實際 Google 流量	174
第 2 位點閱率	11.9%
實際有效搜尋次數	1462
Google 工具顯示搜尋次數	8100

實際有效搜尋次數只占 Google 工具顯示搜尋次數的 18%。

像前面提到的，搜尋「搜尋引擎最佳化」的很多是 SEO 人員或軟體在查排名，他們不會點擊任何頁面，所以實際有效搜尋次數與 Google 關鍵字工具顯示的搜尋次數相差巨大。普通關鍵字則沒有這麼大差別，但通常在 Google 關鍵字工具顯示的搜尋次數還是多出 30% ～ 50%，和上面提到的 50% 查詢沒有產生點擊的情況相符。

需要注意的是，這個比例並不是恆定的。不同產業關鍵字的實際有效搜尋次數與 Google 關鍵字工具顯示的搜尋次數並不相同，這可能與不同目標市場的使用者行為方式不同有關。所以 SEO 人員需要針對自己的網站及所在產業自行計算比例，不能完全參考別人的資料。當然，樣本數越多，資料越準確。只計算一個關鍵字並不能準確說明情況。

2. 點閱率

搜尋結果頁面各排名位置點閱率也不精確。第 2 章中提到過，不同公司發布的搜尋結果點閱率資料雖然整體趨勢相同，但具體點閱率還是有些許差別。而且在不同情況下，同樣的排名位置本身點閱率也不同。比如，品牌詞與非品牌詞的差別，主要關鍵字與長尾關鍵字的差別，產業的差別，使用者搜尋意圖的差別，搜尋詞類型的差別，是否有廣告的差別，整合搜尋結果、精選摘要、全站連結等的影響等。

Caphyon 使用最新資料做的統計顯示，品牌詞和非品牌詞搜尋結果在第 1 頁的點閱率差別如圖 3-9 所示。

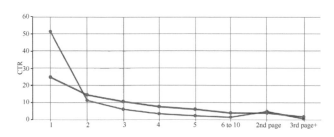

圖 3-9 品牌詞和非品牌詞搜尋結果在第 1 頁的點閱率差別

可以看到，品牌詞排名第 1 位的點閱率超過 50%，非品牌詞的點閱率曲線則平緩得多，第 1 位只有 25% 左右的點閱率。這不難理解，使用者搜尋品牌詞時有很強的目的性，很多是在尋找品牌官網，也就是導覽類關鍵字，而只要搜尋引擎不出大錯，品牌官網應該就顯示在第 1 位。

圖 3-10 是不同產業關鍵字的點閱率比較。

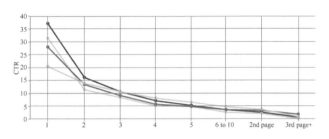

圖 3-10　不同產業關鍵字排名點閱率

圖中處於排名第 1 位的 4 個產業按點閱率由高至低是：財經、房地產、旅遊和家居園藝。點閱率為什麼會有產業差別？在缺少進一步實驗資料的情況下，恐怕誰也說不清楚，但差別是現實存在的。

Caphyon 提供了一個顯示各種情況下搜尋結果點閱率資料的互動工具 Advanced Web Ranking，感興趣的讀者可以前往下列網址查看更多資料：

http://www.advancedwebranking.com/ctrstudy/

總之，不同的搜尋引擎、不同的使用者、不同的產業、不同類型的詞、不同的搜尋功能，造成的搜尋結果點閱率分布都會有所不同。第 2 章給出的點擊分布只是平均數，可以用來大致估算預計搜尋流量。有條件的團隊可以在本業內盡量多收集已知關鍵字的排名位置和真實搜尋流量資料，計算出比較可靠的搜尋結果點閱率，樣本越多，結果準確度也越高。有些公司使用軟體計算巨量關鍵字排名資料，對預估流量有很大意義。

除了上面提到的兩個主要原因，預估流量不準確還可能由於下一節要討論的關鍵字搜尋次數的季節性波動。如果查詢記錄的搜尋次數剛好是在搜尋高峰期，得到的預估流量可能會比實際的高出幾倍甚至幾十倍。

無論如何,即便預估流量不可能非常準確,甚至可能與實際情況相差幾倍之多,但重要的是 SEO 人員能透過這一方式預知未來預期流量在哪個數量級,並建立心理預期,為公司高層做判斷、決策時提供需要的資料。「預估流量是 5000,實際結果是 2000」是可以接受的。但是如果項目開始時,連最終流量會是幾百、幾千,或是幾萬都毫無概念,那麼想要說服高層批准項目和預算將變得很困難。

3.9.3 預估搜尋流量價值

流量並不是目標,訂單和盈利才是目標。得出預計流量後,再結合網站轉化率、平均訂單銷售額和平均每單毛利,就可以計算出預期透過 SEO 獲得的搜尋流量所能帶給公司的實際價值。

如預計自然搜尋流量為每月 8 萬個獨立 IP,網站歷史平均轉化率為 1%,則搜尋流量將帶來 800 個訂單。如果平均每單銷售額是 100 元,平均每單毛利是 30 元,則自然搜尋流量每月將貢獻 8 萬元銷售額,2.4 萬元毛利。

上面的計算已經簡化。搜尋流量轉化率不一定等於網站平均轉化率。有些網站的搜尋流量轉化率遠高於平均轉化率,因為搜尋流量品質較高,使用者有較強的購買意圖。也有些網站搜尋流量轉化率低於平均轉化率,因為回頭客很多,直接點擊流量轉化率很高。所以如果網站有一定的累積資料,還要根據流量分析資料進行矯正。

有的網站不直接銷售產品,這時則需要根據網站目標計算出每次轉化的價值,再計算搜尋流量的價值。這方面內容將在第 8 章中深入探討。

3.10 關鍵字趨勢波動和預測

前面在研究關鍵字搜尋次數時,通常只看一段時間的搜尋次數,比如一個月之內。但絕大多數關鍵字搜尋次數會隨著時間波動,所以在做關鍵字研究時,除了目前搜尋次數,還要考慮隨時間變化的情況。

3.10.1　長期趨勢

一部分關鍵字搜尋量隨時間的變化呈現穩定上升或下降趨勢，其長期趨勢如圖 3-11 所示。

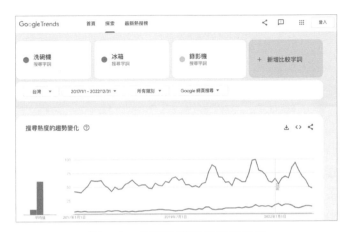

圖 3-11　關鍵字搜尋量長期趨勢

如圖 3-11 所示，同樣是電器，從 2017 年到 2022 年，冰箱搜尋量相對較高；洗碗機的搜尋量看起來有逐步升高的趨勢；錄影機的搜尋量則始終低迷。這種關鍵字搜尋長期趨勢對網站主題及內容的選擇，甚至產品研發、判斷是否進入某個產業都有決定性影響。搜尋次數持續下降的關鍵字不一定就不能做，但企業和 SEO 人員都應該有正確的心理預期，就算排名很好，流量還是會下降。

這裡要說明一下，由於搜尋引擎市場占有率的變化，這種橫跨數年的長期趨勢在搜尋次數的反映也不一定很準確，部分搜尋量的升降可能是市場占有率變化導致的，不過大致趨勢還是可以判斷的。

3.10.2　季節性波動

有很多關鍵字會隨季節正常波動。最明顯的是各個節日，在節日前後一段時間內搜尋量劇增，而其他時間很少有人關心。

與特定節日或時間相關聯的產品資訊搜尋量也隨之產生季節性波動，如粽子、鮮花、巧克力、節日祝福、大學入學考等關鍵字，如圖 3-12 所示。

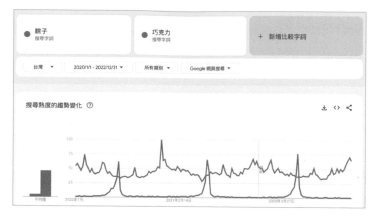

圖 3-12　關鍵字搜尋量季節性波動

這種搜尋量隨季節波動比較大的關鍵字，SEO 人員應該事先了解趨勢，提前做好內容建設、外部連結建設等方面的準備，有時候可能還需要開設專題，進行產品促銷等。搜尋引擎收錄頁面、計算排名都需要一段時間，因此 SEO 人員針對這些季節性關鍵字作為排名也必須提前準備。

3.10.3　社會熱點預測

每出現一次社會焦點新聞，都會帶動一批關鍵字搜尋次數大增。

筆者在自己的部落格上做過一個簡單的實驗。2010 年 1 月 13 日，Google 第一次宣布退出中國，我在早上看到這個新聞後，意識到這是比較少出現的、與 SEO 還有關係的且有可能成為社會熱點的新聞，所以趕緊在部落格上發了一篇文章，標題就是「Google 退出中國」，搜尋量變化如圖 3-13 所示。

圖 3-13　「Google 退出中國」搜尋量變化

文章內容其實非常簡單，只是列出了我看到的 9 篇其他相關部落格文章的連結，
沒有提出自己的評論。Google 抓取和索引速度非常快，當天我這篇文章在搜尋
「Google 退出中國」這個詞時排到了第 5 位左右。

從圖 3-14 所示的 Google Analytics 統計可以看到，13 日、14 日、15 日這幾天部
落格流量大增，14 日獨立 IP 數是 7000 多，其中絕大多數是因為這個焦點新聞搜
尋而來的。

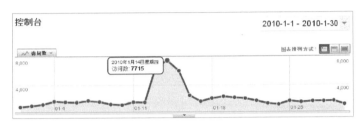

圖 3-14　因「Google 退出中國」這個詞流量大增

其實查看一下圖 3-15 所示的 AWStats 顯示的流量就可以看出，如圖 3-15 所示，
實際 IP 數已經上萬，但是因為我的部落格只是放在虛擬主機上，那兩天的流量
使主機執行十分遲緩，大部分使用者打開網頁比較困難，Google Analytics 的
JavaScript 程式碼很多時候沒有被執行，流量也沒有被 Google Analytics 記錄。

2010年 1 月 11	3615	14 195	58 541	1.20 G字节
2010年 1 月 12	3723	10 359	53 510	815.21 M字节
2010年 1 月 13	10 338	19 592	130 245	1.70 G字节
2010年 1 月 14	12 178	23 095	150 771	2.11 G字节
2010年 1 月 15	9689	18 981	121 768	1.87 G字节
2010年 1 月 16	4348	10 182	60 120	937.56 M字节
2010年 1 月 17	3262	8304	44 466	697.72 M字节

圖 3-15　AWStats 顯示的流量

從這個簡單的案例可以看出，社會焦點新聞搜尋次數非常高。我的部落格文章只
是在 Google 排在第五～六位，如果能排在第一位，流量應該翻上幾倍。如果是更
能引起網友注意的社會熱點，搜尋次數又不知會翻多少倍。

千奇百怪的社會焦點、熱播綜藝話題幾乎每天都會出現，網路上熱點層出不窮。有很多站長就是透過捕捉社會熱點關鍵字，給網站帶來每天幾萬、幾十萬的獨立 IP 流量。很多專門做社會熱點的 SEO 人員每天都會留意上升最快的關鍵字，一看到合適的，就立即組織內容甚至專題。

對社會新聞的敏感度是捕捉熱點關鍵字的關鍵。除了搜尋排行榜，電視、報紙、社群媒體上的新聞都可能是靈感的來源。誰能先捕捉、先預測到哪件事會成為熱點，誰就將得到這些流量。

除了針對熱點組織相關內容，擁有一個權重比較高、爬行頻率也高的域名也有很大幫助，否則有了內容卻不能被快速收錄，也無法達到效果。

當然，透過熱點關鍵字帶來搜尋流量的方式，不一定適合所有網站。前面討論過，有效流量才是我們需要的。一個電子商務網站透過無關的社會熱點帶來流量，產生的價值到底有多大，要看網站行銷人員是否能把自己的產品與新聞建立一定的邏輯或情感聯繫。如果從哪個角度看都毫無關係，那麼這樣的流量就沒有什麼意義了，除非網站純粹靠廣告盈利。

3.11 競爭對手研究

競爭對手研究是市場競爭研究的重要部分，對判斷特定關鍵字競爭程度及了解產業整體情況非常有價值。

確定 SEO 方面的競爭對手很簡單，在搜尋引擎搜尋核心關鍵字，搜尋結果頁面中排在前十名到前二十名的就是你的主要競爭對手。SEO 人員需要從以下幾個方向了解競爭對手情況。

3.11.1 域名權重相關資料

域名權重在很大程度上決定了整個網站的排名能力。需要查看的資料如下。

1. 域名年齡

既包括域名最初註冊的時間，也包括網站第一次被搜尋引擎收錄的時間。第一次被搜尋引擎收錄的時間沒有辦法直接查到，通常可以借鑑網路檔案館（英文稱為 Wayback Machine，可意譯為「時間機器」）上網站最早出現的日期。

如圖 3-16 所示，我的部落格所在域名（seozac.com）第一次出現內容是 2011 年 1 月 15 日，與實際情況基本符合。這個域名是 2011 年 1 月 13 日註冊上線的，搜尋引擎當天就抓取索引了，Wayback Machine 也只是隔了一天就收錄了。點擊每個日期連結，還可以看到當時的網站頁面內容。補充說明一下，我的部落格「SEO 每天一貼」是 2006 年 4 月開始寫的，當時是放在我另一個域名的目錄下，2011 年 1 月才搬到現在的域名。

Wayback Machine 儲存了大部分網站的歷史記錄，是非常珍貴的資料，也是非常有用的工具。比如，要了解競爭對手網站最佳化的歷史軌跡，購買域名前要看看此域名以前做過什麼內容，資料庫被刪又沒備份要復原以前內容，想要找一些現在已經被刪除的老資料等，Wayback Machine 是無法替代的工具。

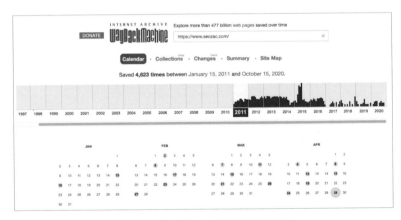

圖 3-16　網路檔案館記錄網站歷史

域名越老，權重越高。如果你有一個 10 年的老域名，針對中等競爭程度的關鍵字，你將有很大優勢。如果你擁有一個 1990 年代就已經註冊的域名，不用看其他部分，域名本身就是個寶藏。當然如果競爭對手是這麼老的網站，想要超越的難度也很大。

2. 特徵關鍵字排名

這裡的特徵關鍵字指的是品牌詞（公司名／網站名，商標名，特有產品名等）和主要頁面（首頁和欄目首頁）的目標關鍵字。

品牌詞排在第一位或至少前幾位，不能說明域名權重有多高。但品牌詞在搜尋結果頁面的前十頁都看不到，就說明權重方面存在問題，甚至可能被懲罰了。主要頁面的目標關鍵字獲得好的排名越多，顯然權重越高。如果主要頁面目標關鍵字完全沒有排名，很可能網站在搜尋引擎眼裡權重堪憂，或者是個新站。

3. 快照日期

快照日期更新快，說明搜尋引擎爬行收錄的頻率高，這在某種程度上說明域名權重不會太低。但反過來不成立，快照日期是比較久以前的，或者快照日期更新慢，不一定說明域名權重低。有的時候域名權重不錯，搜尋引擎抓取得很頻繁，但頁面沒什麼變化，搜尋引擎就沒有更新索引和快照。

4. 收錄頁面總數

一般來說網站越大，權重越高，收錄數越多，同時也說明網站整體結構比較合理。當然我們沒辦法知道競爭對手網站真實頁面有多少，無法知道對方收錄率。但收錄數量多至少說明網站比較大。

5. 外部連結情況

包括域名總連結數、首頁外部連結數量、內頁外部連結數量、外部連結總域名數、錨文字分布等。還可以進一步查看外部連結來自哪些網站，是否以交換連結、論壇、部落格留言等低品質連結為主。

6. 主要目錄收錄情況

如開放目錄、hao123 等。這些高品質的目錄只收錄品質、權重比較高的網站，搜尋引擎也清楚這一點，所以對被收錄的網站會給予相應的權重提升。

7. 社群媒體出現情況

主要包括線上書籤服務（如 Delicious）收錄數目，以及在社群媒體如 Facebook、Twitter 等的出現、按讚、分享、評論等互動情況。在社群媒體中出現次數越多，說明網站越受使用者歡迎，搜尋引擎也很可能把這一點計入排名演算法中。

上面這些資料如果一個個人工查詢，耗時耗力。幸運的是有工具可以幫助完成，如 SEOquake 瀏覽器外掛程式，詳見第 12 章。

3.11.2　網站最佳化情況

研究競爭對手實力和關鍵字難度時，對手網站本身的最佳化情況也要考慮在內，包括網站結構及頁面針對關鍵字的最佳化。

有時排在前面的頁面僅僅是因為外部連結比較強，主要競爭對手的最佳化做得都不是很好，這就存在更大的市場機會。

什麼樣的網站最佳化是合理的？這是本書第 4 章及第 5 章將要深入闡述的內容，讀者看完本書就會很清楚。在動手最佳化網站之前，需要深入分析最佳化做得最好的一兩個競爭對手網站，仔細研究每一個細節，在這個過程中常常會學到很多新的有效的最佳化技巧。

在做關鍵字研究時如果不能非常詳細地分析所有對手，至少要分析以下幾個要點：

- 頁面標題標籤是否包含關鍵字？
- 網站欄目分布是否清晰合理？
- URL 是否靜態化？
- 是否有網址規範化問題？
- 網站連結結構是否合理有效？
- 內頁距離首頁點擊距離有多遠？是否能在三四次點擊內到達所有內頁？
- 網站主要頁面是否有實質內容？
- 導覽系統是否使用了 JavaScript 腳本等不利於爬行的方法？
- 頁面是否使用了 H1 和 H2 標籤？其中是否包含了頁面目標關鍵字？

經過最佳化的網站在各個方面都能看出痕跡。而沒有最佳化的網站，通常連上面這些最基本的地方都會存在問題。所以簡單查看幾處重要元素，就能看出網站是否經過了基本的 SEO。

3.11.3 網站流量

了解競爭對手的網站流量，既能更確切地知道對方的排名實力，也能在一定程度上印證預估流量數字。但是，外人無法得到競爭對手網站真實流量的確切數字，除非有臥底。

Google 趨勢曾經有一個稱為 Google Trends for Websites 的功能，可以比較準確地查詢競爭對手網站的大致流量，其流量資料不僅僅來自流量分析工具 Google Analytics，還有 Google 工具列、關鍵字排名點閱率、網路服務商 ISP 等來源。可惜 Google 已經取消了這個服務。我還沒有找到其他較準確的查詢所有網站流量的可靠方法或工具。讀者有方法的話，請告訴我。

英文網站查詢流量可以使用 Semrush、Ahrefs、SimilarWeb 等。由於這些工具不太關注中文網站，中文使用者資料缺乏，搜尋資料主要靠 Google，所以用來查中文網站流量不太準確，如圖 3-17 所示。除了有大量直接瀏覽的網站，這些工具顯示的其他英文網站的流量資料相對可靠。

圖 3-17　Ahrefs 顯示的流量估算用於中文網站不可靠

Chapter 04

網站結構最佳化

網站內的最佳化大致可以分為兩部分：一是網站結構調整，二是頁面最佳化。本章討論網站結構最佳化。

網站結構是 SEO 的基礎。SEO 人員對頁面最佳化討論得比較多，如頁面上關鍵字怎樣分布、標題標籤怎樣撰寫等，對網站結構則討論得比較少。其實網站結構的最佳化比頁面的最佳化更重要，掌握起來也更困難。

從 SEO 角度看，最佳化網站結構要達到以下目的：

1. 使用者體驗

使用者瀏覽一個網站時應該能夠清楚地知道自己在哪裡，要去哪裡，根據常識和經驗就能不假思索地點擊連結，找到自己想要的資訊。實現這個目標有賴於良好的導覽系統，適時出現的內部連結，準確的錨文字。從根本上說，使用者體驗好的網站也是搜尋引擎喜歡的網站，使用者在網站上的行為方式也會影響排名。

2. 抓取和收錄

網站頁面的收錄在很大程度上依靠良好的網站結構。理論上，清晰的網站結構很容易說清楚，只要策劃好分類或頻道，然後在分類下加入產品頁面，整個網站就自然形成了樹形結構。但在實際操作中，大中型網站往往會形成一個異常複雜的連結結構，怎樣使搜尋引擎蜘蛛能順利爬行到所有內部頁面成為一個很大的挑戰。

3. 權重分配

除了外部連結能給內部頁面帶來權重,網站本身的結構及連結關係也是決定內部頁面權重分配的重要因素。頁面若能具備比較高的排名能力,部分取決於頁面得到的權重。SEO 人員必須有意識地規劃好網站所有頁面的重要程度,即保證所有的頁面都有基本權重,並透過連結結構把權重更多地導向重要頁面。

4. 錨文字

錨文字是排名演算法中很重要的一部分。網站內部連結錨文字是站長自己能控制的,所以是重要的增強關鍵字相關性的方法之一。在這方面,維基百科是 SEO 人員學習的典範,其內部連結及錨文字的使用達到了非常高的水準。

本章會經常提到分類、頻道、欄目、產品、文章等頁面名稱。其中分類、頻道和欄目頁面從網站結構角度看是一回事,只不過電子商務類網站常稱其為分類或類目,入口網站喜歡稱其為頻道,資訊類網站又可能稱其為欄目。為了敘述簡潔,後面大部分情況下不再將其表達為分類、頻道或欄目頁面,只表述為分類頁面,但讀者應該清楚,最佳化分類頁面的技術同樣適用於頻道和欄目頁面,它們在網站結構意義上是完全一樣的。產品、文章頁面也是如此。

4.1 搜尋引擎友善的網站設計

如果我們從搜尋引擎蜘蛛的角度去看待一個網站,其在抓取、索引和排名時會遇到哪些問題呢?解決了下列問題的網站設計就是搜尋引擎友善(search engine friendly)的。

1. 搜尋引擎蜘蛛能不能找到網頁

要讓搜尋引擎發現網站首頁,就必須要有外部連結連到首頁,找到首頁後,蜘蛛就能沿著內部連結找到更深的內容頁,所以要求網站要有良好的結構,符合邏輯,並且所有頁面可以透過可爬行的普通 HTML 連結到達。JavaScript 搜尋引擎不一定會去執行,裡面的連結就不能被跟蹤爬行,就會造成收錄問題。

網站所有頁面與首頁點擊距離不能太遠，最好控制在四五次點擊之內。要想被搜尋引擎收錄，頁面需要有最基本的權重，良好的網站連結結構可以適當傳遞權重，使盡量多的頁面達到收錄門檻。

2. 找到網頁後能不能抓取頁面內容

被發現的 URL 必須是可以被抓取的。帶有過多參數的 URL、Session ID、框架結構（Frame）、可疑的轉向、大量複製內容等都可能讓搜尋引擎對其敬而遠之。

有些檔案可能是站長不希望被收錄的，除了不連結到這些檔案，更保險的方法是使用 robots 檔或 meta robots 標籤禁止抓取或索引，這兩者在使用和效果上又有細微差異。

3. 抓取頁面後如何提煉有用資訊

關鍵字在頁面重要位置的合理分布、重要標籤的撰寫、HTML 程式碼精簡、起碼的相容性等，可以幫助搜尋引擎理解頁面內容，提取有用資訊。這部分內容在第 5 章再深入討論。

只有搜尋引擎能順利找到所有頁面，抓取這些頁面並提取出其中真正有相關性的內容，網站才可以被視為是搜尋引擎友善的。關於網站結構的最佳化，有一句話非常精闢：「良好引用，良好結構，良好導覽」。網路上轉載這句話的人很多，據我所知，其最早應出自車東的部落格。

對搜尋引擎不友善的網站比比皆是，尤其是一些中小企業網站。不過這樣的網站不太好舉例，沒得到網站主人的許可就將其當作負面案例討論是非常不恰當的行為。在寫本節時，我剛好在 zaccode.com 網站看到一個會員詢問為何搜尋引擎不收錄他們的內頁。我點擊看了一下，不由得感嘆，這個網站簡直是集搜尋引擎不友善之大成，是個相當不錯的反面教材。在得到網站所有者的正式許可後，我將其作為例子在這裡簡單介紹。

網站域名是 llyez.com，南昌良良母嬰用品有限公司，是一個母嬰保健及家居用品企業網站。應該說網站視覺設計還是不錯的，然而從 SEO 角度看，簡直就是個「悲劇」。網站首頁抓圖如圖 4-1 所示。

圖 4-1 良良母嬰用品網站首頁

除了頁尾的聯繫地址、版權聲明兩行字，頁面其他部分就是一個大的 Flash，原始碼如下：

```
<!DOCTYPE html PUBLIC "-//W3C//DTD XHTML 1.0 Transitional//EN"
"http://www.w3.org/TR/xhtml1/DTD/xhtml1-transitional.dtd">
<html xmlns="http://www.w3.org/1999/xhtml">
<head>
<meta http-equiv="Content-Type" content="text/html; charset=utf-8" />
<title>
南昌良良母嬰用品有限公司官網 -- 主營母嬰用品 嬰幼兒日用品 嬰幼兒床上用品 嬰兒枕頭 尿墊
圍嘴 睡袋 涼蓆
</title>
<link type="text/css" rel="stylesheet" href=".../styles/common1.css" />

<meta name="Keywords" content=" 嬰兒枕頭，嬰幼兒日用品，兒童枕頭，保健枕頭，嬰兒涼蓆，
圍嘴，尿墊，睡袋，寶寶睡眠 " />
<meta name="Description" content=" 南昌良良母嬰用品有限公司生產的苧麻系列嬰幼兒用品榮獲國
家多項專利，被譽為中國嬰童保健用品專家。主營嬰幼兒日用品、嬰幼兒床上用品、嬰兒枕頭，兒童枕
頭，成人枕頭，保健枕頭等枕頭軟家居用品，還有嬰兒圍嘴、涼蓆、尿墊、睡袋等嬰幼兒日用品。
" />
<!-- 由中企動力科技集團股份有限公司南昌分公司技術部設計製作 <br> 如果您有任何意見或建議請
電郵 dm-nanchang@ce.net.cn -->
</head>
<body>

<div class="index-a">
  <object classid="clsid:D27CDB6E-AE6D-11cf-96B8-444553540000"
codebase="http://download.macromedia.com/pub/shockwave/cabs/flash/swfl
ash.cab#version=7,0,19,0" width="980" height="600">
    <param name="movie" value=".../images/intro.swf" />
    <param name="quality" value="high" />
```

```
        <param name="wmode" value="transparent" />
<embed src=".../images/intro.swf" quality="high"
pluginspage="http: //www.macromedia.com/go/getflashplayer"
type="application/x-shockwave-flash" width="980" height="600"></embed>
  </object>
<div>
    <div align="center" style="padding-top:25px;">聯繫地址：江西省南昌市八一大道461
號（省醫學院內）醫科所附三樓
      <br />
  版權所有：南昌良良母嬰用品有限公司  <a href="http://nanchang.ce.net.cn"
target="_blank">中企動力提供技術支援</a>| <a
href="http://www.miibeian.gov. cn/" target="_blank">贛ICP備05010033號
</a><script src="
http://s9.cnzz.com/stat. php?id=2047204&web_id=2047204&show=pic1"
language="JavaScript"></script></div>
  </div>
</div>
</body>
</html>
```

搜尋引擎蜘蛛訪問首頁後，完全沒有任何一個連結能通向內頁，倒是有指向網站設計服務商及備案網站的連結。搜尋引擎既不能抓取和索引 Flash 中的文字內容，也不能跟蹤連結爬到內頁。如果不給內部頁面建立一些搜尋引擎蜘蛛可爬行的外部連結的話，整個網站能被收錄的基本上只有首頁這一個頁面，但其內容還不能被索引。

單擊左側嬰兒保健用品連結（Flash 中的連結）進入內頁，頁面如圖 4-2 所示。

看起來設計不錯。可惜的是，除了左下角的新聞中心部分，頁面上的其他文字、圖片還是一個大 Flash，包括頂部的導覽列。所以就算站長給這個嬰兒保健用品頁面製造了一些外部連結，收錄又到此為止了。企業概況、商品中心、線上商城等重要部分的頁面還是沒有任何爬行通路。

左下角的新聞中心設計也有些奇怪，滑鼠放上去時才顯示連結，而且只顯示了一半，如圖 4-3 所示。

圖 4-2 嬰兒保健用品頁面　　　　　　　　圖 4-3 新聞中心連結

點擊第一篇新聞中心文章後來到如圖 4-4 所示的新聞頁面。

圖 4-4　新聞頁面及 URL

頂部導覽依然是 Flash，蜘蛛想要從新聞中心爬到產品頁面也不可能了。另一個可怕的地方是 URL，讀者可以在網址列中看到一部分。下面是 HTML 程式碼的相應部分，讀者可以看到完整的網址。

```
<a
href="/InfoContent/id=b49e4b44-5f38-413d-a0c2-bfc2edb7af2e&comp_stats=

comp-FrontInfo_listByAsyncWithOutAjax-123.html" title=" 良良第十一屆京正•北京孕嬰童用
品展覽會 " target="_blank">　　　　　　　良良第十一屆京正•北…</a>
```

這種 URL 就算有外部連結，想被收錄也難。

從嬰兒用品首頁點擊商品中心來到如圖 4-5 所示的頁面。

圖 4-5　商品中心頁面及 URL

同樣，導覽還是 Flash。值得欣慰的是，左側產品連結是普通 HTML 連結，不過
點擊任何一個產品都可以看到長長的 URL，如圖 4-6 所示的產品頁面及 URL。

圖 4-6　產品頁面及 URL

帶有這麼多參數的 URL，被收錄的可能性很低，除非是個權重非常高的網站。這
些連結相應的 HTML 程式碼如下：

```
<div class="abouts_sidebar1">
<h4><a
href="/ProductExhibitlist/&categoryid=bfb98cc0-9890-4e54-b7a7 -26bf85d0
6280&comp_stats=comp-FrontProductCategory_showTree-110.html">芧麻保健枕
```

```
</a></h4>
<h4><a
href="/ProductExhibitlist/&categoryid=56f6b971-9021-4044-bccf -fbece16b
155a&comp_stats=comp-FrontProductCategory_showTree-110.html"> 苧麻保健襪
</a></h4>
<h4><a
href="/ProductExhibitlist/&categoryid=f2657c17-ac58-49c6-84cc -3fc14528
0cca&comp_stats=comp-FrontProductCategory_showTree-110.html"> 苧麻保健涼
席 </a></h4>
<h4><a
href="/ProductExhibitlist/&categoryid=e000a25d-b6c2-40b2-b474 -952ac440
c8b8&comp_stats=comp-FrontProductCategory_showTree-110.html"> 純蠶絲被 & 睡
袋 </a></h4>
<h4><a
href="/ProductExhibitlist/&categoryid=c400edfc-2f1a-49de-8b6f -7b01813f
2842&comp_stats=comp-FrontProductCategory_showTree-110.html"> 苧麻抗菌床
單 </a></h4>
<h4><a
href="/ProductExhibitlist/&categoryid=46507f40-9384-438f-87a0 -f995be9e
7ea6&comp_stats=comp-FrontProductCategory_showTree-110.html"> 禮包 & 帽子
</a></h4>
<h4><a
href="/ProductExhibitlist/&categoryid=9bed3f9c-7a41-439c-be12 -018c4f15
97c6&comp_stats=comp-FrontProductCategory_showTree-110.html"> 苧麻浴孕用
巾 </a></h4>
<h4><a
href="/ProductExhibitlist/&categoryid=34ef2bd6-ebb6-46d4-907e -9d09225a
ccc9&comp_stats=comp-FrontProductCategory_showTree-110.html"> 苧麻圍嘴食
飯衣 </a></h4>
<h4><a
href="/ProductExhibitlist/&categoryid=d1d7132d-174a-4079-9e0b -dd68f0e7

1b95&comp_stats=comp-FrontProductCategory_showTree-110.html"> 苧麻抗菌尿
墊床墊 </a></h4>
<h4><a
href="/ProductExhibitlist/&categoryid=190a4b2d-02f8-4e20-92d0 -34497acd
333f&comp_stats=comp-FrontProductCategory_showTree-110.html"> 甲殼素系列
</a></h4>
</div>
```

產品頁面本身就是一個大圖片，沒有可以索引的文字。

對比首頁、商品中心首頁及產品頁面標題，大家可以看到，這個網站上除了新聞中心的幾個頁面，其他所有頁面包括企業概況、商品中心、線上商城、線上調查等頁面標題全都一樣。

在本書第 2 版修改時（2012 年），我特意又瀏覽了這個網站，發現網站並沒有變化。做本書第 3 版、第 4 版修改時，我又好奇地訪問了一下，發現網站已改版，但存在的問題幾乎和以前是一樣的。

這是一個典型的搜尋引擎不友善的企業網站，只考慮了視覺設計，完全沒有顧及怎樣被搜尋引擎收錄，怎樣獲得搜尋流量。讀者看完第 4 章和第 5 章，再回頭看一遍這個例子，會更了解這個網站搜尋引擎不友善的原因，以及改進的方法。

4.2　避免蜘蛛陷阱

有一些網站設計技術對搜尋引擎來說很不友善，不利於蜘蛛爬行和抓取，這些技術被稱為蜘蛛陷阱。常見的並應該全力避免的蜘蛛陷阱如下。

4.2.1　Flash

Flash 曾經是熱門的網站設計技術。較古老的網頁在某一小部分使用 Flash 增強視覺效果是很正常的，比如用 Flash 做成的廣告、圖示等。這種小 Flash 和圖片是一樣的，只是 HTML 程式碼中的很小一部分，頁面上還有其他以文字為主的內容，所以對搜尋引擎抓取和收錄沒有造成影響。

但是有的網站整個首頁就是一個大的 Flash 檔，這就構成了蜘蛛陷阱。搜尋引擎抓取的 HTML 程式碼只有一個連向 Flash 檔的連結，沒有其他文字內容。讀者可以參考前面例子的原始碼。搜尋引擎是無法讀取 Flash 檔中的文字內容和連結的。這種整個就是一個大 Flash 的網站，可能視覺效果做得精彩異常，可惜搜尋引擎看不到，不能索引出任何文字訊息，也就無從判斷相關性。

有的老網站喜歡在首頁放一個 Flash 動畫片頭（Flash Intro），使用者瀏覽網站看完片頭後被轉向到真正的 HTML 版本的文字網站首頁。但搜尋引擎不能讀取 Flash，一般也沒辦法從 Flash Intro 跟蹤到 HTML 版本頁面。

搜尋引擎曾經嘗試讀取 Flash 檔，尤其是裡面的文字內容和連結，也取得了一定進展。但發明、維護 Flash 的 Adobe 公司已經宣布 2020 年底正式停止支援 Flash，所有瀏覽器也已不再支援 Flash。2017 年開始，搜尋引擎已經忽略 Flash，不再嘗試讀取了，部分手機如 iPhone 從來就沒有支援過 Flash。所以，就算網站由於歷史原因使用了 Flash，即使不考慮 SEO，現在也得將其捨棄了。

4.2.2　Session ID

有些網站使用 Session ID（工作階段 ID）跟蹤使用者訪問，每個使用者瀏覽網站時都會生成唯一的 Session ID，加在 URL 中。搜尋引擎蜘蛛的每一次訪問也會被當成一個新的使用者，URL 中會加上一個不同的 Session ID，這樣搜尋引擎蜘蛛每次來訪問時，所得到的同一個頁面的 URL 也是不一樣的，並且後面還會帶著一個不一樣的 Session ID。這也是最常見的蜘蛛陷阱之一。

搜尋引擎遇到這種長長的 Session ID，會嘗試判斷字串是 Session ID 還是正常參數，成功判斷出 Session ID 就可以將其去掉，收錄正常 URL。但也經常判斷失敗，這時搜尋引擎要嘛不願意收錄，要嘛收錄多個帶有不同 Session ID 的 URL，內容卻完全一樣，形成大量複製內容，這兩種情況對網站最佳化都不利。

通常建議跟蹤使用者訪問時應該使用 cookies 而不要生成 Session ID，或者透過程式判斷訪問者是搜尋引擎蜘蛛還是普通使用者，如果是搜尋引擎蜘蛛，則不生成 Session ID。跟蹤搜尋引擎蜘蛛訪問沒有什麼意義，蜘蛛既不會填表，也不會把商品放入購物車。

4.2.3　各種跳轉

除了後面會介紹的 301 轉向，搜尋引擎對其他形式的跳轉都比較敏感，如 302 跳轉、JavaScript 跳轉、Meta Refresh 跳轉。

有些網站使用者訪問首頁時會被自動轉向到某個目錄下的頁面，如訪問 www.domain.com，會被轉向到 www.domain.com/web/ 或 www.domain.com/html/ 如果是按使用者地理位置轉向至最適合的地區 / 語言目錄，那倒是情有可原。但大部分

情況下，這種首頁轉向看不出任何理由和目的，好像只是因為站長想把所有檔案存在 /web/ 目錄下，這種沒有必要的轉向最好能免則免。

如果必須轉向，301 轉向是搜尋引擎推薦的、用於網址更改的轉向，可以把頁面權重從舊網址轉移到新網址。其他轉向方式都不利於蜘蛛爬行，原因在於第 9 章將要介紹的，黑帽 SEO 經常使用轉向欺騙搜尋引擎和使用者。所以除非萬不得已，盡量不要使用 301 轉向以外的跳轉。

4.2.4 框架結構

如果作為站長的你不知道什麼是框架結構（Frame），那麼恭喜你，你已經避開了這個蜘蛛陷阱，根本沒必要知道什麼是框架結構。如果你在網站設計中還在使用框架結構，我的建議是立即取消。

使用框架結構設計頁面，在網站誕生初期曾經十分流行，因為這對網站的頁面更新維護有一定方便性。不過現在的網站已經很少使用框架結構了，不利於搜尋引擎抓取是其越來越不流行的重要原因之一。對搜尋引擎來說，訪問一個使用框架的網址所抓取的 HTML 只包含呼叫其他 HTML 文件的程式碼，並不包含任何文字訊息，搜尋引擎根本無法判斷這個網址的內容。雖然蜘蛛可以跟蹤框架中所呼叫的其他 HTML 文件，但是這些文件經常是不完整的頁面，比如沒有導覽只有正文內容。搜尋引擎也無法判斷框架中的頁面內容應該屬於主框架，還是屬於框架呼叫的文件。

總之，如果你的網站還在使用框架結構，或者你的老闆要求使用框架結構，唯一要記住的是，忘記使用框架這回事，不必研究怎麼讓搜尋引擎收錄框架結構網站。

框架結構用來做後台、控制面板一類的功能是沒問題的，這些不需要搜尋引擎抓取索引。

4.2.5 動態 URL

動態 URL 指的是資料庫驅動的網站所生成的，帶有問號、等號及參數的網址。目前搜尋引擎抓取動態 URL 都沒有任何問題，但一般來說，帶有過多參數的動態

URL 還是不利於搜尋引擎蜘蛛爬行，也不利於使用者體驗，應該盡量避免。後文將對動態 URL 及其靜態化進行更詳細的討論。

4.2.6　JavaScript 連結

除了很多必要的功能，JavaScript 還可以做出一些吸引人的視覺效果，因而有些網站喜歡使用 JavaScript 腳本生成導覽系統。這也是比較嚴重的蜘蛛陷阱之一。雖然搜尋引擎可能會去執行 JavaScript 腳本，不過我們不能期望搜尋引擎自己去克服困難，而是要讓搜尋引擎蜘蛛跟蹤爬行連結的工作盡量簡單容易。

Google 在技術上可以執行大部分 JavaScript 腳本，像瀏覽器一樣繪製頁面，解析出裡面包含的連結，但 Google 的抓取和繪製是分步驟進行的，一些權重比較低的網站，或者 JavaScript 腳本太複雜的頁面，或者僅僅是因為 Google 最近沒有足夠計算資源，都可能使 Google 不去執行腳本，也就無法發現腳本後的連結。

所以網站上的連結必須使用最簡單標準的 <a> 標籤連結，尤其是導覽系統。用 CSS 做導覽系統一樣可以實現很多視覺效果。

JavaScript 連結在 SEO 中也有特殊用途，那就是站長不希望被收錄的頁面（比如沒有排名意義的頁面、重複內容頁面等），或是不希望傳遞權重的連結，可以使用 JavaScript 腳本加上 robots 檔阻擋搜尋引擎蜘蛛爬行。

4.2.7　要求登入

有些網站將部分內容放在使用者登入之後才能看到的會員區域，這部分內容搜尋引擎蜘蛛也無法看到，因為蜘蛛不能填寫使用者名稱、密碼，也不會註冊。

4.2.8　強制使用 Cookies

有些網站為了實現某種功能，如記住使用者登入資訊、追蹤使用者訪問路徑等，強制使用者使用 Cookies，使用者瀏覽器如果沒有啟用 Cookies，頁面無法正常顯示。搜尋引擎蜘蛛就相當於一個禁用了 Cookies 的瀏覽器，強制使用 Cookies 只會造成搜尋引擎蜘蛛無法正常訪問。

4.3 物理及連結結構

網站結構分為兩方面：一是物理結構，二是連結結構。

4.3.1 物理結構

網站物理結構指的是網站真實的目錄及文件所在的位置所決定的結構。

一般來說，比較合理的物理結構有兩種。一種是扁平式結構，也就是所有網頁都存在網站根目錄底下。

- http://www.domain.com/index.html
- http://www.domain.com/cat-a.html
- http://www.domain.com/cat-b.html
- http://www.domain.com/page-a.html
- http://www.domain.com/page-b.html
- http://www.domain.com/page-c.html

  ......

這種結構比較適合小型網站。如果將太多檔案放在根目錄下，製作和維護起來都會比較麻煩，容易產生混亂。大中型網站如果把檔案都放在根目錄下，基本上就無法管理了。頁面都在根目錄下，統計收錄、流量時也不便於進行細分分析。

扁平式物理結構的一個優勢是，很多人認為根目錄下的檔案比深層目錄中的檔案天生權重高一點。例如，如果其他條件相同，URL：

http://www.domain.com/page-a.html

比 URL：

http://www.domain.com/cat-a/page-a.html

排名能力高一點。

第二種是樹形結構，或稱為金字塔形結構。根目錄下以目錄形式分成多個產品分類（或稱為頻道、類別、目錄、欄目等），然後在每一個分類下再放上屬於這個分類的具體產品（或稱為文章）頁面。

比如分類分為：

- http://www.domain.com/cat-a/
- http://www.domain.com/cat-b/
- http://www.domain.com/cat-c/

  ……

分類下再放入具體的產品頁面：

- http://www.domain.com/cat-a/product-a.html
- http://www.domain.com/cat-a/product-b .html
- http://www.domain.com/cat-a/product-c .html
- http://www.domain.com/cat-b/product-d .html
- http://www.domain.com/cat-b/product-e .html
- http://www.domain.com/cat-c/product-f .html

  ……

樹形結構邏輯清晰，頁面之間的隸屬關係一目了然。

需要說明的是，這裡說的物理結構指的是「真實的目錄及檔案所在的位置所決定的結構」，只是為了方便說明和理解。資料庫驅動、程式生成的網站並不存在真實的目錄和檔案，URL 中的目錄和檔案都是程式即時生成的，但就網站結構來說，其與真實存在的目錄和檔案沒有什麼區別。

4.3.2　連結結構

網站結構的第二個方面指的是連結結構，或稱為邏輯結構，也就是由網站內部連結形成的連結網路圖。

比較合理的連結結構通常是樹形結構，其示意圖如圖 4-7 所示。

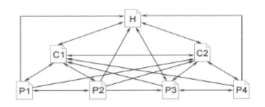

圖 4-7　樹形網站連結結構示意圖

由圖 4-7 可知，H 為網站首頁，C1 和 C2 是分類首頁，P1、P2 是分類首頁 C1 下的產品頁面，P3、P4 是分類首頁 C2 下的產品頁面。其中的連結關係如下：

- 首頁連結向所有分類首頁。
- 首頁一般不直接連結向產品頁面，除了需要特殊推廣的產品頁面，如 P3。
- 所有分類首頁連結向其他分類首頁，一般以網站導覽形式體現。
- 分類首頁都連結回網站首頁。
- 分類首頁連結向本分類下的產品頁面。
- 分類首頁一般不連結向其他分類的產品頁面。
- 產品頁面都連結向網站首頁，一般以網站導覽形式體現。
- 產品頁面連結向所有分類首頁，一般以網站導覽形式體現。
- 產品頁面可以連結向同一個分類首頁的其他產品頁面。
- 產品頁面一般不連結向其他分類首頁的產品頁面。
- 在某些情況下，產品頁面可以用適當的關鍵字連結向其他分類首頁的產品頁面，如 P2 連結向 P3。

從圖 4-7 和以上說明中可以看到，這些連結會很自然地形成一個樹形網路圖。這種連結網路可以與物理結構重合，也可以不一樣，比如扁平式物理結構網站完全可以透過連結形成連結上的樹形結構。

當然，網站的連結結構在實際中要複雜得多，一級分類不可能只有兩個，下面還可能有二級、三級分類，末級分類可能有很多個翻頁，還可能有各種排序、排版、篩選頁面等。但網站連結的基本形式大體相同。

對搜尋引擎來說，更重要的是連結結構，而不是物理結構。不少人有誤解，認為物理結構比較深的頁面不容易被搜尋引擎收錄，比如：

http://www.domain.com/cat1/cat1-1/cat1-1-1/page-a.html

像這種物理目錄結構比較深的 URL，是不是就不容易被收錄呢？並不一定。如果這個頁面在網站首頁上有一個連結，對搜尋引擎來說它就是一個僅次於首頁的連結結構意義上的二級頁面，收錄容易與否在於頁面處於連結結構的什麼位置，離首頁有幾次點擊距離，而不在於它的目錄層次。

樹形連結結構實現了網站各頁面的權重均勻分布，深層內頁可以從首頁透過 4 ～ 5 次點擊內達到。但當網站規模比較大時，還是會出現各種問題，這時無論怎麼安排，深層內頁都很難從首頁僅透過 4 ～ 5 次點擊內達到。第 4.14 節將著重討論對樹形連結結構的補充和修改。

4.4 清晰導覽

清晰的導覽系統是網站設計的重要目標，對網站資訊架構、使用者體驗影響重大。SEO 也越來越成為導覽系統設計時需要考慮的因素之一。

站在使用者角度，網站導覽系統需要解決兩個問題。

（1） 我現在在哪裡？使用者可能從首頁進入網站，也可能從任何一個內頁進入，在點擊了多個連結後，使用者已經忘了是怎麼來到目前頁面的。導覽系統這時就要清楚地告訴使用者現在正處在網站總體結構的哪一部分。

   頁面設計風格的統一、麵包屑導覽的使用、主導覽系統目前所在分類突顯都有助於使用者判斷自己所在的位置。

（2） 下一步要去哪裡？有的時候使用者知道自己想做什麼，頁面的導覽設計就要告訴使用者點擊哪裡才能完成目標。有的時候使用者也不知道自己該幹什麼，網站導覽就要給使用者一個最好的建議，引導使用者流向網站目標完成頁面。

合理的導覽及分類名稱、正文中的相關連結、引導使用者把產品放入購物車的按鈕、相關產品推薦、網站地圖、站內搜尋框等都有助於幫助使用者點擊到下一頁面。

站在 SEO 的角度，網站導覽系統應該注意以下幾點：

1. 文字導覽

盡量使用最普通的 HTML 文字導覽，不要使用圖片作為導覽連結，更不要使用 JavaScript 生成導覽系統。CSS 也可以設計出很好的視覺效果，如背景、文字顏色變化，下拉選單等。

最普通的文字連結對搜尋引擎來說是阻力最小的爬行抓取通道。導覽系統連結是整個網站收錄最重要的內部連結，千萬不要在導覽上給搜尋引擎設定任何障礙。

2. 點擊距離及扁平化

良好導覽的目標之一是使所有頁面與首頁點擊距離越近越好。權重普通的網站，內頁與首頁的距離不要超過 4 ～ 5 次點擊。要做到這一點，通常應該在連結結構上使網站盡量扁平化。

網站導覽系統的合理安排對減少連結層次至關重要。主導覽中出現的頁面將處於僅低於首頁的層次，所以主導覽中頁面越多，網站越扁平。但使用者體驗和頁面連結總數都不允許主導覽中有太多連結。SEO 人員需要在網站規模、使用者體驗之間做好平衡。

3. 錨文字包含關鍵字

導覽系統中的連結通常是分類頁面獲得內部連結的最主要來源，數量巨大，其錨文字對目標頁面相關性有相當大的影響，因此分類名稱應盡量使用目標關鍵字。當然，首先要顧及使用者體驗，導覽中不能堆積關鍵字，分類名稱以 2 ～ 4 個字為宜。

4. 麵包屑導覽

麵包屑導覽對使用者和搜尋引擎來說，是判斷頁面在網站整個結構中的位置的最好方法。正確使用麵包屑導覽的網站通常都是架構比較清晰的網站，強烈建議使用這一導覽形式，尤其是大中型網站。

5. 避免頁尾堆積

隨著 SEO 被更多站長認識，近些年出現一種在頁尾堆積富含關鍵字的分類頁面連結的傾向。在三四年前這種做法還有不錯的效果，但是近來搜尋引擎比較反感這種做法，常常會進行某種形式的懲罰。

4.5 子域名和目錄

搜尋引擎通常會把子域名（或稱為二級域名）當作一個基本獨立的站點看待，也就是說 http://www.domain.com 和 http://news.domain.com 是兩個互相獨立的網站。而目錄 http://www.domain.com/news/ 就純粹是 http://www.domain.com 的一部分。

順便說一句，www.domain.com 其實是 domain.com 的一個子域名，只是約定俗成，網站一般以 www.domain.com 為主 URL。

如果拋開其他因素，只看這兩個 URL：

- http://news.domain.com
- http://www.domain.com/news/

子域名 http://news.domain.com 的權重稍微高一點，因為搜尋引擎會把這個 URL 當作網站的首頁。另外，很多人觀察到，主域名很多時候會傳遞一部分信任度（是信任度，不是連結權重）給子域名，這也是合情合理的。

所以單就 URL 來看，子域名天生比目錄的權重和排名能力稍微高一些。但從 SEO 角度看，大部分情況下，我建議盡可能使用目錄，而不是子域名。

子域名和主域名是兩個完全不同的網站，要推廣的也是兩個網站，所有的最佳化工作都要進行兩遍，尤其是外部連結建設，網站權重會被這兩個獨立的網站分散。主域名經過外部連結建設獲得高權重，並不意味著子域名也獲得了高權重。

子域名的使用會使網站變多，同時使每個子域名網站變小。目錄會使一個網站越做越大。網站越大，包含的內容自然就越多，對使用者的幫助越大，它所累積的信任度就越高。

當然，這只是對一般網站而言的。在某些情況下，子域名是更適當的。比如：

- 網站內容夠多，每一個子域名下涵蓋的內容都足以成為一個獨立的網站且毫不遜色。諸如各類入口網站，像新浪、搜狐這種級別的網站，任何一個頻道的內容都比絕大多數網站多得多。

- 跨國公司在不同國家的分部或分公司，使用子域名有利於建立自己的品牌。而且各個分公司的網站內容很可能是由不同國家的團隊自行維護的，從形式上與獨立網站沒什麼區別。

- 公司有不同的產品線，而且相互之間聯繫不大，或者完全是以不同的品牌出現的，這時每一個品牌或產品線都可以用子域名甚至是獨立域名，如幾乎所有汽車公司的每一個品牌甚至每一個車型，都有自己獨立的品牌和網站。手機公司也如此。入口網站推出不同服務時，如部落格、FB、論壇、郵件，也以子域名為宜。

- 和淘寶類的電商平台。每個使用者都有自己相對獨立的展示平台，使用自己的子域名對品牌建設、推廣有好處。

4.6 禁止抓取、索引機制

閱讀 SEO 相關部落格和論壇時能感覺到，很多 SEO 人員並沒有理解爬行、抓取、索引、收錄這些概念到底指的是什麼、區別在哪，以及 noindex、nofollow、robots 檔的實質功能又是什麼。對這些概念沒有精準理解，處理大型網站結構，決定什麼頁面需要被抓取，什麼頁面需要被索引，哪些頁面需要禁止抓取、索引等情況時，就很難明白 SEO 該怎麼做。所以，這裡先來弄清楚這些概念的意義。

4.6.1 爬行、抓取、索引、收錄

1. 爬行

爬行指的是搜尋引擎蜘蛛從已知頁面上解析出連結指向的 URL，也就是沿著連結發現新頁面（連結指向的 URL）的過程。當然，蜘蛛並不是發現新 URL 就馬上爬過去抓取新頁面，而是把發現的 URL 存放到待抓網址庫中，按照一定順序從網址庫中提取要抓取的 URL。

2. 抓取

抓取是指搜尋引擎蜘蛛從待抓網址庫中提取要抓的 URL，訪問這個 URL，把讀取的 HTML 程式碼存入資料庫的過程。蜘蛛抓取就是像瀏覽器一樣打開這個頁面，過程和使用者瀏覽器訪問一樣，也會在伺服器原始日誌中留下記錄。

3. 索引

索引的英文是 index，指的是將一個 URL 的訊息進行整理，並存入資料庫，也就是索引庫。使用者搜尋時，搜尋引擎從索引庫中提取 URL 訊息並排序展現出來。索引庫是用於搜尋的，被索引的 URL 是可以被使用者搜尋到的，沒有被索引的 URL，使用者在搜尋結果中是看不到的。

要注意的是，所謂「一個 URL 的訊息」，並不限於蜘蛛從 URL 上抓取來的內容，還有來自其他來源的訊息，如外部連結、連結的錨文字等。有的時候，索引庫中關於這個 URL 的訊息，根本沒有從這個 URL 抓取來的內容，但搜尋引擎知道這個 URL 的存在，並且存在一些其他訊息。

4. 收錄

我個人覺得收錄和索引沒有區別，在本書裡是混用的。只不過收錄是從站長角度看的，搜尋時能找到這個 URL，就是這個 URL 被收錄了。從搜尋引擎角度看，URL 被收錄了，也就是這個 URL 的訊息在索引庫中存在了。英文中並沒有收錄這個詞，它和索引使用的是同一個詞 index。

有的時候，站長並不希望某些頁面被收錄（或者說被索引），如複製內容頁面。網站上不出現連結，或者使用 JavaScript 連結，使用 nofollow 等方法都不能保證頁面一定不被收錄。站長自己雖然沒有連結到不想被收錄的頁面，其他網站可能由於某種原因連結到這個頁面，導致頁面被抓取和收錄。

有的時候，站長也不希望某些頁面被抓取，如付費內容、還在測試階段的網站等。還有一種很常見的情況，搜尋引擎抓取了大量沒有意義的頁面，如電子商務網站按各種條件過濾、篩選的頁面，各種排序、排版格式的頁面，這些頁面數量龐大，抓取過多會消耗掉搜尋引擎分配給這個網站的檢索預算，造成真正有意義的頁面反倒不能被抓取和收錄的情況。如果透過檢查日誌檔案發現這些無意義頁面被反覆大量抓取，想要收錄的頁面卻根本沒被抓取過，那就應該直接禁止抓取無意義頁面。

要確保頁面不被抓取，需要使用 robots 檔。要確保頁面不被索引，需要使用 noindex meta robots 標籤。

4.6.2 robots 檔

搜尋引擎蜘蛛瀏覽網站時，會先查看網站根目錄下有沒有一個命名為 robots.txt 的純文字文件，robots 檔用於指定搜尋引擎蜘蛛禁止抓取網站某些內容或指定允許抓取某些內容。如 Google 的 robots 檔位於：

```
https://www.google.com/robots.txt
```

只有在需要禁止蜘蛛抓取某些內容時，寫 robots 檔才有意義。robots 檔不存在或內容沒有做任何設定時，都意味著網站允許搜尋引擎蜘蛛抓取所有內容。有的伺服器設定有問題，robots 檔不存在時會傳回 200 狀態碼及一些錯誤訊息，而不是 404 狀態碼，這有可能使搜尋引擎蜘蛛錯誤解讀 robots 檔訊息，所以建議就算允許抓取所有內容，也要建一個空的 robots 檔，放在根目錄底下。

robots 檔由記錄組成，記錄之間以空行分開。記錄格式為：

```
< 域 >:< 可選空格 >< 域值 >< 可選空格 >
```

最簡單的 robots 檔：

```
User-agent: *
Disallow: /
```

上面這個 robots 檔禁止所有搜尋引擎蜘蛛抓取任何內容。

User-agent：指定規則適用於哪個蜘蛛。* 萬用字元代表所有搜尋引擎蜘蛛。

只適用於 Google 蜘蛛則用：

```
User-Agent: Googlebot
```

Disallow：告訴蜘蛛不要抓取某些檔案或目錄。例如下面的程式碼將阻止所有蜘蛛抓取 /cgi-bin/ 和 /tmp/ 兩個目錄下的內容及檔案 /aa/index.html：

```
User-agent: *
Disallow: /cgi-bin/
Disallow: /tmp/
Disallow: /aa/index.html
```

Disallow：這行程式碼中，禁止蜘蛛抓取的目錄或檔案必須分開寫，每個一行，不能寫成：

```
Disallow: /cgi-bin/ /tmp/ /aa/index.html
```

下列指令相當於允許所有搜尋引擎蜘蛛抓取任何內容：

```
User-agent: *
Disallow:
```

下面的程式碼禁止除了百度蜘蛛的所有搜尋引擎蜘蛛抓取任何內容：

```
User-agent: Baiduspider
Disallow:

User-agent: *
Disallow: /
```

Allow: 告訴蜘蛛應該抓取某些檔案。由於不指定就是允許抓取，Allow: 單獨寫沒有意義，Allow: 和 Disallow: 配合使用，可以告訴蜘蛛某個目錄下大部分不允許抓取，只允許抓取一部分。例如，下面的程式碼將使蜘蛛不抓取 /ab/ 目錄下其他目錄和檔案，但允許抓取其中 /cd/ 目錄下的內容：

```
User-agent: *
Disallow: /ab/
Allow: /ab/cd/
```

萬用字元 $：匹配 URL 結尾的字元。例如，下面的程式碼將允許蜘蛛抓取以 .htm為後綴的 URL：

```
User-agent: *
Allow: .htm$
```

萬用字元 *：告訴蜘蛛匹配任意一段字元。例如，下面一段程式碼將禁止蜘蛛抓取所有 htm 檔：

```
User-agent: *
Disallow: /*.htm
```

位置 Sitemap：告訴蜘蛛 XML 網站地圖在哪裡，格式為：

```
Sitemap: < 網站地圖位置 >
```

主流搜尋引擎都遵守 robots 檔指令，robots 檔禁止抓取的文件搜尋引擎蜘蛛將不訪問，不抓取。

要注意的是，robots 檔是禁止抓取，並沒有禁止索引。被 robots 檔禁止抓取的URL 是可以被索引並出現在搜尋結果頁面中的。只要有匯入連結指向這個 URL，搜尋引擎蜘蛛就知道這個 URL 的存在，雖然不會抓取頁面內容，但是索引庫中還是有這個 URL 的訊息，並可能以下面幾種形式顯示在搜尋結果頁面中：

- 只顯示 URL，沒有標題、描述。
- 匯入連結的錨文字顯示為標題和描述。
- 將搜尋引擎從其他地方取得的訊息顯示為標題和描述。

最著名的例子是，淘寶整站用 robots 檔禁止百度蜘蛛抓取，如圖 4-8 所示。但在百度搜尋淘寶還是會傳回首頁及少量其他頁面訊息的，只不過頁面標題和摘要來自其他來源，而不是頁面本身內容，如圖 4-9 所示。

圖 4-8　淘寶整站禁止百度蜘蛛抓取　　　　圖 4-9　百度傳回淘寶首頁

如果希望 URL 完全不出現在搜尋結果中，需要使用頁面上的 noindex meta robots 標籤禁止索引。

4.6.3　noindex meta robots 標籤

noindex 是頁面 head 部分 meta robots 標籤的一種，用於指定搜尋引擎禁止索引本頁內容，因而也就不會出現在搜尋結果頁面中。

最簡單的 meta robots 標籤格式為：

```
<meta name="robots" content="noindex,nofollow">
```

上面標籤的意義是禁止所有搜尋引擎索引本頁面，禁止跟蹤本頁面上的連結。

Google、Bing 都支援以下的 meta robots 標籤：

- NOINDEX：告訴搜尋引擎不要索引本頁面。
- NOFOLLOW：告訴蜘蛛不要跟蹤本頁面上的連結。
- NOSNIPPET：告訴搜尋引擎不要在搜尋結果頁面中顯示摘要文字。
- NOARCHIVE：告訴搜尋引擎不要顯示快照。

meta robots 標籤內容可以寫在一起，以逗號間隔，中間可以有空格，也可以沒有。多個 meta robots 內容也可以寫成不同標籤。

```
<META NAME="ROBOTS" CONTENT="NOINDEX">
<META NAME="ROBOTS" CONTENT="NOFOLLOW">
```

與下面這個是一樣的：

```
<META NAME="ROBOTS" CONTENT="NOINDEX, NOFOLLOW">
```

meta robots 標籤不區分大小寫。

只有禁止索引時，使用 meta robots 標籤才有意義。以下這個標籤：

```
<META NAME="ROBOTS" CONTENT="INDEX, FOLLOW">
```

是沒有意義的。普通需要被收錄、索引，連結需要被跟蹤的頁面，不用寫 meta robots 標籤。

這個標籤有時會用到：

```
<meta name="robots" content="noindex">
```

其效果是禁止索引本頁面，但允許蜘蛛跟蹤頁面上的連結，也可以傳遞權重。

meta noindex 只是禁止索引，沒有禁止抓取，和 robots 檔正相反。實際上，noindex 要起作用，這個 URL 是必須先被抓取的，不能用 robots 檔禁止抓取，不然搜尋引擎看不到 HTML 程式碼中有 noindex 標籤。

頁面有 noindex 標籤只是頁面被抓取後不被索引的原因之一。頁面不被索引還有可能是因為其內容是抄襲、轉載、低品質的，搜尋引擎雖然進行了抓取，索引過程中檢測出這些內容問題，所以被丟棄，沒有被索引。頁面沒有被收錄，通常要先檢查原始日誌，查看是否被抓取過，如果被抓取過，最大的可能是內容品質問題（也可能是誤加 noindex），如果根本沒被抓取，建議先查看網站結構是否有問題。

4.7 nofollow 的使用

nofollow 是 2005 年由 Google 帶頭新創的一個標籤（嚴格說是屬性），目前主流搜尋引擎都支援此標籤。

4.7.1 nofollow 標籤的意義

nofollow 程式碼形式為：

```
<a href="http://www.example.com/" rel="nofollow"> 這裡是錨文字 </a>
```

連結的 nofollow 標籤只適用於本連結。上一節介紹的 meta robots 標籤中的 nofollow 指的是頁面上的所有連結。

nofollow 標籤最初的目的是減少垃圾連結對搜尋排名的影響，標籤的意義是告訴搜尋引擎蜘蛛這個連結不是經過站長自己編輯的，所以這個連結不是一個信任投票。搜尋引擎蜘蛛看到這個標籤就不會跟蹤爬行連結，也不傳遞連結權重和錨文字。

注意，nofollow 既沒禁止抓取，也沒禁止索引。Nofollow 只是告訴蜘蛛不要爬行這個連結，並沒有禁止其抓取連結指向的 URL，也沒有禁止其抓取索引連結指向的 URL。加了 nofollow 的連結蜘蛛不能爬行，但蜘蛛還可以透過其他沒加 nofollow 的連結發現、抓取目標 URL。

nofollow 標籤通常用在部落格評論、論壇貼文、社群媒體網站、留言板等地方，因為在這些地方，任何使用者都可以自由留下連結，站長一般並不知道連結連向什麼網站，也不可能一一查看驗證，所以是垃圾連結出現最多的地方。現在主流的部落格和論壇軟體都自動在評論和貼文的連結中加上了 nofollow。

後來 nofollow 又有了另外一個用途：廣告連結。網路廣告的初衷應該是曝光率和點擊流量，而不是傳遞權重或試圖影響搜尋排名。但廣告同時也是個連結，會影響權重流動和搜尋排名。搜尋引擎對試圖影響、操縱排名的連結買賣是深惡痛絕的。給廣告連結加上 nofollow 可以告訴搜尋引擎，這是個廣告，不要傳遞連結權重。

4.7.2　nofollow 用於控制權重流動

由於 nofollow 標籤能阻止蜘蛛爬行和傳遞權重，很快又被 SEO 用在某些內部連結，以達到控制內部連結權重流動及分布的目的。最常見的是應用在聯絡我們、隱私權政策、使用者條款、使用者登入等連結上。這些頁面往往有整站連結，如果沒有使用 nofollow，整站的連結權重會平等地流動到這些網頁上。而像隱私權政策這種網頁一般來說使用者很少關心，想透過搜尋排名帶來流量的可能性也極低。所以這些搜尋價值不高的網頁積累權重並沒有必要。

有的網站透過 nofollow 控制權重流動，將權重導向需要收錄和排名的頁面後，網站整體收錄、排名和流量就有明顯提高，但有時候就沒有明顯效果。

也有人認為，用 nofollow 控制連結和權重流動是個迷思，有欺騙搜尋引擎蜘蛛之嫌，因為展現給使用者和搜尋引擎蜘蛛的內容不一樣。提高網站內部連結效率應依賴於構建合理的網站架構，而不是使用 nofollow 標籤。

Google 資深工程師 Matt Cutts 曾對此評論說，nofollow 使用在內部連結上，確實能夠影響 Google 排名，但這只是次要因素。好比你有 100 元，使用 nofollow 就好像仔細研究怎麼花這 100 元，這對一些人有幫助。但把精力放在如何多賺 300 元上會更有意義，而不是琢磨怎麼花這現有的 100 元。

2008 年上半年的某個時間，Google 對 nofollow 連結權重傳遞演算法做了改變。假設頁面權重有 10 元可以傳遞，頁面上有 10 個連結，在 nofollow 標籤出現之前，每個連結傳遞 1 元。如果其中 5 個連結加了 nofollow，在 2008 年的演算法改變之前，剩下的沒有 nofollow 的 5 個連結，每個連結傳遞 2 元，演算法改變之後的處理方式是，剩下的 5 個非 nofollow 連結還是傳遞 1 元。當然，演算法改變前後，nofollow 連結都不傳遞 PR 值和權重。也就是說，2008 年之後，加了 nofollow 相當於浪費了 PR 值和權重，頁面本來有的 10 元，只傳遞出去 5 元，還有 5 元消失了。

Google 在做了這個變動一年多之後，2009 年 6 月 Matt Cutts 才在部落格上宣布。在這一年多時間裡，沒有人注意到這個演算法變動。這說明 nofollow 的具體細節和效果遠不是 SEO 人員所能掌握的。從宏觀的角度看，頁面連結怎樣分配和傳遞權重很可能更為複雜，並不是平均分配的。比如，導覽及部落格評論等地方的連

結能傳遞的權重可能本來就很少。就算沒有 nofollow 的存在，部落格評論裡的連結傳遞與正文裡的連結一樣的權重本來就不太合理。

所以英文網站（準確說是以 Google 為最佳化目標的所有網站）用 nofollow 是會浪費權重的，nofollow 阻斷的連結權重並不會被傳遞到其他 follow 的連結上，而是憑空消失了。不使用 nofollow，隱私權政策之類的頁面獲得很高權重雖然沒必要，但也無害，權重還會隨著連結傳遞到其他頁面。Google 官方也不建議使用 nofollow 控制權重流動。

在特定情況下，使用 nofollow 刻意降低某些頁面的權重可能會有幫助。比如，如果某些頁面（隱私權政策等）被大量抓取，抓取量大到影響其他正常頁面的抓取，這時給指向這些頁面的連結簡單加上 nofollow，降低其權重，可能就大幅降低其抓取量了。再比如，某些完全不想被收錄且數量又大的頁面，如排序、排版、篩選頁面，連結加上 nofollow，蜘蛛就基本上不會在這些頁面上浪費檢索預算了，因為這些頁面基本上不會有其他連結。

所以，做中文網站時可以考慮給沒必要傳遞權重的連結加上 nofollow，把權重更好地集中到需要的地方。做英文網站時加 nofollow 就要慎重，因為有可能起到反作用，沒有特殊需要，通常建議不要使用。

4.7.3 nofollow 作用最新變化

2019 年 9 月，Google 公布了 nofollow 標籤的作用，並宣布處理 nofollow 的方法又有了變化。一是增加了兩個新的屬性。

（1） rel="sponsored"：這個新屬性用於標註廣告、贊助商或其他因利益而存在的連結。

（2） rel="ugc"：這個新屬性用於 UGC（使用者產生內容），如論壇貼文、部落格評論等。

（3） rel="nofollow"：這個原有屬性依然用於沒有任何投票、背書意味的連結，也不傳遞排名權重。

換句話說，新公布的兩個標籤為廣告和 UGC 各新創了一個專用標籤。

第二個重大變化是，這三個標籤將被 Google 搜尋演算法在決定連結是否應該被考慮時視為一個「暗示」（Google 用的詞是 hint），更容易理解的說法是一個「建議」，而不是指令。

以前的 nofollow 基本上是一個指令，Google 不會跟蹤加了 nofollow 的連結。現在，Google 只把這三個標籤當作建議，演算法（包括爬行、抓取、排名）是否考慮這個連結，由 Google 綜合其他因素來自行決定。

為什麼會做這個改變？ Google 給出的說法是為了更好地分析、使用連結訊號。由於 nofollow 的使用，Google 失去了很多有用的連結訊號。絕大部分社群媒體網站、新聞網站，現在所有指向外部的連結都一律加了 nofollow，如果忽略所有這些連結，那就沒多少高品質連結可以參考了。把 nofollow 家族的三個標籤當作建議，既能使 Google 不失去寶貴資訊，又保留了站長表明連結不是投票的機制。

nofollow 作用的改變可能會對外部連結建設的方式產生影響，尤其是英文網站。從 Google 員工的後續解釋看，nofollow 的作用改為建議也主要指的是外部連結。

一直以來，SEO 們建設外部連結時對 nofollow 連結的熱情是遠遠小於 follow 連結的。但現在 nofollow 連結也可能會被 Google 當作一個正常、傳遞權重的連結了。比如在各社群媒體網站傳播度高的網站，在維基百科這類被推薦比較多的網站，在論壇參與時間長、留有很多簽名的網站，很多以前作用不大的 nofollow 連結可能變得更有效。

當然，到底哪些 nofollow 連結被當作普通連結，我們無從知曉，那些把自己連結都加了 nofollow 的社群媒體網站、新聞網站自己也不會知道。做外部連結建設時，可以不用再考慮是否有 nofollow，只考慮是否有利於吸引使用者了。Bing 則表示，他們一直以來就是把 nofollow 當作建議，而不是指令。

4.8　URL 靜態化

URL 靜態化一直以來都是最基本的 SEO 要求之一，但隨著搜尋引擎技術進步，抓取動態 URL 已經不是問題，SEO 業界對是否一定要做靜態化也有了一些觀念上的改變。

4.8.1 為什麼靜態化

現在的網站絕大多數都會用到資料庫,頁面由程式即時生成,而不是真的在伺服器上有一個靜態 HTML 存在。當使用者訪問一個網址時,程式根據 URL 中的參數呼叫資料庫資料,即時生成頁面內容。因此動態頁面相對應的 URL 原始狀態也是動態的,包含問號、等號及參數,例如下面這種典型論壇的 URL:

http://www.domain.com/viewthread.php?tid=70376&extra=page=1

搜尋引擎蜘蛛在發展初期(其實也就是 10 多年前而已)一般不太願意爬行和收錄動態 URL,主要原因是可能會陷入無限點擊循環或收錄大量重複內容,造成資源極大浪費。最典型的無限循環就是某些網站上出現的萬年曆,很多部落格按時間存檔,一些賓館、航班查詢網站也經常出現萬年曆形式。

搜尋引擎蜘蛛碰到萬年曆,如果一直跟蹤上面的連結,可以不停地點擊下一月、下一年,陷入無限循環,每一個日期對應的頁面內容也沒什麼區別。真實使用者一眼就能看出這是個日曆,但搜尋引擎蜘蛛面對的只是一串程式碼,不一定能判斷出其實這是個萬年曆。電子商務網站各種條件過濾、篩選頁面也可能組合出數量龐大的頁面,弄不好會近乎於無限循環。

有時就算不存在無限循環,動態 URL 也可能造成大量複製頁面。比如 URL:

http://www.domain.com/product.php?color=red&cat=shoes&id=12345

和 URL:

http://www.domain.com/product.php?cat=shoes&color=red&id=12345

及 URL:

http://www.domain.com/product.php?color=red&id=12345&cat=shoes

很可能是完全一樣的內容,都是序號為 12345 的紅色鞋子。URL 中參數順序不同就是不同的網址,但呼叫參數一樣,因此頁面內容是一樣的。如果 CMS 系統設計不周全,這些 URL 可能都出現在網站上。

更麻煩的是,有時某些參數可以是任意值,伺服器都能正常傳回頁面,雖然內容全是一樣或非常相似的。例如,上面 URL 中的參數 12345 改為 6789 或其他數字,伺服器很可能也會傳回 200 狀態碼。

所以以前的搜尋引擎對動態 URL 敬而遠之，要想網站頁面被充分收錄，站長需要把動態 URL 轉化為靜態 URL。

4.8.2 如何靜態化 URL

最常見的方法是使用伺服器的 URL 重寫模組，在 LAMP（Linux+Apache+MySQL+PHP）伺服器上一般使用 mod_rewrite 模組，Windows 伺服器也有功能相似的 ISAPI Rewrite 等模組。以 LAMP 伺服器為例，要想把 URL：

http://www.domain.com/products.php?id=123

靜態化為：

http://www.domain.com/products/123

需要啟用伺服器 mod_rewrite 模組，然後在 .htaccess 中寫入如下程式碼：

```
RewriteRule /products/([0-9]+) /products.php?id=$1
```

URL 重寫程式碼基於正規表示式，每個網站的動態 URL 結構不同，伺服器設定也可能不同，程式碼也就不同。正規表示式的寫法比較複雜，千變萬化，通常需要程式設計師編寫。在寫 URL 靜態化程式碼時必須非常小心，錯了一個字、多了一個斜槓等微小的疏忽，都可能造成災難性的後果。我本人就遇到過這樣的案例。

嚴格來說，這裡所說的 URL 靜態化應該稱為「偽靜態化」，也就是說伺服器上還是不存在相應的 HTML 文件，使用者訪問時還是動態生成頁面，只不過透過 URL 重寫技術使網址看起來像是靜態的。也有的 CMS 系統可以實現真正靜態化，編輯增添產品或文章後，系統會自動生成真實存在的靜態的 HTML 文件。對搜尋引擎來說，真正的靜態與偽靜態沒有區別。

4.8.3 URL 不需要靜態化嗎

現在搜尋引擎蜘蛛對動態 URL 的抓取有了很大進步。一般來說 URL 中有兩三個參數，對收錄不會造成任何影響。權重高的域名，再多幾個問號也不是問題。不過一般來說還是建議將 URL 靜態化，既能提高使用者體驗，又能降低收錄難度。

2008 年 9 月，Google 站長部落格發表了一篇討論動態網址和靜態網址的文章，顛覆了整個 SEO 界的傳統觀念。在這篇文章裡，Google 明確建議不要將動態 URL 靜態化。

Google 的文章有幾個重點：

（1）Google 完全有能力抓取動態網址，多少個問號都不是問題。

（2）動態網址更有助於 Google 蜘蛛讀懂 URL 含義並進行鑑別，因為網址中的參數具有提示性。Google 舉了這個例子：

```
www.example.com/article/bin/answer.foo?language=en&answer=3&sid=98971298178
906&query=URL
```

URL 裡的參數本身有助於 Google 理解 URL 及網頁內容，比如 language 後面跟的參數是提示語言，answer 後面跟的是文章編號，sid 後面的肯定是 Session ID。其他常用的參數包括：color 後面跟的一般是顏色，size 後面跟的參數是尺寸等。有了這些參數名稱的幫助，Google 更容易理解網頁。

將網址靜態化後，這些參數的意義通常就變得不明顯了，比如這個 URL：

```
www.example.com/shoes/red/7/12/men/index.html
```

就可能會讓 Google 無法識別哪個是產品序號，哪個是尺寸。

（3）URL 靜態化很容易弄錯，那就更得不償失了。比如，通常動態網址的參數調換順序所得到的頁面是相同的，這兩個網址很可能就是同一個頁面：

```
www.example.com/article/bin/answer.foo?language=en&answer=3
www.example.com/article/bin/answer.foo?answer=3&language=en
```

保留動態網址，Google 就比較容易明白這兩個 URL 是一個頁面，因而自動合併權重。經過靜態化後，Google 就不容易判斷這兩個網址是不是同一個頁面，從而可能引起複製內容：

```
www.example.com/shoes/men/7/red/index.html
www.example.com/shoes/red/7/men/index.html
```

還有一個容易搞錯的是 Session ID，也可能被靜態化進 URL：

```
www.example.com/article/bin/answer.foo/en/3/98971298178906/URL
```

這使網站將產生大量 URL 不同，但其實內容相同的頁面。

所以，Google 建議不要靜態化 URL。

但是，我目前還是建議盡量要靜態化 URL。原因如下：

（1）Google 的建議是從 Google 自己出發，沒有考慮其他搜尋引擎。Google 願意抓取任何動態網址，並不意味著其他搜尋引擎也願意，雖然技術上可以實現。

（2）Google 所說的靜態化的弊端，基本上是基於靜態化做得不正確的假設。問題是要做靜態化就得做正確，假設會做錯是沒有什麼道理的。有幾個人會在靜態化網址時把 Session ID 也放進去呢？

（3）使用者體驗。帶有參數的 URL 可能有助於 Google 讀懂內容，但是顯然非常不利於使用者在一瞥之下理解頁面大致內容。例如，以下這兩個網址哪個更清晰，更容易讀懂，更有可能被點擊呢？

- www.example.com/product/bin/answer.foo?language=en&productID=3&sid=98971298178906&cat=6198&&query=URL
- www.example.com/product/men/shoes/index.html

顯然是第二個。

除了點閱率，過長的動態網址也不利於記憶，不利於在郵件、社群媒體網站等地方分享給別人。

4.9 URL 設計

URL 是搜尋結果列表中的顯示內容之一。設計網站結構時需要對目錄及檔案命名系統做好事先規劃。總體原則是首先從使用者體驗出發，URL 應該簡單易懂、方便記憶，然後才考慮 URL 對排名的影響。具體可以考慮以下幾方面：

1. URL 越短越好

這主要是為使用者著想。對搜尋引擎來說，只要 URL 不超過 1000 個字母，收錄起來都沒問題。不過若真的使用幾百個字母的 URL，使用者看起來就費力了。曾經有人做過搜尋結果點擊實驗，一個比較短的 URL 出現在一個比較長的 URL 下面時，短 URL 的點閱率比長 URL 高 2.5 倍。

另外，短 URL 也利於傳播和複製。站長做連結時，通常會直接複製 URL。短 URL 不會有問題，長 URL 複製時都會費勁，也可能複製得不完整，造成 404 錯誤。

2. 避免太多參數

在可能的情況下盡量使用靜態 URL。如果技術上不能實現，必須使用動態 URL，也要盡量減少參數。一般建議在 2 ～ 3 個參數之內。參數太多會使用戶看著眼花撩亂，也可能造成收錄問題。

3. 目錄層次盡量少

這裡指的是物理目錄結構。

當然目錄層次與網站整個分類結構相關。分類層數越多，目錄層次也必然增多。在可能的情況下，尤其是靜態化 URL 時，盡量使用比較少的目錄層次。

當然，這不是說建議大家把頁面全放在根目錄下，那樣的話，超過幾百頁的網站就不容易管理了，不僅搜尋引擎無法根據目錄層次了解歸屬關係，站長自己恐怕也不容易分清哪個頁面屬於哪個分類。

4. 檔案及目錄名稱具描述性

尤其對英文網站來說，目錄及檔案名稱應該具備一定的描述性，讓使用者能夠一看就知道這個 URL 內容大致應該是什麼。比如 URL：

http://www.example.com/news/finance/

就比

http://www.example.com/cat-01/sub-a/

要好得多。

中文網站 URL 中包含簡單、有提示性的英文單字也有利於使用者體驗。

5. URL 中包含關鍵字

英文網站關鍵字出現在 URL 中，能稍微提高頁面相關性，在排名時貢獻一點分數，也有利於使用者體驗。不過切忌為了出現關鍵字而刻意堆積。

中文網站就不必勉強了，不建議在 URL 中出現中文字，容易顯示為亂碼，即使正常顯示中文，看起來也很奇怪。

6. 字母全部小寫

這有以下幾方面原因：

（1）全部小寫便於人工輸入，不會因大小寫摻雜而出錯。

（2）有的伺服器是區分大小寫的，例如在 Linux 伺服器上，http://www.example.com/ index.html 與 http://www.example.com/Index.html 是兩個不同的網址。無論站長自己在做連結時還是使用者輸入時，因為大小寫混用出現錯誤都會造成 404 錯誤。另外，robots 檔程式碼也是區分大小寫的，一個字母之差就可能使整個目錄不能被收錄。

本書舉 URL 例子時有時用大寫字母，只是為了表示強調，讓讀者看得更清楚。

7. 連接符號使用

目錄或檔名中單字間一般建議使用連接符號「-」分隔，不要使用底線或其他更奇怪的字元。搜尋引擎把 URL 中的連接符號當作空格處理，底線則會被忽略。所以檔名 seo-tools.html 將被正確讀取出 seo 與 tools 兩個單字，而檔名 seo_tools.html 會被讀解為 seotools.html。

更重要的是，URL 中用連接符號分割單字是能夠讓使用者看得最清楚的呈現方式。

8. 目錄形式還是檔案形式

大部分 CMS 系統都可以把頁面 URL 設定為目錄或檔案形式，像是：

http://www. example.com/products/red-shoes/

或

http://www.example.com/products/red-shoes.html

站長可以選擇其中之一。這兩種格式對排名沒有大影響。有人認為目錄形式的權重稍微高一點，不過也無法驗證，就算權重高一點，也應該是微乎其微的。

目錄形式 URL 的一個優點是，以後如果網站更換程式語言，URL 可以不必變化，也不用經過特殊處理。檔案形式的 URL，檔案的副檔名可能會改，這時就需要做 URL 重寫和 301 轉向。

9. 使用 https

建議新舊網站一律使用 https，無論是否為購物網站、是否需要傳輸敏感訊息。首先，這是為使用者安全考慮，現在網路上的釣魚、病毒、劫持等安全隱患太多了，使用 https 有助於增強安全性。另外，https 也是排名因素之一，雖然只是個小的排名因素。Google、Bing 都明確表示 https 對頁面排名有加分。

4.10　網址規範化

網址規範化（URL canonicalization）指的是搜尋引擎挑選最合適的 URL 作為真正（規範化的）網址的過程。

4.10.1　為什麼出現不規範網址

舉例來說，下面這幾個 URL 通常指的是同一份檔案：

- http://www.domainname.com
- http://domainname.com
- http://www.domainname.com/index.html
- http://domainname.com/index.html

從技術上來講，這幾個 URL 都是不同的網址，搜尋引擎也確實把它們當作不同的網址。雖然在絕大部分情況下，這些網址所傳回的是相同的檔案，也就是網站首頁，但是從技術上說，主機完全可以對這幾個網址傳回不同的內容。

除了上面因為帶與不帶 www 造成的，以及結尾是否包含 index.html 檔名造成的不規範網址，網址規範化問題還可能由於如下原因出現：

- CMS 系統原因，使同一篇文章（也可以是產品、文章等）可以透過幾種不同的 URL 訪問。有時連分類頁面都有多個 URL 版本。這種情況大量存在。
- URL 靜態化設定錯誤，同一篇文章有多個靜態化 URL。
- URL 靜態化後，靜態和動態 URL 共存，都有連結，也都可以訪問。
- 目錄後有沒有斜線。例如，http://www.domainname.com 和 http://www.domainname.com/ 是不同網址，但其實是一個頁面。
- 加密網址。例如，http://www.domainname.com 和 https://www.domainname.com 兩個網址同時存在，都可以訪問。
- URL 中有埠號。例如，http://www.domainname.com:80 和 http://www.domainname.com。
- 跟蹤程式碼。有的聯署計劃或廣告服務在 URL 後面加跟蹤程式碼，如 http://www.domainname.com/?affid=100 和 http://www.domainname.com/ 顯示的都是首頁內容。有的網站為了跟蹤使用者軌跡，全站 URL 可能都加了跟蹤程式碼。

4.10.2　網址規範化問題

網站出現多個不規範網址會給搜尋引擎的收錄和排名帶來很多麻煩。比如，網站首頁應該是固定的，只有一個，但很多站長在連結回首頁時所使用的 URL 並不是唯一的，一會連到 http://www.domainname.com，一會連到 http://www.domainname.com/index.html。

這雖然不會給使用者造成什麼麻煩，因為這些網址其實都指向同一個地方，但是給搜尋引擎造成了困惑，哪一個網址是真正的首頁呢？哪一個網址應該被當作首頁傳回呢？

如果網站上不同版本的網址同時出現，那麼兩個或更多版本的 URL 都可能被搜尋引擎收錄，這就會造成複製內容。搜尋引擎計算排名時必須找到所謂規範化的網址，也就是搜尋引擎認為的最合適的 URL 版本。

網址規範化造成了幾個問題：

- CMS 系統在不同地方連結到不同的 URL，分散了頁面權重，不利於排名。
- 外部連結也可能指向不同 URL，分散權重。
- 搜尋引擎判斷的規範化網址可能不是站長想要的那個網址。
- 如果網址規範化問題太嚴重，也可能影響收錄。一個權重不很高的域名，能收錄的總頁面數和蜘蛛的總爬行時間是有限的。搜尋引擎把資源花在抓取、收錄不規範的網址上，留下給獨特內容的資源就減少了。
- 複製內容過多，搜尋引擎可能會認為網站整體品質不高。

一般來說，搜尋引擎會嘗試判斷，將非規範化網址合併權重至規範化網址，並只索引規範化版本，但問題就在於，搜尋引擎不一定判斷正確。與其把任務交給不可控的搜尋引擎演算法，不如自己做好規範化，不給搜尋引擎判斷錯誤的機會。

4.10.3 解決網址規範化問題

解決 URL 規範化問題需要注意很多方面，諸如：

- 確保使用的 CMS 系統只產生規範化網址，無論是否有靜態化 URL。
- 所有內部連結保持統一，都指向規範化網址。確定一個版本為規範化網址，網站內連結統一使用這個版本。這樣搜尋引擎也就明白哪一個是站長希望被收錄的規範化網址。
- 在站長工具中設定首選域。
- 使用 301 轉向，把不規範化 URL 全部轉向到規範化 URL。下一節將深入討論。
- 使用 canonical 標籤。後文將深入討論。
- 提交給搜尋引擎的 XML 網站地圖中全部使用規範化網址。

但這些方法都有局限，像是：

- 有的網站因為技術原因做不了 301 轉向。

- CMS 系統經常不受自己控制。

- 內部連結自己可以控制，但外部連結不受控制。

所以，雖然有解決方法作為備選，但到目前為止，網址規範化一直是困擾站長及搜尋引擎的一個問題。據估計，網路上有 10% ～ 30% 的 URL 是內容相同但 URL 不一樣的不規範化網址。為了確保萬無一失，經常需要綜合使用多個方法。

4.10.4　301 轉向

1. 什麼是 301 轉向

301 轉向（或叫 301 重定向、301 跳轉）是瀏覽器或蜘蛛向網站伺服器發出訪問請求時，伺服器傳回的 HTTP 資料中標頭訊息（header）部分狀態碼的一種，表示本網址永久性轉移到另一個地址。

其他常見的狀態碼如下：

- 200：一切正常。

- 404：網頁不存在。

- 302：臨時性轉向。

- 500：內部程式錯誤。

網址轉向還有其他方法，如 302 轉向、JavaScript 轉向、PHP/ASP/CGI 程式轉向、Meta Refresh 轉向等。除了 301 轉向，其他方法都是常用的作弊手法。雖然方法本身沒有對錯之分，但被作弊者用多了，搜尋引擎對可疑的轉向都很敏感。

2. 301 轉向傳遞權重

網頁 A 使用 301 重定向轉到網頁 B，搜尋引擎可以肯定網頁 A 永久性改變了地址，或者說實際上不存在了，就會把網頁 B 當作唯一有效 URL。這是搜尋引擎唯

一推薦的不會產生懷疑的轉向方法，更重要的是，網頁 A 積累的頁面權重將被傳遞到網頁 B。

所以，假定 http://www.domainname.com 是選定的規範化網址，下面幾個網址：

- http://domainname.com
- http://www.domainname.com/index.html
- http://domainname.com/index.html

都做 301 轉向到 http://www.domainname.com，搜尋引擎就知道 http://www.domainname.com 是規範化網址，而且會把上面列的網址權重傳遞集中到規範化網址。

目前 Google 會傳遞大部分權重，但不是傳遞百分之百的權重。Google 對 301 轉向的識別、反應、完成權重傳遞，需要 1 ～ 3 個月時間。

3. 怎樣做 301 轉向

如果網站使用 LAMP（Linux+Apache+MySQL+PHP）主機，可以使用 .htaccess 做 301 轉向。.htaccess 是一個文字檔，可透過 Notepad 等文字編輯軟體建立和編輯，之後儲存在網站根目錄底下。.htaccess 中的指令用於目錄特定操作，如密碼保護、轉向、錯誤處理等。

比如把頁面 /old.htm 301 轉向到 http://www.domain.com/new.htm，可以在 .htaccess 中放上這個指令：

```
redirect 301 /old.htm http://www.domain.com/new.htm
```

或

```
redirect permanent /old.htm http://www.domain.com/new.htm
```

把所有不帶 www（http://domain.com）版本的網址 301 轉向到帶 www 的版本（http://www.domain.com），包括：

http://domain.com/about.htm 轉到 http://www.domain.com/about.htm，以及 http://domain.com/dir/index.htm 轉到 http://www.domain.com/dir/index.htm 等，還要用到 mod_rewrite 模組，.htaccess 指令是：

```
Options +FollowSymLinks
RewriteEngine on
RewriteCond %{HTTP_HOST} ^domain.com [NC]
RewriteRule ^(.*)$ http://www.domain.com/$1 [L,R=301]
```

如果網站用的是 Windows 主機，可以在控制面板做 301 轉向設定。

純靜態 HTML 頁面無法透過 HTML 檔本身做 301 轉向，HTML 一被讀取，就已經傳回 200 狀態碼了。在 HTML 裡能做 JavaScript 轉向或 Meta Refresh 轉向。

如果頁面是 ASP 或 PHP，還可以做 301 轉向。

ASP 程式碼：

```
<%@ Language=VBScript %>
<%
Response.Status="301 Moved Permanently" Response.AddHeader "Location", "
http://www.domain.com"
>
```

PHP 程式碼：

```
Header( "HTTP/1.1 301 Moved Permanently" );
Header( "Location: http://www.domain.com" );
?>
```

4. 301 轉向的其他用途

除了解決網址規範化問題，還有很多需要做 301 轉向的情形。比如，為保護版權，公司擁有不同 TLD 的多個域名：

- company.com
- company.net
- company.org
- company.com.tw
- company.tw

為避免造成大量複製內容，應該選定一個域名為主域名，如 company.com，將其他域名做 301 轉向到 company.com。或者公司註冊了全稱域名 longcompanyname.com，也註冊了方便使用者記住的縮寫域名 lcn.com，可將其中一個做主域名，另一個 301 轉向到主域名。

網站改版也經常需要用到 301 轉向，如頁面刪除、改變地址、URL 命名系統改變等。更換域名也需要整站從舊域名做 301 轉向到新域名。

動態 URL 靜態化也可能要做 301 轉向，將舊的、動態的 URL 做 301 轉向到新的、靜態的 URL。

4.10.5 canonical 標籤

2009 年 2 月，Google、Yahoo!、微軟共同發布了一個叫做 canonical 的新標籤，用於解決網址規範化問題。

簡單說，就是在 HTML 的標頭加上這樣一段程式碼：

```
<link rel="canonical" href="http://www.example.com/product.php?item=swedish-fish" />
```

表示這個網頁的規範化網址應該是：

http://www.example.com/product.php?item=swedish-fish

下面這些 URL 都可以加上這段 canonical 標籤：

- http://www.example.com/product.php?item=swedish-fish
- http://www.example.com/product.php?item=swedish-fish&category=gummy-candy
- http://www.example.com/product.php?item=swedish-fish&trackingid=1234&sessionid=5678

這些 URL 的規範化網址就都成為：

http://www.example.com/product.php?item=swedish-fish

canonical 標籤相當於一個頁面內的 301 轉向，區別在於使用者並不被轉向，還是停留在原網址上，而搜尋引擎會把它當作是 301 轉向處理，把頁面權重集中到標籤中指明的規範化網址上。

另外，還需要注意以下幾個細節：

- 這個標籤只是一種建議，不是指令，不像 robots 檔是個指令。所以搜尋引擎會在很大程度上考慮這個標籤，但並不一定百分之百遵守。搜尋引擎還會考慮其他情況來判斷規範化網址，防止站長把標籤裡指定的規範化網址寫錯。

- 標籤既可以使用絕對網址，也可以使用相對網址。通常使用絕對網址比較保險。

- 指定的規範化網址上的內容，與其他使用這個標籤的非規範化網址內容要完全相同或高度相似，否則很可能不起作用。使用 301 轉向並沒有這個限制。

- 指定的規範化網址可以是不存在頁面，傳回 404 狀態碼，也可以是還沒有被收錄的頁面。但是不建議這麼做。

- 這個標籤可以用於不同域名之間。

有些網站由於技術限制不能做 301 轉向，這時 canonical 標籤就顯得非常靈活，不需要任何特殊伺服器元件或功能，直接寫在頁面 HTML 中就可以了。現在幾乎所有 CMS 系統都會在所有頁面預設加上 canonical 標籤，這對於自己開發的系統這也應該是標配。

4.11 複製內容

複製內容也可以稱為重複內容。複製內容指的是兩個或多個 URL 內容完全相同，或非常相似。複製內容既可能發生在同一個網站內，也可能發生在不同網站上。

4.11.1 產生複製內容的原因

下面這些原因可能造成複製內容。

- 前面討論的網址規範化問題會產生複製內容。

- 代理商和零售商從產品生產商那裡轉載產品資訊。這倒沒什麼不對，一般生產商也都同意，沒有版權問題。但是絕大部分代理商、零售商、批發商都是直接複製，而不做任何改動，大家用的都是一模一樣的產品說明，所以這些電子商務網站上充斥著大量複製內容。

- 列印版本。一些網站除了正常供瀏覽的頁面外，還提供更適於列印的頁面版本，如果沒有用適當方式禁止搜尋引擎蜘蛛抓取，這些列印版本網頁就會變成複製內容。

- 網站結構造成的各種頁面版本。如產品列表按價格、評論、上架時間等排序頁面，部落格的分類存檔、時間存檔等。

- 網頁內容由 RSS 生成。有很多網站，尤其是新聞類網站，用其他網站的 RSS Feed 生成網站內容，這些內容在原始出處和其他類似網站上都已經出現過很多次了。

- 使用 Session ID。搜尋引擎蜘蛛在不同時間瀏覽網頁的時候，被給予了不同的 Session ID，但實際上網頁內容是一樣的，只是由於 Session ID 參數不同，就被當成了不同的網頁。

- 網頁實質內容太少。每個網頁上都不可避免地有通用部分，比如導覽列、版權聲明、廣告等。如果網頁的正文部分太短，內容數量遠低於通用部分，就有可能被認為是複製內容。

- 轉載及抄襲。有時是其他人抄襲了你的網站內容，有時是善意的轉載，有時是作者自己在不同平台發布文章，這些都會造成複製內容。

- 鏡像網站。鏡像網站曾經很流行，當一個網站太忙或太慢的時候，使用者可以透過替代鏡像來看內容或下載，這也有造成複製內容的風險。

- 產品或服務類型之間的區別比較小。比如有的網站把自己的服務按地區進行分類，但實際上提供給每個地區的產品或服務都是一樣的。這些按地區分類的頁面只是把地名改了改，其他服務內容說明全都一樣。

- URL 任意加文字還是傳回 200 狀態碼。有的網站由於技術原因，使用者在 URL 後加上任意文字或參數，伺服器還能正常傳回 200 狀態碼，並傳回與沒加上任意文字時一樣的重複內容頁面。

檢查頁面是否有複製版本被索引相對簡單。拿出頁面正文中的一句話，加上雙引號，在搜尋引擎中搜尋一下，從結果中就能看到是否有多個頁面包含這句話。一般來說，隨機挑選的一個句子，完整出現在另一篇無關文章中的可能性很低。

舉一個比較極端卻很清楚的例子。我為了試驗搜尋引擎是否使用關鍵字標籤，曾經在一篇部落格文章中提到「伍療踢瓜 sdfghj」這麼一個字串。在我發表這篇文章之前，搜尋引擎沒有這個字串的任何結果。文章發布後不久搜尋一下，可以清楚看到有不少因為轉載或抄襲形成的複製內容。在 Google 搜尋得到的結果就更多了。令人無奈的是，絕大部分轉載沒有按版權聲明連結到原出處，更有很多直接連作者都給修改了。

4.11.2 複製內容的害處

很多 SEO 對複製內容有誤解，認為網站上有複製內容，搜尋引擎就會懲罰。其實搜尋引擎並不會因為網站有少量複製內容而對其進行懲罰或降權。搜尋引擎做的只是從多個頁面中盡量挑選出真正的原創版本，或者使用者體驗最好的版本，給予其應有的排名，其他複製版本不在搜尋結果中傳回或排在比較靠後的位置。

不過交給搜尋引擎去判斷，就有可能出現判斷失誤的情況，把本來是原創的頁面當作轉載或抄襲的複製內容，因而給予不好的排名。這對原創頁面來說確實就像是懲罰，不過不是因為複製內容本身，而是因為搜尋引擎判斷原創失敗。

同站出現複製內容看似沒有那麼嚴重，不管搜尋引擎判斷哪個版本是原創，都是自己網站上的頁面。問題是，搜尋引擎認為的最合適的 URL 與站長自己認為的最合適的 URL 有可能不一樣，站長最佳化和做連結時把精力放在頁面 A，搜尋引擎卻認為頁面 B 最好（A 與 B 內容一樣），站長花在頁面 A 上的精力就浪費了。

同一個網站內的複製內容會分散權重。既然頁面在網站上出現，就必然有連結連向這些頁面。如果一篇獨特內容只出現在一個網址，網站上的連結就能集中到這一個網址，使其排名能力提高。連結分散到多個網址，會使得每一個網址排名能力都不突出。外部連結也是一樣，很可能分散到不同 URL。

同站複製也造成搜尋引擎收錄了過多沒有意義的頁面，在域名權重不高的情況下，很可能擠占了其他獨特內容的收錄機會。

如果網站上存在大量複製內容，尤其是從其他網站抄襲來的內容，可能使搜尋引擎對網站品質產生懷疑，導致懲罰。

4.11.3　消除複製內容

網址規範化問題造成的複製內容，在前文已經討論過。最好的解決辦法是，確保一篇文章只對應一個 URL，不要出現多個版本，網站所有內部連結統一連到這個 URL。某些時候需要使用 301 轉向。

不是由於網址規範化造成的同站內複製內容，最好的解決方法是選取一個版本允許收錄，其他版本禁止搜尋引擎抓取或收錄。既可以使用 robots 檔禁止抓取，也可以使用 noindex meta robots 標籤禁止索引。連向不希望收錄的複製內容的連結使用 nofollow、JavaScript 等阻止蜘蛛爬行。

另一個解決複製內容的方法是使用 canonical 標籤。canonical 標籤既可以應用在網址規範化引起的複製內容上，也可以用在其他情況下。比如網站上同一個款式的鞋子可能分為不同序號 /sku，之間唯一的區別只是顏色。這些序號生成多個網址，產品說明也幾乎完全一樣，只是說明顏色的地方不一樣。這時就可以使用 canonical 標籤，使用者不會被轉向，他們還是看到不同頁面，但搜尋引擎會把權重集中到其中一個型號上，從而避免複製內容。

排序、排版、條件篩選頁面也可以加上 canonical 標籤，canonical 版本指向分類首頁，這樣，使用者如常使用，搜尋引擎不會把內容差不多的頁面當作複製內容。

帶有 Session ID 的頁面也可以使用 canonical 標籤，如頁面 http://www.example.com/ page-a.html 放上程式碼：

```
<link rel="canonical" href="http://www.example.com/page-a.html" />
```

這樣，後面無論生成什麼 Session ID：

- http://www.example.com/page-a.html?sessionid=123456

- http://www.example.com/page-a.html?sessionid=456789

上面的 URL 都會被搜尋引擎把權重集中到 http://www.example.com/page-a.html。

不同網站之間的複製內容解決起來就比較麻煩，因為其他網站上的內容是無法控制的。能夠做的只有兩點。一是在頁面中加入版權聲明，要求轉載的網站保留版權聲明及指向原出處的連結。有些聚合網站會抓取 Feed 自動生成內容，所以在 Feed 中也要加入版權聲明和連結。一般來說，原創版本的外部連結會比轉載多一些，就算在中文網路這個對版權極不重視的環境下，也還會有一些站長轉載時保留原出處連結。對搜尋引擎來說，指向原出處的連結是判斷原創的重要訊號。

另一點就是堅持原創，假以時日必定能夠增加網站權重，使網站上內容被判斷為原創的機率增加。如果有其他網站大量抄襲，造成原創內容不能獲得排名，也可以考慮聯繫對方，要求加上版權連結或刪除抄襲內容，或者向對方主機、域名提供商投訴，向搜尋引擎投訴等。近年也有不少使用法律手段，起訴抄襲者勝訴的案例。

4.12　絕對路徑和相對路徑

絕對路徑指的是包含域名的完整網址。相對路徑指的是不包含域名的、被連結頁面相對於目前頁面的相對網址。

比如頁面 A 的 URL 是：

http://www.domain.com/pageA.html

頁面 B 的 URL 是：

http://www.domain.com/pageB.html

頁面 A 連結到頁面 B 時使用這種程式碼：

```
<a href=".../pageB.html">
```

就是相對路徑。

如果使用完整的 URL：

```
<a href="http://www.domain.com/pageB.html">
```

也就是瀏覽器網址列中所顯示的完整 URL，就是絕對路徑。

網站應該使用絕對路徑還是相對路徑？對 SEO 有什麼影響？沒有絕對的答案，兩者各有優缺點。

4.12.1 絕對路徑

絕對路徑 URL 具有以下優點：

- 如果有人抄襲、採集你的網站內容，抄襲者比較懶，連頁面裡面的連結一起原封不動抄過去，絕對路徑連結還會指向你的網站，增加網站外連結及權重。

- 網站有 RSS 輸出時，內容會被一些 Feed 聚合網站抓取顯示。同樣，頁面裡指向原網站的連結會被保留。

- 有助於預防和解決網址規範化問題。假設站長希望被收錄的 URL 是帶 www 的版本，由於技術原因不能從 http://domain.com 做 301 轉向到 http://www.domain.com，所有頁面中的連結使用絕對路徑如：

  http://www.domain.com/article.html

  http://www.domain.com

連結絕對路徑寫死在 HTML 檔，這樣就算有蜘蛛或使用者偶然訪問不帶 www 的版本，如 http://domain.com/article.html，這個頁面上的絕對路徑連結還是會把蜘蛛和使用者帶回到 www 的 URL 版本，有助於搜尋引擎蜘蛛識別到底哪個版本是規範化的。就算網頁移動位置，裡面的連結還是指向正確 URL。

絕對路徑 URL 具有以下缺點：

- 除非連結是動態插入的，不然不便於在測試伺服器上進行測試。因為裡面的連結將直接指向真正域名的 URL，而不是測試伺服器上的 URL。

- 除非連結是動態插入的，不然行動裝置版頁面將比較困難。因為頁面位置發生變化，其他頁面連向本頁面的連結卻可能無法跟著變化，將依然指向原來的已經寫死的絕對路徑。

- 程式碼比較多。連結數量大時，多出來的字元可能讓 HTML 檔變大很多。

4.12.2　相對路徑

相對路徑 URL 正好相反。其具有以下優點：

- 移動內容比較容易，不用更新其他頁面上的連結。

- 在測試伺服器上進行測試也比較容易。

- 節省程式碼。

但具有以下缺點：

- 頁面移動位置，裡面的連結可能也需要改動。

- 被抄襲和採集對網站沒有任何益處。不過很多採集軟體其實是可以自動鑑別絕對路徑和相對路徑的，所以使用絕對路徑有助於自己的連結也被抄到採集網站上，但只在某些情況下是有效的。

- 搜尋引擎解析 URL 時可能出錯，不能正確讀取頁面上的連結 URL。

如果不能做 301 轉向，因而產生了嚴重的網址規範化問題，使用絕對路徑 URL 有助於解決網址規範化問題。如果文章被大量轉載、抄襲，使用絕對路徑 URL 可以帶來一些外部連結。除此之外，使用相對路徑 URL 比較簡單。在正常情況下，相對路徑 URL 不會對網站有什麼副作用，絕對路徑 URL 也不會有什麼特殊好處。搜尋引擎錯誤解析相對路徑 URL 的可能性是非常低的。

在正確解析 URL 的前提下，絕對路徑和相對路徑本身對排名沒有任何影響。

4.13　網站地圖

網站無論大小，單獨的網站地圖頁面都是必須的。透過網站地圖，不僅使用者可以對網站的結構和所有內容一目了然，搜尋引擎也可以跟蹤網站地圖連結爬行到網站的所有主要部分。

4.13.1　HTML 網站地圖

網站地圖有兩種形式。第一種被稱為 HTML 版本網站地圖，英文是 sitemap，s 需小寫，特指 HTML 版本網站地圖。HTML 版本網站地圖就是使用者可以在網站上看到的、列出網站上所有主要頁面連結的頁面。

對一些主導覽必須使用 JavaScript 腳本的網站（雖然我想不到必須要這麼做的原因），網站地圖是搜尋引擎找到網站所有頁面的重要補充途徑。

對小網站來說，網站地圖頁面甚至可以列出整個網站的所有頁面。但對稍具規模的網站來說，一個網站地圖頁面不可能羅列所有頁面連結，這時可以採取兩種方法。一種方法是網站地圖只列出網站最主要部分連結，如一級分類、二級分類。另一種方法是將網站地圖分成多個檔案，主網站地圖列出通往次級網站地圖的連結，次級網站地圖再列出一部分頁面連結。多個網站地圖頁面加在一起，就可以列出所有或絕大部分重要頁面。

實際上，一個具有良好導覽系統和連結結構的網站，並不一定需要完整的、列出所有頁面的網站地圖，因為網站地圖與分類結構經常是大同小異的。

4.13.2　XML 網站地圖

網站地圖的第二種形式是 XML 版本網站地圖。英文 Sitemap 中的 S 需大寫，通常特指 XML 版本的網站地圖。

XML 版本網站地圖由 Google 於 2005 年首先提出，2006 年微軟、Yahoo! 都宣布支援。2007 年各主要搜尋引擎都開始支援透過 robots 檔指定 XML 版本網站地圖位置。

XML 版本網站地圖由 XML 標籤組成，檔案本身必須是 utf8 編碼。網站地圖實際上就是列出網站需要被收錄的頁面 URL。最簡單的網站地圖可以是一個純文字檔，裡頭只要列出頁面 URL，一行列一個 URL，搜尋引擎蜘蛛就能抓取並理解檔案內容。

標準的 XML 版本網站地圖如下列程式碼所示：

```xml
<?xml version="1.0" encoding="UTF-8"?>
<urlset xmlns="http://www.sitemaps.org/schemas/sitemap/0.9">
   <url>
      <loc>http://www.example.com/</loc>
      <lastmod>2020-01-01</lastmod>
      <changefreq>monthly</changefreq>
      <priority>0.8</priority>
   </url>
</urlset>
```

其中，urlset 標籤是必需的，宣告檔案所使用的 Sitemap 協定版本。

url 標籤也是必需的，這是它下面所有網址的母標籤。

loc 標籤也是必需的，這一行列出的就是頁面完整 URL。Sitemap 只應該列出規範化 URL。

lastmod 是可選標籤，表示頁面最後一次更新時間。

changefreq 是可選標籤，代表更新頻率。標籤值包括：

- always：一直變動，指的是每次訪問頁面內容都不同。
- hourly：每小時。
- daily：每天。
- weekly：每星期。
- monthly：每月。
- yearly：每年。
- never：從不改變。

網站地圖中宣告的更新頻率對搜尋引擎來說只是一個提示，供搜尋引擎蜘蛛參考，但搜尋引擎不一定真的認為頁面更新頻率就如站長自己聲明的一樣。

priority 是可選標籤，表示 URL 的相對重要程度。可以選取 0.0 到 1.0 之間的數值，1.0 為最重要，0.0 為最不重要。預設重要程度值為 0.5。站長可以使用 priority 標籤告訴搜尋引擎這個 URL 的優先度，比如通常首頁肯定是 1.0，分類頁面可能是 0.8，其他更深層頁面重要性依次下降。這裡所標示的重要程度只是相對於這個網站內部的 URL 所說的，與其他網站的 URL 重要性無關。所以把頁面重要性標為 1.0，並不能讓搜尋引擎認為這個頁面比其他網站的頁面更重要，只是告訴搜尋引擎這個頁面在本網站內是最重要的。priority 值對搜尋引擎也只是參考。

XML 版本網站地圖最多可以列出 5 萬個 URL，檔案大小不能超過 50MB。如果網站需要收錄的 URL 超過 5 萬個，可以提交多個 Sitemap，也可以使用網站地圖索引（Sitemap index），在索引文件上列出多個網站地圖，然後只提交索引文件即可。網站地圖索引可以列出最多 5 萬個 XML 版本網站地圖。

製作好網站地圖後，可以透過兩種方式通知搜尋引擎網站地圖的位置，一是在站長工具後台提交網站地圖。Google、Bing 等的站長工具都有這個功能。另外一種方式是在 robots 檔中通知搜尋引擎網站地圖檔案位置，程式碼如下所示：

```
Sitemap: http://www.example.com/sitemap.xml
```

所有主流搜尋引擎都支援 robots 檔指定網站地圖檔案位置。

透過 XML 版本網站地圖通知搜尋引擎要收錄的頁面，只能讓搜尋引擎知道這些頁面的存在，並不能保證一定被收錄，搜尋引擎還要看這些頁面的品質、權重是否達到收錄的最低標準。所以 XML 版本網站地圖只是輔助方法，不能代替良好的網站結構。

大中型網站提交網站地圖通常有比較好的效果，能使收錄成長不少。但也有些網站，尤其是小型網站，提交網站地圖沒有什麼效果，有的站長甚至認為有反效果。

4.14 內部連結及權重分配

前面提到了網站結構最佳化要解決的最重要的問題包括收錄及頁面權重分配。在理想情況下，經典樹形結構應該是比較好的連結及權重分配模式。但是由於不同網站採取的技術不同，要實現的功能、網站目標、重點要解決的行銷問題都很可能不同，某些看似是樹形結構的網站，仔細研究起來其實是奇形怪狀的。每個網站有自己的特殊問題需要解決，沒有可以適用於所有網站的結構最佳化秘訣，必須具體問題具體分析。為了擴展讀者的思路，本節將列舉一些可能會遇到的情況及解決方法。

4.14.1 重點內頁

首先考慮一個最常見也最簡單的情況。一般來說，網站首頁獲得的內外部連結最多，權重最高。首頁連結到一級分類頁面，這些一級分類頁面的權重僅次於首頁。大部分網站有多層分類，權重依次下降，權重最低的是具體產品頁面。

有時某些具體產品頁面卻需要比較高的權重，比如轉化率高、利潤率高或者新推出的重點產品，搜尋次數很多的產品（有的產品名稱搜尋次數相當大，超過一些分類名稱），還有為特定節日或促銷活動製作的專題頁面。這些頁面按照經典樹形結構安排，離首頁通常有一定距離，權重不會太高。要想使這種重點內頁獲得高權重，最簡單的方法就是在首頁上直接加上幾個重點內頁的連結，甚至可以在側欄推薦、促銷部分加上全站連結。

在很多電子商務網站上，首頁展示的是最新產品、熱門產品等。這些產品的選擇其實是有學問的，並不一定真的按發布時間列出最新產品，或真的是產生訂單最多的產品。顯然首頁放哪些重點產品首先是商業考慮，而不會是從 SEO 出發，但 SEO 需要明白，首頁可以放上自己想重點最佳化排名的產品頁面，使這些內頁權重提高。

依照我的經驗，把產品頁面連結放在首頁上，哪怕沒有其他外部連結的支援，這些頁面的排名也會有顯著提高。

4.14.2　非必要頁面

每個網站都有一些在功能及使用者體驗方面很必要、但在 SEO 角度沒必要積累很高權重的頁面，比如隱私權政策、使用者登入 / 註冊頁面、聯絡我們、甚至還包括關於我們頁面。從使用者角度看，這些頁面是必需的功能，有助於提高網站信任度。不過搜尋引擎既不能填表註冊，也不能登入，一般網站也不會想最佳化「隱私權政策」這種關鍵字，這些頁面既沒有必要也不太可能獲得任何排名。

麻煩的是這些頁面通常在整個網站的每個頁面上都會有連結，它們的權重將僅次於首頁，與一級分類頁面相似，甚至可能更高。不得不說這是一種權重浪費。為降低這些非必要頁面的權重，可以考慮採取以下三種方式：

（1）只在首頁顯示連結，其他頁面乾脆取消連結，如隱私權政策、使用條款等頁面。

（2）使這些頁面的連結不能被跟蹤或傳遞權重，例如使用 nofollow 標籤或使用 JavaScript 連結。某些必須在所有頁面顯示的連結可以這樣處理，如使用者註冊及登入頁面。

（3）還可以將這些頁面的連結透過一個程式頁面做轉向，如連結做成 redirect. php? page.html，redirect.php 程式只實現一個功能，就是根據後面的參數自動轉向到 page.html，然後用 robots 檔禁止蜘蛛爬行 redirect.php 這個檔案。

除了上面提到的幾種明顯的非必要頁面，很多網站其實存在更多如電子商務網站列出的說明資訊、購物付款流程、送貨資訊、公司新聞等非必要頁面。這些頁面從 SEO 角度看都需要收錄，但沒必要給予太高權重。

SEO 人員應該對網站所有版塊瞭如指掌。凡是在產品分類及具體產品頁面之外的訊息，都要問問自己，這些頁面站在 SEO 角度看是必需的嗎？能最佳化什麼關鍵字？盡量減少能夠傳遞權重的全站連結連向非必要頁面。

4.14.3　大二級分類

典型樹形結構首頁連結到一級分類，一級分類頁面再列出二級分類，這樣，只要二級分類數目相差不太懸殊，權重值在二級分類頁面上是大致平均分配的。不過

有的時候某些二級分類下的產品數遠遠多於其他小一些的二級分類，甚至產品太多的二級分類下還可能再列三級分類。平均分配權重的結果就是，小分類被充分收錄，產品數量大的大分類有很多產品頁面因為距離首頁過遠，權重稀釋，無法被抓取或收錄。

解決這個問題的方式就是提高大二級分類頁面的權重，使它能帶動的產品頁面增多。現在很多網站導覽系統採用 CSS 下拉選單方式，滑鼠放在一級分類連結上時，選單向右或向下就可拉出一部分二級分類頁面。當由於空間有限和使用者體驗因素不能顯示所有二級分類時，選擇顯示哪些二級分類就是個學問。顯然不能按拼音或字母順序把排在前面的 5 個或 10 個放入主導覽。一種方法是從使用者體驗出發，優先選擇熱門二級分類。另一種方法是選擇包含產品數量最多、需要權重支援才能充分收錄的二級分類。這兩者有時候是重合的，熱門分類也是產品最多的分類，有時候則不盡然。

這個原則同樣適用於多層分類。如果網站有三層分類頁面，應該計算出每個三級分類下有多少產品，想辦法把這些大三級分類頁面放在首頁上，如果可能，放在盡量多的導覽中。

4.14.4　翻頁過多

稍大型的電子商務或內容網站都可能會在產品 / 文章列表頁面存在翻頁過多的問題。通常產品列表會顯示數十個產品，然後列出翻頁連結，除了「上一頁」和「下一頁」，網站可能列出 5 個或 10 個翻頁連結。使用者點擊頁面 10，第 10 頁上又會列出 10 ～ 19 頁的翻頁，常見的翻頁系統如圖 4-10 所示。

圖 4-10　常見的翻頁系統

可以簡單計算一下，如果這個分類下有 1000 個產品，每個頁面列出 20 個產品，那麼就需要 50 個頁面才能顯示完所有產品。如果頁面列出 10 個翻頁連結，那麼第 50 個頁面上的產品就需要從第一個產品列表頁面開始連續點擊 4 次才能到達，

再加上分類頁面本身與首頁的距離,第 50 個頁面上的產品距首頁可能有七八次點擊的距離了。

如果像圖 4-10 那樣列出 5 個翻頁,目前頁面居中,要到達第 50 頁已經是二三十次點擊之後了。

很多網站在某個分類下有成千上萬的產品,可以想像,按傳統翻頁導覽,列在後面的產品可能需要點擊幾十次甚至上百次才能到達。如果沒有適當的結構最佳化,這些產品頁面被抓取收錄的可能性幾乎為零。

解決這個問題的最佳方式是再次分類。假設一個分類下有 2000 個產品,排在最後的頁面按上面同樣的情況,需要點擊 10 次才能到達。這時如果把這個分類再次細分為 20 個子類,那麼每一個產品頁面就都在兩次點擊距離之內。

稍微計算一下就會知道,多一層分類給大中型網站帶來的結構利益是巨大的。我們假設一級產品分類由於使用者體驗原因只能分 10 個,每個一級分類下面都能再列出 30 個二級分類,這樣二級分類總數就能達到 300 個。每個二級分類下最多有 200 個產品(每頁 20 個產品,10 頁顯示完所有產品),就能保證每個產品頁面都在距首頁 4 次點擊之內,總共能帶動的產品頁面數為 6 萬個。而如果加多一級分類,每個二級分類下再分 30 個三級分類,三級分類數目將達到 9000 個。如果每個三級分類下有 200 個產品,所能帶動的總產品數就達到了 180 萬個,而到達每個產品頁面點擊數只增加了一次,這比列出幾十、幾百個翻頁連結要好得多。

另外一個解決方式是對翻頁連結進行格式變化,比如將翻頁連結改為下面這種格式:

```
1,2,3,4,5,10,20,30,40,50
```

這樣排在第 50 頁的產品,只要再多一次點擊也能達到。

如果產品數再多,甚至可以把翻頁做成兩排:

```
1,2,3,4,5,6,7,8,9,10
20,30,40,50,60,70,80,90,100
```

如上面所示兩排翻頁結構，2000 個產品多一次點擊就可以全部達到。當然，缺點是設計難看，所以很少網站真的這麼做。

只列一排翻頁也可以有更多變化，SEO 可以根據產品數量和網站權重，調整頁面可以列出多少翻頁連結及連結之間的步長。

4.14.5　單一入口還是多入口

一般來說，網站的首頁和分類頁面收錄不會有什麼問題，除非主導覽系統有嚴重蜘蛛陷阱，或者網站已經被懲罰。大部分網站在結構方面面臨的挑戰，是如何使更多最終產品頁面被收錄。就算盡量把網站結構扁平化，當產品數量巨大時，網站已經不太可能扁平。在這種情況下，要讓最終產品頁面被收錄，有兩個策略：一是多入口，二是單一入口，在選擇上需要謹慎。

多入口指的是通向最終產品頁面的連結路徑有多條。比如典型電子商務網站的產品頁面，一定會出現在相應的分類產品列表中，還可能出現在不同的排序頁面上（按價格排序、按熱門程度排序、按上架時間排序、按評論數排序等），以及不同的顯示方式（按柵格顯示、列表顯示），如圖 4-11 所示，也可能出現在相關的品牌或生產商產品列表中，也可能出現在標籤聚合頁面中，還可能出現在促銷頁面中，甚至有的網站還有按字母排序的產品列表頁面。

圖 4-11　多種排序、顯示方式

再比如部落格系統，同一篇文章的連結除了在部落客列表中出現，還會出現在分類存檔、按時間存檔、分頁面，有的還會出現在作者分類頁面。其他 CMS 系統也大多具備這種多入口結構通向最終產品頁面。

這種結構的優勢是為最終頁面提供了多條爬行收錄渠道。即便蜘蛛由於某種原因沒從分類頁面爬行，還可能從其他頁面爬行抓取。提供的入口越多，被收錄的機會越大。

而缺點是這些入口頁面本身也占用檢索預算，而且往往造成很多相似內容。一個給定的網站，權重是大致固定的，搜尋引擎蜘蛛的爬行時間是有上限的，所能收錄的總頁面數也是有上限的。爬行、收錄的分類頁面、各種排序頁面、條件篩選頁面、品牌生產商頁面、搜尋分頁面越多，給最終產品剩下的檢索預算就越少。要提高整個網站的抓取、收錄份額，就要想辦法提高網站權重、提高內容品質、提高頁面速度。如果網站能帶動的收錄頁面數遠遠大於實際頁面數，提供多入口就是最佳方式，因為那些冗餘的入口頁面並不會擠占產品頁面的名額。

但是如果網站權重比較低，頁面下載慢，產品數又很大，就可能需要使用單一入口方式，也就是從首頁到產品頁面只提供單一通路，通常也就是主導覽的分類頁面，其他各種排序頁面、品牌、生產商頁面，全部使用 JavaScript 腳本或 nofollow 標籤，甚至 robots 檔，阻擋搜尋引擎蜘蛛抓取、收錄。對某些網站來說，多入口頁面本身數量就很巨大，會占用很多抓取、收錄份額。只要網站分類系統、導覽及翻頁設計合理，提供單一入口也可以達到收錄盡量多最終產品頁面的目的。

具體哪種方法最適合還得結合網站的自身情況，如域名權重、實際總頁面數、目前抓取、收錄實際情況等。

4.14.6 相關產品連結

無論單一入口結構還是多入口結構，對最終產品頁面來說都可能有一個缺陷，那就是太過規則，有時候會造成某個分類的產品頁面都不能被收錄。單一入口結構更明顯。比如某個分類首頁因為導覽設計不合理，離首頁太遠沒有被收錄，這個分類下的所有產品就都無法被收錄。再比如在部落格系統中，發表比較早的文章，無論從哪個入口渠道看，都會被推到網站更深層，離首頁比較遠，舊文通常不會有收錄問題（早就被收錄了），但權重卻隨著時間推移而下降。

在產品頁面生成相關產品連結，可以在一定程度上紓解這個問題。這裡所說的相關產品連結，不是寫文章或發布產品資訊時人工在正文中加進去的連結，而是系統透過某種機制自動生成的、連向其他產品頁面的連結。

好的相關產品連結應該具有比較強的隨機性，與正常的分類入口區別越大越好。常見的相關產品連結生成方法如下：

（1） 購買這個產品的使用者還購買了哪些其他產品。這種連結通常不會是同時上架、產品序號相連的頁面，使用者購買過的產品之間不一定有什麼聯繫，往往橫跨不同分類、品牌。

（2） 同一個品牌或生產商的其他產品。同一個生產商或品牌，常常有不同分類下的產品，最終產品頁面列出同一個生產商提供的不同分類的產品連結，也為更多產品提供了較為隨機的入口。

（3） 由標籤生成的相似或相關產品。標籤由編輯人工填寫，或程式自動提取關鍵字，得到的標籤與分類名稱並不相同。透過標籤聚合相似或相關產品，也具有比較大的隨機性。

（4） 最簡單的相關文章連結，就是在部落格和新聞類網站中常看到的「上一篇」和「下一篇」這種連結。不過這樣的相關連結對產品頁面收錄的意義不大，因為時間上前後相連的文章本來就在時間存檔及分類頁面中相連，被同時收錄和同時不收錄的機率更大。與此類似，有的 CMS 系統在產品頁面列出這個產品之前和之後的幾個產品，意義也不大。

總之，相關產品連結要盡量隨機，使本來在分類頁面上不相連的頁面能夠交叉連結起來，為某些透過正常分類結構無法達到的區域提供入口。

4.14.7 錨文字分布及變化

前面提到過，合理的網站結構是在網站中分配錨文字的重要方法之一。最靈活常見的是在頁面正文中或人工、或自動加上其他頁面的內部連結，連結錨文字可以有各種選擇。這方面的應用學習目標非維基百科莫屬。

相比之下，網站導覽系統中錨文字的分布及變化則很少有人注意。因為導覽系統名稱相對固定，分類該叫什麼名稱就叫什麼名稱，絕大部分網站在全站導覽中不會給分類連結錨文字做任何變化。

其實仔細研究一下，即使在導覽系統中錨文字也可以有變化。比如頂部導覽使用「電腦」這個詞，左側導覽改成「電腦」，或者左側導覽使用「快速減肥」作為分類連結錨文字，在麵包屑導覽中同樣的分類改成「迅速減肥」。很少使用者會注意

到這種極細微的差別，就算注意到也無傷大雅，因為意義完全相同，對使用者瀏覽網站沒有任何影響。但對分類頁面來說，卻可以增加不同的匯入連結錨文字。

如果分類頁面可以有更多具有相同意義的名稱，還可以在導覽系統中找到更多可以變化的地方。比如在網站不同部分（分類首頁及其下所有產品頁面），導覽系統使用的錨文字也可以不同。如電腦外設部分頁面連向行動硬碟分類就用「行動硬碟」做錨文字，在電腦軟體部分所有頁面指向同一個分類（行動硬碟）時，錨文字可以改成「攜帶式硬碟」，在電腦耗材相關的所有頁面上，導覽系統錨文字又可以換成「USB 硬碟」。

當然這裡只是舉例，具體網站是否需要在導覽系統中變化錨文字，該選擇哪些錨文字，應該先做關鍵字研究，再做決定。變化的前提是，用作錨文字變化的詞意義必須一樣，不能影響使用者體驗，而且搜尋次數差不多，都需要錨文字加強相關性。

4.14.8　首頁連結 nofollow

很多頁面上會有多個連結指向同一個 URL，比如幾乎網站的每一個頁面上都有多個連結連向首頁，頂部 logo、頂部導覽、麵包屑導覽、頁尾、版權聲明等處，都可以有連結到首頁。很多觀察和實驗表明，當頁面上出現多個連結到同一個網址時，第一次出現的連結最重要，第一個連結的錨文字也最重要。

如果頁面上出現的第一個首頁連結是頂部 logo，那麼 logo 圖片的 ALT 文字就相當於錨文字，需要放上首頁的目標關鍵字。

也有的人認為圖片 ALT 文字比真正的文字連結錨文字作用要小，因而不願意把最重要的第一個連結放在圖片上。在不影響使用者體驗的情況下，網站頂部 logo 也可以不放連結。這時頁面上連向首頁的第一個連結，往往就是頂部導覽最左側的首頁連結。可惜的是，這裡的連結錨文字一般來說就是「首頁」兩個字，而不能加上關鍵字。有人曾經嘗試把頂部導覽首頁連結改用比較簡短的關鍵字做錨文字，不過使用者體驗不好，使用者不習慣，不能肯定這個連結就是通往首頁的，搜尋引擎也會認為有過度最佳化的嫌疑。

要解決這個問題有一個比較簡單的辦法，就是頁面上第一次（或前幾次）出現的以「首頁」為錨文字的連結裡，加上 nofollow 標籤阻止搜尋引擎跟蹤，然後在頁面上其他適合放一兩個關鍵字的地方，如頁尾，以關鍵字為錨文字連結向首頁。這樣，頁面上第一個搜尋引擎可以跟蹤的連結就變成了頁尾上的連結，而且錨文字中包含目標關鍵字。

另外一種方法，就是使用 CSS 控制頁面表現，使頁面上看起來第一個出現的以「首頁」為錨文字的首頁連結，實際上在程式碼中並不是第一個出現。程式碼中第一次出現的是以關鍵字為錨文字的首頁連結，但表現上是出現在頁面底部。

4.14.9　深層連結

給網站深層頁面，尤其是具體產品頁面建設一些外部連結，不僅有助於使外部連結構成趨向自然，也有助於頁面收錄。不僅對被連結的產品頁面收錄有幫助，還對與之在連結關係上相鄰的區域內的頁面收錄都有好處。

外部連結進入網站最多的是首頁，搜尋引擎蜘蛛跟隨外部連結進入網站後，爬行和抓取的路線就像扔一顆石子到水中形成的波紋一樣，從中心進入點向外擴散。從首頁進入的蜘蛛擴散後，就爬向分類頁面、子分類頁面，然後是具體產品頁面。

跟隨外部連結從某一個產品頁面進入的蜘蛛，同樣有這樣的擴散爬行路線。蜘蛛進入後，會向與之相連的前後頁面、上級分類頁面、相關產品頁面等擴散。因此，給一些距離首頁較遠、不太容易被蜘蛛爬到的頁面適當建設幾個外部連結，可以有效地解決一個區塊的所有頁面收錄問題。

4.14.10　分類隔離

仔細檢查本章前面討論的典型樹形連結結構，不知讀者是否能看出一些問題。典型樹形結構對大部分網站來說是最佳化的，但有的時候由於域名權重比較低，就算網站比較扁平，最終產品頁面還是權重過低，無法達到搜尋引擎蜘蛛爬行收錄的最低標準。這時可以考慮徹底改變樹形結構。

仔細觀察標準樹形結構可以看到一個潛在弱點：分類頁面得到太多連結和權重。不僅首頁直接連結到分類頁面，分類頁面之間互相連結，網站上所有最終頁面也透過主導覽系統連結到所有一級分類，以及一部分二級分類頁面。也就是說，在權重分配上，級別高的分類頁面和首頁幾乎差不多，得到了網站所有頁面的連結及傳遞的權重。

對大部分網站來說，分類頁面收錄不成問題。分類頁面積累的權重過高，反而使得最終產品頁面獲得的權重比較低。站長可以考慮把樹形結構改為將不同分類進行分隔的連結結構。

在這種結構下，一級分類只連結到自己的下級分類，不連結到其他一級分類。二級分類頁面只連結回自己的上級分類，而不再連結到其他一級分類（包括其他一級分類下的二級分類）。同樣，最終產品頁面只連結回自己的上級分類頁面，不再連結到其他分類頁面。這樣，分類之間形成隔離，首頁權重將會最大限度地「灌入」到最終產品頁面，而不是浪費在分類頁面上。

這裡所說的不連結到其他分類頁面，既可以是真的取消連結，也可以透過禁止蜘蛛爬行的 JavaScript 等方式實現。一些網站的實驗證明，恰當使用這種方式可以使原本沒有被收錄的整個分類整體權重提升，達到被收錄的最低標準。但要注意的是，這種方法只考慮了收錄，而沒有考慮分類頁面的排名問題。分類頁面獲得權重降低，也意味著排名力降低。另外，更為重要的是，這種結構非常複雜，程式人員在處理頁面之間的連結關係時必須非常小心，一不留神就可能使整個網站連結關係混亂。

這是比較難以掌握的方法之一，不到萬不得已不要嘗試。

這一節舉例說明了一些網站內部連結結構方面可能會遇到的問題，以及建議的解決方法。要說明三點：

（1） 前面只是舉例，供讀者參考。SEO 們面對的網站五花八門，要解決的問題也錯綜複雜，重要的是理解原理和思路，不能生搬硬套。

（2） 遇到不確定的內部連結結構問題，首先要抓住內部連結最佳化的核心，即讓搜尋引擎蜘蛛以最短的距離爬行到最多的頁面，最好結構清晰、簡單地將權重傳遞到重要頁面。

（3） 大型網站無法做到完美最佳化內部結構。即使 SEO 水準最高、資源最多的網路公司也做不到，這是海量內容及 CMS 系統的複雜性所決定的。面對大型網站，SEO 只能盡力解決主要問題。

4.15　404 頁面

使用者瀏覽網站上不存在的頁面時，伺服器通常應該傳回 404 錯誤。如果站長沒有在伺服器端設定客製化的 404 頁面，使用者瀏覽器顯示的將會是一個預設 404 錯誤頁面，如圖 4-12 所示。

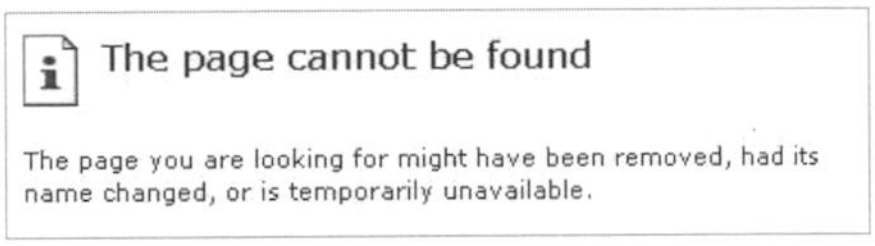

圖 4-12

這樣的錯誤頁面帶來的使用者體驗肯定不會好。所有的主機都提供客製化 404 頁面的功能，站長應該充分利用。

不能假設頁面既然不存在，搜尋引擎就不會來抓取這種網址。由於種種原因，網路上很多地方可能出現指向你的域名卻寫了錯誤目錄或檔名的 URL，搜尋引擎蜘蛛會跟蹤這種錯誤 URL，訪問不存在的頁面。

4.15.1　404 錯誤代碼

首先要注意的是，當頁面不存在時，一定要傳回 404 狀態碼。有的伺服器設定有問題，或者站長有意在頁面不存在時還傳回 200 狀態碼，也就是表示頁面資料正常，這樣將使搜尋引擎認為網站上有大量重複內容，多個 URL 正常傳回頁面，但內容全是一樣的。

頁面不存在時，也不要傳回任何轉向程式碼。有的站長覺得既然頁面不存在，就將使用者 301 轉向到首頁，這也是對搜尋引擎不友善的設定，可能會讓搜尋引擎認為網站上有大量與首頁內容相同的頁面。

也不要使用 JavaScript 轉向或 Meta Refresh 轉向，尤其是時間比較短，如 10 秒以下的 Meta Refresh 轉向。這些轉向都使搜尋引擎誤以為頁面存在，卻傳回重複內容。

頁面不存在時一定要確保正確傳回 404 狀態碼。可以使用第 12 章中介紹的伺服器標頭訊息檢測工具，隨意輸入一個肯定不存在的 URL，看伺服器傳回什麼標頭訊息，如圖 4-13 所示。

圖 4-13　隨意輸入一個不存在的 URL，看伺服器傳回什麼標頭訊息

4.15.2　刪除頁面

一般來說，我不建議刪除頁面，哪怕是過時內容，也完全可以保留，或者改寫、加入新資訊。但有時候也不得不刪除頁面，如遇到法律問題、頁面內容品質過低、確認產品永久下架、舊內容過多導致新內容收錄困難等。

頁面被刪除後一定要傳回 404 狀態碼，搜尋引擎蜘蛛抓取到 404 狀態碼後會再多抓取幾次，以防 404 狀態碼是失誤造成的。多次抓取都確認是 404 狀態碼後，搜尋引擎就會把頁面徹底刪除，也不再抓取。

如果想讓頁面快點被搜尋引擎刪除，也可以傳回 410 錯誤碼，意思是確認頁面被永久刪除，搜尋引擎處理得會比 404 快一些。

4.15.3　404 頁面設計

客製化 404 頁面設計時需要注意以下幾點：

（1）　首先 404 頁面要使用網站統一模板、設計風格、logo 及名稱，不要讓使用者搞不清楚自己到了哪個網站。

（2） 404 頁面應該在最醒目的位置顯示錯誤訊息，明確提示使用者，要訪問的頁面不存在。還可以加上幾點可能性，如頁面已刪除、使用者輸入了錯誤的網址、連結中的網址錯誤、頁面已轉移到新的網址等。

（3） 錯誤訊息下面還可以為使用者提供幾種點擊選項，如網站地圖，包括通往首頁和重要分類頁面的連結、建議使用者可以訪問的頁面，還可以加上站內搜尋框。

4.16　大型網站檢索預算管理

搜尋引擎的儲存、運算能力、頻寬等資源都不是無限的，實際上他們的可用資源遠少於索引網路上實際存在的頁面所需。所以搜尋引擎肯定不能抓取、索引所有頁面，只能抓取其中的一小部分。對一個給定網站，搜尋引擎有一個相對固定的抓取上限。對大中型網站來說，這是個頗為重要的 SEO 問題，有時候會成為網站獲取自然流量的瓶頸。

4.16.1　檢索預算是什麼

檢索預算（crawl budget）是指搜尋引擎蜘蛛分配給一個網站的頁面抓取總時間。對於每一個網站，搜尋引擎蜘蛛花費在這個網站上的總時間是相對固定的，不會無限制地抓取網站所有頁面。

檢索預算是由抓取需求和抓取性能限制兩個因素決定的。

1. 抓取需求

抓取需求（crawl demand），指的是搜尋引擎「想」抓取網站多少頁面。影響抓取需求的因素如下：

- 搜尋引擎蜘蛛發現了多少頁面。網站規模大，內部連結結構良好，提交準確 sitemap.xml 檔，都將提高搜尋引擎發現的頁面數，提高抓取需求。

- 頁面質量。搜尋引擎蜘蛛會先嘗試抓取盡量多的頁面，如果發現大量頁面品質較低，如重複內容、已刪除內容，抓取需求將被調低。

- 頁面權重。權重高的頁面需要經常抓取以保持更新。
- 更新度。頁面更新頻繁，搜尋引擎蜘蛛就需要抓取頻繁才能傳回最新內容。

一般來說，搜尋引擎還是希望索引盡量多有用內容，所以只要網站內容量高質，無論有多少內容，都不是問題，搜尋引擎並不限制一個網站能抓取、索引多少頁面。

2. 抓取性能限制

抓取性能限制指的是搜尋引擎「能」抓取的頁面數。

雖然搜尋引擎想抓取更多的高品質頁面，但還是會受限於性能和技術限制。抓取性能限制最主要取決於網站速度，如果隨著搜尋引擎蜘蛛抓取，網站速度下降或開始出現報錯，說明伺服器無法承受，搜尋引擎只能降低蜘蛛並發數量，延長抓取間隔。

如果蜘蛛抓取對網站速度沒影響，搜尋引擎可能進一步提高上限。簡單說，搜尋引擎不想因為抓取而拖慢網站伺服器。當然，抓取性能限制也受搜尋引擎目前能調度的資源影響，不過通常這不是造成網站抓取問題的原因，沒幾個網站能讓搜尋引擎資源不夠用。

檢索預算是考慮抓取需求和抓取性能限制兩者之後的結果，也就是搜尋引擎「想」抓，同時又「能」抓的頁面數。網站權重高，頁面內容品質高，頁面夠多，伺服器速度夠快，檢索預算就大。

4.16.2 充分利用檢索預算

中小網站不用擔心檢索預算的問題。如果幾萬個頁面還不能做到充分抓取，那就表示頁面品質太低，或連結結構存在重大問題。

百萬頁面以上級別的網站，可能要考慮檢索預算的問題。檢索預算不夠，比如網站有一千萬個頁面，搜尋引擎每天只抓幾萬個頁面，那麼把網站抓一遍可能需要幾個月，甚至一年，也可能意味著一些頁面長期不能被抓取，所以也就無法獲得排名和流量。

提高和充分利用檢索預算需要考慮以下幾方面：

首先是檔案下載速度。如前文中所述，檢索預算是蜘蛛抓取時間上限，不是抓取頁面數上限。伺服器慢，檔案下載時間長，將直接導致蜘蛛在單位時間內能抓取的頁面數下降。越是大網站，越是要提高伺服器性能、增加頻寬、布局 CDN、最佳化程式碼、最佳化資料庫、壓縮圖片、減少非必要功能，不然即使有巨量高品質資料，搜尋引擎蜘蛛也無法大量抓取。

其次是良好的網站結構，使搜尋引擎能夠透過內部連結發現頁面，且頁面被分配到一定的權重。提交、更新 sitemap.xml 有助於搜尋引擎發現 URL，但大網站遠遠不能靠 sitemap.xml 抓取。

再次是禁止搜尋引擎蜘蛛抓取低品質頁面和重複內容。抄襲、轉載、偽原創一類的垃圾內容自不必說。有些頁面使用者是需要的，也不能說是低品質，但對搜尋引擎來說是重複內容，是浪費資源，比如各種排序方式、顯示格式、過濾篩選頁面、萬年曆系統等。這些功能很容易就生成巨量頁面，不要把有限的檢索預算浪費在這些無意義的頁面抓取上，導致應該被抓取的重要頁面卻沒有機會被抓取。同時，搜尋引擎不想浪費資源，抓取這類無意義頁面多了，會自動降低檢索預算。如前面幾個小節討論的，禁止抓取的最好方法是使用 robots 檔。某些情況下使用 nofollow 連結也可以大幅減少抓取。頁面使用 noindex 標籤對禁止抓取是沒有用的。頁面使用 canonical 標籤也不能禁止抓取。

最後還要避免短時間內大量刪除頁面。雖然下線產品、清理過時內容是很正常的行為，但如果搜尋引擎蜘蛛抓取的頁面很大比例已被刪除，就會對網站品質有所懷疑，進而降低檢索預算。少量刪除的頁面確保傳回 404 或 410 狀態碼，這是讓搜尋引擎真正停止抓取的最快方法。

4.16.3 網站抓取、索引監控

抓取監控最可靠的是原始日誌，透過日誌可以發掘以下問題：

- 伺服器報錯（5xx 錯誤）上升，可能效能需要提升了。
- 搜尋引擎抓取量明顯下降，可能內容品質下降？生成了大量無意義頁面？
- 某些目錄完全沒有抓取，檢查 robots 檔是否存在錯誤禁止。
- 重要頁面或更新頻繁的頁面並沒有被及時抓取，檢查內連結構是否合理。

有的時候，抓取頻次和抓取時間是存在時間對應關係的，如圖 4-14 所示為規模大一些的網站，檔案抓取時間下降（減小頁面尺寸、提高伺服器速度、最佳化資料庫），明顯導致抓取頻次上升，抓取頁面數提高，遍歷網站更快速。這種情況說明這個網站的檢索預算已經接近上限，不提高下載速度，已經很難提高抓取頁面數了。

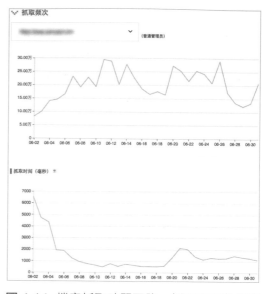

圖 4-14 檔案抓取時間下降，抓取頁面數提高

如圖 4-15 所示是 Google Search Console 裡更大型網站的抓取量與抓取時間。

最上面的是抓取頁面數，中間的是抓取資料量，除非伺服器出錯，這兩個曲線應該是一致的。最下面的是頁面下載時間。可以看到，只要頁面下載速度夠快，每天抓取上百萬頁是沒有問題的，抓取量明顯上升，並且沒有明顯拖慢伺服器。

網站頁面索引情況和趨勢在 Google Search Console 中有清楚說明，此處不再贅述。

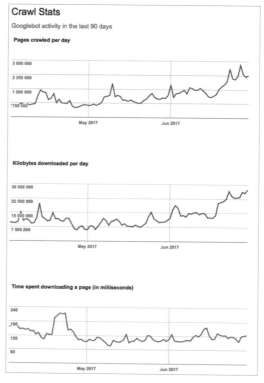

圖 4-15 大型網站抓取量與抓取時間

Chapter 05

頁面最佳化

本章討論頁面本身可以最佳化的元素。頁面和網站結構是 SEO 人員可以控制的，最佳化好這兩方面就給網站 SEO 打下了良好的基礎。

5.1 頁面標題

在頁面關鍵位置出現目標關鍵字是頁面最佳化的基本做法，標題標籤是第一個關鍵位置。頁面標題是包含在 Title 標籤中的文字，是頁面最佳化最重要的因素。

標題標籤的 HTML 程式碼格式如下：

```
<head>
<title>SEO 每天一貼 </title>
...
</head>
```

使用者訪問時，頁面標題文字顯示在瀏覽器視窗最上方，如圖 5-1 所示。

圖 5-1　瀏覽器視窗顯示的頁面標題

在搜尋結果頁面上，頁面標題是結果列表中的第一行文字，是使用者瀏覽搜尋結果時最先看到的、最醒目的內容，如圖 5-2 所示。

圖 5-2 搜尋結果列表中的標題

建議將 Title 緊連在 <head> 之後，然後再寫其他標籤和程式碼，尤其不要在中間插上一大段 JavaScript 程式，這樣搜尋引擎可以迅速找到標題標籤。

頁面標題的最佳化要注意下面幾點。

5.1.1 獨特不重複

即使在同一個網站內，主題相同，不同頁面的具體內容也不會相同，頁面標題也不能重複，每個頁面都需要有自己獨特的標題標籤。不同的頁面使用相同的標題是不了解 SEO 的站長經常犯的錯誤，也是很嚴重的錯誤之一，就連一些重要的 IT 人物和大網站也經常會犯這個錯誤。

最常見的重複標題是忘記寫標題標籤，而使用了編輯軟體建立檔案的預設標題。在中文頁面上經常表現為「未命名的文件」，在英文裡則顯示為「Untitled Document」。如圖 5-3 所示，本書寫作第 1 版時，在 Google 搜尋 Title 中包含「Untitled Document」的頁面，傳回 2900 多萬筆結果。現在這種頁面已經減少很多了，但依然存在。

圖 5-3 大量以「Untitled Document」為標題的頁面

雖然寫了標題標籤，但標題都是一樣的。很多企業網站也是如此，充滿了重複標題。標題是頁面最佳化第一位的因素，是搜尋引擎判斷頁面相關性時最重要的提示。不同頁面使用重複標題是極大的浪費，使用者體驗也不好，搜尋使用者無法從頁面標題看出這個頁面到底是什麼內容。

小網站經常需要人工撰寫最合適的標題標籤。大型網站的頁面數量眾多，不可能人工撰寫每個頁面，這時就需要設計一個標題生成的公式或模板，透過程式呼叫頁面上特有的內容生成標題。最常見的是最內頁直接呼叫產品名稱或文章標題加上網站名稱，分類頁面使用分類名稱加上網站名稱，首頁建議人工撰寫。

有的時候要生成獨特標題並不是一件簡單的事，比如電子商務網站的分類頁面，同一個分類下產品數量比較多時，產品列表頁面必然需要翻頁，大型網站可能會翻幾十頁到幾百頁。這些分類頁面的標題通常都是「分類名稱－網站名稱」格式。這時程式設計師就需要在標題中加入頁數，使翻頁頁面標題標籤不同。分類第一頁不必加頁號，從第二頁開始頁面標題加上「第二頁」、「第三頁」等文字，形成的標題大致如下：

第一頁：

```
分類名稱 － 網站名稱
```

第二頁：

```
分類名稱 － 第二頁 － 網站名稱
```

5.1.2 準確相關

這一點不言自明。每個頁面的標題都應該準確描述頁面的內容，使用戶看一眼就能知道將訪問的頁面大致是什麼內容，搜尋引擎也能迅速判斷頁面的相關性。

很自然，準確描述頁面的內容，就必然會在標題中包含目標關鍵字。唯一要注意的是，不要在標題中加上搜尋次數高，但與本頁面無關的關鍵字。這種方法在 10 年前還管用，現在早已沒有任何效果，還會被認為是作弊。

5.1.3 字數限制

從純技術角度說 Title 標籤可以寫任意長度的文字，但搜尋結果列表頁面標題部分能顯示的字數有一定限制。Google 顯示 65 個英文字，轉成中文大概是 32 個字。Title 標籤中超過這個字數限制的部分將無法顯示，通常在搜尋列表標題開頭或結尾處以省略號代替。

前面介紹過，使用者搜尋的關鍵字會在顯示的標題中被加紅色突顯。如果搜尋詞位於 Title 標籤後面超出顯示字數部分。所以標題標籤不要超過 30 個中文字，為保險起見最好不要超過 25 個中文字。實際上為了提高使用者體驗及突出目標關鍵字，我通常建議標題標籤使用 15 ～ 20 個中文字比較適合。

標題標籤之所以不宜超過搜尋結果列表所能顯示的字數限制，主要有以下三點原因：

（1）搜尋結果列表標題不能完整顯示時，標題會被切斷，而站長又不容易預見在什麼地方被切斷，會讓使用者難以理解標題內容。

（2）雖然超過顯示字數限制的標題標籤並不會引來搜尋引擎的懲罰，但超過顯示字數的部分搜尋引擎可能會降低權重，對排名作用降低，最好只保留前 65 個位元組左右。

（3）標題越長，在不堆積關鍵字的前提下，無關文字必然越多，這會降低目標關鍵字密度，不利於突出關鍵字相關性。

5.1.4 簡練通順，不要堆砌

堆積關鍵字也是初學 SEO 的人很容易犯的錯誤，為了提高相關性，會在標題中不自然地多次出現關鍵字，像是把標題寫成：

女裝 | 女裝批發 | 女裝零售 | 女裝批發零售 | ×× 女裝網

其實這樣的頁面只要寫成：

女裝批發零售 | ×× 女裝網

就可以了。

SEO 人員不僅要考慮搜尋引擎的抓取，還要考慮到使用者的閱讀習慣，需要把標題寫成一個正常通順的句子。

5.1.5 關鍵字出現在最前面

在可能的情況下，目標關鍵字應該出現在標題標籤的最前面。一些經驗和統計都表明，關鍵字在標題中出現的位置與排名有一定相關性，位置越靠前，通常排名就越好。這和使用者的使用習慣也是相符的，使用者通常從左往右進行瀏覽。

對網站內頁來說，通常是按以下的格式生成標題標籤：

產品名稱 / 文章標題－子分類名稱－分類名稱－網站名稱

標題標籤可以理解為倒置的麵包屑導覽，比如頁面所在位置的麵包屑導覽是：

首頁 > 電子產品 > 數位相機 > 索尼數位相機

那麼頁面的標題就寫成：

索尼數位相機 － 數位相機 － 電子產品 － ×× 電器網

這個頁面的目標關鍵字是索尼數位相機，出現在標題最前面。考慮到字數限制和突出目標關鍵字的要求，也可以拿掉分類名稱，把標題縮減為：

索尼數位相機 － ×× 電器網

5.1.6 吸引點擊

提高關鍵字相關度和排名是帶來搜尋流量的一個決定因素，點閱率是搜尋流量的另一個決定因素。標題標籤要能夠吸引使用者目光，讓使用者欲罷不能，非要點擊看個究竟，才能達到最好的 SEO 效果。比如，這樣的標題就是中規中矩的：

減肥茶 － 減肥產品 － ×× 減肥網

如果寫成這樣點閱率就可能有所上升：

減肥茶：無須節食，無須運動，快樂減肥 – ×× 減肥網

減肥茶 10 天減輕體重 5.5 公斤，真實使用者證言 – ×× 減肥網

減肥茶免費樣品大贈送 – ×× 減肥網

索然無味的頁面標題即使出現在搜尋結果前面也可能很少有人點擊，好的標題即使排在後面也可能點閱率更高，帶來的流量也更大。單純的排名沒有意義，有人點擊才有效果。

好的 SEO 人員除了要了解基本最佳化技術，還要研究使用者心理、文案寫作等。

5.1.7　組合兩三個關鍵字

一般來說，一個頁面最多針對三四個關鍵字進行最佳化，不宜再多。

要針對四五個或更多關鍵字最佳化頁面，往往無法突出頁面的內容，文案寫作上也會顧慮太多，無法自然融入這麼多關鍵字。一個頁面如果出現很多需要最佳化的關鍵字，往往是關鍵字研究沒有做好，沒有把關鍵字正確分組並分布到各欄目和內頁中。

有的時候，兩三個關鍵字只要並排放在標題標籤中即可。比如你可能在做關鍵字研究時發現「韓版女裝」和「韓國女服」這兩個詞搜尋次數都不少（只是假設），而這兩個詞的意義顯然完全一樣，在標題中寫成這樣就可以了：

韓版女裝，韓國女服 – ×× 服裝網

有時候三四個關鍵字還可以組合成更通順的一個詞組。在寫這一節時，剛好瀏覽 zaccode.com 網站時看到一個朋友提問：「如果頁面想最佳化 'SEO 技術' 'SEO 教學' 'SEO' ' 免費 SEO' 這四個詞，該怎麼寫標題？」我的回答是：

免費 SEO 技術教學

這是一句很通順的話，而且搜尋引擎可以分割、組合出所有目標關鍵字。第 15 章中還有更多實際的例子。

當然，這樣組合出的關鍵字有時不能完整匹配，比如上面例子中的「SEO 教學」就不是完整匹配出現在標題中的。但與使用者體驗相比，為了刻意完整匹配而用一個不自然的標題是得不償失的，如這樣：

```
SEO – SEO 技術 – SEO 教學 – 免費 SEO
```

我建議還是先考慮使用者體驗。現在搜尋引擎對完整匹配文字也沒有那麼看重，尤其是標題，搜尋結果中沒有完整匹配關鍵字的頁面標題比比皆是。不自然的文字反倒可能被搜尋引擎認為有作弊嫌疑。

把多個關鍵詞組合為一句更為通順的詞組或句子，並不適用於所有情況的寫法，只能自己發揮創意，不斷練習，做久了自然熟能生巧，既能包含主要關鍵字，又讓使用者覺得沒有最佳化痕跡。

5.1.8　公司或品牌名稱

通常把公司或品牌名稱放在標題最後是一個不錯的做法。雖然使用者在搜尋公司名稱、網站名稱時，一般只有首頁才會被排在最前面，分類頁、具體產品頁等內頁既沒有必要，也沒有可能針對品牌名稱做最佳化，但是品牌名稱如果多次出現在使用者眼前，就算沒有點擊也能讓使用者留下更深的影響。

有的時候品牌名稱比任何關鍵字都重要，但寫標題時關鍵字就不是考慮的重點了。例如「網路銀行」的搜尋次數不少，但銀行網站首頁標題如果寫成這樣：

```
網路銀行，網路銀行查詢轉帳 – 招商銀行
```

那就真是撿了芝麻，丟了西瓜。

5.1.9　使用連接符號

標題標籤中詞組之間需要分隔時，既可以使用空格，也可以使用連接符號「-」、「|」、「>」、「·」、「_」等。這些連接符號在排名上沒有什麼區別，但是在顯示出來的視覺效果上存在不少差別。選用哪個連接符號，只取決於你認為哪種符號能讓使用者看得最清楚、看得最舒服。個人認為「-」、「>」、「|」、「_」都是不錯的選擇，我自己的話首選連接符號（-），因為看得最清楚。

5.1.10　不要用沒有意義的句子

標題標籤是最寶貴的最佳化資源，不要浪費在沒有意義的句子上。諸如「公司歡迎您」、「使用者是我們的上帝」之類的語句，既不能提高相關性，也不能吸引使用者的目光和點擊量。

標題標籤是 SEO 過程的重點之一，建議大家重要頁面都人工撰寫，如首頁、分類或欄目頁、熱賣產品頁面等。而撰寫標題時又需要做最起碼的關鍵字研究，才能知道哪幾個關鍵字搜尋次數最多或性價比最高。大型網站很可能有數百個分類或子分類，人工撰寫標題是一件費時、費力、但一定有回報的工作。

5.2　描述標籤

描述標籤是 HTML 程式碼中 Head 部分除了標題標籤，與 SEO 有關係的另一個標籤，用於說明頁面的主體內容。描述標籤的程式碼格式為：

```
<head>
......
<meta name="description" content="18 年經驗老司機 Zac 的 SEO 每天一貼，中文 SEO 最佳化專
業代表性部落格。分享網站最佳化排名技術，專業 SEO 培訓、顧問諮詢等 SEO 服務。" />
......
</head>
```

描述標籤的重要性比標題標籤低很多。描述標籤中的文字並不顯示在頁面可見內容中，使用者只有查看原始檔和在搜尋結果列表中才能看到描述標籤裡的文字。

現在主流搜尋引擎排名演算法都已經不使用描述標籤，所以描述標籤對關鍵字排名沒有直接影響，但是對點閱率有一定影響，因為大部分情況下，搜尋結果列表中的頁面摘要說明就來自描述標籤。

除了描述標籤，搜尋結果列表中的頁面摘要還可能來自頁面可見文字。尤其是沒有描述標籤、描述標籤不夠長或不包含所搜尋的關鍵字時，搜尋引擎經常從頁面可見內容中動態抓取包含搜尋詞的內容，並顯示為摘要文字。有時候搜尋引擎也會把描述標籤和可見內容組合起來，顯示為頁面摘要。

搜尋引擎動態提取摘要文字時，站長就無法控制，所顯示的摘要文字可能對使用者不是很有幫助，也可能在重要的地方被截斷。所以雖然描述標籤不用於排名計算，但在可能的情況下還是建議寫上準確說明頁面內容的描述標籤，以便控制頁面的摘要文字。

在下面幾種情況下，搜尋引擎也可能動態抓取它認為合適的摘要文字。

- 描述標籤包含大量堆積關鍵字。
- 描述標籤與標題標籤內容重複。
- 描述標籤只是關鍵字的羅列，不能形成通順的句子。

在描述標籤的寫作上，大部分標題標籤的寫作要點依然適用，比如文字需要準確相關、簡練通順、吸引點擊，不要堆積關鍵字，每個頁面要有自己獨特的描述標籤，包含目標關鍵字等。

與標題標籤不同的是，搜尋結果列表摘要部分通常會顯示 77 個左右的中文字元，Google 英文結果顯示 156 個英文字元，比標題標籤寫作空間大一點。為保險起見，建議描述標籤不要超過 70 個中文字，不然也可能會被截斷在不恰當的地方。

小型網站站長可以人工撰寫描述標籤，用一兩句通順的句子說明頁面主題。大中型網站則不可能人工撰寫，通常可以採取兩種方法自動產生：一是從頁面正文中提取一部分，一般會提取第一段文字中的內容。二是把產品的重要訊息按模板生成句子，如產品名稱、品牌、型號、價格、顏色、生產商等。在可能的情況下，大中型網站的首頁及主要分類頁面也可以考慮人工撰寫描述標籤。

最後要說明的是，如果不能生成恰當通順、不重複的描述標籤，那麼就不要寫描述標籤，不要把描述標籤寫成和標題標籤一樣。

5.3　關鍵字標籤

關鍵字標籤是 HTML 程式碼 Head 部分看似與 SEO 有關、但目前實際上對 SEO 沒有任何影響的標籤。關鍵字標籤的程式碼格式是：

```
<head>
……
<meta name="keywords" content=" 關鍵字 1, 關鍵字 2, 關鍵字 3……" />
……
</head>
```

關鍵字標籤的本意是用來指明頁面的主題關鍵字。十幾年前，在關鍵字標籤中重複關鍵字，甚至加上無關的熱門關鍵字曾經是排名的重要方法。也正因如此，站長們發現了這個方法後，立即引發了大規模濫用。現在的主流搜尋引擎無一例外，都沒有在排名演算法中考慮關鍵字標籤的內容。

幾年前關鍵字標籤還可以放異體字、錯拼單字等，但是現在的搜尋引擎都有錯字錯拼提示功能，這個用法也失去了意義。

也許以後搜尋引擎還會把關鍵字標籤計入演算法，但目前的建議是，不用浪費時間寫關鍵字標籤。

5.4 正文最佳化

和標題的最佳化一樣，在正文中關鍵位置融入關鍵字是基礎，同時還要考慮到語義分析、關鍵字變化形式等因素。

5.4.1 詞頻和密度

正文中的關鍵字牽扯到幾個概念。一個是詞頻，也就是關鍵字出現的次數。另一個是關鍵字密度，也就是關鍵字出現的次數除以頁面可見文字總詞數，或者說關鍵字密度是規範化後（考慮正文長度後）的詞頻。

判斷頁面與關鍵字的相關性時，最簡單的邏輯是關鍵字出現的次數越多，也就是詞頻越高，頁面與這個關鍵字越相關。這就是前面介紹的 TF-IDF 公式的結論，相關性與詞頻成正比。但詞頻概念沒有考慮內容的長度。頁面正文如果是 1000 個詞，顯然關鍵字詞頻很容易比 100 個詞的頁面高，但並不必然比 100 個詞的頁面

更相關。用關鍵字出現的次數除以總詞數，得到關鍵字密度，是更合理的相關性判斷標準。

現在的搜尋引擎演算法已經比簡單的詞頻或密度計算複雜得多。站長可以很容易地人為提高詞頻和密度，頁面價值卻不一定更高。所以頁面排名與詞頻或關鍵字密度已經沒有直接聯繫，SEO 人員不必太在意。觀察排名在前面的頁面，我們會發現其中既有密度低到 1% 或 2% 的頁面，也有高到 20% 的頁面。只要自然寫作，頁面中必然出現幾次關鍵字，這就已經完成最佳化了。

一般來說，篇幅不大的頁面出現 2 ～ 3 次關鍵字就可以了，篇幅比較長的頁面出現 4 ～ 6 次也已經足夠，千萬不要堆積關鍵字。

TF-IDF 公式的另一個結論是，相關性與關鍵字的文件頻率成反比，換句話說，關鍵字越常見，對相關性貢獻越小。舉個例子，如果要最佳化「新加坡旅遊」這個詞組，在 Google 搜尋「新加坡」會傳回 85,200,000 個結果，搜尋「旅遊」會傳回 342,000,000 個結果，包含「新加坡」的文件數遠小於包含「旅遊」的文件數，Google 資料庫的文件總數是固定的，所以「新加坡」這個詞的文件頻率小於「旅遊」。或者換句話說，「新加坡」這個詞相對不常見，對相關性貢獻更大，在區別、辨識文件的能力上比「旅遊」這個詞更高。在最佳化文案時，增加「旅遊」這個詞出現的次數就沒有增加「新加坡」這個詞的次數更有效。

當然，這只是理論上的推論。真實的搜尋引擎在計算相關性時比簡單計算 TF-IDF 複雜得多，SEO 或編輯在寫頁面正文時，完全沒必要考慮這麼多。還是那句話，只要自然寫作，關鍵字必然會自然融入，這就足夠了。

5.4.2　前 50 ～ 100 個詞

正文前 50 ～ 100 個詞中出現的關鍵字具有比較高的權重，通常建議第一段文字的第一句話就出現關鍵字。

實際上這也就是自然寫作的必然結果。和寫議論文一樣，頁面的寫作也可以分為論點、論據及最後的總結點題。文章最開頭首先需要點明論點，也就自然地包含

了關鍵字。接下來在論據部分再出現兩三次，結尾點題再次出現關鍵字，一個頁面的可見文字最佳化就完成了。

5.4.3 關鍵字變化形式

寫作頁面內容時可以適當地融入關鍵字的變化形式，包括同義詞、近義詞、同一件事物的不同稱呼等。比如電腦和電腦是同義詞，可以在頁面中交叉出現。筆記型電腦和膝上型電腦也是同義詞，減肥和瘦身是近義詞，主機、伺服器、網站空間基本上說的是一回事，這些詞都可以在主體內容中交叉出現。

英文頁面最佳化中還有一種特殊的關鍵字變化形式，就是同一個詞根所生成的各種形式的單字，如 work 是詞根，它的變化形式包括 works、worker、workers、working、worked 等。這些變化形式可交叉使用，使搜尋引擎能更快速準確地提取頁面主題，並且這些變化形式都有可能被使用者所搜尋，組合出更多的搜尋詞。

當然，還是以自然寫作為前提，不要為了加入關鍵字變化形式而硬加一些彆扭的句子。

5.4.4 關鍵詞組鄰近度

標題標籤和正文寫作時應該注意目標關鍵詞組的鄰近度，也就是說，查詢詞可以被分詞時，也在頁面上應該完整、按順序出現關鍵詞組幾次，尤其是重要位置，如本節提到的第一段文字，其他小節說明的 H 標籤、粗體、ALT 文字等。

5.4.5 詞組的分割出現

查詢詞可以被分詞時，不僅查詢詞要完整匹配出現在頁面最有權重的位置，被分割後的詞還可以各自單獨出現在正文中幾次。

如上面的例子所示，目標關鍵字是「SEO 方法」，頁面重要位置不僅要完整匹配出現「SEO 方法」幾個字，建議「SEO」和「方法」也可以分別單獨在正文中出現幾次。

5.4.6　語義相關詞

演算法和人不一樣的地方是，人可以直接理解詞語、文章的意思，演算法不能理解。人看到「蘋果」這兩個字就知道指的是那個圓圓的、多汁的好吃水果，搜尋引擎卻不能從感性上理解什麼是蘋果。

但搜尋引擎可以掌握詞之間的關係，這就涉及語義分析。SEO 業界很熱烈地談論過一陣潛在語義索引（Latent Semantic Indexing）。潛在語義索引研究的是怎樣透過巨量文獻找出詞彙之間的關係，當兩個詞或一組詞大量同時出現在相同文件中時，這些詞之間就被認為是語義相關的。

舉個例子，電腦和個人電腦這兩個詞在人們寫文章時經常混用，這兩個詞在大量的文件、網頁中同時出現，搜尋引擎就會認為這兩個詞是極為語義相關的，雖然搜尋引擎還是不知道這兩個詞的意思。

再比如「蘋果」和「橘子」這兩個詞，也經常一起出現在相同的文件中，雖然緊密度低於同義詞，但搜尋引擎可以判斷這兩個詞是有某種語義關係的。同理，「蘋果」和「水果」，以及「蘋果」和「手機」也是語義相關的。

潛在語義索引並不依賴於語言，所以「SEO」和「搜尋引擎最佳化」雖然一個是英語，一個是中文，但這兩個詞大量出現在相同的網頁中，雖然搜尋引擎還不能知道搜尋引擎最佳化或 SEO 指的是什麼，但是卻可以從語義上把「SEO」、「搜尋引擎最佳化」、「search engine optimization」、「SEM」等詞緊緊地連在一起。語義分析技術發展到一定程度，其實就相當於搜尋引擎能夠理解查詢詞的真正意義，頁面的主題內容、概念等。比如，搜尋引擎看到有人查詢「好吃的」，可以理解使用者可能是在找飯店、餐廳之類的地方。

這種語義分析技術可以在頁面最佳化上給我們一些提示。

現在的搜尋排名有一個現象，搜尋某個關鍵字，排在前面的網頁有時甚至並不含有所搜尋的關鍵字，除了連結錨文字外，很有可能是潛在語義索引在起作用。比如搜尋「餐廳」，排在前面的有可能包括只出現「飯店」、「美食」等詞，卻沒出現「餐廳」這個詞的頁面，因為搜尋引擎透過語義分析知道這些詞是緊密相關的，

或者說搜尋引擎理解了查詢詞及頁面的真正意義，而不僅僅是進行關鍵字匹配，如圖 5-4 所示。

上面例子可能和同義詞、近義詞相混淆，但要注意，語義索引和同義、近義詞庫是完全不同的機制。透過語義分析被判斷為語義相關的詞可以是意思相差很遠的。比如要最佳化「歐巴馬」，前總統、白宮、美國之類的詞高機率會和「歐巴馬」這個詞一起出現在很多文件中，因此極為語義相關，但「歐巴馬」和「白宮」可不是同義詞或近義詞。

圖 5-4　搜尋引擎理解查詢詞及頁面的真正意義

在寫作內容的時候，不要局限於目標關鍵字，應該包含與主關鍵詞語義相關的詞彙，以支援主關鍵字，使頁面形成明顯的主題。

其中的原因反過來想更清晰。如果一篇關於「歐巴馬」的文章，正文完全沒出現前總統、白宮、美國、參議員、政策之類的詞，那麼搜尋引擎會不會懷疑：你寫的這個「歐巴馬」是誰？

5.4.7　分類頁面說明文字

大部分網站首頁及最終產品或文章頁面最佳化並不困難，有足夠的內容可以安排關鍵字，但分類頁面往往被忽視。分類頁面最常見的方式就是產品或文章列表，而產品名稱或文章標題實際上都是產品或具體訊息頁面的重複內容，這就造成分類頁面缺少自己獨特且穩定的內容。

而分類頁面的目標關鍵字往往是排在第二層次的搜尋次數比較多的詞。要想充分最佳化這類關鍵字，建議考慮人工撰寫分類頁面的說明文字，最好有至少兩三段說明文字。

說明文字顯示的位置需要合理安排。完全顯示在頁面頂部產品 / 文章列表前不是很合適，因為使用者是來購物的，通常會預期馬上看到商品列表。可以顯示在產品列表之後，或者頂部只顯示一句話，簡單描述一下本分類，其他文字顯示在產品列表之後。頁面排版允許的話，也可以顯示在側欄。

從 SEO 角度看正文最佳化，最重要的還是自然寫作。一些單頁面網站，站長可以精雕細琢關鍵字分布、用詞，但絕大部分網站製作時，無論是編輯還是專業 SEO 人員，都不可能時刻想著關鍵字密度、同義詞、語義相關詞、詞組的分割等細節，那樣做效率太低。其實只要自然寫作，上面討論的這些方面就能做到八九不離十了。

如果頭腦中能有關鍵字在重要位置的分布、同義詞近義詞使用、語義相關、詞組的分割組合等觀念，寫作時能下意識地運用這些方法，那就再好不過了。

5.5 H 標籤

H 標籤相當於正文中的標題，是關鍵字最佳化的另一個頁面元素。通常認為 H1 標籤的重要性僅次於頁面 Title，但近兩年百度和 Google 給予 H1 標籤的權重都有所降低，甚至有的人認為，H1 標籤比粗體的作用也大不了多少。不過，大部分 SEO 認為 H1 標籤還是相對重要的頁面排名因素之一。即使對排名作用降低，合理的 H 標籤安排也是文章結構的體現，建議使用。

H 標籤按重要性分為六層，從 H1 到 H6。H1 的 HTML 程式碼是：

```
<h1>SEO 每天一貼 </h1>
```

H1 的重要性最高，H6 的重要性最低。在 H1 和 H2 中融入關鍵字，有助於提高相關性。H3 以下的標籤權重已經很低，和普通頁面文字相差不多了。

H 標籤對應於文章的正常結構。文章一定會有一個標題，應該使用 H1 標籤，其中包含最重要的關鍵字。文章中出現小標題，使用 H2 標籤，可以包含輔助關鍵字或相關詞語。如果還有更小的標題，可以使用 H3 標籤。再低層的標題意義不大，不僅使文章結構過於複雜，而且搜尋引擎給予的權重也很低了。

典型的 H 標籤使用結構如下：

```
<h1> 什麼是 SEO ？ </h1>
<p> 第一段文字…</p>
…
<h2>SEO 是搜尋引擎最佳化 </h2>
<p> 擴展、論述上面 h2 中內容 </p>
…
<h2>SEO 是策略 </h2>
<p> 擴展、論述上面 h2 中內容 </p>
…
<h2>SEO 不是作弊 </h2>
<p> 擴展、論述上面 h2 中內容 </p>
…
<p> 最後點題 </p>
```

要注意的是，H 標籤在視覺表現上常常顯示為粗體，但其語法意義與粗體完全不同，不要在頁面上濫用。一般來說，一篇文章只有一個標題，H1 也只出現一次。大量使用 H1、H2，反倒使得關鍵字不能突出。整篇文章都放進 H 標籤中，就和完全沒用 H 標籤一樣了。

5.6 ALT 文字

ALT 文字是指圖片的取代文字。程式碼如下：

```
<img src="images/default/logo.gif" alt=" 基峰資訊 " />
```

在某些情況下，比如使用者瀏覽器禁止顯示圖片，或由於網路等原因圖檔沒有被下載完成，以及視障人士使用的專用瀏覽器，導致圖片不能被正常顯示，圖片 ALT 屬性中的文字將被顯示在頁面上，如圖 5-5 所示。

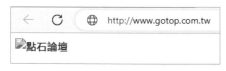

圖 5-5　圖片未顯示時出現 ALT 文字

某些瀏覽器，滑鼠放到圖片上時，ALT 文字也會被顯示出來。圖片 ALT 文字中出現關鍵字對頁面相關性也有一定影響，近幾年 ALT 文字重要程度有所提高，我個

人感覺至少和 H1 的作用差不多。所以在圖片 ALT 屬性中以簡要的文字說明圖片內容，同時包含關鍵字，這也是頁面最佳化的一部分。要注意的是，ALT 文字是要準確描述圖片內容，不是要寫成和頁面 Title 一樣。

與頁面 Title 一樣，ALT 文字中不要堆積關鍵字，只要出現一次關鍵字即可。

圖片做成連結時，ALT 文字就相當於文字連結的錨文字。所以網站左上角出現的公司 logo，應該在 ALT 文字中包含首頁目標關鍵字。logo 一般都連結到首頁，而且通常是頁面上出現的第一個連到首頁的連結，ALT 文字中包含關鍵字，就相當於文字連結錨文字中包含關鍵字。

5.7　精簡程式碼

在 2.4 節中介紹過，搜尋引擎預處理的第一步就是提取文字內容。SEO 人員應該盡量降低搜尋引擎提取文字內容的難度，包括精簡 HTML 程式碼，使真正的文字內容比例提高，盡量減少 HTML 格式程式碼、CSS 及腳本。從某種意義上來說，非可見文字程式碼對關鍵字來說都是噪聲，精簡程式碼就是提高信噪比。

常見的可以精簡程式碼的地方包括以下幾個方面：

（1）**使用 CSS 定義文字字體、顏色、尺寸及頁面排版**。有很多網站即使用 CSS，又在可見文字部分用 style 或 font 再定義一遍字體、尺寸等，這是完全沒有必要的冗餘程式碼。

（2）**使用外部檔案**。將 CSS 和 JavaScript 放在外部檔案中，頁面 HTML 中只要放一行程式碼進行呼叫就可以了。查看一些網站原始檔時，我們經常可以看到大片大片的 CSS 及 JavaScript 程式碼，而且 JavaScript 程式碼還經常出現在 HTML 最前面，這就使真正有用的文字部分被推到後面。當然，這裡有一個取捨問題。很多網站更願意把 CSS 和 JavaScript 放在頁面 HTML 程式碼中，以避免由於某種原因，外部 CSS 或 JavaScript 檔沒能下載調入成功，頁面排版或功能出現問題的情況。在頁面其他方面比較精簡、CSS 和 JavaScript 不是過分龐大的情況下，這樣處理也無不可。

（3） **減少或刪除注釋**。程式碼中的注釋只是給程式設計師或頁面設計人員的提示，對使用者、瀏覽器和搜尋引擎來說毫無作用，只能成為噪聲。

（4） **減少表格**，尤其是巢狀表格。現在的網頁大多使用 CSS 排版，表格使用大大減少。但有的時候使用表格展現是最方便的，也不必刻意完全避免，只要不出現大量多層巢狀表格、產生大量無用程式碼就可以了。

精簡程式碼也有助於提高頁面開啟速度，而速度也是搜尋排名因素之一。頁面開啟速度對行動搜尋排名的影響更大。

這裡說明一下檔案大小限制。Google 技術指南曾經建議，HTML 檔最好限制在 100KB 以下，頁面上連結數控制在 100 個以下。其實現在的搜尋引擎已經完全可以抓取大得多的檔案，幾 MB 的檔案也沒有問題。

不過，在可能的情況下，還是應該盡量讓檔案越小越好。雖然搜尋引擎可以抓取很大的文件，但可能不會索引整份檔案，而只會索引檔案前面的一部分內容。檔案很大時，索引整個檔案既沒有必要，也是很大的資源浪費。檔案過大，再加上大量冗餘格式程式碼，可能使實質內容被推到實際被索引的部分之外。檔案太大，開啟速度變慢，使用者體驗也是個問題。

5.8　內部連結及錨文字

在第 4 章中討論過，內部連結對爬行和收錄有著重要的意義。內部連結對頁面關鍵字相關性也有影響，最主要的就是在內部連結中使用錨文字。

錨文字是告訴搜尋引擎被連結頁面主題內容的最重要依據之一。外部連結錨文字大部分是無法控制的，內部連結錨文字則完全由站長控制。錨文字中出現關鍵字，有助於提高連結目標頁面的相關度，以及發出連結頁面的相關度。當然在這方面還要避免過度最佳化。除了一部分使用完全匹配關鍵字做錨文字外，最好有一部分錨文字具有自然多樣性。

錨文字出現的位置不能集中在導覽或頁尾中，也需要分散在正文中。在頁尾加上很多重要頁面的連結，錨文字使用完全匹配關鍵字，曾經是一種很流行的最佳化

方法，效果也曾經很明顯。不過近幾年這種頁尾過度最佳化常常是排名懲罰的原因之一。

不要為了增加內部連結錨文字而刻意在正文中增加大量連結，只是在真的需要幫助使用者理解某個名詞、被連結頁面有更多資訊時才放上這個連結。不少 SEO 新手為了增加一點內部錨文字的效果，把頁面弄得一片藍色，這是得不償失的。一是可能被認為最佳化過度，二是容易把網站內部連結結構弄得更複雜，反倒使搜尋引擎不容易判斷出網站的重要頁面。有 SEO 做過對比，資料顯示網站內部連結總數（與類似網站相比）過大的網站，總體排名降低。

有的 CMS 系統有專門的功能或外掛程式，文章中出現指定關鍵字就自動插入連結到指定頁面。建議謹慎使用此功能，因為很難做到像人工寫文章時加入連結那樣自然。

5.9　匯出連結及錨文字

連結對搜尋引擎排名的重要性被越來越多的站長所了解和重視，造成很多網站不願意匯出連結到其他網站上。實際上匯出連結到外部網站對發出連結的頁面相關性也有一定影響。

比如說一個頁面以「減肥方法」為錨文字連結到另外一個網站上的頁面，一方面說明被連結的頁面應該是在談減肥方法，另一方面說明發出連結的頁面本身也應該是與減肥方法有些關係的。不然一個談筆記型電腦的頁面，有什麼原因要連結到一篇關於減肥方法的文章呢？所以連結到相關的、品質高的外部網站，也有助於提高頁面本身的相關性。

在搜尋引擎連結原理部分我們討論過樞紐和權威頁面的關係，得到連結的往往是權威頁面，而指向權威頁面的往往是樞紐頁面。如果不能成為權威頁面，第二選項就是成為樞紐頁面。匯出外部連結就是成為樞紐的方法。

5.10 W3C 驗證

頁面 HTML 程式碼相容性相差很大,各種作業系統的不同瀏覽器,甚至相同瀏覽器的不同版本在解析 HTML 時都有所不同,越來越多的人在考慮 W3C 驗證對 SEO 有什麼影響。從經驗和觀察來看,W3C 驗證透過與否對頁面排名沒有明顯影響。只要頁面沒有嚴重錯誤,不會使瀏覽器無法繪製、搜尋引擎無法提取文字內容,就不必太在意 W3C 驗證。

實際上,絕大部分頁面都無法百分之百通過 W3C 驗證,搜尋引擎也非常清楚這一點。SEO 人員可以盡量更正驗證報告中的錯誤,警告訊息通常可以忽略。

5.11 粗體及斜體

粗體、斜體是頁面文字很早就使用的格式,將關鍵字設為粗體或斜體有一點點強調作用,搜尋引擎也給予粗體、斜體中的文字比普通文字多一點權重,不過權重並不大。尤其是斜體使用需要很慎重,中文斜體有不易辨認的缺點。在可能的情況下,適當使用粗體有些作用,但這屬於非常細節的地方,不必過於關注。

粗體有時有助於幫助分詞。比如為避免搜尋引擎把「搜尋引擎最佳化」這幾個字分詞為「搜尋」、「引擎」、「最佳化」三個詞,可以把「搜尋引擎最佳化」全部設為粗體,幫助搜尋引擎理解,這六個字實際上是不應該分開的一個詞。

5.12 頁面更新

對某些有時效性的網站來說,如部落格和新聞網站等,頁面更新也經常能幫助提高排名或至少幫助保持排名。搜尋引擎通常都有這樣的現象,剛發布的文章很快就有比較好的排名,但幾天後排名可能會下降。一方面是因為搜尋引擎要給新頁面排名機會,觀察使用者反應,然後再確定最終排名。另一方面,某些內容確實就需要有時效性。

Google 有一個名為 Query Deserves Freshness 的演算法，針對需要時效性的查詢，會給予最新內容更高權重和排名。所謂需要時效性的查詢包括：

- 最新事件或熱點話題，如疫情。

- 週期性發生的事件，如大選、奧運會。

- 需要不斷更新的資訊，如最新數位相機。

即使是老文章，補充、更新內容也會使搜尋引擎認為內容有時效性，更相關。不過，如果沒有更新文章、只改一下文章發布時間可能被判斷為作弊。

頁面更新頻率也是吸引搜尋引擎蜘蛛傳回抓取的因素之一。

5.13 社群媒體分享按鈕

現在社群媒體網站和 App 極為流行，如 Facebook、Twitter、YouTube、Linkedin、Instagram 等。參與社群媒體對 SEO 的影響在第 10 章中有更深入的討論，這裡只建議站長們，不妨在頁面放上社群媒體分享、按讚之類的按鈕。

外部連結是搜尋引擎判斷頁面權威性、被推薦程度的主要指標，但也不排除其他的推薦渠道，如這些社群媒體中的評論、推薦、分享，也可能會被搜尋引擎當作排名因素，或者作為驗證權威度、受歡迎程度的因素。

如果網站本身就是 Web 2.0 性質的，更應該加強使用者評論、按讚、頂、投票之類的互動功能，這些使用者參與的資料都可能被搜尋引擎用來判斷頁面質量的高低。

5.14 頁面使用者體驗

這幾年搜尋引擎非常強調頁面的使用者體驗。不僅在官方最佳化指南和問答溝通中提到，也體現在已上線的演算法中。

5.14.1 與使用者體驗有關的演算法更新

2012 年 1 月，Google 推出頁面布局演算法（Page Layout Algorithm），後來又兩次更新，目的是打擊第一屏有大量廣告、實質內容很少的頁面。

2015 年 11 月，Google 上線 App 安裝插頁懲罰（App Install Interstitial Penalty），降低彈出大幅 App 安裝插頁廣告的行動裝置版頁面排名。

2017 年 1 月，Google 上線行動裝置版頁面干擾插頁懲罰演算法（Intrusive Interstitial Penalty），打擊干擾使用者的跳出視窗、大幅插頁式廣告頁面。

2018 年 7 月，Google 上線行動速度更新（Mobile Speed Update），將頁面開啟速度正式作為行動搜尋排名因素之一。

這類演算法針對的都不是文字內容，而是使用者體驗。SEO 必須注意到這個趨勢。

5.14.2 影響 SEO 的頁面使用者體驗

使用者體驗以往不是 SEO 的職責和權限，但會越來越明顯地直接影響 SEO 效果，SEO 們必須關注並將其納入最佳化範圍。使用者體驗包含的範圍很廣，本書無法深入探討，只提醒頁面排版布局方面常常被忽視、SEO 應該有最佳化權限的幾點。

- 排版合理、清晰、美觀。文字、背景顏色反差夠大，用色不容易引起眼睛疲勞。字號夠大，易於閱讀。
- 選擇易於閱讀的常見字體，尤其是正文部分，不要為了裝飾性而選擇難以辨認的字體。
- 實質內容處於頁面最重要的位置，要讓使用者一眼就能看到。
- 實質內容與廣告能夠清晰區分。
- 第一個頁面就有實質內容，而不是需要下拉頁面才能看到。
- 廣告數量不宜過多，位置不應該妨礙使用者閱讀。廣告所占的頁面篇幅不要過度，建議不要超過三分之一。
- 跳出視窗、插頁廣告的使用要非常謹慎，不能干擾使用者閱讀內容。
- 如果圖片、影片有利於使用者理解頁面內容，盡量製作圖片、影片。

5.14.3　什麼是網站使用核心體驗指標

2020 年 5 月，Google 發貼預告，在 2021 年的某個時候，頁面體驗將會成為 Google 演算法的排名因素之一。2020 年 11 月，Google 再次預告，頁面體驗成為排名因素的時間將會是 2021 年 5 月。網站使用核心體驗指標（Core Web Vitals）是頁面體驗的最重要內容。

Google Search Console 提供以下三種頁面資料：

- LCP：Largest Contentful Paint，主體內容顯示所需要的時間，用來衡量頁面載入速度。Google 要求在 2.5 秒以內。

- FID：First Input Delay，首次輸入延時，指的是使用者第一次做出互動（包括點擊連結，點擊按鈕，或其他 JS 驅動的功能）動作後，瀏覽器開始真正做出反應、處理互動事件所需要的時間。這個資料用來衡量頁面互動的流暢度。Google 要求在 100 毫秒以內。

- CLS：Cumulative Layout Shift，累計版面配置轉移，指的是頁面訪問過程中出現的、不能預期的頁面元素位置移動總數，比如由於某個圖片完成下載後突然顯示，把下面已經顯示的文字向下推。這種頁面元素的無預警位置移動，輕則干擾使用者閱讀，重則造成使用戶點擊錯誤連結或按鈕。這個指標用來衡量頁面的視覺穩定性。Google 要求在 0.1 以內。

除了在 Google Search Console 中顯示網站使用核心體驗指標資料，Google 提供的頁面速度測試工具 PageSpeed Insights[1] 也能提供網站使用核心體驗指標資料，可以測試任何網頁。Chrome 瀏覽器的 Developer Tool 也有網站使用核心體驗指標資料。

測試一些頁面就知道，大部分大站的網站使用核心體驗指標資料都不怎麼樣，估計這就是 Google 提前一年預告的原因，讓大家趕緊做準備。網站使用核心體驗指標資料成為排名因素會造成多大影響？讓我們拭目以待，到時候我會在部落格 SEO 每天一貼中進行更新。

1　https://pagespeed.web.dev/

除了網站使用核心體驗指標，以下所列的頁面體驗也是排名因素：

- 頁面行動友善性。在第 6 章中將詳細討論。
- 安全性。網站沒有病毒、釣魚、欺騙等內容和行為。
- HTTPS 使用。
- 沒有干擾性插頁廣告。

最影響使用者體驗的是頁面開啟速度，這將在 5.16 節中單獨討論。

5.15 結構化資料標記

如果是做英文網站，還可以在頁面加上結構化資料標記。

在網站建設領域，結構化資料是用來提供頁面更多細節資訊，以及把頁面內容進行分類的標準化資料格式。網站結構化資料標準由必應、Google、Yahoo! 於 2011 年共同發起，詳細內容可以在 schema.org 網站查看。添加結構化資料標記可以幫助搜尋引擎準確理解頁面內容，增強相關性，也有助於頁面以複合式摘要、知識圖譜等更豐富的形式顯示在搜尋結果頁面上，來提高點閱率。

www.allrecipes.com › ... › Pizza Dough and Crust Recipes

Quick and Easy Pizza Crust Recipe | Allrecipes

A quick chewy **pizza** crust can be made in 30 minutes with just basic pantry ingredients like yeast, flour, vegetable oil, sugar, and salt.

★★★★★ Rating: 4.7 · 3,666 votes · 30 mins · Calories: 169.8

圖 5-6　食譜結果頁面結構化資料及複合式摘要

如圖 5-6 所示的是一個典型的有結構化資料標記、以複合式摘要形式顯示的食譜結果頁面，頁面資訊中的星級、投票數、烹調時間、卡路里數都是結構化資料提供的。

目前適合結構化資料標記的內容類型包括：食譜、麵包屑導覽、產品、FAQ、課程、事件、電影、評測等。其中對電商網站最有用的應該是產品類頁面了。產品

頁面可以添加的結構化封包括：產品名稱、URL、圖片、描述、sku、品牌、價格、平均星級、評論數、是否有貨等，在搜尋結果頁面中展現如圖 5-7 所示。

圖 5-7　產品頁面結構化資料及複合式摘要

結構化資料可以使用三種格式添加在頁面上：JSON-LD、Microdata 和 RDFa，現在最流行的，也是 Google 更推薦的是 JSON-LD 格式。常見開源 CMS 系統都有各種現成外掛程式實現結構化資料標記，沒有什麼技術門檻。如果是自己開發的系統，程式設計師就要研讀一下技術文件 [2] 了。

結構化資料標記只是有助於搜尋引擎提取訊息，並不是排名因素。而且加了結構化資料標記也不能保證就會以複合式摘要形式展現。即使如此，只要內容適合，還是強烈建議添加結構化資料標記，降低搜尋引擎理解內容相關性、提取訊息的難度。

5.16　提高頁面速度

頁面速度是重要的排名因素，而且在未來幾年將越來越重要。Google 已經有數次以頁面開啟速度為目標的演算法更新，網站使用核心體驗指標同樣以頁面開啟速度為核心。

5.16.1　頁面開啟速度的影響

即使不考慮搜尋排名，頁面開啟速度顯然也影響使用者體驗和轉化率。有很多正面、反面的實際例子。

2　https://developers.google.com/search/docs/guides/intro-structured-data

- Cook（一家賣冷凍食品的網站）把頁面載入時間減少 850 毫秒，轉化率提高 7%，跳出率降低 7%，平均訪問頁面數成長 10%。

- BBC 發現他們網站的頁面載入時間每多 1 秒，使用者就會遺失 10%。

- Modify，首頁載入時間每減少 100 毫秒，轉化率將增加 1.11%，付款頁面載入時間減少 100 毫秒，轉化率將增加 1.55%。

- AutoAnything，頁面載入時間降低一半，銷售將增加 12% ～ 13%。

- Furniture Village，頁面載入時間減少 20%，轉化率將增加 10%。

有些頁面元素的衡量有很大的主觀性，比如標題怎麼寫更能吸引點擊，但頁面載入、打開速度是十分明確的，既有測試資料，又有直觀感受，最佳化方向清楚，效果直接，不最佳化是很可惜的。

5.16.2 怎樣提高頁面速度

頁面速度最佳化主要有下面幾個方向：

1. 伺服器速度

顯而易見，伺服器硬體、軟體設定、頻寬、負載、線路等，都直接影響響應和下載速度。如果發現頁面開啟速度過慢，首先要檢查的是伺服器速度。使用 CDN 也是提高伺服器速度的一個方式。

2. 圖片壓縮

大部分頁面所需要和下載的檔案資料量，圖片會占至少一半，有時候高達 80% ～ 90%。很多網站的圖檔又沒有必要太大，所以壓縮圖檔經常是效果最顯著的方法之一。

網站上通常使用 jpag、png、gif 這幾種格式。不要使用超出必要解析度的圖片，在不影響視覺效果的前提下，圖檔經常能壓縮高達 60% ～ 70%。

網站自己添加的圖片，要用 Photoshop 或專門的圖片壓縮軟體來壓縮，網路上也有很多免費的線上壓縮服務。需要大量上傳產品或文章的網站，編輯沒有壓縮圖

片的習慣或時間，上傳程式要有自動壓縮圖片的功能。UGC 或平台類網站更要有自動圖片壓縮機制，千萬不要任由使用者把數位相機裡的圖片上傳到伺服器，不加處理就直接顯示。

3. 啟用 GZIP 壓縮

文字類檔案，如 HTML、CSS、JavaScript 檔，啟用 GZIP 壓縮，也能大幅降低檔案大小（可能高達 90%），減少檔案的下載時間。

GZIP 壓縮是伺服器端設定，頁面本身看不出來。如果對是否正確啟用了 GZIP 不確定，可以用線上工具測試一下（如站長工具[3]）。

在 LAMP 類型伺服器，如果要啟用對特定類型檔案的 GZIP 壓縮，可以在 .htaccess 加上類似以下的指令：

```
<IfModule mod_deflate.c>
AddOutputFilterByType DEFLATE text/css
AddOutputFilterByType DEFLATE text/html
</IfModule>
```

意思是 CSS 和 HTML 檔開啟 GZIP。

4. Minify 縮減程式碼

刪除一些沒必要的空格、Enter、注釋、文字等，也常常能大幅縮小檔案，提高速度。包括 CSS、JavaScript、HTML 程式碼。沒有使用的程式碼當然更要刪除。

5. 啟用瀏覽器快取

頁面下載後瀏覽器可以快取很多檔案，如圖片、HTML、CSS、JavaScript，下次使用者瀏覽時，快取裡有的檔案就不需要再次下載了，減少下載的時間，也減輕伺服器的壓力。

---

3   https://tool.chinaz.com/gzips/

如果不設定快取過期時間，預設過期時間是一個小時。快取過期時間是伺服器端可以設定的，不會經常變動的檔案，如圖片、CSS、JavaScript 可將快取過期時間設定長一點，如一至兩個星期，圖片甚至設定為一年也問題不大。使用者打開頁面，如果因為快取遇到顯示不正常的問題，按瀏覽器重新整理按鈕就可以強制下載所有檔案了。

和 GZIP 壓縮一樣，頁面快取時間從頁面本身看不出來，需要透過工具 [4] 進行測試。不同伺服器設定快取時間的方法不同，需要參考相應的技術文件。如我比較熟悉的 LAMP 伺服器，只需要在 .htaccess 中加上類似這樣的指令：

```
ExpiresByType image/jpg "access 1 year"
```

意思是把 jpg 圖片快取設定為一年。

6. 減少 JavaScript，尤其是阻塞繪製的 JavaScript

頁面繪製時，瀏覽器需要先解析 HTML 並構建 DOM 樹，如果解析器遇到 JavaScript 腳本，就得停止解析，先去執行腳本，執行完再繼續解析。如果腳本大，執行慢，繪製就無法開始，頁面就無法顯示。

如果腳本是呼叫外部檔案，還要先等待外部檔案請求、下載完畢。如果腳本是第三方外部檔案，那就更無法預期和控制下載速度。所以，在可能的情況下，需要盡量減少，甚至刪除這類會阻塞繪製的 JavaScript。如果腳本對繪製頁面不是必須的，建議延遲載入。

即使是不會阻塞繪製的腳本，也是能少用就少用。任何腳本都需要時間下載、執行，就算頁面內容已經顯示，如果因為還在執行腳本造成頁面沒有互動響應，可能連上下滑動都不行，使用者體驗也不會好。對需要腳本的功能要仔細考慮：這個功能對使用者是必須的嗎？對完成轉化是必須的嗎？不是的話，以拖慢頁面速度為代價值得嗎？

4　https://www.giftofspeed.com/cache-checker/

7. 圖片懶載入

懶載入，英文寫為 lazy loading，指的是第一屏不需要的圖片將延遲載入，當使用者向下滑動時，下面的圖片才載入。懶載入現在是網站設計，尤其是行動裝置版頁面設計的常用方法。

版本 76 之後的 Chrome 都已經自動支援瀏覽器端懶載入了，不再需要頁面上的懶載入程式碼或 JavaScript 庫，只需要給圖片加上 loading 屬性。但考慮到其他瀏覽器目前狀況，還是需要頁面本身做好懶載入。

5.16.3 檢查頁面速度

最佳化頁面速度是否有效需要有資料檢驗，這裡介紹兩個我比較喜歡的工具。

一個是前面提到的 PageSpeed Insights[5]。如圖 5-8 所示，是 SEO 每天一貼在 PageSpeed Insights 上的速度評分。PageSpe ed Insights 更有用的功能是會顯示詳細的診斷結果和最佳化建議，如圖 5-9 所示是一個得分普通的網站 PageSpeed Insights 給出的最佳化建議。只要解決列出的問題，頁面速度的大部分問題就解決了。

圖 5-8 SEO 每天一貼在 PageSpeed Insights 上的速度評分

5　https://pagespeed.web.dev/

圖 5-9　PageSpeed Insights 的最佳化建議

另一個工具是 webpagetest.org，如圖 5-10 所示。從圖中可見，webpagetest.org 不僅顯示頁面的一些關鍵速度指標，還以瀑布流形式顯示頁面載入行程，哪一個檔案、哪一個步驟用了多少時間，一目了然，使 SEO 可以有針對性地解決瓶頸問題。

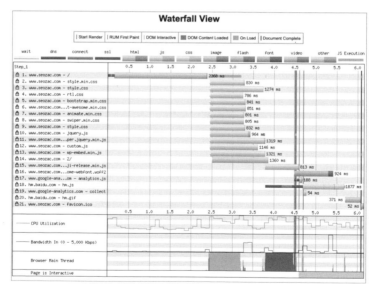

圖 5-10　webpagetest.org 以瀑布流顯示頁面載入行程

這是本書篇幅最簡短的一章，因為頁面上能最佳化的地方就這麼多，最佳化方法也相對固定。相較於外部連結及網站結構來說，頁面最佳化是比較簡單的部分。

Chapter 06

行動裝置的 **SEO**

現在使用行動裝置上網已經成為日常和主流，行動端的搜尋查詢量已經超過 PC 端的搜尋查詢量。相應地，行動 SEO 也變得更加重要。

筆者剛開始做 SEO 時，手機上網還是僅限於嘗鮮的新事物，那時候完全沒想過行動裝置用網站 SEO 和 PC 站 SEO 有哪些差異，更沒有想過到了 2021 年，行動網站的 SEO 才是 SEO 的重點。如果是做英文網站，甚至可以在某種程度上忽略 PC 站的部分最佳化，因為 Google 已經把全部網站轉為行動索引，PC 站的網站完全不索引了。當然，PC 站的速度和使用者體驗等還是需要持續最佳化的，即使沒有搜尋引擎，也要為使用者最佳化。

2015 年 5 月，Google Ads 官方部落格發布了一篇文章，確認 Google 行動搜尋量在 10 個國家（美國、日本等）已超過 PC 端的搜尋量。隨後不久，Google 行動搜尋在世界範圍內超過 PC 端。

行動搜尋一般指的是手機搜尋。平板電腦類裝置通常被視同為 PC 端，因為螢幕尺寸和使用者體驗更接近 PC。

由於螢幕尺寸的不同，手機和 PC 的網站瀏覽、點擊方式有很大不同。搜尋引擎為了給使用者帶來良好體驗，行動搜尋對網站有不同的要求，使用者在手機上不能輕鬆瀏覽、使用的網站，會被判定為不夠「行動友善」（mobile friendly），搜尋引擎不會在行動搜尋中給予其好的排名。過去幾年，百度和 Google 上線的不少演算法更新就是針對頁面行動友善性的。

目前，網站的 PC 端排名訊號依然是行動搜尋排名的基礎，行動搜尋排名可以簡化地理解為在 PC 端搜尋排名的基礎上，加上根據行動友善性所做的調整。所以網站的行動搜尋最佳化有一些特殊設定和考慮。但是，這種情況在近期可能發生變化。Google 在 2021 年 3 月完全轉為行動索引後，行動端、PC 端排名都將以行動裝置版頁面為依據。

6.1　行動 SEO 的三種方式

行動網站大體上有三種設定方式可以選擇：

1. 響應式設計（Responsive Design）

PC 站和行動站的 URL 是完全一樣的（不管用什麼裝置瀏覽都一樣），傳回給瀏覽器的 HTML 程式碼也是一樣的，不同寬度的螢幕排版會有所不同，這是透過 CSS 控制的，瀏覽器在繪製頁面時，會按照不同的螢幕寬度顯示不同的布局。

2. 獨立行動站（Separate m. site）

行動站的 URL 和 PC 站是不一樣的，通常用單獨的子域名，比如 PC 站是 www.domain.com，行動站是 m.domain.com。行動站的 HTML 程式碼（以及 CSS）與 PC 站也是不一樣的，專門做了行動最佳化。換句話說，在這種方式下，行動站就是個獨立的網站。

3. 動態服務（Dynamic Serving）

PC 站和行動站的 URL 是完全一樣的，這點和響應式設計相同。但動態服務方式傳回給瀏覽器的 HTML 程式碼（以及 CSS）是不一樣的，PC 裝置得到的 HTML 程式碼是 PC 版，行動裝置得到的 HTML 程式碼是專門做了行動最佳化的行動版本，這一點和獨立行動站相同。

這三種方式各有各的特點。

6.1.1　響應式設計

無論 PC 使用者還是手機使用者瀏覽網站，所訪問的 URL 是完全一樣的，瀏覽器下載的頁面程式碼也是一樣的。

瀏覽器根據螢幕的寬度顯示不同的布局。針對手機瀏覽器可能需要透過 CSS 做一些控制最佳化，如布局排版適合手機瀏覽、導覽摺疊、隱藏某些內容（如廣告、側欄）等。

SEO 需要注意，響應式設計一定不要禁止搜尋引擎抓取 CSS、JavaScript 及圖檔，不然搜尋引擎無法正常繪製，也無法判斷頁面在手機端是否易用。

另外，響應式設計的頁面必須設定 viewport，告訴瀏覽器及蜘蛛要按照螢幕寬度自動調整頁面排版：

```
<meta name="viewport" content="width=device-width, initial-scale=1.0">
```

所有搜尋引擎都完全支援響應式設計，也都推薦響應式設計。除了上面提到的幾點，使用響應式設計做行動 SEO 無須做其他設定。

既然 URL 一樣，所有裝置得到的 HTML 程式碼也一樣，SEO 的優勢顯而易見：簡單明瞭，搜尋引擎不會被弄糊塗，不必檢測 PC 站和行動站 URL 之間的對應關係，頁面排名能力不會受到任何技術錯誤的影響。

從長遠看，響應式設計從各方面考慮都是最理想的，具有以下優點：

- 網站後端開發、維護更簡單，成本更低，一套程式碼就可以了。
- 不需要判斷裝置、瀏覽器類型，不需要為 PC、行動版本設定轉向，避免出錯和影響使用者體驗。
- 不需要轉向，減少請求次數，提高頁面響應速度。
- 使用者也不會被弄糊塗，收藏、分享 URL 更方便。
- 連結建設、權重訊號集中在一個 URL，不會分散權重或出現其他問題。
- 減少對同樣內容的重複抓取、索引，節省檢索預算，提高索引效率。

響應式設計也有缺點：

- 對前端設計要求比較高，成本也高，同一套程式碼要在所有裝置顯示正常，還要盡快開始繪製，不同類型、不同版本的作業系統、瀏覽器，一一除錯是很麻煩的。

- 行動裝置由於螢幕大小的關係，經常要透過 CSS 隱藏一些內容和功能，但還是需要下載完整的 HTML 程式碼，可能還包括圖片，所以會浪費頻寬，影響下載速度。

總體上，響應式設計的簡捷性使其更具優勢，是大勢所趨。一般公司的新網站，肯定建議直接採取響應式設計，不用考慮其他選項。

6.1.2 獨立行動站

由於 PC 和行動裝置需要訪問不同的 URL，為了提高使用者體驗和幫助搜尋引擎判斷對應關係，網站需要做如下設定：

1. 自動轉向

使用者及蜘蛛訪問時，根據裝置類型的不同，可能需要進行相應的轉向。

- PC 使用者和 PC 蜘蛛由於某種原因訪問行動 URL 時，需要自動轉向到 PC 版本的 URL。

- 行動使用者和行動蜘蛛由於某種原因訪問 PC 頁面 URL 時，需要自動轉向到行動版本的 URL。

- PC 使用者或蜘蛛訪問 PC 版本 URL，或是行動裝置使用者或蜘蛛訪問行動版本 URL 時，不做任何轉向，直接傳回相應頁面程式碼。

Google 認為使用 301、302、JavaScript 轉向都可以，但更推薦 302 轉向。

即使不考慮 SEO 和搜尋引擎，根據裝置進行轉向也是必要的，不然使用者可能會訪問到使用者體驗非常差的錯誤版本。

要注意的是，轉向要在對應的頁面之間進行，也就是說，手機使用者訪問 www.
domain.com/news/123.html，要轉向到 m.domain.com/news/123.html。有的網站設
定錯誤，無論使用者訪問哪個頁面，都會轉向到行動版的首頁，造成搜尋引擎無
法判斷，使用者體驗也不好。如果 PC 版頁面沒有對應的行動版 URL，那就不要
轉向，給使用者一個排版和體驗不好的頁面，也比給使用者一個找不到想要資訊
的頁面好。

2. meta 標註

PC 和行動裝置版頁面在 meta 部分互相指向，使搜尋引擎能判斷兩個版本之間的
關係。

PC 頁面（https://www.domain.com/）需要添加下面的 alternate 標籤指明對應的行
動版本位置：

```
<link rel="alternate" media="only screen and (max-width: 640px) " href=" https://
m.domain.com/」>
```

行動頁面（https://m.domain.com/）需要添加下面的 canonical 標籤指明對應的 PC
版本位置：

```
<link rel="canonical" href=」https://www.domain.com/">
```

在搜尋引擎兩個版本都抓取了索引並且正確判斷的情況下，PC 和行動版本就建立
了一一對應關係。

3. 提交對應關係

還可以透過站長平台通知搜尋引擎 PC 頁面和行動裝置版頁面的對應關係。

在 Google 上，可以在 PC 版本 Sitemap.xml 中加入與 HTML 程式碼同樣的
rel="alternate" 標註，在行動版本 Sitemap.xml 中加入 rel="canonical" 標註。當
然，自動轉向、meta 標註、提交對應關係這三種設定可以同時進行。但要注意，
多種方式的邏輯和對應關係必須一致，不要給予搜尋引擎矛盾的訊號。

搜尋引擎檢測並理解 PC 版和行動版的對應關係後，會將排名訊號整合，計算排名時兩個版本會被當作一個整體，但會在 PC 搜尋和行動搜尋中傳回各自正確的版本。

網站如要建立一一對應關係的 PC 版本和行動版本，頁面內容需要保持一致，包括導覽、主體內容、各種標籤等。如果行動裝置版頁面使用 JavaScript 非同步載入主體內容，而 PC 頁面內容都直接寫在 HTML 程式碼中，就可能使搜尋引擎判斷兩個版本內容不一致，因而無法建立一一對應關係。

內容不一致的行動裝置版頁面和 PC 頁面之間不要做轉向或指向標註。也不要出現一個行動裝置版頁面對應多個 PC 頁面，或一個 PC 頁面對應多個行動裝置版頁面的情況。

獨立行動站的優點是行動裝置版頁面可以單獨最佳化，更為靈活，不想顯示的內容以及在手機上不能實現或拖慢速度的功能，可以直接從 HTML 程式碼中刪除。和響應式設計相比，獨立行動站顯然後端開發、維護成本更高，需要開發、維護兩套程式碼。隨著人力成本提高，需要多次重複做的事情變得越來越不划算。

獨立行動站更大的潛在麻煩是，URL 的不同可能造成混亂和各種出錯。比如做轉向時，首先需要根據瀏覽器使用者代理特徵字串判斷使用者裝置和瀏覽器類型，上網裝置和瀏覽器五花八門，程式檢測 100% 正確不是件容易的事。一旦判斷出錯，使用者可能就只能看到一個排版錯誤的頁面，某些功能也無法使用。搜尋引擎蜘蛛也可能判斷出錯，導致不能建立兩個版本的對應關係。meta 標籤可能寫錯，使搜尋引擎可能只抓取了一個版本，這都可能造成 PC 和行動裝置版頁面 meta 標籤不被承認。

國際公司需要用子域名做多語言 SEO 時，加上 m. 獨立行動站，會使子域名管理更加複雜，因為網站又要增加：

- sg.domain.com
- m.sg.domain.com
- cn.domain.com
- m.cn.domain.com
  ……

多語言 hreflang 標籤和獨立行動站的 <link ref> 標籤排列組合起來，到底哪個是 canonical？哪個頁面要用標籤，用什麼標籤，目標 URL 不該指向哪裡，很容易弄錯。如果再加上 Google AMP，所有版本之間的對應指向關係和標籤寫法，可能會把人繞暈。比如，讀者可以思考一下，獨立行動站、新加坡子站、行動 AMP 頁面，也就是 m.sg.domain/amp/，它的 canonical 應該指向誰呢？

6.1.3　動態服務

動態服務和獨立行動站一樣，首先在伺服器端判斷裝置和瀏覽器類型，然後在同樣的 URL 上，根據瀏覽器類型傳回不同的 HTML 和 CSS 程式碼，PC 裝置傳回 PC 版本，行動裝置傳回行動版本。

所以動態服務方法相當於把響應式設計和獨立行動站的優點結合起來了，既有 URL 統一的簡潔明瞭，又有獨立行動站的專門行動最佳化，SEO 的效果是最好的。當然，代價是前後端成本都會提高。

對追求行動最佳化及速度極致效果，而且不差錢的公司來說，動態服務是最佳選擇，如 Amazon 現在就是用動態服務做行動最佳化的，URL 統一簡單，不會出錯，兩個版本的程式碼還可以分別最佳化。據說，亞馬遜行動版本節省了 40% 的檔案下載量，對手機使用者來說，提升頁面開啟速度至關重要。

是否使用動態服務要看公司的具體情況。對大部分網站來說，其頁面內容、排版、功能沒那麼複雜，響應式設計已經滿足需要，無須使用高成本實現動態服務來節省下載量。比如「SEO 每天一貼」這種部落格，以及很多內容型網站，頁面上連張圖片都沒有，除了留言也沒有別的互動功能，節省的下載量是非常有限的，動態服務就沒意義了。

當搜尋引擎蜘蛛訪問使用動態服務的頁面時，不同的瀏覽器得到的 HTML 程式碼將會是不同的，但蜘蛛無從知曉。比如，PC 蜘蛛訪問頁面時，得到的是 PC 版程式碼，但蜘蛛並不必然知道行動蜘蛛來訪問時會得到不同的程式碼，所以伺服器端需要透過 Vary HTTP 標頭訊息告訴搜尋引擎蜘蛛，PC 蜘蛛和行動蜘蛛得到的程式碼是不一樣的，兩個蜘蛛都要來訪問一下。標頭訊息格式是：

```
Vary: User-Agent
```

意思是，根據瀏覽器使用者代理的不同，傳回的 HTML 程式碼是不同的。

這個 Vary HTTP 標頭訊息也會告訴各個 ISP，瀏覽器不同，得到的頁面程式碼也不同、ISP 使用快取時要考慮瀏覽器的區別。

6.1.4 對獨立行動站的執念來自何處

很多公司和 SEO 對獨立行動站情有獨鍾，認為 m. 行動站 SEO 效果是最好的，做新網站的同時還要做獨立 m. 站。直到 2021 年依然有這種說法。Google 以前雖然表示過對三種行動最佳化方式沒有偏好，但其實一直以來是傾向於響應式設計的。在轉為行動版內容優先索引系統後，更是明確推薦響應式設計。

舉個例子，有資料顯示，發生車禍大部分是男性司機造成的，不過這是否說明男司機開車有劣勢呢？恐怕不能這麼認為，因為必須考慮司機的男女比例，有可能開車的 80% 是男的，造成了 70% 的車禍，所以 70% 車禍是男司機造成的，但這並不表示男司機開車水準或安全意識比女司機差。

行動搜尋排名也是同樣的道理。現在排名靠前的 m. 站居多，很可能是因為這些站絕大部分是老站（所以排名能力高），而幾乎所有老站當初開始做行動 SEO 時都是從 m. 站入手的，不到萬不得已，這些使用 m. 站的老站不會改為響應式設計，因為結構變動太大了，有風險，目前又沒有明顯好處，所以沒有動力改。

所以，老站、大站排名好，而老站、大站又以 m. 站為主，就讓我們認為 m. 站排名似乎有優勢了。

如前面討論的，首先建議使用響應式設計，尤其是新站，不要學老站去做獨立 m. 站。已經使用獨立行動站的老站，中文網站目前可以維持現狀，但要注意百度的最新動向。英文站建議逐步轉為響應式設計，種種跡象表明，Google 處理獨立行動 m. 站是存在技術問題的，很多情況下不能正確建立 PC 版和行動版 URL 的對應關係，而且 Google 也沒有打算解決這個問題。

6.2 行動裝置版頁面的最佳化

無論採用哪種方式進行行動 SEO，行動版本都要針對行動裝置的特點進行頁面最佳化。

首先要注意兩點。第一，前兩章討論的傳統 SEO 原則及方法，絕大部分同樣適用於行動網站，如關鍵字研究、網站架構和 URL 設計、頁面關鍵字布局、文案寫作、導覽及內部連結系統設計等。不要把行動最佳化當成和 PC 最佳化完全不一樣的技術，說到底，它們為搜尋使用者提供高品質內容的目標是一樣的，只不過需要額外考慮一些手機使用者的特殊體驗需求。

第二，無論哪種方式，行動裝置版頁面都要使用自適應設計，即使都是手機，螢幕寬度差別也很大，而且還有橫豎放置的不同，行動版本必須根據螢幕寬度調整頁面寬度及布局。

其他方面的最佳化基本上是圍繞兩個目標進行的：一是在手機上能正常瀏覽、點擊、使用。二是速度要快，畢竟手機的上網速度目前還比不過 PC 的上網速度。

為實現這兩個目的，需要考慮的地方包括如下幾點：

（1）確保手機使用者能正常瀏覽、點擊。

　　這是個使用者體驗問題，而使用者體驗是行動 SEO 的重要內容之一，包括以下細節：

- 字級要夠大，使用者無須縮放就能看清文字。通常至少要使用 12px 的文字。

- 文字與背景有足夠的對比度。通常建議淺色背景，深色字體，對比度要夠大。

- 行距足夠大，使內容看起來不至於太過擁擠。

- 上下滑動頁面一般是必要的形式，但不要出現需要左右拉動橫向滑動條才能看全內容的情況。這對 PC 頁面也適用。

- 排版清晰、美觀，段落分明，布局合理。既不要使頁面過於擁擠，影響使用者閱讀，也不能有過多空白，浪費螢幕空間。

- 主體內容與次要內容（如導覽、廣告、翻頁等）有明顯視覺差異及空間區隔，使用戶能快速定位內容位置。

- 第一屏中，主體內容要占主要位置和篇幅。百度建議主體內容至少占螢幕 50% 以上，且位於螢幕的中間位置。

- 廣告不能面積過大。Google 要求廣告不要超過螢幕面積的 25%。

- 不要使用跳出視窗、懸浮、插屏等阻礙使用者瀏覽的廣告，也不要使用抖動、閃動、輪播等干擾使用者閱讀的廣告。

- 頁面正文（從標題到翻頁）之間不要插入廣告。

- 任何可點擊區域（包括文字、圖片、按鈕等）都要足夠大，方便手指能夠點擊到。可點擊區域之間有足夠的距離，避免使用者誤點擊。

- Title 不要太長。PC 搜尋結果中頁面標題可以顯示 20 多個字，但在行動搜尋結果中，這麼長就被顯示成兩行了，雖然占的地方大了，但在視覺上比較亂，反而不明顯。

- 手機橫豎方向變化時，頁面要自動調整顯示方向和寬度。影片要支援橫向、直向播放。

（2） 確保使用者能正常使用：除了確保使用者能瀏覽頁面，還要檢查使用者是否能完成頁面功能。

- 購物或其他功能足夠簡單，不要讓使用者在手機上填寫很長的表格。

- 避免放置需要特殊外掛程式才能訪問或播放的內容，如特殊格式的影片、音訊。建議用 HTML5 嵌入影片或動畫。

- 功能按鈕（播放、下載、加入購物車、客服聊天等）位置固定，符合使用者習慣，能正常使用。

- 功能按鈕不要與其他內容（如廣告）位置重疊，避免使用者誤點擊。

- 正文篇幅較長時，可以使用展開全文功能，但不要在第一屏就使用。功能按鈕要有清楚的「展開全文」之類的標註，與其他內容要有足夠的間距，避免使用者誤點擊。

- 不要強制使用者下載 App，也不要透過功能按鈕誤導或強制使用者打開 App。

- 確認複雜的 JavaScript 效果或功能在手機上是可以使用的。

- 重要內容不要透過 JavaScript 呼叫，即使用戶手機能呼叫，搜尋引擎也不一定能呼叫。

（3）提高頁面開啟速度：提高行動裝置版頁面開啟速度的方法和 5.16 節中討論的方法是一樣的，只是要求比 PC 頁面還要高。

（4）非主體內容、功能精簡：由於螢幕寬度、面積的限制，通常手機版本頁面要精簡導覽系統，包括頂部導覽、麵包屑和側欄導覽。

同樣，廣告、頁尾、相關文章、tag 連結等 PC 頁面上常見的內容，手機上也經常難以放下。非必要的內容和功能在行動裝置版頁面上可以考慮精簡。

響應式設計的頁面一般是透過 CSS 摺疊、隱藏非必要內容。動態服務和獨立行動站則可以直接在 HTML 程式碼中刪除非必要內容，減少 HTML 及 JavaScript 下載量。

建議 SEO 充分利用 Google Search Console，裡面的很多工具都支援行動網站，如行動 Sitemap、行動索引量、行動搜尋關鍵字資料、URL 轉向錯誤等。

6.3　Google AMP

行動裝置版頁面的最佳化通常還是在 HTML 框架下進行的。搜尋引擎為了更進一步提高行動裝置版頁面速度，還推出了更為簡化的、因而更快的行動裝置版頁面標準。

AMP（Accelerated Mobile Pages），中文譯意是「加速的行動裝置版頁面」，是 Google 於 2015 年 10 月推出的一項開源技術框架，用於提高行動裝置版頁面的訪問速度。雖然開源，但主要還是由 Google 贊助和推動的，所以大家還是稱其為 Google AMP。

2016 年 2 月，Google 開始在新聞搜尋的頂部輪播圖中傳回 AMP 結果。2016 年 8 月，Google 公布 AMP 將應用於所有類型的頁面和搜尋，不再僅限於新聞。2016 年 9 月 20 日開始，AMP 頁面全面出現在行動搜尋結果中。

AMP 官網有詳細的說明、檔案、元件、舉例等，如果要自己開發 AMP 頁面，請參考官網。

簡單地說，AMP 是大大簡化了的頁面，因此載入更快。AMP 有以下特點：

- AMP 的 HTML 程式碼是標準 HTML 的一個子集，程式碼簡化了很多，某些程式碼在 AMP 頁面不可用，如 table，frame 等。

- CSS 程式碼也進行了簡化，只能內嵌在 HTML 中，不能呼叫外部 CSS 檔案。CSS 檔案大小不能超過 50KB。

- 起初自訂 JavaScript 是完全不能使用的，只能使用 AMP 提供的元件。2019 年 4 月才開始允許部分自訂 JavaScript。這就對功能有了很多限制。

- JavaScript 的使用有很多限制。JavaScript 只能非同步載入，程式碼不能超過 150KB。第三方 JavaScript 不能在關鍵繪製路徑中，不會阻塞頁面 DOM 構建和繪製。

- AMP 頁面出現在行動搜尋結果中時，在使用者還沒點擊時，Google 就預載入、預繪製 AMP 頁面，使用者點擊後經常可以瞬間打開。

- 所有資源，如圖片、廣告、iframe 等，必須在 HTML 程式碼中宣告其顯示尺寸，這樣 Google 在資源還沒下載時就可以預留位置、載入頁面布局。

- 資源載入順序智慧最佳化，只在需要時才載入資源。同時盡早預提取資源。

- 高度快取，Google 將 AMP 頁面快取在自己的伺服器中，使用者點擊時顯示的是 Google 伺服器上的快取頁面。

關於快取這一點，既是優點，也是缺點。由於使用 Google 快取，相當於使用了免費又強大的 CDN，對提高速度很有效。但使用者訪問時，AMP 頁面瀏覽器網址也是快取所在的 Google 域名，不是網站自己的域名，如圖 6-1 所示，雖然在頁面頂部顯示了頁面所在的原域名，但並不能點擊瀏覽原網站。這就可能在品牌、使用者體驗等方面造成一些不利影響。

2019 年 4 月，Google 透 過 Signed Exchange
方式解決了這個問題，瀏覽器可以顯示網站自
己的域名，但技術實現較為複雜，而且只支援
Chrome 瀏覽器，目前大部分使用 AMP 的網站
並沒有使用 Signed Exchange。

圖 6-1　AMP 頁面瀏覽器網址顯示
的是 Google 域名

開發 AMP 頁面後，原來的行動裝置版頁面和 AMP 頁面版本之間需要用 <link>
標籤互相指向，使搜尋引擎知道兩者之間的對應關係。比如原行動裝置版頁面的
URL 是：

https://www.domain.com/page/

AMP 頁面的 URL 是：

https://www.domain.com/page/amp/

在原頁面的 HTML 程式碼中，用 amphtml 標籤指明 AMP 版本網址：

```
<link rel="amphtml" href="https://www.domain.com/page/amp/" />
```

AMP 頁面的 HTML 程式碼中用 canonical 標籤指明原頁面網址：

```
<link rel="canonical" href="https://www.domain.com/page/" />
```

AMP 頁面無須提交 Sitemap.xml，上面的標籤就可以讓搜尋引擎發現 AMP 頁面
網址。

Google Search Console 中有 AMP 選單，列出有關 AMP 頁面的各種出錯可能。在
搜尋流量部分也可以單獨顯示 AMP 頁面帶來的流量資料。AMP 的目的就是提高
行動裝置版頁面的開啟速度。Google 提供的資料是，AMP 頁面平均載入時間是
0.7 秒，普通行動裝置版頁面平均載入時間是 15 秒。AMP 本身並不是排名因素，
但頁面開啟速度是排名因素。所以，如果原來的行動裝置版頁面開啟速度慢，採
用 AMP 後可能會因為速度大幅改善進而排名提高。

AMP 的速度確實是快了，但不一定適合所有網站。比如，由於各種限制，AMP 可能不能實現某種功能，如果這個功能是網站必需的，就無法採用 AMP。AMP 頁面的介面通常是大為簡化的，有時候會影響使用者體驗。即使是純內容頁面，可以拿掉所有互動功能，但精心設計的普通行動裝置版頁面也是可以做到檔案很小、打開速度很快的，甚至可能超過 AMP 頁面，那麼用 AMP 又有什麼意義呢？除了免費 CDN，似乎並沒有其他好處，花時間、精力開發 AMP 是否值得呢？

Google 一直不遺餘力地推廣 AMP，但 SEO 們的反應並不像採用 HTTPs 那樣熱情、迅速。我個人並不建議花太多精力去開發 AMP。如果使用的 CMS 有現成外掛程式，如 WordPress，那自然可以使用，幾分鐘就能解決問題。如果需要自行開發，那就要考慮一下潛在效益。比較值得做 AMP 的是內容網站，如果自己怎麼最佳化還是速度慢，採用 AMP 能顯著提高速度。其他情況下，建議先從原頁面的最佳化入手，如果去除某些功能就可以提高速度，那麼在原來頁面上就可以去除，沒必要到 AMP 上再去除。如果原來頁面能做到 2 秒之內打開，開發 AMP 就沒有太大必要了。

既然是開源專案，各大搜尋引擎如 Bing 等都是支援 AMP 的。

6.4　Google 的行動版內容優先索引系統

2016 年 11 月 4 日，Google 站長部落格發表了一篇題為「Mobile-First Indexing」的文章，拉開了 Google 全面轉為行動版內容優先索引系統的序幕。

6.4.1　什麼是行動版內容優先索引系統

行動版內容優先索引系統，Mobile-First Indexing，指的是 Google 在索引、排名時主要使用網站的行動版本。

正如前面提到的，傳統的行動搜尋排名實際上還是以 PC 頁面內容為基礎的，加上行動友善性的指標，用於計算相關性、權重、排名的主要還是 PC 版，Google 抓取、索引的頁面也主要是 PC 版本。

但隨著行動搜尋查詢量超過 PC 端，以 PC 頁面為基礎的索引、排名可能會產生問題。比如，基於速度或排版原因，有的行動裝置版頁面是 PC 端頁面的精簡版，內容、圖片、功能都減少了。行動搜尋排名以 PC 頁面為基礎，有可能出現使用者在行動裝置版頁面上看不到所搜尋的內容或功能的情況，使用者體驗、搜尋相關性都會下降。在以前，PC 查詢量遠超行動裝置，這類問題不太明顯。現在行動裝置上的查詢量超過 PC，索引行動版頁面，以行動裝置版的頁面內容作為排名依據是順理成章的。

開始實施行動版內容優先索引系統後，Google 逐步改為索引網站行動版本，排名計算也使用行動裝置版頁面。

雖然 Google 的索引從以 PC 頁面為主轉向以行動裝置版頁面為主，但索引庫只有一個，不存在一個行動裝置索引庫和一個 PC 索引庫，只有一個統一的索引庫。

網站什麼時候轉為行動版內容優先索引系統完全是由 Google 判斷的，網站自身無法選擇。Google 的判斷依據是轉為行動版內容優先索引系統後不會對網站搜尋流量造成重大影響，也就是說，網站的行動裝置版夠完善、PC 版和行動版內容無明顯差異，因此無論按照 PC 版排名還是行動裝置版排名，在差異並不大時，Google 就會認為這個網站做好了準備，可以轉為行動版內容優先索引系統了。

從 2017 年年底開始，Google 分批將網站轉為行動版內容優先索引系統。轉為行動版內容優先索引系統的網站會在 Google Search Console 後台收到通知，而且 Google Search Console 索引功能部分明確顯示抓取蜘蛛以行動蜘蛛為主。

有一點需要注意，Mobile-First Indexing 本身並不是排名因素。

6.4.2　行動版內容優先索引系統進展情況

2016 年 11 月，Google 在發布的第一篇關於行動版內容優先索引系統的部落格文章裡說明，此形式還需要進行測試，以確保不會對使用者體驗造成負面影響，同時提醒 SEO 們做好頁面行動最佳化，盡量保持 PC 版本和行動版本內容一致。

2017 年年底，Google 開始將少量網站轉為行動版內容優先索引系統。

2018 年 3 月，經過一年半的測試和監控，Google 開始大規模將網站轉為行動版內容優先索引系統。

2018 年 12 月，Google 表示一半以上的網站已經轉為行動版內容優先索引系統。

2019 年 5 月，Google 公布，2019 年 7 月 1 日之後上線的新站，預設處理方式就是行動版內容優先索引系統，不會索引新站的 PC 頁面，也不在 Google Search Console 另行通知。

2020 年 3 月，Google 公布，2020 年 9 月將把所有網站轉為行動版內容優先索引系統，不管網站是否做好了準備。但可能由於疫情關係，部分網站還沒做好準備，這個計劃並沒有實現，期限後延了。

2020 年 10 月，Google 與 SEO 業界的溝通人 John Mueller 在線上 SEO 大會公布，Google 將把所有網站轉為行動版內容優先索引系統的最後期限是 2021 年 3 月。

John Mueller 還在會議上明確了一個本應該可以推論得出，但 SEO 們有些不確定的問題：2021 年 3 月所有網站轉換為行動版內容優先索引系統後，Google 將不再索引只在 PC 網站才有的內容，這類內容將被完全忽略，Google 的索引庫將會是純粹的行動裝置版頁面索引庫。

實際上，Mobile-First Indexing 這個名稱即將不再準確，而是應該稱為 Mobile Only Indexing，只有行動索引，不再有 PC 索引了。這指的是不再索引 PC 蜘蛛抓取的內容，只索引行動蜘蛛抓取的內容。如果網站只有 PC 頁面，不是說網站就從 Google 消失了，而是 Google 行動蜘蛛抓取的是什麼就索引什麼，只有 PC 使用者或蜘蛛才能看到的內容會被完全忽略。

我個人認為，不再索引 PC 頁面，不一定意味著 PC 蜘蛛就完全不再抓取頁面。Google 應該還會出於各種目的使用 PC 蜘蛛少量抓取頁面，比如檢查是否有作弊，判斷 PC 頁面開啟速度等。

6.4.3　如何應對行動版內容優先索引系統

今後針對 Google 的 SEO 與以前剛好相反，一切必須以行動裝置版頁面為基礎，Google 將完全不看 PC 頁面。也許以後會出現「PC 友善性」的概念，PC 搜尋排名變成行動排名加上「PC 友善性」考慮。

既然以行動裝置版頁面為依據，首先就要保證行動裝置版頁面和 PC 頁面主體內容一致，如果行動裝置版頁面主體內容做了刪減，被刪減的部分就不會有索引，也不會有排名，覆蓋關鍵字範圍縮小，對沒刪減的內容深度、相關性也可能有影響，都會造成排名、流量下降。

主體內容不宜使用懶載入，搜尋引擎不會與頁面互動，也就不能索引懶載入後才能看到的內容。

行動裝置版頁面導覽、內部連結也要和 PC 頁面一樣完整。刪除各類導覽、翻頁、相關產品連結是傳統行動裝置版頁面最佳化經常會做的，轉為行動索引後，會造成網站連結結構變化，內頁缺少抓取入口，影響頁面抓取、索引效率。

圖片也要與 PC 頁面保持一致，而且行動裝置版頁面也要使用高品質圖片，否則可能會影響到查詢量大的圖片搜尋。

需要保持一致的還包括小標題、各種標籤（title、description、圖片 ALT、noindex、nofollow 等）、結構化資料、robots 檔等。

在這個意義上，響應式設計確實就是最好的行動 SEO 方式。這麼多頁面元素需要保持一致，獨立行動裝置版頁面，甚至動態服務，都變得意義不大，響應式設計使頁面天生就是一致的。

百度是否會跟進把索引庫改為行動裝置版頁面為主這一形式，目前還沒有消息。不過，百度近兩年也已把主要精力放在行動搜尋上，公布的演算法更新、最佳化指南、白皮書等已經很少提到 PC 頁面了。

6.5　語音搜尋最佳化

前些年在某次 SEO 大會上，INWAY Design 問過一個問題，未來理想中的搜尋引擎將會是什麼樣子？我當時回答，理想狀態的搜尋引擎應該只傳回一個搜尋結果。現在看來，這種狀態開始在語音搜尋中實現了。

隨著語音識別、行動搜尋、人工智慧、智慧家居產品等相關技術的發展，語音搜尋正在變為常態。科幻電影中常見的人與機器人的對話場景，雖然還沒完全實現，但語音搜尋已經具有其雛形，人對著手機、音箱、空調、手錶下指令、問問題，已經是現實中的常見場景。SEO 也可以在其中扮演一定的角色。

6.5.1　語音搜尋的基礎

首先要釐清語音搜尋的兩個基礎。

第一，語音搜尋基本上是以行動搜尋為基礎的。PC 搜尋，無論是 Bing 還是 Google，在搜尋框中都是支援語音搜尋的，只要開放瀏覽器的麥克風權限就可以使用語音搜尋。但一般來說，除了在科幻電影裡，對著電腦說話搜尋的情況是很少的，甚至有點怪異。

對著手機輸入語音就很正常了，手機本來就是說話用的。很大一部分使用者與智慧家電的語音對話是指令性的，如放音樂、定時鐘等，扣除這些指令，真正的提問題式的語音搜尋，大部分是發生在手機上的，估計還沒有達到總搜尋量的50%。但有統計表明，50% 以上的使用者現在每天都會使用語音搜尋。所以，要做好語音搜尋 SEO，首先要做好行動 SEO。

第二，語音搜尋與文字行動搜尋的差別主要在於輸入方式的不同，後面的過程是一樣的。使用者輸入語音後，搜尋引擎透過語音識別，將輸入轉化為文字，然後還是按照文字搜尋傳回排名。無論查詢詞是打字輸入的，還是語音輸入的，搜尋結果大致相同（但不是 100% 相同），所以排名演算法本身應該是非常類似的。

所以，語音搜尋對 SEO 的影響主要是在查詢詞的不同，而不取決於網站結構、索引、排名等方面。

6.5.2 語音搜尋查詢詞的特點

那麼語音搜尋時的查詢詞與打字輸入的查詢詞有什麼不同呢？一些調查資料和使用者體驗都表明語音搜尋查詢詞有以下特點：

- 語音搜尋查詢詞長度更長。有統計表明，在英文中，語音搜尋查詢詞比文字輸入查詢詞平均長了 2 ～ 3 個單字。
- 語音搜尋查詢經常是一句話，對話性質很高，而不是羅列幾個關鍵字。
- 語音搜尋中問句占很大比例，而不是陳述句。
- 語音搜尋更接近自然語言，因此查詢詞變化多端，難以預測。
- 語音搜尋經常帶有強烈的當地特徵。這和搜尋地點、場景關係很大。
- 語音搜尋中經常出現特殊詞，如「附近」，或英文的「near me」、「nearby」等。

這些特點其實是相互聯繫的。如果說坐在電腦前研究時會搜尋「信義路 餐廳」，拿著手機站在新街口的馬路上時就會搜尋「附近有什麼好吃的餐廳」。在電腦上會搜尋「台北 天氣」，但語音搜尋時更可能會問「台北天氣怎麼樣」。在電腦上會搜尋「紅燒肉 食譜」，對著手機更可能問「怎麼做紅燒肉」。

6.5.3 針對語音搜尋的最佳化

針對語音搜尋查詢詞的這些特點，做 SEO 時可以考慮以下因素：

1. 關鍵字研究

和傳統 SEO 一樣，第一步是關鍵字研究。要想在語音搜尋中獲得排名，首先要找到使用者在語音搜尋時經常用到的查詢詞，然後有針對性地組織內容。圖 6-2 是 BrightLocal 對英文語音搜尋中常見詞的統計。

可以看到，前 25 個單字就觸發了 20% 以上的語音搜尋。其中，前 3 個詞，how、what、best，就占了 16% 以上。這三個詞的意圖很明顯，都是在提問題：

- 怎樣做某事？

- 某物是什麼？

- 最好的某物有哪些？

前 12 個詞裡絕大部分其實都是在問問題，如哪裡（where）、什麼時候（when）、為什麼（why）、誰（who）。

語音搜尋常用詞裡還有一些是打字輸入時比較少見的，如 the、is、can、does 等，顯然，這些詞是用在完整句子中的。所以，做語音搜尋 SEO 時，內容應該更關注於較長、較完整、FAQ 類型的問句。

Trigger Words	Count	% of Total
how	658 976	8.64%
what	382 224	5.01%
best	200 206	2.63%
the	75 025	0.98%
is	53 496	0.70%
where	43 178	0.57%
can	42 757	0.56%
top	42 277	0.55%
easy	31 178	0.41%
when	27 571	0.36%
why	25 980	0.34%
who	24 930	0.33%
new	24 779	0.33%
recipe	22 967	0.30%
good	22 807	0.30%
homes	21 132	0.28%
make	19 774	0.26%
does	19 449	0.26%
define	19 375	0.25%
free	18 315	0.24%
i	18 245	0.24%
list	17 136	0.22%
home	17 118	0.22%
types	16 575	0.22%
do	16 448	0.22%

圖 6-2　BrightLocal 對英文語音搜尋中常見詞的統計

2. 獲得精選摘要地位

手機語音搜尋結果的呈現有一個特點，對那些有明確、唯一、準確結果的查詢，百度或 Google 經常會用語音唸出答案，而這個答案往往是來自精選摘要相關段落文字的語音合成。向智慧家電提問題當然就更是只能得到一個語音回答。

大家可以用手機的語音搜尋一下這類查詢內容，看看是否觸發語音回答，回答內容又是來自什麼頁面：

- 聖母峰有多高？

- 美國現任總統是誰？

2019 年 6 月 Semrush 的最新統計資料顯示，60% 的語音搜尋結果來自精選摘要，80% 來自搜尋結果前三名。

如何最佳化精選摘要，請參考 10.12 節。

3. 第一段文字簡潔回答問題

統計數字顯示，以語音回答的搜尋結果是相對簡短的。

根據 2019 年 6 月 Semrush 在 SMX 西雅圖大會上公布的研究資料，語音搜尋結果的平均長度是 42 個單字。估計中文搜尋的語音回答會更短。

10.12 節中也提到，在第一個段落以一兩句話簡潔回答問題是非常重要的。即使沒有獲得精選摘要地位，也要在頁面第一段直接簡短回答問題，這段文字就經常是被語音合成讀出來的內容。

4. 口語化自然寫作

隨著搜尋演算法大量應用人工智慧技術，搜尋引擎對語言的理解已經相當智慧。如果讀者真的搜尋上面提到的幾個查詢內容，就會發現搜尋引擎知道問句裡的「首府」其實指的是省會，「有多高」和「高度」是一回事。

所以，在創作內容時自然寫作就好，不必太糾結於包含關鍵字，只要回答了問題就可以。甚至連頁面 title 都不一定需要包含關鍵字，Backlinko 的統計研究表明，只有 1.7% 的語音搜尋結果頁面標題包含完整查詢詞。查詢更口語化、長度更長、變化更多，要在 title 中覆蓋所有查詢詞是不大可能的，從搜尋結果看，也沒必要。

寫作頁面文案時盡量使用自然語言，口語化。寫完後自己念一遍，感覺一下是否彆扭，可讀性如何？ Backlinko 的統計也表明，容易讀、容易理解的內容在語音搜尋結果排名中表現更好。文字被讀出來是否通順，是否容易理解是語音搜尋的重要因素，使用簡單的語法結構、簡單的詞彙更利於使用者理解。

5. 關注域名權重、社群分享

連結權威度高的域名在語音搜尋中的排名肯定是更好的。有意思的是，透過進一步分析可以發現，域名的連結權重比頁面的連結重要重要得多。Backlinko 分析了每個結果的域名強度和頁面強度（使用的是 Ahrefs 的資料），語音結果的平均域名強度是 76.8，這是相當高的，但頁面的平均強度只有 21.1，要低得多。

另外，語音搜尋結果平均有 1199 個 Facebook 分享，44 個 Twitter 分享，一般頁面的 Facebook 分享平均不到 2 個。這表示要達到比較高的信心指數，搜尋引擎更相信來自權威域名、被使用者認可分享的結果，不輕易冒險傳回弱域名的頁面。

無論使用手機搜尋還是向智慧家電提問題，搜尋引擎需要對語音讀出來的那一條結果有很高的自信度。Stone Temple 對智慧音箱的語音回答做過統計，Google Home 回答了 68.1% 的問題，剩下的問題不夠自信，所以沒有回答。回答了的問題完全正確率達到 90% 以上，亞馬遜的 Echo、蘋果的 Siri、微軟的 Cortana 等稍低一點。所以，要想成為被讀出來的語音搜尋結果，回答必須是搜尋引擎認為最相關、最權威的那一個。

6. 頁面開啟速度

頁面開啟速度可能是語音搜尋排名的重要因素之一。語音結果頁面速度比其他大部分頁面快得多。語音結果的平均接收到首位元組時間（Time to First Byte）是 0.54 秒，其他所有頁面平均 2.1 秒，語音結果頁面完全下載時間為 4.6 秒，其他頁面是 8.8 秒。

6.5.4 要不要做語音搜尋最佳化

雖然寫在最後，但這卻是需要首先回答的問題：要不要花時間、精力做語音搜尋最佳化呢？

從前面的討論可以看到，做語音搜尋最佳化的最大目標是讓網站的內容出現在語音回答中，但達到這個目標卻不一定能給網站帶來多少搜尋流量，大部分使用者聽完回答就結束了，不會點擊結果頁面，在智慧家電裝置上根本就不可能點擊瀏覽網站。那麼花時間、精力做最佳化是否值得呢？

如果你的網站是提供區域性的生活服務，如餐廳、公園、修車、外賣等，那麼出現在語音回答中是有意義的，使用者可以聽到網站或公司名稱、地址，也可以直接導覽。但如果是靠賣廣告盈利的資訊或新聞網站呢？回答了使用者的問題對網站有什麼好處？如何吸引使用者瀏覽網站？或者如何提高品牌知名度？電商網站又該怎樣利用語音搜尋？語音付款技術已經出現，有多少使用者會使用呢？

目前語音搜尋還是新鮮事物，怎樣透過語音搜尋帶來流量並實現轉化，大家都還在探索中，沒有現成的答案。感興趣的讀者可以把它當作新方向進行嘗試，不管能否轉化，先占據排名再說，不然以後商業模式清晰了，大家都開始做，尤其是大公司開始投入之後，可能就不好做了。

Chapter 07

外部連結建設

網站最佳化分為網站內最佳化及網站外最佳化兩部分。網站內最佳化主要指網站結構及頁面元素最佳化，在前三章已經詳細討論過。網站外最佳化主要就是指外部連結建設，本章將深入討論。

超文字連結，或者簡稱為超連結、連結，是網路的基礎。使用者很大一部分時間是在瀏覽網頁，而網頁與書本、報紙的最大不同之處就在於連結。網路可以被理解為一個由無數頁面所組成的、相互之間交叉連接的巨大網路。以孤島形式存在的網站和頁面是網路上的異類，甚至可以說很難真正存在。

早在搜尋引擎誕生之前，使用者在頁面之間穿梭瀏覽靠的主要就是連結。那時候網站數目很少，大多沒有商業目的，頁面上談到某個使用者可能不太明白的名詞時，把這個名詞做成連結連向其他有更深入解釋的頁面，是一個很常態的行為。使用者可以透過連結了解新概念，沿著連結無止境地在網路上徜徉。站長在連結其他網站的相關資源時沒有什麼顧慮，不像現在惜「鏈」如金。

SEO 出現後，站長的連結行為發生了徹底改變。

7.1 外部連結意義

網路的本質特性之一就是連結。內部連結自己可以控制，這在第 4 章已經做了討論，本章討論對 SEO 意義更為重大的外部連結。總體來說，外部連結對 SEO 有以下幾方面影響。

7.1.1　相關性及錨文字

相關性是判斷搜尋結果品質的最重要指標。搜尋引擎剛出現時，判斷頁面與關鍵字的相關性主要以頁面上的元素為基礎，也就是頁面標題、可見文字、關鍵字標籤、H 標籤、ALT 文字等。在某種意義上說，這是根據頁面對自己的定義進行判斷的。

按照這種相關性判斷方法，只要在頁面上多次出現「減肥方法」，尤其在重要位置，甚至堆積關鍵字，搜尋引擎就認為這個頁面是與減肥方法相關的。

這種相關性和排序演算法很快被站長們了解，並且被濫用到令人無法忍受的地步。如果一個頁面確實是關於減肥方法的，那麼在頁面上堆積一點關鍵字，提高排名倒還情有可原，不過作弊的站長們絕不僅限於此。聰明的作弊者很快想到在頁面上堆積查詢次數很高的熱門關鍵字，使搜尋引擎誤以為頁面與熱門詞相關，實際上頁面很可能與這些主題毫無關係。站長透過作弊得到搜尋流量，然後再想辦法誘導使用者點擊廣告，至於使用者來到網站後體驗如何，並不是作弊者關注的問題。

根據頁面自我描述進行判斷的方法很快被證明不可靠，搜尋引擎轉而參考他人的評價，也就是透過外部連結及錨文字來判斷相關性。如果很多網站證明你的頁面是在談減肥方法（以「減肥方法」為錨文字連結至你的網站），尤其如果很多美容健身網站證明你的網站是減肥方法領域的專家，那麼有很大可能你的網站確實是關於減肥方法的權威。

匯入連結的內容相關性及錨文字成為判斷相關性及排名演算法最重要的因素之一，尤其是來自其他網站的匯入連結。因為內部連結還是自說自話，自誇不一定可信，別人吹捧就比較可信。如果有很多權威人士吹捧，那麼一般就不是吹捧，而是真實的讚揚了。

7.1.2　權重及信任度

拋開頁面相關性不談，外部連結使被連結的頁面及整個域名權重提高，信任度增加。外部連結越多，發出連結的頁面本身權重越高，說明被連結的頁面受人的信任和尊重越多。投向一個頁面的權重和信任度，也會累計在整個域名上。

權重是現在搜尋引擎排名中非常重要的影響因素之一。除了域名年齡、網站規模、原創性等，形成權重的最重要因素就是外部連結。權重高的域名使網站上所有頁面排名能力提高。與被信任網站連結距離近的頁面，被當作垃圾內容的可能性大大降低。

權重和信任度與特定關鍵字或主題沒有直接關係。如果你的網站有來自央視、百度、清華大學、華爾街日報這種權重極高網站的連結，你的網站權重會有質的提升，不管網站的目標關鍵字是什麼，對排名都會有幫助。

7.1.3 收錄

頁面收錄是排名的基礎，不能進入索引庫就談不上排名。

資料觀察和經驗都表明，外部連結數量及品質對一個域名所能帶動收錄的總頁數有至關重要的影響。沒有強有力的外部連結，僅靠內部結構和原創內容，大型網站很難被充分收錄。

SEO 們都熟悉的一個連結結構觀點是，內頁與首頁的距離必須在 3 ～ 4 次點擊之內。原因就在於外部連結在很大程度上決定了搜尋引擎蜘蛛的爬行深度，權重一般的網站，蜘蛛只會爬行 3 ～ 4 層連結。權重高的網站，與首頁距離七八次或更多次點擊的內頁也能被收錄，從而使整體收錄能力提高。

外部連結也是爬行抓取頻率的重要決定因素。外部連結越強，搜尋引擎蜘蛛對網站的重新爬行次數就越多越頻繁，就能更快地更新內容，發現新頁面。權重高的網站，首頁每幾分鐘就抓取一次都很正常。

外部連結對相關性、收錄及權重的影響直接導致了關鍵字排名和搜尋流量的不同。大多數 SEO 一般認為，目前外部連結因素超過頁面本身最佳化的重要性。不過，近年來搜尋引擎對頁面內容品質和使用者體驗越來越重視，外部連結重要性占比持續緩慢下降。

7.2 Google 炸彈

最能說明外部連結效果的是所謂「Google 炸彈」現象。

7.2.1 什麼是 Google 炸彈

Google 炸彈（Google Bombing）指的是下列這些情況：

* 數目眾多的外部連結指向某一個 URL。

* 這些連結都以特定關鍵字為連結錨文字。

* 被連結的頁面，其文字內容一般並不包含這個關鍵字，也就是頁面內容和這個關鍵字基本無關。

* 達到的效果是，這個被連結的 URL 在搜尋這個特定關鍵字時的排名急劇上升，很多時候能排到第一，雖然頁面內容與關鍵字無關。

* Google 炸彈大部分是出於惡作劇、政治、做實驗等目的。Google 炸彈的實現驗證了搜尋排名演算法中的兩個事實：

* 外部連結是排名的重要影響因素之一，一般認為是最重要的因素。

* 錨文字非常重要。

所以當有大量包含特定關鍵字的外部連結指向某一個網頁時，這個網頁就算沒提到這個關鍵字，即便沒有相關性，排名也會非常好。

7.2.2 最著名的 Google 炸彈

美國白宮網站是最著名的 Google 炸彈例子。2003 年 10 月，一個叫 George Johnston 的人成功號召一些人用「miserable failure」（慘敗）這個關鍵字為錨文字，連結向美國白宮網站前總統布希的個人介紹頁。兩個月後，在 Google 搜尋「miserable failure」，布希的個人介紹頁面在搜尋結果中升到第一位，搜「failure」（失敗）的時候也是第一。而在這個頁面上，不論是 miserable、failure，還是 miserable failure，此類單字從未出現過。

2006 年 9 月，大概白宮有人試圖扭轉 Google 炸彈所造成的影響，把介紹前總統布希的網頁做了 JavaScript 轉向跳轉到介紹所有總統的一個通用頁面上，結果跳轉傳遞了連結權重和錨文字，這個介紹所有總統的通用頁面，在搜尋「miserable failure」時排到了第一，如圖 7-1 所示。

圖 7-1　2006 年 9 月在 Google 搜尋「miserable failure」的顯示結果

2007 年 1 月，Google 對演算法做了修正，防止 Google 炸彈的發生。對於具體演算法 Google 並沒做出解釋，也不太可能解釋，因為這涉及 Google 演算法中非常核心的部分。眾所周知，連結是 Google 排名中最重要的因素之一，哪些連結會被賦予權重，哪些會被降權甚至忽略，Google 當然不會告訴我們。

Google 做了調整後，大部分 Google 炸彈現象消失了。搜尋「miserable failure」時，白宮的頁面已經找不到了。

一般猜想 Google 預防判斷 Google 炸彈時會參考以下三項：

- 短時間內大量外部連結指向某個頁面時，有可能是 Google 炸彈。
- 這個頁面並沒有出現連結中所用的關鍵字錨文字。
- 關鍵字錨文字是負面名詞。

2007 年 4 月，在 Google 搜尋「failure」時，白宮的總統介紹頁面再次排到了第一名，不過這次是因為白宮總統介紹頁面上出現了「failure」這個詞。這樣，本來與 failure 這個詞不相關的網頁一下子變得相關了，預防 Google 炸彈的演算法失去了作用。

這是 SEO 歷史上頗為有名又有趣的圍觀事件。當然現在搜尋「miserable failure」的話，排在前面的高機率只是討論這個事件的文章了。

7.2.3 Google 炸彈不限於 Google

2007 年 1 月 Google 演算法改變後，負面性質的炸彈消失了。但同樣的效應在普通關鍵字上還是存在的。比如搜尋「click here」（點擊這裡）時，2015 年之前長期排在第一的是 Adobe Reader 的下載頁面，如圖 7-2 所示，而這個頁面上並不存在「click here」這個詞，也沒有單獨出現「here」，只出現過一次「clicking」。出現這個結果的原因是大量頁面用「click here」為錨文字連結向 Adobe Reader 下載頁面，推薦人們下載 Adobe Reader。直到現在，這個頁面還在搜尋結果的第一頁，排在前幾位的變成教導站長錨文字不要用「click here」的文章。順便提一下，這個頁面是網路上罕有的 PR10 頁面之一。

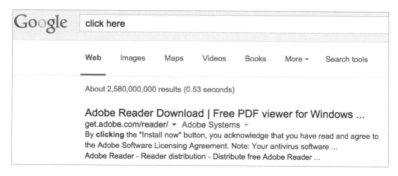

圖 7-2　在 Google 搜尋「click here」的結果

同樣的道理，Apple 網站上的 QuickTime 下載頁、iTunes 下載頁都曾經排在第一頁，兩個頁面上既沒出現「click」，也沒出現「here」。

Google 炸彈並不限於 Google。在 Yahoo! 還活躍的 2007 年底，在 Yahoo! 搜尋「miserable failure」，排在第一的還是白宮頁面。2015 年本書更新第 3 版時，白宮網站小布希總統的介紹頁面還排在 Bing 的第二位和百度的第一位，不過隨著討論「miserable failure」排名現象的頁面越來越多，現在排在前面的大部分是這類 SEO 文章了。

7.3 連結分析技術

對 SEO 稍有了解的人都知道連結是影響網站排名的重要因素，但很多 SEO 不一定完整理解連結分析的內容。本節就簡單總結連結以哪些方式影響排名。

連結分析技術的含義比單純的外部連結數量要廣泛得多，搜尋引擎對連結特徵的分析非常深入。連結分析包括所有反向連結，不僅限於外部連結，內容如下：

- 反向連結數目。顯然，數目越大，投票越多，對排名越有利。

- 反向連結頁面本身的重要性。並不是所有連結都有相同的投票能力，高權重網頁的連結對排名影響更大。品質比數量更重要。

- 反向連結增加的速度。增加速度過快，可能引起作弊嫌疑，或進入沙盒。反過來，停止增加或甚至減少，也可能導致排名降低。

- 反向連結所在網站的內容主題。來自相關內容網站的連結對排名幫助更大。

- 反向連結所在頁的內容是否相關。也屬於內容的相關性。

- 反向連結的連結文字，也就是錨文字，是影響網頁排名的重要因素之一。

- 反向連結錨文字前後的臨近文字。有時候連結文字沒有什麼意義，比如常見的「點擊這裡」，連結文字前後的文字可以幫助判斷連結目標頁的內容。

- 連結在頁面的位置。搜尋引擎透過演算法可以辨別導覽、廣告區、頁面底部版權聲明等區塊。連結出現在頁面不同位置意味著不同目的。通常出現在正文中的連結才是最有投票意義的連結。

- 外部連結所在域名年齡。歷史越長的域名越被信任，來自老域名的連結也更被信任。

- 外部連結所在的域名是否曾經轉手過。域名所有人一直沒有變化，說明網站能持續經營。域名轉手後，原來積累的信任度可能會受影響，因為無法保證網站轉手後還保持高品質，需要重新考驗。

- 反向連結所在頁面第一次被收錄的日期。發出反向連結的頁面越老，收錄得越早，越被信任。如果頁面已經存在二十幾年，比搜尋引擎還老，上面的連結顯然沒有操縱排名的意圖，很可能被高度重視。

- 反向連結所在頁內容是否曾經有變化？有什麼樣的變化？大部分資料性的網頁不會隨時間產生明顯內容變化，最多是增加更多資料。如果頁面內容發生主題方面的重大變化，頁面上的連結投票力也會變化，很有可能變得不再與內容相關。

- 反向連結第一次出現在頁面上是什麼時間？一個很老的頁面上很早就出現的連結顯然有比較高的可信度。最近才出現的連結則需要過一段時間才能走出試用期。老頁面內容沒變化，卻突然在關鍵字處增加了一個連結，反倒有些可疑。

- 反向連結是否有變化？錨文字或連結的 URL 是否修改了？搜尋引擎可能會認為修改連結是在刻意最佳化，因而給予較低的信任度。

- 反向連結所在頁還連結向哪些網站？這些網站內容是否相關？品質如何？頁面上所有連結都指向高品質網站，那麼每一個連結的投票力都相應增強，被連結的網站獲益也最大。其他被連結的網站如果內容不相關，整體品質也很低，從這樣的頁面得到的連結，效果不會好到哪裡去。

- 外部連結是否有垃圾連結嫌疑？查看一些網站的外部連結，經常能發現絕大部分是來自論壇簽名、部落格評論，缺少頁面正文裡的有意義的推薦連結，這絕不是一個健康的連結構成。

- 連結點閱率。在搜尋引擎能夠監測使用者行為時，連結的點閱率也說明連結的重要性及投票能力。使用者的觀感更說明問題，使用者點擊越多，說明其對使用者幫助越大。

- 使用者點擊連結後在目標網站停留多長時間？這也是透過使用者行為方式判斷網站品質，看到底是否對使用者有用。

7.4 什麼樣的連結是好連結

在查看關鍵字排名時，我們會注意到，排名與外部連結絕對數量之間並沒有直接對應關係。很多外部連結數目較少的頁面會排在有很多外部連結的頁面之前。這也是很多 SEO 新手的困惑，為什麼自己的頁面外部連結很多，但排名卻不如只有幾個連結的競爭對手？這與外部連結的品質有很大關係。

下面從比較理想的情況討論好的外部連結應該具備的條件。

1. 點擊流量

雖然從 SEO 角度看，外部連結是提高排名的最直接手段，但點擊流量才是連結的最初意義。如果能從流量大的網站得到連結，就算連結有 nofollow 或轉向，不能直接提高排名，只要能得到點擊流量，就是個好的外部連結，畢竟 SEO 的目的還是得到流量。透過連結直接得到流量，實際上是少繞了一個彎子。

從這個意義上來說，其他工具估算的流量也可以是快速判斷連結品質的標示之一（只要不是靠作弊得到的）。某些連結帶來每天幾百、幾千，甚至上萬的點擊流量都是有可能的。

2. 單向連結

最好的外部連結是對方站長主動給予的單向連結，不需要連結回去。兩個網站互相連結，如友情連結，效果比單向連結要差得多。當然，單向連結的獲得比友情交換難得多。正因為難得，價值才更高。

3. 自發及編輯

好的連結是對方站長自願自發提供的，而且通常是站長的編輯行為，也就是說在文章中提到某個概念時，認為你的頁面有最好、最權威的相關資訊，所以連結到你的頁面。這種有編輯意義的連結，才是真正意義上的投票。

4. 內容相關性

尋找外部連結來源時，內容相關性非常重要。一群 SEO 人員說某個頁面是關於減肥方法的，不一定可信；一群健身教練說某個頁面是關於減肥方法的才更可信，投票力也更強。

內容相關度既適用於整個網站級別，也適用於頁面級別。網站主題相關當然最好，有的時候某個頁面不一定與整站主題完全吻合，頁面本身的主題與被連結頁面相關，也比無關頁面的連結權重高。

內容相關度的判斷並沒有明確界限，只能靠外部連結建設人員的常識和直覺。我們無法明確知道美容、健身、醫藥主題到底哪個與減肥最相關，但是至少可以知道這些主題比金融股票與減肥的相關度要大。

5. 錨文字

錨文字中出現目標關鍵字是最好的外部連結，在搜尋引擎排名演算法中占很大比重。但錨文字也不能過度集中。一個網站首頁獲得的外部連結全都使用相同的錨文字，通常這個錨文字就是首頁的最重要目標關鍵字，這往往也是導致懲罰的原因之一，因為太不自然，刻意最佳化的痕跡太明顯。

所以在可能的情況下，來自重要頁面的連結盡量使用目標關鍵字做錨文字。權重不太高的頁面，適當混合各式各樣的錨文字。自發獲得的連結通常錨文字五花八門，你無法控制別的站長用什麼連結文字，這就從根本上避免了錨文字過度集中。

6. 連結位置

頁尾、左側欄或右側欄的廣告部分，專門設置的友情連結頁面都是最常見的買賣連結和交換連結的位置。搜尋引擎透過對頁面分塊，可以鑑別出這些位置的連結，降低其投票權重。最好的外部連結出現在正文中，因為只有在正文中的才是最有可能帶有編輯意義的自發連結。

7. 域名權重及排名

發出連結的域名的註冊時間、網站頁面的目標關鍵字排名如何，都直接影響連結的效果。尋找連結來源時，最好搜尋一下對方網站首頁目標關鍵字（通常在首頁 Title 中有體現），也要搜尋一下對方網站或公司名稱，看看排名在什麼地方。排名越好，說明對方網站權重越高。搜尋對方目標關鍵字並不一定要求排名在前十位或前二十位。就外部連結獲得來說，排名在前十幾頁都說明其有一定的權重和排名能力，是不錯的連結來源。

8. 頁面權重及排名

除了網站整體權重和排名，發出連結的頁面權重及排名能力也是需要注意的地方。除了使用首頁交換連結，從其他網站首頁獲得連結是很困難的，從內頁獲得連結就容易得多。

有的時候，從內頁發出的連結不一定就比首頁連結效果差。很多網站內頁本身就有大量外部連結，內頁的權重也很高。獲得首頁連結難度大時，可以主動尋求從權重高的內頁獲得連結。

9. 匯出連結數目

頁面上的匯出連結越多，每個連結所能分得的權重就越少。很多專門用於友情連結交換的頁面沒有其他實質內容，全部是匯出連結，可能多達幾十個甚至上百個。從這樣的頁面獲得連結，效果就比較差了。有實質內容的部落格文章、新聞頁面等，通常匯出連結要少得多。

10. 頁面更新及快照

如果頁面在搜尋結果中的快照總是很新，說明這個頁面經常被搜尋引擎蜘蛛重新抓取。這樣的頁面不僅權重、投票力比較高，也意味著加上去的連結能很快被檢測到，計入排名演算法。

但反過來不成立。頁面快照不新，不一定說明頁面很少被重新抓取，也不一定說明頁面有問題，可能只是頁面內容沒有更新，所以搜尋引擎沒有重新索引，也沒有更新快照。

11. 網站整體健康情況

網站總體流量如何？網站規模如何？是否持續更新？主要關鍵字及長尾關鍵字排名情況？是否有被懲罰的跡象？

12. 來自好鄰居

尋找外部連結時，只關注正規網站，不必考慮垃圾內容、色情賭博等違法內容網站。網站被搜尋引擎刪除或嚴重懲罰的也不能考慮。尤其在交換連結時，這種網站都要排除在外，連結到這種網站，對自己的網站一定有負面影響。

就算不存在交換，對方網站單向連結過來，也不會有正面效果。如果這樣的連結過多，可能被搜尋引擎認為你的網站與這些有問題的網站為鄰，再加上網站本身存在一些過度最佳化的地方，懲罰的可能性會上升。

13. 來自 edu、gov 等域名

大部分 SEO 認為，來自 edu、gov 這種不能隨便註冊的域名的連結效果最好。搜尋引擎工程師多次否認這一點，他們的官方說法是，這些域名並不天生比其他域名權重高，搜尋引擎沒有特殊對待。

實際情況是，通常 edu、gov 域名上垃圾內容比較少。這些網站由於與其他政府、教學、科研機構有所關聯，本身獲得高品質外部連結的機會比商業網站高得多。所以就算 edu、gov 域名並沒有天生的優勢，卻往往有累積下來的品質優勢，它們給出的連結效果一般也更好。

當然，上面討論的是理想狀況。如果這些條件都能拿到高分，這樣的外部連結可以說是極品，可遇而不可求。做外部連結建設時也不可能拘泥於這麼高的要求，只能是盡量接近。

7.5　外部連結查詢

做 SEO 就肯定要經常查詢某個網頁或某個網站的外部連結，不光是查自己的網站，也會查競爭對手的網站。

7.5.1　連結查詢指令

查反向連結和外部連結最簡單直接（但很不準確）的方法是在搜尋引擎中使用進階指令搜尋。也有一些線上工具能夠幫助自動查詢，但也是向搜尋引擎發同樣的

查詢指令，然後整理顯示在頁面上，與自己人工查詢的效果是一樣的。下面對幾大搜尋引擎的反向連結查詢指令進行比較總結。

1. Google

Google 反向連結查詢指令：

```
link:www.seozac.com
```

查詢頁面外部連結：

```
link:www.seozac.com-site:seozac.com
```

不過，Google 給出的反向連結數是最無用的，基本上可以忽略。Google 顯示的反向連結數只是 Google 知道的一部分，更新的時間表只有他們自己知道，列出的反向連結順序也沒有什麼規律。所以任何基於反向連結的工作，都不應該以 Google 反向連結查詢為準。

2004 年前 Google link: 指令傳回的反向連結是 PR4 以上的網頁，但是現在 Google 傳回的反向連結基本上沒有任何規律，近乎是隨機的一個子集。

Google 不列出所有反向連結，也不按重要性排列，恰恰是為了防止 SEO 們研究出反向連結與排名的對應關係，也防止黑帽們給重要頁面製造垃圾。

2. 雅虎（Yahoo!）

Yahoo! 的反向連結查詢指令曾經是最準的，而且是大致按照重要性排列的，因此曾經是 SEO 們最重要的工具之一。由於現在 Yahoo! 已經「自廢武功」，下面介紹的兩個指令都已經不再支援了，僅列在這裡當作紀念。

Yahoo! 當初的反向連結指令：

```
link:www.seozac.com
```

或

```
link:http://www.seozac.com
```

顯示的是指定 URL 的反向連結。

另一個更有用的指令：

```
linkdomain:seozac.com
```

傳回的是整個域名的反向連結。

```
linkdomain:seozac.com -site:seozac.com
```

這個指令給出的就是整個域名的外部連結。

3. 微軟必應（Bing）

早在微軟的搜尋引擎還稱為 MSN Search 時也曾經支援 link: 指令，但目前 Bing 不支援 link: 或 linkdomain: 指令，所以無法查詢 Bing 收錄的網站反向連結。

不過 Bing 有一個其他搜尋引擎都不提供而且挺有用的指令：

```
linkfromdomain:seozac.com
```

顯示的是 seozac.com 連向其他域名的所有連結。遇到權重高的網站，想大致判斷一下從這個網站得到連結的可能性，以及什麼樣的頁面和內容能得到連結，用這個指令看一下現有連結構成是很有幫助的。

7.5.2 工具查詢外部連結

使用工具查詢外部連結是現在更常用、更可靠的方法，在本書其他章節中有更詳細的介紹，這裡只做簡單總結。

- Bing 站長工具：可以查詢任何網站。這是目前唯一可以查詢競爭對手外部連結的，來自真正搜尋引擎的資料。

- Google 站長工具：資料比較完整準確，可惜只能看到自己網站的連結資料。

- 第三方 SEO 綜合工具：比較流行的包括 moz.com 的 Link Explorer、Majestic SEO、Ahrefs、Semrush 等。這些工具都有外部連結查詢功能，可以查詢任何網站。這些工具基於的是自己的蜘蛛抓取的連結資料庫，不是搜尋引擎抓取的連結，規模應該小於搜尋引擎資料庫。由於是商業工具，其提供的過濾、下載等功能比搜尋引擎站長工具要豐富得多。

7.5.3 影響排名的連結

使用指令或工具查詢得到的連結資料中有幾個數字值得特殊關注：總連結數、總域名數和高品質連結數。

總連結數，顧名思義，就是外部連結總數。

總域名數指的是外部連結來自多少個獨立域名。通常總域名數遠遠小於總連結數，因為有的外部連結是全站連結，大網站在頁尾上全站連結到你的網站，可以帶來成千上萬個外部連結，但只是來自一個域名。

根據 SEOMoz 的資料研究，總域名數與排名有更強的關係，其作用比總連結數更大。因此，來自 100 個普通權重域名的連結，比來自 1 個權重較高的域名上的 100 個連結作用更大。現在有不少網站出售連結，花大價錢從一個高權重網站買一個連結，效果很可能不如從品質稍低的多個域名上各買一個連結。

在做外部連結時，如果看到競爭對手有幾萬、幾十萬的總連結數，先不要灰心。查看一下對方的連結總域名數，很可能不超過幾百或幾千個，要追上競爭對手還是有希望的。連結總域名數達到幾千個就已經很不錯了。

另外一個影響排名的連結數字是高品質連結數。無論用哪種工具查詢，如果排在前面的連結都是論壇部落格留言，說明這個競爭對手並不可怕，哪怕總連結數很高。

7.6　外部連結原則

在討論具體外部連結方法之前，先來探討建設外部連結時需要遵循的幾個原則。

1. 難度越大，價值越高

實際操作過 SEO 的人都知道，原創內容、外部連結和大型網站的內部結構是難點，都是費時費力的工作。外部連結甚至無法保證有投入就能有產出，獲得好的外部連結就更難了。

不過一般來說，越是難度大的連結，效果越好。SEO 人員千萬不能因為第一次聯繫時被拒絕就灰心喪氣而放棄。很多時候從權重高的部落格、新聞網站、論壇獲得連結，需要與對方站長聯繫很多次。有時不能上來就要求連結，要先與對方交朋友、互相幫助，有了一定交情後再要求連結，才能水到渠成。

一些權重高的網站並不接受友情連結，只有對方了解你、相信你之後，才可能給你一個單向連結。這個過程也許要花上幾個月時間。但越是這種難以獲得的連結，才越有效果。

2. 內容是根本

「內容為王，連結為後」是 SEO 的老生常談。有一些頁面就內容品質來說並不是最好的，但因為連結的關係排名最好，所以有的 SEO 人員認為連結才是最重要的。不過我依然認為應該是內容為王，連結為後，原因在於高品質的內容可以帶來高品質的連結，而連結不能使你的網站產生內容。

就像搜尋引擎不在乎你的網站一樣，其他站長也不在乎你的網站。但站長都在乎自己網站的使用者。要想讓對方連結到你的網站，就必須為對方網站使用者提供價值，最重要的價值就是高品質內容。站長在自己網站上不能提供足夠內容時，才會以外部連結的形式指向其他提供相關內容的網站。天下沒有白吃的午餐，沒有高品質的內容，獲得的連結就只能是交換、購買或垃圾連結。

3. 內容相關性

這一點前面已經討論過，尋找外部連結時，內容相關性是最重要的考量標準之一。正因為如此，參與相關論壇的討論，訪問同行業內其他人的部落格並留言，相互溝通和支援，成為業內的積極參與者，對一個 SEO 人員來說是非常重要的。

4. 連結來源廣泛

上一節討論了什麼樣的外部連結是好連結，但一個正常的網站不可能全都是好的連結，而沒有一般的甚至品質比較差的連結。進行外部連結建設時，也應該大致上使外部連結的構成自然、隨機，來源廣泛，呈現出健康正常的分布特徵。

這裡所說的來源包括：

（1） 網站種類。既有部落格連結，也有論壇簽名，又有新聞網站、社群媒體、商業網站等。

（2） 連結位置。既有出現在頁尾、導覽列的連結，也有出現在正文中的連結。前面說過頁面正文中的連結效果最好，但一個網站的外部連結全都處在正文中也不正常，操作痕跡太明顯。全是頁尾的連結就更不像是對使用者有幫助的連結。

（3） 各種權重連結都有。正常的網站一定有高權重的連結，也有來自低權重、新頁面的連結。如果一個網站的外部連結全都來自高權重頁面，就顯得很可疑，按常理判斷，恐怕以購買連結居多。

（4） 不同域名。盡可能從各種不同域名獲得連結。例如，.com、.net、.org，還有政府、學校網站，還可以有不同國家域名的連結。總域名數越多越好。

（5） IP 位址。只要不是連結工廠，正常外部連結建設的結果，一定是連結來自大量分散的 IP 位址，之間沒有什麼關聯。如果大部分連結來自幾個特定 IP 位址，被懷疑為連結工廠的可能性將大大提高。

（6） 新舊網站。和權重一樣，外部連結應該來自各種歷史的網站，既有新網站，也有舊網站。

5. 深度連結

購買連結、交換連結一般僅限於首頁及幾個重要分類頁面，很難顧及網站上的大量內頁。一個靠高品質內容吸引外部連結的網站，則不僅首頁有連結，還能自然吸引到連至內頁的深度連結。

深度連結不僅使外部連結構成趨向自然，對內頁權重也有很大影響。我注意到一個現象，很多網站首頁權重不錯，按正常情況，一級分類頁面權重應該只比首頁差一個等級。實際上卻不一定這樣，很多一級分類頁面權重很低，從排名能力看，這些分類頁面似乎並沒有全部接收到內部連結傳遞過來的權重。只有當這些分類頁面本身有外部連結時，排名能力和權重才提升到應有的位置。也就是說沒有外部連結的內頁，內部連結的權重也不能完全體現出來，有了外部連結，內頁的內部連結權重及排名能力才完全釋放出來。

6. 錨文字分散自然

前面提到過，錨文字對頁面相關性影響很大，以目標關鍵字作為錨文字效果最好。但錨文字高度集中又常常是網站被懲罰的原因，所以錨文字的構成也必須自然而然。就像我的部落格，外部連結錨文字各式各樣五花八門，既有使用「SEO 每天一貼」的，也有使用「ZAC 部落格」的，連結到內頁（具體文章）的連結錨文字則更分散。

所以，請求、交換、購買連結時，除了幾個權重高的明確目標，其他大部分情況下並沒有必要指定對方使用什麼錨文字。

7. 平穩持續增加

外部連結最忌諱突擊建設，如花費一個月時間增加大量外部連結，看到效果後卻不再持續增加。真正對使用者有用的網站，外部連結都是隨時間平穩增加的，很少大起大落。沒有新連結也經常是排名穩步下降的原因之一。與其一個月增加 100 個連結，然後幾個月沒有新增，不如把時間和精力分配到幾個月時間裡，每個月增加二三十個，並堅持下去。

購買連結就更是外部連結大起大落的常見原因。不續費，對方就撤連結了，而且經常是整站連結，造成總連結數起伏。即使購買連結，也應選擇內容相關的內頁正文中、一次性付費的連結，這樣比較穩妥。

8. 品質高於數量

外部連結畢竟只是排名的影響因素之一，雖然可能是最重要的因素。外部連結絕對數量與排名並不呈線性關係。一個高品質外部連結常常比幾十、幾百個低品質連結有效得多。

統計一下搜尋排名前兩頁的頁面外部連結數量就可以看到，排名位置與連結絕對數量幾乎呈現隨機關係，看不出明顯關聯。但是兩三個高品質連結常常使排名有質的飛躍。這也是很多 SEO 查看排名時疑惑的地方，有的頁面從連結數量看沒什麼值得稱道的，排名卻穩穩處於前列 —— 我們不一定能發現品質最高、真正起作用的那幾個連結。

這裡所說的外部連結原則實際上針對的是刻意的人工外部連結建設，對新站、小站來說也是不得已而為之。如果是真正以高品質原創內容取勝的網站，或者著名公司的網站，人工外部連結建設很可能是不必要的，其他站長自願自發給予的連結就已經足夠了，而且完全符合上面討論的原則。

7.7 網站目錄提交

網站目錄編輯審核站長提交的網站，按一定的分類方法把收錄的網站放在適當的目錄分類下。網站目錄並不抓取網站上的頁面，只記錄下網站的網址、標題、說明等。網站目錄也常稱為網址站、導覽站等。

提交和登入網站目錄是早期常用的網站推廣手法。在搜尋引擎流行之前，網路上使用者大多是透過網站目錄尋找網站的，如 Yahoo!、開放目錄，Yahoo! 就是靠網站目錄起家的。隨著搜尋引擎的發展和被普遍接受，現在網站目錄對使用者的重要性越來越低了。中文使用者還有一小部分使用網址站，在英文網站領域，已經很少有人透過網站目錄來尋找要瀏覽的網站。只有幾個最重要的網站目錄，還能帶來一點點直接點擊流量，比如 BOTW、Business.com。

被高品質的目錄收錄對 SEO 依然有重要意義，因為帶來不錯的外部連結。所以尋找、提交網站到網站目錄，依然是 SEO 人員必做的功課。

中文網站目錄比英文的更有價值，有不少歷史悠久、口碑好的網址站本身流量十分巨大，很多剛剛接觸網路的新手把網址站作為自己瀏覽其他網站的出發點。很多網咖還把網站目錄設定為瀏覽器首頁。最著名的中文網站目錄 hao123，是流量最大的中文網站之一，無數使用者先到 hao123，再點擊去其他自己感興趣的網站。

各個網站目錄的收錄標準不同，有的付費就行，有的給交換連結就行，也有的對提交網站的要求比較高。下面以最難進入、要求最高的標準（以當年的開放目錄為典型）討論目錄提交。

雖然開放目錄已經於 2017 年關閉，但網路上其實有不少開放目錄資料的複製網站可以訪問，如 odp.org，從這個意義上說，在開放目錄關閉之前進入開放目錄的網站占了很大便宜，留下不少永久連結，沒進入的網站再也沒機會了。

網站目錄的品質差別也很大。總體上說，被收錄越容易，往往品質越低。所以大部分交錢就行，而且價格還不高的目錄，在搜尋引擎眼裡沒什麼價值。越是有較高的編輯要求的目錄，越難進入，連結價值越大。

7.7.1 提交前的準備

在提交之前，首先要確保自己的網站有可能被網站目錄收錄，需要做好如下準備：

（1）內容原創為主。高品質的網站目錄不會收錄那些粗製濫造，完全以採集、抄襲內容拼湊而成的網站。只有原創內容豐富的網站，才能給網站目錄本身帶來價值。

（2）網站已經全部建設完成。不能出現大量 404 錯誤、打不開的連結、顯示不出來的圖片、「網站正在建設中」之類的文字。確保整個網站已經建設完成，所有功能正常執行。

（3）頁面設計達到專業水準。與搜尋引擎抓取頁面不同，目錄是由編輯審查提交的網站。網站設計給編輯的第一印象十分重要，如果設計過於簡陋或業餘，內容再好，編輯也很可能沒有心情仔細審查。

（4）聯絡方式齊備。網站上應該清楚地標明公司或站長的聯絡方式，包括電子郵件地址、通訊地址、電話。這體現著網站的正規和專業性。一些高品質的網站目錄，如開放目錄，對此有硬性的規定，凡是沒有通訊地址和電話的，一般情況下不予收錄。

事先撰寫好提交過程中可能需要用到的三項資訊。

（1）網站標題。通常標題就是網站的官方名稱。在可能的情況下，可以適當加進一些關鍵字，但是絕不要因為要加關鍵字而把標題寫得廣告性太強。越是正規、品質高的目錄，越是應該使用網站官方名稱，哪怕名稱中完全沒有關鍵字。切記不要在標題中加入口號式、宣傳式、廣告式的語言。如公司網站是房地產，就把標題寫為「鯤鵬房地產公司」，而不要寫成「最專業的房地產公司」。

（2）網站說明／描述。用一兩句話簡要說明網站的內容和功能。同樣，切忌在說明中使用廣告性語言，諸如「最好」、「最便宜」之類的文字，目錄編輯對

自吹自擂的語言有天生的反感。只要用平實的第三方角度簡要敘述出網站的
內容就可以了。

（3） 關鍵字。有的網站目錄還允許提交關鍵字，方便目錄站內搜尋使用。選出與
　　　網站最相關的，可能被搜尋次數最多的 3 ～ 5 個關鍵字。

標題、說明及關鍵字事先都要準備好。雖然有的網站目錄不一定需要這三部分的
所有內容，但是事先花點時間撰寫好備用，提交時會節省很多時間。

7.7.2　尋找網站目錄

怎樣找到能提交的網站目錄呢？

首先最簡單也最有效的方法，就是在 Google 搜尋與網站目錄相關的關鍵字。雖然
本書中都是使用「網站目錄」這個詞，但可以搜尋的關鍵字還有很多，包括網站
目錄、目錄提交、目錄登入、分類目錄、網址提交、網站登入、網址站、網站大
全、導覽站、網站導覽、網址導覽等。

第二個方法是看競爭對手都在哪些目錄中被收錄。這可以透過查詢競爭對手外部
連結找到。

第三個簡單方式是，很多網站目錄就收錄了其他網站目錄和網址站，尤其是與站長
或網站建設、網路行銷相關的網站目錄。所以找到一個網站目錄，就可以順藤摸
瓜，找出一串可以提交的網站目錄。如開放目錄（dmoz.org）收錄的分類目錄：

```
Top：World：Chinese Simplified：電腦：網路：搜尋：分類目錄
```

第四個方法是在搜尋「網站目錄」類關鍵字時，可以加上產業或地域限定詞，如
房地產網站目錄、小說網址站等。不少行業目錄、地區性目錄品質是非常不錯
的，相信在搜尋引擎眼裡權重也不錯，如設計師網址導覽 [1]。另外，還有一些個
人、學校、產業協會等維護的專業資源列表頁面品質也很好，權重很可能也非常
高，靈活運用查詢詞與進階搜尋指令能找到很多。能否被收錄，就要看自己的網
站品質和說服別人的能力了。

1　https://hao.uisdc.com/

尋找網站目錄時需要大致判斷目錄品質，尤其是對方要求友情連結或付費時。幾個簡易又重要的指標如下：

- 首頁關鍵字排名。
- 內部分類頁面，尤其是較深層次的頁面，被收錄比例高。
- 已收錄了什麼網站？如果目錄充斥垃圾網站，就不要在這裡浪費時間。
- 收錄標準是什麼？編輯是否會拒絕品質低的網站？還是來者不拒？
- 是不是付費就行？費用多少？

7.7.3　網站提交

找到要提交的網站目錄後，還要正確選擇向哪一個分類提交網站。

網站目錄都是按特定的方式進行分類的，提交時一定要在與自己網站最相關的那個分類中提交。有的站長喜歡把網站提交到比較大、層次比較高的分類中，實際上網站被收錄的機會反而更小，應該在最適合的小分類裡提交。

如果不是很確定應該在哪個分類提交，可以搜尋一下主要競爭對手是在哪個分類中收錄的，就到哪個分類提交。

使用搜尋引擎搜尋一下要提交的分類頁面，確保頁面已經被搜尋引擎索引，沒有被搜尋引擎索引的分類頁面，網站被收錄進去也沒有用。

找到最適合提交的類別後，通常頁面上有一個提交網址的連結，在提交頁面上填寫事先準備好的標題、說明、關鍵字，當然還有最重要的網站 URL。提交表格後，耐心等待。

現在很多中文網站目錄要求提交的網站事先做一個友情連結，才會批准收錄這個網站。這時候站長就應該自己做一個決定，是花更多時間尋找那些不需要做友情連結的網站目錄，還是做友情連結？要求友情連結的網站目錄實際上和交換連結沒有太大區別。

建議站長在向要求友情連結的目錄提交時，只選擇那些相關性高或品質比較高的目錄。如果碰到一個網站目錄不管相關與否都提交，都要求做友情連結，那麼需

要做的友情連結就太多了。因為不相關的友情連結而放棄網站目錄並不可惜。到網路上逛一逛，能找到太多的網站目錄。只要花時間，其實還是可以找到不需要友情連結的目錄，尤其是行業網站目錄、地方性網站目錄等。

提交過的所有目錄都要做記錄，包括目錄地址、提交時間、被收錄時間、被收錄的具體類別，自己網站上的友情連結頁面等。目錄提交是一個長期的、煩瑣的過程，如果沒有記錄，時間久了就很難記得自己的網站已經提交過哪些目錄，在哪裡被收錄，哪裡一直沒有回音等。

提交網站後，如果一兩個月都沒有收到對方回信，網站也沒有在相應類別中出現，可以再提交一次。如果還是沒有消息，也不必太過執著，放棄這個目錄，去尋找其他目錄就可以了。

這裡所說的目錄選擇和提交過程，實際上是以品質比較高的網站目錄為目標的，很多小型目錄並沒有這麼高的要求。比如允許在網站標題中堆積一些關鍵字，只要和它交換友情連結，就會被收錄。高品質的、要求比較嚴格的網站目錄如果都能正確提交和收錄，其他那些要求不高的目錄就更容易處理了。

7.8　友情連結

友情連結，或稱為交換連結、互惠連結，是外部連結建設最簡單也最常見的形式。我連結向你，你連結向我，互相給對方帶來一定的點擊流量，也有助於搜尋排名。

中文網站交換友情連結比英文網站要普遍得多。正規的英文網站就算交換也很少會在首頁交換友情連結，通常是開設一個交換連結部分，把友情連結都放在專用的友情連結頁面上。近幾年由於 Google 企鵝演算法的影響，交換連結在英文網站中越來越少見了。甚至很多網站由於被懲罰，或者害怕被懲罰，正在積極清理以前交換的連結。

中文網站不僅有友情連結頁，大部分網站還接受首頁友情連結，連很多入口網站和大公司的官網也是如此。友情連結在中文網站推廣中是個常態，站長們十分熟悉，搜尋引擎也會考慮到這一點，不會單純因為友情連結而懲罰網站。

有的 SEO 人員認為交換連結沒什麼作用，因為已經被搜尋引擎大幅度降權。我的觀察和看法是，來自主題相關的、正規網站的連結能帶來不錯的效果，尤其是中文網站。實際上，友情連結往往是無法避免的，沒有刻意交換的網站也如此。我的部落格從不交換友情連結，但 Blogroll 中列出了我確實在閱讀的幾個中文 SEO 相關部落格，這些部落格有一部分也在讀我的部落格，所以在他們的網站上也有連結指向我的部落格。雖然我們沒有交換，但形成了事實上的交換連結。

7.8.1 友情連結頁面

除了首頁，友情連結也可以放在內頁，常見的有兩種形式。

第一種是在網站上開設專門用於交換友情連結的部分。如果只計劃小規模交換友情連結，這部分可以只是一個頁面。計劃大規模交換時，可以按主題進行分類，把友情連結放在不同主題頁面上。在策劃網站框架時就應該根據網站自身內容，按相關主題把友情連結分成 10 ～ 20 個頁面。如果站長野心更大，網站規模也更大，可以分成更多類。整個友情連結部分類似於一個小型網站目錄。

這樣做有它的缺點。很多站長會覺得友情連結放在首頁上最好，做成小型目錄形式，友情連結大部分需要放在距離首頁一兩次點擊的主題頁面上。不過如果網站結構合理，這些友情連結主題頁面同樣可以得到很好的收錄及不錯的權重。

這種方法在十幾年以前很流行，近兩年則越來越少人使用了，主要原因在於：搜尋引擎會怎樣看待這種友情連結頁面？顯然，這種頁面就是專為交換連結做的，沒有其他意義，對普通使用者也沒幫助，而且交換連結就是刻意最佳化。搜尋引擎不會喜歡這種頁面。

所以現在的 SEO 要使用這種方法必須做一定的改進。例如，將友情連結頁面真的做成一個高品質的行業網站目錄，友情連結只是其中一小部分。再比如，在這些友情連結頁面上放上其他文字內容，甚至完全以文章的形式出現，連結只是作為相關補充資源出現。

第二種是在正常頁面上留出友情連結位置，把友情連結直接加在分類或內容頁面上。友情連結既可以放在側欄、頁尾，也可以放在頁面正文下面。這樣，友情連結成為網站自然的一部分。

將友情連結放在多個內頁，長遠來看更有擴展性。首頁的位置終歸是有限的，不可能放上幾百個友情連結。一個友情連結頁面能放的也有限，如果真的把一兩百個友情連結放在一個頁面上，那麼給予每個連結的權重將大大降低，站長們很可能不願意與這樣的網站交換。

7.8.2 軟體使用

有一些現成的軟體可以用來管理專門設立的友情連結頁面。站長可以在軟體後台建立新分類，也可以人工添加友情連結，其他站長可以在友情連結頁面上自行提交友情連結申請，站長在後台檢查對方是否已做好連過來的友情連結，並進行網站標題和描述的審核和批准。

軟體也會定期自動檢查已經批准的友情連結，查看對方網站是否還保留著連過來的友情連結。如果對方因為某種原因已經拿掉連回來的連結，站長在後台會看到提示，可以進行人工審查及進一步處理。

雖然使用軟體輔助省時省力，不過建議大家最好不要使用網路上常見、常用的現成軟體。友情連結管理軟體生成的頁面往往相似度太高，在程式碼、頁面排版、文字措辭、分類等方面有明顯的痕跡。友情連結管理系統和 CMS 的模板還不一樣，系統管理的友情連結本身就是頁面主體內容。如果你的網站和其他成千上萬網站高度相似，不僅使用者不喜歡，搜尋引擎同樣也不喜歡。有證據顯示，幾個常見的友情連結管理軟體已經被搜尋引擎檢測和懲罰。所以建議要麼完全人工管理友情連結頁面，要麼使用自己開發的管理軟體。

7.8.3 尋找交換連結目標

尋找友情連結夥伴相對簡單，網路上有很多管道。只要在搜尋引擎搜尋目標關鍵字加「友情連結」、「交換連結」等詞，會找到很多接受友情連結交換的相關網站。

判斷是否合適交換連結要先看對方網站的年齡。比較老的網站可信度更高，今後還將繼續存在的可能性也更大。

對於新網站則需要注意看其發展潛力如何？查看一下第三方工具顯示的流量是否平穩提升？網站是否持續更新？站長是否在用心做站？很多新網站有較大的發展潛力，這時候與它們交換連結的機會更大。一旦新網站過幾年變成一個成功的大網站，想成為友情連結合作夥伴就不那麼容易了。

曾經很多站長在尋找友情連結夥伴時會特別關注 PR 值。當然這是一個可以參考的指標。如果一個很老的域名首頁 PR 值一直是零，這多少有些可疑，有可能是被搜尋引擎懲罰，也有可能是對方站長從沒有認真推廣過網站，以後變得認真起來的機率也不大。但 PR 值不是很重要的因素。新網站 PR 值為零很正常，只要有發展潛力，對方認真做站，也可以考慮作為交換連結的對象。

現在 Google 已經不再顯示 PR 值了，這是一件好事，只有這樣，站長們才能在判斷網站品質時回歸根本，關注內容品質、更新情況、使用者體驗。也許這就是 Google 不再顯示 PR 值的原因。

尋找友情連結時還要注意網站內容的相關性。雖然友情連結應該是從友情出發的，但站在使用者角度考慮，就算兩個站長真的有友情，如果一個是 IT 資訊網站，一個是育嬰網站，使用者點擊友情連結的可能性將大大降低。使用者覺得沒有用的東西，就是對網站沒幫助的東西。交換友情連結最重要的考量之一是看能否帶來有效流量，對方網站流量大，使用者活躍，內容相關性又高，才是最佳選擇。

7.8.4　交換連結步驟

如果有對方站長的聯絡方式，當然溝通起來很方便，需要討論的要點都能即時回饋，迅速解決，過程大大簡化。主動聯繫時，要注意基本的禮貌，被拒絕也不要計較，把時間花在更有效率的事情 —— 尋找下一個目標上。

下面就以最麻煩的郵件溝通為例討論一下需要注意的地方。做英文網站通常只能透過郵件聯繫或填寫線上表格，歐美站長很少有上 IM 的習慣。

在發郵件與對方聯繫之前，應該先把對方連結放在自己的網站上，這是基本的禮貌。我相信所有站長都收到過交換連結請求，郵件裡說希望和你交換連結，只要你把他的連結放上，他就連結回來。我想大部分站長看到這樣的郵件直接就刪除

了。當你首先聯繫其他人時，應先把自己該做的做到，放上人家的連結，不要奢望你主動聯絡人家，卻希望人家先連結向你。

發送連結請求郵件前最好先查看對方是否接受友情連結。如果對方網站上既沒有首頁友情連結，也沒有專用的交換連結頁面，網站內頁上也沒有可能是交換的「合作夥伴」之類的連結，就不要以友情連結的名義聯繫。對方很明顯接受和歡迎友情連結時，通常會列出交換連結步驟，比如填寫線上表格或發郵件時應該包含哪些內容，盡量按對方列出的步驟和要求去做。

郵件中用一句話寫清自己和對方網站的基本情況，最起碼得說清想和哪個網站交換連結。我經常收到交換連結郵件，裡面根本沒提是想和我的哪個網站交換連結。大部分站長經營的網站都不止一個，未必能自動明白要求的是哪個網站，而且接到這樣的郵件就明白對方根本沒用心，只是拿一個郵件範本在群發而已。

郵件中最好表明你真的瀏覽了對方網站，並且覺得雙方網站能夠形成良好互補，所以希望交換友情連結。還要告訴對方，已經把對方連結放在哪一個頁面上，歡迎對方來檢查。

另外還要提供你希望對方使用的連結文字及簡短說明，對方站長同意交換連結時可以參考使用。甚至可以寫好連結的 HTML 程式碼，既讓對方省事，也對連結文字多些控制。同時要表明提供的連結文字只是建議，但不是必須的，對方可以隨意使用他認為合適的連結文字。

發出郵件後 2 ～ 4 個星期如果沒有收到對方的回覆，可以再發一封郵件提醒一下，但是絕不要帶著威脅或不滿的口氣。第二封郵件只要寫個友善的提醒，並且向對方表示，不接受這個友情連結也可以理解，以後有機會再合作，就可以了。

不要用驚嘆號。如果對方是英文網站，千萬不要用驚嘆號。更別說連續幾個驚嘆號了。用驚嘆號是大聲嚷嚷的意思，平白無故沖對方嚷嚷，就別指望辦成事了。

發出提醒郵件後如果還沒有消息，就不要再提醒或催促對方了。如果對方願意交換，應該已經實現雙方互連了。如果對方不願意，千萬不要強求，那是浪費自己的時間。繼續聯繫下一個目標就可以了。

交換連結是一個長期又煩瑣的工作，但效果也是明顯的。持之以恆，必有收效。

7.8.5 內頁正文連結交換

若想要達到最好的友情連結效果，可以考慮交換內頁正文中的連結，也就是不把連結放在通常放友情連結的地方（專設的友情連結頁面、頁尾或側欄中的友情連結位置），而是放在普通內容頁面（文章、新聞等）的正文中，或者為新的連結夥伴新寫一兩句話放在正文中，並加上連結。

前面討論過，正文中的連結價值比較大，被判斷為友情連結的機會也比較小。置於正文中的友情連結與自然連結很難區分。

當然，要在內頁正文中交換連結，要做的準備工作更多。

- 找出對方權重較高、比較可能給連結、內容又相關的內頁。
- 建議對方在原有內容的哪處文字加上連結。如果能以目標關鍵字為錨文字，效果更好。
- 自己網站上哪個內頁的什麼地方適合給對方做連結。權重要大致對等。
- 如果可能的話，雙方連結不要同時添加。

在這個過程中，需要與對方商討、尋找合適的頁面、記錄並跟蹤交換過的連結，比普通交換連結煩瑣複雜得多。但要記得，越難得到的、越顯自然的連結，效果越好，如果能在一些權重高的相關文章頁獲得正文中的連結，效果比普通友情連結好得多。

7.8.6 交換連結中的小花招

交換友情連結時，大部分站長還是能實現雙方誠信合作的。但也有的站長喜歡耍點小花招，試圖欺騙性地得到友情連結卻不給予相應的回報。下面舉一些例子，讀者了解以後也能有所提防。

1. 交換完連結後再刪除連結

最簡單的花招就是交換完連結後，過一段時間悄悄把連結刪除，這樣你連過去的連結就成了單向連結。

這種還算容易發現。有的站長用程式自動檢查對方連結，有的不使用程式，但也應該經常看看友情連結夥伴網站上自己的連結還在不在。如果對方悄悄拿下了，我個人認為也沒必要詢問對方，把他的連結也刪除就可以，以後再也不必相信這個站長了。對一些確實很有價值並且是大公司網站的友情連結，可以考慮詢問一下原因，有可能是因為管理混亂、人員交接等造成了誤刪。小公司和個人站長不小心刪除友情連結的可能性很小。

2. 刻意把友情連結頁的權重降低

設有專門的友情連結頁時，有的站長會控制站內連結結構，使友情連結頁面得到的權重非常低。

最典型的方法是只在首頁或網站地圖放上友情連結頁的連結，其他頁面都沒有連向友情連結頁的連結，或者連結放上 nofollow 標籤。這樣，友情連結頁可以被搜尋引擎收錄，但整個網站只有一兩個頁面連結向友情連結頁。這樣的連結結構使得友情連結頁的權重非常低。

正常的網站結構應該使友情連結頁成為整個網站的有機組成部分之一，所有處理方法和其他頁面相同。比如將友情連結部分就當作一個欄目處理，裡面又分很多內頁，這個欄目和其他內容欄目一樣，在所有頁面上都有一個導覽連結（出於使用者體驗，可以放在頁尾），使友情連結頁面得到應有的權重。

3. 使友情連結頁根本不能被收錄

有的站長使友情連結頁看似普通網頁，連結結構也正常，但其實使用了 robots 檔或 meta noindex 標籤，使友情連結頁根本不能被搜尋引擎抓取或收錄，因此交換連結時也要檢查一下對方連結頁面是否已經被搜尋引擎收錄。

4. 友情連結本身不傳遞權重

有的站長給友情連結加上 nofollow 標籤，有的在頁面 HTML 程式碼頭部加上 meta nofollow 標籤，使頁面上所有連結不能傳遞權重，不查看原始碼不容易發現。有的使用腳本轉向，這樣的連結實際上已經不是正常連結了，不一定能傳遞權重，如果腳本再被 robots 檔禁止抓取，連結就肯定不傳遞權重了。

有的站長做得更隱蔽一些,「連結」是經過轉向的,但因為使用了腳本,滑鼠放在連結上時瀏覽器狀態欄卻顯示正常的連結 URL。這種情況下,除非你去檢查頁面的原始碼,否則很難發現對方給的連結其實是透過腳本轉向的。

比如,下面的連結程式碼:

```
<a href="http://www.domain.com/redirect.php?partner"
onMouseOver="window. status='http://www.partner.com';
return true" onMouseOut="window.status=''">Partner</a>
```

連結其實是透過 redirect.php 轉向的,但滑鼠放在連結上時,瀏覽器狀態欄顯示的資訊和普通連結一樣,目標 URL 是 http://www.partner.com。

5. 連結頁可能根本就是只給你準備的

有的站長在發友情連結交換郵件時告訴你,你的網站連結已經被放在比如 http://www. domain.com/index.php 頁上。點過去一看,果然有你的連結,而且還是首頁,你就連結回去了。

但如果你再仔細檢查一下對方網站,會發現網站首頁根本不是你看到的這個頁面。去掉 index.php,瀏覽網站 http://www.domain.com 時,真正的首頁是另外一個頁面,有可能是 index.html。

通常伺服器的設定會讓 html 檔的優先權高於 php 檔,使用者訪問 http://www. domain.com 時傳回的首頁將是 domain.com/index.html,搜尋引擎收錄的首頁也是 index.html。對方卻誤導你,讓你覺得 index.php 是首頁,頁面上有你的連結。這個 index.php 只是給你看的。

6. 對方根本沒連結到你的網站

有的站長檢查了你的網站有哪些外部連結,然後寫郵件跟你說,我已經從網站 A 連向你,請你連向我的網站 B,這樣是三向連結,比雙向連結的效果要好。

我們姑且不論三向連結是否真的比雙向連結好。你如果再仔細檢查一下連結交換記錄,有可能就發現網站 A 上的連結其實是你以前和其他網站交換連結時得到

的，也可能網站 A 就是自發給你的單向連結，和現在請求交換連結的這位站長沒有關係。他只不過檢查了你的外部連結，知道網站 A 上有你的連結，於是假裝那個連結是他做給你的，而有可能你的交換連結比較多，早就忘了是怎麼回事了。

收到這種三向友情連結請求時，建議要想辦法驗證對方是否為連結向你的網站 A 的所有人，比如透過要求對方修改錨文字等方式。

7. 做一個垃圾網站和你交換連結

有的站長打著三向連結的旗號，要求你的連結必須得連向他的真正的商業性網站，但他卻從一個垃圾網站連結向你。這種垃圾網站最常見的形式就是垃圾目錄，沒有什麼權重，也沒有真實訪問流量，專門用來做友情連結。

7.9　連結誘餌

隨著 SEO 觀念和知識的普及，近幾年傳統外部連結建設手法變得越來越難。連結誘餌是目前比較有效、運用得當時，能快速、自然獲得連結的好方法。

連結誘餌指的是建立有用、有趣、吸引目光的內容，從而吸引外部連結。從下面幾種具體的連結誘餌方法可以看到，透過連結誘餌得到的連結最符合好的外部連結標準：全部單向，自願自發，來源廣泛，大部分情況下內容相關度高，有點擊流量，連結通常在頁面正文中，錨文字自然等。

要想吸引連結，就必須吸引其他站長、部落客的注意力，讓他們覺得連結到你的誘餌頁面對自己的使用者有很大幫助。普通內容很少能有這種效果，能吸引注意的內容往往需要精心設計、製作，因此才有「誘餌」一詞。

7.9.1　連結誘餌的製作

連結誘餌形式五花八門，很難有統一標準和適用於所有情況的模式。最重要的是創意。下面簡單討論幾個需要注意的地方。

1. 目標對象

毋庸諱言，連結誘餌的最終意義在於連結。而能給予連結的不是一般使用者，而是自己擁有網站的站長、部落客，新聞媒體的記者、編輯，以及社交網站上的活躍使用者。所以製作連結誘餌時需要研究這些人的需求，而不是一般使用者和使用者的需求。

假設經營的是一個服裝銷售網站，你很難期待買衣服的普通顧客能帶來高品質連結，最多也只是在論壇裡誇你兩句。能吸引到高品質連結的目標對象很可能是自己也在寫部落格的服裝設計師、造型師，或者其他服裝業界的專家，你需要研究這些人會對什麼話題感興趣。

口碑傳播、研究使用者需求等當然很重要，但不在本節討論的範圍內，這裡只討論連結誘餌問題。

2. 刻意與偶然

了解連結誘餌的效果與常用方法後，很多 SEO 會嘗試製作連結誘餌。不過連結誘餌不是百發百中的。花時間、精力製作的自認為不錯的誘餌常常沒有效果。我自己的部落格上就有一些文章，我自認為挺有創意，應該能帶來不少連結，結果卻完全不然。反倒是有時候沒有帶著太強目的性寫出的文章效果更好。所以，要做好心理準備，連結誘餌的成功率是比較低的，而且有很大的偶然性。

儘管如此，有目的地製作連結誘餌，如果能達到 5% ～ 10% 的成功率就已經不錯了。長期堅持下去，積累起來的連結數目將會很驚人。

3. 標題寫作

再好的內容也需要好的標題才能吸引站長繼續看下去。尤其是資源型的連結誘餌，好的標題就是成功的一半。就像在資源型誘餌中所討論的「十大最好的×××」句式就是常見的好標題。平心而論，今天標題黨的盛行，SEO 和網路行銷人員「功不可沒」。

4. 去掉廣告

連結誘餌的主要目的是吸引站長的注意，不要讓站長有任何逆反心理。在可能的情況下，去掉誘餌頁面上所有廣告性質的內容，要放 Google AdSense，不要放廣告聯盟程式碼，也不要推廣自己的產品，純粹以有用、有趣為目標。頁面一有商業性，站長們就會對其產生天生的反感，畢竟，站長對各種網站推廣手法太熟悉了。

5. 易於推薦分享

誘餌頁面應該盡量方便站長分享，比如加上常見的網路書籤或分享程式碼，站長點擊一下就可以收錄到自己的書籤收藏中或者分享到其他社群媒體網站上。工具外掛程式型誘餌要提供現成的 HTML 或 JavaScript 程式碼，站長複製一下就能放到自己網站上。在頁面上也不妨提醒、鼓勵，甚至獎勵其他站長分享。

6. 設計與排版

頁面視覺設計對站長的最初觀感有很大影響。一個層次分明、排版整潔的頁面，既方便其他站長、部落客容易閱讀，也吸引他們分享。統計表明，在資源型連結誘餌頁面上加入圖片、影片，或大量使用列表都會增加外部連結數量。另外，資源型連結誘餌文章的長度越長，帶來的外部連結也就越多。

連結誘餌是熟能生巧的一門技術，找到自己最擅長的一兩種誘餌方法，不斷推出同類誘餌，將其用到極致，長久堅持下去，效果通常比傳統外部連結建設好得多。

接下來介紹幾種最常見的連結誘餌方法。所選案例以 SEO 業界為主，但同樣的方法和觀念適用於任何產業。

7.9.2 新聞誘餌

發生任何新聞，如果你能首先報導，這本身就是連結誘餌。Techcrunch.com 是最典型的英文 IT 新聞網站，各種業界新聞，常常主流媒體還沒反應過來時，就已先出現在這個網站上。每一篇新聞出來，都會帶來很多連結。

以新聞作為誘餌，必須具備兩個特點。一是夠快夠新，等其他網站都已經報導了，你再添上一筆，就不會有人注意。無論事情大小，第一個報導的總是獲得眼球和連結最多的網站。二是夠專業化，聚焦於某個垂直領域，切忌貪多。如果大家想看一般性新聞就直接去新浪了，不會到你的網站來看。專業快速的新聞報導最終將使用戶產生依賴性，一想到這個產業的新聞，就想到你的網站。

一個典型的例子是「谷奧」（原域名是 google.org.cn，後改為 guao.hk，現在已經徹底關閉），這是一個專門報導 Google 最新資訊的團隊部落格，無論是搜尋還是 Gmail、Google 地圖，凡是與 Google 有關的新聞，谷奧都快速翻譯整理，當時每天至少都發布四五篇新文章。

Yahoo!Site Explorer 工具顯示，谷奧全站有將近 14 萬個外部連結。谷奧網站的友情交換連結並不多，絕大部分外部連結都是靠專業、迅速、勤奮的新聞報導得到的。即使到了 2020 年底，Majestic SEO 工具依然顯示 guao.hk 有來自 926 個域名的 12 萬多個外部連結。

7.9.3 資源型誘餌

這是最簡單也最有效的一類連結誘餌。提供某一個話題的全面、深入資源，就能成為吸引外部連結的強大工具。所謂「資源」，既可以是一篇深入探討的教學或文章，也可以是總結其他資源的列表。

比如著名的 SEOBook.com 部落客 Aaron Wall 寫的「部落格 SEO 指南」，獲得了 2000 多個外部連結。這是一篇非常深入、全面地探討部落格 SEO 方法的文章，篇幅很長，主題集中，在 SEO 領域有廣泛影響，其外部連結數如圖 7-3 所示。

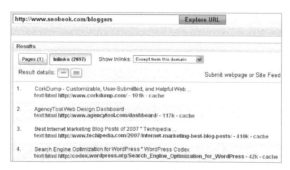

圖 7-3 「部落格 SEO 指南」英文原文外部連結數

我得到 Aaron Wall 的授權，將這篇指南翻譯成中文，發表在部落格上，也獲得了
100 多個外部連結，其中包括來自 SEOBook.com 的指南原頁面，如圖 7-4 所示。
網路上沒有保留原出處的轉載、抄襲文章就更多了。

圖 7-4　「部落格 SEO 指南」中文翻譯外部連結數

可能吧（kenengba.com）是一個非常善於使用資源型連結誘餌的部落格。部落客
Jason 寫了很多篇幅長、有深度，同時關注熱門話題的文章。而且「可能吧」的
所有文章排版展現突出，大小標題清晰嚴謹，大量使用插圖，以顏色區分標題與
正文，使用紅色等鮮明顏色突出正文中的重點語句。這樣的排版讓人覺得賞心悅
目，內容又非常深入，對相關話題做了完整分析，自然吸引了大量關注。

以「網路文化背後的法則」這篇貼文為例，Yahoo!Site Explorer 工具顯示其有 80
多個外部連結，如圖 7-5 所示。另外一篇「微博客裡的訊息干擾」，Yahoo!Site
Explorer 工具顯示其有 90 多個外部連結，如圖 7-6 所示。

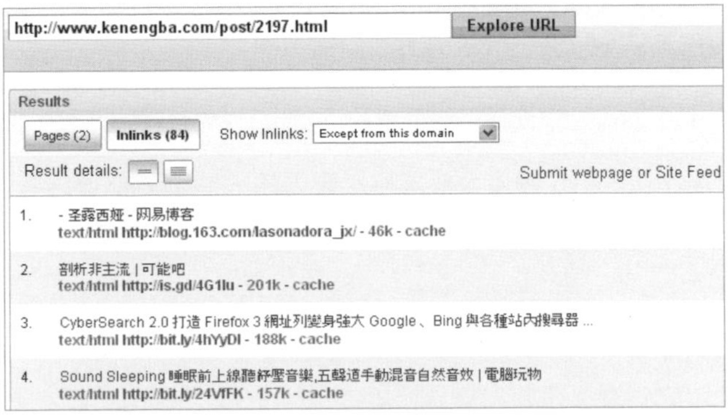

圖 7-5　「網路文化背後的法則」外部連結數

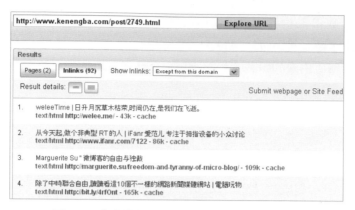

圖 7-6 「微博客裡的訊息干擾」外部連結數

資源型誘餌也可以是簡單的資源列表形式，月光博客（williamlong.info）就深諳此道。讀者留心的話會發現，月光博客上經常看到 10 大 ××、15 個 ×× 這種資源列表形式文章。這些列表性質的文章非常受歡迎，熟練以後還可以批次製作。例如「16 個擴大部落格影響力的方法」這篇貼文就有 44 個外部連結，如圖 7-7 所示。「提高瀏覽體驗的 50 個最佳 FireFox 擴展外掛程式」這篇文章有近 300 個外部連結，如圖 7-8 所示。

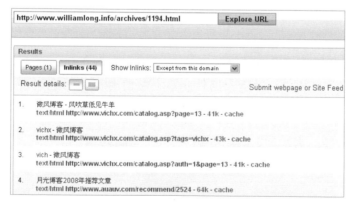

圖 7-7 「16 個擴大部落格影響力的方法」外部連結數

圖 7-8 「提高瀏覽體驗的 50 個最佳 FireFox 擴展外掛程式」外部連結數

SEO 人員都知道吸引外部連結很難。但其實，製作這種資源列表難嗎？只要用心收集整理，一點都不難。

7.9.4 爭議話題誘餌

帶有爭議性的話題顯然能吸引到眼球，而且經常能吸引到爭議雙方你來我往地進行辯論，圍觀者傳播、評論。

2007 年，著名網路創業家 Jason Calacanis 發表了一篇文章，認為 SEO 是胡說八道，立即在英文 SEO 業內掀起爭論熱潮。很多知名 SEO 紛紛指出 Jason Calacanis 言論中的邏輯錯誤，但實際上 Jason Calacanis 在自己公司網站上把 SEO 列為公司優勢之一，可見 Jason Calacanis 並不真的認為 SEO 是胡說八道，只不過是想為他新推出的網站造勢、造連結而已。一部分 SEO 人員明白這一點，在討論 Jason Calacanis 的文章時，刻意不給連結。不過還是有很多辯論文章指向了 Jason Calacanis 的個人部落格及公司網站。

挑戰業界權威、挑名人毛病，甚至大罵一頓，是常見的能帶來外部連結的爭議話題。2010 年 5 月初，著名部落格麥田發表一篇題為「警惕韓寒」的文章，拉開了後來造成軒然大波的方韓大戰的序幕。這裡無意討論誰是誰非，麥田和韓寒都是我非常喜歡的作者。麥田本人不是 SEO 人員，不會心裡想著吸引連結才寫這篇文章，只是無意間成為很好的連結誘餌例子。

麥田的這篇文章發表後引起的爭議不小，帶來的連結也不少。5 月中旬，在文章發出一個星期後，透過 Yahoo!Site Explorer 工具查詢，僅麥田在新浪的這篇文章就得到了近 200 個外部連結，如圖 7-9 所示。

圖 7-9　麥田在新浪「警惕韓寒」文章外部連結數

當然，作為連結誘餌的爭議性話題，還是得在理性的基礎上討論，千萬不要捕風捉影，無端謾罵。有時候爭議性話題也不一定這麼嚴肅。我在 2010 年 1 月發過一篇部落格：修改頁面標題是否影響排名。因為當時 SEO 業界有這麼一種說法，修改頁面標題就會被搜尋引擎降權，使排名下降。我對此有懷疑，所以做了個實驗，然後發文說明實驗結果。

修改標題是否影響排名，但現在為止還是個爭議性話題。我的實驗只能說明一部分網站不受影響，比如像我的部落格這種已經有了一定權重的域名的。對新站、小站是否有影響還是有不同意見。這篇具有爭議性的文章也得到了 60 個外部連結，如圖 7-10 所示。

圖 7-10　「修改頁面標題是否影響排名」文章外部連結數

7.9.5 線上工具誘餌

這是 SEO 最熟悉的連結誘餌，幾乎每天要使用。網路上的 SEO 工具種類繁多，諸如查詢收錄數、計算頁面關鍵字密度、查詢相關關鍵字等，既有搜尋引擎提供的官方工具，也有站長們自行開發的工具。本書第 12 章中介紹的大多數都是線上工具，每一個工具都有很強大的外部連結。原因很簡單，這些工具是 SEO 人員所需要的，站長們會在自己的部落格上、網站上、論壇裡推薦給其他人。

以兩個中文 SEO 工具為例。身在加拿大的 David Yin 的 SEO 網站最佳化推廣部落格（http://seo.g2soft.net/）很有參考價值。他開發的頁面重定向檢查工擁有 50 個外部連結，如圖 7-11 所示。讀者從圖中可以看到，連結過來的不乏 SEO 及 IT 業界的著名部落格，權重都不錯。

圖 7-11　David Yin 開發的重定向檢查工具外部連結數

另一個我印象挺深刻的工具是莫大（meta.cn）。這個工具非常新穎，很難用一兩句話說清楚，可惜這個工具上線沒多久就停止了，因為其創始人後來把精力轉向另一個網站上，就是大名鼎鼎的知乎。當時 meta.cn 網站完全沒有友情連結，但是卻有 14,000 多個外部連結，其中包括我本人的部落格，如圖 7-12 所示。SEO 業內著名的 ChinaZ.com 站長工具和愛站網等工具頁面也是這種類型，在快排泛濫前，在百度搜尋「SEO」，這兩個工具的排名非常好，這與工具類頁面天生就能吸引連結的特性有很大的關係。

圖 7-12　meta.cn 外部連結數

當然，線上工具不僅限於 SEO 工具。如圖 7-13 所示是一個估算部落格價值的線上小工具。其原理是計算部落格在 Technorati（一個曾經很流行的部落格搜尋服務）的外部連結，然後比照部落格 Weblogs 被 AOL 收購的價格和外部連結，計算出其他部落格的潛在價值。

圖 7-13　部落格估值線上工具

顯然這個線上工具沒有什麼實際價值，只是有趣而已。就算你的部落格被估值幾萬美金，幾乎可以肯定沒有人會用幾萬美金買你的部落格。不過了解自己部落格的潛在價值是一件挺有意思的事，所以這個工具被很多人推薦、介紹。部落格估值線上工具有驚人的 100 多萬個外部連結，如圖 7-14 所示。

線上工具也不一定要和網站有什麼關係，其他領域同樣可以製作出有用或者好玩的線上工具，如計算貸款利息，計算一個人是否超重，計算一個嬰兒從出生到六歲一共要喝多少罐奶粉，計算預產期等。關鍵在於開闊思路，線上工具有太多可能性。

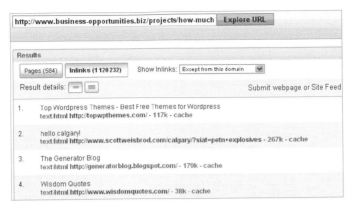

圖 7-14　部落格估值線上工具有驚人的 100 多萬個外部連結

7.9.6　外掛程式誘餌

對於有技術基礎的公司和 SEO 來說，寫外掛程式也是一個非常有效的連結誘餌。最簡單的外掛程式可以是給各個開源 CMS 系統開發功能性外掛程式。這方面最好的例子是擅長寫 WordPress 外掛程式的 Yoast。比如它給 WordPress 開發的麵包屑導覽外掛程式，安裝外掛程式後，部落格會自動生成麵包屑導覽。這個外掛程式發布頁面有 3000 多個外部連結，如圖 7-15 所示。

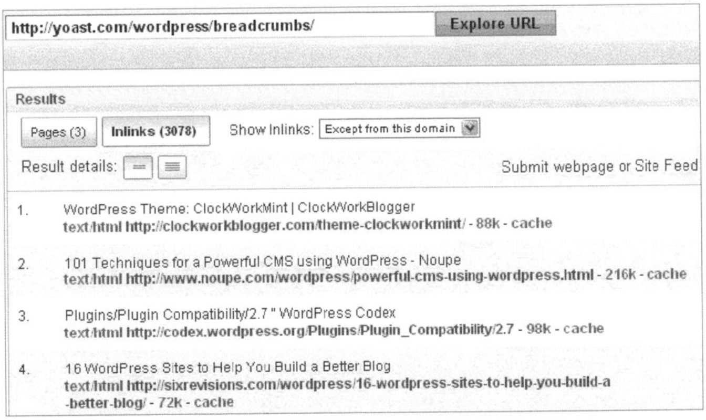

圖 7-15　麵包屑導覽外掛程式頁面外部連結數

另一個更強大的連結誘餌是 Yoast 給 canonical 標籤開發的功能外掛程式。Google 等搜尋引擎推出 canonical 標籤後，Yoast 在幾天之內就推出了這個外掛程式，

給 WordPress 部落格上大量重複頁面，如按時間存檔、分類存檔等自動加上 canonical 標籤。這個外掛程式頁面有 600 多個外部連結，如圖 7-16 所示。

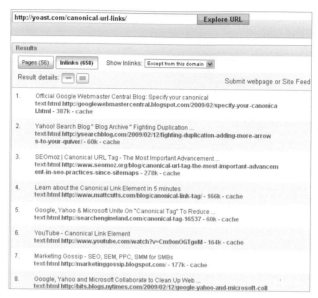

圖 7-16　canonical 外掛程式頁面外部連結數

最讓人驚嘆的是，外掛程式竟然吸引了來自 Google、Yahoo! 官方部落格的連結，也有來自 Matt Cutts 的連結，還有來自紐約時報、YouTube 的連結，最著名的 SEO 服務商 SEOMoz 的連結，SEO 界第一人丹尼·蘇利文（Danny Sullivan）主持的 searchengineland.com 的連結等。這些網站權重都非常高。Yoast 寫的這個外掛程式給自己域名帶來的權重提升是非常驚人的。對 Yoast 來說，開發這樣一個外掛程式不會費太多事，重要的是敏感的嗅覺。

再舉例一個 WordPress 專家寫的外掛程式。Google 推出 nofollow 標籤後，大部分部落格評論連結都自動加上了 nofollow 標籤，為了確保部落格留言中的垃圾連結不能傳遞權重，僅使用 nofollow 標籤可能不夠，最好能透過程式轉向完全斷絕權重傳遞。

我在網路上與一位暱稱為「「水煮魚」」的中文 WordPress 專家聊了幾句後，水煮魚在幾分鐘之內就寫好了這個外掛程式，這個外掛程式的頁面現在有 70 多個外部連結，如圖 7-17 所示。我個人覺得這個外掛程式的性價比是很高的。

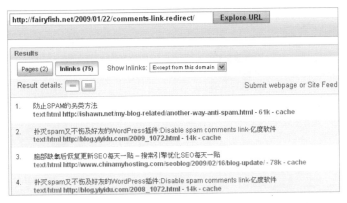

圖 7-17　WordPress 評論轉向外掛程式外部連結數

還有一類小工具作為連結誘餌也很強大。工具開發者提供一段 HTML 程式碼，站長把這段程式碼放在自己的網站上，就可以實現某種特殊功能。比如前幾年頗為流行的 MyBlogLog，部落客把 MyBlogLog 提供的程式碼放在部落格側欄中，這段程式碼就顯示出有哪些人瀏覽了這個部落格。當然，訪問者必須是 MyBlogLog 的註冊會員才能被顯示。如圖 7-18 所示，這個功能區塊的右下角會自動生成一個連結，指向 MyBlogLog 網站。

圖 7-18　MyBlogLog 外掛程式

使用 MyBlogLog 的部落格越多，指向 MyBlogLog 的外部連結也就越多。對部落客來說，MyBlogLog 提供了一個很有意思的功能，他們也不會介意給出一個匯出連結。

上一節提到的部落格估值工具也有這個功能。部落客除了可以在線上工具查看自己部落格估值，還可以把工具生成的 HTML 程式碼放在自己網站上，程式碼會自動顯示本部落格價值多少錢，如圖 7-19 所示。當然估值下面還有一個連結指向原工具頁面，如圖 7-20 所示的外掛程式圖示及連結，抓圖中「How much is your blog worth?」這句話就是連結。

圖 7-19 部落格估值工具生成的　　　圖 7-20 部落格估值外掛程式顯示
　　　　　HTML 程式碼　　　　　　　　　　　的圖示及連結

很多部落客為了好玩或稍微炫耀一下，會把估值 HTML 程式碼放在自己部落格
上。這個工具頁面有 100 多萬個外部連結，沒有這種外掛形式的工具恐怕也達
不到。這個部落格估值工具也有中文替代品，如圖 7-21 所示的中文部落格估值
工具線上版。使用者單擊「估值是」按鈕後，工具除了顯示網站價值，還給了一
段 HTML 程式碼，站長可以把程式碼放在自己的網站上，炫耀一下自己網站的價
值，如圖 7-22 所示。

圖 7-21 中文部落格估值工具線上版　　　圖 7-22 中文部落格估值工具生成的
　　　　　　　　　　　　　　　　　　　　　　　　　HTML 程式碼

從程式碼裡就可以看到,「我的網站價值是」這幾個字被做成了連結,指向工具頁面。用 Yahoo!Site Explorer 工具查詢一下可以看到,此工具頁面擁有 4000 多個外部連結,如圖 7-23 所示。

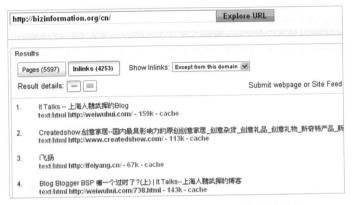

圖 7-23　中文部落格估值工具頁面外部連結數

7.9.7　模板誘餌

網路上有許多免費開源的 CMS 系統,很多網站尤其是個人網站和小企業建站,都是使用現成的 CMS 系統,如 dede、WordPress、ECShop、Magento、Drupal、Joomla!、osCommerce 等。

使用這些 CMS 系統的網站非常多,模板需求量自然很大。熟悉特定 CMS 系統模板製作的站長可以設計不同風格的模板,供其他站長免費使用。使用的唯一條件是,在模板的版權聲明處留下設計者連結,這也是一個很好的連結誘餌,往往能帶來大量連結,因為模板上的版權聲明通常會出現在網站所有頁面。模板設計得出色,使用的網站多,可以有效提高連結總域名數。

我在部落格中曾經提到過崔凱部落格這個案例。在研究崔凱部落格的外部連結時,我驚訝地發現他的部落格有十多萬個外部連結,如圖 7-24 所示,絕大部分來自他設計的 WordPress 模板,主要是英文模板。

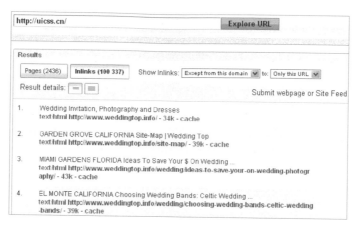

圖 7-24　崔凱部落格外部連結數

到 WordPress 官方網站上看看就會知道，很多模板下載量非常大，使用也很廣泛。就算有一部分使用者刪除了模板中的設計者連結，保留連結的數量還是很龐大。點石部落格模板設計者的連結數如圖 7-25 所示。其外部連結數達到了驚人的六百多萬個！這要是靠交換連結得交換到什麼時候呢？

圖 7-25　點石部落格模板設計者網站外部連結數

需要注意的是，模板連結通常是全站連結，這是搜尋引擎比較敏感的連結種類。所以建議錨文字不要商業化，用網站正式名稱或設計者網名就可以了，不要使用想最佳化的目標關鍵字，尤其不要期望透過模板中的錨文字最佳化諸如仿品、六合彩這種關鍵字。重要的是提高權重，擴展連結來源總域名數。

7.9.8　利益誘餌

除了內容有用，站長提供連結就能得到某種好處，也是形成連結誘餌的不錯方法。這裡所說的好處不是金錢，而是其他方面的利益。涉及金錢利益得到的外部連結會被搜尋引擎判斷為買賣連結，屬於作弊行為。

有些 SEO 網站免費給其他站長提供 SEO 診斷和諮詢，唯一的條件是接受診斷的網站需要提供一個單向連結，這曾經發揮過一些效果。

投票、排名、比賽也是常見的利益吸引方法。如 SEOMoz 舉行的 Web 2.0 大獎，入圍各獎項的網站為了給自己拉票，都會在各自網站上宣傳這項競賽，並放上連結以方便使用者到大獎賽頁面投票。最後獲獎的網站，也免不了連結到獎項官方網站炫耀一下自己獲獎了。當然，在評比過程中也引起了並沒有參與獎項的網站和媒體的關注，給予了更多連結。SEOMoz 的 Web 2.0 大獎頁面有 23,000 多個連結，如圖 7-26 所示。

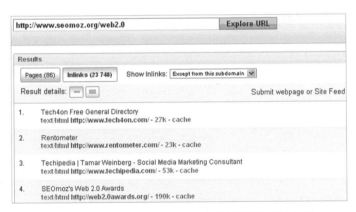

圖 7-26　SEOMoz Web 2.0 大獎頁面外部連結數

另一個例子是在中文 SEO 影響深遠的第一屆中文 SEO 大賽 —— 渡虎谷大賽。除了參賽網站需要連結到大賽官方網站，站長社群的談論、各參賽網站優劣評論也都吸引了很多外部連結。渡虎谷大賽官方網站早已經下線，但是 Yahoo!Site Explorer 工具還顯示有 400 多個外部連結，如圖 7-27 所示。

圖 7-27 渡虎谷大賽官方網站外部連結數

我最欣賞的利益吸引外部連結誘餌是某著名 SEO 人的創意，由於他已經是某業界的「大佬」且涉及他人，在此就不提及他的名字了。他女朋友（現在已是他的太太）是律師，律師網站怎麼做連結誘餌呢？免費提供法律諮詢就太簡單了。他的做法是，授權任何網站可以聲稱他女朋友是其網站的法律顧問，可以（其實是鼓勵）連結到他女朋友的網站以驗證身份。個人或小公司網站，光明正大地表明自己有正規法律顧問是件多麼威風的事情！有時候還是挺有威嚇作用的，而且這種利益吸引十分自然，不涉及金錢。

7.9.9 幽默搞笑誘餌

笑話是網路上傳播最快的內容之一。幽默搞笑的內容也經常吸引到很多外部連結。一個很好的例子是在即時搞笑廣告生成網站，使用者在網站上輸入自己的域名，網站將即時生成顯示一段電視新聞報導片，其中有很多鏡頭是根據使用者輸入的域名即時修改的，所以效果是把使用者域名嵌入到新聞片段裡的電視螢幕、報紙、廣告牌等地方，如同一段真實的宣傳報導網站的新聞片段。如圖 7-28 所示是輸入點石互動域名後生成影片的一個鏡頭。

圖 7-28　搞笑廣告生成網站

這個網站在某種意義上說也可以稱為一個工具，不過是沒有工具價值的工具，只是好玩，所以我把它放在幽默搞笑類的連結誘餌中。站長把自己的域名嵌入影片，自然會把影片 URL 放在自己的網站上，告訴其他人，博使用者一笑。Yahoo!Site Explorer 工具顯示，這個搞笑工具網站有 3200 多個外部連結，如圖 7-29 所示。

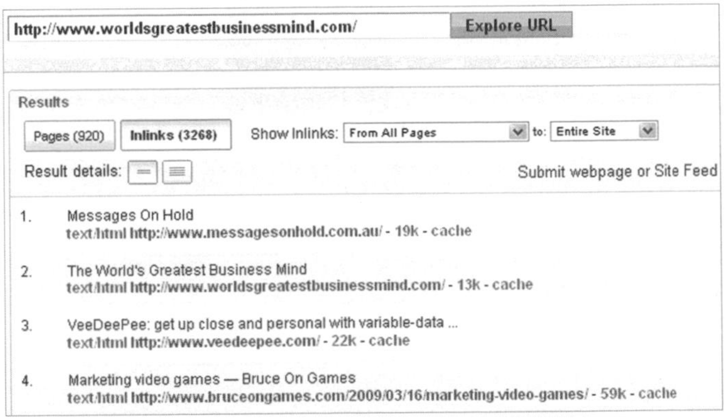

圖 7-29　搞笑廣告製作網站外部連結數

幽默搞笑也不一定要這麼複雜。每年愚人節很多部落格都會愚弄別人一把，我也如此。如圖 7-30 所示是我部落格上 2009 年愚人節貼文的外部連結，雖然只有 16 個，不過得來的非常簡單，只不過是透過一個愚人節笑話而已。

圖 7-30 我的部落格 2009 年愚人節貼文外部連結數

著名網賺部落格 ShoeMoney 曾經在他的部落格上發過自己以前很胖時候的照片，告訴大家自己以前是個胖子，如圖 7-31 所示。這篇貼文與 SEO、網賺都沒什麼關係，但是因為有趣，吸引了 100 多個外部連結，其中有不少權重很高的著名部落格，如圖 7-32 所示。

圖 7-31 ShoeMoney 講述自己以前很胖的貼文

圖 7-32 ShoeMoney 貼文外部連結數

7.9.10 連結誘餌之度

雖然連結誘餌吸引來的連結都是自願、單向的，但也有個「度」的問題。做得過火，搜尋引擎可能會認為有意圖操縱排名之嫌。舉個比較有名的例子來說明，讀者可以大致了解搜尋引擎的底線在哪裡。

很有才華的前 SEOMoz 員工 Matthew Inman 自己建了一個線上交友網站 Mingle2，並想了一個很好的誘餌吸引外部連結。他編寫了一些線上測試和問答程式，使用者做完題目後，程式顯示成績，並且提供一段 HTML 程式碼，使用者可以把這段程式碼放在自己的部落格上，顯示出測試分數。當然，程式碼中包含指向 Mingle2 的連結，錨文字是「免費線上交友」（free online dating）、「線上交友」（online dating）等。這是典型的小工具 + 外掛程式連結誘餌。

Matthew 寫的測試題都很有意思，比如，你能在月球上生存多久？你能在真空中生存多久？測試一下你在部落格裡是不是話太多了？如果被困在家裡，你能生存多久？你在 5 分鐘內可以想出多少個國家名稱等。據 Matthew 說，他寫了幾十個這樣的測試題，獲得了很多外部連結。

他的個人網站取得了很大成功，網站被另外一個線上交友網站 JustSayHi 收購，人也被挖了過去。Matthew 在新公司繼續發揮自己工具誘餌的特長，使 JustSayHi 網站的排名迅速提高。

到這裡為止都挺好，之後麻煩就出現了。

JustSayHi 的母公司 Next Internet 又收購了一些其他網站，參與貸款、賣藥等競爭激烈、黑帽充斥的產業。很顯然，母公司希望 Matthew 使用同樣的方法幫助推廣新收購的網站。Matthew 就在自己的工具程式碼中放上了那些新網站的連結。沒過多久，不但那些新網站排名沒上去，連原來已經排名第一的網站 JustSayHi 也被懲罰了，連搜尋網站名稱時都沒有排在前面。

好在 Matthew 與 Google 內部人員有聯絡管道，經過詢問後，得知被懲罰的原因主要是方法用過了頭，工具外掛程式中的連結不僅指向原來開發誘餌的 JustSayHi 網站，還開始指向第三方網站，有付費連結的嫌疑。連結錨文字也有關鍵字堆積嫌疑。

Matthew 提交了重新收錄請求，承認了自己的錯誤，不過並沒有使網站從懲罰中解脫出來。從這個案例可以看出，有創意的連結誘餌也存在界限。若使用得當，SEO 效果威力驚人。若像 Matthew 的工具誘餌，幾十天內造出了幾十萬個外部連結若使用了過頭，搜尋引擎「很生氣」，後果很嚴重。

從 Matthew 自己的介紹和 Matt Cutts 對這個案例的非直接評論看，Google（相信其他搜尋引擎也類似）對連結誘餌（尤其是工具型誘餌）是有些品質要求的。

- 連結是否是隱藏的？工具外掛程式生成的程式碼不要把連結設定為隱藏文字或連結，或者把連結放在 NoScript 之類的程式碼中。

- 相關性有多高？外掛程式本身的內容和連結指向的網站不要離題千里。

- 連結是連到開發工具的那個網站，還是連結到一個完全無關的第三方網站？連結向第三方很可能意味著這是一個出售或付費的連結。指向第三方的連結，很容易被檢測到。

- 連結文字是否過度最佳化？連結錨文字是工具開發網站的正式名稱很正常，一旦堆積上關鍵字就變得可疑了。

- 工具中包含有多少個連結？如果有一堆連結，對工具功能有什麼幫助？還是僅僅為了製造更多連結？

- 放上工具外掛程式程式碼的站長是否知道外掛程式中含有連結？有的工具說明網頁把連結的事藏在使用者條款的第 26 條一類的地方，實際上使用者不會看到這個條款，可能就不知道有這樣一個連結。嵌入工具或外掛程式的人必須知道程式碼中有連結，知道連結到什麼地方，連結才是帶有編輯投票意義的。

7.10 其他一般外部連結建設方法

本節簡單介紹其他一般外部連結建設方法。

1. 自己網站

新網站建設外部連結比較困難，在沒有權重、沒有排名、收錄也不充分的情況下，就連最簡單的友情連結交換也很難實現。

我個人推薦的方法是新站先在自己的老網站上做幾個連結，過幾個月後，等權重提升到一定程度，收錄也比較正常時再開始交換連結。擁有一兩個至少是中等權重的網站，或者培養一些內容網站、部落格等，這對新網站建設很有幫助。

從自己的老網站建幾個連結，使新網站有基本權重和排名，可以打消其他站長交換連結時可能產生的顧慮，至少搜尋網站名稱時排到前面，能讓對方放心，認為這個網站沒有被懲罰。

2. 部落格

這裡所說的部落格是指建在企業網站獨立域名上的部落格，而不是第三方免費部落格平台。

現在站長都知道外部連結的重要性，一般商業性網站、企業網站很少自發連結到其他網站，比較願意給連結的幾種網站之中，部落格是其中最容易的一種。至少到目前為止，相關部落格之間互相引用、評論還比較常見。部落格通常是比較個人化的內容，商業性較低，積極參與專業部落格圈，與權威部落客討論話題還是能夠吸引到不少高品質的外部連結的。

如果部落格只是網站的一部分，建議把部落格放在域名的二級目錄上，而不要放在子域名上，不然透過部落格獲得的外部連結權重，將只傳遞到子域名而不是主域名上。

3. 文章發表

網路上有很多自由發表文章的平台，如第三方免費部落格平台，許多入口網站有提供部落格平台。有的網站也提供能夠發表文章的帳號。另外，還有一些自媒體平台，使用者可以免費註冊帳號並發表文章。

還有一類專門收集文章的網站，使用者可以建立帳號，自由發表文章，其他站長也會到這種文章目錄網站尋找優質內容轉載到自己網站上。有很多此類的英文文章目錄，搜尋一下「article directory」之類的詞就能找到幾百個。

在上述這些可以發表文章的平台，SEO 都可以建立和積累帳號，自己有部落格文章或竅門、資訊類文章時，就能夠在眾多網站發表。每篇文章中都可以留下指向主網站的連結，既可以是版權聲明中指向網站首頁的連結，也可以是文章正文中相關內容處指向內頁的連結。

有些發表文章的網站對包含的連結比較敏感，可能會在審核時刪除連結。不過只要做得不過分，每篇文章中只含有少量連結，而且只在必要時才留下連結，堅持提供有意義、有價值的文章，審核通過率就能保持在一定水準。

文章發表是自己可以在一定程度上控制，而且有可能做到很大數量外部連結的方法之一。需要注意的是，文章首先要在自己的網站上發表，等被搜尋引擎收錄後再發表到其他地方。最好有連結連到自己網站上的原出處，幫助搜尋引擎判斷哪個是原創版本。如果有時間和精力，可以將自己網站上的原始版本稍作修改後再在其他網站發表，盡量避免成為複製內容，從而提高收錄可能性。

4. 論壇部落格留言

在論壇留言中包含外部連結也是常用的方法。很多論壇簽名也允許加上連結。站長和 SEO 專業論壇經常不允許在正文中留連結，甚至連簽名檔也不允許放連結，比如點石論壇、英文的站長世界（webmasterworld.com）。站長世界更為極端，連具體網站名稱、非連結形式的 URL 都不能出現。

但是，網路上還有很多專業論壇的管理員並沒有像 SEO 一樣對連結這麼敏感，還是允許留下連結的，而且部分論壇中的連結沒有加 nofollow 屬性。當然，在論壇中留連結，並不是鼓勵大家到論壇裡發垃圾留言，首先還是要參與討論，提出有建設性的觀點。

現在部落格評論中的連結很少見到沒有 nofollow 屬性的，但部落格留言是引起部落客注意、與其他讀者溝通聯繫的很好方法。只要在部落格留言中言之有物，也能在圈子裡留下美名，引起注意，間接吸引其他人瀏覽你的網站。

現在有一部分部落客對 nofollow 屬性的大量使用頗為反感，認為 nofollow 屬性破壞了部落格互動的本質，所以在一小部分部落客中興起了 DoFollow 活動，使用外

掛程式將部落格軟體中預設設置的 nofollow 標籤去掉。可以在 followlist.com 尋找 DoFollow 部落格，在這種部落格上的留言直接連結效果更好一些。

長遠來說，透過有價值的評論引起部落客注意，潛在外部連結的價值比任何形式的 DoFollow 留言都高得多。我的部落格文章經常會連結到其他人的部落格和網站，很多人引起我的注意，使我訂閱他們的部落格，就是透過留言的方式。不要小看留言這麼簡單的推廣方法，現在在站長圈很紅的盧松松部落格，當初就是靠大規模留言起家的。

部落格留言的一個變體是 trackback，在自己部落格上評論引用並連結到其他人部落格貼子，部落格系統會自動 trackback 對方系統，在對方留言裡可以看到你的貼子的 URL，本身就形成一個 nofollow 的連結，和普通留言一樣。更重要的是可以引起其他部落客的注意。我的部落格當年引起網路界意見領袖 keso 的注意，就是因為我在我的貼子裡討論了 keso 的貼子觀點。這樣做的前提是，你得確保自己的文章是高品質的，不然權威人士來看了以後嗤之以鼻，就弄巧成拙了。

5. 合作夥伴

所有公司企業都有各式各樣的合作夥伴，供貨商、客戶、投資方、原材料供應商、生意夥伴都可以是外部連結來源。企業也可能參加了業界組織，隸屬於某個地區性聯盟、商會，也可能與某些政府部門有特殊合作關係，與學校科研機構有學術合作關係，等等。

每一個合作夥伴都是可以請求和獲得外部連結的來源，而且來自合作夥伴的連結通常品質比較高。在談合作時簡單的一句話，就可能帶來一個高品質的外部連結。

個人站長也一定有親戚朋友，有同屬於一個圈子的其他站長朋友。參加業界聚會、研討會時，多與其他站長做線下溝通與聯繫。很多時候透過郵件、線上通訊搞不定的事情，見個面聊幾句，一起吃頓飯就全部解決了。這種線下的日常合作夥伴往往是網站建設外部連結時所忽略的，但其實很容易獲得的外部連結來源。

6. 網摘書籤

網路上有很多線上書籤服務，站長可以註冊這些線上書籤服務，網站上有新內容時，先存到自己的書籤帳號中。網站上的內容頁面還可以加上主要書籤網站程式碼，方便其他使用者收藏書籤。被收藏的書籤頁面會出現在書籤網站上，形成外部連結。書籤網站本身還有很多使用者，能夠透過熱門類別、分類、tag 集合等方式發現你的內容。

目前絕大部分書籤網站都在連結中添加了 nofollow 屬性，但也有一些沒有添加。有些我們都以為添加了 nofollow 屬性的書籤網站，其實在某些特定頁面上還保留了沒有 nofollow 屬性的連結。SEO 人員要多積累，善於發現。

而且就算書籤中的網址加了 nofollow 屬性，也可能帶來點擊流量。使用者透過書籤來到你的網站，如果覺得內容品質確實高，還可能間接帶來外部連結。

7. 維基百科類網站

像維基百科這類的網站，通常允許添加相關連結，方便使用者查看更多資料。如果你的網站有與詞條相關性很高的資源內容，可以添加在外部連結、擴展閱讀部分。

為了預防垃圾連結，這些服務對條目的編輯，尤其是增加連結都很敏感，所以使用時一定要實事求是，只有在你的頁面確實對條目能起到很好的補充說明時再進行編輯。很多站長的經驗表明，有一定權威度的網站、確實有價值的內容，通過審核的機會並不低。

8. 客座及團隊部落格

近幾年客座和團隊部落格多了起來。十幾年前點石部落格建立時還很少看見其他團隊部落格，一般部落客都是單打獨鬥的。網路上有幾個非常不錯的團隊部落格，或者接受客座文章的部落格：

- 「可能吧」除了最初的部落客 Jason，後來也經常出現其他團隊成員的部落格。
- 著名的 IT 部落格「月光博客」，現在也接受客座投稿，而且數量不小。
- 盧松松部落格現在也大量接受投稿。

- searchengineland.com、searchenginejournal.com 也都是團隊部落格,同時接受投稿。

這些接受投稿的部落格,都會在發表客座文章時連結到作者網站,並且保留文章正文中的連結。團隊部落格也往往以作者落款的形式,允許連結到作者自己的主部落格。這其實是一個非常好的外部連結機會。熟悉 IT 和網路業的人都知道,月光博客權重高、影響大,但想要自己的網站連結出現在月光博客上的難度很大。與月光博客交換連結也很困難,實際上月光好像不交換連結。以客座文章的形式,使自己的文章和連結出現在月光博客上的價值不言而喻。

每個業界總會有幾個權威部落格。也許他們還不接受客座形式,SEO 人員完全可以嘗試聯繫部落客,建議以客座形式提供有價值的原創內容,對方就不一定會拒絕。這種合作也許還能在你的業界掀起一股創新熱潮。

9. 檢查競爭對手網站

競爭對手網站連結來源是個取之不盡的寶藏。強烈建議 SEO 人員使用工具檢查主要競爭對手外部連結情況,看看競爭對手有哪些外部連結?為什麼人家會給予外部連結?是交換還是連結誘餌?還是新聞或者購買的連結?你能不能說服這些網站也給你一個連結?既然他們能給競爭對手鍊接,你能成功獲得連結的可能性也不會很小。

強有力的競爭對手可能有成千上萬的外部連結。SEO 人員沒有其他任務時,把競爭對手外部連結檢查一遍,一定能發現好的來源。如果你能得到競爭對手的部分外部連結,再加上從其他渠道獲得的競爭對手沒有的外部連結,你的排名和搜尋流量超過競爭對手就是自然而然的事情了。

10. 網路廣告

網路廣告早在搜尋引擎出現之前就已經存在了,以後還會繼續存在下去。只要沒有使用 JS 腳本或透過程式轉向,普通 HTML 連結做成的廣告就是正常的外部連結。大網站都有廣告投放系統,廣告連結必須使用腳本,以方便管理、顯示廣告並統計點擊量。小網站就不一定了,可能是把廣告做成普通 HTML 連結。

雖然網路廣告經常是旗幟、按鈕等圖片形式，一般認為連結效果不如文字連結，但圖片連結也還是連結，圖片 ALT 文字大致相當於錨文字。網路廣告使用得當，除了能帶來點擊流量、品牌價值，還能帶來外部連結，何樂而不為？

網路上有很多網站，尤其是資訊類和個人網站，有不錯的內容和流量，卻整天發愁怎麼盈利。主動聯繫這些沒有清晰盈利模式的網站投放廣告，有時能拿到非常便宜的價格，幾十、幾百塊錢一個月，也許就能在一個流量不錯的論壇或資訊網站獲得全站連結。要找到這種網站也相對容易，只要搜尋相關關鍵字，那些沒有出售自己的產品，大量出現 Google AdSense、各種聯盟計劃廣告的網站，都是不錯的備選廣告目標。

11. 購買連結

如果網路廣告以文字連結的形式出現，就會變成購買連結，這是一個從 SEO 角度看比較灰色的模糊地帶。搜尋引擎明確反對以排名為目的的買賣連結，若檢測出是購買連結，不僅會把連結的投票權重取消，還會對買賣雙方的網站實施懲罰。

但是檢測連結買賣是一件非常困難的事情，而且連結買賣也經常混雜著多重目的，不一定僅是為了影響排名。主要以點擊流量為目的，又能帶來曝光度、外部連結，這樣的購買連結也不妨一試。

需要注意的是，盡量不要在明顯的連結交易平台或論壇找賣家。這種大量賣家和買家聚集的地方，通常都是以 SEO 為目的。在那裡賣連結的網站也不會僅賣一兩個連結，而是能賣多少就賣多少，不管品質。這種連結買賣網路可以比較容易地被檢測出來。搜尋引擎透過人工方式，確定少數幾個存在連結買賣的網站，就能透過連結關係挖出一大堆參與其中的網站。想要嘗試購買連結，最好搜尋相關關鍵字，直接聯繫排名不錯的網站站主，若對方沒有主動出售過連結，效果則更好。

12. 社群媒體網站

除了線上書籤網摘服務，其他社群媒體網站也有助於外部連結建設，包括內容分享、社交網路等形式的網站甚至 App。

首先，社群媒體網站上引用、推薦、評論網址很常見，在諸如 Twitter、Facebook、IG 上，一個有很多粉絲的帳號貼出網址，經常會帶來大量點擊訪問。如果你的頁面內容吸引了這些訪問者，引起他們的評論、互動的興趣，就可能間接帶來外部連結。

其次，雖然大部分社交網路上出現的匯出連結都加了 nofollow 標籤，但是搜尋引擎到底怎樣看待這種連結還是未知數，尤其是連 Google 都將 nofollow 標籤當作建議，而非指令後。社交網站上大量連結及使用者點擊的流動，很可能是最新的排名訊號之一。比較明顯的是，很多人注意到維基百科（wikipedia.org）上的外部連結雖然一律加了 nofollow 標籤，但似乎對頁面排名還是有幫助，其原因既可能是搜尋引擎對維基百科上的帶有 nofollow 標籤的連結早就做了特殊處理，也可能是點擊流量間接帶來其他地方的外部連結，還有可能點擊流量本身就是一種排名訊號。

13. 聯盟計劃

聯盟計劃也就是站長們熟悉的網站聯盟。廣告商給參與計劃的站長提供一個跟蹤程式碼，站長把這段跟蹤程式碼放在自己的網站上。使用者點擊連結來到廣告商網站產生購買或其他轉化，廣告商支付佣金給站長。

在某些情況下，聯盟計劃跟蹤連結也能形成外部連結。只要聯盟計劃程式執行於廣告商自己的域名上，並且跟蹤連結直接指向或做 301 轉向到首頁或相應的產品頁面，這些聯盟計劃連結就變成了普通外部連結。聯盟計劃顯然是有金錢往來的，如果連結沒有加 nofollow 標籤也沒有標示為廣告，搜尋引擎又檢測出這是聯盟計劃連結，就可能會被當作買賣連結。

其實技術上可以實現無須跟蹤程式碼，站長直接連結到廣告商首頁或產品頁面，聯盟計劃程式同樣可以統計點擊量和轉化率，這種情況下的聯盟計劃連結與普通連結沒有任何差異，但搜尋引擎檢測起來就困難多了。

如果使用第三方網站聯盟服務，聯盟計劃連結實際上是指向第三方服務商域名，再轉向到廣告商網站，在第三方服務商網站上通常還要做 cookie 設定、跟蹤腳本轉向等，使得連結權重不能順利傳遞，就不能形成外部連結。

14. 新聞稿發布

網路上有一些專門的新聞稿發布網站，在 Google 搜尋一下「press release」，就能找到很多新聞發布網站。

這些新聞發布網站允許使用者註冊、提交和發布新聞稿件。新聞結尾處通常允許留下發布者網站連結，正文中還可能允許留下一兩個連結。新聞稿除了會出現在新聞發布網站本身，新聞發布服務商還會把新聞稿推到與自己有渠道合作關係的其他新聞類網站上。有些小的新聞網站會自動去新聞發布網站上抓取內容放在自己網站上。

大部分有價值的新聞發布需要付費，支付一定費用後，新聞發布服務將保證稿件出現在一定數量的渠道網站上。也有一些免費的新聞發布服務，當然他們的發布渠道很少，不過最差的情況也至少會出現在新聞發布服務自己的網站上。

正規新聞網站通常權重比較高，是比較好的外部連結。就算是付費服務，也只是一次性費用，就能永久保留連結。這比某些購買連結划算，通常購買連結是按月付費的。使用新聞發布服務時最重要的是確認服務商渠道網站是真正高品質新聞網站，而不是服務商自己的站群。

15. 媒體公關

有公關實力和渠道的企業網站，在進行公關活動時不要忘記，除了提高曝光度，公關也可能成為外部連結建設的強有力方法。在發布新聞時提到公司網址，應該是公關標準流程之一。很多時候公司高層的一舉一動都是新聞媒體追逐的對象，外部連結建設人員辛苦交換友情連結幾個月，還不如高層說的幾句話效果好。

16. 請求連結

如果網站上真的有非常有價值的內容，比如製作好了連結誘餌，直接請求連結也是一個可行的方法。雖然大部分商業性質網站不會輕易連結到其他網站，但還是有很多學術機構、學校、政府部門之類的網站及個人部落格，會在頁面上列出對使用者有幫助的資源。尤其是如果對方網站上已經有現成的資源列表，寫一封誠

懇的郵件，告訴對方自己網站上有很好的內容，能增強對方內容的完整性，大部分的站長會同意加上你的連結。

17. 購買網站

如果碰到不錯的外部連結來源網站，但對方不同意連結，也可以考慮把對方網站購買下來。這在某些競爭非常厲害的產業是常見的手法，比如旅遊、成人、藥品、法律服務等類網站。

尋找的購買對象不一定必須要求排名非常好。排名在前十位、前二十位的網站不會輕易出售，要求的價格也一定比較高。可以找排名在搜尋結果前十頁或前二十頁的網站，其實都有不錯的權重和相關性，不然也不會戰勝其他幾十萬、幾百萬個競爭對手出現在搜尋結果前十頁或前二十頁。出現在搜尋結果第十頁，關鍵字點擊流量微乎其微，對原來的所有人來說很可能是個雞肋，報上一個不錯的價格，也許對方就能將網站賣給你。

18. 站群

與購買網站有些類似的是透過站群建設外部連結，這又是一個有爭議的灰色地帶。搜尋引擎明確認為站群是屬於作弊的，但怎樣算得上是站群是比較模糊的。擁有多個網站本身不一定是作弊或黑帽，但是超過一定程度被判斷為作弊的可能性將大大提高。

透過站群建設外部連結要注意下面幾點：

（1）數量不要過多。擁有十幾個、二十個網站很正常，但一個小公司或個人站長擁有幾百個甚至幾千個網站就不正常了。敏感行業或提供連結服務的另當別論，幾百個網站只是站群起步。

（2）站群之間不要交叉連接。使用站群的目的是集站群的力量，共同推一個主網站。所以從站群網站連結到主網站更為恰當，這些站群網站之間不應該交叉連結。

（3） 不要使用重複內容。站群裡的每個網站都應該有自己的獨特內容，若使用一樣內容，那麼建多個網站毫無意義，既對使用者沒有幫助，搜尋引擎也不會喜歡。

（4） 網站主題不同。雖然應該盡量保持站群與主站的內容相關性，內容應該是相同或相近產業，但不同網站之間還應該有一定的主題差別。比如主網站是減肥藥物，站群可以分別以健身、美容、減肥方法、養生等為主題。

（5） 在可能的情況下，將站群網站放在不同的伺服器和 IP 位址上。

（6） 可以被接受的站群與黑帽站群之間的差別在於使用者體驗。建立站群時應該問問自己，一個新的網站是否能夠為使用者至少提供一定的獨特價值？還是純粹為了多些外部連結？

19. 贊助活動

贊助活動也是一個建立單向外部連結不錯的方法。公司贊助各種形式的會議、公益活動，通常活動官方網站上會列出贊助商並且給予連結。有時候很難從政府或產業機構網站獲得連結，贊助他們舉辦的活動幾乎是唯一的途徑。

當然贊助活動一定有成本，不過有的時候成本不一定很高。除了現金贊助，也可以是產品贊助。某些產品成本並不高，像軟體、諮詢服務等。甚至贊助活動可能以提供優惠券、打折券的形式就能實現，既能提高曝光度、帶來外部連結，還能帶來直接銷量，非常划算。

20. 電子書發布

如果你有比較全面深入地針對某個主題的內容，可以將其做成電子書，書裡自然可以放上作者網站連結。正文中需要引用和進一步解釋時，還可以連結到網站的內頁。

電子書最常見的格式是 PDF，也可以是 Word 格式，甚至是 PPT 格式，文件中都可以留下連結。除了在發布者自己的網站上提供下載，電子書還可以自行提交到各大軟體下載網站。很多使用者喜歡傳播電子書，只要在自己的網站和幾個主要軟體下載網站上發布，就會迅速在網路上傳播開來。我在自己的部落格上發布的

幾本電子書，都沒有做任何其他形式的推廣，就有很多站長把電子書放在自己網站上提供下載。

無論 PDF 檔，還是 Word、PPT 檔，搜尋引擎都會像對待 HTML 檔一樣對待它們，所以電子書中的連結也會被搜尋引擎當作外部連結。

21. 資訊發布網站

網路上有一些允許使用者自由發布資訊的網站，如 B2B、分類廣告等。其中一部分允許使用者在發布資訊中包含連結。

本節簡單討論了 20 多個一般外部連結建設方法。這些方法全部使用既不現實，也沒必要。外部連結建設人員嘗試各種方法後，最好選擇幾種自己最擅長的，持之以恆，積累經驗和資源。簡單方法做到極致，就是最有效的方法。

7.11　非連結形式的連結

前面討論的都是正常意義上的、寫在 <a href=> 標籤裡的、連向網頁的連結。

網路上也有很多非連結形式的 URL 出現，這些在正常意義上來說隱藏著的連結，是否會對搜尋引擎發現頁面、傳遞權重、頁面排名有影響呢？目前尚未可知。

比如 Gmail 中出現的連結都是被 Google 跟蹤的。點擊 Gmail 裡的連結，你會在網址列中首先看到跟蹤程式碼，然後再轉向到真正的 E-mail 中出現的 URL。到目前為止，沒有跡象表明 Gmail 裡的連結會對頁面收錄有什麼幫助，更別說對排名的影響了。那麼，如果 Google 從來沒想過利用這個資料，為什麼從一開始就要跟蹤呢？

非一般的、隱藏形式的連結（準確地說只是可能的連結）還包括：

（1）　其他網站引用你網站上的圖檔，也就是圖片盜連。網站 B 使用網站 A 的圖片，HTML 程式碼為 <img src="http://www.domainA.com/images/pic.jpg">，其中的 http://www. domainA.com/images/pic.jpg 算不算對域名 A 的一個連結？

（2）連結到 JavaScript 檔。<a href="http://www.domainA.com/script.js"> 算不算對域名 A 的一個連結？這裡姑且不去討論為什麼要連結到一個 JS 檔。

（3）連結到 CSS 檔。<a href="http://www.domainA.com/style.css"> 算不算對域名 A 的一個連結？

（4）連到 RSS 種子的連結。<a href="://www.domainA.com/rss.xml"> 算不算對域名 A 的一個連結？

（5）搜尋引擎能看到的 E-mail 裡的連結，諸如 Yahoo! 信箱，Hotmail，Gmail。

（6）在 JavaScript 腳本或 JavaScript 注釋裡出現的 URL。

（7）在 CSS 或 CSS 注釋中出現的 URL。

（8）圖片、影片檔案 meta 資料中出現的 URL。

（9）HTML 注釋裡出現的 URL。

（10）HTML 標頭，meta 資料，以及 ALT 標籤等地方出現的 URL。

（11）可以被工具列跟蹤、使用者訪問的，但沒有出現在其他頁面的 URL。

（12）需執行 JavaScript 腳本後才能看到的目標 URL。搜尋引擎會嘗試解析 JavaScript 中的連結，從而發現新頁面，其中的 URL 算不算連結？能否傳遞權重？

（13）需登入才能看到的連結。有的付費內容網站可以透過所謂「First Click Free」機制，允許 Google 抓取需登入才能看到的內容和連結。

（14）純文字、沒放進 <a> 中的 URL，如頁面上僅僅出現文字 http://www.seozac.com/，不是可以點擊的連結。可以肯定，這種純文字的 URL 對於搜尋引擎發現、抓取 URL 是有幫助的，是否傳遞權重則不詳。

（15）非網頁檔，如 txt 中出現的連結。

（16）加了 meta noindex 標籤的頁面上的連結。

（17）域名註冊資料和 DNS 資料。

（18）可提交的表單裡出現的連結。

（19）小工具軟體裡的連結。

（20）廣告連結如 Google Ads 指向的連結。

（21）圖片中出現的連結。隨著圖像識別處理技術的進步，搜尋引擎能否從圖片中
識別出 URL 呢？如果可以，Google 地圖街景照片中出現的廣告 URL 能否
被讀取呢？

上面提到的這些 URL 是否有助於搜尋引擎收錄新頁面？是否會在某種程度上傳遞
權重？對排名有什麼影響？目前 SEO 界尚無定論。以後如果有進一步消息，我會
在 SEO 每天一貼部落格中分享。

這裡提一下「提及」，也就是網站、公司、站長等的名稱（不是 URL）在其他網
站出現，但沒有連結。不可否認，連結目前還是搜尋引擎判斷權威性的主要因
素，但現實生活中，權威度不僅僅體現在投票行為，或其他推薦、讚揚行為中，
大家在對話、新聞、文章、小說等場景下大量提及或談論某個名稱或品牌，往往
說明這個名稱就是權威的，或至少是流行的、熱門的。搜尋引擎演算法在某種意
義上就是對現實生活的模擬，那麼網路上有大量頁面提及（沒有連結）某品牌，
是否會提高這個品牌網站的權重，進而影響關鍵字排名呢？

隨著網路上垃圾連結越來越多，搜尋引擎勢必降低連結在演算法中的比例，那麼
就需要透過更多訊號來判斷權重，品牌名稱被提及次數很可能就是其中之一。目
前這個因素是否在搜尋引擎演算法中，SEO 業界尚無定論，也很難逆向推導，這
裡提醒 SEO 們要在接下來幾年時間裡持續關注。

7.12　新形勢下的連結建設

近幾年，外部連結建設越來越不好做。一個原因是站長們出於各種原因越來越不
願意連結到其他網站，包括交換連結都越來越嚴格了。另一個重要原因是，搜尋
引擎對外部連結的品質也越來越挑剔。品質差的外部連結不僅沒有作用，還可能
傷害網站。

7.12.1 搜尋引擎越來越挑剔

Google 對低品質連結的態度相當嚴厲。除了明確屬於作弊的買賣連結、秘密部落格網路、群發等，在我記憶中，Google 在官方部落格或比較正式的場合由 Google 員工表態過，低品質連結有很高的機會被判斷為垃圾連結，在此提醒 SEO 們要非常慎重對待的還有：

- 大量交換連結。
- 客座部落格文章（尤其錨文字含關鍵字時）。
- 新聞稿發布（尤其新聞稿加了關鍵字連結時）。
- 外掛程式裡的連結。
- CMS 模板連結。
- 以任何利益換連結（如有償評測、聯盟計劃）。
- 文章目錄提交（尤其文章加了關鍵字連結時）。
- 為學校提供獎學金換取連結。
- 捆綁在使用條款、契約裡的連結（如架站公司要求客戶網站加連結）。
- 傳遞權重的廣告連結（沒加 nofollow 標籤的廣告）。
- 低品質網站目錄。

2015 年 2 月，Google 員工 John Mueller 甚至在一次 Google+hangout 視訊會議中說，建議 SEO 們根本不要建設外部連結。

如果真的嚴格按照搜尋引擎們的建議做，對照一下前面介紹的一般外部連結建設方法，除了純粹靠內容吸引外部連結，安全的方法實在也沒剩下幾個了。當然，我不認為上面列出的外部連結建設方法完全不能用，關鍵在於把握好規模、文章品質和相關度。

長遠來說，還有什麼方法能有效又安全地建設外部連結呢？除了內容和創意，我也無法給出其他答案。可以這樣說，一旦專門、刻意地去建設外部連結，就已經出現潛在的不安全因素了。也許很快就真的是 SEO 們停止外部連結建設的時候了。

在短期的未來，SEO 還不得不建設外部連結時，必應官方部落格發布過一篇文章，可以作為判斷某個方法是否安全的指標：真正好的連結，你事先不知道它會來自哪裡，甚至不知道它的存在。

利用高品質內容吸引外部連結，請參考 7.9 節，其中的概念還是可以借鑑的。這裡再簡單討論一下創意。不僅在內容策劃、工具製作等方面可以發揮創意，外部連結建設也可以有創意。以下舉幾個例子供讀者參考。

7.12.2　404 外部連結建設

站長們對 404 錯誤最熟悉不過了，但有沒有想過透過 404 頁面建設外部連結呢？

檢查自己的網站外部連結是 SEO 的日常。無論透過 Google Search Console，還是第三方工具，查詢、下載網站外部連結資料後，檢查一下這些連結都指向自己網站的哪些頁面，高機率你會發現有些連結指向的是網站上並不存在的頁面 URL。幾乎所有網站都會有這個情況，發生的原因各式各樣，有的是因為自己刪除文章，有的是自己調整了網站結構，有的純粹是對方寫錯連結 URL。

不管原因是什麼，指向 404 頁面的外部連結權重是不能繼續向下傳遞的，也就是指向你域名的外部連結權重白白消失浪費了。解決的方法很簡單，把有外部連結的 404 頁面透過 301 轉向到其他存在的相關頁面，或者乾脆在那個 URL 建立個有內容的頁面，外部連結就被自然而然地接收了。如果發出連結的網站有不錯權重，就更是要這樣做。

檢查別人網站 404 錯誤也可以用來給自己網站建設外部連結。安裝 404 檢測瀏覽器外掛程式，如 Chrome 的 Broken Link Checker、Check My Links 等，這類外掛程式可以檢查並顯示目前頁面上哪些連結指向 404 錯誤。平常看文章時，留意一下有沒有連結指向外部網站卻顯示 404 錯誤。看到這種錯誤連結，聯繫站長，告訴他網站上有這些打不開的連結，提醒他這種無效連結會影響網站的品質，大部分站長會感謝你的。這時候可以順便提一下，你的網站也有類似內容的文章，不妨試著建議他把連結改為指向你的網站，一部分站長是會連結過來的，既是感謝，也是確實需要連結向能打開的頁面。當然，前提是你有個好網站，有相關內容。

如果遇到相關又非競爭、權重不錯的網站，用 Xenu 抓取工具（詳見第 12 章）掃描一遍，很可能會發現不少指向外部卻傳回 404 的連結。

7.12.3 將「提及」變為連結

上一節提到了「提及」的概念。再進一步，既然對方提及了你的品牌或網站名稱，只要不是負面性提到，有沒有可能讓對方在提及的地方加上你的官方連結呢？

如果你的網站有一定品牌知名度，且對方網站是正規網站，不妨聯繫一下，建議對方在提及名稱的地方加上指向官網的連結。說服的出發點當然不能是給你的網站增加連結，而是對對方網站使用者有好處，使用戶能更方便地查看相關資訊。

這個方法成功率並不高。我有做英文網站的朋友在嘗試後統計了成功率，不到5%，大部分站長收到郵件並沒有回覆。不同知名度、不同產業、不同聯繫目標、不同聯繫方法、不同措辭，很可能成功率不同，但 5% 其實對某些公司來說也很可觀了。而且，除了花些時間，自己也沒有損失。

尋找被「提及」的地方很簡單，搜尋「品牌名稱—自己域名」就能找到很多。第12 章中介紹的「Google 快訊」也可以派上用場。

7.12.4 透過產品評測建設外部連結

產品評測是電商網站常用的建設外部連結方法。

請客戶在自己網站或部落格寫產品評測，不一定要求都是讚美，真實評測更好，驗證後給予一定獎勵，如現金回扣、折扣券、銷售分潤、積分等。或者直接給有一定網路知名度的潛在使用者發送免費產品，唯一條件是發表一篇評測文章。不過，由於涉及金錢利益，一旦搜尋引擎檢測出有償評測，可能會直接忽略連結，嚴重的話還可能被判斷為作弊導致懲罰，因此需要非常謹慎。

那麼，反過來思考一下，自己給別人寫評測是不是也有可能帶來連結？自己買了什麼產品，或者使用了什麼軟體、線上服務，在自己網站、部落格寫個真實評測，聯繫一下產品/服務提供商，告訴對方自己寫了不錯的評測文章，對方也有可能將其收錄為使用者證言，為了證明真實性連結到原始出處。

對方如果是大公司，很可能不會理睬，所以這種方式更適用於對方是中小品牌的情況。如果你在業界有一定知名度，對方可能會很高興有你這樣的使用者給予背書並在他們網站上炫耀一下。

這裡舉的幾個創意例子，不一定適合所有情況，成功率也不一定高，但好處是安全，成本低，嘗試一下，即便不成功也無損失。針對自己網站的實際情況，開動腦筋，也許會找到很多巧妙的方法。

7.13　連結工作表

一般公司網站都應該有頁面修改更新日誌，方便日後查看哪些改變引起了什麼效果。除此以外，外部連結建設也應該有一個工作表，方便統計記錄工作進度、多個網站之間共享資源及新員工的工作交接等。

連結工作表至少應該包含以下內容（如表 7-1 所示）。

表 7-1　連結工作表

對方網站名稱	首頁 URL	網站權重	主題匹配度	聯繫方式	連結頁 URL	連結種類	連結使用的錨文字	本站友情頁面	第一次請求日期	跟進日期	狀態	備註	處理人

- 對方網站名稱。
- 首頁 URL。
- 網站權重。根據域名年齡、更新情況、收錄排名等進行評估。
- 主題匹配度。SEO 人員需要給目標網站大致做個判斷，給予高、中、低評級。相關度越高，需要投入的時間精力分配越多。
- 聯絡方式。可以是對方站長 E-mail 地址、提交表格地址等。

- 連結頁 URL。對方給予連結的具體頁面，不一定是首頁。

- 連結種類。可以是交換連結、部落格文章發布、論壇簽名、目錄提交等。

- 連結使用的錨文字。

- 本站友情頁面。如果是交換連結，列出對方網站在自己網站上的連結 URL。

- 第一次請求日期。表格提交或第一次聯繫友情連結的日期。

- 跟進日期。一段時間後對方沒有回覆，跟進聯繫日期。

- 狀態。可以是已完成、已放棄、處理中等。

- 備註。其他相關資訊，如付費目錄費用。

- 處理人。

最簡單的連結工作表可以是一個 Excel 檔。有技術能力的公司也可以把連結工作表做成軟體或線上工具形式，方便團隊溝通、協作。除了上面列出的內容外，還可以增加一些功能，例如：

- 友情連結認證。軟體自動訪問對方連結頁，看自己的連結是否還存在。

- 計算工作量。根據處理人、聯繫日期、跟進日期及連結狀態，自動計算外部連結建設人員的工作進度和工作量。

- 對方網站品質。自動查詢線上工具，列出對方網站的收錄數、域名註冊日期等。

- 懲罰可能性。搜尋對方網站名稱、主要目標關鍵字，記錄排名情況。如果搜尋網站名稱網站不在第一位，就可能是被懲罰的網站。

- 備選網站。根據第 2 章中討論的特殊搜尋指令，在搜尋引擎中找到可能的連結來源，供外部連結建設人員人工聯繫和跟進。

SEO 效果監測及策略修改

效果監測是 SEO 項目的重要步驟之一。SEO 是一項不能停的工作，效果監測既是前一輪 SEO 的總結，也是下一輪 SEO 的開始。

8.1 為什麼要監測

再漂亮的計劃，再有力的執行，都有改進的空間，而不被監測的東西是無法著手改進的。

8.1.1 檢驗工作成效

SEO 監測的意義首先在於檢驗 SEO 成效，不僅能向公司高層和其他部門匯報 SEO 對網站流量及盈利的貢獻，也能使 SEO 團隊本身了解自己是否走在正確的方向上？需要做的工作完成了多少？到底對網站有多大貢獻？

要比較準確地統計工作成效，就必須設定監測基準。在 SEO 實施之前就需要設定好哪些指標需要監測，記錄網站實施 SEO 前各指標的表現資料。雖然效果監測是在第一輪 SEO 工作完成之後才能具體進行和分析，但監測事項必須在 SEO 開始實施前就做好規劃。沒有記錄網站原始表現，到後面就無法判斷 SEO 效果。

另外，為了更準確地知道 SEO 成效，還要同時監測主要競爭對手情況，如下面提到的應該監測的排名、流量、收錄、外部連結等，只要是可以查詢到的數字，都要

進行週期性記錄。SEO 不是自己網站單獨能夠體現出效果的，競爭對手也同時在最佳化、提高，只看自身資料，很可能無法完整了解 SEO 是否達到了應有的水準。

8.1.2　發現問題，修改策略

SEO 計劃和實施是否真的符合搜尋引擎品質規範和演算法規律，誰也不能事先百分之百確定。很多細節問題 SEO 業界並沒有共識，而且不同網站有不同的適用方法，到底每一步、每一個元素是否最佳化得當，自己說了不算，只能以最後效果為依據。實施 SEO 一段時間後，檢查各項指標、分析流量，才能發現 SEO 過程中可能存在的問題並進行策略修正。

在這個意義上，SEO 是個不間斷的調整過程。當初的計劃可能有偏差，很多細節一定有不完善的地方，競爭對手也在加強網站，搜尋引擎演算法同時也在不斷調整中，因此，SEO 策略修正是必不可少的步驟。

8.1.3　SEO 完整過程

從前面幾章的討論可以梳理出 SEO 的完整過程如下：

- 競爭研究：包括關鍵字研究和競爭對手研究。
- 網站最佳化：包括結構調整、頁面最佳化、行動最佳化。
- 外部連結建設：通常與網站最佳化同時進行。
- 效果監測及流量分析：本章討論的內容。
- 策略修改：基於監測資料，必要時重複從關鍵字研究開始的全部流程。

所以，SEO 是一個不斷循環的過程，效果監測和策略修改是其中重要的一步。

8.2　網站目標設定及測量

SEO 是網站行銷活動的一部分，必須幫助達成網站目標。不同的網站目標對 SEO 策略有一定影響。這裡說的網站目標指的是行銷意義上的目標。

8.2.1　網站目標

做網站時，很多企業和個人站長經常會忽視的一個步驟是明確定義網站目標。每個網站都有它存在的原因，但很多站長說不清網站的目標。有的站長認為建站就是為了賺錢，當然這可以是建站的最終目的，卻不能成為行銷意義上的目標。我們需要再進一步明確：網站怎樣賺錢？

網站目標必須是實在的、可以操作的、用來引領網站設計及所有網站經營活動的，而不是籠統的、表面的、敷衍了事的。

網站目標必須在動手建設網站之前就確定下來，而不能走一步看一步。網站建設、設計過程中遇到多種選擇時，取捨的標準就是看是否有利於達成網站目標。

這裡所說的網站目標是給企業和站長本身看的，而不是給使用者、投資人或老闆看的。在一些網站項目企劃書或網站頁面上，我們經常看到的網站目標是諸如「給客戶提供最大價值」或「為客戶提供完整解決方案」。這是給客戶看的，同時也是不著邊際、無法操作的。有的可能說網站目標是「促進公司線上銷售成長20%」，這是給老闆看的，對經營網站也沒有直接的引導意義。

網站目標要非常明確，具有可操作性。很多時候沒有經驗的人不一定能正確定義網站目標。最常見的錯誤就是把網站目標定得過於空泛，無法實踐。像是認為網站目標就是賺錢，或者就是促進銷售，或者是建立網路品牌，這些都是看似正確卻不能帶動網站實踐的空泛目標。

對網路行銷人員來說，網站目標就是你想讓使用者在網站上做什麼。你最想讓瀏覽者做的那件具體的事就是你的網站目標。

8.2.2　網站目標實例

網站目標有時候並不像說起來那麼簡單明顯。大部分電子商務網站最容易想到的網站目標是讓使用者把產品放入購物車，最終實現購買。從放入購物車，到生成訂單，到付款成功，會形成一個轉化漏斗，每一步都必然有使用者流失，需要運用各種方法降低轉化阻力和減少流失。從 SEO 和網路行銷角度，把產品放入購物車比較適合被定義為網站目標，因為這是進入轉化漏斗的第一步。

但不是每一個網站都應該以直接產生銷售為目標。不同的網站應該找出最適合網站產品、使用者特徵、業務流程的目標。下面透過幾個具體的例子來幫助站長明確怎樣定義網站目標。

使用者在初次瀏覽一個陌生網站時很少會立即購買產品。研究顯示，使用者與網站接觸 5～7 次才達到較高的購買率。但除非網站是知名品牌，一般瀏覽者一旦離開網站很少會回來，那麼怎樣與潛在客戶保持接觸呢？電子郵件行銷是最好的方法。如果網站運用了電子郵件行銷方法，那麼網站目標也應該是盡最大可能讓點進來的使用者註冊免費帳號／電子雜誌／郵件列表，收集盡可能多的潛在客戶電子郵件，而不是試圖說服初次造訪者買東西。

如果銷售的產品是軟體，很可能網站目標不是讓瀏覽者直接購買，而是吸引瀏覽者下載免費的試用軟體。最後的銷售是透過軟體本身的易用性及強大功能達成的，試用軟體有效期結束後使用者需要付費才能繼續使用，或者限制免費版功能。在網站上，站長最想讓瀏覽者採取的行動是下載試用軟體，這就是網站目標。免費下載也可以是電子書、產業報告、影音檔案、螢幕保護、圖片等。

有的網站是為了最終提供某種無法線上完成或必須客製化的服務，這時網站目標就可能是促使瀏覽者與企業聯繫，了解進一步情況。聯繫的方式可能是填寫線上表格，可能是發電子郵件，也可能是直接給企業打電話。無論是哪種聯絡方式，站長都應該很明確，網站目標不是直接產生線上訂單，而是促使瀏覽者採取行動，聯繫企業或站長。

有的網站延續線下行銷模式，並不試圖直接產生銷售，而是希望使用者索取樣品並使用樣品，然後再透過後續聯繫，或者業務人員直接推銷等方法產生最終銷售。這時網站目標就應該是促使瀏覽者填寫表格，要求網站寄送樣品或產品目錄。

有的網站是為了輔助實體店的行銷活動，網站本身並不能產生任何交易。當然對有實體店的企業來說，線下與線上直接銷售並不矛盾。但有時企業由於某種原因，建設網站純粹是為了輔助實體商店，這時網站目標該怎樣定義就需要花費一點心思。比如，網站目標可能是促使用戶拿起電話，詢問實體商店的具體地址、營業時間。如果再進一步考慮，是否還能有更具吸引力的網站目標？例如在網站

上提供專用折扣券，瀏覽者可在網路上列印折扣券，之後到實體店使用。這時網站目標就可以很明確地定義為吸引使用者列印折扣券。

有的網站主要依靠廣告盈利，網站目標顯然就會與上面討論的以銷售產品或服務為主的網站不同。如果網站是以 PPC 廣告，也就是按點擊付費廣告為主，那麼網站目標就是讓瀏覽者點擊廣告連結。網站給出的其他選擇越多，瀏覽者點擊廣告的可能性就越低。所以在設計網站時就要考慮如何在不產生欺詐的情況下，吸引使用者點擊廣告，甚至有時候可以讓使用者別無選擇，只能點擊廣告離開網站。

如果網站是以 CPM 廣告，也就是按顯示次數付費為主的廣告，策略則剛好相反，這需要瀏覽者在網站上停留時間越長越好，打開頁面越多越好，最好不要離開網站。

不同的網站有不同的盈利模式、產品特性、使用者行為方式、業務流程，會形成不同的網站目標，站長需要潛心研究才能正確地定義網站目標。

8.2.3　網站目標確定原則

好的網站目標應該具備下面幾個特點。

第一，務實，要確定是使用者有可能達成的目標。不要給使用者增加難度，設定一些需要克服很大困難才能達成的網站目標。如果網站銷售的是價值幾十萬、幾百萬元的工業裝置，網站目標就不要設定為直接線上銷售，而是設定為讓瀏覽者聯繫企業，或者詢問進一步情況，或者索取報價單、產品目錄，或者直接打電話給銷售部門。總之，不要讓陌生使用者在網路上直接訂購大額產品，這往往是不切實際的。

第二，可測量性。網路行銷相較於傳統行銷最大的優勢之一，就是行銷效果可以精確測量和分析，並在此基礎上改進行銷手法。網站目標的設定也同樣如此。站長想讓瀏覽者做的事，應該是可以透過某種方式測量的。有時候測量方法簡單明確，比如產生線上訂單，或註冊電子雜誌，下載軟體、電子書等，這些都會在網站後台或伺服器日誌檔案中留下明確資料。

有的時候則要透過一些方法才能使網站目標的測量可以實現。比如，上面所說的吸引使用者列印折扣券的情況。使用者點開折扣券所在頁面次數可以測量，但有沒有列印，站長是不容易知道的。要想測量這個目標，就要結合幾種方法，比如折扣券所在網頁的瀏覽次數，折扣券在實體店被使用的次數，如果技術條件允許，可以動態生成折扣券序號等。

第三，行動性。網站目標應該是特定的使用者行為，也就是使用者要做的一件具體的事情。像上面所列出的例子，無論是生成訂單還是註冊電子郵件列表，或者下載、填寫線上聯繫表格、打電話、點擊連結等，這些都是明確的使用者行為。似是而非的指標就不是真正的網站目標，如網站流量成長 10%，或轉化率提高 1% 等。這些可以是用在企業展望上的目標，卻不是設計、經營網站時用於指導實踐的網站目標。

第四，明確單一。如前面提到的例子，網站目標都是明確的。網站目標設定不能太多，不然在建設網站的過程中需要做選擇決策時，可能會產生衝突，難以抉擇，不知道讓瀏覽者做這個好，還是做那個好，網站設計也就無法突出重點。

單一目標是最有力的。在某些情況下若單一目標達成困難，可以增加一個輔助目標，如購物類網站，第一位的網站目標當然是放入購物車，如果瀏覽者沒在網站購買任何東西，就想辦法讓他們註冊電子雜誌，作為輔助網站目標。除非是很大型的、功能複雜的網站，不然千萬不要面面俱到，既想讓瀏覽者做這個，又想讓瀏覽者做那個，結果可能是哪個目標都沒達成。

8.2.4 網站目標影響 SEO 策略

SEO 人員為什麼必須清楚了解網站目標？因為網站目標影響 SEO 策略，這一點非常重要。

例如，有些內容網站靠顯示廣告盈利，網站目標應該是盡量增加頁面訪問數（PV）。電子商務網站，則要以線上銷售為目標。兩者的 SEO 策略就會有很大不同。電子商務網站希望得到的是能轉化的高品質目標流量，關鍵字研究的重點在於挑選和最佳化最相關的、交易類的關鍵字。內容網站則對流量購買意圖要求不高，只要是流量就能增加 PV，關鍵字研究重點在於發現新熱點、不斷擴展長尾。

在網站結構上，要提高 PV，將文章分頁是方法之一，所以大家可以看到很多入口網站、資訊網站將明明不長的文章也分為幾頁。代價是頁面和連結權重分散，其收錄可能成為問題，甚至可能影響使用者體驗。電商網站則正相反，需要盡量減少步驟、減少干擾因素，不要讓使用者四處點擊，盡快讓使用者把產品放入購物車。

另外，網站目標的正確設定和測量直接影響 SEO 效果的監測及策略修改。SEO 效果不僅表現在排名和流量上，更表現在轉化上。

8.3 非流量資料監測

SEO 需要監控的資料可以分為非流量和流量兩部分。本節討論非流量資料，下一節介紹流量分析。

8.3.1 收錄資料

收錄是網站排名和流量的基礎。尤其是大中型網站，最佳化不好時，經常收錄不充分。SEO 團隊要解決的一個重大問題就是，使盡量多的有價值頁面被搜尋引擎收錄。下面幾個收錄資料需要記錄跟蹤。

1. 總收錄數

傳統基本做法是使用 site: 指令查詢搜尋引擎對某個網站的總收錄頁面數，再根據站長自己知道的網站實際頁面數，就可以計算出收錄比例。小網站收錄率應該達到 90% 以上，大中型網站（幾十萬頁面以上）若最佳化得當，頁面收錄率可以達到百分之七、八十。

Google 的 site: 指令結果往往不太準確。但 site: 指令的好處是可以查看競爭對手網站的頁面收錄數。為了得到比較準確的收錄數，可以嘗試使用 site:domain.com，加上網站每個頁面都會出現、同時是網站獨有的詞或句子，比如網站名稱、出現在頁面頂部的口號、電話號碼、地址等。

需要注意的是，出現在 HTML 底部的文字有可能並沒有被搜尋引擎索引。有的頁面檔案太大，搜尋引擎雖然抓取了整個頁面 HTML 程式碼，但不一定把頁面上所有文字進行索引，而只是索引前半部分。所以如果頁面檔案比較大，需要搜尋頁面上靠前的獨特文字，才能得出較準確的收錄數字。

2. 特徵頁面收錄

除了網站首頁，還要再從分類頁面中選一部分有特徵的或典型的頁面，以及產品或文章頁面中的一部分典型頁面，查看這些典型頁面是否被收錄。大中型網站可能需要記錄上萬個特徵頁面。在選擇典型產品頁面時，既要兼顧到盡量多的分類，也要兼顧到不同時間發布的產品，既要有最早發布的、因此已被推到離首頁比較遠的頁面，也要有比較新的、離首頁比較近的頁面。

查詢特徵頁面收錄與否，只要在搜尋引擎輸入這個頁面的完整 URL，沒有結果就是沒有收錄。檢查特徵頁面收錄情況，經常能快速、直觀地判斷出網站哪些部分獲得的連結少、權重低。

3. 各分類收錄數

每個分類下的產品頁面收錄數是多少？記錄這個資料有助於了解哪些分類收錄完整，哪些分類由於內部連結結構或缺少外部連結等原因而收錄不充分，並採取對應措施。

各分類下的頁面標題標籤和 URL 格式比較規範時，SEO 人員可以靈活運用 site: 指令及 intitle:、inurl: 等組合，得到各分類的收錄數。例如，如果頁面標題是第 5.1.5 一節推薦的標準格式：

```
產品名稱 / 文章標題 - 子分類名稱 - 分類名稱 - 網站名稱
```

使用指令：

```
site:www.domain.com intitle: 分類名稱
```

就可以得到這個分類的頁面收錄數。

如果頁面 URL 比較規則，分類首頁 URL 為：

http://www.domain.com/catA/sub-cat-1/

產品頁面 URL 為：

http://www.domain.com/catA/sub-cat-1/page-1.html

產品頁面都處於本分類目錄下，使用指令：

```
site:www.domain.com/catA/sub-cat-1/
```

或

```
site:www.domain.com inurl:/catA/sub-cat-1/
```

就可以得到子分類 1 的頁面收錄數。

如在我的部落格裡，在 Matt Cutts 語錄這個分類
下有 19 篇文章，如圖 8-1 所示。

圖 8-1　Matt Cutts 語錄分類下

百度收錄 Matt Cutts 語錄頁面為 24 頁，如圖 8-2 所示。

圖 8-2　百度收錄 Matt Cutts 語錄頁數為 24 頁

實際文章數為 19 篇。

Google 收錄 Matt Cutts 語錄頁面恰巧也是 24 頁，如圖 8-3 所示。

圖 8-3 Google 收錄 Matt Cutts 語錄頁數為 24 頁

收錄頁面包括分類頁面本身及翻頁等，所以超過實際文章數。大致可以判斷，Matt Cutts 語錄這個分類的文章收錄情況不錯。

如果各分類下頁面標題、URL 等都不規範（這可能說明網站結構規劃有問題，本應該盡量避免），可以採取抽樣統計方法，選取每個分類下一定比例的頁面，檢查收錄與否，進而計算出這個分類下頁面的收錄比例。這可以與統計特徵頁面結合起來做。

如果網站不同分類提交了不同的 Sitemap.xml，在 Google Search Console 可以看到更詳細的每個 Sitemap.xml、也就是每個分類的收錄資料。

從前面幾章的討論可以看出，網站收錄不充分，經常是出於下面原因：

- robots 檔、noindex 標籤禁止抓取或索引。
- 域名權重不夠高，很多內頁權重降到收錄最低標準之下。
- 網站結構有問題，使搜尋引擎無法順利爬行、抓取。
- 抓取收錄了過多無意義的頁面，擠占了需要收錄的頁面的份額。
- 內部連結分布不均勻，使某些分類權重不夠高，這個分類下的大量頁面不能被　收錄。
- 搜尋引擎不友善的因素，如 JavaScript 連結、框架結構、大量使用 Flash 等。
- 網站內容原創度不夠，存在大量轉載和抄襲內容，使搜尋引擎認為沒有必要收錄。

跟蹤、記錄網站頁面收錄情況，能夠使 SEO 人員知道網站結構在調整後，是否達到了提高收錄率的目的，如果沒有，應該仔細檢查是否出現了上述幾方面的問題。

4. 有效收錄數

收錄資料的局限在於，收錄數高並不一定意味著流量高（雖然大部分情況下是如此）。有的頁面即使被收錄，由於權重太低或頁面最佳化不好，也沒有任何排名，帶不來流量。為了矯正這個偏差，SEO 人員也可以記錄網站有效收錄頁面數，也就是某一段時間，如過去 3 個月內，帶來過至少一個搜尋流量的頁面數。

不同流量統計服務查看方法不同，以 Google Analytics（Google 分析，GA）為例，打開選單「行為 – 網站內容 – 著陸頁」，點擊右上角的「添加細分」按鈕，選擇流量細分中的搜尋流量，如圖 8-4 所示。

圖 8-4　選擇來自搜尋流量的著陸頁

GA 將列出所有帶來過搜尋流量的著陸頁，右下角顯示這種頁面的總數，也就是有效收錄數，如圖 8-5 所示。

圖 8-5　有效收錄頁數

其他頁面即使已被收錄，卻連一個搜尋流量都沒能帶來，可以在一定程度上理解為是無效收錄。GA 顯示的數字來源於真實流量，不依賴於 site: 之類指令的演算法可靠性，所以數字是比較準確的。

大部分情況下，有效收錄數才是真正與自然搜尋流量成正比的。跟蹤有效收錄變化情況，檢查哪些分類的有效收錄比例偏低並最佳化這些分類，經常能得到很好的效果。

競爭對手的有效收錄數是沒辦法獲知的。

8.3.2 排名監測

所有 SEO 都不會忘記的肯定是監測關鍵字排名。一般來說，為了完整地了解網站關鍵字排名情況，需要監測以下幾種關鍵字：

- 首頁目標關鍵字。
- 分類頁面目標關鍵字。
- 典型最終產品或文章頁面關鍵字。

視網站大小，可能需要監測幾十個甚至上千個分類和最終內容頁面。最好每天記錄排名，或至少每週固定時間記錄排名。需要記錄的關鍵字比較多時，人工查詢不太現實，肯定需要關鍵字排名查詢工具，具體可參考第 12 章。

傳統的關鍵字排名監控就是透過人工或使用工具在搜尋引擎查詢關鍵字，記錄排名位置。但近幾年搜尋引擎大量引入個性化排名和地域性排名，使得人工或工具查到的排名與其他使用者實際看到的排名不一定相同。這裡並不存在作弊或誤導，只不過是搜尋引擎為了改善使用者體驗所引入的功能。所以在搜尋結果中記錄、監測關鍵字排名重要性越來越低，現在國外一些 SEO 服務商已經不再提供排名報告給客戶。

排名只能作為 SEO 指標的一部分，不是 SEO 的最終目的。監測關鍵字排名的局限在於，排名與流量不一定是直接對應關係。查詢量小的詞即使排名在前面，也不會帶來多少搜尋流量，甚至完全沒流量。所以，全方位監控關鍵字排名更多的是

為了掌握網站健康情況，如頁面基本最佳化、頁面收錄、權重流動等，而不是用來預測或監控流量。

8.3.3 外部連結資料

外部連結成長情況也是衡量 SEO 工作成效的重要部分。需要記錄以下的資料：

- 首頁總連結數。
- 網站所有頁面的總連結數。
- 連向網站的總域名數。
- 特徵頁面連結數。

搜尋引擎與幾乎所有的外部連結工具都不即時更新外部連結數字，所以每天查詢沒有什麼意義，能做到每週甚至每個月查詢一次就足夠了。記錄下不同時間的外部連結數，可以大致看到：

- 隨著網站內容建設和外部連結建設的進行，外部連結總體成長趨勢如何？
- 哪個連結誘餌計劃、實施得當？
- 哪個新聞或公關活動獲得成功？
- 與排名或流量升降是否有時間和因果上的關係？
- 競爭對手外部連結有沒有突然增減？為什麼？有什麼可以借鑑的？

查詢外部連結時，使用搜尋引擎自身的 link: 指令非常不準確。現在可用的外部連結查詢工具包括只能查自己網站的 Google Search Console，可以查詢任何網站外部連結的 Bing 網管工具以及第三方外部連結工具如 Moz 等，在第 12 章中有更多介紹。

近幾年負面 SEO 頗為流行。以外部連結為目標的負面 SEO 是指黑帽 SEO 給競爭對手製造大量垃圾連結，使搜尋引擎產生誤判，以為是競爭對手自己建設了這麼多垃圾連結，進而懲罰網站。所以現在外部連結監測的內容也包括檢查是否有外部連結突然異常增加的情況，人工訪問外部連結所在頁面，如果是垃圾頁面及連結，可以在 Google Search Console 拒絕這些外部連結。

8.3.4 轉化和銷售

無論是收錄、排名和流量，最終都是為了轉化。記錄網站每個時期的轉化和銷售數字，可以更直觀地看到 SEO 給網站帶來的實際好處。

除了記錄轉化次數，還可以根據平均每單銷售額計算出每一個獨立 IP 的價值。如網站轉化率為 1%，100 個獨立 IP 帶來一個銷售，平均每單銷售額為 50 元，那麼一個獨立 IP 的價值就是 0.5 元。給流量賦予一個金額後，SEO 成效就能體現在非常具體的、給公司帶來的銷售額甚至是利潤上。

從 8.4 節還可以看到，轉化及銷售額、利潤都可以和具體流量來路（搜尋流量、直接輸入流量、來自其他網站的點擊流量）一一對應。什麼樣的流量價值最高，透過網站流量分析一目了然。

在 SEO 項目中監測轉化與銷售數字的局限是，轉化與銷售並不受 SEO 控制，更多的是受制於產品本身品質、價格、文案寫作、客服水準、品牌知名度等。

8.4 流量資料監測

大部分情況下，流量分析要借助於流量分析軟體，但直接閱讀網站日誌還是 SEO 的基本功之一。

8.4.1 如何判讀日誌檔

網站伺服器會把每一個訪問訊息、每一個伺服器動作、每一個檔案呼叫自動記錄下來，存在伺服器原始日誌檔案中。所以，日誌中的訊息是最準確、最全面的。有些 SEO 需要知道的訊息在流量分析軟體中很少支援，必須直接查看日誌，如伺服器傳回的狀態碼，蜘蛛爬行記錄等。

原始日誌就是一個純文字檔，只要用文字編輯軟體如 WordPad 或 Notepad 就能開啟。一般主機商會在控制面板提供日誌檔案下載。

下面是從我的部落格「SEO 每天一貼」（seozac.com）2020 年 12 月的日誌檔案中隨機選取的一行，我們來看一下它包括哪些訊息：

```
117.40.124.246 - - [28/Dec/2020:20:05:28 +0800] "GET /seo-news/dunsh-10-years/
HTTP/1.1" 200 25835 "https://www.baidu.com/link?url=qdQkraDXZ1y9z9zK2xNyBdYzmV07
pyH-EvCxKyLuJLNn07h3TKmXd-uO72Pimt9bEeTCR0UCEM_e15-0jCVE2a&wd=&eqid=cfce820a001
e8365000000065e833201" "Mozilla/5.0 (Windows NT 6.3; Win64; x64; rv:74.0)
Gecko/20100101 Firefox/74.0"
```

使用者 IP 位址：

```
117.40.124.246
```

訪問使用者所在的 IP 位址，可以顯示出訪問使用者的地理位置。在 IP 位址訊息服務查一下這個 IP 所屬位置，可以看到這位訪客來自南昌（如圖 8-6 所示）。

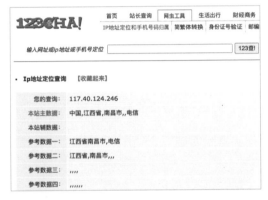

圖 8-6　IP 位址顯示使用者地理位置

日期 / 時間：

```
28/Dec/2020:20:05:28
```

這是檔案被訪問的準確時間。和 IP 位址結合起來，查看多筆日誌記錄就可以跟蹤某一個特定的使用者從一個網頁到另一個網頁的瀏覽軌跡和在網站上的活動。

時區：

```
+0800
```

相對格林威治時間的時區，中國、新加坡處於東 8 區。

伺服器動作：

```
"GET /seo-news/dunsh-10-years/ HTTP/1.1"
```

伺服器要做的動作不是 GET，就是 POST。除了一些腳本外，通常都應該是 GET，也就是從伺服器上取得某個檔案，可以是 HTML、圖片、CSS 等。

此例中這段記錄意思就是，按 HTTP/1.1 協定取得 URL/seo-news/dunsh-10-years/ 處的檔案。這裡的 URL 是相對網址，已經省去了域名部分。

上面的例子是訪問一個頁面時的紀錄。在日誌中，每一個圖片、JS 腳本等檔案的 訪問都會有一行記錄。如：

```
117.40.124.246 - - [28/Dec/2020:20:05:29 +0800] "GET /wp-includes/css/dist/
block-library/style.min.css?ver=5.3.2 HTTP/1.1" 200 6163 "https://www. seozac.
com/seo-news/dunsh-10-years/" "Mozilla/5.0 (Windows NT 6.3; Win64; x64; rv:74.0)
Gecko/20100101 Firefox/74.0"
```

這行日誌代表取得的是 CSS 檔。

伺服器狀態碼：

```
200
```

伺服器傳回的狀態碼。200 指成功取得檔案，一切正常。如果傳回 404，就是檔案 不存在 / 沒有找到。其他常見狀態碼如下：

- 301 —— 永久轉向。
- 302 —— 暫時轉向。
- 304 —— 檔案未改變，用戶端快取版本還可以繼續使用。
- 400 —— 非法請求。
- 401 —— 訪問被拒絕，需要使用者名稱、密碼。
- 403 —— 禁止訪問。
- 500 —— 伺服器內部錯誤，通常是程式有問題。
- 503 —— 伺服器沒有應答，如負載過大等。

檔案大小：

```
25835
```

指的是所取得檔案的大小，例子中是 25,835 位元組。

來源：

```
"https://www.baidu.com/link?url=qdQkraDXZ1y9z9zK2xNyBdYzmV07pyH-EvCxKyLuJLNn07h3TKmXd-
uO72Pimt9bEeTCR0UCEM_e15-0jCVE2a&wd=&eqid= cfce820a001e8365000000065e833201"
```

顯示訪問者是從哪裡來到目前網頁，也就是來到這個網頁之前瀏覽的那個網頁 URL。來路可能是同一個網站的其他頁（使用者透過點擊網站內部連結瀏覽），有可能是其他網站（使用者透過其他網站上的連結點擊過來），也有可能是搜尋引擎的結果頁面，如上面所示的例子。

以前搜尋引擎來路中包含關鍵字訊息，如以下這筆記錄：

```
"http://www.baidu.com/s?wd=SEO&ie=utf-8 "
```

wd 參數後面就是查詢詞「SEO」。

現在搜尋引擎基於各種原因把關鍵字等訊息隱藏起來了，所以流量統計工具無法知道搜尋流量來自什麼查詢詞，這對 SEO 來說是一大損失。

使用者代理（User Agent）：

```
"Mozilla/5.0 (Windows NT 6.3; Win64; x64; rv:74.0) Gecko/20100101 Firefox/74.0"
```

最後一段顯示的是瀏覽器和使用者電腦的一些訊息。

例子中這段訊息表示使用者使用的是：

- 與 Netscape 相容的 Mozilla 瀏覽器。實際上大部分瀏覽器 User Agent 都使用 Mozilla/ 為開頭，所以並不能區分瀏覽器。
- 瀏覽器是 Firefox 74.0 版本。
- Windows NT 作業系統。

如果使用者使用的是其他的系統或瀏覽器，在這一段還可能看到這類程式碼：

- Mozilla/4.0 (compatible; MSIE 6.0; Windows NT 5.0; Maxthon; Alexa Toolbar) ── 傲遊瀏覽器。

- "Mozilla/5.0 (Windows NT 6.1; Win64; x64) AppleWebKit/537.36 (KHTML, like Gecko) Chrome/79.0.3945.130 Safari/537.36" ── Chrome 瀏覽器。

- "Mozilla/4.0 (compatible; MSIE 8.0; Windows NT 6.1; WOW64; Trident/4.0; SLCC2; .NET CLR 2.0.50727; .NET CLR 3.5.30729; .NET CLR 3.0.30729; Media Center PC 6.0; .NET4.0C; .NET4.0E; 360SE)" ── 360 瀏覽器。

- "Mozilla/5.0 (Windows NT 10.0; Win64; x64) AppleWebKit/537.36 (KHTML, like Gecko) Chrome/64.0.3282.140 Safari/537.36 Edge/18.17763" ── 微軟 Edge 瀏覽器。

搜尋引擎蜘蛛就相當於一個瀏覽器，第 2.4.1 節提到的搜尋引擎蜘蛛用於表明身份的使用者代理就是這段訊息。如百度蜘蛛以如下訊息表明自己：

```
"Mozilla/5.0 (compatible; Baiduspider/2.0; +http://www.baidu.com/search/spider.html)"
```

日誌是網站訪問的最真實記錄。分析使用者訪問時還可以借助下面介紹的 GA 等流量分析工具，但檢查某些問題，如訪問錯誤、蜘蛛爬行情況等，非依靠原始日誌不可。大中型網站日誌檔案可能很大，人工進行完整查看是不可能的，SEO 部門可以開發專用日誌分析工具，用於統計各種訪問錯誤和蜘蛛爬行、抓取資料。

8.4.2　常用流量分析工具

除非要查看非常細微或者只有日誌中才能發現的東西，大部分情況下 SEO 人員分析流量時並不是去看原始日誌檔案，而是使用流量分析軟體或服務。

流量統計和分析系統一般分為兩種。第一種基於在頁面上插入統計程式碼。站長在需要統計的所有網頁上（通常是整個網站所有頁面）插進一段 JavaScript 統計程式碼，這段程式碼會自動檢測訪問訊息，並把訊息寫入流量分析服務商資料庫中。統計、分析軟體在服務商的伺服器端執行，站長在服務商提供的線上介面查看網站流量統計和分析。本節舉例以 GA 為主。

第二種基於對原始日誌檔案進行分析。這類軟體把日誌檔案作為輸入，直接統計其中訊息。這種統計軟體既有裝在伺服器上的，也有執行在自己電腦上的。

在伺服器上經常使用以下軟體：

- The Webalizer：http://webalizer.net/
- AWStats：https://awstats.sourceforge.io/
- Analog：http://mirror.reverse.net/pub/analog /

可以在自己電腦上執行的如 Loggly（loggly.com）。

這兩種系統各有優缺點，像是：

- 以統計程式碼為基礎的流量分析服務的優勢是簡單易用，站長無須安裝執行任何軟體，服務升級維護、新功能開發都無須站長操心。
- 有的瀏覽器不支援（或使用者有意關閉）JavaScript 腳本，使統計程式碼方式資料不準確。
- 有時網速慢，JavaScript 程式碼又可能在 HTML 底部，還沒來得及被執行，使用者已經離開網站，也會造成資料不準確。
- 使用者電腦或路由器或 ISP 都可能存在頁面快取，使用者訪問頁面，可能訪問的是快取，沒有在日誌中留下記錄，所以原始日誌也有無法準確反映使用者訪問的情況。

8.4.3　流量統計分析基礎

網站流量分析是個寶藏，它不僅能告訴站長網路行銷的結果，還能揭示原因。流量分析也是門很深的學問，涉及內容廣泛，限於本人水準和篇幅，不能在本書中詳細介紹。建議感興趣的讀者參考下面這兩個部落格學習。

- 宋星的「網路分析在中國」[1]：深入分析網站流量，語言通俗易懂。

1　http://www.chinawebanalytics.cn/

- Google 員工、GA 專家 Avinash Kaushik 的部落格[2]：這是最好的流量分析部落格，可惜是英文的，而且是比較晦澀難懂的英文。

本節主要以 Google Analytics（GA）為例，簡單介紹與 SEO 最相關的幾個流量分析指標。

1. 使用者數（Users）

使用者數指的是在某段時間內瀏覽網站的實際人數。在 GA 中，選擇「受眾群體 – 概覽」選單，預設顯示就是使用者數，如圖 8-7 所示。

圖 8-7　使用者數

GA 這種基於統計程式碼的軟體一般是透過設定在使用者裝置中的 cookies 識別不同使用者的，所以一台裝置只對應一個實際訪問人數，不管他訪問了多少次。但也不能排除一台裝置有多個人使用、使用者刪除 cookies、一台裝置使用多個瀏覽器等情況，這些因素都會造成使用戶數不會 100% 準確。

基於日誌檔案的統計服務一般是以 IP 位址識別不同使用者的，一個 IP 位址對應一個使用者。通常我們說網站流量是多少個獨立 IP，指的就是這個數字。但獨立 IP 也不能與獨立使用者完全對等，比如公司區域網路內的所有使用者可能只記錄

2　https://www.kaushik.net/avinash/　.

下一個共用 IP 位址。所以沒有方法能讓用戶數 100% 精確，不過有了基本的準確性，可以用來了解變化趨勢對 SEO 人員就足夠了。

2. 工作階段數（Sessions）

工作階段數指的是某段時間內網站被訪問的總人次。大致相當於以前 GA 版本中的訪問數（Visits）。在 GA 受眾群體概覽頁面，點擊「工作階段數」，如圖 8-8 所示。

工作階段數通常高於使用者數，因為有些人會多次瀏覽同一個網站，雖然工作階段數被計算為兩次、三次，但只被計算為一個使用者。如果某個使用者今天瀏覽網站，明天又來訪問，將被計算為兩個工作階段數。使用者在網站上超過 30 分鐘沒有進行任何活動（GA 的定義，其他服務可能定義不同時間），也將被重新計算為新的工作階段數。但使用者數和工作階段數通常是成比例、趨勢相同的。

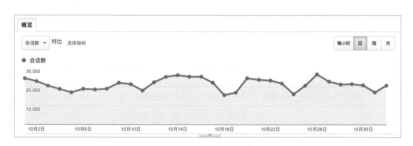

圖 8-8　工作階段數

使用者數、工作階段 / 瀏覽數是網站流量最重要的指標，可以看出網站推廣的總體效果。流量分析軟體都可以按時間顯示，比如每天或每星期的使用者數和工作階段數。很多軟體還可以透過圖表方式顯示，更加直觀。

在進行了某項行銷活動後，檢驗效果如何的第一個指標就是看活動所帶來的使用者數和訪問量。比如網站被名人在社群媒體上推薦或哪怕提到一下，經常會帶來訪問數的急劇提高，但通常在一兩天內又會下降到和以前差不多的水準。透過訪問數的變化及趨勢，就可以看出行銷活動的大致效果。

訪問量的變化有時與行銷活動無關。如圖 8-8 所示，每到週末訪問量都會降低，很多網站都是如此。有些網站的主題是與季節或時間相關的，呈現流量起伏十分正常，不一定能反映出行銷活動的成功或失敗。

3. 瀏覽量（Pageviews）

瀏覽量也可以稱為頁面訪問數，指的是在某段時間內被訪問的頁面總數，如圖 8-9 所示。這就是站長談論流量時經常提到的 PV，英文 Pageviews 的縮寫。PV 是網站賣顯示廣告時的重要依據。

通常使用者瀏覽網站時會訪問不止一個頁面，所以瀏覽量會比使用者數和工作階段數高，但二者大致上也是成比例的。

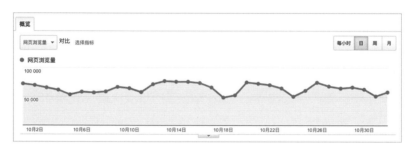

圖 8-9　瀏覽量

4. 每次工作階段瀏覽頁數（Pages/Session）

每次工作階段瀏覽頁數就是瀏覽量除以工作階段數，也就是使用者每次瀏覽網站時平均看了多少個頁面，所以也可以稱為平均頁面訪問深度（每次工作階段瀏覽頁數）。如圖 8-10 中深藍色曲線所示，案例網站的平均頁面訪問深度是 3.03，也就是說使用者來到網站後，平均看了 3.03 個網頁。

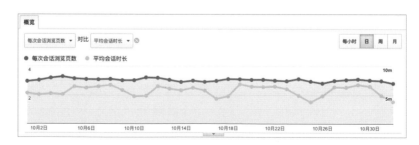

圖 8-10　每次工作階段瀏覽頁數及平均工作階段時長

每次工作階段瀏覽頁數代表了網站的黏度。一般而言，網站品質越高，黏度越高，使用者看的頁面越多，每次工作階段瀏覽頁數也就越高。

每次工作階段瀏覽頁數和網站類型也直接相關。最典型的情況是，論壇、社群類網站通常黏度很高，平均頁面訪問深度也比較高，常常達到十幾頁以上。

不同流量來源的每次工作階段瀏覽頁數也不同，說明不同流量來源的品質有區別。這在後面的流量來源部分還會提到。

與每次工作階段瀏覽頁數密切相關的另一個資料是平均工作階段時長，如圖 8-10 中淺藍色曲線所示，也是網站黏度的表現，其基本上與每次工作階段瀏覽頁數是成正比的，當然，與頁面內容長短也有很大關係。從圖 8-10 看到一個有意思的現象，雖然每次工作階段瀏覽頁數起伏很小，但週末平均工作階段時長會降低很多，從工作日的 6 分多鐘，降到週末的 4 分多鐘。使用者週末還是看 3 個左右頁面，但看得沒那麼認真了。這些使用者特徵肯定是因網站而異的，遊戲網站可能就反過來了。

5. 跳出率（Bounce Rate）

瀏覽者來到網站，只看了一個網頁，沒有點擊頁面上的任何連結就離開，稱為跳出。這些只查看了一個頁面的訪問占總訪問數之比就是跳出率，如圖 8-11 所示。

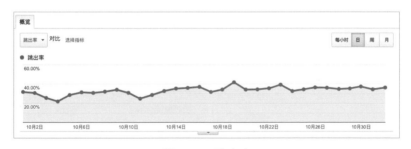

圖 8-11　跳出率

跳出率是判斷網站是否滿足使用者需求的重要指標。如果大部分使用者來到網站，只打開一個網頁，再也沒有點擊其他連結、查看其他網頁就離開，很可能說明網站的易用性很差，使用者不知道下一步該做什麼，或者內容很不相關，無法吸引使用者繼續看其他頁面，也可能頁面打開很慢，使用者等不及就跳出了。圖 8-11 所範例子，平均跳出率是 33%，且還在平穩上升中，這是個不好的訊號，需要對內容品質、頁面使用者體驗等方面進行檢查。

跳出率與網站類型及產業有很大關係。比如部落格跳出率經常達到百分之六七十，因為很多部落格使用者是來看最新文章的，看完以後就離開，所以部落格跳出率偏高是普遍現象。

如果一個內容網站或電子商務網站跳出率達到 60% 左右，這是一個非常值得注意的警訊，應該研究到底哪些頁面跳出率高（GA 等流量分析工具都有顯示），以及為什麼如此。找出高跳出率頁面的問題，修改頁面內容、設計，實際上是在解決使用者體驗問題，而使用者體驗是近年搜尋引擎一再強調的有利於 SEO 的因素。

6. 流量來源（Traffic Sources）

所有的流量分析軟體都會清楚地顯示主要流量來源所占的比例，各自的流量細節以及隨時間的變化趨勢。最常見的三種主要流量來源是：直接訪問、點擊流量、自然搜尋流量，如圖 8-12 所示。

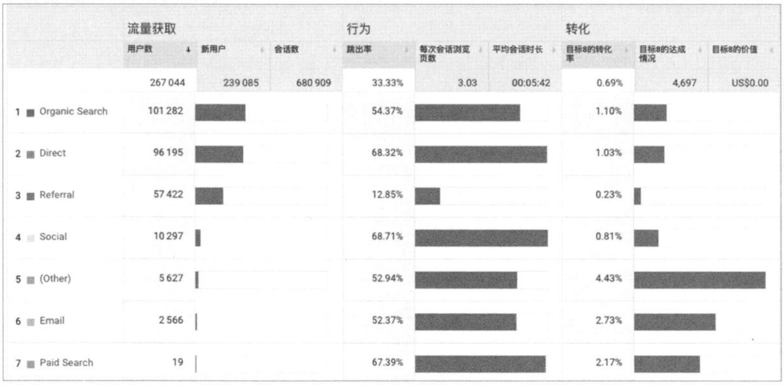

	流量获取			行为				转化		
	用户数	新用户	会话数	跳出率	每次会话浏览页数	平均会话时长	目标8的转化率	目标8的达成情况	目标8的价值	
	267 044	239 085	680 909	33.33%	3.03	00:05:42	0.69%	4,697	US$0.00	
1 ■ Organic Search	101 282			54.37%			1.10%			
2 ■ Direct	96 195			68.32%			1.03%			
3 ■ Referral	57 422			12.85%			0.23%			
4 ■ Social	10 297			68.71%			0.81%			
5 ■ (Other)	5 627			52.94%			4.43%			
6 ■ Email	2 566			52.37%			2.73%			
7 ■ Paid Search	19			67.39%			2.17%			

圖 8-12　流量來源

直接訪問（Direct），指的是使用者透過存在瀏覽器裡的書籤或直接在瀏覽器網址列打入網址等直接方式瀏覽網站。直接流量在一定程度上代表了網站忠誠使用者的數量，因為只有使用者覺得網站對他有幫助，才有可能存入書籤或記住域名。

第二種是來自其他網站的點擊流量（Referral），也就是網站連結出現在其他網站，使用者點擊了連結後瀏覽網站。點擊流量可能是其他網站、部落格、論壇等有人提到你的網站，也可能是站長自己在其他網站購買的網路廣告、交換連結

等。GA 還單獨列出了 Social 來源，也就是來自社群媒體網站的流量，其實這部分傳統上也屬於點擊流量。

第三種是 SEO 最關心的自然搜尋流量（Organic Search），也就是使用者在搜尋引擎查詢關鍵字後，點擊搜尋結果瀏覽網站。自然搜尋流量代表了網站的 SEO 水準。

根據跟蹤程式碼參數的不同設定，GA 還可能列出其他流量來源，如 Email（來自郵件行銷的流量）、Paid Search（付費搜尋流量）、Affiliate（來自聯署計劃的流量）、Other（GA 無法辨認來源的其他流量）等。

網站各流量來源占比因站而異。一般來說，網站越有名，直接訪問流量越多，也就越安全。自然搜尋流量比例過高，雖然在一定程度上說明 SEO 做得不錯，但其實是很危險的，尤其對商業網站，搜尋引擎演算法的微小改變都可能對一個嚴重依賴自然搜尋流量的網站造成致命打擊。如果自然搜尋流量超過 50%，建議認真考慮分散流量來源問題，加強品牌建設、廣告、社群媒體經營等。

7. 著陸頁（Landing Pages）

指的是使用者來到網站時首先訪問的那個頁面，或者說進入網站的入口頁面，如圖 8-13 所示。

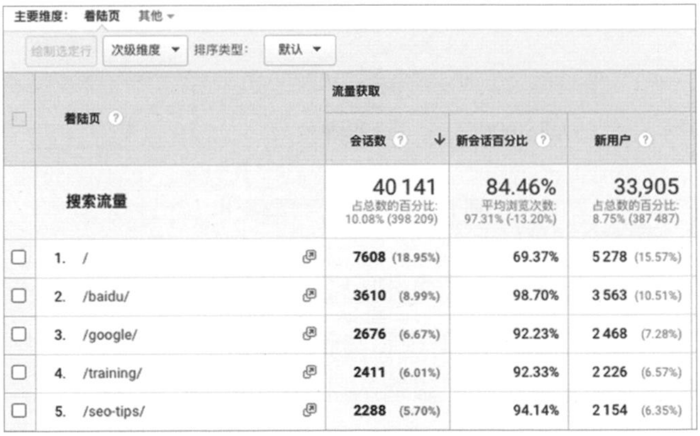
主要维度： 着陆页 其他

绘制选定行 次级维度 排序类型： 默认

着陆页	流量获取		
	会话数	新会话百分比	新用户
搜索流量	40 141 占总数的百分比: 10.08% (398 209)	84.46% 平均浏览次数: 97.31% (-13.20%)	33,905 占总数的百分比: 8.75% (387 487)
1. /	7608 (18.95%)	69.37%	5 278 (15.57%)
2. /baidu/	3610 (8.99%)	98.70%	3 563 (10.51%)
3. /google/	2676 (6.67%)	92.23%	2 468 (7.28%)
4. /training/	2411 (6.01%)	92.33%	2 226 (6.57%)
5. /seo-tips/	2288 (5.70%)	94.14%	2 154 (6.35%)

圖 8-13 著陸頁

使用者進入網站，雖然很大一部分是從首頁開始瀏覽的，但也有一部分使用者是從欄目頁或具體內容頁進入的，尤其是大中型、長尾做得好的網站。帶來流量最

多的著陸頁面通常就是網站上最吸引使用者、最受歡迎的內容，流量可能是來自搜尋引擎，也可能是其他網站的推薦連結。

SEO 人員可以檢查排在前面的著陸頁面是不是計劃中專門最佳化的重點頁面？表現好的頁面有什麼共通之處可以應用到其他頁面？著陸頁面的關鍵字是不是頁面的目標關鍵字？

8. 轉化（Goal Conversion）

排名、流量都是手段，不是目的，轉化才是網站存在的目的。如 8.2 節中所討論的，確定合適的網站目標後，還需要記錄每一次轉化，統計轉化資料，改進網站易用性、銷售流程等，從而提高轉化率。GA 等流量分析服務可以完成簡單的轉化跟蹤、統計，設定一個網站目標完成頁面，使用者訪問了這個特定頁面，就計算為一個轉化，如圖 8-14 所示為網站目標轉化。

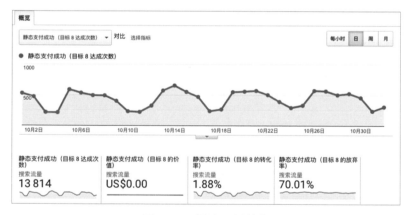

圖 8-14　網站目標轉化

例如電子商務網站，每當有使用者來到付款確認完成頁面，流量分析系統都會記錄網站目標達成一次。以訂閱電子雜誌為網站目標時，每當有使用者訪問訂閱確認頁面或感謝頁面，流量系統就記錄網站目標達成一次。

GA 還可以列出不同流量來源、不同著陸頁、不同使用者等細分的轉化率，這是非常重要的統計數字。前面提到的黏度指標如跳出率、平均工作階段時長、平均頁面訪問深度等，雖然在一定程度上說明了流量品質，但是都沒有最終的轉化資料

更能表明其商業價值。高轉化率的流量來源或關鍵字不一定就是黏度最高的來源或關鍵字，比如一部分忠實使用者經常瀏覽網站，卻不一定有購買行為。

轉化資料結合訪問數、平均每單銷售額和利潤，可以較為準確地計算出各種流量來源、關鍵字的價值，這就為進一步擴展 SEO、購買廣告及 PPC 廣告定價等奠定了基礎。

上面討論的只是幾個 SEO 必須了解的最基礎概念，實際工作中的流量分析要複雜、有趣、有意義得多。GA 的功能也非常強大，除了左側主選單列出的從受眾群體、流量獲取來源、使用者行為、網站內容、轉化等各個角度分析流量，每個功能還可以各種維度顯示、流量細分、排序、條件過濾、資料對比、時段選擇等。流量分析是個金礦，有了 GA 這類強大工具的輔助，就能發現網站各式各樣的問題。

8.5　策略改進

研究記錄 SEO 資料，除了能驗證 SEO 效果、為其他部門提供資料，更重要的是能發現問題、改進 SEO 策略。不同網站可能遇到的情況和問題千差萬別，透過效果監測發現問題並沒有一定的套路，SEO 人員必須深入研究資料，積累經驗。下面列舉一些常見到的情況。

8.5.1　收錄是否充分

最簡單的是查詢總收錄數，與網站實際頁面總數對比。但是發現收錄不充分，不一定能發現問題所在，還要進一步分析。

首先要檢查原始日誌檔案，查看沒有收錄的頁面有沒有被抓取過？如果根本沒有抓取，說明網站連結結構有問題，或域名權重太低。如果頁面被抓取過，但不被收錄，說明頁面本身有品質問題。

有時候使用者和站長自己瀏覽網站看不出什麼問題，但搜尋引擎訪問會發現問題。除了查看日誌，百度資源平台和 Google Search Console 都顯示抓取錯誤的資

料，如圖 8-15 所示，百度蜘蛛抓取時出現了大量伺服器錯誤，那就要技術部門排查一下百度給出的範例 URL 為什麼經常出現 50× 錯誤。

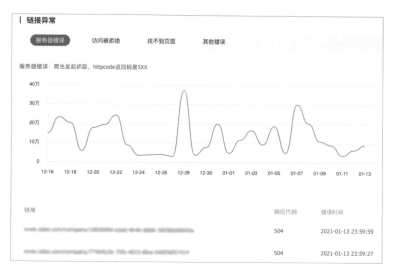

圖 8-15　百度資源平台顯示的抓取錯誤

通常 SEO 人員還需要進行深入研究，到底哪個部分收錄不充分？還是整個網站所有分類收錄都有問題？如果所有分類收錄比例都很低，則重點考慮以下可能性：

- 域名權重過低，建設一些高品質外部連結。
- 網站導覽系統有技術問題，內頁缺少抓取入口。
- 存在大量複製內容或低品質內容，搜尋引擎認為沒必要收錄。
- 伺服器性能、頻寬問題，用完了檢索預算。

大中型網站經常遇到的另一種情況是，部分分類的收錄情況不錯，另外一部分則存在問題。發現到底哪些分類收錄不充分，才能檢查是否因為連結結構有問題，導致指向這些分類的內部連結太少？是否需要給收錄不充分的分類建立外部連結？有問題的分類在內容和頁面最佳化上有什麼與其他分類不同的地方？有問題的分類是否內頁過多，需要進一步分類？

對收錄不充分的分類，還可以檢查一下列表及其翻頁頁面是否被抓取和收錄？列表頁沒有收錄，最終頁就缺少抓取入口，那麼翻頁連結設計是否合理？如果列表

和翻頁收錄充分，最終頁連結有沒有問題？是否有妨礙抓取的腳本、跟蹤碼之類的東西？最終頁 URL 有沒有靜態化？是否過長？最終頁內容品質是否不高？比如大量重複或類似的產品？

大中型網站提交 Sitemap 有一定幫助，但是否收錄主要還是靠內容品質和網站連結結構。

8.5.2 哪些頁面帶來搜尋流量

在 GA 著陸頁選單選擇搜尋流量細分，或者在自然搜尋流量選單選擇著陸頁維度，都可以看到哪些著陸頁面帶來了搜尋流量，如圖 8-16 所示。

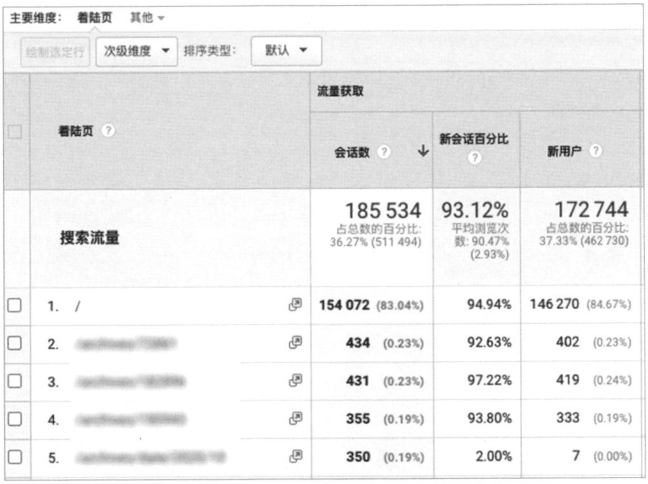

主要维度： 着陆页 其他

绘制选定行 次级维度 排序类型： 默认

着陆页	流量获取		
	会话数	新会话百分比	新用户
搜索流量	185 534 占总数的百分比: 36.27% (511 494)	93.12% 平均浏览次数: 90.47% (2.93%)	172 744 占总数的百分比: 37.33% (462 730)
1. /	154 072 (83.04%)	94.94%	146 270 (84.67%)
2.	434 (0.23%)	92.63%	402 (0.23%)
3.	431 (0.23%)	97.22%	419 (0.24%)
4.	355 (0.19%)	93.80%	333 (0.19%)
5.	350 (0.19%)	2.00%	7 (0.00%)

圖 8-16 自然搜尋著陸頁

觀察帶來搜尋流量的著陸頁是否符合預期？重要頁面、查詢量大的關鍵字對應的頁面、熱門新聞或產品頁面是否帶來了應有的流量？如果沒有的話，為什麼？是沒有排名，還是標題寫得不好，不能吸引點擊？

各個欄目 / 分類是否表現不均衡？流量不好的欄目 / 分類是否需要增加內部連結？還是內容不夠豐富？有什麼不在規劃中的頁面帶來了不錯流量？為什麼會有流量？是長青內容還是突發事件？是否需要添加相關內容的欄目？還是迅速組織專題？

著陸頁分布有什麼異常的地方？如圖 8-16 所示的自然搜尋著陸頁，為什麼首頁搜尋流量占了 83%？除非是單頁面網站，不然這是不正常的。是網站頁面數太少？還是導覽結構有重大問題？還是內頁收錄有問題？圖 8-16 所示的網站，經檢查發現，部分欄目內頁沒放統計程式碼。

在圖 8-16 的 GA 自然搜尋著陸頁資料中，次級維度選擇「來源／媒介」，進一步顯示出流量來自哪些搜尋引擎，如圖 8-17 所示，如果與搜尋引擎市場占有率比例相差過大，可能需要研究一下特定搜尋引擎的排名演算法。

圖 8-17　著陸頁流量來自哪些搜尋引擎

8.5.3　檢查流量細節指標

流量分析系統除了顯示流量來源數量、比例，還顯示流量資料細節，包括跳出率、平均工作階段時長、平均頁面訪問深度、轉化率等，如圖 8-18 所示的自然搜尋流量按來源列表顯示的品質細節。

如圖 8-18 中所示，從流量數量看，百度占比最大，帶來自然搜尋流量的 66%。從流量品質來看，360（so.com）搜尋最高，跳出率低，訪問深度高，但訪問時間稍短。當然，這不能說明 360 搜尋流量總是品質最高，要看具體網站和產業。

	來源	流量获取			行为			
		用户数	新用户	会话数	跳出率	每次会话浏览页数	平均会话时长	
		178 679 占总数的百分比: 37.64% (474 658)	173 957 占总数的百分比: 37.58% (462 923)	186 683 占总数的百分比: 36.50% (511 494)	59.59% 平均浏览次 数: 61.78% (-3.55%)	1.58 平均浏 览次数: 1.58 (0.27%)	00:00:32 平均浏览次数: 00:00:37 (-12.69%)	
☐	1. baidu	**118 026** (66.04%)	115 775 (66.55%)	121 798 (65.24%)	60.29%	1.55	00:00:31	
☐	2. sogou	**26 748** (14.97%)	26 063 (14.98%)	28 122 (15.06%)	53.53%	1.69	00:00:30	
☐	3. so.com	**20 324** (11.37%)	19 388 (11.15%)	20 760 (11.12%)	43.82%	1.84	00:00:25	
☐	4. google	**13 477** (7.54%)	12 601 (7.24%)	15 843 (8.49%)	85.48%	1.31	00:00:53	
☐	5. bing	**90** (0.05%)	80 (0.05%)	101 (0.05%)	77.23%	1.56	00:00:48	
☐	6. yahoo	**44** (0.02%)	42 (0.02%)	49 (0.03%)	77.55%	1.78	00:02:07	

圖 8-18　自然搜尋流量按來源列表顯示的品質細節

點擊流量資料也不一定代表來源網站本身的品質，更多地顯示帶來的流量相關性
高低。有的時候某個網站本身品質非常高，但由於連結文字的誤導性，或者設計
方面的誤導性，使用者很容易點擊連結來到另一個網站，實際上有一部分使用者
是誤操作。這樣的流量對目標網站來說相關性將大大降低，跳出率一定升高。

流量資料如果看起還不正常，進一步挖掘後，經常能發現一些在網站本身不可能看
到的問題。如圖 8-19 是我的部落格「SEO 每天一貼」2020 年 10 月的流量分布。

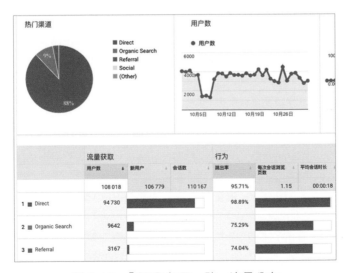

圖 8-19　「SEO 每天一貼」流量分布

直接訪問流量占總流量 88%，且每天有 3000 以上使用者直接訪問，對一個小眾技術部落格來說，這是不大可能的。而且時間曲線還顯示，中間有幾天直接訪問流量莫名其妙消失了。

查看一下直接訪問流量按著陸頁列表的細節，如圖 8-20 所示為流量資料顯示的負面 SEO 攻擊，可以看出問題所在。除了首頁直接訪問，欄目頁也有大量直接訪問，這是很罕見的。再看流量品質，跳出率全部 99% 以上，訪問深度基本上只有一個頁面，訪問停留時間 0 ～ 2 秒，顯然，有人在負面 SEO 攻擊我的部落格，大量模擬訪問，迅速跳出，意圖誤導搜尋引擎認為我的部落格完全不受使用者歡迎，從而導致降權。

過去五六年，這種負面 SEO 攻擊幾乎是不間斷的。這也是為什麼本章的 GA 流量抓圖大部分不再像前 3 版那樣用「SEO 每天一貼」為例了，因為資料已經遭到汙染，看起來很怪異。

看陸頁	流量获取			行為		
	用户数 ↓	新用户	会话数	跳出率	每次会话浏览页数	平均会话时长
	94 730 占总数的百分比 87.70% (108 018)	94 605 占总数的百分比 88.60% (106 779)	95 478 占总数的百分比 86.67% (110 167)	98.89% 平均浏览次数: 95.71% (3.32%)	1.04 平均浏览次数: 1.15 (-9.50%)	00:00:07 平均浏览时间: 00:00:18 (-59.48%)
1. /	7007 (7.38%)	6871 (7.26%)	7451 (7.80%)	89.85%	1.43	00:01:19
2. /services/	1779 (1.87%)	1774 (1.88%)	1783 (1.87%)	99.78%	1.02	00:00:01
3. /service/	1682 (1.77%)	1682 (1.78%)	1682 (1.76%)	100.00%	1.00	00:00:00
4. /wechat/	1671 (1.76%)	1667 (1.76%)	1671 (1.75%)	99.76%	1.00	00:00:01
5. /internet-web/	1649 (1.74%)	1649 (1.74%)	1649 (1.73%)	100.00%	1.00	00:00:00
6. /google/	1644 (1.73%)	1642 (1.74%)	1646 (1.72%)	99.09%	1.03	00:00:02
7. /baidu/	1598 (1.68%)	1593 (1.68%)	1599 (1.67%)	99.31%	1.01	00:00:02
8. /gg/	1557 (1.64%)	1556 (1.64%)	1559 (1.63%)	99.42%	1.01	00:00:02
9. /about/	1535 (1.62%)	1532 (1.62%)	1535 (1.61%)	99.61%	1.02	00:00:02
10. /blackhat/	1529 (1.61%)	1529 (1.62%)	1529 (1.60%)	99.87%	1.00	<00:00:01

圖 8-20　流量資料顯示的負面 SEO 攻擊

被負面攻擊是特殊情況，研究流量資料更多的是為了發現其他問題。比如，自然搜尋流量先按著陸頁列表，再按跳出率排序（預設是按使用者數排序），為了減少著陸頁流量太低帶來的偶然性，還可以設定過濾器只顯示有一定訪問量的頁面，比如 20 個使用者數以上，如圖 8-21 所示。然後仔細觀察排在前面的這些有一定

流量、高跳出率的頁面有什麼內容、使用者體驗或技術問題？有沒有共性？解決了這些頁面的問題，就可以顯著降低網站整體跳出率，還能留住使用者。

圖 8-21　有一定流量、跳出率高的自然搜尋著陸頁

8.5.4　哪些關鍵字帶來流量

另一項 SEO 們分析流量時最關注的資料是自然搜尋流量按查詢關鍵字細分，如圖 8-22 所示為本書第 3 版舉例用的自然搜尋流量按關鍵字細分抓圖，從中可以清楚看到帶來搜尋流量的是哪些關鍵字。

圖 8-22　自然搜尋流量按關鍵字細分（第 3 版）

針對關鍵字的統計數字清楚顯示出：

- 哪些關鍵字帶來的流量最大？是否符合預期？

- 哪些關鍵字帶來的流量黏度高，轉化率高，對網站價值更大？

- 哪類主題的內容關鍵字多？對網站搜尋流量貢獻更大？

- 哪類關鍵字對實質收入貢獻更大？

- 應該在哪類內容上花更多的時間？

- 哪些沒有刻意最佳化的關鍵字反倒帶來品質很高的流量？

- 同一個關鍵字在不同搜尋引擎表現是否不同？怎樣改進？

- 什麼關鍵字是自己以前沒有想到的卻有了排名和流量？能否擴展？
  ……

可惜，如 8.4.1 節在說明原始日誌時提到的，現在幾乎所有搜尋引擎的結果頁面都不再傳遞關鍵字訊息了，流量統計系統無法辨別流量來自什麼查詢詞，所以關鍵字細分時絕大部分都顯示為「not set」或「not provided」，如圖 8-23 所示是現在的自然搜尋流量按關鍵字細分的結果。

关键字	流量获取		
	用户数 ↓	新用户	会话数
	9642 占总数的百分比: 8.93% (108 018)	**9173** 占总数的百分比: 8.59% (106 779)	**11 075** 占总数的百分比: 10.05% (110 167)
1. (not set)	**7873** (81.44%)	7480 (81.54%)	8944 (80.76%)
2. (not provided)	**1068** (11.05%)	980 (10.68%)	1371 (12.38%)
3. site:www.seozac.com	**309** (3.20%)	309 (3.37%)	309 (2.79%)
4. seo	**126** (1.30%)	126 (1.37%)	127 (1.15%)
5. zac	**22** (0.23%)	21 (0.23%)	22 (0.20%)

圖 8-23　自然搜尋流量按關鍵字細分（現在）

現在要分析哪些關鍵字帶來搜尋流量，更主要的是依靠搜尋引擎自己的站長平台，也就是百度資源平台和 Google Search Console 等。當然，這些平台只能顯示自己搜尋結果中的關鍵字資料。如圖 8-24 所示百度資源平台的熱門關鍵字列表。

输入关键字 热门关键词 热门页面

关键词	点击量	展现量	点击率	排名	详情
seo技术	35506	1588862	2.23%	3.7	查看
seo是什么	30098	1239147	2.43%	6.5	查看
seo服务	16166	763054	2.12%	5.1	查看
百度seo排名	2581	42900	6.02%	6.4	查看
seo每天一贴	2124	151362	1.40%	5.8	查看

圖 8-24 百度資源平台熱門關鍵字列表

前面列出的關鍵字資料要回答的問題，大部分從站長平台的熱門關鍵字可以得到回答，但關鍵字流量的黏性和轉化程度是看不出來的。站長平台的關鍵字列表給出的是使用者在搜尋結果頁面點擊之前（包括點擊）的資料，點擊之後的資料（轉化、訪問時間、訪問深度等）只能在流量統計系統中尋找。

搜尋引擎對日誌、流量統計系統隱藏了關鍵字訊息，等於把點擊前和點擊後的資料之間的聯繫切斷了。現在想要了解關鍵字的黏性和轉化率等情況，一個繞彎子的估算方法是，將關鍵字和頁面進行匹配，然後以頁面的品質資料替代關鍵字的品質。在如圖 8-24 所示頁面中，點擊關鍵字右側的「查看」連結，會顯示這個關鍵字對應的排名頁面，如圖 8-25 所示為「SEO 技術」這個詞的對應頁面。

页面	点击量	展现量	点击率	排名
https://www.seozac.com/seo-tips/	33214	1484409	2.24%	3.8
https://www.seozac.com/	69	3302	2.09%	6.4
https://www.seozac.com/baidu/	0	11	0.00%	277.7
https://www.seozac.com/google/	0	2	0.00%	386.5
https://www.seozac.com/interviews/	0	1	0.00%	17
https://www.seozac.com/seo-tips/seo-guide-details/	0	1	0.00%	15

圖 8-25 關鍵字對應的排名頁面

雖然一個關鍵字經常對應多個頁面，但一般只有一個是主要的，其他的要嘛排名很靠後，要嘛只是偶爾顯示一下。然後在 GA 中查看百度自然搜尋流量，用過濾

器找到這個主要頁面的流量資料，如圖 8-26 所示，把這個資料當成關鍵字流量品質資料。

圖 8-26　用頁面流量品質代替關鍵字流量品質

一個頁面的流量通常是多個關鍵字帶來的，所以這種方法只能是近似，但目前也沒有更好的方法查看關鍵字流量細節了。

另外，請讀者注意看一下圖 8-25 和圖 8-26，兩張圖顯示的是同一段時間（2020年 12 月 17 日至 2021 年 1 月 15 日）的資料，為什麼百度顯示點擊量 3 萬多，GA顯示對應著陸頁流量才 3000 多？即使考慮 GA 的不穩定性，這比例也相差太懸殊了。顯然，有人在刷這個詞的指數和快排，而且為了使資料看起來自然一些，還順便點擊了我的頁面。關於這些黑帽 SEO 方法，請參考第 9 章。

也有工具可以幫助復原顯示 GA 中的關鍵字資料，如 Keyword Hero 等。這些工具的基本概念也是「關鍵字 – 頁面匹配」，但更為複雜，整合的不僅是 Google Search Console 和 GA，還有排名監控、Google Ads、Google 趨勢（Google Trends）等資料，還用到了人工智慧演算法。

8.5.5　挖掘關鍵字

在第 3 章中也提到過，流量分析是發現新關鍵字的途徑之一。在站長平台查看帶來流量的關鍵字，除了預期中的目標關鍵字，還經常發現自己以前完全沒想到的、五花八門的搜尋詞。其中與網站主題不相關，只是因為頁面上偶然提到而來的流量可以置之不理。對那些與網站主題有一定相關度、以前卻沒發現的關鍵字，應該考慮是否可以增加這方面內容。把這些關鍵字輸入關鍵字研究工具，查看還能生成哪些相關的關鍵字，如果搜尋量足夠大，甚至可以考慮增加欄目或專題。

在關鍵字列表中也經常可以發現限定詞。如果某些限定詞表現出一定的規律性，帶來不少流量，可以考慮將這些限定詞最佳化進相應頁面。

結合 GA 資料，找到黏性、轉化率高的關鍵字，就找到了應該投入更多連結、增加更多相關內容的關鍵字。如果有流量大、轉化率低的詞，也可能是個寶藏，要思考一下怎樣更好滿足使用者需求。轉化率不高可能是因為進入的對應頁面內容品質存在問題，需要改進頁面內容，也可能是使用者體驗不夠好，沒有引導使用者完成網站目標。

8.5.6 其他搜尋引擎流量

做網站時一般只關注 Google，而忽視了其他搜尋引擎。其實這些第二集團的搜尋引擎有時也能帶來不少流量。

隨著 Yahoo! 捨棄了自己的搜尋技術，轉用微軟 Bing 資料，Bing 在英文搜尋引擎市場也占據了一定份額，它們可能可以帶來百分之三、四十的搜尋流量。

圖 8-27 所示是某英文網站流量來源，可以看到，雖然 Bing、Yahoo! 帶來的流量不多，但它們的流量品質比較高，尤其是 Bing，使用者黏性比 Google 稍高，但轉化率比 Google 流量高出 41%。如果網站在 Bing 排名和流量表現比較差，流量比例遠低於 Bing 市場占有率，SEO 人員可能需要投入更多精力關注 Bing 的最佳化。在相同流量情況下，Bing 帶來的轉化及盈利可能遠遠高於 Google。當然，這種差別是因網站而異的，企業要查看自己網站的具體情況。

主要维度：关键字 来源 着陆页 其他 　次级维度：来源/媒介 　排序类型：默认 　高级

来源	来源/媒介	流量获取：会话数	流量获取：新会话百分比	流量获取：新用户	行为：跳出率	行为：每次会话浏览页数	行为：平均会话时长	转化（目标 1）：view item page（目标 1 的转化率）
		884 473 占总数的百分比: 98.27% (900,031)	161.24% 平均浏览次数: 158.47% (1.75%)	1 426 101 占总数的百分比: 99.99% (1,426,269)	44.24% 平均浏览次数: 44.69% (-0.99%)	2.72 平均浏览次数: 2.74 (-0.71%)	00:04:31 平均浏览次数: 00:04:28 (1.32%)	2.00% 平均浏览次数: 1.88% (6.61%)
1. google	google / organic	855 773 (96.76%)	159.85%	1 367 941 (95.92%)	44.19%	2.72	00:04:32	1.99%
2. Bing	bing / organic	19 052 (2.15%)	198.94%	37 903 (2.66%)	42.32%	2.76	00:04:29	2.81%
3. yahoo	yahoo / organic	3574 (0.40%)	228.74%	8175 (0.57%)	39.37%	2.71	00:04:04	2.49%
4. duckduckgo	duckduckgo / organic	2569 (0.29%)	265.16%	6812 (0.48%)	60.84%	2.07	00:02:46	0.86%

圖 8-27 不同搜尋引擎流量的轉化率

8.5.7 長尾效果

對大中型網站來說，長尾流量往往占總流量的大部分。而網站是否達到應該有的長尾效果，靠檢查排名很難確認，通常要從流量分析入手。

參考前面的圖 8-24，在百度資源平台很容易統計到頭部幾個關鍵字流量占總搜尋流量的比例。由於 SEO 的相關查詢詞已經被刷得一塌糊塗，圖 8-24 中的具體數字已經沒有參考意義。以前沒被刷得這麼厲害時，我的部落格來自「SEO」和「ZAC」這兩個詞的流量就占了 40%，前十個關鍵字帶來的流量超過總搜尋流量的 50%。這說明我的部落格遠遠沒有長尾效應。原因主要在於部落格規模太小，只有幾百篇文章。

對收錄幾十萬、上百萬的大中型網站來說，如果前 10 個關鍵字占到流量的 50%，說明關鍵字研究、網站內部連結權重分配和頁面基本最佳化有重大問題，沒有發揮出大型網站應有的潛力。

長尾效果也可以透過流量在著陸頁面的分布查看，既可以看百度資源平台的熱門頁面列表，也可以看流量統計，如圖 8-28 所示，前面提到的內頁忘記放統計程式碼的網站，在所有頁面放上程式碼後，資料就正常多了，但搜尋流量首頁占比 36% 依然是偏高的。我個人的看法是，即使品牌查詢量很大的網站，首頁流量在 20% 以下才是比較安全的。

圖 8-28 首頁流量占比偏高

8.5.8 關鍵字排名下降

從連續記錄的關鍵字排名資料應該可以看到哪些關鍵字排名在下降。很多時候一部分關鍵字排名下降，而另一部分上升是很正常的，尤其是當下降幅度在幾位或十幾位之內時。但如果大部分關鍵字排名同時下降，很可能說明網站被懲罰了，或者搜尋引擎演算法的某個改動影響了整體網站排名。

遇到關鍵字排名整體下降時，通常建議先按兵不動一個月左右。有時候排名下降是因為搜尋引擎演算法的改變，搜尋引擎還可能會繼續微調演算法，最終使排名復原。

如果一到兩個月後排名沒有變化甚至下降更多，則需要研究下降後的位置被哪些網頁占據，排在前面的有沒有新出現的競爭對手，這些頁面有什麼特點，有沒有共性，有哪些方面是與自己網站不同的。

8.5.9 發現連結夥伴

在 GA 中查看來自其他網站的點擊流量，也是個很有意思、有時得到意想不到回報的工作，因為經常能看到自己從沒聽說過的網站，之所以會有點擊流量過來，一定是對方連結到自己的網站，如圖 8-29 所示，點擊流量來源可能也是最好的連結來源。

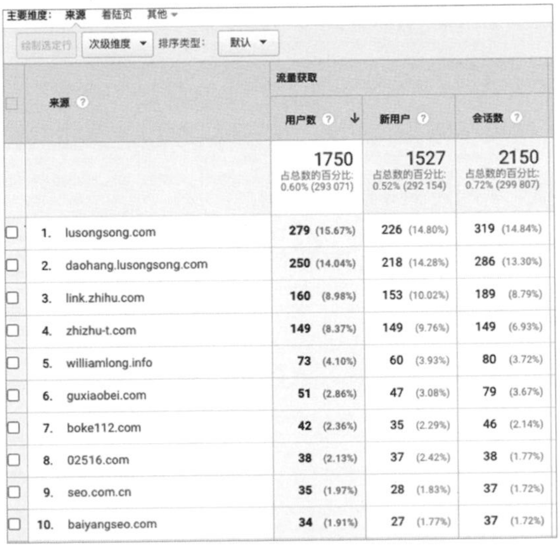
主要维度： 来源 着陆页 其他

绘制选定行 次级维度 排序类型： 默认

来源	流量获取 用户数	新用户	会话数
	1750 占总数的百分比: 0.60% (293 071)	1527 占总数的百分比: 0.52% (292 154)	2150 占总数的百分比: 0.72% (299 807)
1. lusongsong.com	279 (15.67%)	226 (14.80%)	319 (14.84%)
2. daohang.lusongsong.com	250 (14.04%)	218 (14.28%)	286 (13.30%)
3. link.zhihu.com	160 (8.98%)	153 (10.02%)	189 (8.79%)
4. zhizhu-t.com	149 (8.37%)	149 (9.76%)	149 (6.93%)
5. williamlong.info	73 (4.10%)	60 (3.93%)	80 (3.72%)
6. guxiaobei.com	51 (2.86%)	47 (3.08%)	79 (3.67%)
7. boke112.com	42 (2.36%)	35 (2.29%)	46 (2.14%)
8. 02516.com	38 (2.13%)	37 (2.42%)	38 (1.77%)
9. seo.com.cn	35 (1.97%)	28 (1.83%)	37 (1.72%)
10. baiyangseo.com	34 (1.91%)	27 (1.77%)	37 (1.72%)

圖 8-29 點擊流量來源可能也是最好的連結來源

瀏覽對方網站，看看連結出現在什麼地方，想想對方站長為什麼會連結過來，是否因為對自己網站上的某類內容很感興趣，在評論什麼內容或功能，以及今後增加這方面內容是否能夠吸引更多類似連結。有的時候也可以主動透過某種方式，如部落格留言等，與對方站長增強聯繫，製造更多的連結機會。

8.5.10　尋找高性價比關鍵字

Google Search Console 會列出關鍵字的平均排名，SEO 人員可以看看有哪些關鍵字能夠透過最少的工作，獲得最多的流量成長。

比如平均排名處於第 2 頁最前面的關鍵字，只要稍微調整相應頁面，或者增加幾個外部連結，就有可能使這些頁面進入第 1 頁。我們從搜尋結果點閱率分布知道，第 2 頁上的結果獲得的點擊遠遠少於第 1 頁，而第 1 頁 6 ～ 10 名獲得的點擊，又遠遠少於排在前 3 位的結果。第 2 頁最前面和第 1 頁 6 ～ 10 名就屬於投資回報率比較高的，只要花不太多的精力，就有可能提高幾位排名，獲得數倍的流量。而排在第 7 頁或第 8 頁的頁面，即使透過努力爬到第 3 頁或第 4 頁，也不會帶來明顯流量增加。

監測效果、流量分析、修正策略是個循環往復的過程。在每一次循環中，SEO 的思路和大致步驟是相同的。

- 監控、查詢資料，了解網站收錄和流量情況。
- 分析為什麼會出現這種情況。
- 依據資料和分析結果，對未達預期的部分採取相應修正最佳化。
- 在資料中尋找以前未注意到的流量機會。

我個人覺得，流量分析是 SEO 過程中最有趣的步驟，經常會從資料中得到意想不到的發現。

8.6　SEO 實驗

除了按部就班地執行最佳化，然後對結果進行監測，SEO 也經常需要主動進行 SEO 實驗並監測效果，從而找到或確認對自己網站最有效的最佳化方法。網站情況千差萬別，本書建議的方法未必是最適合你網站的方法，讀者需要在學習思路的基礎上結合自己網站的實際情況進行實驗。

8.6.1　網路行銷實驗

相對於線下行銷，網路行銷的最大優勢之一就是可以不停地進行實驗，了解哪種行銷活動最有效，進而優勝劣汰。網路行銷實驗具有以下兩個特點：

（1）　快速。很多時候是即時的，只要網站有足夠流量，對轉化率等使用者行為的最佳化可以在幾小時內看到結果。

（2）　精確。網站表現的很多方面是可以用資料準確記錄和比較的。

網路行銷實驗通常有兩種基本方法：A/B 測試和多變數測試。有關詳情，請參考我的另一本書《網路行銷實戰密碼》中的相關章節，這裡就不詳細討論了。下面的討論假設讀者對 A/B 測試和多變數測試已經了解。

作為網路行銷方法的一種，SEO 同樣可以進行實驗，但 SEO 實驗有特殊的問題和解決方法。

8.6.2　SEO 實驗的難點

SEO 實驗有兩個不同於其他網路行銷實驗的難點。

一是以普通方法進行測試時，測試的變數與結果之間難以建立確定的因果關係。在網站上進行以轉化率為主要目標的實驗時，比如 A/B 測試購物車按鈕顏色，A 組按鈕顏色為紅色，B 組為黃色，除此之外，頁面沒有任何其他區別。兩組分別隨機顯示給 50% 的使用者，如果結果是 A 組轉化率高，我們可以斷定原因就是紅色按鈕有利於提高轉化率，因為沒有別的變數。

SEO 實驗則不同，設計不周密，我們將沒辦法 100% 確定搜尋結果的變化就是測試變數引起的。可能引起搜尋結果變化的因素太多了，可能是因為網站外部連結或權重變化了，可能是搜尋引擎演算法更新，也可能是競爭對手頁面變化，而這些都不在 SEO 的控制範圍內，甚至可能不在 SEO 能觀察到的範圍內。

二是時間長。上一節剛提到，網路行銷實驗的特點之一是快速，但這點經常不適用於 SEO 實驗。頁面修改後，要等搜尋引擎抓取、索引、計算，實驗結果什麼時候體現在搜尋結果中，我們無法預計，更無法控制，少則幾天，多則幾個月。有時候這是比較令人抓狂的，實驗設計不合理的話，當搜尋結果沒變化時，我們不知道是因為測試變數沒有引起變化，還是因為搜尋引擎還沒完成重新計算。

8.6.3　SEO 實驗的設計

鑑於 SEO 實驗的難點，SEO 實驗設計時有以下幾個需要注意的地方。

1. 多變數測試不適用

其他場合效率很高的多變數測試基本無法用於 SEO。多組頁面版本，加上前面提到的無法控制的外部因素，將使變數與結果之間的關係亂成一鍋粥，無法得到有意義的結論。而且搜尋引擎蜘蛛相當於是一個不支援 cookie 的瀏覽器，如何將頁面不同版本傳回給搜尋引擎都是個問題。

2. A/B 測試的分組

SEO 實驗可以使用 A/B 測試。分組方法與轉化率最佳化實驗不同。

進行轉化率 A/B 測試時，最直接的方法有兩個。一是同一個頁面，第一天給使用者看版本 A，第二天給使用者看版本 B，統計轉化數字，就可知道哪個版本更好。二是同一段時間，同一個頁面，給 50% 的使用者看版本 A，另 50% 的使用者看到版本 B，同樣可以知道哪個版本好。

顯然，第一種方法完全不能用於 SEO，你不可能第一天給搜尋引擎蜘蛛傳回版本 A，第二天傳回版本 B，搜尋引擎可能就沒看到第一天或第二天的版本。實驗時間

再長也沒用，我們沒辦法確切知道搜尋引擎結果什麼時候會改變，改變又是哪個版本引起的。

第二種方法也無法實現。搜尋引擎蜘蛛不支援 cookie，你將無法透過 cookie 保證一部分蜘蛛看到的是版本 A，另一部分看到的是 B。即使透過 IP 位址做到這一點，我們還是無法知道哪個版本在什麼時候會引起搜尋結果的哪個變化，無法建立不同版本與結果之間的對應關係。

所以 SEO 的 A/B 測試要這樣分組：將網站一部分頁面設為 A 組，另一部分設為 B 組。例如，要測試 Title 中出現一次關鍵字好，還是兩次關鍵字好，可以將某個分類下的一部分頁面設為 A 組，Title 中出現一次關鍵字，而將另一部分頁面設為 B 組，頁面 Title 出現兩次關鍵字。

這樣，外部因素（如外部連結、權重變化，演算法更新等）將同時對兩個組起同樣作用，因而可以忽略。如果經過一段時間跟蹤到 A 組頁面排名不如 B 組，我們可以基本確認 Title 中出現兩次關鍵字更好。

在規劃 A/B 分組時，還要考慮下面這些問題。

（1） A/B 兩組頁面要盡可能相似。像前面提到的，都選擇同一個小分類的頁面。如果兩組頁面在不同分類下，就可能會引入其他變數，如關鍵字難度的不同、分類規模的不同、頁面權重不同等。我們無法在同一個頁面上做實驗，但至少要在盡可能相似的頁面上實驗。

（2） 實驗頁面原來的關鍵字排名要長期穩定，這樣才能更確認排名變化是實驗內容引起的。如果頁面排名本來就一直上下起伏不定，觀察結果就沒有意義了。在這裡，長期監測排名就發揮作用了。

（3） 實驗頁面原來處於第二頁的排名比較有利於實驗。如果原本排名就在前三位，那可能頁面改變什麼都不足以引起任何變化。如果原本在第 10 頁開外，任何未知因素的微小變化都可能引起排名的大幅波動。這兩種情況都不利於判斷實驗結果。實驗頁面樣本足夠多，就可以抵消這類不準確性，但會增加統計工作量。

（4）SEO 實驗一定要從很小一部分頁面開始做，千萬不要一上來就在整個網站範圍實施。比如，先在電視機分類下實驗，然後擴展到照相機分類，再擴展到整個電器大類，等實驗結論明確了，再在整個網站實施。這樣其實也是在進行重複的實驗，從而驗證結果可靠性。

3. SEO 實驗的對象

網站結構和頁面最佳化兩章的很多內容可以拿來實驗，例如：

- Title 中出現幾次關鍵字最好？
- Title 長短對排名有沒有影響？
- 增加相關產品連結是否能提高收錄率和排名？
- 頁面內容中有無圖片對排名是否有影響？
- 圖片 ALT 文字對排名有沒有影響？
- 啟用使用者評論功能是否影響排名？

4. SEO 實驗的衡量指標

當然，最直觀的、也是最首要的是看各種因素對關鍵字排名的影響。但排名不是唯一的指標。如果實驗結果顯示某種修改有利於流量提高，就算沒有監測到明顯的關鍵字排名提升，流量資料就足以支援將實驗擴展到整站。如果某種修改既沒有帶來排名提高，也沒有帶來流量變化，但是有了使用者體驗提升的效果，如訪問深度提高，或是停留時間增加，那麼毫無疑問也應該推廣到整站。

SEO 作弊及懲罰

本書介紹的都是正規 SEO 手法。不過，本章會簡單介紹一些 SEO 作弊手法，以及可能帶來的搜尋引擎懲罰。

SEO 業界通常把作弊稱為黑帽 SEO，把正規手法稱為白帽 SEO。使用黑帽或作弊手法有時是因為站長不了解而無意中誤用，也有很多時候是為了提高排名和流量而刻意使用。作弊經常導致網站被搜尋引擎懲罰，甚至可能導致網站被完全刪除。

9.1 白帽、黑帽、灰帽

一些不符合搜尋引擎品質規範的最佳化手法，也就是作弊的 SEO 手法，被稱為黑帽，英文為 Blackhat。而正規的符合搜尋引擎網站品質規範的最佳化手法就稱為白帽，英文為 Whitehat。由於搜尋引擎公布的品質規範和準則比較籠統，常常有各種解釋的空間，那些不能被明確歸入黑帽或白帽，介於兩者之間的最佳化手法就被稱為灰帽 SEO，英文為 Greyhat。

9.1.1 白帽、黑帽是風險度判斷

雖然被稱為「作弊」，但大部分黑帽 SEO 談不上價值或道德判斷，只是站長的一個風險度判斷而已。很多黑帽手法只涉及 SEO 在自己的網站上進行超出搜尋引擎規範的操作，並不直接影響其他網站。所以就算是作弊，也談不上是道德問題。雖然 SEO 業界主流不鼓勵黑帽，但也並不是從價值觀角度出發的。

黑帽 SEO 往往會導致網站被搜尋引擎懲罰，站長需要自行判斷：風險到底有多大？網站作弊可能帶來的流量與可能的懲罰相比到底哪個更划算？對一個公司網站來說，能承受的商業風險有多大？網站被懲罰或刪除對品牌和口碑影響有多大？公司必須事先做好判斷。一般來說，正規商業公司是無法承受網站被刪除這種後果的。

白帽 SEO 認為，用黑帽技術可以得到排名和流量，但是過不了多久網站就會被懲罰，或被封掉，又得重新去做另外一個網站。那麼為什麼不用白帽手段踏踏實實地做一個健康的、對人們真正有用、排名和搜尋流量更長久的網站呢？

白帽網站不用擔心會被搜尋引擎封掉，站長也可以驕傲地說：「這個網站是我的」。十年、二十年以後，這個網站還在給你帶來流量和利潤，何樂而不為呢？

但站在黑帽 SEO 的角度，他們也有他們的道理。很多黑帽 SEO 是使用程式自動生成或採集網站內容的，他們建立一個幾萬、幾十萬頁的網站不費吹灰之力，只要放他們的蜘蛛出去抓取就可以了。就算過幾個月網站被懲罰，也可能已經賺了一筆錢了，投資報酬率還是相當高的。

白帽 SEO 關注的是長遠利益，至少是兩、三年，甚至是十年後的利益。只要你堅持認真經營網站，不使用作弊手段，堅持十年，如果不出大的意外，你的網站高機率會得到很好的流量。有了流量，就有了盈利。十年以後，當你的網站有穩定盈利時，對搜尋流量的依賴就小多了。你也不必每天花費大量時間在你的網站上，網站會自動帶來源源不斷的流量。

站在黑帽 SEO 的立場上，這種放長線釣大魚的策略，即使很正確，有的人也不願意這麼做。認真建設網站經常是一件很無聊的事，需要寫內容，做關鍵字研究，做流量分析，和使用者交流溝通等。更何況要堅持幾年！

黑帽 SEO 要做的就簡單多了。買個域名，甚至可以就使用免費子域名，連域名都省了。主機也有很多免費的。程式一打開，放上廣告聯盟、Google AdSense 程式碼，到其他論壇或部落格留言，這些留言也有可能是程式自動群發的，然後就等著收錢了。

黑帽 SEO 還有一個無法否認的論據是：你不能保證完全遵守搜尋引擎的規則，就一定能在十年後得到一個有不錯搜尋流量的網站。誰知道搜尋引擎什麼時候會上線一個演算法更新，讓成千上萬的白帽網站搜尋流量劇降呢？

黑帽 SEO 短、平、快的賺錢方法，也有它的優勢。

所以說，撇開道德觀念不談，黑帽 SEO 和白帽 SEO 的選擇，更多的是對風險度的判斷以及對生活方式和企業模式的選擇。你是要花時間和精力建立一個長久健康的企業？還是輕鬆簡單地賺一筆快錢，但是要冒很高的、隨時被封站的危險？

要做黑帽 SEO，得在不影響其他人的前提下，同時自己對自己負責。

9.1.2　道德及法律底線

也有一部分黑帽手法超過了道德或法律的底線。比如在其他網站上大量群發垃圾留言，這就不僅是在自己網站上操作，而是直接影響到其他網站。輕者給其他網站帶來刪除垃圾的工作量，重者影響對方網站品質，這就已經屬於不道德的範疇了，應該堅決反對。

再比如使用駭客技術攻入其他網站，加上自己的連結，還有常見的非法採集、抄襲別人內容，這都已經超過了法律底線，變成了違法犯罪行為，更是不能容忍。這是駭客，不是黑帽，更不是 SEO。

9.1.3　SEO 服務商的底線

在自己網站上使用黑帽手法是自己的事，被懲罰或刪除也不能怪別人。若作為 SEO 服務商，在客戶網站上使用黑帽手法，則需要非常小心。倘若是競爭激烈的產業，如果不嘗試黑帽手法就沒有效果時，必須事前清楚地告訴客戶搜尋引擎對黑帽手法的態度，以及黑帽帶來的風險，由客戶自行判斷和取捨。只有在客戶清楚風險並且能夠承擔後果的情況下，才能在客戶網站上嘗試黑帽手法。

國外已有 SEO 服務商在客戶網站上使用黑帽手法，導致客戶網站被懲罰，客戶因而控告 SEO 服務商的案例。甚至還有客戶對服務不滿意、不續約，黑心服務商刪

除客戶網站資料，威脅讓客戶網站被搜尋引擎懲罰、刪除的，這可能已經涉及刑事案件了。

9.1.4　黑帽 SEO 的貢獻

一些黑帽 SEO 人員對搜尋引擎排名演算法了解很深，技術也很高超。這類黑帽 SEO 在自己的網站上做實驗，測試搜尋引擎的底線，對所有 SEO 從業者都是不小的貢獻。沒有黑帽的探索和嘗試，我們往往就不能明確知道哪些手法被搜尋引擎接受，哪些會觸及搜尋引擎的底線。在這個意義上，不逾越道德和法律界限的黑帽對整個 SEO 業界並不是一件壞事，很多黑帽 SEO 在業內是很受尊重的。

9.1.5　承擔風險，不要抱怨

雖然說很多黑帽 SEO 手法談不上不道德，但搜尋引擎肯定是痛恨黑帽的，因為黑帽降低了搜尋結果的相關性和使用者體驗，動了搜尋引擎的「飯碗」，屬於必須嚴厲打擊的範圍。所以做黑帽被懲罰是正常的，甚至可以說，從長遠來看是必然的。

在了解黑帽風險的基礎上，如果自己使用了黑帽被搜尋引擎懲罰，就不必抱怨，只能自己承擔後果。

經常在論壇上看到站長抱怨自己網站排名下降，被搜尋引擎懲罰甚至刪除，站長感覺很無辜，認為搜尋引擎沒有原因就懲罰了網站。這種抱怨其實往往是誤導，深入研究下去就會發現，被懲罰的原因恰恰是使用了被搜尋引擎認為是作弊的手法。

舉一個典型的、有喜劇效果的例子。2009 年 5 月 21 日，Google 英文論壇裡一個站長發文，很「無辜」地表示自己被 Google 刪除了所有網站。他列出了 5 個內容網站，據他所說都是真正的、人工做的內容網站，針對不同主題，沒有一個是那種自動生成內容的垃圾網站。5 個域名，無一例外都是充滿關鍵字的長域名。

站長感到很迷惑也很委屈，這是為什麼？這不公平啊！

然後有人指出，這幾個網站都有很大一部分是專門用來做友情連結交換的頁面，所有這些網站互相交叉連結起來，形成連結農場。站長又很純真地回答，我們這

些交叉連結不是為了 Google PR 值和連結，因為我們早知道同一個 IP 上的交叉連結是沒有用的。

又有人發現網站的一些頁面有重複內容，最典型的就是隱私權政策頁面。這倒不是什麼大問題，隱私權政策本來就都差不多。這位站長嚴正聲明，我們公司有政策，要求員工不可以抄襲內容，所以大部分內容都是原創的。

然後一位 Google 員工忍不住跳出來指出，這位站長網站上經常有類似這樣的內容：

Every year, millions of people suffer from head injury symptoms. Most of these are minor because the skull is designed to protect the brain. Most closed head injury symptoms will usually go away on their own. However, more than half a million head injuries a year, are severe enough to require hospitalization.

而這些內容在其他網站上早就有了，只不過差幾個字：

Every year, approximately two million people sustain a head injury. Most of these injuries are minor because the skull provides the brain with considerable protection — thus symptoms of minor head injuries usually resolve with time. However, more than half a million head injuries a year are severe enough to require hospitalization.

很顯然，這位站長所謂的原創就是加減一些「的、地、得、可能、也許」之類的詞，取代同義詞、近義詞，再更換段落順序和語序。這就是 SEO 們耳熟能詳的偽原創。但請記住，「偽原創」就已經表明了不是原創。

然後這個站長又不經意地提到，他的一個合作夥伴的哥哥，針對不同關鍵字做了很多所謂的原創內容網站，數量多達好幾百個。

有人列出來一些這位站長的網站，點進去查看就知道是典型的單頁面站群，只有一個頁面，兩三段文字，而且還是抄襲的，然後放上 Google AdSense 或聯盟計劃連結，整個網站剩下的就是交換連結頁面。刨去一頁抄襲內容、廣告和交換連結，就什麼都沒有了。

這位站長還是覺得很無辜，百思不得其解，提出一個最可愛的問題：「有沒有可能 Google 的工程師能跟我們當面談一下，告訴我們原因是什麼呢？不用 Google 工程師到我們這裡來，我們願意去 Google 拜訪。」

我也嘗試過查看幾個站長抱怨被無故懲罰的中文網站，不是有作弊嫌疑，就是無意義的內容抄襲網站，無一例外，本就不該有好的排名。

9.1.6 了解黑帽，做好白帽

在這裡介紹黑帽，並且說黑帽不一定是不道德的事，並不意味著鼓勵大家使用黑帽。恰恰相反，對一個正常的商業網站和大部分個人網站來說，做好內容，正常最佳化，關注使用者體驗，才是通往成功之路。

要做好白帽就必須了解黑帽都包括哪些手法，避免無意中使用了黑帽手法。我自己在剛開始接觸 SEO 時，就曾經天真地使用過與背景顏色相同的隱藏文字，當時絲毫不覺得有何不妥，完全不知道這在搜尋引擎眼裡是作弊。

有些黑帽手法風險相對較大，近乎「殺無赦」。只要被發現，網站一定會被懲罰或刪除，比如惡意隱藏文字。有的黑帽手法風險要低一點，搜尋引擎還會考慮網站的其他因素，懲罰比較輕微，也有復原的可能，比如關鍵字堆積。

做白帽就要花更多時間和精力，而且並不能保證一定能做出一個成功的網站。但相對來說白帽更安全，一旦成功，網站就可以維持排名和流量，成為一份高品質資產。

黑帽手法常常見效快，實施成本低。問題在於被發現和懲罰的機率很高，而且會越來越高。一旦被懲罰，整個網站常常就不得不放棄了，一切要重新開始。長久下去，很可能做了幾年後，手中還是沒有一個真正高品質、能被稱為資產的網站。

9.2 主要 SEO 作弊方法

9.2.1 隱藏文字（Hidden Text）

隱藏文字指的是在頁面放上使用者看不到，但搜尋引擎能看到的文字。當然，這些文字是以搜尋排名為目的，所以通常包含大量關鍵字，意圖提高關鍵字密度和文字相關性。有時隱藏的文字與可見頁面內容無關，目的是希望與本頁面無關但搜尋次數高的熱門關鍵字能有排名和流量。

實現隱藏文字的方法有多種。例如，文字與背景顏色相同，頁面背景設定為白色，文字也設定為白色。這是最簡單的方法，也是最容易被檢測出來的方法。

經過改進後，有的作弊者把文字放在一個圖片背景上，而圖片就是一個單色圖案，與文字是同一個顏色，如白色文字放在白色圖片上。由於搜尋引擎通常不會也不能讀取圖片內容，就可能無法判斷這是隱藏文字。

有的時候作弊者也使用相近顏色。比如，背景顏色是純白色，HTML 程式碼是 #FFFFFF，文字設定為非常非常淺的灰色，比如使用 #FFFFFD。這樣，搜尋引擎讀到的顏色程式碼是不同的，但使用者靠肉眼其實分辨不出這兩種顏色的區別。

使用微小文字也可以實現隱藏文字，像是把文字大小設定為一個像素，這樣使用者在頁面上是看不到這些文字的。

還有的黑帽使用樣式表隱藏文字，這種方式近幾年更為流行。透過 CSS 檔把文字定位到不可見區域，比如文字放在螢幕左邊或右邊很遠的地方：

```
position:absolute ;
margin-right:-100000px ;
```

這樣使用者在正常情況下是看不到這些文字的。或者把文字放在不顯示的層上：

```
<div style="display: none"> 隱藏文字 </div>
```

使用者正常情況下很難發現隱藏文字，但可以查看 HTML 原始碼，有的隱藏文字可以透過按 Ctrl+A 鍵，選擇頁面上所有文字就可以看到。對搜尋引擎來說，有些隱藏文字確實很難透過程式檢測出來。但是一旦使用者或競爭對手檢舉，人工審查就很簡單了。隱藏文字是一旦被發現通常就會被懲罰的、風險較大的黑帽手法。

有一點要注意，隱藏文字指的是使用者無論在頁面上做什麼正常瀏覽操作都看不見的內容（除非看原始碼、Ctrl+A 這種非瀏覽行為），但如果頁面剛打開時使用者看不見，點擊一下就能看見了，則不算隱藏文字。比如頁籤（Tab）下的內容，頁面剛打開時只顯示預設 Tab 下的內容，使用者點擊其他 Tab 自然就看到其他內容了。再比如現在行動裝置版頁面常見的為節省版面的「顯示更多 +」按鈕，使用者點擊後打開更長內容。這都屬於正常排版，不是隱藏文字。

9.2.2 隱藏連結（Hidden Links）

與隱藏文字相似，隱藏連結就是使用者看不到，但搜尋引擎能看到的連結。實現方法與隱藏文字也相似。

隱藏連結可能是站長在自己網站上連結到自己的頁面。更常見的是駭入其他網站，加上指向自己網站的隱藏連結。這樣，被駭的網站站長看不到連結，被發現和刪除的可能性就會降低。

隱藏連結屬於明確的作弊，但是在判斷誰應該被懲罰上有一定難度。假設 A 網站上有隱藏連結連到 B 網站，那麼搜尋引擎是該懲罰 A 網站還是 B 網站呢？如果因為 A 網站上有隱藏連結而懲罰 A 網站，但其實可能是 B 網站駭進了 A 網站加上的連結，A 網站本身是無辜的。如果因為隱藏連結懲罰 B 網站，但也可能是 A 網站甚至是第三方惡意陷害 B 網站。

這時候對搜尋引擎來說，比較保險的方法是使隱藏連結效果歸零。另外配合網站上出現的其他作弊模式進行判斷，在有確切證據證明網站作弊的情況下，還是可能給予懲罰。

9.2.3 垃圾連結（Link Spam）

所有主流搜尋引擎都把外部連結當作排名的主要因素之一，而從其他網站獲得自然連結又不是一件容易的事，垃圾連結就應運而生了。

垃圾連結通常是指站長為了提高排名，在任何可以留言的網站留下自己的連結，像是開放評論的部落格、留言板、論壇，文章帶有評論功能的網站，社群媒體網站等。

與正常留言不同的是，垃圾留言常常有兩個明顯特徵。一是留言與原本的文章主題毫無關係，只是為了留下連結而留言。我們經常看到部落格留言裡有「非常同意」、「不錯」之類毫無意義的話，很大一部分是垃圾連結。有的垃圾留言看似有內容，其實是放哪都行的一句話，如「確實，現實就是這樣的」之類。還有的垃圾留言是從前面留言抄的，站長不可能記得所有留言，一不小心就通過了。

第二個特徵是，留下的連結中錨文字常常是目標關鍵字。這也就是為什麼在部落格評論中經常看到把自己稱為「加濕器」、「起重機」、「南港搬家」、「註冊公司」等的留言，其目的都是為了這些關鍵字的排名。正常的、有禮貌的留言者應該留下自己的真實姓名或網名，而不是這些垃圾關鍵字。

很多時候垃圾留言是透過群發軟體完成的，網路上還有不少人在販售這種群發軟體。

垃圾連結判斷對搜尋引擎來說並不難。使用過 WordPress 防垃圾評論外掛程式 Akismet 的人都會注意到，Akismet 外掛程式判斷垃圾留言的準確率相當高。Akismet 系統會根據留言特徵判斷是否垃圾留言和連結。

- 留言字數。很多垃圾留言往往只是「好文章」、「說得不錯」、「頂」之類的話。這種短小而又沒什麼意義的文字，會增加被過濾的可能性。

- 連結數量。一段留言包含一個連結是正常的，包含幾個連結，還排在一起，就值得懷疑了。

- 是否包含常見垃圾關鍵字。大量使用垃圾留言的經常聚集於某些特定關鍵字，如前面提到的「加濕器」、「起重機」、「南港搬家」、「註冊公司」之類。物以類聚，人以群分，這句話在 SEO 中也適用。

- 連結指向的網站是否在黑名單中。反垃圾軟體會收集垃圾網站及 IP 位址。一旦上了黑名單，留言就直接被過濾掉了。

- 人工過濾。部落客可以在 WordPress 後台人工刪除沒有被自動識別出來的垃圾留言，被很多部落客人工刪除的網站離黑名單就不遠了。

- 搜尋引擎比反垃圾外掛程式的資料掌握和判斷力無疑更強。除了上面提到的留言本身特徵，搜尋引擎還可以同時看到多個頁面、多個網站的資料。

- 留言的時間關係。比如同一個部落格幾秒鐘內在不同文章下出現同一個網站的留言連結，這肯定不正常。或者同一個網站的垃圾連結在幾乎同一時間段出現在多個部落格上。單個部落格作者看不到這些資訊，但搜尋引擎檢測到這些資料易如反掌。

- 部落格文章的存在時間。如果部落格文章已經是兩年前的，而且一年半沒有新留言了，冷不防冒出一個留言，這多少也有點可疑。

- 留言相關性。搜尋引擎可以透過語義分析判斷留言與部落格文章是否有一定的相關性。群發軟體留下的垃圾，通常是一些沒什麼意義，放在哪裡都看似讀得通，其實不知所云的話。

- 多個部落格留言模式。群發軟體會同時往大量部落格發垃圾，而且留下的域名及留言內容都一樣或相似，這種模式會引起懷疑。

- 垃圾連結出現的速度。與真正的讀者留下的有意義的留言不同，群發軟體是快速留下大量連結，搜尋引擎也可以檢測到這一點。

- 語言不同。在一個中文部落格發大量英文留言有什麼意義？同樣，除非是討論時事，不然到英文網站發大量中文評論有多高機率會被當作正常呢？

垃圾連結的效果是非常值得懷疑的。有的 SEO 看到一些網站排名很好，檢查外部連結後發現大部分連結是垃圾連結，就認為垃圾連結還是很管用的。其實，造成網站排名不錯的很可能是其他少量的、不易被發現的高品質連結。

對搜尋引擎來說，通常最簡單的處理方法是直接忽略，把垃圾連結效果歸零。因為垃圾連結而懲罰網站則比較謹慎，這些垃圾留言既可能是站長自己留下的，也可能是競爭對手惡意陷害。

9.2.4 買賣連結（Paid Links）

自然獲得外部連結非常困難，需要大量高品質內容、創意，付出大量時間、精力。連結建設是 SEO 最難的部分之一。

相比之下，用錢買連結就顯得比較簡單，直截了當。不過，為了排名而買賣連結是所有搜尋引擎深惡痛絕的。

2009 年 2 月，Google 不惜揮刀自宮，將 Google 日本網站 PR 值從 9 降到 5。Matt Cutts 證實就是因為 Google 日本網站使用了付費評論，評論中包含有連結。

這都是給 SEO 界鮮明的訊號，搜尋引擎對連結買賣的打擊是明確而且不遺餘力的。

當然，連結買賣並不一定就是為了排名。在搜尋引擎出現之前，網站之間買賣連結本來是很正常的，那時候是作為廣告的一種形式，帶來的是直接點擊流量，而不是為了搜尋排名。所以買賣連結是否為 SEO 作弊行為就變得比較模糊了，搜尋引擎並不能百分之百地準確判斷出有金錢關係的連結交易是否以提高排名為目的。

搜尋引擎對連結買賣的檢測演算法正在快速進步中，除了對手檢舉導致搜尋引擎人工審查，在演算法上還可能考慮以下因素：

- 內容主題是否具有相關性。通常買連結的目標都是高權重的大網站，往往就會忽略內容相關性。同行的網站之間買賣連結比較少見，而且同行網站之間連結也很正常。

- 連結的突然出現和消失，也是連結買賣的常見特徵之一。一旦買連結的網站覺得沒有效果，不再繼續付費，連結也就突然之間消失了。

- 連結出現的位置。買賣連結最常出現的位置就是頁尾和左右導覽欄中的贊助商或廣告商連結部分。也有很多買賣連結是出現在頁尾的全站連結中。

- 使用知名連結交易服務。搜尋引擎工程師只要註冊一個帳號，挖出幾個參與連結買賣的網站，就能帶出一大群交易網路中的網站。

- 與已知買賣連結的網站有關。通常賣連結的網站不會只賣一兩個連結，而是看到有利可圖就會上癮，不停地賣連結。經常買連結的網站也同樣如此，會從很多不同網站買連結。所以，確認幾個網站買賣連結，從連結關係上可以挖掘出更多可能買賣連結的網站。

當然，買賣連結的判斷不可能百分之百準確。不要說演算法，連人工審查也不可能百分之百準確。想像一下，兩個站長離線聚會時認識了，一起吃飯喝酒時就把連結買賣的事敲定了。搜尋引擎不可能有方法確認這兩個網站之間的連結實際上有金錢來往。

不以排名為目的的連結買賣也應該注意，不要被誤判為意圖操縱排名。比如應該做到以下幾點：

- 按照搜尋引擎的要求，給廣告性質的連結加上 nofollow 屬性，或者新推出的 sponsored 屬性。

- 連結來源和錨文字多樣化。既有來自高權重網站的連結，也有來自普通甚至低品質網站的連結。錨文字既有目標關鍵字，也有公司名稱，或者甚至「點擊這裡」之類的文字。通常買來的連結都是來自高權重的網站，錨文字是目標關鍵字。作弊的站長一般不會花錢從一個小網站買一個錨文字為「點擊這裡」的連結。

- 連結勻速增加，既不要出現不成比例的大量成長，也不要突然消失一批連結。正常的網站外部連結應該是大致勻速成長的，除了偶爾因為連結誘餌等活動出現了爆發點。

- 盡量尋找不經常賣廣告的網站。對方網站賣的廣告越多，上面的連結都被判斷為買賣連結的可能性就越大。

- 連結的形式多樣。連結可以出現在部落格的 Blogroll 中，也可以出現在正文中。既可以是文字連結，也可以採取旗幟廣告的形式。既有首頁連結，也可以有內頁連結。在連結來源網站上，也是既有來自首頁的，也有從內頁獲得的。

- 盡量避免連結出現在頁尾中。

總之，就算是有金錢交易，也盡量把它當作商業拓展的一部分，而不是為了排名而做的連結買賣，不可 SEO 目的太強。對正規網站的 SEO 來說，連結買賣風險比較大，應該盡量避免。

9.2.5 連結農場（Link Farm）

連結農場指的是整個網站或網站中的一部分頁面，沒有任何實質內容，完全是為了交換連結而存在。交換連結頁面上全部是指向其他網站的連結，其他網站也都連結回來。這些網站之間就形成了一個連結農場，互相交叉連結。

很多時候這種連結農場是同一個公司或站長所控制的一群網站，也有的時候這些網站都參與了某個交換連結聯盟。

更危險的是，有時參加連結農場的網站還使用相同的軟體來管理頁面上的連結。參加交換連結聯盟的站長申請連結、批准連結都透過軟體自動實現，交換連結頁面也是軟體自動生成。因為這類軟體所生成的頁面格式相同，有時頁面的分類都基本相似，搜尋引擎很容易就能判斷出整個連結農場。

連結突然大量增加，大量同質外部連結（IP、網站結構、設計等方面的雷同），錨文字集中，內容不相關等，都是連結農場常見的特徵。

檢測出連結農場或有連結農場嫌疑的，搜尋引擎可能會採取以下措施：

- 這些頁面的連結在計算權重時完全不被考慮。
- 頁面上的連結權重被降低。
- 頁面上的連結權重被懲罰。
- 這些頁面本身重要性被降低。
- 這些頁面本身重要性被降低，同時匯出連結的重要性也被降低。

9.2.6　連結向壞鄰居（Bad Neighborhood）

自己的網站連結到已經被判斷出作弊、並且被懲罰的網站，這個作弊和被懲罰的網站就是一個壞的鄰居。

壞鄰居網站通常是一個特定的域名，在極少數情況下也可能是一個 IP 位址上的很多個作弊網站。所以在正常交換連結時，要大致判斷一下對方網站是否作弊，是否已被懲罰。壞鄰居網站連結到自己的網站並沒有關係，因為你沒辦法控制其他人的網站。但你連結到壞鄰居網站，就可能使自己的網站也被懲罰。

9.2.7　隱藏頁面（Cloaking, Cloaked Page）

隱藏頁面也被翻譯為障眼法。

隱藏頁面指的是使用程式判斷訪問者是普通使用者還是搜尋引擎蜘蛛，如果是普通使用者，程式傳回一個不考慮 SEO、只給使用者看的正常頁面，如果是搜尋引擎蜘蛛，程式就傳回一個高度最佳化，甚至可能最佳化到語句已經沒有可讀性或包含不相關熱門關鍵字的頁面。所以普通使用者和搜尋引擎看到的頁面內容是兩個不同版本。

搜尋引擎蜘蛛根據自己抓取到的高度最佳化頁面進行排名，而使用者看到的卻是沒有堆積關鍵字，看起來比較自然的文字。

使用者要判斷網站是否使用了隱藏頁面，可以有幾種方法。

比較簡單的方法是，瀏覽網站時改變瀏覽器的使用者代理（user-agent），將自己的瀏覽器偽裝成搜尋引擎蜘蛛。第 12 章中介紹的外掛程式 User Agent Switcher 可以實現這個功能。不過比較進階的隱藏頁面程式不僅會檢查瀏覽器類型及版本訊息，還會檢查訪問來自哪個 IP 位址，只有在訪問者 IP 位址是已知搜尋引擎蜘蛛 IP 時，程式才傳回最佳化的版本。

另外一個判斷方法是查看網頁在搜尋引擎中的快照。如果快照中顯示的和使用者在瀏覽器中看到的內容差別巨大，就說明網站使用了隱藏頁面技術。

近幾年也經常有作弊者使用隱藏頁面騙取友情連結。普通使用者訪問時，顯示帶有正常友情連結的頁面，而傳回給搜尋引擎蜘蛛的版本則刪除了所有友情連結。這樣，與之交換友情連結的站長以為對方放了自己的連結，但其實搜尋引擎完全看不到。

搜尋引擎判斷隱藏頁面方法與使用者類似。幾乎所有的搜尋引擎都會發出匿名蜘蛛，也就是訪問時模仿普通瀏覽器的使用者代理訊息，抓取頁面後與正常蜘蛛抓取的資料相比較，從而判斷隱藏頁面。

隱藏頁面與正常的 IP 傳送（IP Delivery）之間容易混淆。IP 傳送指的是網站程式檢查來訪者的 IP 位址，然後根據 IP 位址傳回不同內容。比如全國範圍的分類廣告網站必須使用 IP 傳送方式，來自不同城市的使用者將看到針對自己所在城市生成的內容。台北的使用者看到的就是台北地區分類廣告，上海使用者看到的就是上海地區分類廣告。其中還可能包括了轉向，台北使用者訪問首頁時，會被自動轉向到台北地區專用的子域名或二級目錄分站。

IP 傳送還可以應用在其他很多場景，如根據地域不同顯示不同貨幣、運費、快遞選項，甚至是不同產品。

IP 傳送的實質也是讓不同使用者看到不同版本。隱藏頁面與 IP 傳送的區別在於，隱藏頁面是針對普通使用者和搜尋引擎蜘蛛傳回不同內容，IP 傳送是針對不同 IP 位址傳回不同內容。只要一個來自台北 IP 位址的搜尋引擎蜘蛛看到的內容，與來自台北 IP 位址的使用者看到的內容是一樣的，就是 IP 傳送，而不是隱藏頁面。如

果同樣是來自台北的 IP 位址，但搜尋引擎蜘蛛看到的內容與使用者看到的內容不一樣，就是隱藏頁面。

隱藏頁面和隱藏文字類似，屬於比較嚴重、明確的 SEO 作弊手法。

9.2.8　PR 值劫持（PR Hijacking）

雖然工具列 PR 值已經看不到了，但作為 SEO 還是應該了解 PR 值劫持的概念，一是因為太經典了，二是類似的原理還在其他作弊中經常出現。PR 值劫持指的是使用欺騙手段獲得工具列上比較高的 PR 值顯示，方法是利用跳轉。

前面提到過，一般搜尋引擎在處理 301 轉向和 302 轉向時，是把目標 URL 當作實際應該收錄的 URL。當然也有特例，不過在大部分情況下是這樣處理的。

所以如果作弊者從頁面 A 做 301 轉向或 302 轉向跳轉到頁面 B，而頁面 B 的 PR 值比較高，頁面 A 的 PR 值更新後，也會顯示頁面 B 的 PR 值。有人就利用這一點，把自己的頁面 PR 值偽裝得很高。

最簡單的就是把域名首頁先做 301 轉向或 302 轉向跳轉到高 PR 值的頁面 B，等工具列 PR 值更新過後，立刻取消轉向，放上自己的內容。使用者瀏覽這個網站 A，看到的是高 PR 值，卻不知道 PR 值是透過轉向劫持得到的，不是這個網站的真實 PR 值，而是另外一個網站的。劫持的 PR 值顯示至少可以維持到下一次工具列 PR 值更新，一般有兩三個月時間。

更隱晦一點的辦法是，透過程式檢測到 Google 蜘蛛，對其傳回 301 轉向或 302 轉向，對普通訪問者和其他蜘蛛都傳回正常內容。這樣，使用者看到的是普通網站，只有 Google 才會看到轉向。

劫持 PR 值的作弊者的目的也很明顯，就是為了賣連結、賣 PR 值。如果賣連結的訴求是廣告性的直接點擊流量，還有情可原，如果主要訴求或唯一訴求就是高 PR 值，這無疑就是欺騙，這種網站上的連結對 PR 值沒有任何貢獻。在尋找和買連結的時候，如果對方炫耀的就是高 PR 值，就要非常小心。

如何鑑別是否為劫持得來的 PR 值呢？最準確的是看 Google 的網頁快照，如果你看到的網頁是一個樣子，Google 快照顯示的卻是另外一個樣子，網站標題和 Logo 都是另一個網站，這很可能就是 PR 值劫持了。

9.2.9 橋頁（Doorway Pages, Bridge Pages）

橋頁又稱為門頁。作弊者針對不同關鍵字，製作大量低品質，甚至沒有文字意義、只是充滿關鍵字的頁面，寄希望於這些頁面獲得排名帶來流量。

通常橋頁是由軟體生成的，頁面上的內容是沒有意義的文字排列，使用者根本沒辦法閱讀。也有不少橋頁是抓取搜尋引擎結果頁面生成的。橋頁對使用者毫無幫助，不太可能在熱門關鍵字中獲得排名，只能是針對長尾關鍵字，所以需要大量甚至巨量的橋頁才有意義。

橋頁完全是以關鍵字排名和流量為目標，根本不考慮使用者體驗。

使用者來到橋頁後，又可以有兩種處理方式。第一種方法是在頁面最重要位置，比如頂部，以大字號連結到網站首頁或其他網站（也就是作弊者真正要推廣的網站）。使用者在頁面上看不到有用的內容，很大程度上也就不得不點擊這個連結來到其他網站，給作弊者帶去有價值的流量。

第二種方法是頁面自動跳轉到真正要推廣的網站上，比如使用 meta 重新整理或 JavaScript 腳本跳轉。通常這種跳轉設置的時間是零，也就是使用者來到頁面上並沒有看到橋頁上的任何文字，就馬上被自動轉向到其他網站上。

9.2.10 跳轉

前面提到過，搜尋引擎接受度最高的是 301 跳轉。在頁面 URL 改變時使用 301 轉向，搜尋引擎會自動刪除原來的 URL，把權重轉移到新的 URL 上。

其他形式的跳轉或轉向，對搜尋引擎來說就比較可疑。如 meta 重新整理、JavaScript 跳轉、等，其原因就是跳轉常常被用來作弊，所以連累其他使用跳轉的頁面也會被搜尋引擎懷疑是否有作弊目的。

除上面介紹的 PR 值劫持、橋頁經常會使用跳轉，還會有採集＋跳轉，偽原創＋跳轉，租用子域名／目錄＋跳轉，駭入其他網站加跳轉程式碼，泛解析＋跳轉，播放／下載按鈕跳轉，購買域名＋跳轉等情況。

所以網站應該盡量避免使用除 301 跳轉之外的跳轉方式。萬不得已時，跳轉時間應該設定得長一點，而不能設定為零。比如 meta 重新整理，可以設定成這樣：

```
<meta http-equiv="refresh" content="10;url=http://www.domain.com/">
```

使用者打開頁面 10 秒以後才跳轉。作弊網站很少 10 秒以後才跳轉，毫無使用者體驗可言的網站，還不等跳轉，使用者就退回到上個頁面了。

這種有延時的跳轉還有其他用處，像是使用者註冊網站帳號或訂閱電子雜誌後顯示的感謝頁面就可以設定為 10 ～ 20 秒之後，跳轉到網站首頁或其他合適的頁面。

9.2.11　誘餌取代（Bait and Switch）

誘餌取代指的是作弊者先針對一些普通關鍵字製作頁面，獲得排名後，再將頁面換成其他內容。一般有兩種情況，一是先針對比較容易的長尾關鍵字製作頁面，獲得排名和點擊後，把頁面全部換成商業價值更高的內容。第二種是先針對普通正當的關鍵字製作內容，獲得排名後頁面換成非法、成人、賭博等內容。

我們經常在搜尋引擎結果中看到這種現象，頁面內容完全改變後（有時候這種改變並不是誘餌取代，而是正當的業務更改），原來的頁面排名並不會立即消失。甚至在搜尋引擎重新抓取頁面新內容後，也不會立即消失，而是維持一段時間。由於搜尋引擎有這種記憶特性，再加上誘餌取代頁面被重新抓取、索引、計算本身就需要一段時間，所以誘餌取代頁面往往能在原來正當的或比較容易的關鍵字搜尋中保持一段時間的排名。

9.2.12　關鍵字堆積（Keyword Stuffing）

正如這個名詞本身所提示的，關鍵字堆積指的是在頁面上本來沒有必要出現關鍵字的地方刻意重複或者堆積關鍵字，寄希望於透過提高頁面的關鍵字相關度或關鍵字密度的方式，來提高排名。

關鍵字堆積的地方既可能是使用者可見的文字，也可能是使用者看不見的文字，諸如：

- 網頁標題標籤。
- 說明標籤。
- 關鍵字標籤。
- 頁面可見正文。
- 圖片 ALT 文字。
- 頁面內部連結錨文字中，尤其容易出現在頁尾部分。
- 頁面 HTML 程式碼中的評論部分。
- 隱藏在表格中等。

關鍵字堆積在程度上有很大區別，所以是一個比較模糊的作弊概念。有的網站屬於輕度堆積，比如標題本來可以寫成通順自然的「童裝批發零售」，卻偏要寫成「童裝，童裝批發，童裝零售」。

有的作弊者則走向極端，在頁面標題、說明標籤、甚至頁尾處的可見文字中列出幾百個關鍵字。更有甚者，堆積的關鍵字與本頁面內容無關，本來是賣童裝的頁面，卻加上更熱門、搜尋次數更多的如周杰倫、iPhone、小遊戲等不相關的關鍵字。作弊者的想法是搜尋這些詞的人數量龐大，希望能為自己帶來流量。其實使用這種與頁面內容無關的這種熱門關鍵字，反倒可能被搜尋引擎認為是在作弊，連原本的內容都無法獲得好排名。

9.2.13 大規模站群

站群是很多 SEO 喜歡使用的手法。自己製作一定數量的網站，既可以用來與其他網站交換連結，也可以用這些網站共同推一個主網站。由於站群是控制在自己手中的，想要建立外部連結就容易多了。

站群的使用涉及一個度的問題，少量的網站，而且每個網站都有實質內容，搜尋引擎不會因此給予懲罰或封殺。但是網站數量太大，網站品質很低時，搜尋引擎

就不能接受了。因為這樣的站群唯一目的就是影響搜尋排名，對使用者已經沒有什麼價值了。大致上來說，幾十個網站問題不大，這個數量通常還談不上是站群，但幾百個甚至幾千個網站，就會被認為是有作弊意圖的站群了。

由於網站數量達到一定程度才有站群效果，站群的使用經常需要配合其他黑帽或灰帽方法。如內容採集和偽原創（數量大，不可能原創），垃圾連結群發（站群網站本身需要連結，提高權重），買賣連結（這是建立站群的直接目的之一）等。因此，站群是高危險性的作弊方法之一。

站群網站之間可以用不同方式連結起來。SEO 圈子經常看到的鏈輪概念就是站群的一種，站群網站之間轉著圈連成環狀，就是鏈輪。也有把站群安排為金字塔形式，一層一層向上連結的。也有盡量切斷網站之間聯繫，不互相連結的。

鏈輪之類的形式對搜尋引擎來說，辨別毫無壓力，不明白為什麼有些 SEO 好像十分推崇鏈輪。網站之間不連結的站群，搜尋引擎要想準確判斷有一定難度。SEO人員為了避免被判斷為站群，應該使用不同公司、不同 IP 的主機，不同的域名註冊資訊，不同的網站模板，不同的網站內容，網站之間沒有交叉連結。但完全隱藏站群是非常困難的，有太多細節要做到不露痕跡。

9.2.14　利用高權重網站

我們都知道域名權重對搜尋引擎排名作用很大，有時候甚至大到了誇張的程度。

很多黑帽、灰帽自然會利用搜尋引擎的這種演算法特性為自己服務，在提升自己的域名排名實在困難時，利用別人的已經具備高權重的域名為自己服務。使用的方式既可以是建連結到自己的網站，也可以直接用高權重域名的網頁獲得排名再轉向到自己網站。

數年前，在維基百科建頁面、建連結是不少黑帽樂此不疲的事。維基百科權重高，可以自由建立條目頁面，自由加連結（連結長久保持在維基百科頁面上難度很大，編輯和其他人都可能把連結刪除），自由編輯，而且那時候匯出外部連結沒有 nofollow。現在維基百科給所有匯出到外部的連結加了 nofollow，所以大部分作弊者對此沒這麼熱心了。

被利用的高權重域名還包括那些免費但主流的部落格託管商、圖片分享網站、社群網路等。很多人建立大量免費部落格或社群媒體網站帳號，就是為了建設連結。

現在還有一種常用的黑帽手法是在高權重域名上建頁面，如入口網站、大學網站、甚至政府機構網站。黑帽 SEO 透過各種方式在高權重網站上建立一些網頁，獲得排名後再連結到自己的網站，或者直接做轉向把流量匯入自己的網站，或者只是在搜尋結果中獲得曝光。

這些作弊頁面和高權重網站本身經常沒有關係。我們經常看到類膽固醇藥物、賭博、減肥、治掉髮等高競爭度的關鍵字，排在最前面的是一堆大學的二級域名頁面，這種頁面 99% 是作弊者放上去的，想要靠域名權重獲得好的排名。當然，搜尋引擎也一直在修正演算法，清理這些寄生在高權重域名的頁面。

如何在高權重域名，甚至大學或政府域名上做網頁呢？方法很多。像是：

- 大多數大學生可以在自己學校網站上建立個人網頁，金錢、個人關係等就都可以派上用場了。

- 幾乎所有大學老師都有在本校域名上的個人網頁，很多教授的網頁權重是相當高的。

- 有的大學網站可以自由發布消息，如分類廣告、招生資訊等。

- 很多網站用的是現成的 CMS 系統，這些系統有的允許未經認證的使用者自由建立帳戶，有的存在安全漏洞，如果你熟悉它的 CMS 系統，就能找到方法建立帳戶。

- 當然還有的是直接駭進網站，許多網站（包括政府網站）的安全性其實是很差的。為了不被發現，通常不會直接更改頁面內容，而是注入些 JavaScript 或 iframe 之類的屬性，有時候 JavaScript 還可以寫入資料庫，搜尋使用者訪問被跳轉，直接訪問則顯示正常內容。有的黑帽稱這種方法為劫持。

- 取得其他網站 shell 權限，哪怕權重不高的域名，上傳寄生蟲程式到目錄，有使用者訪問時（當然，主要目標是蜘蛛訪問），會自動生成更多頁面，就像是自我繁殖一樣，所以名為寄生蟲。這些頁面數量巨大，總有一些可以獲得排名。

- 租用高權重域名的目錄或子域名。有時候租用目錄或子域名的目的是經營某個頻道，有時候直接目的就是做關鍵字排名。估計大部分 SEO 都曾看過收購目錄廣告。

- 利用其他域名管理的漏洞，開通域名泛解析，也就是子域名以萬用字元 * 代替，解析到自己伺服器，伺服器端配合泛域名程式，可以建立無數子域名頁面。

- 利用高權重網站搜尋功能，生成帶有關鍵字和自己品牌 / 聯絡方式的搜尋頁面 URL，給 URL 做外部連結，比如放入所謂的蜘蛛池，使頁面獲得收錄和排名。這些 URL 獲得排名通常沒辦法轉向到自己網站，但至少能得到曝光。

注意：上面舉例的部分方法屬於違法犯罪行為，在這裡進行簡要介紹的目的不是建議大家去使用這些方法，而是希望讀者有所了解，萬一自己網站被利用，出現莫名其妙的排名，也好有個診斷和解決的起點。

另外，有些大公司網站也並不像外人想像得那樣純潔無瑕。比如富比士這樣的大公司網站上就有莫名其妙的孤立網頁在宣傳某種藥物。這是怎麼回事呢？只有內部的人知道。

有時候利用高權重域名不一定是為給自己排名，也可能是為了打擊對手，間接提高自己流量。這裡舉一個灰帽的例子進行說明。比如維基百科權重很高，如果有些詞自己實在排不上去，而對手網站排在前面，就有人建立維基百科頁面，然後在維基其他頁面連向建立的新頁面。維基內部連結並沒有 nofollow，連結權重傳遞通暢，內部連結是維基百科本身排名好的原因之一。

絕大部分站長自己的域名權重不高，但如果在維基百科的頁面做得適當的話，可以戰勝其他絕大部分網站。維基百科的頁面排名上升要簡單得多，既打擊了對手，也可以再想辦法引導些流量到自己網站。

這個手法的壞處是，一旦你把維基頁面做上去，自己想再超過它，也是難上加難了。

9.2.15 採集和偽原創

採集，顧名思義，就是把別人網站上的內容搬到自己網站來。通常使用程式自動採集。如果採集後發布在自己網站時留下原出處連結，還可以稱得上是轉載，但如果沒有保留連結，採集後不提原出處，就冒充是自己的原則內容發布，其實就差不多等於大規模自動抄襲。

單純採集過來就發布其實很難獲得排名，除非是高權重網站。所以採集來的內容經常還要做偽原創，也就是進行少量文字性的修改，試圖讓搜尋引擎誤認為是原創內容。偽原創也經常是透過軟體完成的。偽原創是近年國內 SEO 圈子裡的熱門話題，也是應用很廣的作弊方法。

我個人反對採集和偽原創，這是明確侵犯他人版權的行為，與尊重版權的轉載是有本質區別的。所以本書不介紹採集和偽原創軟體，只是從 SEO 角度討論使用的方法和搜尋引擎的處理。

偽原創常見的手法如下：

- 更改、重寫標題。
- 顛倒段落次序。
- 從多篇文章抽取段落，整合為一篇文章。
- 加入一段原創，如在最前面加一段內容提要。
- 文字簡單增減，如感嘆詞、修飾語。
- 同義詞、近義詞取代。
- 強行插入關鍵字，如在一篇小說中插入關鍵字。使用者體驗極差。

偽原創的水準如果夠高，有時可以騙過搜尋引擎，獲得不錯的排名。但是簡單使用上面列出的方法是騙不了搜尋引擎的，第 2.4 節中介紹的「移除重複資料」過程就可以有效地鑑別偽原創。

「移除重複資料」的基本方法是對頁面特徵關鍵字計算數位指紋，也就是說從頁面主體內容中選取最有代表性的一部分關鍵字（經常是出現頻率最高的關鍵字），然後計算這些關鍵字的指紋。這裡的關鍵字選取發生在分詞、去停止詞、消噪之後。

典型的指紋計算方法如 MD5 演算法（消息摘要演算法第五版）。這類指紋演算法的有個特點：只要輸入（特徵關鍵字及其順序）有任何微小的變化，就會導致計算出的雜湊值，也就是數位指紋，出現巨大差異。每個頁面正文都計算雜湊值後，頁面的對比就變成了雜湊值的對比。雜湊值相同，指紋相同，代表頁面內容相同。指紋演算法就是為了驗證檔案是否被篡改，或是鑑別重複內容的一種方式。

對搜尋引擎的移除重複資料演算法有了基本認識後，SEO 人員就應該知道只是增加「的」、「地」、「得」，調換段落順序這種所謂的偽原創方法，並不能幫助逃過搜尋引擎的移除重複資料演算法，因為這樣的操作無法改變文章的指紋。而且搜尋引擎的移除重複資料演算法很可能不止於頁面級別，而是進行到段落級別，混合不同文章、改變段落順序也不能改變指紋。

9.2.16 點擊器及快排

使用者搜尋及訪問行為在一定程度上影響排名，這在第 10 章中有更詳細地討論。

影響排名的使用者行為方式之一是點閱率，搜尋結果列表中的頁面點閱率越高，說明越受使用者歡迎，搜尋引擎越信任這個頁面，很可能進一步提高頁面排名。如果演算法不能準確鑑別出人工刷點擊行為，就會成為被黑帽 SEO 利用的漏洞，點擊器就應運而生。點擊器，就是刻意使用軟體模擬或人工點擊搜尋結果中的特定頁面，提高其點閱率，進而提高其排名。

據我了解，快速排名的原理依然是模擬點擊。當然，模擬點擊的技術比以前的點擊器進步了不少，更為精準細膩，比如：

- 怎樣控制搜尋和點擊的時間、數量。
- IP 位址的取得和分布，有時候可能不是透過合法管道取得 IP。
- 使用者標示模擬。
- 各種瀏覽器及作業系統的模擬和分布。
- 使用者後續訪問行為的模擬，如跳出率、停留時間等。

做快排的人都在不停地做測試和改進，是頗為勤奮的一群人。快排的原理可以被白帽 SEO 借鑑，做好使用者體驗，降低跳出率，寫好標題、做好圖片、提高點閱率，提高訪問深度、停留時間，都是白帽 SEO 應該做的。

根據我和 Google 工程師的交流以及跟蹤英文 SEO 界的討論，我幾乎可以肯定，點閱率也是 Google 排名因素之一，但 Google 找到了清除無效資料的方法，所以沒有出現 Google 點擊器之類的東西。

9.2.17 鏡像網站

鏡像網站，顧名思義，就是製造出和原站一模一樣的網站，像照鏡子一樣。通常做鏡像的黑帽會選擇內容豐富的網站作為鏡像目標，買幾個域名，安裝鏡像程式，也經常被稱為小偷程式，設定鏡像目標域名，有使用者以及搜尋引擎蜘蛛訪問時，鏡像程式即時從被鏡像網站抓取對應 URL 的內容，並顯示在自己域名上。

鏡像網站相當於完整複製別人網站，用別人的內容做排名。由於內容是複製的，絕大部分情況下不會有好的排名，但頁面數量多了，部分頁面有點排名，總歸會帶來一些點擊流量。

當然，鏡像網站不是好心給別人做備份，而是要達成自己的目的，所以這些鏡像內容頁面獲得排名，有使用者點擊時，通常會被轉向到其他賺錢的網站，其中又以賭博、色情等灰色產業居多。

鏡像網站和採集的網站表現形式類似，但實現方法是不一樣的。採集網站是提前抓取別人網站的內容，存入自己資料庫，和普通 CMS 一樣呼叫資料庫內容顯示在頁面上。被採集網站有新內容時，採集網站並不能即時同步更新，要在採集之後才能出現。一旦被採集，內容就已經在對方資料庫裡了，從技術上是無法阻止採集網站顯示這些內容的。

鏡像網站並不事先抓取內容，而是在有人瀏覽網站時，即時從被鏡像的網站抓取內容，並即時顯示。被鏡像的網站有任何更新，鏡像網站是即時同步的。

通常鏡像小偷程式還有附加功能，如取代 URL、過濾標籤、取代指定字串、近義同義詞取代、偽造 IP、偽造使用者代理等。

如果被惡意鏡像，最根本的技術解決方法是封鎖對方用來即時抓取時的 IP 位址。
也可以向域名註冊商、主機商投訴，或採取法律行動。

9.2.18 刷各種資料

和刷單一樣，與 SEO 有關的很多資料也是可以刷的。有些只是刷出來好看，有些
會帶來搜尋和流量。

下面舉幾個例子來進行說明。

1. 刷相關搜尋

Google 的搜尋結果頁面底部的相關搜尋生成原理，是根據使用者搜尋查詢詞前
後還搜尋了其他什麼查詢詞，來建立查詢詞之間的相關關係。比如使用者先搜尋
「SEO」，看了一會對結果不滿意，又搜尋了「SEO 每天一貼」，這樣的搜尋行
為多了，搜尋引擎就會認為這兩個詞高機率有關聯，又有使用者需求，就可能把
「SEO 每天一貼」顯示在「SEO」的相關搜尋結果裡了。

刷相關搜尋時，使用人工連續搜尋肯定比較麻煩。觀察一下搜尋引擎結果頁面的
URL 參數會發現一些可利用的規律，例如在 Google 搜尋「seo」，得到的結果頁面
URL 類似如下：

https://www.google.com/search?q=seo

可以看到，跟在參數 q 後面的就是查詢詞。

然後再搜尋「seo 每天一貼」，得到的結果頁面變成類似如下：

https://www.google.com/search?q=seo 每天一貼 oq=seo

參數 q 後面依然是目前查詢詞「seo 每天一貼」，參數 oq 後面就是上一次查詢詞。
所以刷相關搜尋時，直接構造並訪問第二個 URL 就行了。

這兩個 URL 只是舉例，已經刪除了其他參數，好讓讀者看得清楚，真實 URL 中
還有很多其他參數。刷相關搜尋時，需要把其他重要參數構造進去，以使訪問看
起來像是真實使用者。

刷相關搜尋的時候，可以自己刷，也可以加入聯盟互相刷，更有效的是把 URL 放在自己網站頁面的一個像素尺寸的 iframe 裡，有真實使用者訪問頁面時，順便就幫著刷了一次搜尋資料，使用者自己還看不見，並不影響使用者體驗。自己網站流量不夠時，也可以買垃圾流量刷。

相關搜尋生成演算法應該還有其他因素，但查詢的前後關係肯定是其中重要部分。刷相關搜尋，對流量多少有些影響，因為刷的關鍵字通常就是帶有品牌名稱，或者是自己網站已經排名靠前的詞，這樣的搜尋關鍵字曝光多了，自然會帶來一些點擊和流量。

2. 刷搜尋框建議

使用者在搜尋框輸入搜尋詞時，搜尋引擎自動提示的建議詞也可以刷。有人稱為刷下拉框。搜尋框建議也基本上以查詢量為主，只要增加特定關鍵字的搜尋結果頁面訪問量就行了。但刷關鍵字的選擇和相關搜尋類似，帶有品牌名稱更好。

上面介紹的只是刷各種資料的簡單原理，真正刷時還有更細節的技巧，搜尋引擎肯定有檢測、清洗資料的機制。

9.2.19　負面 SEO（Negative SEO）

網路上搜尋排名競爭日趨激烈，有些不道德的站長無法把自己的網站最佳化好，就開始想歪主意，透過 SEO 方法陷害競爭對手，這類方法被稱為「負面 SEO」。

想要想陷害別人，無非從兩方面入手：網站內和網站外。DDOS 攻擊，駭入對方網站加上隱藏文字、隱藏連結、非法內容、病毒、轉向，甚至修改 robots 檔禁止收錄，顯然可以陷害競爭對手。不過這是與 SEO 無關的違法行為，原理也顯而易見，在這裡不去討論。

其他可能的負面 SEO 方法如下：

- 給競爭對手購買大量連結，比如買賣連結最常見的頁尾全站連結，使對手網站一夜之間多出成千上萬搜尋引擎最討厭的買賣連結。

- 從典型的連結農場給競爭對手製造連結，錨文字全部一樣。商業性熱門關鍵字作為錨文字，可能產生的效果最大。

- 給競爭對手製造大量橋頁，頁面充滿關鍵字，機器生成內容，還可以用上各種作弊方法，如隱藏連結、隱藏文字、關鍵字堆積，然後連結向競爭對手。

- 製造大量垃圾頁面或違法內容，然後用 301 轉向、JavaScript 轉向、meta 轉向等轉向到競爭對手網站。

- 製造大量垃圾連結，如群發部落格評論、論壇、留言本等。

- 大量採集、複製、鏡像競爭對手網站內容，發布到多個域名上，試圖使搜尋引擎判斷競爭對手網站存在大量複製內容。

- 在第三方評論網站製造大量虛假差評，拉低對手網站星級。

- 假冒身份，聯繫給予競爭對手網站外部連結的第三方網站，以各虛假種理由要求第三方網站拿下連結。

競爭對手能否透過負面 SEO 陷害成功呢？由於負面 SEO 絕大部分是從網站外著手，模仿搜尋引擎明確認為是作弊的方法，搜尋引擎在判斷這些垃圾內容、垃圾連結到底是誰製造的時確實有一定難度。

搜尋引擎通常表示負面 SEO「基本上」無法破壞無辜網站的排名，換句話說：在極特殊的情況下還是可能破壞的。有不少人觀察過負面 SEO 的現實案例，我本人也看到過被競爭對手製造大量黑鏈，導致網站被懲罰很長一段時間的例子。所以無論從原理上還是現實中，競爭對手透過負面 SEO 陷害別人是可能實現的，雖然極為罕見。

要防止負面 SEO，最好的方法是提高自己網站的品質和權重。負面 SEO 案例都是發生在新站、小站上，還沒有看到過真正的權威網站被競爭對手陷害成功的案例。負面 SEO 只有在網站自身沒有高品質內容，沒有比較強的外部連結情況下才會發生，所以只要花時間做好、做強自己的網站，競爭對手就沒辦法陷害。

一般來說，SEO 不必為負面 SEO 擔心。當你的網站沒權重、沒排名時，沒人會陷害你；當你的網站有權重、有排名時，陷害是很難的，成本也是很高的。

如果懷疑有人陷害，首先要對網站做全面安全性檢查，確保程式沒有安全漏洞，並利用 Google 站長工具的外部連結查詢功能，以及第三方外部連結工具，隨時監控是否有垃圾外部連結飆升的現象。

某些特殊行業，黑帽 SEO 泛濫是常態，如博弈業，更是十八般武藝能上的都上，大規模站群、內容採集、各種轉向、寄生蟲程式、JavaScript 劫持、隱藏頁面、快排等，通常都是綜合使用才能有效果，域名封禁了一批就再換一批。普通網站的 SEO 如果這麼做的話需要非常慎重。

再次強調，這裡介紹黑帽 SEO 方法，不是鼓勵讀者去使用，而是為了在了解的基礎上防止誤用以及被人利用、糊弄。

9.3　搜尋引擎懲罰

從上面介紹的常見 SEO 作弊手法可以看出，黑帽與白帽之間的界限有時並不明顯。看似作弊的手法，也很可能是因為疏忽或站長並不了解什麼方法被搜尋引擎認為是作弊。有的時候也可能是競爭對手有意陷害，如垃圾連結，搜尋引擎並不能百分之百正確判斷出留在論壇、部落格上的垃圾留言是誰製造的。再比如關鍵字堆積，多大數量、多高頻率的堆積才被認為是作弊，也很難有個明確的標準。

搜尋引擎也明白這一點，所以網站上出現單一涉嫌作弊的技巧時，並不一定就會導致懲罰。不同作弊技術風險高低不相同，導致的懲罰力度也不一樣。

9.3.1　作弊的積分制

搜尋引擎的作弊懲罰機制類似一個積分系統，每出現一個涉嫌作弊的地方，就給網站加一些作弊積分。當網站的作弊積分達到一定程度時，才給予不同程度的懲罰。

採取積分制另一個原因是，作弊的網站常常使用多種作弊手法，而不會只使用一種。網站上出現一定程度的關鍵字堆積，或者偶爾連結向一個壞鄰居，還都可以解釋為疏忽。但如果又有關鍵字堆積，又有大量垃圾連結，還有買賣連結，網站還是站群的一部分，目標關鍵字又是那些熱門又敏感的，就很難用疏忽和不了解來解釋了。

在此舉一個真實被懲罰網站的例子。這是個賣家具的英國網站，站長發現他的網站被懲罰，Google 排名下降了 40 ～ 60 位，所以在 Google 說明論壇發文尋求幫助。Matt Cutts 很少在 Google 說明論壇裡回覆，不過這次 Matt Cutts 發了一個回覆，詢問發文的站長是不是使用了不自然的建立外部連結的方法，如果有的話，應該特別注意。Matt 還特別舉了個例子，是不是贊助了 WordPress 模板（花錢請別人設計模板，把自己網站的連結放在版權聲明處，然後免費提供給別人下載使用）？這些贊助模板帶來的連結被檢測到以後，投票權重會被去掉，可能造成網站排名下降。

這則回覆大概會讓很多人心驚肉跳。如果贊助 WordPress 模板裡面的版權連結就能導致網站被懲罰，那麼就意味著可以給競爭對手贊助一堆連結，消滅競爭對手。當然，贊助模板和自己設計模板提供給他人使用還有著微妙的區別。贊助意味著付了費，變成付費連結。但如果這就是被懲罰的原因，Google 怎麼知道模板是贊助的還是自己設計的？這是不可能的。

Matt Cutts 的回覆促使我一直留意這個文章。後來的發展說明，設計或贊助 WordPress 模板本身並不是問題。

這個英國家具網站所贊助的模板很多被用在了色情網站上。Matt Cutts 給出了很具體的例子，如圖 9-1 所示。

圖 9-1　WordPress 模板大量用於色情網站

隨著討論，這個網站被發現有個論壇，論壇裡面有很多垃圾內容。站長的辯解是，論壇並不完全受自己控制。很多人在簽名及會員資料頁留下色情網站連結，他也沒辦法。我以前的觀察是，論壇如果不刪除這些明顯有問題的內容，就會傷害論壇本身。畢竟站長不能說自己完全無法控制論壇。不過這也不是主要原因。

另一位 Google 員工 John Mu 後來又進行了回覆，提醒那位站長，除了清理自己的論壇，也應該清理一下這位站長留在其他論壇、部落格和新聞網站的垃圾評論。這些垃圾評論都是些「我同意」、「我不同意」、「頂」之類的話，留言人的名字是以關鍵字為錨文字的連結，是典型的垃圾評論連結。

看來 Matt Cutts 和 John Mu 說話都比較含蓄，點到即止。John Mu 的評論讓我意識到，實際情況恐怕和這位站長自稱的完全不是一回事。檢查一下這個站的反向連結，就發現類似的垃圾部落格、垃圾論壇評論數量很多，如圖 9-2 所示。

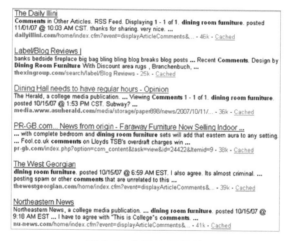

圖 9-2　大量垃圾評論

同時我還發現了幾個付費部落格文章，當然文章裡包含連結，如圖 9-3 所示。

懷疑其是付費文章的原因是，這個部落格一會談助聽器，一會說迪士尼樂園，一會說 USB 硬碟，一會又推薦英國家具網站，完全沒有固定主題，內容不具有相關性，而且沒有什麼評論，顯然也沒有什麼人看這個部落格。

這些作弊手法單獨出現，一般不會有嚴重後果。適當做一下頁面最佳化，留幾個部落格評論，無傷大雅。但如果把作弊的十八般武藝全用上，作弊積分達到懲罰門檻，就很難辯解說自己是無辜的了。

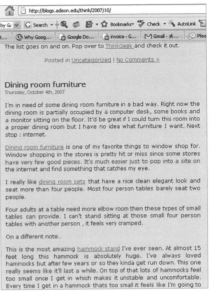

http://blogs.adison.edu/think/2007/10/

The list goes on and on. Pop over to ThinkGeek and check it out.

Posted in Uncategorized | No Comments »

Dining room furniture
Thursday, October 4th, 2007

I'm in need of some dining room furniture in a bad way. Right now the dining room is partially occupied by a computer desk, some books and a monitor sitting on the floor. It'd be great if I could turn this room into a proper dining room but I have no idea what furniture I want. Next stop : internet.

Dining room furniture is one of my favorite things to window shop for. Window shopping in the stores is pretty hit or miss since some stores have very few good pieces. It's much easier just to pop into a site on the internet and find something that catches my eye.

I really like dining room sets that have a nice clean elegant look and seat more than four people. Most four person tables barely seat two people.

Four adults at a table need more elbow room then these types of small tables can provide. I can't stand sitting at those small four person tables with another person , it feels very cramped.

On a different note...

This is the most amazing hammock stand I've ever seen. At almost 15 feet long this hammock is absolutely huge. I've always loved hammocks but after few years or so they kinda get run down. This one really seems like it'll last a while. On top of that lots of hammocks feel too small once I get in which makes it unstable and uncomfortable. Every time I get in a hammock thats too small it feels like I'm going to

圖 9-3　付費部落格文章及連結

9.3.2　不要學大網站

這種積分系統的懲罰門檻很可能不是固定的，而是一個可以滑動的範圍，不同的網站有不同的懲罰門檻。SEO 人員必須理解的一點是，權重高的網站和成名網站能做的事，小網站不一定能做。經常在論壇中看到有人說，某某網站關鍵字堆積，也沒被懲罰，所以自己也要嘗試一下。這種想法對中小網站是很危險的。搜尋引擎不是看不到大站的一些垃圾手法，只不過對大站的容忍度更高。

2006 年，德國 BMW 網站因為隱藏文字被 Google 刪除。但這只是殺一儆百，告訴 SEO 界搜尋引擎對作弊的態度。BMW 網站被刪除後很快就做出了反應，修改網站，拿下隱藏文字，又很快被重新收錄。很多人猜測，BMW 與 Google 之間其實有我們所不知道的溝通管道，所以才能這麼快解決問題。對於一般站長來說，網站被刪除或懲罰，幾乎沒辦法了解具體原因，沒有任何溝通管道，所以還是不試為妙。

同樣是在 2006 年，紐約日報網站被發現使用了隱藏頁面，但是並沒有被懲罰。在這個意義上說，世界確實是不公平的。千萬不能因為大站這麼做，普通站長就跟著學習。

從某種意義上說，對大站或名站容忍度更高是為了搜尋引擎本身的使用者體驗，因為使用者本來就期望看到大站的內容。如果搜尋新聞內容時看不到新浪、搜狐的頁面，使用者不會認為新浪、搜狐出了問題，而會認為這個搜尋引擎不好，搜不到要找的新聞。

另一方面，大公司網站即使被懲罰了，外人也不一定知道。盲目跟風是有風險的，除了上面提到的寶馬、紐約時報，阿里巴巴、華盛頓郵報、WordPress、BBC、Mozilla、eBay 等一線網站都被懲罰過，但又有多少人知道呢？

9.3.3 不要心存僥倖

對搜尋引擎來說，其目標並不是百分之百消除垃圾和作弊，而是透過演算法自動檢測出大部分垃圾就可以了。只要把使用者在搜尋結果中看到的沒有價值和意義的頁面控制在一定比例之內，就已經足夠了。所以一些網站採用作弊手法沒有被發現，或者發現了也沒有被懲罰。

但今天不懲罰，不意味著今後也一定不會被懲罰。搜尋引擎反垃圾團隊是品質控制很重要的一部分，他們的檢測演算法在不斷改進中，一旦找到不會傷及無辜的檢測和懲罰方式，搜尋引擎對作弊就會毫不留情。因為作弊和垃圾網站傷害的是搜尋品質，這是搜尋引擎黏住使用者、保持和增加市場占有率的根本所在，SEO人員切不可有僥倖心理。

9.3.4 搜尋引擎懲罰的種類

搜尋引擎懲罰的形式很多，其中最容易判斷的是整站刪除。使用 site: 指令搜尋域名，如果網站完全沒有被收錄，就可以肯定是以下幾種情況：

- robots 檔有問題，禁止了搜尋引擎抓取。
- 頁面誤加了 meta noindex 標籤。
- 伺服器問題，使網站無法被搜尋引擎抓取。
- 嚴重作弊行為被刪除。
- 違法內容（如侵犯版權）被投訴後刪除。

有的網站只是在搜尋最主要關鍵字時被懲罰，其他次要關鍵字和長尾詞排名不變。這種情況往往是外部連結最佳化過度或垃圾連結造成的，其中，高度集中的錨文字是主要原因之一。

有的網站是所有的關鍵字全面排名下降。這裡所說的下降是指大幅下降，比如從前十頁降到幾十頁以後。如果只是從第一頁降到第二頁，一般不是被懲罰，而很可能是演算法更新或競爭對手最佳化得當排到了前面。

還有一種懲罰是排名下降固定數值。SEO 的專業人士對一些名稱一定都不陌生。比如百度著名的 11 位現象。我和朋友針對某著名網站反覆做過驗證，無論搜尋什麼詞，這個網站都排在第 2 頁第 1 位，甚至修改搜尋結果頁面設定，每頁顯示 20 個結果，此網站依然排在第 2 頁第 1 位。就我個人的觀察，百度好像也有固定下降 20 位現象。

Google 排名下降固定位置就更多了，如負 6 懲罰、負 30 懲罰、負 950 懲罰等。這裡只簡單介紹 Google 負 30 懲罰。

負 30 懲罰這一名稱源自 2006 年 10 月一個站長在站長世界（webmasterworld.com）發的文章。樓主發現他的一個網站很長時間排名第一，不過近幾天排名降到 31 名，整整下降了 30 位，並且排名穩穩地就停在那裡了。不少看過這篇貼文的人也反應類似問題，都是原來排名第一的網頁，下降了整整 30 位。

有人認為，這種負 30 懲罰和連結錨文字過度最佳化有關，有人則認為和 Google 的人工審查有關。

被稱為小 Matt Cutts 的 Adam 在 Google 幫助論壇回答這個問題時提到：

- 你確認你的網站提供了獨特的內容了嗎？
- 大部分使用者是不是覺得你的網站比其他網站更有用？
- 你的網站是否遵守了 Google 的站長指南？

有人認為，Adam 說的這三條好像並沒回答問題。Adam 再次強調說，這三條已經清楚地解釋了這個問題。Adam 並沒有承認也沒有否認這種懲罰是否真實存在，而是直接列出了可能的原因，一般認為這是在暗示負 30 懲罰是存在的。他列出的三

條原因都是老生常談，卻很符合邏輯。從他的回答看，負 30 懲罰應該主要是由於頁面內容的品質不高。

Google 的懲罰從機制上分為兩類：人工懲罰和演算法懲罰。人工懲罰，顧名思義就是 Google 員工檢查網站後做出的懲罰決定，Google 會在站長工具後台發訊息給站長，通知站長懲罰的大致原因，並舉出違反 Google 品質指南的 URL 範例。站長需要盡可能清理違反 Google 品質指南的地方，然後在站長工具後台提交重新審核申請（Reconsideration Request），Google 員工會再次人工審查，符合要求就取消懲罰。

凡是在 Google 站長後台沒有收到通知，但 Google 排名和流量劇降的日期與公布的演算法上線時間吻合，通常都是受到了演算法懲罰，如後面章節介紹的熊貓演算法、企鵝演算法。被演算法懲罰是無法人工解除的，Google 員工也沒有這個權限，只能清理網站，等待演算法重新計算。

9.3.5 搜尋引擎懲罰的檢測

首先要明確的是，搜尋引擎懲罰並不容易檢測。網站一些關鍵字排名下降，流量下降，到底是因為被懲罰還是因為搜尋引擎演算法變動？或者有新的競爭對手加入進來？或者現有的競爭對手加強了 SEO？還是因為外部連結權重降低？這些情況之間很難準確區分。

下面提供幾種方法作為參考，幫助站長進行判斷。

1. 使用 site: 指令搜尋網站域名

```
site:seozac.com
```

如果沒有任何結果，這是最簡單的，網站被嚴重懲罰刪除了。

2. 搜尋網站名稱

在搜尋引擎搜尋網站名稱，如果排在第一的不是你的官方網站，通常說明網站被懲罰了。當然這裡所說的網站名稱，不能是那種很空泛的隨意起的名稱，像「電腦網」、「冶金網」之類的，而必須是真正的獨特的網站名稱或公司名稱，如「月光博客」、「SEO 每天一貼」。

3. 站長平台

Google、Bing 都提供站長工具或站長平台。強烈建議所有站長註冊帳號，驗證自己的網站。這些站長工具會提供非常有用的資訊，幫助站長判斷網站是否存在問題。百度、Google 站長工具都會通知站長網站是否有被駭、病毒等情況。在出現人工懲罰時，百度和 Google 也會在站長平台通知站長。

4. 搜尋網站上特有的文字

和搜尋網站名稱類似，搜尋一段自己網站上才有的特定文字，比如電話號碼、郵件地址、聯繫地址等，如果排在第一的不是你的網站，說明網站受到了某種形式的懲罰。

5. 全面跟蹤關鍵字排名

如果網站本來有排名的關鍵字全部或大部分大幅下降，說明網站很可能受到了懲罰。這裡要強調的是「全面」記錄跟蹤關鍵字排名。很多時候網站一部分關鍵字排名下降，另一部分關鍵字排名上升或不變，這種情況一般並不是被懲罰。尤其是大中型網站，不同的關鍵字升升降降，一部分今天消失，另一部分明天上漲，都是很正常的現象。只有在所有或大部分關鍵字全面排名下降時，才可能是懲罰。

6. 檢查日誌

查看搜尋引擎蜘蛛來訪的次數、頻率是否有變化。如果搜尋引擎蜘蛛來訪次數大幅下降，且幾個月都不復原，而網站本身規模和更新速度都沒有變化，就說明搜尋引擎不再喜歡這個網站，很可能是因為某種形式的懲罰。

7. 檢查搜尋流量

查看搜尋流量的變化，如果在某個時間點網站搜尋流量明顯開始下降，這往往是被某種搜尋引擎演算法懲罰的跡象。如果這個時間點正是搜尋引擎公布的演算法更新上線的時間，那麼幾乎可以肯定是被這個演算法所影響或懲罰。

如果網站搜尋流量沒有一個明顯的下降起始點，而是平穩地緩緩下降，在大部分情況下，這不是被懲罰，而是網站內容品質不高、沒有持續更新、競爭對手網站最佳化水準提高等原因。這才是最難處理的情況，流量下降是網站整體品質不如其他網站，需要全面檢查、全面提高，有時候比重新做個網站還困難。

檢查搜尋流量時可能需要比較不同搜尋引擎的流量。比如，如果來自 Bing 的流量明顯下降，而來自 Google 的保持穩定，這很可能表示是被 Bing 的某個演算法懲罰了。如果所有搜尋引擎的自然流量同時下降，建議先檢查一下網站是否出現了技術問題，造成使用者無法訪問或訪問速度很慢。

8. 排除其他可能性

排除其他與懲罰、品質都無關的可能性。這一點雖然列在最後，但其實應該是最先檢查的。比如，是否出現了季節性波動、新聞事件、整個產業衰退等情況？查一下往年的流量，以及關鍵字的 Google 趨勢變化。同時檢查一下流量統計的 JavaScript 程式碼是否在所有頁面都已正確安裝？是否改版時某些板塊漏掉了統計程式碼？

9.4　被懲罰了怎麼辦

經常在論壇裡看到有人問，某網站被懲罰了，大家幫忙看看是為什麼。我也經常收到類似的郵件。

懲罰檢測不容易，懲罰的復原就更是一件頭痛的事情。要想知道為什麼被懲罰，糾正錯誤，回到原有排名，必須非常清楚地知道這個網站以前做了什麼？排名怎麼樣？流量怎麼樣？過去一段時間更改了什麼內容？有沒有涉嫌作弊的內容？做了什麼推廣？懲罰的形式是哪種？這些詳細情況很難用一兩段文字說清楚，所以給其他網站診斷懲罰問題是比較困難的。最了解自己網站的是站長自己。只給個域名，基本上看不出是什麼問題，也無法提供可靠的建議。

9.4.1　知道懲罰原因

如果搜尋引擎透過站長平台通知站長被懲罰，這是最簡單的情況，因為搜尋引擎會告訴站長為什麼被懲罰。

如果藉由流量下降和搜尋引擎上線演算法更新的時間對比，能確認網站是被搜尋引擎的某個演算法影響，這也算比較幸運的了，搜尋引擎通常會通知站長們這些更新要打擊的對象，被懲罰的站長有比較明確的整頓目標。

上面兩種情況都相對容易處理。如果網站有違反規範的連結，或者網站來自搜尋引擎的自然搜尋流量下降，那麼要檢查的就是網站的外部連結，包括買來的連結、群發垃圾連結、軟文裡的連結等，盡可能刪除這些外部連結。

9.4.2　不知道懲罰原因

如果被懲罰的網站確實就是一個垃圾網站，那麼原因很明確。只有做一個好網站，對使用者有益的網站，才能解決根本問題。一個內容全是轉載、抄襲，外部連結全部是部落格論壇垃圾連結的網站，很難有好的排名，不值得費時費力。

如果沒有收到搜尋引擎的懲罰通知，也不知道是被什麼演算法影響，同時你認為自己的網站不是垃圾網站，確實是對使用者有幫助的網站，卻受到了懲罰，可以嘗試以下方法。

1. 檢查 robots 檔

這是一個看似不可能，實際卻常常發生的、導致懲罰的原因。尤其是網站被全部刪除時，更是要仔細檢查 robots 檔。不僅要人工查看程式碼，還要用站長工具驗證是否存在錯誤，造成禁止搜尋引擎抓取某些目錄和頁面。

2. 檢查伺服器上其他網站

雖然搜尋引擎一般不會因為站長使用的伺服器上有作弊網站而懲罰伺服器上的其他網站，但是現在垃圾和作弊網站數目巨大，如果剛好有一個擁有大批垃圾網站的站長和你使用同一架伺服器，伺服器上大部分網站都是作弊和被懲罰的網站，那麼你的網站也可能被連累。

3. 檢查網站是否使用了轉向

除了 301 轉向，其他 meta 更新、JavaScript 轉向都有可能被懷疑為作弊，哪怕站長的本意和想達到的目的其實與 SEO 作弊無關。如果網站上存在大量轉向，建議盡快刪除。實際上，一個設計得當的網站根本沒有使用轉向的必要。

4. 檢查頁面 meta 部分程式碼

檢查頁面 meta 部分是否有 noindex：

```
<meta name="robots" content="noindex, nofollow" />
```

和 robots 檔一樣，這也是看似不會出現，但真的有人會犯的錯誤。可能是公司其他部門人員加上去的，也可能是競爭對手駭進網站加上去的，還有可能是網站測試時加上去，正式開通卻忘了刪除。

5. 徹底檢查網站是否最佳化過度

查看頁面是否有任何關鍵字堆積的嫌疑？是否為了加內部連結而加內部連結？是否錨文字過度集中？是否頁尾出現對使用者毫無意義、只為搜尋引擎準備的連結和文字？若有過度最佳化的地方，要下決心「去最佳化」（減少最佳化）。很多關鍵字全面下降就是最佳化過度造成的，掌握最佳化的度是合格 SEO 人員必須親身體驗一遍的必經之路。

6. 稍安毋躁，切莫輕舉妄動

如果確信自己網站沒有作弊，遇到排名下降，切忌輕舉妄動，不要忙著修改網站，先觀察幾天甚至幾星期再說。排名下降未必就是自己網站的問題，搜尋引擎不斷改變演算法，有時推出新演算法，監控資料表明新演算法效果不好，過幾天又改回去了。

有時排名下降正是搜尋引擎對網站的考驗，堅持按兵不動一段時間，搜尋引擎就知道是個正常網站。一遇到排名波動網站就修改，反倒會引起搜尋引擎的特別注意，知道這是一個刻意在做最佳化的網站。真正為使用者而做，而不是為搜尋引擎而做的網站，基本上無須關心排名波動，這種網站才會得到搜尋引擎的青睞。

7. 檢查伺服器標頭訊息

雖然使用者瀏覽網站時看不出問題，頁面正常顯示，但搜尋引擎訪問時，伺服器傳回的頭訊息卻可能有問題。我以前就遇到過客戶的網站，訪問完全看不出問題，但用伺服器標頭訊息檢查工具查看時，傳回的全是 404 狀態碼，或者完全沒有反應。

本書第 12 章將介紹檢查伺服器標頭訊息的線上工具。Google 站長工具有模擬抓取工具，站長可以看到搜尋引擎蜘蛛瀏覽自己網站某個頁面時抓取的內容，不僅可以查看頭訊息是否正確，還可以檢查頁面是否被駭客加上了病毒程式、黑鏈、隱藏文字等。

8. 檢查刪除可疑連結

所謂可疑的連結如下：

- 大量交換友情連結。
- 頁尾上出現的只為搜尋引擎準備的內部連結。
- 買賣連結。
- 連向壞鄰居的連結。
- 自己網站的大量交叉連結。
- 與網站主題內容無關的匯出連結等。

這些連結看似不算嚴重作弊，但是與其他有作弊嫌疑的手法相加，就可能使網站作弊分值達到被懲罰門檻。

9. 檢查是否有重複內容

包括網站本身不同 URL 上的相同內容，也包括與其他網站相同的內容。既可能是轉載、抄襲造成的重複內容，也可能是技術原因造成的重複內容。如果一個網站從一開始就以轉載、抄襲為主，被懲罰是應該的。加強原創內容是一個網站剛開始時必不可少的過程。

10. 檢查是否有低品質內容

頁面內容是真的原創還是偽原創？是真的對使用者有幫助還是泛泛而談？有沒有大量篇幅很短的文章？是不是從供應商那裡拿來的產品說明？是不是轉載或抄襲的？是不是沒多少真正產品 / 文章，卻學大站用詞庫生成大量低品質的聚合頁面？聚合頁面相關度如何？

11. 有沒有封鎖搜尋引擎抓取

這又是一個看似不會發生，但實際會發生的問題。仔細檢查有沒有封鎖搜尋引擎蜘蛛訪問，至少要檢查以下幾方面：

- 人工修改瀏覽器使用者代理為搜尋引擎蜘蛛訪問。
- 線上抓取工具模擬搜尋引擎蜘蛛訪問。
- Google Search Console 抓取工具。
- 檢查伺服器原始日誌。
- 詢問技術部門同事有沒有針對搜尋引擎蜘蛛做特殊處理。

我見過幾個大公司網站封鎖了搜尋引擎蜘蛛訪問，有的是設定 CDN 規則時出現了失誤，有的是技術人員覺得搜尋引擎抓取太多浪費資源，還有的封鎖了所有外國 IP。

12. 知道什麼時候該放棄

被搜尋引擎嚴重懲罰的網站，再復原的可能性不高。別說站長經常弄不清楚為什麼被懲罰，所以無法完全改正，即使很清楚為什麼被懲罰，清除了所有作弊內容，也未必能得到搜尋引擎的原諒。有時候網站排名復原是懲罰兩三年之後的事了，有時候根本沒機會復原。在很多時候，嘗試復原還不如直接放棄，重新開始做一個新網站。

Chapter 10

SEO 專題

本章討論一些經常遇到的 SEO 問題。

10.1 垂直及整合搜尋最佳化

SEO 們最關注的，也是本書的主要內容，是網頁的排名和流量。搜尋引擎還有其他排名和流量機會可以最佳化利用，其中圖片、影片、新聞、地圖的搜尋查詢量是非常可觀的。

10.1.1 垂直搜尋和整合搜尋

所有主流搜尋引擎早就有垂直搜尋，主要有新聞資訊、圖片、影片、地圖、購物等，使用者只要點擊搜尋結果頁面上方的垂直搜尋導覽，就可以顯示相應的結果，圖 10-1 所示為 Google 的垂直搜尋選項。

圖 10-1 垂直搜尋選項

不過人都是懶惰的，搜尋引擎可能發現很多使用者很少點擊垂直搜尋導覽，所以 Google 率先把垂直搜尋結果整合進傳統網頁搜尋結果頁面，使用者不再需要點擊

垂直搜尋導覽就能看到垂直搜尋內容。這就是所謂整合搜尋（Blended Search），又稱為通用搜尋（Universal Search）。

整合搜尋是 2007 年年底 Google 首先推出的，很快就被所有主流搜尋引擎採用。

圖 10-2 所示的就是一個出現多種整合內容的搜尋結果頁面，包括網頁與影片結果。對搜尋引擎來說，顯示整合搜尋結果需要解決幾個難題。首先，搜尋結果頁面格式的安排。以前都是文字網頁的時候，搜尋結果格式整齊劃一，使用者也都熟悉了。現在要把影片、圖片、新聞、地圖等內容整合在同一個頁面裡，既不能顯得混亂，還要即時處理，在網頁的格式安排上要下一番功夫。

其次，不同類型的內容之間怎麼比較相關性和權威度？以前傳回的內容都是網頁，只要比較兩個網頁之間的相關性。但現在有了新聞、地圖、影片、圖片等，影片和文字內容的相關性和權威性應該怎麼比較？

再者，哪些搜尋詞會觸發哪種整合結果？不太可能所有關鍵字都能從所有垂直搜尋中找到結果。這需要根據具體的查詢詞，以大量使用者資料為基礎來判斷使用者的搜尋意圖。比如我們搜尋「劉德華」時，圖片、影片、新聞大概是使用者想看的，因此這些是必須要傳回的內容，而地圖內容就不重要了。而若搜尋「台北餐廳」，地圖內容就必不可少了。

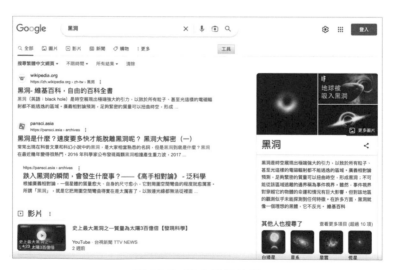

圖 10-2　整合搜尋結果

10.1.2 機會和挑戰

無論是 Google 或是其他搜尋引擎，整合搜尋結果已經成為常態，現在比較熱門的查詢詞幾乎很少看到只有網頁的搜尋結果頁面了。

整合搜尋和垂直搜尋對 SEO 來說既是機會也是挑戰。說它是機會的原因在於，一些中小型網站在文字頁面沒機會排到前兩頁，卻有機會透過整合搜尋結果進入前幾名。大網站很可能還沒有時間、精力顧及這些垂直領域內容，中小型網站多花一些時間和精力，做得更專業化，就有機會在比較熱門的搜尋結果中脫穎而出。

統計結果顯示，雖然整合內容出現的次數比網頁少，但競爭也小得多，圖片、影片、地圖等內容出現在第一頁的機率比網頁高出 10 倍以上。同時，垂直搜尋帶來的流量和曝光次數也非常驚人。據統計，來自 Google 圖片搜尋的流量占搜尋總流量的 20% 左右。從我接觸到的資料看，某些產業網站，如服裝、飾品這一類電商，圖片搜尋流量可以占到搜尋流量的一半以上，說明對於某些產品，部分使用者很喜歡看著圖片找產品。

Google 工程師多次表示，圖片、影片等多媒體內容目前在網路上還比較缺乏，是 SEO 性價比高的最佳化方向。說是挑戰是因為，傳統 SEO 要最佳化的只是普通頁面，以文字為主。現在 SEO 的工作範圍更加廣泛，各種多媒體內容和社群媒體內容都要被納入 SEO 的範圍。SEO 人員必須從戰略思考上提高一個層次，不再局限於傳統意義上的頁面最佳化。

從 SEO 角度，垂直搜尋和整合搜尋的最佳化是一回事。垂直搜尋中排名靠前的就是進入整合搜尋的內容。

以下簡單討論幾種常見垂直領域的最佳化技巧。

10.1.3 新聞搜尋

以前要想進入新聞（資訊）搜尋結果頁面，最重要的是被搜尋引擎納入新聞來源，但現在搜尋引擎已經取消了新聞來源機制，搜尋引擎的正常頁面抓取、索引技術已經可以自動識別、索引時效性新聞內容。

進入新聞搜尋的網站還是有一定門檻的，需要被搜尋引擎判斷為新聞資訊類網站，包括傳統媒體（報紙、雜誌、電台、電視台等）、政府和組織機構、有原創資訊的專業新聞資訊類網站等。具有時效性的部落格、論壇等通常不會被當作新聞網站，企業網站、個人網站就更不會，即使有資訊板塊也不行。

搜尋引擎傳回資訊內容時，先選定哪幾則新聞應該被顯示，如圖 10-3 中的幾則新聞，這主要根據使用者關注度及媒體報導數量判斷。再選擇應該顯示哪個網站的新聞內容，同一則新聞可能有幾個至幾千個來自不同網站的報導，但搜尋結果中只能顯示一個。

圖 10-3　新聞整合結果

新聞內容的排名與一般網頁的排名演算法不同，除了遵循客觀、真實等新聞報導本身的原則外，還需要注意以下幾點：

- 發布和更新時間。由於新聞內容本身的特性，越新發布的內容越有排名優勢。
- 原創。轉載其他新聞來源的內容，效果沒有原創那麼好。就算轉載內容的發布時間更新，如果沒有附加價值，排名也沒有發布時間較早的原創內容高。
- 地域相關。很多新聞有地域性，本地的新聞網站具有優勢。比如說本地發生的新聞，本地的新聞網站就更有排名優勢。

- 標明時間、地點。新聞稿中最前面標明時間、地點是標準的新聞寫作格式，如「中央社華盛頓 3 月 17 日電」，也有助於搜尋引擎判斷新聞內容的地域性和實效性。

- 網站權重。新聞網站本身的權重也是重要因素。這裡所說的權重與來源於外部連結的權重不同，更多的指的是與主題相關的權重。比如說大量發布金融新聞內容的網站，在金融領域就會有更高的權重。

- 點閱率。如果說普通頁面的點閱率影響排名只是個猜測或影響很小，新聞內容的點閱率則有明確的直接影響。同樣的新聞內容，點閱率高的那一則排名會上升得更快。

- 圖片。新聞頁面中的圖片經常會被顯示在搜尋結果中，有助於吸引目光，提高點閱率。

- 易用性。指頁面的瀏覽器相容性，打開速度，行動友善性。

- 其他頁面因素。與普通頁面相似，頁面標題及正文出現目標關鍵字，也都會計入新聞排名當中。

10.1.4 圖片搜尋

圖片是現在搜尋結果頁面中最常出現的內容之一，流量潛力很大。

圖片的搜尋最佳化，應該注意下面幾點：

- 盡量使用圖片。無論是新聞、部落格，還是文章、FAQ，都盡量配圖，既能美化頁面，還經常能更清楚地解釋主題，很可能對網頁排名也有幫助。

- ALT 替代文字。這是圖片最佳化最重要的部分，因為 ALT 文字本身就是為了說明圖片內容的。ALT 文字應該出現目標關鍵字，準確描述圖片內容。

- 圖片標註文字（image caption）。這是頁面上可見的圖片說明文字，顯示在圖片下面。圖片標註文字也應該包含關鍵字，準確描述圖片內容。

- 頁面標題和描述。圖片所在頁面的標題和描述標籤也很重要，對頁面上的圖片有說明作用。標題和描述寫法參考前面頁面最佳化部分。

- 圖片檔名。英文網站，圖片檔名包含關鍵字有助於提高相關性。圖片命名為 solid-wood-photo-frame.jpg 顯然比 DSC_0076.JPG 更容易讓搜尋引擎了解圖片內容。

- 文字環繞圖片。圖片周圍的文字內容在一定程度上也表明了圖片內容。

- 圖片品質。圖片的解析度和像素，也就是圖片品質也影響圖片最佳化。品質越高，被排到前面的可能性越大。搜尋引擎並不想傳回低品質的圖片。

- 圖片壓縮。保留圖片解析度，也要兼顧圖檔尺寸，不要影響下載和打開速度。在不影響視覺效果的前提下，圖片往往能大幅壓縮。

10.1.5 影片搜尋

影片和直播大概是近兩年最火爆的網路應用，連帶著影片搜尋也更加熱門。現在絕大部分查詢詞都會傳回影片整合結果，占據頁面很大篇幅。

圖 10-4 所示的是 Google 搜尋結果中的影片內容。

圖 10-4　Google 搜尋結果中的影片

影片檔案既可以放在自己網站上，也可以放在如 YouTube、Facebook、IG 之類可以分享影片的網站上。在實際使用中，大家會發現，搜尋結果中出現的影片內容絕大部分來自影片分享網站，很少有來自企業或個人網站上的影片，原因之一是

這些影片分享網站的權重往往遠高於普通網站。由於成本問題，大家都把影片檔案放在影片網站上，自己網站上本來就很少有影片是另一個因素。

所以，通常最佳化影片內容需要把影片檔案放在影片分享網站上，這時得到的搜尋流量絕大部分情況下其實是對影片網站的訪問，而不是對自己的網站。這就需要 SEO 人員再想辦法把使用者從影片網站引流到自己的網站上，比如在影片中加入片頭、片尾，版權字幕，或者影片本身就包含品牌資訊，在影片說明文字中也可以加入連結。

影片頁面的最佳化需要注意以下幾個方面：

- 標題。影片檔案所在的頁面標題，通常就是提交影片時自己撰寫的影片標題。和普通頁面一樣，應該自然地嵌入目標關鍵字。

- 文字說明。與標題類似，提交時填寫的文字說明會顯示在頁面的影片說明部分，也需要包含相應關鍵字。說明部分允許長篇幅寫作，因此可以自然融入關鍵字的變化形式。

- 播放次數。幾乎所有影片網站都會顯示本影片的播放次數，次數越多說明影片越受歡迎，搜尋引擎給予的權重也就越高。

- 使用者評分。同樣，幾乎所有影片網站都允許使用者給影片評分、按讚，並且顯示在影片頁面上。分數越高，影片內容品質高的可能性也越大。

- 頻道訂閱和影片儲存。訂閱或關注帳號 / 頻道的使用者越多，影片被儲存的次數越多，說明越受歡迎。

- 使用者評論及留言。主要是看留言數目，播放次數有時還可以作假，留言數目作假的難度就大大提高了。播放次數、訂閱、評分及留言，都在一定程度上表明了影片的受歡迎程度，有點類似於頁面的匯入連結。

- 連結。和普通頁面一樣，外部連結越多，影片頁面權重越高。與文字頁面相比，影片排名需要的連結數就少多了（至少目前是這樣）。

- 標籤。提交影片時，系統通常要求使用者填寫幾個說明影片內容的標籤。在主題相關的情況下，盡量多填寫幾個相關標籤，這樣提交的影片出現在其他相關影片裡的機會就更多，被看到、被評分、留言的機會也更多。

- 影片嵌入。影片分享網站都提供程式碼，允許站長把影片嵌入其他網站。鼓勵其他網站嵌入影片，因為都會計入播放次數，提高曝光度。

- 縮圖。一張好的縮圖不僅能吸引影片分享網站上的使用者，還能吸引搜尋引擎的使用者。對影片內容來說，縮圖比標題更顯眼、更重要。除了從影片中選擇一幀合適的畫面，如果影片平台允許上傳縮圖，最好製作一個構圖突出、色彩協調、帶有簡短文字的圖片。

另外一個可以考慮的給網站直接帶來搜尋流量的方向，是把影片嵌入自己的網站頁面。前面提到過，通常得到影片搜尋排名的是影片平台頁面，但有時自己網站的頁面也有機會。比如自己網站的頁面已經在網頁搜尋中有不錯的排名，在這個頁面上嵌入相關影片（哪怕影片是放在影片平台上的），也可能會獲得影片搜尋排名，點擊流量將會直接來到自己網站頁面。也可以將教學、紀錄片等類型的影片嵌入自己頁面後，放上影片文字解說稿，提高頁面內容相關度，這些內容通常不會出現在影片平台頁面上，能提供獨特價值，提高頁面獲得影片排名的機會。

10.1.6　地圖搜尋

地圖整合搜尋結果在視覺上非常突出，占了頁面很大篇幅，如果出現在最前面的話，其他文字網頁幾乎被推到第二頁。所以某些查詢詞，如與位置有關的生活服務，出現在地圖整合搜尋結果中顯得非常重要。

- 註冊驗證。要出現在地圖結果中，首先需要在 Google 的商家檔案註冊。完成標註、認領、驗證後，提交的商家檔案才會出現在地圖結果中。

- Google 商家檔案網址：https://www.google.com/business/

- 提交資訊。準確提交商戶官方名稱，如果能加入關鍵字最好。準確填寫產業類目，在商戶詳情和標籤中可以適當融入關鍵字。

- 上傳圖片和影片。提交本地商家內容時，註冊人還可以上傳圖片及影片，展現公司形象。

- 提供完整資訊。包括營業狀態、聯絡電話、營業時間、發布促銷活動等。

- 標記、標籤、分享。Google 使用者可以在不同的地圖地址加標籤，SEO 人員可以自行在提交過的地址上標註上自己的企業名稱。多一些人做標記、標籤、分享，效果當然更好。

- 點閱率。和網頁搜尋結果一樣，點閱率很可能影響地圖搜尋排名。

- 本地服務、目錄及黃頁登入。把公司網站提交到黃頁及本地服務網站、目錄中，只要搜尋引擎收錄了這些網路黃頁和本地服務、目錄頁面，就會把公司與相應的地址聯繫起來，對提交的本地商戶資訊再次驗證和加強。搜尋引擎地圖結果頁面經常標註資訊來源，SEO 也應該到這些資訊來源網站註冊驗證商戶資訊。

- 評論。提交內容在地圖中出現後，允許所有使用者進行評論，商家可以回復。評論越多，說明關注的人越多，也代表了某種受歡迎程度。其他評論類網站資料也會被整合進來，如大眾點評網、Yelp 等。鼓勵現有使用者到地圖上發表評論。

- 其他網站出現公司地址。除了上面說的黃頁及本地目錄外，在其他任何網站，如分類廣告、合作夥伴網站等地方出現公司名稱、網址及聯繫地址時，都可以使搜尋引擎更加確定所提交的公司與地址之間的聯繫真實性，使提交的內容在地圖排名中提前。

10.2 域名與 SEO

域名是網路公司以及個人站長最重要的無形資產之一，所有品牌、搜尋排名、SEO、流量都是綁定特定域名的。本節討論域名對 SEO 的影響。

10.2.1 域名的選擇

域名的好壞對 SEO 及網站的經營都有一定的影響。由於域名遷移的複雜性，通常不是萬不得已，不建議更換域名，所以域名的選擇在網站建設最初階段就要考慮周全。那麼，從 SEO 角度，域名的註冊和選擇需要考慮哪些因素呢？

1. 域名後綴

SEO 界曾經流行這樣一種觀點：.edu 和 .gov 等不能隨便註冊的域名天生有更高的權重。.edu 域名只有學術教育機構可以註冊，而且需要教育單位 IP 位址，.gov 只有政府部門才能註冊。同樣，.edu 只有美國大學等教育機構才能註冊。註冊限制決定了這些域名很少能被用作垃圾網站，因而搜尋引擎給予排名優勢。還有人認為 .org 域名比 .com 域名更有排名優勢。

這種說法有一定道理，但並不準確。.edu 和 .gov 的權重和排名優勢並不是天生的，而是由於這種域名上的內容往往品質確實比較高。而 .org 域名比 .com 域名更有 SEO 優勢的說法，則沒有什麼確實根據。

還有人認為 .info 域名權重比其他域名低，這也沒什麼根據。我們在搜尋結果中很少看到 .info 域名，只是因為用 .info 域名認真做站的公司和站長本來就很少。

SEO 界公認 .edu、.gov 網站是最好的外部連結資源，其原因也就在於這些網站通常品質比較高，權重比較高，但是這些權重並不是天生的。

所以域名後綴的選擇並不需要特意從 SEO 角度考慮，還是品牌形象、使用者體驗更重要，在可能的情況下以 .com 為最好，因為這是大部分使用者最習慣的域名，如果不提是哪種域名，使用者都會預設認為是 .com 域名。

2. 域名年齡

域名註冊越早，對排名越有利。正因為如此，購買歷史悠久的域名是 SEO 界的常見做法。如果你有一個 1990 年代就已經註冊的域名，這絕對是個寶，做絕大部分關鍵字時相對新域名都有很大優勢。註冊一些不錯的域名然後養起來，放上一些簡單頁面，過幾年有了更充實的內容、更好的計劃，再正式做網站，是一個不錯的選擇。

3. 域名第一次被收錄時間

除了域名註冊日期以外，域名上的內容第一次被搜尋引擎收錄的時間也很重要。有的老域名註冊以後沒有解析，所以沒有被搜尋引擎收錄任何內容，其年齡優勢就比不上很早就被收錄內容的域名。

雖然我們並不能查詢到特定域名到底什麼時候開始被搜尋引擎收錄，但可以使用第 3 章中介紹的網路檔案館查詢網站歷史內容。網路檔案館中第一次出現的域名內容與搜尋引擎第一次收錄的時間未必完全一樣，但通常不會相差太遠，有重要的參考作用。

4. 域名續費時間

Google 在 2003 年 12 月申請的一份名為「基於歷史資料的資訊檢索」的專利中提到，域名續費時間可以作為排名的因素之一。其邏輯在於，續費時間長，說明站長對網站認真，不太可能把域名用作垃圾網站。通常做垃圾網站的黑帽 SEO 只會註冊域名一年，看看效果如何，如果帶不來流量或被懲罰，域名就被放棄了。

當然，專利中提到的內容是否真實地運用在排名演算法中，誰也不知道。但真正認真的公司和站長，把域名多續費幾年也沒有任何損失。當年 Google 的這份專利剛被發現時，站長世界的創始人 Brett Tabke 馬上把 webmasterworld.com 域名續費了十年，可謂對 SEO 的嗅覺非常敏感，也為其他 SEO 做了一個很好的啟示。

5. 域名包含關鍵字

這一點主要適用於英文網站。

域名中包含目標關鍵字對搜尋排名有一定幫助。原因有兩方面：一是域名中的關鍵字本身就被給予了排名權重，二是很多網站轉載文章時留的連結就是原文 URL，如果域名中包含關鍵字，那麼相當於連結錨文字中就包含了關鍵字。前面提到過，錨文字是頁面排名的重要因素之一。

但域名包含關鍵字不能走向極端。如果說 seobook.com、seowhy.com 是不錯的域名，bestsingaporeseoservice.com 就顯得垃圾味道很濃厚了。Google 於 2012 年上線了「完全匹配域名懲罰」演算法，針對的就是這種堆積關鍵字的域名。

6. 連接符號使用

十幾年前，曾經很流行在域名中使用連接符號，甚至使用多個連接符號。前面提到，域名中包含關鍵字對 SEO 有些好處，但是這種好的域名一般早就被註冊了，

很多 SEO 就轉而註冊用連接符號把關鍵字分開的域名。比如 k1k2.com（k1 和 k2 是關鍵字）早就被註冊了，站長就去註冊 k1-k2-k3.com。

現在不建議註冊這種使用連接符號、包含關鍵字的域名。因為特殊原因包含一個連接符號，問題不大，包含兩三個，則可能弊大於利。第一，連接符號給使用者的印象不好，很容易讓人聯想到垃圾網站甚至是騙局網站。我們很少看到大公司、大網站使用帶連接符號的域名。第二，搜尋引擎對域名中包含多個連接符號也比較敏感。雖然不至於直接懲罰，但很可能使網站的可疑度又增加了一點。

7. 品牌優先

在域名中包含關鍵字，其實是僅僅考慮了 SEO 因素，而沒有站在更高的視角。我們可以觀察到一個規律，真正的大品牌名稱往往不含有專業關鍵字。比如引擎領域最大的品牌是 Google。「Google」這個詞都與「搜尋引擎」毫無字面關係。最大的搜尋引擎並不是 searchengine.com。最大的英文網路書店是 amazon.com，而不是 books.com。中文網路書店之一 kingstone.com.tw，「kingstone」或「金石堂」，與「書」也沒有任何字面關係。

在某種意義上說，品牌名稱與產業或產品名稱相距越遠反倒越好。離得越遠，越容易被記住。另外一個好處是有擴展性。如果網站名稱是「台灣 SEO」，以後發展大了，想要做全世界 SEO 時，這名字就「雞肋」了。

網路公司還有一個明顯的現象，大品牌很多是硬造出來的詞，品牌名稱誕生之前就不是一個詞，更不要說是關鍵字了，如 Google、YouTube、Twitter、Facebook 等。而品牌名稱一旦確定，域名也就隨之確定。所以如果你想創造一個真正的大品牌，域名中反倒不要包含關鍵字。

8. 域名長短

要想在域名中包含目標關鍵字，往往就得使用比較長的域名。在很多情況下，長域名所帶來的 SEO 優勢，遠遠小於在品牌和使用者體驗方面帶來的弊端。所以在可能的情況下，域名越短越好，不必為了包含關鍵字而使用一個超長的域名。

關鍵字與品牌相比較，永遠是品牌優先，使用者易用性優先。短域名易讀、易記、易寫、易傳播，由此帶來的好處會遠遠超過域名中含有關鍵字的好處。當然，要是既包含關鍵字域名又短，就再好不過了。

9. 域名買賣歷史

域名註冊以後是否曾經轉手？域名主人是否與垃圾網站有關聯？這對域名權重也有一定的影響。所以在購買二手域名時，應該注意查看一下域名曾經轉手多少次，主人是誰，網路圖書館中收錄的內容是什麼，有沒有與敏感內容相關聯，如色情、賭博、藥品買賣等領域，經常作弊泛濫。

10. 匿名註冊資訊

為了逃避搜尋引擎檢查域名註冊人資訊、轉手歷史，有的人使用匿名註冊資訊。這是一柄雙刃劍。雖然搜尋引擎無法從域名註冊資訊判斷這是誰的網站，但是也很可能在可疑性上增加了一分。一個正常的網站，最好還是使用真實註冊資訊。

11. 域名權重

域名權重是一個很空泛的概念，與域名年齡、內容原創度、使用者體驗度、網站規模、外部連結數量品質都有關係。權重高的域名往往做任何關鍵字都能很快看到效果，無往不利，如英文維基百科。連很多普通使用者都注意到，不管搜尋什麼關鍵字，幾乎總能看到維基百科條目排在第一頁。當然，要達到這樣的權重，就不單單是 SEO 所能做到的了。

10.2.2　更改域名

一般來說，在網站策劃階段就應該選擇一個最恰當的域名，一旦確定域名，就不要輕易改動。但有時更改域名也可能是迫不得已的。比如：

- 發現了更好的域名。策劃網站時最中意的域名被註冊了，後來發現對方沒續費，自己又拿到了這個域名。或者花錢把域名買了過來。

- 公司合併或改名。這種商業決定的重要程度當然遠高於域名的選擇，不可能為了保留域名，公司就不進行合併。

- 法律問題。侵犯了其他公司 / 人的註冊商標等。

一些著名網站有過更改域名的經歷，如新浪微博從 t.sina.com.cn 改到 weibo.com，京東商城從 360buy.com 改為 jd.com 等。我的部落格「SEO 每天一貼」也曾順利換過域名。

由於更改域名必然使所有 URL 發生變化，從 SEO 角度來說需要做恰當的處理。

（1） 全站做 301 轉向，舊域名上的所有頁面（不僅是首頁）全部按原有目錄及檔案格式轉向到新域名。這樣舊域名的權重大部分會轉移到新域名。

（2） 盡量把指向舊域名的外部連結改到指向新域名。這是一個不易完成的工作，因為絕大部分外部連結是來自其他人的網站，不是自己所能控制的。可以透過流量統計和外部連結查詢工具，找到能帶來點擊流量及來自高權重域名的外部連結，聯繫對方站長說明情況，把連結指向新的域名。盡最大可能，能聯繫多少就聯繫多少。

301 轉向雖然能比較好地解決 URL 變化問題，但並不能傳遞 100% 的連結權重，每一個 301 轉向都會造成連結投票力的損失。而且搜尋引擎識別 301 轉向並重新計算權重需要比較長的時間，通常要幾個月。與其依靠搜尋引擎自己判斷，不如自己把問題解決，盡量減少不可控因素。

（3） 保留舊域名，並一直保留 301 轉向，除非因為法律問題不能再持有舊域名。一部分指向舊域名的外部連結是永遠不會改到新域名的。只要舊域名和 301 轉向一直存在，這些連結就會傳遞大部分權重到新域名，不至於浪費。

（4） 新舊域名都要在 Google Search Console 註冊驗證。網站改版功能可以通知搜尋引擎網站域名從哪個換到哪個。然後密切關注平台中兩個域名的抓取頻次、抓取異常、索引量、排名和流量報告，看抓取、索引和排名是否從舊域名切換到新域名。

最後要提醒的是，除非有一個非常好的理由，不然不到萬不得已，不要更改域名。域名的歷史和信任度是沒辦法完全傳遞的。

10.2.3　多個域名的處理

多個域名對應一個網站是常見現象。原因如下：

- 為保護公司品牌註冊多個類型的域名，以及各個國家的地區域名。比如主域名是 abc.com，公司還可以註冊 abc.net、abc.org、abc.co.uk、abc.sg、abc.com.cn 等。

- 類似的和錯拼的域名。為了不使用戶混淆，也減少可能發生的騙局、名譽損害等，很多公司還會註冊或購買與公司主域名類似或錯拼的域名。如 google.com 是主域名，還可能註冊 goolge.com、gooogle.com 等。

- 閒置域名。很多做域名買賣的人手中有大量閒置域名，一些閒置域名還有使用者直接輸入網址訪問。與其讓閒置域名無法解析與訪問，不如利用起來指向有內容的網站。

上面幾種情況都屬於合理使用多個域名。但有一種說法是對多域名的誤解，那就是有的 SEO 和站長認為，多個域名直接解析到同一個網站，也就是說多個域名都可以訪問，傳回的是一模一樣的網站，搜尋引擎會給予多個網站排名。這是不會發生的。

將多個域名不做任何處理地解析到一個網站，最好的情況是搜尋引擎只傳回其中一個網站給予排名。如果運氣不好，可能因為複製內容和疑似作弊，所有域名都被懲罰。

處理多個域名對應一個網站的方法很簡單，選擇其中一個最好的域名當作主域名正常解析，其他所有域名全部做 301 轉向到主域名。

檢查 goolge.com、gooogle.com 這類域名的伺服器標頭資訊就可以看到，都是透過 301 轉向到 google.com 的：

```
#1 Server Response: http://www.gooogle.com
HTTP Status Code: HTTP/1.0 301 Moved Permanently
Location: https://www.google.com/
```

10.3 伺服器與 SEO

伺服器的選擇看起來是純技術問題，在很多大公司，SEO 對伺服器的選擇基本上是無權參與的，但有時候伺服器會對 SEO 有致命影響。

10.3.1 伺服器的選擇

伺服器性能直接影響 SEO 效果。作為 SEO 人員，需要知道從 SEO 角度對伺服器的基本要求，還要了解一些必須避開的坑。

1. IP 及整個伺服器懲罰

一個 IP 位址或整個伺服器被搜尋引擎懲罰是很罕見的情況，除非這個 IP 位址上的大部分網站都因為作弊被懲罰，這種情況下，沒有作弊的網站也可能受連累。不過使用虛擬主機時，同一台伺服器剛好碰上大部分網站都作弊的可能性非常低。通常黑帽站長租用整台伺服器，把自己的作弊網站都放在同一台伺服器上，才會發生整個 IP 和伺服器「一起完蛋」的事情。

使用虛擬主機並不一定比租用整台伺服器效果差，大部分的網站其實都是使用虛擬主機。搜尋引擎並不歧視虛擬主機使用者。

2. 伺服器設定

有的主機設定有問題，整台伺服器都禁止搜尋引擎爬行，或者因為負載問題限制蜘蛛訪問次數，一般使用者瀏覽網站時則沒有問題。

有的伺服器 404 頁面設定不正確，頁面不存在時，使用者看到的是 404 錯誤訊息，但傳回的伺服器標頭訊息卻是 200 狀態碼，這樣會使搜尋引擎認為網站存在很多複製內容。SEO 人員需要檢查日誌檔案，確保搜尋引擎蜘蛛能夠順利抓取，並且傳回正確的標頭訊息。

3. 穩定性

伺服器經常當機，必然會影響搜尋引擎蜘蛛的抓取和收錄。輕者不能及時更新頁面內容，抓取新頁面，重者搜尋引擎蜘蛛會認為網站已經關閉，抓取頻率大大降低，甚至整站被刪除。好在主機穩定性的展示是非常直觀的，經常打不開網站的站長最好及時換其他主機服務商。

4. 主機速度

除了影響網站使用者體驗和轉化率，主機速度慢也嚴重影響網站收錄和排名。對一個給定網站來說，搜尋引擎會分配一個與網站規模、品質、權重匹配的相對固定的抓取總時間。如果網站速度比較慢，搜尋引擎抓取一個頁面就需要更長時間，能抓取的頁面數必然下降，這樣就會影響總收錄頁面數。

這對小網站問題還不大，對大中型網站來說，檔案下載時間長，抓取占用時間就長，必然影響整個網站所能抓取、收錄的頁面數量。而對大中型網站來說，提高頁面收錄率是 SEO 的最重要工作之一。在這個意義上，伺服器速度直接影響 SEO 效果。

除了影響網站收錄，頁面開啟速度也是影響自然搜尋排名的直接因素之一。而主機性能和速度是影響頁面開啟速度的主要原因之一。

5. URL 重寫支援

現在的網站絕大部分使用 CMS 系統，資料庫驅動，所以將動態 URL 重寫為靜態是 SEO 一定要做的工作。URL 重寫需要主機支援。有一部分站長對虛擬主機有誤解，認為虛擬主機不支援 URL 重寫。其實虛擬主機可以完美支援 URL 重寫。如果你使用的主機不支援，這只是主機提供商沒有安裝相應模組而已，並非虛擬主機不支援。

要支援 URL 重寫，LAMP（Linux+Apache+MySQL+PHP）主機需要安裝 mod_rewrite 模組，Windows 主機可以使用 ISAPI Rewrite 等模組。

6. 伺服器地理位置

伺服器所在地理位置對使用者訪問速度會有一定影響，一般來說，伺服器位置離使用者所在地的距離越遠，速度越慢。但實際上，伺服器位置的影響並不大，很多時候還沒有主機商線路、頻寬等因素的影響大。所以如果目標使用者使用的是穩定、資源豐富的服務商就可以，至於在哪個城市，通常不是大問題。

10.3.2 更換伺服器

更換伺服器也是網站經常遇到的問題。有不少站長詢問更換伺服器會不會影響網站排名。只要操作得當，網站轉移到另一台伺服器上，不會對排名有任何影響。除非你倒楣地把網站轉移到了一個已經被搜尋引擎懲罰的 IP 位址上。

正確的伺服器轉移過程如下：

- 進行完整備份，包括資料庫和所有程式、頁面、圖檔，以防萬一。

- 將 DNS（域名伺服器）TTL 設定為很短的時間，如幾分鐘。TTL 控制 DNS 伺服器的快取時間，所有 ISP 及搜尋引擎將隨時查看 DNS 資訊，而不是使用快取中的 IP 位址。

- 開通新伺服器，上傳檔案。

- 確認所有檔案在新伺服器上一切運轉正常後，更改域名伺服器，將網站解析到新伺服器 IP 位址，同時舊伺服器上的網站保持執行。一些使用者貢獻內容的網站，可以考慮暫時關閉舊伺服器上使用者發布新內容的功能，以防萬一轉移過程出現問題，可能會造成新發布的資料遺失。

- 在新伺服器上檢查日誌檔案，確認搜尋引擎蜘蛛已開始爬行新伺服器上的頁面後，說明轉移已經完成。域名解析理論上最長需要三天時間，當然為保險起見，也可以再多等兩三天，確保所有搜尋引擎蜘蛛都知道網站已經轉移到新的伺服器和 IP 位址。

- 確認解析過程完成，舊伺服器上已經沒有任何使用者及搜尋引擎蜘蛛的訪問後，舊伺服器帳號可以關閉，轉移過程完成。

在整個伺服器轉移過程中，網站一直是可以正常訪問的，因而不會對抓取、收錄、排名有任何影響。

10.4　使用者行為影響排名

前面討論過，SEO 的根本原理在於提高網站內容的相關性、權威性和實用性，其中的實用性指的就是使用者行為。網站實用性高，使用者表現出來的行為又會反過來影響網站排名。

10.4.1　使用者行為資訊收集

有一個很明顯的現象，所有主流搜尋引擎都提供瀏覽器工具列，使用者不必到搜尋引擎網站進行搜尋，只要在工具列中輸入關鍵字，就可以直接來到搜尋結果頁面。所有搜尋引擎都花大錢大力，希望成為瀏覽器的預設搜尋提供商，或者將自己的工具列綁定瀏覽器，比如給瀏覽器開發商搜尋廣告分潤，或者與電腦廠商達成協議，在出售的電腦上預裝工具列。

現在主流搜尋引擎都有自己的瀏覽器，Google、微軟，連只有俄羅斯使用的 Yandex 都有自己的瀏覽器。搜尋引擎不遺餘力地推廣自己的瀏覽器、工具列，其目的不僅僅在於提高自身的搜尋市佔率，另一個重要意義是搜集、記錄使用者搜尋及瀏覽網站的行為。自己的瀏覽器就不用說了，即使是別人的瀏覽器，只要啟用了工具列，使用者搜尋了哪些關鍵字，瀏覽了哪些網站，在網站上訪問了哪些頁面，停留多少時間，搜尋引擎都可以進行資料統計。

除了瀏覽器、工具列，主流搜尋引擎還開發了很多其他服務，用以收集使用者訪問資料，比如 Google、微軟都提供網站流量統計服務、搜尋廣告聯盟等。搜尋引擎之所以免費提供這些服務，肯定不是一無所圖，他們從中得到的資料既可以用來了解網路整體發展趨勢，也可以用來了解使用者的行為方式。

搜尋日誌本身也提供了大量使用者行為資料，如頁面點閱率、跳出率，點擊後是否傳回搜尋結果頁面，多快或多久傳回，傳回後是否點擊了其他頁面，是否搜尋了其他查詢詞等。

當然，使用者訪問時的行為方式是一種噪聲比較高、作弊可能性也比較大的資料。搜尋引擎在使用這種資料作為排名因素時都會非常小心。Google 工程師多次強調過，使用者訪問資料沒有用於 Google 排名，但很多 SEO 人員持懷疑態度。必應則明確表示使用者訪問資料是必應演算法排名因素。

實際上大部分 SEO 專家認為，使用者行為資料肯定或多或少地被用在排名上，而且隨著 AI 應用於搜尋，在未來幾年使用者行為資料探勘會更精準，在演算法中所占的比重會越來越高，SEO 人員必須重視。

10.4.2 影響排名的使用者行為

可以影響排名的使用者行為包括以下幾點：

1. 網站流量

這是最直接的因素。網站總體流量畢竟在一定程度上說明了網站的受歡迎程度。

2. 點閱率

指的是網站頁面在搜尋結果中被點擊的比例。雖然點閱率主要是由排名先後決定的，但是由於網站的知名度、使用者體驗、標題寫作、顯示格式等方面的差別，有的網頁也可能排名靠後，卻有比較高的點閱率。所有搜尋引擎都記錄搜尋結果的點閱率，若發現某些頁面有超出所在排名位置應有的平均點閱率，就可能認為這些頁面對使用者更有用，因而給予更高的排名。

3. 網站黏度

跳出率、使用者停留時間、訪問頁面數這些反映網站黏度的指標，也都可以被瀏覽器、工具列和流量分析系統記錄。跳出率越低，停留時間越長，訪問頁面數越多，說明網站使用者體驗越好，可能對排名有正面影響。

4. 使用者特徵

不管是新使用者還是老使用者，一個使用者多次傳回瀏覽同一個網站，說明這個網站有用處，應該給予更好的排名。如果使用者本身是某個領域的專家，他也可能對所瀏覽網站的排名有影響。

5. 重複搜尋以及相應的點擊

使用者第一次搜尋，點擊一個網站之後，可能沒有找到有用的答案。點擊「傳回」按鈕再次來到搜尋結果頁面，點擊另一個網站，才找到對自己有幫助的結果。這種行為模式可能影響這兩個網站的排名。有的時候使用者傳回搜尋結果頁面還會重新組織搜尋查詢詞。

6. 品牌名稱搜尋

如果某個品牌名稱或域名本身被很多使用者搜尋，這個品牌的官方網站就很可能是受使用者歡迎的網站，整體排名可能相應提高。甚至網路上提及品牌名稱次數多了也可能被搜尋引擎注意到，成為其知名度的佐證。

7. 社群媒體網站

社群媒體網站出現頁面的連結或網站名稱，有更多粉絲、按讚、轉發，也說明網站受使用者歡迎，可能影響網站排名。

10.4.3 回歸使用者體驗

我們可以想像這樣一個場景，一個使用者自身擁有 SEO 網站，社群媒體帳號有大量 SEO 內容，粉絲裡有很多站長、SEO 人員，經常看其他 SEO 部落格，參與 SEO 論壇。

這個至少對 SEO 比較關注、很可能是 SEO 專家的使用者，在搜尋引擎搜尋「SEO」，點擊第一個結果後 10 秒鐘就按傳回按鈕重新來到搜尋結果頁面，點擊了第三個結果，在這個網站上訪問了 10 個頁面，停留了 30 分鐘，然後每過幾天，這個使用者都會再瀏覽排在第三名的網站，並停留較長時間，訪問多個頁面，還在社群媒體上發了關於這個網站的評論，得到大量按讚轉發。類似訪問行為模式如果被很多使用者大範圍重複，對原本排在第三位的網站很可能有正面影響。

所以，要做好 SEO，還是要回歸根本，那就是提供好的使用者體驗，提高使用者忠誠度，為使用者提供好的產品和服務。這既是做網站的基本，也是 SEO 的未來。

10.5　多語種網站

隨著全球貿易不斷發展，發布多語種內容的網站也越來越常見。很多企業會將外文網站當作重要的行銷管道。不同語種的網站在 SEO 原則上是相同的，熟練掌握中文 SEO，也可以把同樣的方法用在其他語種的網站上。

不同語種之間不會造成複製內容。同樣的文章從中文翻譯成英文、法文、日文，這些不同語種頁面對搜尋引擎來說都是不同的內容。

要注意的是，除特殊情況外（如翻譯網站），盡量不要在一個頁面中混合不同語言。有的網站把英文內容緊接著放在中文內容下面，這樣不能達到最好效果。應該把不同語種內容完全分開，中文頁面就是中文頁面，英文頁面就是英文頁面，不然搜尋引擎在判斷頁面語種時可能會混淆。

10.5.1　多語種頁面處理

多語種網站可以有以下三種處理方式：

（1）不同語言的網站完全獨立，放在不同國家域名上。如中文版放在 abc.com.cn，日文版放在 abc.co.jp，美國英文版放在 abc.com，英國英文版放在 abc.co.uk。這樣做的好處是使用者及搜尋引擎都能輕易分辨語種和適用區域。不同語種的頁面寫作、內容安排上也都可以自由發揮。不同國家域名的網站建議放在相應國家的主機上，有助於關鍵字排名的地理定位。這是大網站以多國為目標市場時的最好選擇。

　　如果要覆蓋的國家比較多，顯然這麼做的缺點是成本要提高不少。有的國家域名註冊還可能需要滿足在相應國家建立分公司、有固定聯繫地址等要求。

　　另一個缺點是，這些域名是各自獨立的，如果處理不當，若搜尋引擎不能判斷出是同一個網站的不同語言版本，域名權重將無法集中，互相之間也不能繼承權重。如果不同國家域名上內容也不同，就更是會被當作獨立網站。

（2） 不同語種網站放在主域名的子域名上。如中文版本作為主網站，放在 www.abc.com，英文版本放在 en.abc.com，法文版放在 fr.abc.com。使用者和搜尋引擎依然可以輕易分辨出這些子域名是不同語言和國家版本。不同子域名也可以放在相應國家的主機上。

其缺點和獨立國家域名一樣，二級域名也可能會被搜尋引擎當成獨立網站，權重不能集中。

另一個缺點是不如國家域名那樣正規化、本地化，使部分使用者的心理信任度會降低。

（3） 不同語種的網站放在主域名的二級目錄下。如中文版主域名為 abc.com，英文版放在 abc.com/en/ 下面，法文版放在 abc.com/fr/ 下面。這樣做的優點是二級目錄完全繼承主域名權重，在搜尋引擎眼裡，所有語言版本就是一個網站，無須任何處理。

缺點是不同二級目錄很難放在不同國家的主機上，技術上雖然是可以的，但實現起來比較困難，這對關鍵字地理定位不利。而且二級目錄在本地化程度、信任度等方面的觀感都比不上獨立國家域名。

10.5.2　頁面語言標籤的使用

多個網站版本針對不同國家 / 地區、使用不同語言的使用者時，有時候情況還挺複雜。例如加拿大使用英語、法語，瑞士使用德語、法語、義大利語，還有一種語言在多個國家使用的，英語在英國、美國、加拿大、澳洲、紐西蘭，甚至新加坡，都是使用最廣泛的語言，法語、西班牙語等也都在多個國家廣泛使用。

為了讓搜尋引擎能判斷各個國家 / 語言版本之間的關係，多語言網站需要在頁面 meta 部分加上 hreflang 語言標籤，不同地區的使用者搜尋時才能傳回最合適的語言版本。

目前 Google、Bing 等支援 hreflang 標籤。hreflang 標籤的標準格式是這樣的：

```
<link rel="alternate" href="https://www.abc.com.tw" hreflang="zh-tw" />
```

hreflang 標籤分為兩部分，連接符號前面是語言，後面是地區。上面標籤指的是中文（zh）、台灣地區使用者（tw）。

hreflang 屬性可以只標明語言、不標明國家（或地區），但不能只標明國家、不標明語言。所以，hreflang="zh"（只標明了語言）和 hreflang="zh-cn"（標明了語言和國家）都是可以的，但 hreflang="tw"（只標明國家）是無效的。

假設網站中文版本的 URL 是：https://www.example.com/，對應的英文版本 URL 是：https://en.example.com/，兩個頁面的 meta 訊息部分都要加上語言標籤：

```
<link rel="alternate" hreflang="en" href="https://en.example.com/" />
<link rel="alternate" hreflang="tw" href="https://www.example.com/" />
```

這樣搜尋引擎就能知道這兩個頁面是同樣內容的不同語言版本。

不同語言版本之間必須互相指向，頁面 A 透過語言標籤指向頁面 B，頁面 B 也必須指向頁面 A，否則標籤無效。所以，隱含的前提是，不同語言版本頁面都要被收錄才能發揮作用。

同一種語言在多個國家使用，網站存在同一語言的不同版本針對不同國家時，可以使用語言標籤指示語言及國家。比如愛爾蘭、加拿大、澳洲都使用英語，如果網站有不同的版本針對這三個國家的英語使用者，可以使用這些語言標籤：

```
<link rel="alternate" href="https://example.com/en-ie" hreflang="en-ie" />
<link rel="alternate" href="https://example.com/en-ca" hreflang="en-ca" />
<link rel="alternate" href="https://example.com/en-au" hreflang="en-au" />
<link rel="alternate" href="https://example.com/en" hreflang="en" />
```

前三行指定了愛爾蘭、加拿大、澳洲三個國家的版本網址，雖然都是英文版本。最後一行指定了一個通用版本，或者說適用於其他所有地區英文使用者的版本網址。同樣，這四個頁面都要包含這四行標籤。

只要搜尋引擎正確判斷出這些頁面是同樣內容的多語言版本，就不會被當作重複內容，哪怕都是英文。

hreflang 標籤還有一個預設選項：

```
<link rel="alternate" href="https://example.com/en" hreflang="x-default" />
```

上面的程式碼表示指定頁面不針對任何特定語言或國家，如果沒有更好的語言匹配頁面，就顯示這個預設頁面。

hreflang 標籤可以放在同一個域名的不同頁面上，也可以跨域名，所以獨立國家域名的不同語言版本也可以使用。

hreflang 屬性中的語言代碼需符合 ISO 639-1 標準，國家代碼需符合 ISO 3166-1 Alpha 2 標準。寫程式時最好到官網查一下，不要想當然。以下是幾個常用又常出錯的代碼：

- 英國的地區代碼是 GB，不是 UK，和域名後綴不一樣。

- 中文的語言代碼是 ZH，不是 TW。

- 日語的語言代碼是 JA，不是 JP。

- 韓語的語言代碼是 KO，不是 KR，雖然韓國的地區代碼和域名後綴是 kr。

搜尋引擎檢測出帶有 hreflang 標籤的頁面後，會把符合要求的、互相指向確認的一組頁面（內容相同，但針對的語言和地區不同）當作一個整體看待，換句話說，所有語言版本都繼承了權重最高那個版本的權重。使用者搜尋時，搜尋引擎通常應該傳回權重最高的那個語言版本，但如果透過 hreflang 標籤發現有一個權重雖低，但更滿足使用者語言和地區需求的頁面，那麼搜尋引擎會傳回這個權重低些的語言頁面。

比如，一個在法國的使用者搜尋某個詞，按正常排名演算法傳回的是權重最高的 en 版本頁面，同時搜尋引擎透過 hreflang 標籤發現這個 en 頁面有對應的 fr 版本，更符合法國使用者的需求，所以就在搜尋結果中傳回 fr 頁面了。有時候，這個 fr 頁面可能權重比較低，外人看不出為什麼這個頁面會排名這麼高，其實不是它自己的原因，是對應的 en 頁面權重高。

不過，雖然這組多語言頁面被當作一個整體，但頁面權重不會疊加。

10.5.3　本土化

做多語種網站經營推廣需要盡量本土化。由於需求和投入的不同，本土化的程度差異很大，從最簡單的只是把頁面做機器翻譯，到建立當地團隊獨立經營，本土化涉及很多方面，本書就不深入討論了。

從 SEO 角度來看，首先要考慮的是語言本土化。只是簡單的機器翻譯頁面是不夠的。雖然由於 AI 的使用，近幾年機器翻譯的水準大幅提高，但與人工寫作、編輯還是有差距的，機器翻譯的內容使用者一眼就能看出來，使用者體驗不會好到哪去。搜尋引擎也明確表示，純機器翻譯的內容會被視為低品質內容，甚至是作弊。

所以多語種內容最好還是人工翻譯，可以想像，對大站來說，這是不小的工作量。除了一般媒體網站才有足夠翻譯人才，很多網站會尋找低成本翻譯服務，如尋找大學生、實習生翻譯內容，或透過兼職、外包平台尋找兼職翻譯人員。

如果內容太多，只能機器翻譯的話，至少要經過人工編輯修改再發布。這種方法可以大幅降低工作量，也符合搜尋引擎品質要求。

若內容更多，如平台類電商網站，連人工編輯都不可能了，那至少要保證重要的範本內容、主要分類名稱是人工撰寫編輯的。

無論翻譯還是編輯，最好由母語使用者完成。對於外語只是第二語言的人來說，要讓使用者覺得內容順暢、可信任，並不是容易的事。比如同樣是英語，美式英語和英式英語就有不小區別。我們都知道很多單字的美式英文和英式英文拼法不同，如顏色這個詞，美式英文拼為 color，英式英文則拼為 colour。所有 SEO 的效果都體現在文字上，在進行關鍵字研究和網站內容的撰寫上，都必須顧及到拼寫的差異。

中文也有類似情況。中國將 SEO 翻譯為「搜尋引擎優化」，台灣將其稱為「搜尋引擎最佳化」；中國稱為「網絡行銷」，台灣稱為「網路行銷」；中國稱為「服務器」，台灣稱為「伺服器」等。

更不易掌握的是很多在中文中相同的事物。在英式英文和美式英文中是兩個不同的單字。如手電筒，美式英文稱為 flashlight，而英式英文稱為 torch。反過來也一樣，以英文為母語的人，做出來的中文網站也不一定能符合中文使用者的語言習慣。

即便是母語使用者，若是對專業不熟悉，也可能將內容翻譯得很彆扭。我在一本翻譯得很不錯的 SEO 書中看到作者把 Anchor Text 翻譯為「錨定文字」，其實在中文 SEO 和網路界，大家都稱其為「錨點文字」。顯然作者把 Anchor 這個詞在機械產業中的譯法原封不動地搬到 SEO 界來了。

10.5.4 本土化經營

除了語言，營運上的細節也要考慮本土化。此處簡單提幾個和 SEO 相關的注意事項。例如，電商網站的貨幣、運費計算、發貨配送時間估算，都要根據國家、語言版本的不同做差異處理，優惠、促銷活動可以結合當地特色。另外，由於文化、習俗的不同，某些產品在某些地區可能是不適合的，甚至是禁止的。某些圖案、用語、顏色，可能在不同國家有不同意義，使用時一定要謹慎。

不同語言版本需要分別註冊獨立的 Google Search Console 帳號，用以監控抓取、收錄等情況。帶有地域屬性的行業，如房地產、留學移民中介、外賣送餐等，盡量註冊當地 Google My Business 並維護帳號。另外一個需要注意的是外部連結。不同語種的網站，最好建設相同語種的外部連結。經常看到有朋友問，自己做的英文網站但建立的外部連結來自中文網站，是否有效？這樣的連結有效果，但沒有同樣來自英文網站的外部連結效果好。

10.6 地理定位

很多做英文 SEO 的人經常會遇到這樣的狀況：SEO 人員在自己的電腦上搜尋到的關鍵字排名較好，但客戶在美國或歐洲搜尋同樣的關鍵字，排名卻很差，甚至找不到。很多時候這是因為地理定位（Geo-targeting）導致的結果。

10.6.1 什麼是地理定位

地理定位指的是搜尋引擎根據使用者所在的位置及關鍵字本身的地理位置特性，傳回不同結果。地理定位是個性化搜尋的表現形式之一。相對於個性化搜尋中的使用者搜尋歷史、網站瀏覽歷史等無法控制的因素，地理定位的影響因素中有一些是站長可以控制或影響的，所以值得最佳化一下。

地理定位在國家之間表現得非常明顯，不同國家的人搜尋同一個詞，看到的結果往往並不相同，搜尋引擎會盡量傳回適合使用者所在國家的結果。如圖 10-5 所示的 Google 搜尋結果地理定位，是我在新加坡搜尋「baby toys」的前六個結果，其中第 1、第 4、第 5、第 6 個都是新加坡當地商家。不用對比也知道，其他國家使用者看到的肯定不是這些結果。

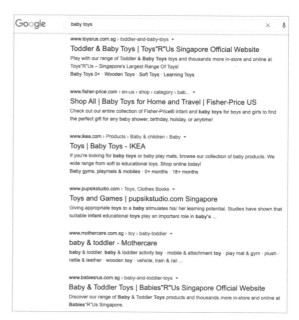

圖 10-5　Google 搜尋結果地理定位

10.6.2 地理定位的表現形式

地理定位有幾種表現形式。

第一種最明顯直觀，搜尋詞中包含有地名，如「東京租車」和「台北租車」兩個關鍵字，傳回的結果肯定不同。雖然結果中的一些頁面有可能來自同一個公司。

第二種是搜尋引擎根據使用者所在的地理位置，傳回不同搜尋結果。比如在美國搜尋「銀行」和在新加坡或英國搜尋「銀行」看到的結果都不相同，雖然都是在 google.com 上搜尋，但傳回結果會偏重於使用者所在國家的銀行資訊。

一些與使用者所在位置高度相關的生活服務查詢詞，如修車、電影院、餐廳、商場、加油站等，經常會出現地圖結果，排名更是可能按與使用者目前位置的距離排列，精確到街道級別。

第三種表現形式是，使用者使用同一個搜尋引擎，在不同國家的版本也會看到不同的資訊。比如在 google.com、google.com.sg 和 google.co.uk 搜尋同樣的關鍵字，得到的結果也往往不相同。

做外文網站，更需要理解和關注地理定位效應。SEO 人員必須首先清楚自己的目標使用者群在哪個國家，再透過下面提到的幾個因素盡量影響自己網站在目標國家的排名，而不僅僅是自己所看到的排名。一個中國站長做英文網站，自己看到的排名再好，英美國家的人看不到排名也沒有任何效果。

10.6.3　地理定位的影響因素

影響地理定位的主要因素如下：

1. 頁面文字

首先頁面內容要有相關性。在台北的使用者搜尋「餐廳」或其他地方的使用者搜尋「台北餐廳」，沒出現「台北」兩個字的頁面想要獲得排名就很困難。

2. 國家域名

每個國家有自己的國家域名。如果目標使用者群限定在某個特定國家，那麼網站最好就使用那個國家的域名。如針對英國的網站就使用 .co.uk 域名，針對新加坡的就使用 .com.sg 域名，針對國內使用者的中文網站就使用 .com.tw 或 .tw 域名。具有國家後綴的域名是影響搜尋結果地理定位的最重要因素。

3. 主機 IP 位址

網站伺服器最好放在目標使用者群所在的國家或地區。目標使用者在台北，網站就放在台北機房，目標使用者在英國就把主機放在英國，針對美國使用者就把主機放在美國。

主機 IP 位址比國家域名作用小一點，但也可以輔助地理定位。如 co.uk 域名無論伺服器在哪都有強烈英國地理定位性質，但 .com 域名在全世界通用，主機 IP 就成了判斷網站地理屬性的重要因素。.com 域名本身幾乎很少能代表網站的地理屬性，雖然其本身是美國域名。

4. 本地商戶登入

搜尋引擎大多提供本地商戶登入服務，在前面的地圖搜尋部分已經有所介紹。登入相應國家、城市的本地商戶資訊，是幫助搜尋引擎判斷網站地理屬性的比較強的訊號之一，且能精確定位地址，對生活服務類查詢有很大幫助。

5. 站長工具設定

Google 站長工具允許站長設定網站的地理位置。

6. 聯繫地址及域名註冊地址

網站頁面上顯示的公司聯繫地址、電話、區號、郵政編碼及域名註冊資訊中顯示的聯繫地址，都可以幫助搜尋引擎判斷網站與哪個地區相關。所以在網站上的「聯繫我們」等頁面上，應該清楚寫明完整的聯繫地址，聯絡電話應該包括國家及地區區號。

7. 本地網站連結

來自其他有地理屬性網站的連結，也有助於自己網站的地理定位。尤其是一些具有鮮明地域特色的網路黃頁、分類廣告、生活資訊社群、本地商業組織、政府部門等類網站，都有著很明顯的地理特徵。來自這些網站的連結有助於提高網站地理定位排名。

8. 頁面語言

不同語言對網站的地理屬性當然也有直接影響。有一些文字在多個國家使用，就需要有不同國家的語言特徵，比如不同的拼法，對同一件事情的不同稱呼，或多或少都會影響網站的地理定位資訊。

10.7 社群媒體的影響

社交現在幾乎成了一般人上網的主要目的，越來越多的人整天掛在社群媒體 App 和網站上，這些使用者之間的互動，親戚朋友往來，個人的喜怒哀樂及日常需求都離不開社群媒體。甚至有人認為，社群媒體搜尋就快要取代搜尋引擎搜尋了。除了傳統的論壇、影片網站、部落格，還有近幾年極為熱門的短影音、LINE，Facebook、Twitter、Instagram、YouTube、Pinterest、LinkedIn 等，無一不是擁有龐大的流量與使用者人數。

社群媒體已經影響了網路使用者，尤其是新一代使用者的生活方式和網站瀏覽方式，也不可避免地對網路行銷及 SEO 產生不小影響。社群媒體行銷本身就是一種網路行銷方式，近年來受到越來越多人的重視。社群媒體行銷所能帶來的流量、關注度，經常具有爆發性，能使品牌和產品資訊在網路上迅速傳播。

社群媒體行銷對 SEO 有一定的影響，甚至可以說這兩者有不小程度的交叉。最願意嘗試社群媒體行銷的人士常常有 SEO 背景。

另一個引起 SEO 關注的是搜尋排名與網站在社群媒體上的表現呈現強相關性。SearchMetrics 和 cognitiveSEO 等發布的統計資料都表明，頁面排名與頁面的社群媒體指標強烈正相關。圖 10-6 所示的是網站搜尋排名與社群媒體活動之間的相關性。

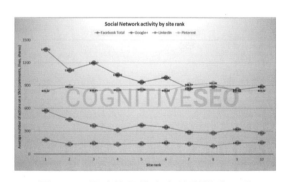

圖 10-6 網站搜尋排名與社群媒體活動

可以清楚地看到，網站搜尋排名與其在 Facebook 和 Google+ 的活躍度呈現明顯正相關，與其在 LinkedIn 和 Pinterest 的活動相關性不大。

圖 10-7 所示的是網站搜尋排名與其在 Facebook 按讚數、轉發數、評論數之間的關係。可以看到，搜尋排名前 4 位與其 Facebook 上的活躍度強烈正相關。

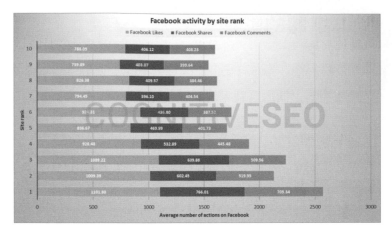

圖 10-7　網站搜尋排名與其在 Facebook 上的指標

雖然相關不意味著因果，無法從相關性推匯出社群媒體表現是排名因素之一，但積極參與社群媒體互動的網站搜尋排名較好，這中間一定有它的道理。兩者之間可能有因果關係，也可能沒有因果關係，但都是其他因素的結果。

社群媒體對 SEO 的影響主要透過以下幾個方面。

10.7.1　帶來連結

社群媒體上的活動產生在自己網站之外，對頁面本身的最佳化沒有影響，但對外部連結建設可能產生重大影響。

大部分社群媒體都是使用者貢獻的內容，使用者可以自由留下網址，但對 SEO 人員來說，帶來連結並不是發文章留下網址這麼簡單。絕大部分使用者能留下網址的地方都已經做了處理，留下的網址並不能成為普通意義上的連結。

Facebook 上的很多內容需要使用者登入才能看到，搜尋引擎根本看不到使用者寫的東西，更不要說連結了。有的網站對連結審查十分嚴格，比如 webmasterworld. com 完全不允許留任何連結，連網站的名字都不能提。絕大部分搜尋引擎能收錄、使用者又能留網址的地方，或者匯出連結使用腳本轉向，或者做了 nofollow 處理。也有的網站使用短 URL 服務，把使用者留下的連結轉換成短 URL，然後轉向到目標網站。

可以說，凡是使用者能輕易留卜網址的地方，社群媒體都已經做了預防，不會讓 SEO 留下正常連結。所以透過社群媒體建設外部連結是間接的，需要在社群媒體上讓其他使用者關注你的品牌、產品或話題，然後使用者在自己的網站、部落格上再次討論和提到你的網站，從而帶來連結。

正因為有了這樣一個多餘卻必要的步驟，在社群媒體上的互動很難帶來連結。只有那些成為熱門話題，比如被轉發成千上萬次，在論壇被熱烈討論的話題，被轉載無數的分享內容，才能帶來大量流量及可貴的外部連結。透過這種方式帶來的外部連結優勢明顯，非常自然，完全是使用者主動貢獻的，完全是單向連結，其中不乏高權重域名的連結。在 Google 企鵝等演算法推出後，這種純自然的連結才是最有效的連結。

10.7.2 互動及口碑傳播

在社群媒體進行行銷，最重要的是與其他使用者互動，建立品牌知名度，這有助於口碑傳播。積累幾個強有力的、有眾多關注者的社群媒體帳號，當網站有什麼新鮮話題和產品時，一則推文或一篇開箱文就能迅速傳達到成千上萬人，產生大量直接點擊訪問。搜尋引擎如果能透過某種方式檢測到網站有大量自有流量和點擊流量，也很可能把它當作使用者行為方式訊號計入搜尋演算法中。

社群媒體傳播的使用者不乏在網路上有影響力的人士，也不乏自己管理網站、部落格的人士，他們的二次推動能使你的資訊迅速傳播。透過這種方式，你的文章和連結會出現在更多網站上，你的網站會有更多人討論。由此帶來的影響很難精確統計，從長遠來看，卻能影響排名和 SEO 效果。

10.7.3 新形式的連結流動成為排名訊號

前面說過，留在社群媒體網站上的連結，大多不是搜尋引擎能直接用來計算權重的正常連結。但是社群媒體網站使用者數量巨大，留下的連結數量驚人，儼然已經形成了新形式的連結和權重流動模式。

一般網站很少會主動連結到其他網站。部落格出現後多少改變了這種狀況，部落客通常還是很願意連結到其他資源的。隨著 SEO 觀念的普及，現在部落格也「惜鏈如金」了。再加上原來積極寫部落格的人，近兩年都不更新部落格了，部落格上的推薦和連結流動大大減少。原來寫部落格的人，現在反而更頻繁地在社群網站上推薦網址。

大家可以思考一下，現在還能在什麼網站上見到非交換的正常匯出連結？連主流入口網站轉載文章都不給原出處任何連結了，新聞報紙雜誌網站給的連結一律加 nofollow 了。再到 Twitter、Facebook 上看看，匯出連結四處都是，但都有 nofollow。

社群媒體網站上加了 nofollow 的連結，是否真如搜尋引擎所說被完全忽略，是很值得懷疑的。社群媒體網站上的連結、點擊、使用者流動已經是網路上最活躍的一部分，必然會被搜尋引擎檢測到，並且不太可能無動於衷。

Google 從 2019 年 9 月開始在排名演算法中將 nofollow 作為一個提示（hint），而不是原來的指令，換句話說，nofollow 連結是被考慮在排名演算法裡，還是被忽略，Google 會綜合其他情況處理。2020 年 3 月開始，nofollow 在抓取、索引演算法中也開始被當作提示，而非指令。Google 改變對 nofollow 的處理方法就是因為，如果完全忽略 nofollow 連結的話，就沒多少連結可以參考了，就會遺失大量連結訊號。有意思的是，2019 年 9 月和 2020 年 3 月，是 Google 改變 nofollow 處理的時間點，而 Google 搜尋排名並沒有出現大幅變動，這說明 nofollow 連結可能從來沒有被完全忽略。

Bing 更是直接表示：Bing 從來就只把 nofollow 當作提示，不是指令。

當然，nofollow 連結噪聲比較高，不太可能都像普通連結那樣傳遞權重，但隨著 AI 在搜尋演算法中的廣泛應用，搜尋引擎對 nofollow 連結作用的判斷準確性應該有實質提高，nofollow 連結成為普通連結之外的重要輔助排名訊號。

10.8　SEO 與網路危機公關

網路危機公關和名譽管理是近幾年非常熱門的話題，也是 SEO 可以發揮作用的地方。

10.8.1　網路危機公關的難點

網路上的危機事件常常起源於論壇、FB、Twitter，爆發於搜尋引擎，所以搜尋引擎、SEO 與網路危機公關有著天然的連結。從事 SEO 的人現在都意識到控制負面新聞、進行名譽管理及危機處理是 SEO 的強項之一。

利用 SEO 進行網路危機公關的原理很簡單，搜尋自己品牌或公司名稱出現負面新聞、評論時，想辦法把自己控制的網站頁面透過 SEO 做到前面，把負面新聞擠出前兩頁或前三頁。但執行起來卻不簡單。

要想有效壓制負面新聞，通常需要占領前兩頁到前三頁的搜尋引擎結果。這 20 ～ 30 個網頁靠自己的網站很難實現，無法快速反應。當網路危機和負面新聞出現時，再建設 30 個網站進行 SEO，等這些域名有了權威度，排名上去時，新聞事件早已成了明日黃花。

利用企業官方網站壓制負面也很難，因為能競爭排名的頁面不夠。同一個網站上的不同頁面通常不會多次出現在搜尋結果前面，能出現兩次就算不錯了。Google 甚至對同一個主域名下的二級域名也這樣處理。

所以，靠自己的網站做網路危機公關不是一個有效的方法。動用公關部門，聯繫論壇、部落格、新聞網站刪除也不一定能達到效果。即使能聯繫幾十個大網站刪帖，但很難聯繫幾千、幾萬個轉載的小網站，刪不勝刪。

10.8.2　負面資訊監控

想要做好網路危機公關，首先要有敏銳的網路資訊搜尋能力，在負面新聞剛出現時就能發現並及時處理。監控線上的熱門關鍵字，應該是日常工作內容。

一旦負面資訊在其他網站出現，監控範圍又要擴大，在這方面 Google Alerts 是一個非常好用的工具。使用者在 Google Alerts 設定要監測的關鍵字，通常是公司名、品牌名、老闆名字或者你自己的名字，一旦設定的關鍵字出現在新網頁上，Google 就會通知你。這和 Google 市場占有率沒關係，SEO 要關注的不是 Google 排名，而是新出現的評論頁面，而 Google 的抓取、索引範圍和速度最適合這個任務。

10.8.3　透過 SEO 壓制負面資訊

負面資訊若已經出現在搜尋結果中，就需要透過 SEO 壓制。

仔細觀察一下搜尋引擎傳回的負面資訊就會發現，這類新聞或評論大部分來自已經有權威度的社群媒體網站、論壇、新聞入口網站、部落格等。

要把這些負面內容擠出前兩頁，最好的方法就是在這些已經排到前面的社群媒體平台、論壇、部落格、新聞入口網站、影片等網站上發表正面文章、影片或新聞。比如你看到一篇負面內容來自某論壇，就在這同一個論壇上發起一個正面消息討論文章。排在前面的其他自媒體平台、部落格、新聞入口網站等也同樣處理。當然，除了已經排到前面的網站，到更多網站發文效果更好、更快。

你所提交或發表的內容，與那些已經有好的排名的負面內容具有同樣的域名權重（來自同一個域名），排名能力不會輸給那些負面內容，你的正面資訊已經有 50% 左右的機會超過負面消息。唯一的區別只是你發表的內容可能時間要晚一點。這時可以再進一步，給這些你提交或發表的正面內容造幾個外部連結。不需要很多，幾個連結就足以使這些正面新聞頁面權重超過那些負面新聞，因為很少有發表負面評論的人還給自己的評論造外部連結的。

搜尋引擎通常不會在前幾頁給同一個網站很多排名，這樣，你的正面資訊具有同樣的域名權重、同樣的相關性及更多的外部連結，足以把負面資訊擠出前兩頁或前三頁。

如果這些負面資訊頁面竟然還有很多外部連結，這說明你碰到的是個行家，不是普通消費者在發牢騷，或者發牢騷的是位權威人士，內容被更多人轉載和連結，那麼你需要開展更進階的策略，做更多的彌補性工作。

在沒有發生危機事件時，企業就應該盡量在常見社群媒體網站建立帳號，發布企業資訊。使用者搜尋與企業有關的品牌名稱時，主流社群媒體官方帳號有很強的排名能力，這些帳號又會占據前兩頁的幾個位置，對日常推廣和危機控管都做好了準備。

雖然 SEO 是網路危機控管的有力手段，但畢竟不是治本的辦法。即使不算馬後炮，也只能算亡羊補牢。網路危機公關和名譽管理遠遠超出 SEO 的範圍。危機和品牌管理要想做到最好，關鍵不在危機與品牌管理本身，而在於產品、服務的品質及售後支援。滿足了客戶需求，沒有被愚弄、被欺騙、被激怒的使用者，自然就沒有了負面評論，這才是根本。

10.9 針對不同搜尋引擎的最佳化

Google 和 Bing 的最佳化有什麼不同？簡單來說，二者為針對不同搜尋引擎的最佳化，原理相同，方法也相同，只是在一些細節上有不同而已。從長遠來說，搜尋引擎的未來趨勢是越來越相似的，SEO 人員應該更多地考慮搜尋引擎的相似之處。

10.9.1 SEO 原則不變

十多年前，SEO 界曾經有過這樣的階段，針對不同搜尋引擎做不同的網站，使用不同的最佳化手法。比如針對 Google 做一個網站，迎合 Google 的口味，禁止 Yahoo!、AltaVista 等其他搜尋引擎收錄。再做另外一個網站去迎合 AltaVista 胃口，禁止 Google 和其他搜尋引擎收錄。現在已經沒有人再這樣做了，主流搜尋引擎的排名演算法越來越趨同，完全沒有必要做不同的網站，使用不同的方法來最佳化了。

近幾年，搜尋引擎搜尋品質和排名因素的關注點不外乎是以下幾點：

- 打擊垃圾連結
- 打擊低品質內容
- 重視頁面開啟速度

- 高度重視行動友善性
- 重視使用者體驗
- 打擊干擾正常瀏覽的廣告、強制下載等
- 強調網站整體品質
- 重視內容生產者背景和可信度

從實踐上來看，只要抓住 SEO 的根本原理，做好基礎最佳化，一般來說，在所有搜尋引擎都會有不錯的排名。不同搜尋引擎演算法上的細微差別造成排名不同是正常的。但對一個真正優秀的網站來說，不會出現天壤之別。

10.9.2 英文網站最佳化

這裡說一個與不同搜尋引擎最佳化相關的話題，英文網站的最佳化。常有站長問我怎麼最佳化英文網站，與中文網站有什麼區別？簡單來說，英文網站最佳化與中文網站最佳化沒有本質區別，從關鍵字調查，到網站架構，再到頁面最佳化，以及外部連結建設，整個過程和方法是一樣的。

最佳化英文網站最重要的不是過多考慮 SEO 方面的不同，而是語言上的問題。語言不過關，可能從關鍵字研究階段就錯了。

做英文網站也應該考慮歐美使用者的網站使用習慣。比如，歐美使用者更習慣簡潔的頁面設計，中文入口網站那種塞滿頁面、廣告四處閃，甚至四處飛的首頁，搬到英文網站上一定不會受歡迎。英文使用者點擊連結習慣於在原視窗打開，中文網站這種在新視窗打開頁面的方式會讓一部分英文使用者反感的。

10.10 網站改版

這裡所說的網站改版指的是網站內容主題沒有變化，只對頁面設計或網站架構做出比較大的改變。如果網站主題內容發生重大改變，把域名從一個行業換成另一個行業的內容，從 SEO 角度說，這不是網站改版，而是網站自殺。這種情況下，不如把原本的網站留著，重新做一個新網站。

首先應該明確，網站結構改版是萬不得已時才做的變化，能不改最好不要改。不過很多時候由於種種原因，如需要改進使用者體驗或公司發生了合併收購等變化，網站必須做大幅變動，甚至有時候公司換了個老闆，都可能不得不改版網站。

10.10.1 設計還是 CMS 系統改變

進行網站改版時，首先要確定網站只需要頁面設計的改變，還是需要改用新的 CMS 系統。如果只是頁面設計方面的改變，通常頁面內容和網站結構都不會有什麼大的變化。很多內容與表現分開的 CMS 系統，更換或修改模板，頁面 HTML 碼幾乎沒有什麼變化，頁面視覺展現卻可以完全不一樣。這種情況對 SEO 幾乎沒有什麼影響，可以放心進行。

如果需要新的 CMS 系統，就要小心計劃並執行。像前面所說的，能不換盡量不換，如果必須要換，盡量做到網站 URL 命名系統不要更改。如果舊的 CMS 系統目錄及檔名的命名是有規則的，使用 URL 重寫模組，可以在更換 CMS 系統後還保持原來的 URL 結構。

10.10.2 不要改 URL

不到萬不得已，千萬不要更改 URL，否則對搜尋引擎來說，新的 URL 就是新的頁面。整站 URL 改變，意味著這幾乎是一個新的網站，搜尋引擎需要重新抓取、索引所有頁面，重新計算排名。同時舊的 URL 還在搜尋引擎資料庫中，可能會造成複製內容、頁面權重分布的混亂，網站排名及流量都會有一段混亂期。對大的網站來說，整個網站重新爬行抓取一遍可能需要幾個月甚至更長的時間。

如果實在沒辦法保留 URL，那麼盡量從舊 URL 做 301 轉向到新 URL。如果連 301 轉向都不能做完整，至少也要挑選重要頁面做 301 轉向。這裡所說的重要頁面包括欄目首頁、帶來比較多搜尋流量的內容頁面、有比較多外部連結的頁面。如果不能使用 URL 重寫模組及正規表示式進行整站 301 轉向，至少也要人工挑選出這些重要頁面做 301 轉向。

10.10.3 分步更改

網站改版時盡量不要同時更改導覽系統。對主要導覽系統的修改，往往會使網站連結結構、頁面權重的流動和分配產生重大改變，處理不好將會對網站新頁面的收錄造成影響。所以應該在網站 CMS 系統或 URL 系統修改完成幾個月之後，收錄已經復原原有水準之後，再修改導覽系統。

同樣，無論是頁面設計改版，還是採用新的 CMS 或 URL 系統，不要同時修改網站內容，要確認網站收錄沒有問題之後，再最佳化頁面內容。

對大網站來說，無論怎樣小心，重大改版經常不能保證顧及所有 URL，這時一個恰當的 404 頁面就變得很重要了。404 頁面的設定請參考第 5 章中的說明。正確傳回 404 狀態碼，搜尋引擎會自動把已經不存在的頁面從資料庫中清除，但需要一段時間。

網站改版經常是商業決定，不是 SEO 部門所能控制的。SEO 人員必須參與到改版的計劃過程中，提前認真規劃，預想到所有可能的情況，盡量一次改版正確，避免改來改去。尤其是 URL 有變化時，搜尋引擎對大量新出現的 URL 會很敏感，需要重新收錄、計算權重。如果不能一次完成，多次更改很可能對網站產生重大負面影響。

10.11 全站連結最佳化

全站連結由 Google 於 2006 年推出。Google 全站連結官方名稱是網站連結（Sitelinks），中文 SEO 一般稱其為全站連結。

10.11.1 全站連結的出現

全站連結指的是排名列表的一種擴展顯示，某些權重高的網站除了正常搜尋結果，還會顯示三行兩列共計 6 個內頁連結，如圖 10-8 所示為 Google 目前的全站連結。

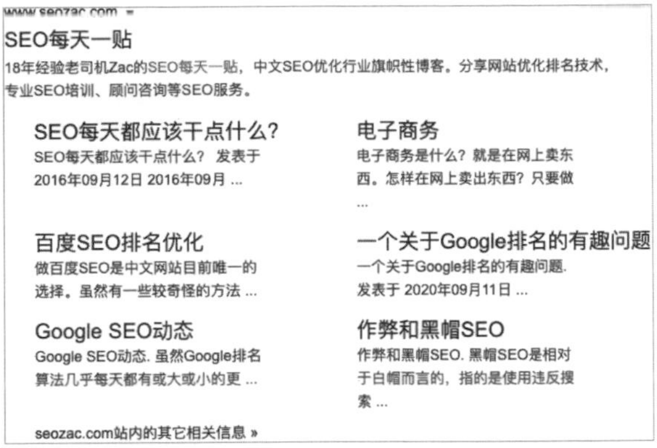

圖 10-8　Google 目前的全站連結

Google 全站連結的格式不斷變化。以前是四行兩列共計 8 個內頁連結，沒有說明文字，如圖 10-9 所示。還曾出現過 12 個內頁。現在不僅自然搜尋有全站連結，廣告部分也有，如圖 10-10 所示。有的網站全站連結中間還加入了站內搜尋框，如圖 10-11 所示。

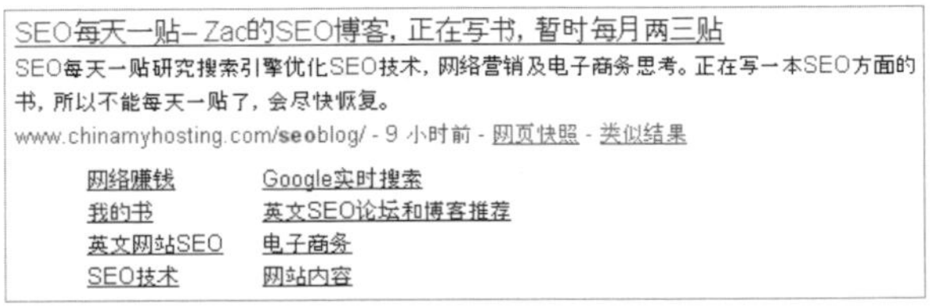

圖 10-9　以前的 Google 全站連結

圖 10-10　Google 廣告中的全站連結

圖 10-11 Google 全站連結中的站內搜尋框

全站連結在搜尋結果中給予了網站更大篇幅,也提供了更多點擊訪問入口,能在很大程度上提高點閱率。資料表明,網站以全站連結的形式出現時,點擊量比原來的普通排名成長 40%。

全站連結的出現和連結選擇是完全自動的,由 Google 演算法生成,站長本身並不能控制。影響全站連結的可能因素包括以下幾點:

- 全站連結只出現在權重高的域名上,很少有兩年以下的網站出現全站連結。這也使得全站連結成為判斷網站權重的一個不錯方式。不過,近兩年全站連結的門檻似乎降低了很多。

- 全站連結只有在網站長期穩定排在第一位時才出現。也就是說,只有網站是某個關鍵字的最權威結果情況下才會出現。搜尋品牌或網站名稱是最常出現全站連結的,但非品牌查詢詞也會出現。

- 有全站連結的網站並不是搜尋所有查詢詞時都會出現,只是幾個最相關、排名最好的查詢詞才出現。而且這幾個查詢詞都需要達到一定的搜尋量。一些長尾關鍵字就算網站排名第一,通常也不會出現全站連結。

- 出現全站連結的網站需要具備良好的導覽及內部結構。Google 演算法是透過網站連結結構選擇出最多 6 個內部頁面。一般來說,這 6 個內部頁面都在首頁上有連結。

- 除了連結結構，點擊和流量分布也很可能是影響因素之一。也就是說，選擇出的 6 個內頁，通常是使用者最經常點擊訪問的頁面。

- 內部連結錨文字對全站連結也有很大影響，尤其是連結標題經常是由內部連結錨文字決定的。頁面本身的標題標籤、H1 標籤也必須有高度相關性，對全站連結標題也有一定影響。

所以，想要以連結的形式出現全站，只能努力提高網站權重。出現全站連結，但出現的內頁不理想，需要靠調整內部連結結構來影響，比如，經常有網站全站連結出現使用者登入、購物車之類的內頁，對吸引使用者點擊作用不大，那就要考慮這些頁面獲得的內部連結是否過多，權重過高？

10.11.2　迷你全站連結

除了 3 行 2 列的經典全站連結，Google 還有一個所謂的迷你全站連結。官方名稱是單行全站連結（Oneline Sitelinks），如圖 10-12 所示。Google 廣告也有迷你全站連結。

與經典全站連結不同的是，迷你全站連結不要求網站是針對特定關鍵字的最權威網站，只要內容相關就有可能出現。所以迷你全站連結既可能出現在排名第一的網站，也可能出現在排在後面的網站。在同一個搜尋結果頁面上，還可能出現多個網站都有迷你全站連結的情形。

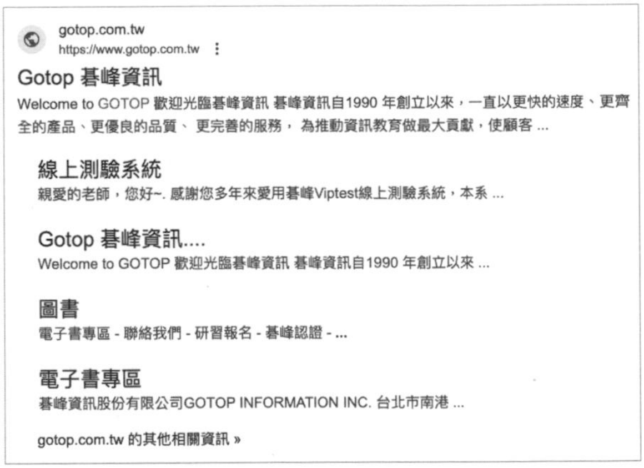

圖 10-12　Google 迷你全站連結

10.12 精選摘要最佳化

如第 2 章中所介紹的，Google 在搜尋結果中有精選摘要這種很吸引目光的展現格式，因此可能是值得最佳化的方向。

10.12.1 要不要最佳化精選摘要

首先要衡量一下是否要最佳化精選摘要。

在 2.6.3 節中介紹過，精選摘要結果雖然所占篇幅較大，但並不會提高點閱率，比沒有精選摘要時排名第一的普通結果點閱率還要低。出現精選摘要時，排在它下面的第二、第三位結果比沒有精選摘要時的第二、第三位結果點閱率稍有上升。換句話說，精選摘要本身點閱率會下降，它下面的結果反而點閱率上升。

所以，如果頁面排名已經在第一位，以普通頁面格式出現，通常就不要去刻意最佳化成精選摘要了，不然點閱率和搜尋流量反而會下降。

如果頁面目前排名在第 2 ～ 10 位，按照下面討論的方法最佳化為具有精選摘要資格，這個頁面可能會以精選摘要格式直接顯示在最上面，超過原來的第一位，因此也被稱為第 0 位。即使點閱率不如第一位的搜尋結果，那也比原來的第 2 ～ 10 位強得多，最佳化精選摘要就是有意義的。

需要注意的是，具備精選摘要資格、被提升到第 0 位的頁面，不意味著正常排名超過了其他頁面，它還是應該排在原來的位置，只是因為具備精選摘要資格被顯示在最上面。實際上，直到 2020 年初，Google 還會給精選摘要頁面兩個排名，一個是最上面的精選摘要顯示，一個是正常的、處於原位置的排名顯示。比如一個頁面正常排名第 5 位，因為獲得了精選摘要資格，就會在第 0 位（最上面）按精選摘要格式顯示一次，在第 5 位再以傳統頁面格式顯示一次，頁面上一共有 11 個結果。甚至如果正常排名就是第 1 位，又獲得精選摘要資格，那就連著顯示兩次（第 0 位和第 1 位）。由此可以看出來精選摘要頁面按照正常排名演算法應該是第幾位。

2020 年 1 月，Google 改變了顯示方法，精選摘要頁面只顯示一次，原來位置的排名顯示取消，頁面上保持 10 個結果，也看不出精選摘要頁面正常排名在哪裡了。

衡量要不要做精選摘要最佳化時的另一個考慮是查詢詞的類型。某些一句話就能回答的查詢，通常就不要作為精選摘要最佳化的重點了，不然使用者直接在搜尋結果頁面上看到答案，更不會點擊頁面了。比如「姚明是誰」、「明朝最後一個皇帝」一類的查詢，答案顯示在精選摘要中，此時再最佳化點閱率恐怕也不會很好。

10.12.2 精選摘要最佳化準備工作

1. 關鍵字研究

和傳統 SEO 一樣，第一件事是關鍵字研究，尋找到容易出現精選摘要的查詢詞。

最經常出現精選摘要的就是新聞寫作的 5 個 W、1 個 H：Who、What、When、Where、Why、How，也就是：

- ××× 是誰？
- ××× 是什麼？
- ××× 是什麼時候？
- ××× 在哪裡？
- 為什麼 ×××？
- 怎樣做 ×××？

由於中文語法很鬆散，上述問句有各種變化形式，不像英文，像是「怎樣做×××」幾乎都是「How to×××」這種語法，中文就有多種語法：

- 怎樣做 ×××？
- ××× 怎麼做？
- 如何做 ×××？
- 怎樣 ×××？

其實表達的都是一個意思，可以歸為一類。

現在找到這些問句式查詢很簡單，可以用 Google 的「其他人也問了以下問題（People Also Ask）」。還有一類查詢也容易出現精選摘要，就是商品挑選、資料對比類型，如「去背軟體有哪些」、「SUV 推薦」、「豆漿機品牌」、「床墊種類」之類。

容易出現精選摘要，不意味著一定會出現精選摘要。做關鍵字研究時，可以查看一下目前搜尋結果，如果已經有了精選摘要，自己的頁面同樣有機會被選為精選摘要。如果目前沒有精選摘要，則無法確定結果，但通常「×××是什麼」、「為什麼×××」、「怎樣做×××」這幾類查詢詞出現精選摘要的機率是很高的，目前沒有，很可能是因為目前排名前 10 位的頁面都不符合要求，這樣的詞就更值得一試。

2. 挑選最佳化頁面

確定了目標查詢詞後，下一步是確定或創作對應的內容頁面。

通常被賦予精選摘要資格的是已經排名在前 10 位的頁面，前 5 位的頁面機會更高。極小部分是排名 11～20 位的頁面。所以，如果自己網站已經有排名前 10 位的頁面，可以直接按照下節介紹方法最佳化精選摘要。

如果搜尋目標查詢詞，網站沒有已經排名前 10 位的頁面，那就需要找到有一定排名的頁面，比如目前排名在第 2～10 頁上，按照第 3 章、第 4 章中介紹的正常 SEO 方法把這個頁面排名先做到第 1 頁，如增加內部連結、以目標查詢詞為內部連結錨文字、最佳化標題標籤和描述標籤、豐富頁面內容、添加相關圖片、確保關鍵字在關鍵位置出現、增加幾個外部連結等。一般來說，排名前 100 位的頁面已經有不錯的相關性和權重，精選摘要的目標詞又通常是相對長尾的，認真人工最佳化一下，進入前 10 位是很有希望的。

如果網站上並沒有目標查詢詞對應的內容，那就去創作。實際上，精選摘要關鍵字研究是擴展內容非常好的方法，問句式的查詢詞很多可以直接拿來做文章標題了。如果有對應內容，卻沒有任何排名，說明內容品質太低，需要大幅改進甚至重寫。

10.12.3　怎樣最佳化精選摘要

搜尋查詢詞，發現有頁面排名進入前 10 位，但沒有被挑選為精選摘要，就需要根據查詢詞類型和精選摘要的幾種形式進行進一步最佳化。

精選摘要主要有三種形式，不同形式最佳化方式存在差別。

1. 文字

精選摘要第一種形式是文字。這是 Google 搜尋結果中最常見的形式，搜尋引擎從一段文字中截取查詢答案，如圖 10-13 所示。

圖 10-13　文字形式的精選摘要

經常以文字形式顯示精選摘要的包括「×××是什麼」、「為什麼×××」、「×××是誰」等查詢詞。頁面被選為文字精選摘要的最重要最佳化點其實很簡單：文章標題下面緊接著用一個段落，通常就是一兩句話，簡潔明瞭地回答查詢詞中的問題。

圖 10-13 所示為「為什麼會退稅」的精選摘要，訪問來源頁面就可以看到，文章標題後第一段文字簡潔地回答了問題，這也就是精選摘要選取的內容，如圖 10-14 所示。頁面後面的內容可以就問題再詳細解釋，但最前面的回答必須是簡潔的。

> **Q3. 為什麼會退稅? 什麼情況可以退稅?**
>
> 退稅主要是因為有預先扣繳稅額、溢繳稅金或符合免稅資格等條件，當納稅人抵扣金額大於實際繳納金額時就能退稅。

圖 10-14　文字精選摘要會用簡單的一兩句話簡潔明瞭地回答問題

回答問題時盡量用符合查詢詞邏輯、也最容易讓搜尋引擎判斷的用詞和句式。比如回答「為什麼 ×××」時，很自然地要用「因為」，或者是「之所以……是因為」句式，或者相近的「由於……所以」、「××× 的原因是……」等。回答「×××是什麼」時，就直接用「××× 是……」句式下定義，或者用「×××，又稱為×××，指的是……」這類句式。

2. 列表

第二種精選摘要形式是列表。列表又分為如圖 10-15 所示的無序列表精選摘要和如圖 10-16 所示的有序列表精選摘要。

圖 10-15　無序列表精選摘要　　　　圖 10-16　有序列表精選摘要

無序列表精選摘要常見於產品推薦、對比類查詢詞。

頁面要想以無序列表格式顯示為精選摘要，正文需要結構非常清晰，讓搜尋引擎能從頁面上解析出列表文字。常用的是兩種方法。一是把列表放入無序列表 html 程式碼中，比如：

```
<ul>
<li>2020 Honda CR-V</li>
<li>2020 Toyota RAV4</li>
<li>2020 Mazda CX-5</li>
...
</ul>
```

在 <ul> 列表後，可以再對每個項目進行解釋。

二是不要 <ul> 列表，但以 H 標籤、粗體等標示出列表項目，如：

```
<h1>2023 年度最值得推薦的 10 款 SUV</h1>
<p> 這裡寫點介紹文字…</p>
<h2>2023 Honda CR-V</h2>
<p> 介紹一下 2023 Honda CR-V ...</p>
<h2>2020 Toyota RAV4</h2>
<p> 再介紹一下 2023 Toyota RAV4 ...</p>
<h2>2023 Mazda CX-5</h2>
<p> 該介紹一下 2023 Mazda CX-5 ...</p>
...
<p> 總結一下…</p>
```

其中的 <h2> 也可以用粗體、h3 等，總之，要讓搜尋引擎判斷出哪些文字是列表項目，哪些不是。

有序列表常見於「怎樣做 ×××」、排行榜這種和步驟或順序有關的查詢。

最佳化格式和無序列表一樣，要讓搜尋引擎能夠提取出列表項目及順序。方法一是放入有序列表程式碼中：

```
<ol>
<li> 首先要正確樹立概念 </li>
<li> 改造和增加設點 </li>
<li> 取締舊的垃圾回收方式 </li>
...
</ol>
<ol> 列表後再對每個步驟詳細解釋。
```

方法二是不要 <ol> 列表，但以數字清晰標出順序，如：

```
<h1> 如何做好垃圾分類工作 </h1>
<p> 這裡寫點介紹文字…</p>
<h2>1、首先要正確樹立概念 </h2>
<p> 介紹一下怎樣正確樹立概念 ...</p>
<h2>2、改造和增加設點 </h2>
<p> 再介紹一下怎樣改造和增加設點 ...</p>
<h2>3、取締舊的垃圾回收方式 </h2>
<p> 再介紹一下怎樣取締舊的垃圾回收方式 ...</p>
...
<p> 總結一下…</p>
```

或者更簡單的不用 h2 也可以：

```
<h1> 如何做好垃圾分類工作 </h1>
<p> 這裡寫點介紹文字…</p>
<p>1、首先要正確樹立概念。接著介紹…</p>
<p>2、改造和增加設點。接著介紹…</p>
<p>3、取締舊的垃圾回收方式。接著介紹…</p>
…
<p> 總結一下…</p>
```

遇到「怎樣做 ×××」類的查詢，放上一個影片常常有助於獲得精選摘要位置。

3. 表格

第三種精選摘要形式是表格，如圖 10-17 所示。

表格精選摘要常見於資料對比、產品優缺點對比等查詢詞。顯然，表格形式精選摘要需要在頁面上也是以表格形式（table 程式碼）顯示資料。

圖 10-17　表格精選摘要

10.13 沙盒效應

沙盒效應的概念出現得很早，雖然現在的討論熱度不高，但所有 SEO 都要做好迎接沙盒效應的心理準備。

10.13.1 什麼是沙盒效應

沙盒效應最早是 2004 年 3 月開始在 Google 搜尋中被注意到的。所謂沙盒效應（Sandbox Effect），指的是新網站無論怎麼最佳化，在 Google 都很難得到好的排名。換句話說，一個新的網站，有很豐富的、相關的內容，有大量外部連結，網站既搜尋引擎友善，也使用者友善，所有的一切都做了最佳化，但是在一段時間之內，就是很難在 Google 得到好的排名，尤其是競爭比較大的關鍵字。

沙盒有點像給予新網站的試用期，在這段試用期內，新網站幾乎無法在搜尋競爭比較激烈的關鍵字上得到好的排名。

沙盒效應更多地發生在競爭比較激烈的關鍵字上。那些不太商業的，競爭比較小的關鍵字，發生沙盒現象的機會就比較小。進入沙盒的網站，搜尋競爭大的主關鍵字找不到它，搜尋競爭比較小的關鍵字時則排名正常，收錄也正常。

有的新網站一開始就有非常強的外部連結，如某些成為社會熱點的網站，也可能不進入沙盒。

有時候舊的網站也可能因為短時間內增加大量外部連結而進入沙盒。

沙盒本身不是一個獨立的、把所有新網站排名暫時調後的過濾演算法，而是很多其他排名因素所造成的一種效應或現象。比如，搜尋引擎把域名年齡、連結的年齡、連結頁的歷史情況、網站獲得連結的速度都考慮在排名演算法內，這些與時間有關的因素組合起來，就可能對新網站產生沙盒效應。

大部分人認為搜尋引擎之所以會在演算法中使用產生沙盒效應的時間因素，是為了清除垃圾網站。通常垃圾網站建站後會快速買大量連結，得到好的排名，在賺了一筆錢後，作弊手段被發現了，網站被刪除或被懲罰，但是作弊者也不在乎，

這個域名也就被放棄了，轉而開始做另外一個新的網站。有了沙盒效應，使用這種快速建垃圾站，快速賺錢的方法，效果就大大降低了。

通常沙盒效應會維持幾個月，也有長達一兩年的。關鍵字競爭不大的網站在沙盒裡時間會短一些。行業競爭越高，沙盒效應越長。

10.13.2 進入沙盒怎麼辦

如果網站進入沙盒，SEO 人員該怎麼辦呢？首先要放寬心，因為從根本上說，站長沒有好辦法逃避沙盒效應。隨著時間的推移，大概過 6 個月以後，新網站或新域名自然會從沙盒裡出來。

同時，當網站在沙盒裡時，應該利用這段時間增加網站內容，建設外部連結，踏踏實實做好網站。實際上，沙盒效應對很多網站經營者來說可能是一件好事。因為在大概半年的時間裡，只能把精力放在網站內容上面，而不會去考慮排名。從長遠來看，一旦走出沙盒，外部連結的年齡夠長了，被記入演算法當中，網站也有了足夠的內容，排名和流量會有一個質的飛躍。

10.14 人工智慧與 SEO

2016 年以來，IT 界最大的技術突破應該是人工智慧（AI）了，僅用一年多時間，人工智慧就在最後一個人類曾經自以為機器很難戰勝人類的遊戲項目上完勝人類，後來更是出現了逆天的 AlphaGo Zero，完全不用借鑑人類知識，自學三天就超越了人類。

人工智慧領域最厲害的公司是 Google，因為搜尋引擎是最適合開發人工智慧的公司，他們擁有最大量的資料，包括文字、圖片、影片，還有地圖、路況、使用者使用資料等。

10.14.1 機器學習與人工智慧的發展

先看看前兩年人工智慧領域引起大眾注意、又和搜尋有關的幾件事。

- 2011 年，吳恩達建立了 Google Brain，一個超大規模的人工神經網路。這可能是最早的 Google 人工智慧專案。

- 2014 年 5 月，吳恩達加入百度，任首席科學家，主要負責的也是 AI。2017 年 3 月 20 日，吳恩達辭職。

- 2015 年，Google 上線以深度學習為基礎的演算法 RankBrain，並且聲稱 RankBrain 是第三大排名因素。前兩大排名因素是內容和連結。

- 2015 年 10 月，AlphaGo 以 5:0 戰勝歐洲圍棋冠軍樊麾。這條消息在 2016 年 1 月才被報匯出來。

- 2016 年 3 月，完成大量自我對局後的 AlphaGo 以 4:1 勝李世石。李世石贏的那一盤可能是人類戰勝 AI 的最後一局棋。

- 2016 年 9 月，Google 陸續上線各語種的採用深度學習方法的 Google 翻譯，機器翻譯水準比幾年前有實質性提高。

- 2016 年 12 月 29 日到 2017 年初的短短幾天內，以 Master 為使用者名稱的 AlphaGo 在弈城、野狐網路平台上，快棋 60:0 狂勝中日韓幾乎所有人類頂尖棋手，包括柯潔、聶衛平、古力、常昊、朴廷桓、井山裕太……期間平了一局，是因為網路斷線。

- 2017 年 5 月，烏鎮圍棋峰會上，AlphaGo 以 3:0 勝人類頂尖棋手柯潔。之後，AlphaGo 宣布退役，並公開了自我對局的棋譜，供人類研究。

- 2017 年 10 月 19 日，研發 AlphaGo 的 Google 人工智慧部門 DeepMind，發表了一篇標題為《從頭開始》的博文，介紹了他們同一天發表在《Nature》雜誌的論文：《不依賴人類知識掌握圍棋》。

簡單來說，在開發了屌打人類的圍棋 AI AlphaGo 之後，DeepMind 又開發了 AlphaGo Zero，而這個 AlphaGo Zero 具有以下特點：

- 完全沒有學習人類棋譜，純自學。

- 72 小時（也就是 3 天）後超過 2016 年 3 月戰勝李世石的 AlphaGo Lee 版本，戰績為 100:0。

- 21 天後超過 2016 年底以 60:0 戰勝所有人類高手，2017 年 5 月 3:0 戰勝贏了柯潔的 AlphaGo Master 版本，戰績 89:11。

- 第 40 天超過所有其他 AlphaGo 版本，成為地表最強圍棋選手。

最令人震驚的是，AlphaGo Zero 在 3 天之內，純靠自學，達到了人類頂尖高手的水準。以前的 AlphaGo 是在學習大量人類歷史棋局之後，再開始巨量自我對局。AlphaGo Zero 則完全沒有學習人類棋局，從零開始就是自我對局，3 天內完成 490 萬盤自我對局，並達到了屌打 AlphaGo Lee 版本的水準。

10.14.2　以人工智慧為基礎的搜尋演算法

搜尋引擎花這麼大精力研究人工智慧，肯定不止是在外圍或新業務上使用，他們沒理由不把人工智慧用在自己的核心業務，也就是搜尋上。

1. 人工智慧用於搜尋

AlphaGo 下圍棋與搜尋排名要解決的問題看似相隔甚遠，但其本質是非常相像的，是可以用同一種方式解決的。

- AlphaGo 透過學習無數棋局，其中有人類的歷史棋局，更多的是 AlphaGo 自我對局，累積巨量資料，訓練 AI 在面對某一盤面時做出判斷：下一手，在哪裡落子勝率比較高？

- 搜尋演算法透過學習頁面索引庫、搜尋日誌、品質評估員打分等，訓練 AI 在面對頁面和搜尋結果時做出判斷：這個頁面是高品質還是低品質的？這個搜尋結果是高品質還是低品質的？

傳統搜尋演算法是工程師根據常識、工程知識、情懷、使用者回饋等情況，選出排名因素，調整排名因素的權重，按既定的公式計算結果。傳統方法的一個弊端是，當系統複雜到一定程度後，調整排名因素及其權重是件很困難的事。例如，降低一個排名因素的權重，可能會造成其他因素重要性相對上升，進而導致無法預見的結果。調整多個因素時，更是無法預期因素之間的相互作用和最終結果。

而從巨量資料中尋找模式或規律正是 AI 擅長的工作。以人工智慧為基礎的演算法不需要工程師告訴它使用什麼排名因素，而是會自己去學習用那些排名因素，以及它們各占多少權重。

吳軍老師在《智慧時代》中有句話，可以特別貼切地用於理解這種情形（大意）：「在智慧時代，可以在大數據中直接找到答案，雖然可能不知道原因。」

傳統搜尋演算法，工程師要知道原因，才能寫演算法。而人工智慧直接從資料中找答案，不需要工程師知道原因。

AI 演算法透過大量打了標籤的資料進行訓練，自動學習，尋找模式和規律。比如，在圍棋中，AI 系統有大量棋局資料，以及這些棋局的輸贏結果，這個結果就是標籤。然後 AI 系統自我學習棋局盤面與結果（輸贏）之間的關係。

在搜尋中，AI 系統有巨量頁面資料，也就是搜尋引擎本身的索引庫，還需要標籤，也就是要知道哪些頁面是高品質的，哪些搜尋結果是使用者滿意的，然後 AI 演算法自己學習頁面特徵（也就是排名因素）與高品質頁面及排名之間的關係。

那麼由誰來打標籤？

訓練 AI 搜尋演算法時需要打了標籤的資料，那麼這些標籤資料是從哪來的？以下幾個是可能的資料來源：

（1）搜尋日誌。搜尋引擎的所有查詢結果都有很詳細的日誌、查詢詞、查詢時間、查詢使用者的資訊，哪些頁面排名在第幾位，各頁面點閱率、跳出率、停留時間是多少，等等。日誌資料在一定程度上表現出使用者對頁面品質的判斷，比如，頁面點閱率高、跳出率低、停留時間長，說明頁面品質高。所以，搜尋日誌就相當於真實搜尋使用者打的標籤。

（2）上線演算法更新時的測試資料。搜尋引擎正式上線新演算法前通常會做測試，給部分使用者傳回新演算法結果，除了監測和正常搜尋一樣的點閱率、跳出率、停留時間等，還可以對比不同演算法的總點閱率、傳回結果頁面並調整查詢詞的比例等資料，以判斷新演算法的有效性。這些測試日誌在一定程度上表現出使用者對搜尋結果品質的判斷，也可以當作使用者打的標籤。如總點閱率高，重新調整查詢詞比例低，說明搜尋結果品質高。

（3）人工品質評估員。這個是最可能的，也是最有效的。Google 和 Bing 都有人工品質評估員，他們是真實的使用者，不是搜尋引擎的員工。在學習、培訓品質評估方法後，評估系統讓評估員查看真實網站、真實查詢詞搜尋結果，然後打分，最主要的就是：

- 給頁面品質打分。

- 給特定查詢詞的搜尋結果打分。

搜尋引擎的品質評估員很早就存在了，不是為了開發 AI 演算法招募的，而是日常用來評估演算法品質的。評估員資料剛好就是真實使用者打的標籤，可以用來訓練人工智慧系統。

搜尋引擎本來就有巨量頁面特徵資料，現在，AI 系統也有了真實使用者打過標籤的輸出資料，下一步就是訓練系統，尋找頁面特徵和高品質搜尋結果之間的關係。

2. 訓練人工智慧搜尋演算法

搜尋引擎並沒有公開描述 AI 搜尋演算法的訓練方法。根據搜尋工程師的零星介紹及我對 AI 的粗淺理解，人工智慧搜尋演算法的大致訓練方法猜測如下。

搜尋引擎可以把打了標籤的搜尋結果資料分成兩組。一組用訓練，一組用驗證。

AI 演算法辨別訓練組搜尋結果中的頁面有哪些特徵，這些特徵又應該給予什麼樣的權重，由 AI 學習、擬合出某種計算公式，按照這個公式，AI 演算法計算出的高品質頁面和高品質搜尋結果與使用者打過標籤的結果剛好一致。

與傳統演算法不同的是，需要考慮哪些特徵（排名因素），這些特徵給予多少權重，不一定是工程師決定的，更多是 AI 系統自己學習和評估的。這些因素也許是工程師想得到、早就在用的，例如：

- 頁面的關鍵字密度。

- 頁面內容長度。

- 頁面上有沒有廣告。

- 頁面有多少外部連結。

- 頁面有多少內部連結。
- 頁面有多少以查詢詞為錨文字的連結。
- 頁面所在域名有多少外部連結。
- 頁面開啟速度多快。

等等，可能有成百上千個。

有些是工程師從沒想過的，有些是表面上看起來毫無關係、毫無道理的，比如：

- 頁面正文用的幾號字。
- 文章作者名字是三個字。
- 頁面第一次被抓取是星期幾。
- 頁面外部連結數是奇數還是偶數。

以上只是舉例，為了說明 AI 尋找的不是因果關係，而是相關關係。只要 AI 學習到排名好的頁面有哪些特徵就夠了，至於把這些特徵與排名聯繫起來是不是看著有道理，並不是 AI 關心的。

其中，有些因素可能是負面的，比如域名長度，很可能與高排名是負相關的。

AI 系統被訓練的就是找到這些排名因素（無論人類看著是否有道理），給予這些因素一定權重，擬合出排名演算法，剛好能得到使用者滿意的那個搜尋結果。這個擬合過程應該是疊代的，從一套排名因素、權重數值、演算法公式開始，這套不行，自動調整，再次計算，直到比較完美地擬合出評估員及使用者打過標籤的搜尋結果。這個訓練過程也許要幾天，也許幾個星期，要看資料量。

3. AI 搜尋演算法驗證

被訓練過的 AI 搜尋演算法就可以實際應用於其他沒在訓練資料裡的查詢詞了。

在應用之前，再用前面提到的驗證組資料驗證一下，如果新訓練出來的演算法給出的搜尋結果與驗證組資料（同樣是評估員打過標籤的）吻合，說明演算法不錯，可以上線了。如果 AI 演算法給出的搜尋結果與驗證組搜尋結果裡的頁面不同，或者頁面基本相同但排序差別很大，就可能需要重新訓練 AI 系統。

當然，對於所有查詢詞，若想 AI 演算法給出的搜尋結果與評估員打過最滿意標籤的搜尋結果完全一樣，是不大可能的。估計只要排在前面，比如前 20 名的頁面順序差異在一定的容錯範圍內就可以了。越靠前的結果，需要越低的容錯率，比如排在第一頁或第二頁的頁面不對，可能需要重新訓練，排在第三頁的頁面不對則可以容忍。

驗證後的演算法就可以上線，接受真實使用者的檢驗了。

新的 AI 演算法上線後，搜尋引擎日誌資料說明使用者滿意，演算法就成功了。由於網路上的內容在不斷變化，使用者需求也在不斷變化，排名因素和權重也需要不斷調整，AI 搜尋演算法也應該是一個不斷最佳化的過程。

人工智慧的一個最大缺點是，它對人來說更像是個黑盒子，工程師也不能確切地知道 AI 是怎麼判斷的。結果正確時，一切都挺好，但結果不對時，工程師想要 debug 就比較困難了。Bing 的工程師最近就表示，Bing 的搜尋演算法現在已經以 AI 為主了，Bing 工程師大概知道排名因素是哪些，但各自權重是怎麼分配的連工程師也不知道。這也可能是為什麼到目前為止，AI 還只是應用於解決搜尋中的部分問題，而不是整個搜尋演算法。

下面介紹搜尋引擎自己公布和確認過的 AI 在演算法中的一些應用。

10.14.3　Google RankBrain

2015 年上線的 Google RankBrain 解決的也是對查詢詞的深入理解問題，尤其是比較長尾的詞，經過訓練的 AI 系統能夠找到與使用者查詢詞不完全一致、但能夠確實回答使用者問題的答案。

2015 年 RankBrain 上線時，15% 的查詢詞經過 RankBrain 處理，2016 年所有查詢詞都要經過 RankBrain 處理。

Google 自己經常舉這個查詢作為展示 RankBrain 的例子是：
What's the title of the consumer at the highest level of a food chain.

這個查詢詞相當長尾，字面匹配的結果比較少，而且查詢中的幾個詞容易有歧義，比如 consumer 通常是消費者的意思，food chain 也可以理解為餐飲連鎖，但這個完整的查詢和商場、消費者、餐廳之類的意思沒有任何關係，但 RankBrain 能理解其實使用者問的是食物鏈頂端的物種是什麼。同樣，搜尋結果不能按照傳統的關鍵字匹配來處理。

這種長尾查詢數量很大，每天 Google 收到的查詢裡有 15% 是以前沒出現過的。這種查詢要靠關鍵字匹配就比較難以找到高品質頁面，數量太少，甚至沒有，但理解了查詢的語義和意圖，就能找到滿足使用者需求的、但關鍵字並不匹配的頁面。

Google 沒有具體說明 RankBrain 的訓練方法。2019 年，Google 工程師 Gary Illyes 在 Reddit 上舉辦的一次問答活動上曾這樣描述 RankBrain 的工作原理（大意，已剔除 Gary Illyes 擅長的冷笑話）：

> RankBrain 是一個機器學習排名演算法元件，對某些查詢量很小，甚至以前沒出現過的查詢詞，RankBrain 也可以使用歷史搜尋資料預測使用者最可能點擊哪個頁面。RankBrain 一般來說依靠的是數月的搜尋結果點擊資料，而不是網頁本身。

10.14.4 Google BERT 演算法

2019 年 10 月，Google 宣布 BERT 演算法上線。

1. 什麼是 BERT

BERT 是 Bidirectional Encoder Representations from Transformers 的縮寫，中文意思大概是「雙向 transformer 編碼器表達」，「transformer」是一種神經網路的深層模型。BERT 是一種基於神經網路的自然語言處理預訓練技術，其用途不僅限於搜尋演算法，任何人都可以把 BERT 用在其他問答類型的系統中。

BERT 的作用簡單來說就是讓電腦能更好、更像人類一樣地理解語言。人類在自然語言處理方面已經探索了很多年，BERT 可以說是近年來最強的自然語言處理模型。BERT 使用在搜尋演算法之前，就在機器閱讀理解程度的 11 項測試中獲得了全面超越人類的成績，包括情緒分析、實體識別、後續詞語出現預測、文字分類等。

Google 在 2018 年已經把 BERT 開源了，誰都可以使用。感興趣的讀者搜尋一下就能看到很多關於 BERT 技術的中文文章。

2. 什麼是 Google BERT 演算法更新

Google 官方部落格在 2019 年 10 月 25 日發了一篇文章，公布了 BERT 演算法的一些情況。

BERT 演算法影響大致 10% 的查詢詞。Google 認為 BERT 是自 5 年前的 RankBrain 之後最大的演算法突破性進展，是搜尋歷史上最大的突破之一。

BERT 用在搜尋中理解語言時的特點是：一句話不是一個詞一個詞按順序處理，而是考慮一個詞與句子裡其他詞之間的關係，也就是說，BERT 會看一個詞前面和後面的其他詞，因此能更深入地根據完整上下文理解詞義，也能更準確理解查詢詞背後的真正意圖。

從 Google 的描述和舉例來看，「考慮一個詞與句子裡其他詞之間的關係」包括了：

- 這個詞前面以及後面的詞。
- 不僅包括前後緊鄰的其他詞，也包括隔開的其他詞。
- 詞的順序關係。
- 從前往後的順序，以及從後往前的順序（所謂雙向）。

3. BERT 解決了什麼搜尋問題

搜尋的核心是理解語言，對使用者查詢詞的理解是其中的重要部分。使用者查詢時用的詞五花八門，可能有錯字，可能有歧義，可能使用者自己都不知道該查詢什麼詞，搜尋引擎首先要弄明白使用者到底想搜尋什麼，才能傳回匹配的結果。

比如查詢「新加坡 上海 機票」，人類可以理解為高機率是想找「新加坡到上海」機票，但搜尋引擎很可能無法判斷到底是在找「新加坡到上海」機票，還是在找「上海到新加坡」機票，因為兩個查詢詞在分詞後是完全一樣的。語義分析也失效，因為都與機票、旅遊相關。在這個查詢中，順序關係是很重要的。

這就是 BERT 大顯身手的時候了。如前所述，BERT 會考慮上下文以及詞之間的順序，還知道從前向後和從後向前的順序是有不一樣意義的。

對英文來說，查詢有 for、to 之類的介詞，而且這些介詞對查詢意義有重大影響時，還有比較長的、對話形式的查詢，BERT 能夠更好理解查詢的上下文及真正意義。

由於以前搜尋引擎的理解力不足，搜尋使用者也都被迫形成了一種以關鍵字為主的查詢習慣。但我們生活中有問題問朋友時可不是用幾個關鍵字來問的，而是以完整問句來問的。有了 BERT 對查詢詞的更準確理解，使用者才能以更自然、更人性的方式搜尋。可能就是在這個意義上，Google 認為 BERT 是搜尋技術的一大突破。

Google 舉了幾個例子，我覺得第一個是最能說明 BERT 特點的，如圖 10-18 所示。

圖 10-18　BERT 演算法上線前後的 Google 搜尋結果對比

圖 10-18 顯示的是 BERT 演算法上線前後的 Google 搜尋結果對比，查詢詞是「2019 brazil traveler to usa need a visa」（2019 年巴西遊客到美國需要簽證）。英文裡的「to」在經典搜尋演算法裡很可能會被當作停止詞而忽略了，但在這個查詢裡，「to」對查詢意圖有決定性意義，「巴西遊客到美國」與「美國遊客到巴西」的簽證要求是完全不同的兩個意義。

使用 BERT 前，Google 傳回了美國遊客去巴西不用簽證的資訊，使用 BERT 之後，Google 正確判斷「誰 to 誰」是十分重要的，傳回了巴西遊客到美國是否需要簽證的結果。

Google 提供的另一個例子是查詢「Can you get medicine for someone pharmacy」
（在藥店能給別人買藥嗎），介詞 for 也經常被忽略，但這裡的 for 要是被忽略
了，意思就差遠了，變成了「在藥店能買藥嗎」。

10.14.5　人工智慧在搜尋演算法中的其他應用

前面幾節介紹了搜尋引擎官方公布名字的 AI 搜尋演算法，這裡再介紹幾個搜尋引
擎非正式提到過的用於解決特定問題的 AI 演算法。

Google 的 John Mueller 和 Gary Illyes 都提到過用 AI 解決網址規範化問題。傳統
演算法是工程師選出 20 多個參與判斷計算的因素，部分如下：

- PR 值。

- https 的使用。

- canonical 標籤。

- 轉向關係。

- 內部連結。

- Sitemap.xml 提交的網址。

在傳統演算法中，工程師按照自己的猜測，給每個因素賦予一定權重，讓演算法
試一下，看看效果怎麼樣，效果不好的話就繼續調整權重。但人工調整權重是非
常困難的，調弄一個因素權重會引起其他因素相對權重的變化，進而導致無法預
期的不合理結果，再去調整其他因素，會引起更多連鎖反應。用 Gary Illyes 的話
說，人工調整權重就是個噩夢。

AI 演算法的方法是，工程師告訴 AI 判斷因素是哪些，並給訓練資料打標籤，告
訴 AI 正確的結果應該是什麼樣的，也就是告訴 AI 正確的規範化網址是哪一個，
然後由 AI 自行學習各因素的權重應該是多少，才能得到想要的結果。

用 AI 解決特定問題相對簡單、可控，問題和結果都可以清晰定義，AI 演算法確
定的權重數值是工程師可以知道並調整的，並不完全是個黑盒子。如有需要，搜
尋工程師是可以深入了解 AI 做出判斷的依據的。在這個意義上，AI 只是一個從
巨量資料中自動快速尋找規律的工具。

Google 的 Martin Splitt 在影片問答中還提到過，Google 在抓取過程中使用機器學習主要完成兩個任務，一是在抓取頁面之前預測頁面品質，二是在抓取之前沒有多少歷史資訊的頁面，並在這一情況下預測頁面新鮮度，使 Google 能更智慧地調度、抓取頁面，節省時間、資源。

Bing 在官方部落格透露過，Bing 在搜尋框建議和 People Also Ask 模組都使用了人工智慧和自然語言處理模型。

2020 年 10 月 15 日，Google 在標題為「How AI is powering a more helpful Google」的官方部落格文章中又介紹了幾個 AI 在搜尋中的應用，例如：

- 錯拼糾正。每 10 個查詢詞就有 1 個錯誤拼寫，這是我第一次看到這個資料。錯拼糾正改為深度神經網路演算法後，效果提升超過了過去 5 年的所有改進。

- 段落索引。Google 不僅索引整個頁面，還可以索引每個段落，理解段落意義，而不僅僅是整個頁面意義。這個技術可以在深層段落中找到回答查詢的文字，猶如「大海撈針」。

- 子主題。使用神經網路理解某話題的子主題，使搜尋結果更為多樣化。

- 影片關鍵畫面。AI 演算法更深入理解影片語義，自動尋找影片的關鍵畫面，使用戶能快速瀏覽到影片的特定部分。

- 資料庫深入理解。透過自然語言處理尋找到資料庫中回答查詢問題的資料點。

人工智慧並不完美，至少目前是這樣，實際應用上肯定有出錯的時候，搜尋是可以承受一定出錯率的領域，所以搜尋引擎們都在快速採用。Bing 早在 2019 年初就公開表明，他們的核心演算法 90% 以上已經使用人工智慧。但有些領域對錯誤的承受力要低得多，比如醫療、交通。

10.14.6　SEO 怎樣應對人工智慧演算法

隨著網路上的資訊越來越多，使用者需求越來越複雜，使用者要求越來越高，排名因素隨時間變化，搜尋演算法將越來越複雜，人工設定、調整排名因素將越來越困難，所以，我覺得人工智慧是搜尋演算法無法回頭的大方向。

那麼作為 SEO，要怎樣應對人工智慧搜尋演算法？

就我個人來說，人工智慧對 SEO 的影響目前還不明朗，還需要一段時間觀察、思考。現在只有幾個想法和讀者分享。

1. 作弊難度將大大提高

第 9 章中討論過，搜尋引擎反垃圾的原則是把垃圾內容控制在一定範圍之內，檢測出疑似作弊的網站，往往不會輕易懲罰或刪除，而是忽略作弊得到的分數，以防誤判。這是因為傳統演算法準確度不夠高。即使人工查看網站，有時候也無法準確判斷作弊是意圖操縱排名還是無意中使用，還是被陷害。演算法判斷作弊的準確性還比不上人工。

記得聶衛平和柯潔等人看了 AlphaGo Zero 的自我對局棋譜後說，AlphaGo Zero 的棋力在 20 段以上，遠遠超越所有人類。設想一下，如果搜尋演算法判斷能力遠遠超過最厲害的人類，搜尋引擎還會不會那麼客氣？黑帽 SEO 又該怎樣才能逃過演算法的檢測？

所以做黑帽 SEO 的人現在就需要做好心理準備，搜尋引擎判斷頁面品質的準確度可能會有質的飛躍，鑽空子的難度將大大提高。

2. 什麼是高品質內容

現在演算法判斷內容品質時主要還是依靠頁面內容本身，相關性、篇幅、完整性、深度、排版等。真實使用者判斷品質大致上也是依靠頁面本身。

如果搜尋演算法不僅能讀懂頁面本身內容，還能準確判斷頁面在所有使用者中的接受度、滿意度，還能找到方法判斷作者背景、專業程度，還能判斷資料、引用資料的準確性，還能根據使用者水準、查詢詞意圖傳回不同難易程度的內容，還能知道哪些頁面做到了圖文並茂、引人入勝、深入淺出，等等，我們對高品質內容的定義將發生不小的變化。

3. 使用者體驗將越來越重要

從直覺上講，使用者體驗資料本就應該是排名的重要因素，越受歡迎的內容當然越應該給予好的排名。問題是使用者體驗資料的噪聲比較大，界限也比較模糊，用於判斷受歡迎程度時並不容易準確。比如，使用者停留時間短就一定意味著頁面品質不高嗎？某些查詢，使用者看一眼就了解答案了，正說明頁面品質高。再比如，頁面開啟速度多快才算快？強制規定為一秒或兩秒真的符合使用者感受嗎？

4. 使用者體驗資料還可以作弊

哪些查詢應該依據哪些標準來判斷，哪些資料是作弊，傳統演算法很難在這些比較模糊的領域做到準確。而人工智慧卻擅長在巨量資料中準確判斷，因此搜尋引擎才能更放心地引入使用者體驗資料。所以，SEO 今後的最佳化內容不得不和 UX 大量交叉。

5. 關鍵字研究變為查詢意圖研究

做 SEO 的第一步就是關鍵字研究。但如 10.14.3 節中所述，今後搜尋引擎傳回的內容和查詢詞是可以沒有關鍵字匹配的，那我們做關鍵字研究的意義何在？

關鍵字研究還是要做的，因為這就是市場需求調查。但方法和觀念需要改進。SEO 要把關鍵字研究轉變為查詢背後意圖和需求的研究，換句話說，要研究的是使用者搜尋某個查詢詞時，他想要解決的問題是什麼。

例如，使用者搜尋「餐廳」，尤其是在手機上，他要解決的問題高機率是要吃飯。在這個意義上，使用者是搜尋「好吃的」，還是搜尋「美食」，還是搜尋「小吃」，背後意圖是一樣的，你的頁面內容只要幫助他解決在附近吃飯的問題就是高品質的，而不必拘泥於關鍵字必須匹配。

6. 文案寫作不必考慮關鍵字

這是查詢意圖研究的自然延伸。

理解了查詢意圖，只要自然寫作，真正解決使用者問題，不必過多考慮包含關鍵字的事，即使頁面不包含使用者搜尋的查詢詞，也會被認為是相關的高品質內容。舉個例子，假設你的頁面寫的是「車牌怎麼掛」，完全沒出現「如何放置」這個詞組，搜尋引擎一樣能知道你的頁面解決了使用者問題，會傳回在「如何放置」的搜尋結果中。這將給予寫作者最大的自由度，從解決問題出發，而不是像 SEO 一樣總是想著關鍵字。

上面所談的幾點想法是基於對未來幾年搜尋演算法和 SEO 的預期，目前搜尋引擎的表現還沒有進展到那一步。現在寫作的頁面還是建議盡量包含關鍵字。

SEO 觀念及原則

前面討論了具體的 SEO 技術和細節。但完全聚焦於技術容易只見「樹木」，不見「森林」，本章我們就從總體上審視 SEO，談談 SEO 觀念和原則。

11.1 搜尋引擎的目標

搜尋引擎的目標到底是什麼？看似簡單的問題，很多人不一定能答對。要深入理解 SEO，需要深入理解搜尋引擎本身的目標是什麼。

11.1.1 搜尋引擎的目標是滿足搜尋使用者

用搜尋引擎自己的話來說，Google 的使命是「整合全球資訊，使人人皆可訪問並從中受益」。

搜尋引擎自己標榜的使命寫得比較宏大，其實簡單來說就是：使用者搜尋任何關鍵字時都能找到需要的資訊。

搜尋引擎的使用者是在網路上搜尋資訊的人，客戶是廣告商。站長們（以站長身份出現時）說到底不是搜尋引擎的使用者，更不是他們的客戶。搜尋引擎並不欠站長或 SEO 人員什麼東西，網站收錄不收錄，排名怎麼樣，都是搜尋引擎自己的事。就算我們的網站被完全刪除，其實也沒什麼好抱怨的。

目前所有的搜尋引擎都是透過搜尋競價廣告盈利的，不同搜尋引擎的區別只在競價廣告出現的位置、數量及標註廣告的方法，其 PPC 本質是一樣的。要想透過搜尋廣告盈利，就必須有搜尋使用者使用搜尋引擎，使用者越多越好，搜尋次數越多越好。

更換搜尋引擎服務商的成本近乎為零，這是搜尋引擎最大的風險之一。我們使用的其他網路服務，想要更換或多或少都有些麻煩，比如更換 E-mail 地址，把部落格從一個提供商搬到另外一個提供商，從一個社交平台換到另外一個等。這些都可以做到，只是需要些時間和工作。人都是很懶的，凡是需要花時間精力的，都能避免則避免。更換搜尋引擎是成本最低的，從使用 Google 換到使用 Bing，或者反過來，使用者既不用費時間，也不用花錢，也不費事，只是習慣問題，而保持或改變這個習慣的唯一動力無非是這個搜尋引擎能否提供令人滿意的回答。

這就決定了搜尋引擎要想保持甚至提高搜尋市場占有率，進而透過廣告盈利，就必須最大限度地滿足使用者的搜尋需求，也就是傳回讓使用者滿意的資訊。搜尋引擎不斷推出新產品、更新演算法、更新資料庫，所有的工作都是圍繞著傳回相關、有用資訊這個根本點。做不到這一點就失去使用者，就失去盈利的機會。

當然，遷移成本為零不意味著使用者就會經常遷移。習慣的作用是很強大的。在搜尋領域，品牌和心理作用也很重要，即使搜尋品質不相上下，使用者也還是會有品牌偏好。要想讓使用者轉移到另一個搜尋引擎服務，搜尋品質必須有飛躍性的提高，或者使用者體驗有革命性的提升。不過無論如何，提供高品質搜尋結果是搜尋引擎吸引、保持使用者的前提。有使用者才有廣告商。

11.1.2 搜尋引擎不在乎我們

深入了解這一點，對 SEO 思維其實有很大影響。看似簡單的道理，使很多 SEO 迷思都迎刃而解。

舉個例子。有的站長抱怨，自己費了很多心思去做網站，沒有作弊，資訊很全面，為什麼排名就上不去呢？甚至為什麼搜尋引擎就不收錄呢？我們站在搜尋引擎的角度去想就會明白，對搜尋引擎來說，收不收錄你的網站，是否給予排名，

搜尋引擎一點都不在乎，只要搜尋使用者能找到他們需要的資訊就足夠了。至於資訊來自哪個網站，搜尋引擎本身是無所謂的。

搜尋引擎缺了哪個網站都沒關係，除非你的網站是維基百科這樣的規模。如果在搜尋結果中找不到維基百科這樣的網站，那麼搜尋引擎的使用者體驗會大大降低。一個找不到維基百科的搜尋引擎哪裡還稱得上是搜尋引擎，使用者一定會認為這個搜尋引擎有問題，而不是維基百科網站有問題。但是對於絕大多數中小企業和個人網站來說，缺了我們，搜尋引擎還真無所謂，因為搜尋使用者無所謂，他們本來也沒期望看見我們的網站。

一個網站是站長的心血，但是同樣品質、同樣資訊的網站，沒有幾十萬個恐怕也有成千上萬個。缺少哪個網站，對搜尋引擎、對搜尋使用者都沒什麼影響。

搜尋引擎都希望與站長社群溝通，以方便其更快、更全面地收錄網路資訊。Google 員工錄製 SEO 影片，定期開直播回答問題，參加世界各地的 SEO 大會。就整體而言，沒有站長們的網站，搜尋引擎就沒有資訊，就無法滿足使用者。但對特定網站來說，搜尋引擎就無所謂了。

這也就是為什麼很多新聞網站，如梅鐸的新聞集團旗下的新聞網站，一直抱怨 Google 在自己的搜尋結果中顯示新聞網站內容摘要，賺取廣告費，新聞網站本身卻沒得到什麼（我們姑且不論這個觀點是否符合事實），Google 的回應很明確，如果新聞網站不想被顯示在搜尋結果中，只要放上 robots 檔禁止抓取，一切就都解決了，Google 既不會抓取，也無法在結果頁面顯示新聞集團的網站內容。Google 無所謂。沒有了新聞集團的網站，還有成千上萬的其他新聞網站想要被收錄、被顯示。新聞網站抱怨歸抱怨，卻沒人禁止搜尋引擎抓取自己網站。

明白這一點，站長的心態才能平和。無論有沒有你的網站，搜尋引擎的資訊品質都不會被影響。

11.1.3　搜尋引擎在乎垃圾

在搜尋引擎對於垃圾網站的打擊上，SEO 人員也往往缺乏足夠的認識。讓我們再站在搜尋引擎的立場去考慮，傳回垃圾內容，如「掛羊頭賣狗肉」的無關內容，

或欺詐性頁面，對搜尋引擎的使用者體驗會帶來很大的傷害。如果我們在一個搜尋引擎上查詢減肥方法，看到的淨是六合彩廣告，一次兩次可以容忍，若老是如此，我們就再也不會使用這個搜尋引擎了。

所以千萬不要小看了搜尋引擎無情、嚴厲打擊垃圾網站的信心和動力，垃圾網站會嚴重影響搜尋引擎的盈利能力。

從另一個方向看，有時候 SEO 人員也會抱怨某某網站作弊，可是卻沒有被懲罰或刪除，大嘆不公平。這也是沒有深入理解搜尋引擎的目標。搜尋引擎對特定網站既不偏愛，也沒有深仇大恨，只要做到把垃圾內容控制在一定比例之下就夠了。搜尋引擎並不會花太多的人力物力來針對特定網站，而是透過演算法把大部分垃圾清除，讓使用者很少看到低品質內容，就已經完成目標了。100% 清除垃圾要付出的代價和副作用太大了，沒有必要去追求這個效果。

做網站和做 SEO 的人現在都知道，首先要從使用者出發，做使用者喜歡的，搜尋引擎就會喜歡。同樣，遇到 SEO 方面的疑問時，也要站在搜尋引擎的角度思考。網站上的內容或方法是否與搜尋引擎本身的目標相衝突？誠實地回答了這個問題，一些疑惑就會迎刃而解了。

11.2　相關性、權威性、實用性

大部分關於 SEO 的文章喜歡探討細節問題，包括我自己的 SEO 部落格。探討細節問題，容易讓初學者知道從哪裡下手最佳化網站，所以更受站長歡迎。但當你掌握了技術細節後，還需要跳出來，從宏觀上看，到底什麼樣的網站在搜尋引擎排名中具有優勢。

在我看來，一個網站要想被搜尋引擎喜歡，必須具有相關性、權威性和實用性。

11.2.1　網站內容的相關性

相關性是指頁面內容與使用者搜尋的查詢詞是否真正匹配，是否有效地回答了問題。

相關性的強化可以透過頁面內最佳化和　部分連結最佳化來實現，包括义案寫作、網頁標題、頁面內的關鍵字位置布局、關鍵字的強調、寫作時考慮語義分析、內部連結的安排，以及外部連結的錨文字、連結頁的內容、連結源網站的主題等。

內容的相關性是做網站的人最容易控制的，也是最容易作弊的。第一代搜尋引擎主要以相關性做排名判斷，但在被鑽空子鑽得一塌糊塗後，不得不引入了權威性指標。

11.2.2　網站及網頁的權威性

目前網站或網頁的權威性有一部分是透過外部連結來衡量的。高品質的外部連結越多，網站或網頁本身的權威性就越高。

搜尋引擎還可以透過網路上的口碑 / 評論、頁面內容品質等方面對權威性進行判斷。另外，域名註冊歷史、網站的穩定性、內容作者是誰、作者本身的權威性、是否有隱私權政策、聯繫地址等一些細節，也會在一定程度上影響網站的權威性和可信度。

外部連結對網站權威性的影響是有選擇性的，也就是說，來自相關內容網站的連結對提高權威性幫助最大，不相關內容的連結幫助很小。比如我要是在 SEO 每天一貼的部落格首頁加一個連結到某個美食網站，對提升對方的權威性幾乎沒什麼幫助，因為很明顯，我的部落格本身在美食方面就沒有任何權威性。

網站的權威性不能被站長自己完全控制，要想作弊比較費時費力，大量群發、買賣連結、刷評論等現在也越來越容易被檢測出來。但是在某種程度上，權威性還是可以被操作，無論是花錢還是花時間，都可以得到一定效果。現在搜尋引擎開始考慮網站的實用性。

11.2.3　網站的實用性

實用性是指對使用者來說，你的網站到底有多大用處？使用者是不是喜歡你的網站？除了內容相關、有效、權威，這裡還涉及了使用者體驗。

如果使用者在你的網站花的時間多，瀏覽頁數多，經常來看你的網站，還加入了書籤，並且四處評論推薦，這些都可以幫助搜尋引擎理解你的網站對使用者的實用價值。搜尋引擎的搜尋日誌、工具列、廣告程式碼、流量統計服務等可以幫助收集這類資訊，越來越多的社群媒體網站也能表現網站的受歡迎程度。

在網站的實用性上想作弊就更難了，因為無法以合法的方式控制使用者的行為。當然這也並不是完全沒有可能。但如果你的網站在相關性、權威性、實用性上都很出色，還都是透過作弊得來的，這可能性就很低了。

搜尋引擎演算法大致是按照相關性、權威性、實用性的順序發展的。現在的搜尋引擎不僅要看頁面內容，也要看外部連結，還要看使用者是否喜歡。SEO 的工作內容也隨之發展。其實，如果能做到使用者喜歡你的網站，外部連結自然會來，頁面內容也不可能不相關。

所以，滿足使用者需求才應該是今後 SEO 的重點。與其花費大量時間在一些不太重要的頁面細節調整和交換連結上，還不如多審視一下自己的網站，問自己一些問題。

- 使用者在你的網站上能看到什麼在其他地方看不到的內容？
- 使用者能在你的頁面上一眼就看到文章正文嗎？
- 使用者需要等很久才能打開頁面嗎？
- 你確信自己的文章不是人云亦云、無病呻吟嗎？
- 你的產品有什麼特殊之處？你清楚告訴使用者了嗎？
- 使用者為什麼要在你的網站買東西？你自己是使用者的話能真心被說服嗎？
- 使用者能在你的網站輕鬆下單嗎？
- 影片站真有影片可以播放嗎？軟體下載站真能下載軟體嗎？
- 使用者會把你的網站存入書籤，頻繁點擊嗎？

11.3　SEO 與賺錢

透過 SEO 賺錢是所有個人站長都關心的問題，本節就簡單對此探討一下，也為商業化的公司網站提供一些借鑑和參考。

透過 SEO 賺錢無非有兩個出路：一是幫別人做 SEO，二是給自己做 SEO。

11.3.1　給別人做 SEO

先說幫別人做 SEO，也就是某種形式的 SEO 服務。

1. SEO 服務的優勢

提供 SEO 服務有很明顯的優勢：入門快，成本低，市場大。網路上有無數關於 SEO 的部落格、論壇、電子書，你現在手裡就拿著一本 SEO 入門教學。只要有一定的網站製作基礎，把教學讀完之後，做一兩個網站實踐一下，對 SEO 的過程和效果有了一定認識，就可以提供 SEO 服務了，整個學習過程幾個月就可以完成。相對於許多其他行業，SEO 入門算是很快速的了。

提供 SEO 服務也不需要任何額外裝置，只要有一台能上網的電腦足矣。剛開始時連辦公室也不用，自己在家裡就能做，起步時需要投入的資金成本幾乎為零。

剛入門的 SEO 服務商也不需要很有名。可以先從自己身邊尋找可能的客戶，親戚朋友、同學、本地企業，先免費或低價做一兩個客戶，客戶又可以向其他人推薦，因此要找到一些客戶並不很難。

成為一個 SEO 服務商確實是一件很簡單的事情，這也是現在網路上的 SEO 服務泛濫，水準參差不齊，價格天差地別的原因。對這一行來說，並不是件好事，SEO 服務的整體形象也可能被連累。但是對一個想要邁入 SEO 行當的人來說，這就變成了優勢。

2. SEO 服務的劣勢

從另外一個角度說，提供 SEO 服務有天生的致命缺陷，其中最主要的是，SEO 服務難以擴展。SEO 服務基本上是人工處理，雖然網站流量分析、排名跟蹤、外部連結的查詢跟蹤，甚至網站基本最佳化程度的判斷，都有很多軟體可以協助自動化，但是針對一個特定網站進行診斷，找到需要最佳化的地方，提出方案，執行最佳化，創造性的建設外部連結，資料分析，這些還只能透過人工完成。

每個網站有自己的特點和經營模式，不同行業有不同的競爭情況和要求，所以不同網站的最佳化方案全都不一樣，沒有一個方案可以適用於所有網站。再加上 SEO 的不確定成分很大，誰也無法確保排名一定進入第一頁，也無法保證獲得的排名不會下降。SEO 過程中需要很多說不清、道不明的經驗、直覺，這部分就更無法自動化。

所以說到底，提供 SEO 服務是在出賣自己的時間。凡是出賣時間的生意，都注定了其擴展性很差。如果服務一個客戶需要一個人，服務兩個客戶就需要兩個人。這與生產和銷售大部分產品很不一樣。生產一百件衣服可能需要一個人一天時間，但生產一千件可能只是需要兩個人一天時間，而不會是十個人。

這種低擴展性決定了 SEO 服務有內在風險。業務量成長時，服務商不得不擴大公司規模，沒有其他解決方案。一旦業務量下降，人事成本可能就成為公司的巨大負擔。即便沒有擴充計劃，個人 SEO 服務提供者也一樣受限制。一個人的時間是有限的，不可能同時服務很多客戶。

3. SEO 服務的注意事項

這裡給有志於 SEO 服務的站長提幾項建議。

（1）清楚定位。

　　自己擅長什麼？目標是高端市場還是低端市場？是專做關鍵字排名還是整站最佳化？站長必須對這些有一個清醒的認識，才能使自己的服務有特色。

（2）考慮 SEO 細分市場。

　　SEO 說起來簡單，但其中的每一個過程要想做精通也不容易，所以可以專注於特定部分，做專做精才有號召力、吸引力。比如：

- 專門做關鍵字研究。

- 專門做連結誘餌。

- 專門做 follow 連結的論壇、部落格連結發布。

- 專門做某個行業（如醫藥、旅遊行業）的 SEO。

- 專門做某個 CMS 系統的 SEO。

- 專門做 SEO 軟體、工具等。這是少有的有擴展性的方向。

- 專門做流量分析。

- 專門做負面資訊壓制。

不要小看了這些細分市場，每一個細分市場都有巨大的容量。

（3）賣出一個好價格。

前面說過，SEO 沒有良好擴展性，無法以數量取勝。要想提高利潤，就只能提高價格。實際上像 SEO 這種相當專門化的服務，是應該賣出比較高的專業價格的。

網路上很多所謂的 SEO 提供商以幾千元甚至幾百元的價格最佳化一個網站，這確實是太低估了自己的價值。大家可以對比一下，一個好的補習老師每小時收費都可以達到幾百元，SEO 是更少人懂得和精通的技術，一天的服務時間定價幾千元人民幣一點都不過分。從客戶角度出發，如果 SEO 服務能讓一個商業網站流量翻倍，那麼給網站帶來的銷售和利潤是多少？很可能是幾十萬元、幾百萬元甚至是上千萬元。這樣的 SEO 服務卻只收費幾千元就太不正常了。

（4）流程化。

雖然大部分 SEO 工作無法自動化，但是有一定規模的服務商應該盡量做到流程化。公司內部完整配備 SEO 人員，清楚劃分工作範圍，項目必須制定任務清單、時間表及考核標準。隨著越來越多的網站認識到了 SEO 的重要性，它們在搜尋引擎上的競爭也越來越白熱化。靠感覺、靠一個人的力量已經很難適應 SEO 服務的市場，團隊作業是一個最好的方向，而流程化是團隊作業中不可缺少的要素。

11.3.2 給自己做 SEO

SEO 的第二個、也是更光明的出路是給自己做 SEO。我在 2006 年開始寫部落格「SEO 每天一貼」時就說過，SEO 的最終出路是做自己的電子商務網站。現在這個觀點已經被很多 SEO 人員接受和認可，並認為我在十幾年前就提出了這樣的觀點是十分超前的。其實這個觀點也談不上超前，因為 SEO 從誕生那天開始，就主要是為了給自己的網站做最佳化、帶來流量的。早期的 SEO 人員都是從解決自己網站排名和流量問題開始的，哪裡會首先想到給別人做 SEO。

SEO 只是一個工具，並不是目標。但 SEO 是最強大的網路行銷工具之一。掌握 SEO 就掌握了網站賺錢最重要的要素之一 —— 流量。給別人做 SEO，自己只能獲得 SEO 價值的一部分，常常是一小部分。如果你能幫助其他網站流量翻倍，利潤翻倍，你作為服務提供商，服務費只能是利潤的十分之一，甚至百分之一。如果你是給自己做 SEO，你就能拿到利潤的大部分。

自己做網站，既可以內容網站然後賣廣告營利，或透過廣告聯盟計劃賺取佣金，也可以直接做電子商務網站賣產品。

如果英文好，做外貿網站也是一個非常好的方向。中國是製造大國，各種物美價廉的產品應有盡有。掌握貨源是國內公司和站長的巨大優勢，若能再透過 SEO 帶來流量，就將如虎添翼。

很多 SEO 人員對 SEO 的前途感到迷茫，其實退一步，把 SEO 作為一個工具，你就會豁然開朗。傳統 SEO 服務提供商現在也紛紛開始做自己的電子商務網站或內容站，因為既能賺取更多利潤，無限擴展業務範圍，也能降低風險。做自己的網站甚至對 SEO 服務反過來也有促進作用，比如對於太過挑剔，把價格壓得很低的客戶，你就可以很有底氣地拒絕。與其花時間做收費低廉的 SEO 服務，還不如做自己的網站，這樣才能避免成為廉價勞工。

11.4 SEO 不是免費的

很多人在討論 SEO 的優勢時會提到，SEO 是免費的。其實 SEO 並不是免費的，也是要付出成本的。這裡所說的成本不是指雇用其他公司來最佳化網站的服務費用。就算你的網站不用任何外部服務，也不買任何軟體，完全自己動手最佳化，也還是要付出成本的。有時這個成本還很高。

11.4.1 人力成本

最顯而易見的是人力成本。網站本身一般來說只要大規模最佳化一次，以後再小幅度修改即可，這部分的人力成本也許可以算入技術部門。但是外部連結建設、網站流量的跟蹤、SEO 策略更正、發現熱點建設專題內容、持續最佳化使用者體驗、遇到問題時分析尋找原因等這些工作，都不是一次性的，需要長年進行，更不要說遇到搜尋引擎演算法更新，網站被懲罰，那就有更多工作要做了。比較依賴搜尋流量的網站必然需要有專門的 SEO 人員。一些大網站還需要有一個 SEO 團隊，所投入的工資等人力成本往往比外部服務費還要高很多。

11.4.2 機會成本

另一個不容易直接看到的是時間及機會成本。

透過 SEO 做流量是需要一段時間的，尤其是新網站。不要指望幾個月內有很好的流量，雖然不是沒有可能，但不要把賭注放在小機率事件上。對 SEO 的預期效果至少要放在半年到一年之後。然而，網路商機稍縱即逝，某些當紅類型的網站要想迅速占領市場，靠 SEO 推廣是不實際的。等過了半年一年，早就退燒了。想像一下推廣諸如團購、叫車服務之類的網站，SEO 根本就不是一個選項。等你用 SEO 做出一定流量時，競爭對手早就占領市場和使用者的頭腦了，或者可能連這項服務本身都不存在了。

所以，SEO 只適用於那些耗得起時間的網站，即便過了半年到一年之後，市場也不至於出現驚人的變化。

11.4.3　失敗風險

最終是否有明顯效果也是 SEO 的一個風險。搜尋引擎不是我們能掌控的，誰也無法百分之百確保做了 SEO 就一定能有排名和流量。相信一些網站有這樣的經驗，花了時間、人力、精力、服務費，卻沒有收穫什麼效果。

這與 PPC 是不同的。PPC 只要花了錢就一定有流量，SEO 做了卻沒有效果反而是經常發生的情況。在這種情況下，使用 PPC、網路廣告、事件行銷、口碑傳播等要比 SEO 划算得多。

11.4.4　SEO 成功風險

就算透過 SEO 得到了很好的流量，也可能會因為過度依靠搜尋的流量帶來風險。我看過一些網站，搜尋流量占到總流量的 80% 甚至更高。這一方面說明 SEO 做得不錯，另一方面也意味著巨大的潛在危險。一旦搜尋引擎改變演算法，哪怕並不是針對你的網站進行任何懲罰，也可能造成網站流量急劇下降甚至消失。如果沒有廣告流量、口碑流量和直接訪問流量作為平衡，很可能對網站是一個致命性的打擊。SEO 做得好的公司和站長，還必須花費更多精力去開拓流量來源，千萬不可過度依賴自然搜尋流量。

11.5　解決基本問題就解決了 95% 的問題

網路上的 SEO 資訊多如繁星，讀者您現在又在看這本厚厚的 SEO 教學，涉及各個方面的 SEO 問題，頗為繁雜。在實踐中，沒有網站能夠面面俱到，最佳化好本書中提到的所有方面。好在 SEO 人員也完全沒有必要解決百分之百的問題。一般來說，解決了最基本的問題，就解決了 95% 的 SEO 問題。

這裡所說的基本問題主要包括：

- 關鍵字研究。
- 網站結構及內部連結，解決收錄問題。

- 頁面標題標籤、H1 標籤等幾處最重要的程式碼。

- 頁面正文出現兩三次關鍵字。

- 網站內容原創性和避免複製內容。

- 找到一兩個最拿手的外部連結建設方法。

其他諸如關鍵字密度、關鍵字出現的位置、連結錨文字、URL 的設計等,如果花很少時間就能完成最佳化,那當然最好。如果非基本問題需要花很多時間、精力才能解決,也大可暫時擱置。把時間花在刀刃上,往往解決了少數基本問題就能看到 95% 的效果。花再多的時間解決枝微末節的技術問題,往往對排名和流量的貢獻很可能不超過 5%。與其花大把時間在小問題上面,還不如去建立新的網站,或者專心擴展內容、建立外部連結。在這個意義上,SEO 其實是很簡單的。

11.6 自然和平衡的藝術

我一直覺得 SEO 更多的是一門藝術,而不只是一門技術。

11.6.1 SEO 應該是自然而然的

相信做網站設計和 SEO 的人以學理工科的居多,但是真正的 SEO 所要求的文科基礎也不少,像是市場行銷、廣告、心理學、寫作等。當然,它也要求一些技術基礎,如 HTML、程式設計、伺服器基礎知識等。但對這些技術內容的要求不是很高。一個優秀的程式設計師未必能成為一個好的 SEO,甚至一個搜尋引擎工程師也不一定能成為最好的 SEO。

說 SEO 是自然的藝術,指的是對網站的最佳化應該是自然而然的,無論搜尋引擎還是使用者都不應該感覺到你對網站做了最佳化。

說 SEO 是平衡的藝術,指的是不能把 SEO 手段用到極致。對一個網站必須有總體的考量和計劃,不同的推廣渠道,不同的 SEO 手法,要取得一個均衡,不應該有任何一個因素顯得非常突出。

當然,這是最理想的情況。實際上這兩方面都是說起來容易,做起來困難。有很多人覺得 SEO 很簡單,讀過一些資料後就成專家了。實際上,一些細微的地方需要積累很多經驗,對搜尋引擎和 SEO 有深刻的理解,才能找到感覺。

自然和平衡體現在 SEO 的各個方面。舉一個自然性的例子。我們都知道登入分類目錄是獲得外部連結的一個常用方法。有的站長會在網站設計完成後,集中時間向所有能找到的分類目錄提交,這也是很多專家所推薦的。但在實際工作中,我建議不要同時向這些目錄提交。

站在搜尋引擎的角度看,如果某一個網站突然在某一天或某一段很短時間內,在大量網站分類目錄中出現,這自然嗎?恐怕只有腦子裡想著 SEO 的人才會這麼做。不懂 SEO 的人會想到大規模向分類目錄提交嗎?絕大部分不會。

再比如,SEO 知道內頁正文連結有助排名,尤其是錨文字有助於提高相關性。使用軟體給文章頁面正文中第一次出現關鍵字全部自動加上連結,這在搜尋引擎眼裡會顯得自然嗎?人工寫文章加連結會做得這麼整齊劃一嗎?有的軟體設定為所有關鍵字都自動加上連結,那就更不自然了。

再舉一個平衡性的例子。一般來說,最好的最佳化能使網站的很多關鍵字排名提高,而不是只有幾個最受關注的關鍵字排到第一,但其他相關關鍵字與其他網頁都排得很靠後。也就是說,不應該有一個全明星網頁(一般來說是首頁)在搜尋行業最熱門關鍵字時排第一,而在其他相關關鍵字上都找不到你的網站。

這也同樣適用於權重在整個網站的均衡分配。透過適當的內部連結結構,將首頁權重均勻地分散到各個網頁,使所有網頁的權重得到提升,既有利於收錄,也有利於排名能力的提高。就算有幾個網頁是想著重最佳化的,也不能使這幾個重要網頁和其他網頁之間懸殊太大。

外部連結也需要平衡。例如,雖然說外部連結錨文字有助於關鍵字排名,但以關鍵字為錨文字的外部連結比例過高可能會導致被懲罰。外部連結錨文字需要在品牌詞、主關鍵字,以及長尾詞之間取得適當的平衡。

SEO 應做到自然和平衡,換句話說,做了 SEO 卻看起來像沒做 SEO,這才是SEO 人員應該追求的最高境界。近些年,百度、Google 各類演算法更新的推出對

SEO 自然平衡性的要求有上升的趨勢，有些以前的 SEO 方法現在越來越不被搜尋引擎接受，凡是被認為刻意的做法漸漸會被搜尋引擎懲罰。

所以還是回到前面討論過的，做好最基本的最佳化，然後把時間花在對使用者有幫助的內容上，好像無為，實則是最厲害的 SEO 方法。

11.6.2 避免過度最佳化

過度最佳化這個概念有點悖論的意味。所謂「過度最佳化」，其實已經是錯誤最佳化，或者說不最佳化。嚴格來說，不存在過度最佳化，但是為了討論方便，我們也沒必要咬文嚼字，此處還是使用「過度最佳化」這個用語。

SEO 人員應該了解網站上及網站外有哪些地方可以最佳化，應該怎樣最佳化，同時也應該了解，當所有能最佳化的地方都被做到極致時，就可能產生負面效果，這也是一個度和平衡的問題。

如果一個網站具備下面一些特徵，就可能被搜尋引擎認為是過度最佳化，因而有被懲罰和降權的可能。

- 前面討論的頁面上可以針對關鍵字最佳化的地方，比如標題標籤、H 標籤、關鍵字和描述標籤，粗體、斜體，內部連結錨文字，圖片 ALT 屬性，頁面第一段文字，正文內容，URL，頁面最後一段文字，這些應該突出關鍵字的地方都放上了關鍵字。
- 外部連結錨文字都使用目標關鍵字。
- 獲得的連結都來自高權重網站。
- 外部連結的錨文字與頁面標題、H1 標籤高度吻合。
- SEO 人員突擊建設連結，外部連結短時間內快速成長。

當你把上面這些可以最佳化的地方都最佳化了之後，就離過度最佳化的門檻不遠了。如果你的網站在內容品質和使用者體驗方面確實在同類型網站中出類拔萃，那麼問題應該不大。但如果內容水準普通，甚至大部分內容是轉載或抄襲的，只有 SEO 做得突出，那麼過度最佳化就很可能是導致懲罰的最後一根稻草。

過度最佳化所導致的懲罰既可能是特定關鍵字排名下降，也可能是網站整體排名全部下降。如果你的網站排名下降很多，又找不到原因，過度最佳化很可能就是原因之一。

解決的方法就是「去最佳化」。網頁上的標題、H 標籤、連結錨文字等地方多一些變化，稀釋關鍵字，使整個網站的最佳化程度降到被懲罰的門檻之下。

網站內部頁面最佳化就算做到極致，所能獲得的排名分數也是有限的。而外部連結只要自然成長，潛力卻是無限的。所以建議大家在做內部最佳化時，寧可欠缺一點，也不要全部做到極致。外部連結方面，只要是靠內容吸引外部連結，可以盡情發揮。把時間、精力放在創造高品質內容上，比把時間花在頁面細節上要有效得多，也安全得多。

11.6.3　不要做奇怪的事

經常在論壇看到或者有朋友直接問我一些奇怪的問題，有的問題比較大，涉及整個網站，有的是很小的程式碼細節問題。看到這樣的問題，我的第一個反應經常是好奇：為什麼要做這種奇怪的事情呢？

例如有的站長會把同一個域名的網站內容改成完全不同的專業或主題，像是從減肥訊息網站轉眼之間改成股票投資知識網站。有些域名確實沒什麼內容針對性，例如數字組成的域名，但是這不意味著整站改變主題會有什麼好結果。進一步問對方為什麼要這麼大幅度地改變內容，原因常常是一些無關緊要的小事，諸如舊內容做了幾個星期沒看到效果。若是抱著這樣的想法更換網站內容，估計過幾個星期還是不會看到效果。

搜尋引擎面對這樣奇怪的網站也會犯糊塗，這個網站究竟是講什麼的呢？抓不住網站的主題，自然無法給予好的排名。我們經常看到這樣的現象，一個網站的內容更改了很長時間後，還會在搜尋原來的關鍵字時看到排名。這說明搜尋引擎對網站歷史資料有記錄，並不會因為網站目前頁面內容徹底改變而完全忘記以前的內容。

面對這樣的問題，我想說但不好意思說的是，想做新網站，買個新域名那麼難嗎？舊網站放在那裡不管，兩三年後也許自己就有起色了，主機、域名費用還比不上吃頓飯的錢吧。

再比如，還有人問過，在 http://www.abc.com 和 http://abc.com 放上不同的內容會怎麼樣？技術上來說，www.abc.com 是 abc.com 的子域名，http://www.abc.com 和 http://abc.com 這兩個 URL 完全可以放不同的內容。http://www.abc.com 和 https://www.abc.com 也可以顯示不同內容。但是無論搜尋引擎還是使用者都約定俗成，這些 URL 應該是同一個網站首頁。搜尋引擎訪問這些 URL 時，如果都能正常傳回 200 狀態碼，還會自動選一個 URL 版本作為網站的規範化網址。這也就是通常建議選擇一個版本的原因所在。這些網址放上不同的內容，搜尋引擎又會被搞糊塗。而這樣做也不會獲得什麼好處，也無法實現額外的功能。

再比如一些細節問題。有的 SEO 喜歡把圖片放在 H1 標籤中，認為這樣會增強圖片 ALT 文字的權重。實際上這也是一件比較奇怪的事。把圖片放在 H1 標籤中，使用者在瀏覽器上看不出任何區別。僅從程式碼上看，你也可以把圖片放在粗體標籤中，使用者也看不出任何區別，圖片又不能加粗。所以這樣的程式碼對使用者毫無意義，搜尋引擎也會感到困惑。

諸如此類奇怪又沒必要的做法，只能把搜尋引擎搞糊塗。

網站之所以需要 SEO 的其中一個原因就是，讓搜尋引擎能更快速、更容易地提取網站內容，千萬不要給搜尋引擎設定障礙，讓搜尋引擎自己琢磨是怎麼回事。SEO 要做的是盡量減少搜尋引擎的工作量，讓網站內容在搜尋引擎眼裡直接明了、符合一般。在網站上做些奇奇怪怪的事，搜尋引擎要嘛被搞糊塗，要嘛也以奇奇怪怪的方式處理。

當然，出於好奇、研究、探索的目的，在實驗站上做測試是另一回事。

11.7　SEO 是長期策略

缺乏耐心是 SEO 的大忌，卻是在 SEO 新手身上最常看到的心態。

經常在 SEO 論壇看文章的人都會碰到一些站長問，自己的網站沒有排名、沒有流量很著急，該怎麼辦？再深入問一下對方網站經營多久了，才發現域名剛註冊兩個星期，站長就已經心急如焚了。對這樣的站長，除了勸他多等幾個月，也沒有什麼好建議了。

11.7.1　實施 SEO 需要時間

任何事情都有自身的規律，不以人的意志為轉移。SEO 是一項長期策略，除了一些特例，比如競爭程度比較低的關鍵字，或大公司網站、引起社會關注的網站，很少能快速看到效果。這是搜尋引擎本身原理造成的，並不會因為 SEO 人員努力就能有改變。

對有一定規模的網站而言尤其如此。我們姑且不論最佳化整站需要花的時間、精力，從完成最佳化算起，搜尋引擎把一個大中型網站頁面重新抓取一遍，往往就需要幾個月的時間，再進行索引，重新計算權重分配，還要加上外部連結的收錄，計算域名信任度的累計，這些都需要時間，而且是不短的時間。所以正常的 SEO 策略制定都是以至少半年到一年為週期的。

一些公司網站並不是 SEO 人員沒有耐心，而是老闆不允許有耐心，老闆們希望立即看到效果。SEO 應該與老闆實話實說，告訴他們 SEO 就是需要比較長的時間，可以說這是它的劣勢。要想立即看到效果，請做 PPC。對個人站長來說，沒有上層的壓力，完全可以耐心地等待。實際上我經常有這樣的體會，一個網站做好後放在那裡不再管它，既沒有內容更新，也沒有連結建設，過兩三年後排名和流量自然而然就上升了。

11.7.2　不進則退

網站排名和流量提高並穩定以後，也不能說就大功告成了。SEO 是個沒有結束的過程。有一些網站不再繼續做 SEO，排名可以穩定很長時間。有的網站卻不進則退，停止最佳化就很可能導致排名和流量慢慢下降。

造成排名下降的原因有很多方面，首先，搜尋引擎演算法在不斷改進。百度演算法每星期都有變化。Google 演算法在 2019 年有過 3600 多次規模不等的更新。以前有效果的 SEO 技術，現在可能不再有效。以前大家都不注意的地方，搜尋引擎可能悄悄增加了其在演算法中的權重。比如，六七年前外部連結數量最重要，後來慢慢轉化到以品質取勝，再後來錨文字越來越重要，近期錨文字作用又有所下降。頁面上的最佳化同樣如此，以前 H1 文字權重比較高，近兩年有所下降，圖片

ALT 文字權重有所上升。這些細小變化都會引起網站排名、流量的波動。SEO 人員必須長期積累，關注搜尋引擎演算法的改變，必要時對網站做出改進。

其次，競爭對手也在不斷提高。任何有商業價值的領域都會有多個競爭對手。你的網站排到前面就停止最佳化，競爭對手卻不會閒著。他們在研究你的網站，不斷自我修改，增加外部連結。不進則退，SEO 人員必須始終關注競爭對手的動向，持續增加高品質內容，建設外部連結，才能保持排名領先。

使用者的搜尋習慣也常常隨時間而改變。以前搜尋使用者還沒有經驗，喜歡搜尋比較短的詞，現在大部分使用者都知道搜尋長的詞組甚至句子能得到更準確的結果，平均搜尋詞長度一直在穩步成長中。

某些行業受到的關注度也有起有落。比如搜尋「SEO」這個詞的人數近幾年在穩步上升。同樣與網站相關的「網站設計」之類的詞，則沒有提高，甚至還在下降。SEO 人員必須關注使用者習慣和社會焦點的變化，思考網站是否需要增添新的內容，緊跟新的社會熱點。

網路每時每刻都在變化。每天都有新網站出現，也有舊網站關閉，甚至完全消失。以前做的外部連結可能因為對方網站消失，或者頁面被推到更深層的內頁，以至不再被收錄或權重下降。

SEO 人員無法控制整個網路的變化，只能從自己網站出發，將自己做大做強，才能立於不敗之地。

11.7.3 SEO 是網站經營的一部分

SEO 是網路行銷利器。SEO 做得好與不好，有時候是一個網站能否成功的關鍵。

但 SEO 只是網站經營的一小部分。SEO 人員不僅要了解 SEO 技術，也要梳理好 SEO 在整個網站經營中的地位，不能喧賓奪主。影響網站營運的因素太多，SEO 只是其中很小的一部分，有時候甚至是非必需的部分。

SEO 只是搜尋行銷中的一種，搜尋行銷還有 PPC。搜尋行銷又只是網路行銷中的一種。網站完全可以拋棄搜尋行銷，拋棄 SEO，靠其他網路行銷方式帶來高品

質流量，比如電子郵件行銷、聯署計劃行銷、論壇行銷、口碑和病毒式行銷、部落格行銷、社會媒體行銷、電子書行銷等。任何一個網路行銷方法使用得當，都可以成就網站流量。SEO 雖然是最有效的流量建設方法之一，但絕不是唯一的方法，並不是每個網站都要做 SEO。

網路行銷也只是網站營運的一部分。除了流量，經營網站還要處理很多其他事情，如產品的研發或採購、物流管理、人員管理、資金流動、品牌建設、網站技術系統研發等，任何一個環節做不好，都有可能導致網站失敗。

所以，有經驗的 SEO 一直強調，給自己做 SEO，賣自己的產品是最好的出路，但實施起來難度也不小。SEO 做好了只是解決了流量，卻不能解決產品、物流、客服、抗風險等一系列問題。很多時候單純從 SEO 的角度出發，會與網站營運的總體目標相衝突，這時 SEO 就要服從網站營運總體規劃，畢竟，光有流量是沒有用的。

11.8　沒有 SEO 秘笈

看完本書，讀者大概會感覺到 SEO 是一個挺辛苦的工作。要做好 SEO，提高網站流量，沒有捷徑，只能踏踏實實做好基本最佳化，擴充內容，吸引連結。

11.8.1　為什麼沒有 SEO 秘笈

有的 SEO 初學者以為有什麼 SEO 秘笈。我經常在論壇看到有會員問一些問題，沒有人能給予明確回答時，大家會懷疑高手們有所保留，不願意透露自己的秘密。其實大家盡可以放心，根本沒有 SEO 秘笈。高手沒回答你的問題，不是因為想保密，而是問題常常太空泛，所以無從回答。

我接觸的國內外 SEO 人員應該算比較多的，個人也接觸了大大小小不少的 SEO 專案。據我所知，沒有所謂的 SEO 秘笈。如果你在網路上看到誰在出售 SEO 秘笈，或者提供絕對百戰百勝的 SEO 訓練課程，你購買或去參加的話，注定會失望而歸。如果真的有 SEO 秘笈，不用說幾千元，幾百萬元也不會有人賣給你。如果真有人掌握並且能利用搜尋引擎演算法秘密，想做什麼關鍵字就做什麼關鍵字，那想賺幾百萬元，甚至幾千萬元都是輕而易舉的，誰還有工夫賣幾千幾萬元的秘笈呢？

11.8.2　搜尋引擎排名演算法的秘密

實際上，掌握搜尋引擎全部核心演算法的一共也沒有幾個人。就算是搜尋引擎工程師，也只是了解自己負責的那一小部分。世界上知道搜尋引擎全部排名秘密的，大概不會超過幾十個人，不然每年從搜尋引擎離職的工程師人數也不會太少，這些工程師如果都知道排名的秘密，這些秘密也早就洩露出去了，或早就出現了幾個百戰百勝、玩弄搜尋引擎於股掌之間的 SEO 公司或電子商務公司。實際上並不存在這樣的公司，就連頂級的 SEO 團隊和商業網站也經常搞不懂排名變化的原因，也在不斷研究和嘗試中。

Lee 是前幾年在中文站長圈子大名鼎鼎的百度發言人，這個帳號經常就 SEO 問題給站長們提建議。雖然 Lee 這個帳號背後是個團隊，但主要發言的是百度搜尋產品部門的核心人物之一。大家仔細看百度站長平台中 Lee 發布的文章會發現，Lee 經常提到某個具體細節需要問他的同事才能確認。Lee 活躍的那幾年，我和 Lee 多次見面聊天，真的沒問出過什麼 SEO 秘密。

為本書作序的 Matt Cutts 是 Google 最資深的工程師之一，他在部落格和評論中也經常提到，某個演算法或處理細節得詢問其他同事。有的時候 Matt Cutts 發了文章後發現並不準確，還要更正。連這個層級的工程師都有很多不知道的演算法細節，就更不要說做 SEO 的了。

現在的搜尋引擎演算法有這樣一種趨勢，那就是基本規則相對透明化。但是就算 SEO 和所有站長都明知道這些演算法和規則，也很難用來作弊和進行人為控制。比如我們都知道高品質連結有效果，但是得到高品質連結是一件很困難的事，不是靠作弊能做出來的。所以搜尋引擎演算法中能被利用的漏洞越來越少。

11.8.3　SEO 絕招

SEO 沒有秘籍，不過可以有絕招。這種絕招是建立在對大家都知道的基本規則的深入理解和經驗上的。比如大中型網站的收錄是 SEO 的一個難題。其基本原理非常簡單，可以歸納為兩條：一是頁面必須有匯入連結，搜尋引擎才能發現頁面，並收錄；二是頁面與網站首頁點擊距離越短越好。對一個中等權重的網站來說，

四五次點擊之內的頁面應該可以被收錄，七八次點擊以上才能達到的頁面就很難被收錄了。

了解了基本原理，卻不意味著 SEO 人員能解決收錄問題。面對一個有一定規模的網站，欄目或分類眾多，隨時有新內容加入，要怎樣調整網站內部結構和連結關係，使所有頁面都符合上面兩條要求？各人有各自的絕招。

再比如建設外部連結。有的人純熟掌握一兩種絕招，諸如擅長寫作能吸引目光的文章，或製作 CMS 系統模板，或者擅於開拓行業人脈資源，把它用到極致，在外部連結上就能戰勝絕大多數競爭對手。

這些絕招都不是建立在秘密之上的，而是建立在大家都知道的規則上的。

11.9　SEO 不僅是排名

對 SEO 缺乏了解的新手、最常出現的誤區之一是把 SEO 等同於關鍵字排名。其實關鍵字排名僅僅是 SEO 的一部分，而且是比較初級的部分。真正的、全面的 SEO 所包含的內容比關鍵字排名要廣泛得多。這一點大部分稍有經驗的 SEO 都知道。不過口頭上說是一回事，真正最佳化網站時很多人又不自覺地把關鍵字排名作為目標。

做過大中型網站的人一定都會有這樣的感觸，真正帶來大量流量的反而是長尾關鍵字，而不是自己設想的那幾個主要目標關鍵字。我所接觸的 SEO 案子幾乎都經歷這樣一個過程，網站整體最佳化之後一段時間，網站流量有質的飛躍，但是最主要的幾個關鍵字排名沒有明顯提升。

本書第 15 章介紹的網站就是一個很好的例證。從 2009 年 10 月開始逐步最佳化，2010 年 1 月 1 日上線第一個比較完整最佳化的版本，上線後又發現了不少事先沒有預見到的問題需要改正，到 2010 年 2 月時，最佳化還沒有全部完成，不過 2010 年 2 月的搜尋流量已經成長了二十倍以上。但是我個人監控的 50 多個關鍵字排名絕大部分沒有明顯變化。帶來流量的是那些不可能預先研究的長尾關鍵字，既包括由於網站結構最佳化而收錄的新頁面，也包括原有頁面最佳化後獲得的更多長尾關鍵字排名。

當然，揭倡整站最佳化並不意味著不能去做關鍵字排名。如果搜尋量人的關鍵字排名好，也可以帶來很多流量及品牌效應。不過執著於特定關鍵字排名是一個不確定性高、難以規模化的方法。通常建議的方法是先做整站最佳化，帶動長尾流量，主要關鍵字要慢慢做。時間久了，整站實力提升，自然會帶動主關鍵字。

強調 SEO 不僅是排名的另一個原因是，由於地理定位及個性化搜尋的原因，不同的人搜尋相同查詢詞看到的結果並不相同，尤其是地理定位因素現在已經很明顯了。這就從根本上瓦解了關鍵字排名的意義，因為已經不存在一個大家都能看到的相同排名。

另外，有了排名，也不一定意味著有點擊和流量，更不意味著一定能帶來訂單。排在前面的頁面要被使用者點擊，還要受品牌效應、頁面標題吸引力、有沒有吸引目光的顯示格式等因素的影響。

經常遇到潛在客戶問：某某關鍵字排到第一頁收費多少？遇到這種諮詢，我個人首先會做的不是按照他們的要求報價，而是先扭轉對方的觀念。

11.10　SEO 不是作弊

SEO 已經是網站標配，但毋庸諱言的是，SEO 在很多使用者心目中名聲並不好。在很多人眼裡，SEO 就等同於作弊，一提起 SEO，大家就想到群發垃圾訊息和關鍵字堆積。網路上一有人提到部落格上的垃圾留言就會有人說，又是那些 SEO 做的。就連很多網路從業人員也持有這種想法。這應該是早期 SEO 作弊、垃圾泛濫給大家造成的負面印象，也算是咎由自取。

其實 SEO 並不是作弊。

網路上有一種說法，認為 SEO 是在網站上做手腳，鑽搜尋引擎的空子，把一個只能得 50 分的網站，偽裝得看起來像是 90 分，從而提高排名。真正的 SEO 並不是如此。SEO 的目的是做強做大網站，是把 50 分的網站做強到確實能得 90 分。

讀者們從本書就可以看到，SEO 涉及的內容很廣泛，絕不是在頁面上堆積一些關鍵字或發垃圾評論那麼簡單。做關鍵字研究和競爭對手調查，也就是在了解使用

者需求，擴展網站內容也就是滿足使用者需求。良好的網站架構和內部連結是提高使用者體驗很重要的方式，頁面的最佳化也使用戶更容易抓住內容重點、易於瀏覽。流量分析和策略改進，相當於重視使用者回饋意見，改進網站。外部連結建設也是另一種形式的公共關係，與其他網站和使用者更有效地互動。所以說，SEO 的整個流程無不是為了把網站做好做強，與作弊有天壤之別。

還有的人認為 SEO 違反了搜尋引擎規則，其實恰恰相反，SEO 是搜尋引擎的朋友。搜尋引擎要給使用者提供有用的資訊，就必然需要資訊來源。搜尋引擎友善、易於收錄、主題突出、內容豐富的網站能為搜尋引擎提供資訊來源，滿足使用者需求，搜尋引擎求之不得。如果網路上淨是些不容易被發現、被收錄的頁面，搜尋引擎才真正頭大了。

也正因如此，Google 多年來有很多員工在 SEO 專業部落格、論壇中很活躍，發布資訊、回答問題，積極參與搜尋引擎行銷產業大會，拍影片、開直播，以各種形式指導站長做 SEO。

Google 和 Bing 都發布過最佳化白皮書或 SEO 教學。主要搜尋引擎從來沒有反對 SEO，甚至可以說大力支援白帽 SEO。而且搜尋引擎本身也在做 SEO。Google、Yahoo!、MSN 都公開招聘 SEO 人員，最佳化他們自己的網站。

要扭轉 SEO 在使用者心目中的形象，還要靠 SEO 從業人員自己的努力，不要作弊，堅持白帽，做好網站，提升使用者體驗。

11.11 內容為王

這裡所說的內容指的是高品質的原創內容，而不是轉載甚至是抄襲的內容。

11.11.1 原創內容是 SEO 的根本

內容為王，連結為後，這個說法 SEO 人員應該都很熟悉。其原因不僅僅在於搜尋引擎給予原創內容和外部連結很高的排名權重，更在於這兩者是 SEO 最大的難點。網站結構、內部連結、頁面最佳化、關鍵字分析、流量分析，這些重要的

SEO 步驟大體上都在 SEO 人員控制範圍之內，一個有經驗的 SEO 可以相對順利地完成。但是高品質的內容和外部連結，往往超出 SEO 的控制，經常是可遇而不可求的。

網路的發展使我們進入真正的資訊爆炸時代。不過仔細審視一下又可以感受到，這也是一個資訊匱乏的時代。網路上轉載、抄襲、複製的低品質內容實在太多了，真正有價值的原創內容卻又太少。近兩年，刻意誤導、胡編亂造的資訊也迅速增多。

中小網站站長都會有這種體會，面對一個或一系列產品，總感覺沒什麼內容可寫。產品說明寫來寫去都差不多，找不到原創的切入點。對一個有決心、有毅力的 SEO 來說，這也是機會。別人都不寫，你寫了就占據了很大的優勢。在這方面，SEO 應該向淘寶賣家們學習，他們太能寫了。

高品質的內容首先符合了搜尋引擎的目標。前面說過，搜尋引擎的目標是給搜尋使用者提供資訊，而不是給你的網站帶來客戶。只有你的網站提供了內容，才能與搜尋引擎的目標達成一致。

原創內容也是頁面收錄的重要推動力。不少站長都為網站收錄問題發愁，搜尋引擎蜘蛛要麼只訪問首頁，不再進一步抓取內頁，要麼收錄之後又被刪除。缺少原創內容是關鍵原因。一個以轉載、抄襲為主體內容的網站對搜尋引擎來說毫無價值。收錄這樣的頁面越多，越浪費搜尋引擎的頻寬、資料庫容量、爬行時間、計算時間，卻不能給搜尋使用者提供更多資訊，所以搜尋引擎根本沒有收錄這些內容的理由。

原創內容也是外部連結建設的重要方法。除非是交換或購買連結，不然其他站長沒有理由連結到一個沒有實質內容的網站。

11.11.2　內容策劃是 SEO 策略

內容為王的道理大家都清楚，但在實踐中往往又感到迷茫。花時間、花精力做原創內容到底值不值得？這一點我們從一個缺乏內容的網站能看得更清楚。做中小型電子商務網站的人都會感到做 SEO 非常困難，原因之一就是中小電子商務網

站基本上沒有獨特的內容。就算網站有成千上萬的產品，但整個網站還是內容匱乏。除了首頁可以想辦法寫幾段原創內容外，分類頁面都是產品名稱加連結，產品頁面無非就是產品說明、型號、圖片，看似有不錯的內容，但其實大部分都是從生產商那裡照搬過來的，網路上已經有成百上千的網站在使用相同的產品說明。如果站長僅僅把來自生產商的內容放上去，很難看到 SEO 效果。

在這一點上，中小電子商務網站無法與有實力的大型電子商務網站相比。大公司網站就算沒有實質內容，也可以靠公關、廣告把域名權重做得很強。這種高權重域名上的複製內容，反倒會被當成原出處得到好的排名。

若想要解決這個問題，不是修改程式碼這種技術性的最佳化能做到的，而必須上升到 SEO 策略層次，也就是說，在策劃網站時就要計劃好怎樣產生原創內容。有幾種 SEO 內容策略可以考慮。

最直接的笨辦法就是自己寫作。部落客自己寫貼子，新聞網站自己組織編輯、記者寫稿件，內容站經常僱傭寫手提供文章，電商網站可以增加商品使用技巧、導購、員工部落格等部分，在重複的產品說明之外，增加原創內容。

中小電子商務網站分類頁面，必須人工添加原創分類說明文字，長度至少在兩三段文字以上。雖然要花時間，卻是不得不做的。好在分類頁面應該不會太多。

有的電子商務網站大力推動使用者評論和問答，消費者寫評價可以換取積分、折扣。看看亞馬遜書店的頁面就知道，使用者評論是非常重要的內容策略，調動了使用者積極性，使用者貢獻的內容既是絕對的原創，又能無限擴展。

有的網站在設計功能時就以使用者產生內容（UGC）為主，如分類廣告、B2B、論壇、影片、問答網站等。這類網站只要設計好搜尋引擎友善的平台架構，使用者就自動為網站建立了內容，這是最好的內容策略。

B2B 網站的 SEO 人員還可以花時間在最佳化使用者發布內容的流程上，指導使用者怎樣寫最適合的標題、正文及標籤，選擇哪個產品分類最合適。

有的網站以資訊整合為內容策略。請注意，這裡提到的是整合，不是抄襲。這往往需要強大的資訊抓取能力（有時候是特殊渠道和獨特技術）和資料探勘能力。

如公司工商資訊查詢、社群媒體意見領袖、網紅影響力分析、電商熱門分類 / 產品監控等。

網站規劃一開始時就要進行內容設計。如果除了轉載、抄襲，想不到網站還能怎麼製作內容，那就先別急著做網站了。

11.11.3　內容推廣

另外一個需要注意的是，有了好的內容並不意味著別人就會自動知道，要讓使用者發現內容，讓其他站長看到有意思的內容進而連結過來，你需要做初始推廣。僅有好的內容，缺少最初的推動，也很難發揮原創內容的威力。不過初始推廣其實是很簡單的，關鍵在於找到業界中幾個具有權威地位的人，讓他們知道你的網站。這些人一旦發現你確實有好的內容，一定會影響到更多人看你的網站。

很多人對這一點有所懷疑。但根據我的經驗，這種方法屢試不爽。覺得這種方法沒有用的人其實都沒有真正認真地嘗試過。

如果你的行業沒有幾個權威人物存在，你也可以到相關的論壇上深入參與討論一段時間，在不唐突的情況下稍微推廣一下你的網站，就會有人注意到。越是別人都不願意做原創內容，大家都看不到好的內容時，你就越有機會透過簡單的初始推廣，發揮原創內容的效力。

11.12　具體問題具體分析

和其他任何事物一樣，SEO 也需要具體問題具體分析，不存在放之四海而皆準的真理或公式。本書中介紹的 SEO 技術，或者在網路上、其他書裡看到的技術，都是就一般而論的，只是告訴你 SEO 的規律性技術。但每個網站有自己的具體情況，面對一個特定網站，應該怎樣診斷？應該怎樣最佳化？既不能照搬書本，也不能盲目套用其他網站的手法。

影響網站具體技術運用的因素如下：

- 網站本身情況。是大網站還是小網站？內容是原創為主？還是只能轉載為主？CMS 系統是開源的？還是自己設計的？產品分類有多少種？能否使網站盡量扁平化？還是產品數量巨大，怎麼做也不可能扁平化？

- 公司情況。公司是否有足夠的決心做 SEO？能投入多少人力物力？能耐心等待多長時間？技術部門是否願意配合？內容編輯部門是否具備基本 SEO 知識？公司公關部門實力如何？SEO 是否得到公司高層的足夠重視？

- 市場及競爭對手情況。與最強的競爭對手外部連結、排名差距到底有多大？是只有一兩個有實力的競爭對手，還是有一二十個？整個目標市場容量有多大？是否有足夠的關鍵字搜尋次數？

這些因素都將影響一個網站到底該採取什麼樣的 SEO 策略和手段。

在第 3 章中講解關鍵字研究時曾提到過，確定關鍵字的宗旨是查詢次數多，競爭者少，相比之下，最容易使 SEO 效能最大化的詞就是最合適的關鍵字。但在實際操作中，這並不是唯一的選擇。如果公司預算夠多，公關部門實力強，又願意配合 SEO，公司高層決心大，那麼也不妨把關鍵字定位在查詢次數最多的詞上，而不管競爭對手情況，不達目的誓不罷休。如果你是個人站長，也可以採取這種策略，因為你有足夠的時間和耐心，可以等上幾年。而對一些能投入的資源少，卻又必須盡快看到結果的公司來說，就只能按一般規律找到效能最高的關鍵字。

關鍵字在網站上的分布也同樣需要具體問題具體分析。在第 3 章中曾針對關鍵字討論過，不同熱門程度的關鍵字應該分好層次，與網站的首頁、目錄頁相對應，均勻分布在整個網站上。但有的時候沒辦法做到對關鍵字進行完整規劃，比如第 15 章介紹的網站是一個比較購物網站，頁面包羅萬象，不針對特定產品或市場。而分類又無法按關鍵字熱門程度而定，因為整個網站包括了幾乎所有網路上能賣的產品，每個大分類都有特別強的對手，無論是首頁還是一級分類頁面，都肯定無法與相應分類的市場領導者競爭。所以產品分類頁面的關鍵字幾乎可以說只能暫時放棄，必須把精力放在產品頁面和長尾關鍵字上。

最佳化網站的其他步驟同樣如此，必須根據網站的特定情況，選擇最適合的方法。有時候，書上告誡你不要使用的方法，可能正是最適合你網站的方法。

Chapter 12

SEO 工具

做網站最佳化的一個瓶頸是 SEO 的自動化。到目前為止,絕大部分網站最佳化工作還得人工去做。一些 SEO 工具可以輔助,但還沒辦法完全取代人工操作。

SEO 工具軟體大致可以分成四類。嚴格來說只有前兩類可以算真正的 SEO 工具,不過後兩類也被討論得很多,這裡簡單提一下。

1. SEO 資訊查詢工具

包括線上工具和可以下載、執行於用戶端的軟體,主要查詢一些與 SEO 有關的資料,包括排名位置和網站基本資訊,如關鍵字排名跟蹤、關鍵字搜尋次數、頁面開啟速度、反向連結等。

這種查詢工具對 SEO 的前期調查及效果監控是不可或缺的,對提高工作效率無疑很有幫助,而且準確性較高,與自己手動查詢沒什麼很大區別,又能節省很多時間。

搜尋引擎並不喜歡大量工具自動查詢排名,這對它們的資源是個浪費。不過只要別太過分,限制一段時間內的查詢次數,一般問題不大。如果來自一個 IP 的自動查詢次數過多,搜尋引擎可能會暫時封鎖這個 IP 位址,所以很多 SEO 工具需要從多個 IP 查詢。

本章介紹的 SEO 工具主要是資訊查詢工具。

2. 網站診斷工具

網站診斷工具又分為兩類。第一類是頁面最佳化診斷工具，這類工具比較少見，製作起來不容易，也很難準確。由於搜尋演算法的複雜性和變動性，診斷軟體給出的建議最多只能作為參考。

網站診斷工具還很不成熟。比如，軟體抓取目標網頁，進行分析之後可能會告訴站長，需要把關鍵字密度提高到一個數值，標題中關鍵字需要重複兩次或者三次。這些建議無非是針對相關關鍵字排名前十位或二十位的網站進行統計得出的。

問題在於這些統計數字經常是有誤導性的，缺少了一個好的 SEO 人員應有的全面觀察、直覺和經驗。我們看到的排名與頁面元素之間，雖然可能會呈現某種統計相關特徵，但並不一定具備因果關係。

舉個例子，查詢某關鍵字時，排在前十位的網頁標題平均出現關鍵字兩次，而排在比較靠後的網頁標題平均出現關鍵字的次數比兩次高或者低。這是不是意味著在標題中重複兩次關鍵字是最佳化的呢？乍看之下是這麼回事，但仔細思考一下，這兩者之間並沒有因果關係，前十位的網頁很可能是因為其他因素排在那裡的。更何況排名往往和頁面特徵沒有明顯關聯。

所以，目前的頁面診斷軟體給出的某些建議可以採納，比如建議加上 H1 標籤，有些建議則沒什麼意義，甚至可能有害。掌握基本的最佳化技術後，可以將自己的想法與軟體的建議互相印證一下，如果有差異，還是應該以自己的想法為準。

第二類是網站爬行、抓取模擬工具。這類工具模擬搜尋引擎蜘蛛，對網站進行爬行和頁面抓取，給出頁面基本資訊，或者在網站不能被爬行、抓取時給出報錯訊息。SEO 可以透過這類工具了解網站在整體結構、搜尋引擎友善性方面存在的重大缺陷，如果工具不能順利抓取頁面，搜尋引擎蜘蛛很可能也不能。

3. 內容生成工具

給定關鍵字，軟體自動生成網頁內容。可以想像，這種軟體生成的內容通常是可讀性很差的胡言亂語，或者是採集搜尋引擎結果頁面或其他網站上的內容，然後拼湊起來，也有的會進行所謂的偽原創處理。不建議使用這種軟體，除了使用者體驗很差之外，不僅違反搜尋引擎品質規範，也可能侵犯他人版權。

4. 連結生成軟體

主要是留言板、論壇、部落格評論的群發。這種軟體在黑帽中一直很流行，不建議使用。搜尋引擎對垃圾留言的判斷已經相當準確，會把這種連結的權重傳遞降為零，更嚴重的可能會對群發的網站進行某種程度的懲罰。隨著搜尋引擎對垃圾連結判斷力的提高，使用連結群發軟體將越來越危險。最危險的是，一旦群發，證據就留在其他網站上了，很可能永遠無法刪除，即使現在搜尋引擎沒懲罰，誰知道以後會不會懲罰？這是個隨時可能引爆、自己還無法拆除的炸彈。

下面介紹我個人覺得較有價值、經常使用的 SEO 工具。兩點說明如下：

- 排列順序與工具重要性、使用頻率完全無關。

- 本書盡量多介紹一些很有意思但較少人討論的工具。有些工具，大家耳熟能詳，功能也顯而易見，本書只簡單提一下，但不意味著這些工具不重要。

12.1　Xenu

Xenu[1] 是一款功能簡單、對 SEO 十分重要的蜘蛛爬行模擬工具。它是英文軟體，但支援中文頁面，使用很簡單。

其介面非常簡潔，使用者輸入一個網址，通常是網站的首頁，點擊「OK」按鈕，這個軟體就能從所輸入的網址順著連結爬行到其他網址。所以使用 Xenu 可以方便地檢查網站內部連結可爬行性、是否有錯誤連結、頁面是否報錯等，如圖 12-1 所示。

Xenu 介面有幾個可選的參數。左上角的選擇框（Check external links）是讓使用者選擇是否檢查外部連結，如果只是想檢查本網站連結，則不用選擇。

下面有兩個文字框，第一個在爬行時把某種特定 URL 當作內部連結（Consider URLs beginning with this as 'internal'）。比如你有幾個網站連結在一起，Xenu 可以從輸入的第一個 URL 開始，同時爬行檢測到其他網站。第二個文字框是排除某

1　http://home.snafu.de/tilman/xenulink.html

些 URL（Do not check any URLs beginning with this），像是網站上的一些功能連結、帶腳本的連結等。

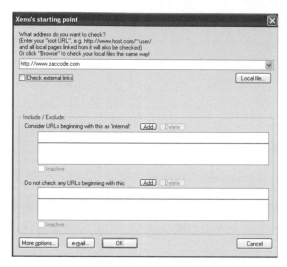

圖 12-1　Xenu 軟體只需要非常簡單的設定

Xenu 執行之後，在其給出的結果中可以看到哪些連結是有錯誤或打不開的，如圖 12-2 中標為 not found 的幾處，在軟體中是以紅色顯示的，所以一目了然。

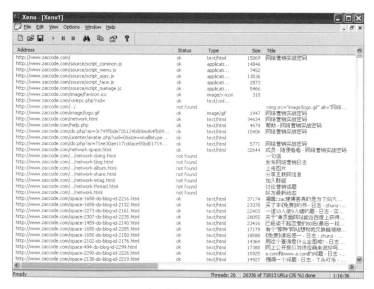

圖 12-2　Xenu 軟體執行後顯示的有問題連結

再認真的站長也可能會發生錯誤，網站稍大一點，人工就很難檢查到這些錯誤連結了，軟體卻可以輕易發現。

Xenu 還可以發現一些你並不想讓搜尋引擎發現和爬行的連結，如圖 12-3 中所示的這些動態 URL，是網站上的功能連結，用來發表評論。

http://www.zaccode.com/cp.php?ac=share&type=blog&id=637	ok	text/html	3290	网络营销实战密码
http://www.zaccode.com/cp.php?ac=common&op=report&idtype=blo...	ok	text/html	3290	网络营销实战密码
http://www.zaccode.com/cp.php?ac=blog&blogid=637&op=trace	ok	text/html	3290	网络营销实战密码
http://www.zaccode.com/cp.php?ac=comment&op=reply&cid=2548	ok	text/html	3290	网络营销实战密码
http://www.zaccode.com/cp.php?ac=comment&op=reply&cid=3375	ok	text/html	3290	网络营销实战密码
http://www.zaccode.com/cp.php?ac=share&type=blog&id=1445	ok	text/html	3290	网络营销实战密码
http://www.zaccode.com/cp.php?ac=common&op=report&idtype=blo...	ok	text/html	3290	网络营销实战密码
http://www.zaccode.com/cp.php?ac=blog&blogid=1445&op=trace	ok	text/html	3290	网络营销实战密码
http://www.zaccode.com/cp.php?ac=doing&op=comment&doid=886	ok	text/html	3290	网络营销实战密码
http://www.zaccode.com/cp.php?ac=doing&op=comment&doid=742	ok	text/html	3290	网络营销实战密码
http://www.zaccode.com/cp.php?ac=doing&op=comment&doid=733	ok	text/html	3290	网络营销实战密码
http://www.zaccode.com/cp.php?ac=doing&op=comment&doid=718	ok	text/html	3290	网络营销实战密码
http://www.zaccode.com/cp.php?ac=doing&op=comment&doid=716	ok	text/html	3290	网络营销实战密码
http://www.zaccode.com/cp.php?ac=doing&op=comment&doid=712	ok	text/html	3290	网络营销实战密码
http://www.zaccode.com/cp.php?ac=doing&op=comment&doid=710	ok	text/html	3290	网络营销实战密码
http://www.zaccode.com/cp.php?ac=doing&op=comment&doid=709	ok	text/html	3290	网络营销实战密码
http://www.zaccode.com/cp.php?ac=doing&op=comment&doid=707	ok	text/html	3290	网络营销实战密码
http://www.zaccode.com/cp.php?ac=doing&op=comment&doid=707&i...	ok	text/html	3290	网络营销实战密码
http://www.zaccode.com/cp.php?ac=doing&op=comment&doid=704	ok	text/html	3290	网络营销实战密码
http://www.zaccode.com/cp.php?ac=doing&op=comment&doid=687	ok	text/html	3290	网络营销实战密码

圖 12-3 動態 URL

這些連結被收錄也沒什麼實際價值。人工看頁面時不容易全部發現，用 Xenu 執行一遍，就可能看到一些奇怪的、並不想收錄的 URL，然後透過頁面連結調整或直接用 robots 檔禁止搜尋引擎抓取。

Xenu 執行完畢後，會把所有錯誤連結以列表形式呈現，供你參考，並且生成一個網站地圖。還有一個很有用處的功能是，Xenu 可以按抓取的 URL 生成 XML 網站地圖。

其他頗受歡迎的網站模擬爬行抓取工具還有 Screaming Frog[2]、DeepCrawl[3] 等。幾個綜合 SEO 工具也有網站爬行功能，如 Semrush、Ahrefs、Moz 等。

2　https://www.screamingfrog.co.uk/seo-spider/

3　https://www.deepcrawl.com/

12.2 Google 趨勢

Google 趨勢[4]（Google Trends）用於查看關鍵字在 Google 的搜尋次數及變化趨勢。如圖 12-4 所示，Google Trends 用圖表形式直觀顯示關鍵字查詢量大小及隨時間的變化趨勢。

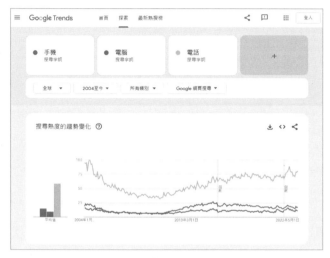

圖 12-4　Google Trends 顯示關鍵字相對搜尋量及變化趨勢

其最大的缺點是並沒有顯示具體查詢量，而只是給出一個相對數字，但用於比較不同關鍵字之間的查詢量已經足夠了。SEO 人員可以使用 Google 趨勢進行市場和關鍵字調研。圖 12-4 顯示的是不同行業關鍵字查詢量，可能決定了你要進入哪個行業。如圖 12-4 中頂部選單所示，使用者可以選擇把資料限定在某個國家或某段時間之內，或者限制在某個類別（有「美容與健身」、「餐飲」等 20 多個類別選項），除了網頁搜尋，也可以選擇圖片搜尋、新聞搜尋等資料。

還可以透過 Google 趨勢進行更細緻的分析。例如，檢查同一個產品的不同說法哪一個查詢量更大，以便確定網站主關鍵字。例如「減肥」和「瘦身」這兩個詞，如圖 12-5 所示。

4　https://trends.google.com

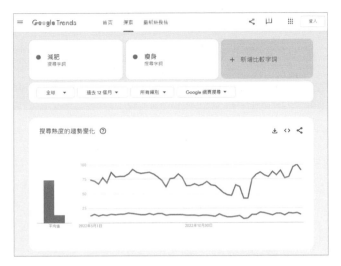

圖 12-5　使用 Google Trends 比較關鍵字搜尋量

兩個詞說的是同一件事，但查詢量的差距極大，搜尋「減肥」的遠遠多於搜尋「瘦身」的。這就決定了如果你要做減肥瘦身網站，在不考慮競爭程度的情況下，要想達到最大搜尋流量，以減肥為核心關鍵字更適合。還有很多類似情況，比如關鍵字使用「電腦」還是使用「PC」？是使用「主機」還是使用「伺服器」？

本來 Google 趨勢是個很好的查詢「趨勢」的工具，SEO 人員可以根據關鍵字查詢次數橫跨數年的長期趨勢，從而判斷行業興起或衰落。比如，同樣是與網站有關的「SEO」和「網站設計」，如圖 12-6 所示，可以清楚地看到，搜尋「網站設計」的人數呈逐年下降趨勢，而搜尋「SEO」的人數直到 2019 年年底還一直處於上升狀態，2020 年 1 ～ 7 月，可能由於疫情的原因，「SEO」查詢量又有不太正常的飆升，8 月開始回落至正常。這兩個詞的搜尋次數在 2009 年達到了交叉點，在這之後 SEO 的搜尋需求穩定超過網站設計。這兩個行業哪一個在未來會更受關注，流量更大，一目了然。

Google 趨勢以前還有一個叫做 Google Trends for Websites 的功能，可以顯示網站流量。就我所能驗證的資料看，Google 趨勢顯示的網站流量是所有工具中最準確的。不過這個功能已經取消了，非常可惜。圖 12-7 是當時 Google 趨勢顯示的網站流量。

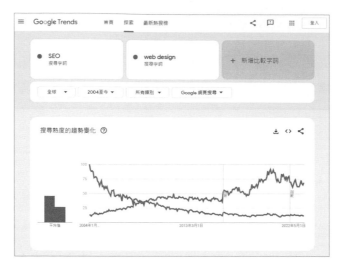

圖 12-6　使用 Google Trends 比較英文關鍵字搜尋量變化趨勢

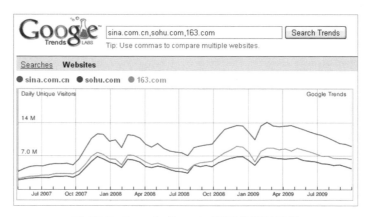

圖 12-7　Google Trends 顯示的網站流量

12.3　GoogleAds 關鍵字規劃工具

GoogleAds 關鍵字工具[5] 是最重要的 SEO 工具之一，也是我個人最常用的工具之一。這個工具經過了多次改版、改名，Google 目前將其稱為「關鍵字規劃工具」。

5　https://ads.google.com/home/tools/keyword-planner/

GoogleAds 關鍵字工具本來是提供給 GoogleAds 廣告商擴展、挑選關鍵字時使用的工具，以前不用登入 Google 帳號，任何人都可以使用這個工具，沒有任何限制；現在似乎只提供給 GoogleAds 使用者使用，不過開通 GoogleAds 是非常簡單快速的，完全自助，也沒有什麼成本。我開通帳號是很久以前的事了，記憶中好像沒有開戶費，沒必要透過代理開戶。

如圖 12-8 所示是 GoogleAds 關鍵字工具登入後的介面，使用者只要輸入一個關鍵字，然後點擊「取得結果」按鈕，工具就會列出與此相關的關鍵字，以及競爭程度、建議競價和搜尋量等資料；也可以進行一些設定，如把資料限制在某種語言，限制在某個國家、城市等。如圖 12-9 所示是 GoogleAds 關鍵字工具設定地區時的選項。

圖 12-8　GoogleAds 關鍵字工具

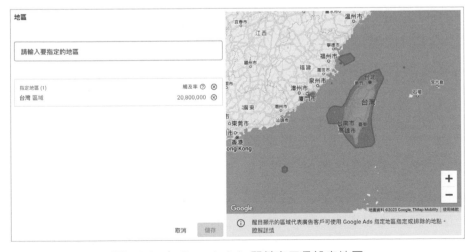

圖 12-9　在 GoogleAds 關鍵字工具設定地區

點擊「取得結果」按鈕之後，工具會生成大量相關關鍵字，以及很多重要資訊，如圖 12-10 所示。

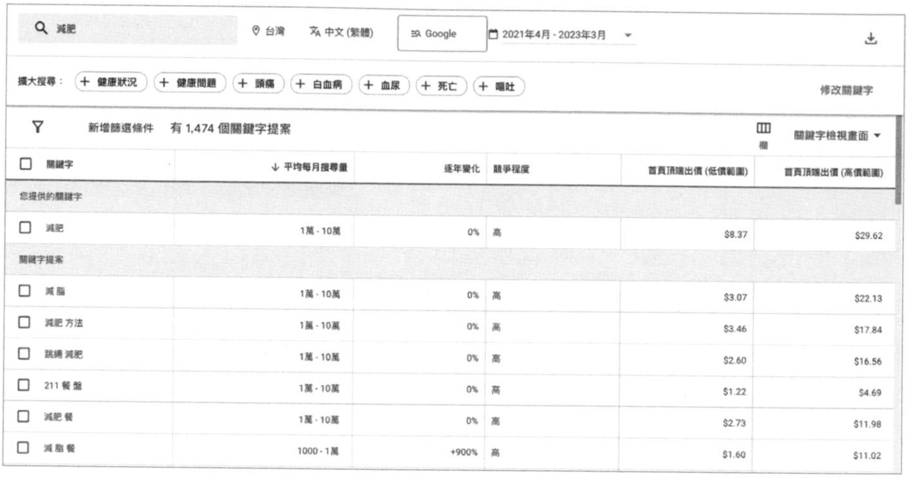

圖 12-10 GoogleAds 關鍵字工具生成大量相關關鍵字

「競爭程度」，這個參數可以幫助 SEO 人員估計關鍵字的競爭程度。「平均每月搜尋量」代表關鍵字能帶來流量的潛在能力。

從圖 12-10 中可以看到，根據使用者輸入的關鍵字「減肥」，Google 給出了 1474 個相關關鍵字。每搜尋一個關鍵字，都會看到一些你原來沒想到的相關擴展詞。再搜尋這些擴展詞，又會得到更多的相關搜尋，很容易就能夠找出成千上萬的搜尋詞；而且可以下載進行進一步處理，詳情見第 3 章中對於關鍵字研究的介紹。

Google 顯示的搜尋量到底是不是真實資料在 SEO 界有一些爭論。但通常認為其顯示的搜尋量還是比較符合事實的，只是部分查詢是不會產生點擊的。根據我自己對一些網站的估算，GoogleAds 關鍵字工具所顯示的搜尋流量常常超出實際有效搜尋量的 30% ～ 50%。預估搜尋流量時，建議把 Google 顯示的查詢量減半，再乘以預期排名位置的點閱率。

GoogleAds 關鍵字工具經過了多次改版，讀者看到本書時，介面與書中的畫面也許又有所不同，但基本功能應該不會有太大的變化。

12.4 Google 進階搜尋

Google 除了正常的搜尋介面,還提供了進階搜尋[6],裡面有一些功能可以供各位參考。如圖 12-11 所示是 Google 進階搜尋的選項。

圖 12-11 Google 進階搜尋

使用者可以使用各種形式的搜尋查詢詞,有一些相當於使用了進階搜尋指令,如「與以下字詞或語句完全相符」相當於使用雙引號搜尋,「不含以下任何字詞」相當於使用了減號,「關鍵字出現的位置:網頁標題中」相當於 intitle: 指令。搜尋範圍也可以設定,如語言、地區、檔案類型等。

一個對 SEO 特別有用的選項是「上次更新」。例如,查詢詞輸入 site: 指令,時間選擇「過去一週內」,其效果是顯示出這個域名過去一週內被 Google 新收錄和更新的頁面,如圖 12-12 所示。

---

6   https://www.google.com/advanced_search

圖 12-12　Google 一週內新收錄的頁面

Google 進階搜尋的結果頁面頂部顯示了語言、時間等下拉選單選項，使用者可以直接點擊改變選項。點擊右上角「工具」按鈕，會切換到顯示進階搜尋結果數，如圖 12-13 所示為 Google 在過去一週內收錄碁峰 5 個頁面。

圖 12-13　Google 進階搜尋結果數

進階搜尋可以幫助 SEO 人員檢查網站在 Google 的新頁面及老頁面的更新數量和速度，進而確認是否有結構或內容品質問題。前面提到過，對大中型網站來說，解決收錄問題是排名和流量的基礎。除了按一小時內、一天內、一週內，甚至一年內顯示，還可以自訂日期範圍，非常方便。

12.5　Google 快訊

Google 快訊 [7]（Google Alerts）也是我個人非常喜歡的一個工具。Google 快訊不僅對 SEO 有用，對網路公關危機處理更有用。

使用者只需要填寫想監控和關注的關鍵字，Google 就會自動通知你與這個關鍵字相關的最新內容，如圖 12-14 所示。

除了搜尋詞，使用者還可以設定內容類型，包括「新聞」、「部落格」、「線上文章」、「討論」、「影片」等，或設定為「自動」；還可以設定通知頻率，最多一天一次或一週一次。

Google 快訊會將監控內容發送到你的信箱，同時生成一個 Feed，使用者可以像訂閱一般 Feed（如部落格）一樣，在喜歡的 Feed 閱讀器中每天查看。比如，你想監控網路上有什麼關於你公司的評論，就可以把搜尋詞設定為公司名稱，這樣每當網路上（當然，僅限於 Google 收錄的那部分）有內容提到你的公司名稱時，你都會收到通知，趕緊去看一下人家在討論你什麼。

你也可以監控網站某個新欄目頁面收錄進度，只要把搜尋詞設定為「site:domain/ category/」，其中，domain 是你的域名，category 是欄目目錄名。這樣，每當有新頁面被收錄時，你都會接到通知。你也可以使用 Google 快訊監控你自己網站或者競爭對手網站的新連結，只要把搜尋詞設定為「link:domain」，不過 Google 外部連結資料很不完整。

圖 12-14　Google 快訊

7　https://www.google.com/alerts

12.6　伺服器標頭訊息檢測器

前面多次提到伺服器狀態碼，如 301 轉向、302 轉向、404 錯誤頁面。

除了驗證自己伺服器的狀態碼，也經常需要檢查域名轉發設定。很多域名提供商允許使用者做域名轉發。但這個「域名轉發」可以用很多不同的機制實現，是一個很含糊的概念，既可以是 301 轉向實現轉發，也可能是 302 轉向，還可能是 JavaScript 腳本，也可能是 meta 重新整理。

使用哪種機制實現轉向，使用者在瀏覽器上訪問頁面並不能看出來，因為結果都是立即轉到另一個 URL。要判斷是哪種機制實現轉向，就需要檢查伺服器標頭訊息。

網路上有很多檢測伺服器標頭訊息的工具。我個人常用的是以下這個：

http://tools.seobook.com/server-header-checker/

從圖 12-15 中可見，檢查 URL http://seozac.com/ 的伺服器標頭訊息，從顯示的結果可以看到，這是一個 301 轉向，指向 https://www.seozac.com/，說明設定正確，目的當然就是預防或解決網址規範化問題；同時會顯示伺服器的一些資訊。

圖 12-15　伺服器標頭訊息檢測顯示的 301 轉向

如果檢查網址 https://www.seozac.com/，伺服器標頭訊息檢測顯示結果如圖 12-16 所示，得到的就是一個正常的 200 狀態碼。

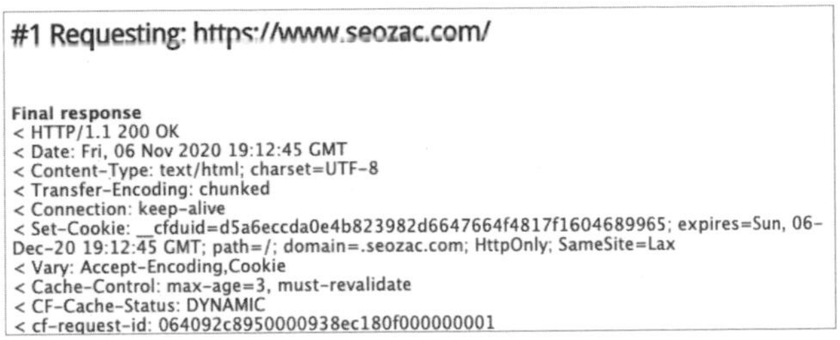

```
#1 Requesting: https://www.seozac.com/


Final response
< HTTP/1.1 200 OK
< Date: Fri, 06 Nov 2020 19:12:45 GMT
< Content-Type: text/html; charset=UTF-8
< Transfer-Encoding: chunked
< Connection: keep-alive
< Set-Cookie: __cfduid=d5a6eccda0e4b823982d6647664f4817f1604689965; expires=Sun, 06-
Dec-20 19:12:45 GMT; path=/; domain=.seozac.com; HttpOnly; SameSite=Lax
< Vary: Accept-Encoding,Cookie
< Cache-Control: max-age=3, must-revalidate
< CF-Cache-Status: DYNAMIC
< cf-request-id: 064092c8950000938ec180f000000001
```

圖 12-16　伺服器標頭訊息檢測顯示的 200 狀態碼

有一些伺服器設定有問題，在需要傳回 404 狀態碼時，傳回了 200 狀態碼。雖然使用者看到的都是頁面無法找到一類的錯誤訊息，但不同狀態碼之間有天壤之別，將使搜尋引擎做不同的處理。不存在頁面傳回 200 狀態碼，將使搜尋引擎認為你的網站出現很多重複內容；而傳回 404 狀態碼，將使搜尋引擎知道這些頁面不再存在，並將它們逐漸刪除。

12.7　W3C 驗證

是否通過 W3C 驗證與搜尋排名是否存在相關性，SEO 界有不同看法。大部分人傾向於認為兩者之間沒有關係，或至少影響極小。前 Google 反作弊組工程師 Matt Cutts 曾經說過，W3C 驗證並不是排名演算法的一部分，因為搜尋引擎知道大部分網頁是無法通過 W3C 驗證的，都包含有程式碼錯誤。

就我個人的觀察，很少看到完全通過 W3C 驗證的頁面。很少一部分能通過驗證的頁面，排名並沒有看到有什麼不同。找幾組關鍵字查看，排在前面的頁面進行 W3C 驗證後就會發現，兩者之間沒有關係。錯誤比較多的頁面，並不比錯誤少的頁面排名差。

當然，W3C 畢竟是一個標準，如果能透過自然最好。驗證 W3C 標準，最權威的莫過於 W3C 官方驗證工具[8]。如果不能通過 W3C 驗證會影響搜尋引擎排名，相信

8　https://validator.w3.org/

搜尋引擎自己會把頁面程式碼先通過驗證。所以能通過驗證當然最好，不能透過也大可不必擔心。

程式碼不能通過驗證可能會影響搜尋排名的唯一情況是，程式碼中的嚴重錯誤導致搜尋引擎無法解析頁面，無法讀取文字內容，或者無法跟蹤頁面中的連結，造成網站收錄和相關性判斷方面的問題。

12.8 Yahoo! 外部連結檢查工具

如果要給所有 SEO 工具做個排名，Yahoo! 外部連結檢查工具曾經排名第一，原因是沒有其他工具能顯示搜尋引擎資料庫中比較真實完整的外部連結資料，而且可以查任何網站外部連結。

非常可惜的是，Yahoo! 和微軟於 2009 年 8 月達成協議，Yahoo! 停止自己的搜尋技術，轉而使用微軟的搜尋技術和資料庫。協議於 2010 年開始實施，2011 年年初完成。這個深受 SEO 喜愛的外部連結檢查工具也於 2011 年 11 月 21 日被關閉。雖然這個工具已不存在，但本節保留，沒有機會用到這個曾經最重要的 SEO 工具的新人們可以感受一下。

Yahoo! 外部連結檢查工具正式名稱是 Yahoo! Site Explorer。

檢查自己網站和競爭對手網站的外部連結，是判斷網站最佳化難度、發現新連結來源的重要手段。當然搜尋引擎自己提供的外部連結資料最為權威。

在 Yahoo! Site Explorer 輸入一個 URL 後，點擊「Explore URL」按鈕，Yahoo! 將傳回 Pages 和 Inlinks 兩種資料，如圖 12-17 所示。

點擊結果頁面上部的「Pages」按鈕，顯示的是 Yahoo! 收錄的網站頁面數。這個資料雖然也有一定意義，但大部分人使用 Yahoo! Site Explorer 不是為了查看這個。

圖 12-17　Yahoo! Site Explorer 傳回的 Pages 和 Inlinks 兩種資料

第二個按鈕「Inlinks」，點擊後顯示的就是連結資料，這是最重要的，連結在其他地方得不到的資料。連結資料又有兩個下拉選單可選項，其中，第一個下拉選單又有以下三個選擇：

- 顯示來自所有頁面的連結（From All Pages）。

- 不顯示來自本域名的連結（Except from this domain）。

- 不顯示來自本子域名的連結（Except from this subdomain）。

所以，如果想查看網站的外部連結，需要選第 2 個或第 3 個。

第二個下拉選單有以下兩個選項：

- 只顯示連到這個 URL 的連結（Only this URL）。

- 顯示連到整個網站的連結（Entire Site）。

所以，這個工具既可以檢查整個網站得到的外部連結，也可以檢查某一個特定頁面得到的外部連結。如圖 12-18 所示，以 zaccode.com 網站為例，此工具檢測出首頁有 162 個外部連結。

圖 12-18　Yahoo! Site Explorer 顯示的頁面外部連結

Yahoo! 連結檢查工具有個缺點：會顯示帶有 nofollow 屬性的連結，但在結果列表中並不加以區分。另外一個缺點是，雖然可以顯示外部連結總數，但只顯示前 1000 個外部連結 URL。對外部連結稍微多一點的網站，比如，幾千個以上，我們只能知道連結總數，卻不能查看到全部連結來自哪些網站和 URL。

12.9　IP 位址檢查工具

很多站長經常擔心自己網站所在的伺服器或 IP 位址上有其他網站被搜尋引擎刪除或懲罰，進而影響自己的網站。這種情況並不常見。世界上大部分網站是放在虛擬主機上的，每個 IP 位址對應幾十個、幾百個網站是很正常的事情，這些網站之間通常並沒有關係。搜尋引擎也明白這一點，所以不會輕易因為伺服器上的一個網站作弊而連帶懲罰其他網站。

當然，如果同一台伺服器上的大部分網站屬於同一個人，這些網站又全都作弊，那麼這個 IP 位址上的個別乾淨網站也可能因此被懲罰。所以檢查一個 IP 位址上還放了其他哪些網站，是挑選虛擬主機和檢查網站為什麼被懲罰時經常需要的資料。

如圖 12-19 所示，以下這個工具就可以告訴你一個 IP 位址上都放了哪些網站：

https://www.yougetsignal.com/tools/web-sites-on-web-server/

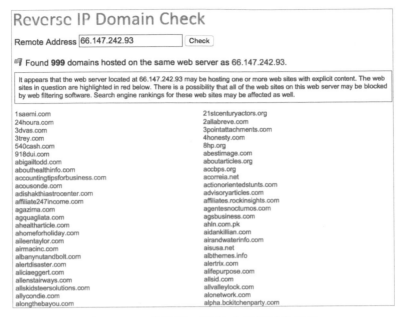

圖 12-19 共用同一個 IP 位址網站的工具

根據圖 12-19 所顯示的，只要輸入一個 IP 位址，就得到這個 IP 上大部分網站的列表。站長可以再隨機檢查其中一部分網站，看是否有被搜尋引擎刪除或嚴重懲罰的現象。如果很多網站都被懲罰，那麼這個 IP 位址可能是有問題的，最好避免使用。

12.10 SEO 工具列

SEO 工具列[9]（SEO Toolbar）是 Aaron Wall 開發的常用 SEO 火狐外掛程式。

在火狐瀏覽器中安裝外掛程式後，將以工具列形式顯示正在瀏覽網頁的 SEO 資料，包括 Majestic SEO 查詢的流量和連結資料、Ahrefs 查詢的連結資料、主流社群媒體資料等，如圖 12-20 所示。

---

9 http://tools.seobook.com/seo-toolbar/

圖 12-20　SEO Toolbar 火狐外掛程式

點擊工具列右側上的 Tools 按鈕會打開一個小跳
出視窗，顯示一些網站基本資訊，如域名註冊年
齡、伺服器 IP、Google 收錄頁面和更新時間、域
名註冊 whois 訊息連結等，如圖 12-21 所示。SEO
Toolbar 本身並不產生資料，而是整合顯示其他工
具的資料，使 SEO 能在一個工具列裡迅速了解大
致情況。

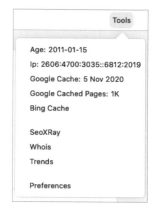

圖 12-21　SEO Toolbar 顯示
目前頁面訊息

12.11　SEOquake 外掛程式

SEOquake[10] 是一個功能更強大的頁面 SEO 資訊查詢外掛程式，支援 Chrome、
Firefox、Edge 等瀏覽器。

目前 SEOquake 版本有幾個主要顯示方式：工具列（SEObar），在搜尋結果頁面上
顯示資料，跳出視窗顯示，單獨的 Summary Report 頁面。

圖 12-22 是工具列顯示的目前頁面資料，包括：Google、百度、Bing 收錄數、
Semrush 連結、Wayback Machine 第一次收錄時間、社群媒體（如 Facebook）按
讚數等。如果不喜歡工具列在瀏覽器頂部，可以把工具列設定到頁面底部或左右
直排。

10　https://www.seoquake.com/

圖 12-22　SEOquake 工具列顯示目前頁面基本 SEO 資訊

如圖 12-23 所示是 SEOquake 在 Google 搜尋結果頁面上顯示的 SEO 資訊，查詢關鍵字，所有結果頁面資料會清楚地標明在搜尋結果頁面上，各競爭對手網站情況一目了然。

圖 12-23　SEOquake 在 Google 搜尋結果頁面顯示 SEO 資訊

如圖 12-24 所示的是點擊瀏覽器 SEOquake 圖示打開跳出視窗顯示的頁面資訊。SEOquake 的一個缺點是由於查詢量比較大，使用者的 IP 位址容易被封鎖，如圖 12-24 所示的錯誤（圖中的 Error）。

圖 12-24　SEOquake 跳出視窗顯示資料

除了整合資料，SEOquake 還有一個簡單的頁面診斷功能（點擊工具列的 DIAGNOSIS 按鈕），如圖 12-25 所示，顯示頁面是否有 canonical 標籤、title 標籤長度是否合適、是否有 H 標籤、圖片是否有 ALT 文字等。如前面所述，這類頁面最佳化診斷只能用作參考。

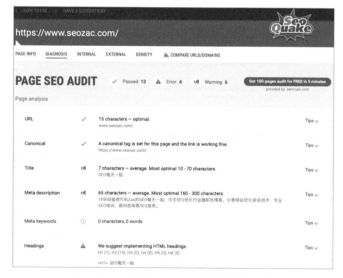

圖 12-25　SEOquake 頁面診斷功能

這個外掛程式很靈活，可以任意設定顯示哪些資料。像前面提到的，這個工具查詢資料量很大，經常造成使用者 IP 位址被封鎖，可以把外掛程式設定為手動查詢需要的資料，不要選擇自動查詢所有資料。SEOquake 外掛程式功能非常強大，設定靈活，是很好用的 SEO 工具。

12.12　使用者代理模擬工具

檢查網站時經常需要模擬一下瀏覽器使用者代理（User Agent），最常見的情況如下：

- 模擬搜尋引擎蜘蛛，看一下蜘蛛抓取的內容是否和使用者瀏覽器一樣，如果差別很大，可能是隱藏頁面（Cloaking）作弊。

- 在電腦模擬手機瀏覽器，方便操作，不然在手機上想做什麼事情，比如看原始碼，都比較費勁。

模擬使用者代理可以簡單用外掛程式完成，如 User Agent Switcher，支援 Chrome、Firefox 等瀏覽器，如圖 12-26 所示。

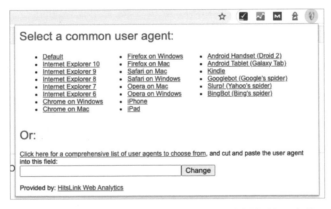

圖 12-26　User Agent Switcher 外掛程式模擬使用者代理

外掛程式已經列出常用瀏覽器，如個人電腦上的 Chrome、Firefox、Safari，手機如 iPhone，還有主要搜尋引擎蜘蛛。如果想模擬的瀏覽器沒有在列表中，還可以任意客製化使用者代理，只要把想模擬的使用者代理字串填入圖中輸入框即可，如填入百度 PC 蜘蛛的字串：Mozilla/5.0(compatible; Baiduspider/2.0; +http://www.baidu.com/search/spider. html)，然後點擊 Change 按鈕就可以了。

使用這個外掛程式功能可以完成一個很有意思的操作，既然可以任意客製化瀏覽器使用者代理，那麼把自己的域名放進去，就形成了一個帶有自己品牌標示的使用者代理字串，瀏覽其他網站，對方站長會在日誌裡看到你的品牌字串，有的站

長會好奇這是個什麼瀏覽器，可能會來瀏覽一下你的網站。我嘗試後發現是有效的，能夠帶來一些站長流量。

12.13 連結檢查工具

1. Check My Links

查看網站時經常需要檢查一下頁面上的連結有沒有異常，最常見的情形如下：

- 檢查頁面是否有無效連結，如傳回 404 狀態碼。如果是自己的網站，就要趕緊修改。如果是別人的網站，也許是個製造外部連結的機會，具體操作參考 7.12 節。

- 檢查頁面上哪些連結加了 nofollow 屬性，深入了解網站是怎樣試圖控制權重流動的。

檢查無效連結可以使用 Check My Links 外掛程式[11]，如圖 12-27 所示。

外掛程式會掃描頁面上的連結，把有效連結、有效轉向連結、警告、無效連結用不同顏色標記出來。

圖 12-27　Check My Links 檢查無效連結

11　https://github.com/PageModifiedOfficial/Check-My-Links

2. nofollow

我個人用來檢查 nofollow 連結的 Chrome 外掛程式就叫 nofollo[12]，如圖 12-28 所示。頁面上的 nofollow 連結會用紅色虛線框標示出來。檢查無效連結、nofollow 連結的外掛程式有很多，這裡只是舉個例子。

圖 12-28　外掛程式標示 nofollow 連結

12.14　TouchGraph

做 SEO 的都知道應該盡量避免匯出連結到壞鄰居，也就是說，你的網站經常連結到作弊網站，你的網站也會受牽連。但我們很難確切地知道一個網站到底和哪些其他網站是鄰居。一個網站上的匯入匯出連結數量可能十分龐大，我們很難掌握連結的整體情況。

TouchGraph[13] 這個工具用圖像的方式非常直觀地顯示出一個網站是和哪些其他網站處在同一個社群，連結鄰居是哪些，這些網站之間的連結關係怎樣。

如圖 12-29 所示，seozac.com 周圍都是一些與 SEO、網路行銷等網路有關的鄰居，還算比較健康。

12　https://www.igorware.com/extensions/nofollow

13　http://www.touchgraph.com/seo

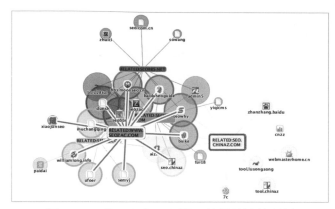

圖 12-29　TouchGraph 顯示的網站連結關係

12.15　Google 行動友善性測試

行動最佳化是現在 SEO 的必要內容。具體方法請參考第 6 章。Google 的這個工具 [14] 能夠幫助測試頁面行動友善性。

如圖 12-30 所示，在行動裝置上不能正常顯示的頁面，測試結果會提示需要修改問題，如字體太小、連結距離太近、沒有設定行動裝置螢幕等，還會顯示網站在手機上的排版效果。

圖 12-30　不行動友善的網站測試結果

14　https://search.google.com/test/mobile-friendly

12.16 國外綜合 SEO 工具

自從 Yahoo! 外部連結工具下線後，查詢網站外部連結，尤其是競爭對手外部連結，就成了 SEO 們沒有得到滿足的最重要的需求之一，所以第三方工具應運而生，近年最受歡迎的幾個包括：

- Moz
- Semrush
- Ahrefs
- Majestic

這些第三方工具的外部連結都不是來自搜尋引擎官方，不是搜尋引擎排名時真正使用的資料，大部分用自己的蜘蛛抓取頁面、建立連結資料庫，並按照類似 Google PR 值的方法計算頁面權重。不同工具的抓取量、抓取策略不同，連結資料庫規模不同，提供的外部連結資料也不同，有時候差異還挺大。所以，在比較網站的外部連結實力時不能拿不同工具的資料做對比。

為了滿足 SEO 需求，這些服務基本上都發展成為綜合 SEO 工具，除了外部連結查詢，還提供流量分析、關鍵字研究、排名查詢、網站抓取模擬、頁面最佳化診斷、原始日誌分析等功能。這幾個最常用的工具完整版都是付費的，也都提供 1～2 個星期的免費試用帳號。

最常用的這幾個工具功能類似，所以這裡只以近年發展最快的 Semrush 為例，簡單介紹幾個功能。如圖 12-31 所示是 Semrush 查詢競爭對手流量情況的概覽，工具列出了按 Semrush 資料計算的域名權威度（Authority Score）、自然搜尋流量、反向連結及流量趨勢。

點擊 Semrush 流量分析選單，如圖 12-32 所示，其中列出了網站流量資料，包括頁面訪問量、唯一身份訪問量（也就是使用者數）、每次訪問頁面數、平均訪問時長、跳出率。如果是自己的網站，這些資料在流量統計系統中都可以看到，競爭對手網站就只能查看 Semrush 這類第三方工具了。如前文所述，對於中文網站來說，這些資料是不大可靠的。

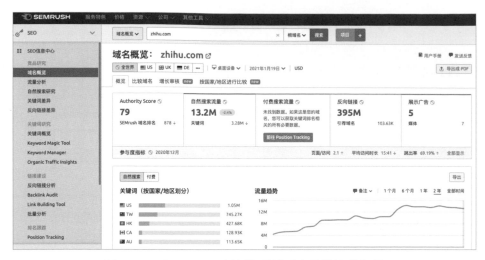

圖 12-31　Semrush 查詢競爭對手流量情況的概覽

圖 12-32　Semrush 流量分析選單

如圖 12-33 所示為自然搜尋研究選單，從中可以看到有排名的關鍵字數量，排名在不同位置（前 3 名，第 4 ～ 10 名等）的關鍵字數量變化曲線，用於大致判斷網站關鍵字排名總體效果。選擇「排名變化」頁籤，還可以看到有多少關鍵字排名上升，多少關鍵字排名下降，多少關鍵字排名消失。如圖 12-34 所示是查詢競爭對手反向連結概覽，其中的引薦域名指的就是第 7 章中討論的外部連結總域名數。

圖 12-33 Semrush 自然搜尋研究選單

圖 12-34 Semrush 反向連結概覽

點擊頁籤查看反向連結列表、錨連結分布、引薦域名列表、引薦 IP 列表（外部連結來自哪些 IP 位址）、編入索引頁面（網站內頁得到的外部連結列表）等。反向連結列表還可以按連結類型（文字或圖片）、連結屬性（follow 或 nofollow）及連結狀態（新增或遺失）過濾，從各維度了解外部連結構成。如圖 12-35 所示的反向連結列表，每個連結列表都顯示連結的詳細資訊，如源層面標題和 URL、錨連結和目標 URL、首次發現連結日期、上次日期等。第三方工具的外部連結查詢、排序、過濾功能通常是比較強大的。

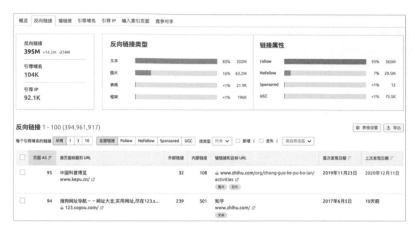

圖 12-35　Semrush 反向連結列表

如圖 12-36 所示是 Semrush 關鍵字研究部分的 Keyword Magic Tool，用於關鍵字擴展，除了列出搜尋量、搜尋廣告價格、搜尋結果數，還列出了 Semrush 估算的競爭程度，以及排名靠前頁面的基本情況。雖然支援中文關鍵字，但給出的中文關鍵字資料很不完整，也不準確。英文關鍵字的資料相對準確。

圖 12-36　Semrush 關鍵字研究

自己網站可以添加進項目，Semrush 抓取頁面後會提供簡單的網站健康分析和頁面最佳化建議，如圖 12-37 所示。其中一些技術性錯誤和警告是準確且應該參考的，如重複標題標籤、圖片沒有 ALT 文字、頁面 5×× 錯誤等。

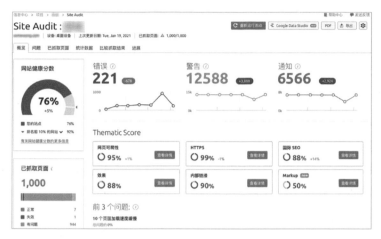

圖 12-37　Semrush 網站分析概覽

第三方工具功能繁多，無法也沒必要詳細介紹，有需要的 SEO 請自己註冊帳號，很快就能熟悉。還有一些知名度稍低的綜合 SEO 工具，如 cognitiveSEO、Mangools、Ubersuggest、SpyFu、BuzzSumo 等。

12.17　MozBar

如果只是需要大致了解頁面外部連結強度，也可以安裝免費的瀏覽器外掛程式或工具列。我個人覺得輕便又好用的是 Moz 的 MozBar。

如圖 12-38 所示，安裝啟用外掛程式後，在訪問頁面時，MozBar 直接在頁面最上面顯示頁面的如下資訊：

- PA：Page Authority，頁面權威度。
- linhs：外部連結數。
- DA：Domain Authority，域名權威度。
- Spam Score：垃圾分數。

圖 12-38　MozBar 顯示頁面權重

PA 和 DA 是 Moz 根據自己的連結索引庫，按照類似 Google PR 值的方法計算得到的頁面和域名權威度，是 Google 不再更新 PR 值後比較早推出的基於連結的第三方權重指標，在 SEO 界比較受重視，有些 SEO 建設外部連結時將其作為重要參考，以至於 Google 員工強調過幾次，PA、DA 與 Google 沒關係，Google 演算法不使用 PA、DA。

點擊 Moz logo 旁邊的功能圖示，還可以顯示一些簡單的頁面資訊，如標題標籤、H1/H2 標籤、頁面打開時間、伺服器標頭訊息、用不同顏色突顯 nofollow 連結 / 外部連結等。

在啟用外掛程式的情況下使用搜尋引擎查詢，外掛程式會在搜尋結果頁面顯示各結果的 PA、DA，以便快速判斷競爭對手外部連結強度，如圖 12-39 所示。這個功能支援 Google、Bing 和 Yahoo!。

圖 12-39　MozBar 在搜尋結果頁面顯示資料

12.18　Google Search Console

Google Search Console[15] 也是 SEO 必備工具，不僅做英文網站需要，即使做中文網站也建議註冊，因為顯示資料角度不同，有助於發掘不同的問題。

15　https://www.google.com/webmasters/

我個人覺得最有價值的是「覆蓋率」功能，它提供了更多索引錯誤細節，如圖 12-40 所示，GSC 列出了四大類頁面索引情況，每大類又會細分為多個小類。

圖 12-40　GSC 的覆蓋率功能

- 錯誤：雖然 URL 已在 Sitemap.xml 中提交了，但存在各種錯誤，如伺服器 5×× 錯誤、404 錯誤、頁面有 noindex 標籤、robots 檔禁止抓取等，因此 URL 不被索引。

- 帶有警告的有效頁面：有錯誤但還是被索引的頁面，大部分是 robots.txt 禁止抓取但 Google 依然索引了的頁面。

- 有效網頁：這些是正常被索引的頁面。

- 已排除網頁：由於各種原因沒有被索引的 URL。

每個小類都列出了最多 1000 個樣例 URL。除了有效網頁，其他三類都應該盡量處理和減少。其中，錯誤和警告頁面，提示訊息很明確，5×× 錯誤就檢查伺服器，404 錯誤、noindex 標籤、robots 檔封鎖就檢查樣例頁面是否是有意這樣做，如果是有意為之，為什麼還要在 Sitemap.xml 中提交？

「已排除」類別是需要特別注意的，會列出人工檢查網站很難發現的問題，如圖 12-41 所示。

圖 12-41 GSC 列出的「已排除」頁面

常見的被排除索引的原因及處理方向如下：

- 已發現，尚未編入索引：透過 Sitemap.xml 的提交，Google 已經知道 URL 的存在，但還沒有抓取，所以沒有索引。如果數量大的話，檢查是否頁面下載太慢，已達到檢索預算上限？是否頁面品質太低，使 Google 覺得沒必要再抓取同類型頁面？提交的 URL 是否都是真的需要索引的規範化版本網址？

- 已抓取，尚未編入索引：頁面已經抓取，但還沒索引。有可能是 Google 還沒來得及索引，需要一段時間；也有可能頁面品質太低，Google 決定不索引，這才是更麻煩的。

- 重複網頁，網址已提交但未被選為規範網址：雖然在 Sitemap.xml 中提交了，但 Google 判斷並不是規範化網址，因此不索引。需要按照 4.10 節中介紹的，檢查是否其他方面存在矛盾訊號，使 Google 判斷錯誤？

- 重複網頁，Google 選擇的規範網頁與使用者指定的不同：和上一類相似，而且雖然頁面 canonical 標籤指定自身是規範化網址，但 Google 並未遵守，而是選擇了其他網址。檢查 Google 選擇的網址是否比自己指定的更合適？如果不是，是否有矛盾訊號？

- 重複網頁，使用者未選定規範網頁：頁面沒有 canonical 標籤，Google 也判斷不是規範化網址。這種頁面就不應該存在，所有頁面都應該有 canonical 標籤。

- 備用網頁（有適當的規範標記）：本頁面有指向其他網址的 canonical 標籤，Google 遵守了標籤，因此索引了 canonical 標籤指向的目標頁面。如果 canonical 標籤寫得正確，Google 也判斷正確，存在這類網址是正常的，比如有對應 PC 版的獨立行動站頁面、AMP 頁面。

- 未找到（404）：沒有在 Sitemap.xml 中提交，但 Google 還是發現了這個網址，且傳回 404 錯誤。這類頁面不應該在網站上有入口，點擊樣例 URL，查看「引薦來源網頁」（參考下面的圖 12-44），刪除 404 頁面的入口連結。

- 被 noindex 標記排除了：查看樣例 URL，是否是有意這樣做的？還是誤加了 noindex 標籤？既然不想被索引，頁面是否有必要出現在網站上？

- 網頁會自動重定向：自動轉向到其他網址，因此 Google 索引了目標網址。這種網址過多的話，建議檢查網站為什麼還會出現這類網址？為什麼不直接使用目標網址？

- 軟 404：雖然頁面傳回 200 狀態碼，但 Google 判斷頁面沒有實質內容，大量網址內容相同，Google 稱之為軟 404，也不索引。典型的軟 404 是伺服器設定錯誤，頁面刪除後依然傳回 200 狀態碼，頁面上只是寫著「404 not found」之類的句子。下架產品頁面也經常被判斷為軟 404。

點擊樣例 URL 右側的放大鏡圖示，如圖 12-42 所示，GSC 會顯示這個 URL 在 Google 資料庫中的詳細資訊，包括：Google 是怎樣發現 URL 的，是透過 Sitemap 還是內部連結（引薦來源頁面）發現的，上次抓取的時間，抓取使用的蜘蛛，是否成功抓取，canonical 標籤指向哪裡，Google 是否遵守了 canonical 標籤，為什麼沒有索引等，如圖 12-43 所示。這些資訊非常有助於判斷到底哪裡出了問題。

示例 ⑦	
网址	↓ 上次抓取日期
https://www.seozac.com/2007/11/page/3/	2021年1月10日
https://www.seozac.com/2007/11/page/2/	2021年1月10日
https://www.seozac.com/2007/0/	2020年12月31日

圖 12-42　樣例 URL

圖 12-43 樣例 URL 的詳細資訊

規模不大的網站出現少量被排除頁面是正常的,但如果遇到如圖 12-44 所示的這種大規模、大比例頁面被排除索引的網站,就表示網站內容、結構有嚴重問題,需要大幅調整。沒有 GSC 提供的詳細資訊,人工很難發現問題或評估問題的嚴重程度。

圖 12-44 GSC 顯示的大量錯誤和已排除網頁

覆蓋率資料也可以按不同 Sitemap.xml 分類顯示，這就是為什麼建議不同類型頁面放在不同 Sitemap 中，有利於診斷網站各分類的問題。覆蓋率部分揭示通常是網站結構導致的問題，所以即使做中文網站，也建議查看 GSC。

如圖 12-45 所示的 GSC 流量效果功能，站長可以很方便地查看或對比特定目錄、頁面、關鍵字的搜尋表現。另外，點擊左上角「搜尋類型」選項，GSC 可以分別顯示網路（其實就是頁面搜尋）、圖片、影片、新聞搜尋的表現，預設選項是網路。這個功能對某些網站也比較有用，如圖 12-46 所示，篩選 /product/ 目錄下的頁面，對比圖片和頁面流量，實線是頁面搜尋，虛線是圖片搜尋，可以看到，某些網站來自圖片的流量遠大於來自頁面的流量。

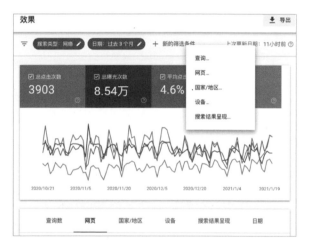

圖 12-45　GSC 流量效果功能

圖 12-46　對比圖片流量和頁面流量

另一個必須關注的是「行動裝置易用性」，12.15 節介紹的 Google 行動友善性測試工具只是人工測試有限幾個頁面，GSC 列出的是整個網站行動裝置易用性有問題的頁面數，如圖 12-47 所示，這對及時發現問題、找到問題根源有很大幫助。

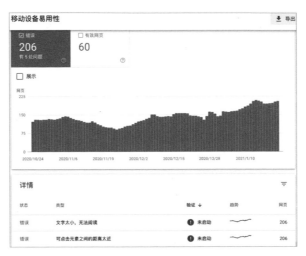

圖 12-47　GSC 的行動裝置易用性資料

5.14.3 節中提到過，「核心體驗指標」已在 2021 年 5 月成為 Google 排名因素。為了幫助站長提前評估自己的網站頁面並及早採取措施，新版 GSC 加入了「核心體驗指標」，明確列出什麼項目沒有達標，如圖 12-48 所示。

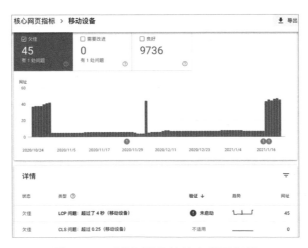

圖 12-48　GSC 顯示的核心網頁指標

外部連結查詢是 GSC 的另一個重要功能。由於 GSC 只能查詢自己網站，所以無法用於競爭程度評估、發現競爭對手外部連結來源等，更多的是查看自己網站外部連結構成是否健康，如圖 12-49 所示是我的部落格外部連結資料，總連結數驚人，GSC 顯示的前 1000 個域名裡有 990 個以上是鏡像、寄生蟲、賭博等作弊網站。無論是無意，還是有意負面 SEO 攻擊，造成的結果是我的部落格有著極為不健康的外部連結構成。

圖 12-49　GSC 的外部連結資料

如果擔心這些垃圾外部連結對網站有傷害，可以上傳拒絕外部連結列表（Disavow links），告訴 Google 這些外部連結不是自己能控制的，請求在其演算法裡忽略這些外部連結，如圖 12-50 所示。我的部落格從來沒有上傳這個檔案，因為我想觀察 Google 到底能否自動正確判斷。

圖 12-50　上傳拒絕外部連結檔案

上傳拒絕外部連結檔案的介面並不在 GSC 裡，而是在一個獨立的頁面：

https://search.google.com/search-console/disavow-links

Google 之所以隱藏這個功能，是因為 Google 認為除非特別必要，不然不應該使用這個功能。

限於篇幅，GSC 的其他功能，如刪除頁面、AMP 檢測、結構化資料檢測、國際定位、網址參數、網站抓取統計等，在這裡就不一一介紹了，讀者在使用過程中如果遇到不太明白的功能，可以到我部落格留言，我盡量解答。

12.19　Bing 站長工具

儘管 Bing 的市場佔有率不高，但 Bing 站長工具[16] 做得很好，而且其新版是目前唯一搜尋引擎官方提供了查詢任意網站外部連結的功能。

不過，這個功能是以有些怪異的方式呈現的。如圖 12-51 所示是 Bing 站長工具「反向連結」資料，列出了自己網站的引用域總數、引用頁面總數及定位文字，「列出依據」選項下列出帶來外部連結的域、頁面及定位文字。

圖 12-51　Bing 站長工具「反向連結」資料

16　https://www.bing.com/webmasters

反向連結下面還有個「類似網站」選項，其展開如圖 12-52 所示，可以填上任意
域名作為「類似網站」，必應會對比顯示自己網站和這個「類似網站」的外部連結
資料，所以也就可以查詢任意網站的外部連結。可以看到「概述」部分顯示我的
部落格外部連結總域名數 249 個，知乎（zhihu.com）有 34,100 個。這應該是已經
過濾掉垃圾連結後的資料。

圖 12-52　用 Bing 站長工具「類似網站」選項查詢任意網站外部連結

概述下面顯示了「排名靠前的引用域」，如圖 12-53 所示。再點擊「查看詳細報
告」，可以看到詳細外部連結域名列表，如圖 12-54 所示。

反向链接

所有链接　类似网站　拒绝链接

排名靠前的引用域

seozac.com		zhihu.com	
源域	计数	源域	计数
https://lusongsong.com	2.3K	https://itindex.net	1.7M
https://g2soft.net	1.7K	https://daiyushuju.cn	1.2M
https://imaiko.com	1.1K	https://giffox.com	210.5K
https://msxindl.com	1.0K	https://csdn.net	150.6K
https://eworldspan.com	618	https://github.io	75.6K
https://sitemap-xml.org	565	https://918dxs.com	50.9K
https://blogspot.com	491	https://douban.com	49.6K
https://baiyangseo.com	324	https://nowcoder.com	47.8K
https://1211.org	264	https://ptscn.com	46.3K
https://rocseo.com	201	https://zgxue.com	42.2K

查看详细报告 →

圖 12-53　網站「排名靠前的引用域」

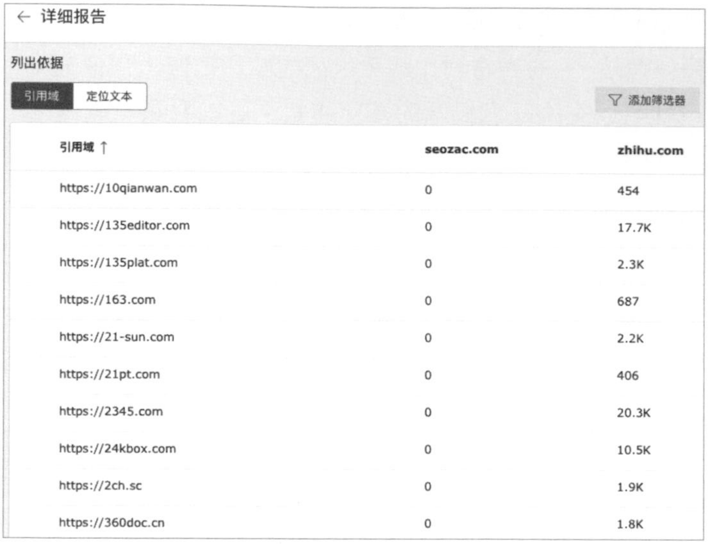

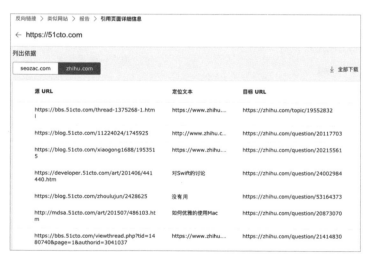

圖 12-54 網站「詳細外部連結域名列表」

點擊帶來外部連結的域名，跳轉至引用頁面詳細資訊，還會看到這個域名帶來連結的源 URL、定位文字及目標 URL，如圖 12-55 所示。

圖 12-55 來自某個域名的外部連結列表

雖然 Bing 的使用者不多，但其頁面抓取能力不差，所以外部連結資料是非常值得參考的。絕大多數 SEO 沒注意到這個隱藏得有點深的外部連結查詢方法。

SEO 專案管理

本書的大部分章節討論了該如何做 SEO，只要讀者認真閱讀，再透過一兩個網站進行實踐，我相信一個有建站經驗的初學者也可以掌握 SEO 基本技術，知道該做什麼及怎麼做。

但公司網站 SEO 有時做起來卻很難。執行力是 SEO 界最頭痛的一個問題。在某種程度上說，SEO 沒有竅門，較量的就是執行力。從我個人接觸的 SEO 專案和與其他 SEO 人員交流的情況看，越大、越正規的公司，尤其是傳統產業，SEO 專案執行起來往往越困難。個人站長今天明白該做什麼，明天就動手了。大公司網站就麻煩得多，經常遇到這種情況，需要經歷開會、寫計劃、討論、批准、溝通、排期等過程，什麼都沒做，一個月時間就已經過去了。雖然如此，SEO 人員也不能責怪公司太大，效率下降，這不是 SEO 部門能改變的，只能盡力推動 SEO 專案的執行。

本章簡單討論 SEO 專案管理。在專案管理方面我是外行，相信讀者中不乏公司營運管理人員，本書討論專案管理是班門弄斧了。所以這裡只能簡單討論 SEO 工作的一些特點，以及在專案進行中可能遇到的特殊問題。

13.1 內部團隊還是 SEO 服務

SEO 專案首先要確定，是自己建設 SEO 團隊還是使用外部 SEO 服務？

外部 SEO 服務大致上有兩種。一是顧問諮詢性質的專家服務，對網站進行診斷，提出最佳化建議或報告，但並不直接執行最佳化（如程式碼修改），公司內部團隊需要按專家報告進行網站修改和外部連結建設。二是將 SEO 任務全部外包給服務商，包括網站診斷、最佳化方案及完整執行。外包的可以是全部 SEO 專案或一部分 SEO 任務。

對個人站長來說，通常建議不必考慮 SEO 服務，自己實踐就是最好的方法。近幾年我本人經常收到個人站長的 SEO 服務諮詢，但通常只停留在詢問階段，無法深入。因為很多個人網站連盈利模式都還沒搞清楚，很難負擔 SEO 服務費用。SEO 服務並不便宜，合格的診斷及最佳化報告一般至少也要花費幾萬元。如果個人網站本身都還沒有盈利，又沒有外部投資，那麼基本上與 SEO 服務無緣。

如果個人網站每個月盈利在幾萬元以上還需要 SEO 服務的話，要麼站長應該考慮建立團隊、進一步擴大網站規模，要麼站長本人就已經有不錯的水準，不太需要第三方服務了。看完本書，任何有架站經驗的站長都可以具備基本的 SEO 水準。可以肯定，如果有第三方服務商報價幾千塊錢幫你做 SEO，那麼他們的水準應該還不如你。

公司網站就要複雜得多，需要根據網站類型、預算、團隊等現況，決定是該建立內部 SEO 團隊，還是選擇外部 SEO 服務。

1. 內部團隊優勢

內部團隊通常更了解公司各部門情況，與其他團隊溝通更順暢，能夠順利執行 SEO 專案。公司內部人員一定比外部服務商更了解本行業及公司產品，在關鍵字選擇、內容建立、文案寫作、使用者體驗最佳化、連結誘餌的設定等方面都有優勢。公司員工更可靠、更負責，也能在最大程度上避免使用可能導致懲罰和刪除的黑帽 SEO 手法。他們知道公司網站的 SEO 成敗與個人利益息息相關。

2. 內部團隊劣勢

建立內部團隊可能需要一段時間先對員工進行培訓，才能達到合格的 SEO 水準。而具備一定水準的 SEO 人員流動比較頻繁，畢竟 SEO 是個熱門行業，市場需求量

不小。同時，潛在成本也更高。一個完整的 SEO 團隊，人員薪資及行政成本累計起來一般比完全外包高，比顧問諮詢性質的服務更高。

資深 SEO 人員更為難得。有經驗的 SEO 常常不太願意打工，除非公司能夠提供一個非常有發展前途的平台，並且有很好的職業提升規劃。很多優秀的 SEO 人員要嘛自行創業，要嘛在專業的 SEO 服務公司，獲得的回報都不錯。

3. SEO 服務優勢

立即可以使用，無須教育訓練。

SEO 在很大程度上是依靠經驗的工作。專業 SEO 服務人員以 SEO 為業，對搜尋引擎及 SEO 業界新聞敏感，而且接觸的網站眾多，經驗豐富。專業 SEO 有自己的關係網，與其他 SEO 圈內人士，甚至搜尋引擎內部人員有千絲萬縷的聯繫。在需要的時候，龐大的關係網很可能會發揮決定性作用。俗話說，外來的和尚會念經。在某些情況下，外部 SEO 顧問的建議更能得到公司高層的支援與各部門的配合執行，降低專案推進難度。

4. SEO 服務劣勢

缺乏對本行業及公司產品的完整深入了解。這很可能是一個致命缺陷。隔行如隔山，再認真負責的顧問也不可能像公司內部人員一樣了解產品的各個方面。

在內容發布、外部連結建設、調動公司資源等方面都不可能像內部團隊那樣自如。

沒有緊密的利益聯繫。通常 SEO 服務商都有很多客戶，無論是在責任感還是在時間分配上，外部服務都無法與內部團隊相提並論。

對公司內部情況缺乏了解，需要其他部門配合時，不知道該找哪個部門或哪個負責人，需要公司內部對應的聯絡人進行溝通。

可靠性及安全性方面存在隱憂，尤其是在完全外包時。由外包服務商修改網站就必然要把所有資料、管理員帳號、密碼提供給服務商，這無疑會產生比較大的安全疑慮。特別是具有一定規模的公司，把網站權限交給外部人員根本不可行。

5. 如何選擇

將 SEO 服務完全外包給外部服務商是最省事的方法，從網站修改到外部連結，從關鍵字研究到流量分析，服務商都有相應團隊幫助完成，客戶公司本身只需要設定一名聯絡人員進行溝通即可。但效果不一定是最好的。

我個人認為，對一個有一定規模且有決心做好 SEO 的公司來說，內部團隊才是根本，在必要時配合外部專家的顧問諮詢，或者將小部分 SEO 任務外包。只有充分了解公司內部有哪些資源可以調動、行業及競爭對手最新情況、自己的產品到底有什麼不同之處、能挖掘出哪些有特色的連結誘餌，對網站裡裡外外了如指掌，才能使 SEO 專案真正快速高效地發揮作用。

內部 SEO 團隊不需要具備頂級的 SEO 水準，但需要緊密配合、高效運作。對 SEO 本身問題有不解之處，還可以隨時向外部顧問諮詢。

13.2　尋找 SEO 服務商

網路上的 SEO 服務提供者多如牛毛，搜尋一下「SEO」或「SEO 服務」，成千上萬的公司、個人就展現在眼前。大部分網站設計公司也號稱提供某種形式的 SEO 服務。尋找合適的 SEO 服務商並不是一個簡單的任務。尤其在目前 SEO 近乎泛濫的情況下，鑑別出合格的 SEO 服務商是外包 SEO 服務的關鍵。

1. 確定外包任務

在權衡利弊之後，如果需要外包，就要明確規劃外包任務及要達成的目標。在一小部分情況下，網站可能把所有 SEO 服務外包給第三方。很多時候可以只外包一部分 SEO 任務，如只外包連結建設，或外部服務商只提供網站診斷及最佳化方案，或者只外包內容及軟文企劃和寫作等。

2. 尋找服務商

（1）口碑及成功案例。

　　明確外包任務後，尋找 SEO 服務商最好的方法當然就是上網搜尋，了解多家服務商的背景和實力，其中最主要的是了解口碑及成功案例。

就像搜尋引擎排名演算法判斷頁面重要性時還需要參考外部連結一樣,服務商的自誇只是一面之詞,不足為信,重要的是其他人怎麼評價。參與一些 SEO 論壇、站長論壇,看看部落格評論,就能大致了解一個提供商的口碑如何。

大部分 SEO 服務商與客戶簽訂的契約中會有保密條款,客戶並不希望別人知道他們做了 SEO、用的哪家服務商,所以要求備選服務商提供成功案例是一個微妙的問題。不過,一個好的 SEO 服務商應該至少有一兩個案例可以公布,或者是已經獲得客戶同意可以公布的網站,或者是服務商自己的網站。有時需要潛在客戶簽訂保密協議(NDA)才能提供案例。

這裡要說明的是,透過服務商本身網站在搜尋「SEO」這個關鍵字時的排名來判斷服務商實力並不是一個恰當的方法。畢竟排在第 1 頁的只能有 10 個,而有實力的 SEO 服務商肯定不止 10 個。很多不錯的服務商並沒有把精力放在最佳化「SEO」這個詞上,他們有其他獲得客戶的渠道,完全沒必要在「SEO」這個詞上競爭。

(2) 使用什麼最佳化方法。

在初步接觸階段要求備選服務商提供最佳化方案不是一個好方法。要提供一個針對特定網站的實用的最佳化方案,需要研究市場、診斷網站,所花費的時間不菲。正規的 SEO 服務商在沒有確定專案時,一般不會提供完整方案。就算要求服務商提供,他們所能提供的也一定是泛泛之談,不能用於判斷 SEO 水準,至多只能作為客戶服務水準的參考。

更恰當的鑑別方式是詢問一下對方大致會使用什麼最佳化方法,從對方的答覆中就可以判斷是以整站最佳化為主,還是以發垃圾連結為主,有沒有使用作弊或者已經過時沒有作用的最佳化方法。

(3) 誰負責具體工作。

很多 SEO 服務公司都是由一兩個專家領隊的,客戶之所以放心,也經常在於這一兩個專家。不過在專案確定之前,應該與服務商確認專案執行時是誰或哪個團隊具體負責。很有可能接洽時客戶衝著核心人物的實力、口碑、名

聲而去，專案執行時卻來了另一個專案經理或團隊，甚至有可能負責日常溝通的變成實習生。雖然不能說 SEO 服務商除了一兩個人，水準都不能保證，但至少應該要求對方核心人物或團隊給予專案一定的關注。

（4）同業競爭條款。

在接觸時就應該詢問備選服務商，是否正在或以前給直接競爭對手提供過 SEO 服務。如果是，最好不予考慮。

簽訂契約時建議加上禁止同業競爭條款，要求服務商在幾年內不可以再為競爭對手網站提供 SEO 服務。這一點是十分必要的。一個服務商為同一個產業的多個公司提供服務，必然產生利益衝突，毫無迴旋餘地，服務商只能為一個客戶提供最好的服務。

3. 小心陷阱

在尋找 SEO 服務商時需要注意一些陷阱。

（1）保證排名。

如果有服務商保證關鍵字排名能無條件地進前三名或第一頁，最好遠離。沒有人能保證關鍵字排名，就算是搜尋引擎工程師幫你最佳化也不能保證。誰說一定能排第一，誰就是在撒謊。

有的服務商保證排名的是一些毫無意義又沒有難度的詞，比如公司名稱或很長尾的詞，這種保證沒有任何意義。

（2）聲稱與搜尋引擎有特殊關係。

如果有服務商聲稱自己與搜尋引擎內部人員有聯繫，能透過私下關係搞定排名，千萬不要相信。認識搜尋引擎內部人員不難，但認識他們並不能搞定排名。搜尋引擎內部能調整特定網站權重或排名的人員鳳毛麟角，不是工程師級別的人能搞定的。人工調整特定網站排名不是不能操作，但一定出於商業和戰略考慮，是公司高層級別才能決定的事。工程師或普通員工能參與的人工調整一般是懲罰，而不是提高排名，搜尋引擎不會賦予普通工程師提高特定網站排名的權力。

資深工程師或公司高層私下參與 SEO 服務的說法就更不可靠了。

與搜尋引擎內部人員有聯繫，幫助看看網站存在什麼問題是可信和正常的，靠內部關係調整排名則不可信。

（3）　不用修改網站。

有的服務商會告訴你，不用修改網站就能做最佳化。讀者看了本書前面的章節就會知道，網站結構調整至關重要，頁面本身的最佳化也是 SEO 的標準工作內容。那些號稱不用修改網站就能提高關鍵字排名的基本上都是靠發垃圾連結，也許短時間內可以提高排名，長遠來看危險大於收益。

另一個不修改網站的方式是做百度快排，部分情況下確實是有效的。但快排明確屬於作弊，被百度檢測出來，網站被懲罰的也不少見。正規公司網站是否能承擔這個風險和後果，要謹慎判斷。

（4）　提交幾千個搜尋引擎。

有的服務商把向搜尋引擎提交作為服務的重要內容。其實向搜尋引擎提交網站早就沒有任何意義。

有的服務商還吹噓可以提交幾千個搜尋引擎，有的夸自己使用的是最先進的軟體提交，有的夸自己是人工提交，品質有保證。不管哪種提交，都可以肯定是在唬弄。不要說幾千個搜尋引擎，現在有多少人能說出 10 個搜尋引擎？真正有人用的搜尋引擎，無論是中文還是英文，不過四五個而已。

（5）　最佳化誰的網站。

有的服務商並不最佳化客戶網站，而是建設和最佳化新網站，獲得流量後透過連結或轉向把瀏覽者引到客戶網站。

本質上說，這是在賣流量，而不是在提供 SEO 服務。尤其是如果最佳化的網站是由服務商本身所擁有或控制的，那是非常危險的，一旦有任何爭議，服務商可以立即切斷流量，甚至把流量賣給你的競爭對手。

（6） 發垃圾郵件。

如果你是透過垃圾郵件知道某家 SEO 服務商，那最好躲得遠遠的。同理，打騷擾電話推銷 SEO 服務的一般也不會是好的服務提供商。這樣的 SEO 服務商自己還在發垃圾郵件呢，怎麼可能給你帶來搜尋排名和流量。

（7） 與廣告混為一談。

這是保證排名的另一種形式。很多普通使用者不一定分得清楚搜尋結果頁面上自然排名與廣告的區別。有的服務商利用這一點向客戶保證排名出現在第一頁，其實是出現在第一頁的廣告中。當然不是說搜尋廣告不能做，而是正規的 SEO 服務商不能把自然排名與廣告混為一談。這兩者之間沒有任何關係，做廣告就按廣告的方法做，付廣告的點擊費用；做 SEO，就要做更長遠的打算，停止付廣告費，排名還會保持在那裡。

13.3 SEO 團隊建設

一個正規完整的 SEO 團隊應該包括以下人員：

1. SEO 經理

負責公司 SEO 統籌及管理。具體工作如下：

- SEO 目標的制定及 SEO 整體策略規劃，包括內容、結構及連結策略等。

- 統籌和溝通，既包括與其他部門的溝通協作，也包括 SEO 部門內部任務及計劃的制訂和執行。

- 競爭對手和關鍵字資料分析。

- 網站架構設計。

- 標準制定，公司網站的建立內容、HTML 程式碼、頁面最佳化等都應該有內部規範。

- 團隊建設，SEO 團隊內部的培訓提高，以及幫助其他部門了解 SEO 基本常識的公司內部培訓。

SEO 經理需要具備比較高的水準，掌握搜尋引擎和 SEO 原理及方法，具備豐富的市場行銷知識和經驗，不能局限於 SEO 技術，也要了解網站建設、HTML 程式碼和基本的程式知識，對 SEO 業界動向足夠敏感，並且與 SEO 業界人士有比較多的聯繫溝通。

除了 SEO 方面的專業技能，SEO 經理還特別需要有良好的管理及人際溝通能力。SEO 經理的日常工作很大一部分時間是花在說服與溝通上，他必須讓公司所有部門意識到 SEO 部門的存在，了解 SEO 部門要做什麼，並全力支援 SEO 部門的工作要求。

SEO 經理應該有足夠大的權力。在很多公司，SEO 人員位階過低，提出了最佳化方案卻不能調動其他部門，尤其是技術部門、內容編輯、前端設計及使用者體驗、市場、廣告及行銷、公共關係等部門，計劃很難實施。雖然這裡稱為 SEO 經理，但如果能給予 SEO 部門負責人副總裁或總監的職位才是比較理想的，至少應該是中上層管理職位，與技術等部門負責人平級，並獲得最高層充分授權及支援。

2. 頁面最佳化人員

負責人工調整頁面最佳化因素，包括人工調整重要頁面標題、正文內容、關鍵字分布及格式增加和調整 tags，調整內部連結等。

3. 內容編輯

原創或編輯網站內容，發布內容時做基本的最佳化，比如標題的撰寫、關鍵字研究及專題組織。使用者提供內容的網站也可能需要內容編輯進行審核及修改。連結誘餌的設定，尤其是資源型連結誘餌的設定，也是內容建設人員的重要工作。

4. 連結分析和建設人員

友情連結交換，依託於有價值內容的連結請求，社群媒體網站帳號建立、管理及內容發布，文章發布，論壇及部落格參與和評論，設計和製作連結誘餌等。

5. 技術及設計人員

根據 SEO 經理設定的網站架構，對網站內部結構、分類設定、URL 規範化及轉向進行調整。對頁面進行視覺、功能設計，程式碼及關鍵字最佳化。技術和前端設計在大部分公司是單獨的部門，SEO 人員需要與其緊密合作。

6. 流量和其他資料分析

記錄、統計、細分、分析網站流量，尤其是搜尋流量，統計分析原始日誌，分析其他能找到的、與流量和使用者有關的資料，如轉化率，建立關鍵字庫，找出網站存在的問題，發現新的流量來源，提出 SEO 策略修正方案。

SEO 團隊可大可小，根據公司規模及對 SEO 的投入，既可以是一個人，也可以多達幾十人。目前優秀的 SEO 人才流動性較高，尋找到合適的 SEO 並不是一件容易的事。在公司內部培訓市場行銷或技術人員，充實 SEO 團隊也是可行的方法。

13.4 流程及計劃

SEO 工作繁瑣、千頭萬緒，又經常涉及多個部門，如果不事先計劃好，往往容易無從下手，或者這裡做一點那裡做一點，失去整體方向。SEO 團隊負責人應該計劃好未來 6 個月或 12 個月內，應該完成哪些工作、怎樣完成、由誰完成、什麼時候完成。

1. 記錄所有修改

除了第 8 章提到的收錄、搜尋流量、指標關鍵字排名、轉化等資料，還有一個至關重要卻經常被忽略的資料需要完整記錄，那就是網站上的所有修改變動。有的變動與 SEO 直接相關，可能就是為了 SEO 而做的，有的是因為其他種種原因，由不同部門所做的，卻可能影響 SEO。

一般來說，網站最佳化是個長期過程，即使不考慮新欄目、新內容、新產品，現有的網站結構和頁面元素都可能不斷修正。如果沒有完整記錄網站上的改動，過一段時間排名有變化，SEO 人員將無法確認到底是什麼因素或改動帶來的變化。

雖然由於搜尋演算法的複雜性，網站修改與排名和流量之間不能因為時間關係而輕易確定有因果聯繫，但記錄網站改動至少能讓 SEO 人員有個分析的起點，找到大致可能的原因。沒有記錄網站變化歷史，就基本「兩眼一抹黑」了。

應該記錄的網站變動除了列出詳細改動內容及原因，還要列出準確的上線時間。

2. 設定工作目標

這裡所說的目標不是指 SEO 總體目標，如排名和流量，而是指具體的、SEO 人員可以實施的工作。

- 一年內增加外部連結 1 萬個。
- 一年內完成全站所有頁面標題、H 標籤、圖片 ALT 文字的最佳化。
- 2 個月內完成導覽系統最佳化。
- 6 個月內完成首頁、分類頁面及主要產品頁面標題人工關鍵字研究、最佳化撰寫。
- 6 個月內收錄達到 5 萬個等。

SEO 工作目標的設定，要分析自身資源及競爭對手情況，不能設下不切實際的目標，如一年內增加外部連結 100 萬個，人員、預算限制使這種目標不可能達到。另外，如果主要競爭對手外部連結都在幾萬個的水準，建設 100 萬個外部連結也完全沒有必要，還不如把時間、人力花在內容建設等地方。

3. 任務分解

設定好 SEO 工作目標後，還可以進一步細化和分解 SEO 任務。比如，要達到一年內增加 1 萬個外部連結，可以分解為：

- 友情交換外部連結 300 個。
- 製作 WordPress 模板 5 個。
- 寫作資源型連結誘餌文章 20 篇。
- 目錄提交成功 50 個。

- 建立免費部落格 20 個，各發表文章 30 篇以上。
- 網站主部落格發表文章 50 篇以上。
- 聯繫業界權威部落客 20 人，並保持密切溝通。
- 發表新聞稿 5 篇。
- 購買連結 20 個。

再比如，要達到收錄 10 萬個外部連結的目標，任務可以分解為：

- 內容編輯人員確保實際產品或內容頁面在 6 個月內達到 20 萬個。
- 一年內至少建立 10 個專題欄目。
- 專案經理 2 個星期內完成網站結構及導覽最終設計。
- 技術部門 2 個月內按 SEO 提供的方案完成網站結構調整及 URL 靜態化。
- 網頁最佳化人員 4 個月內完成人工調整部分重要內部連結。
- 將任務分解後才能更清楚是否有完成的可能，需要怎樣分配人員和資源，多長時間能完成。

4. 人員責任

SEO 任務分解後，每項具體任務都要分配到特定人員負責。根據 SEO 人員的自身特長分配明確具體的任務，不僅有助於提高效率，也方便監控專案進度、明確責任。

5. 時間、資源分配

列出詳細 SEO 任務及具體的負責人員後，還要規劃這些任務應該在多長時間內完成，以及其他資源如預算的分配。以外部連結建設為例，可以參考如表 13-1 所示的 SEO 計劃分配。

表 13-1　SEO 計畫分配

X	2012年1~3月					2012年4~6月					2012年7~9月					2012年10~12月				
	指標	負責人	預算	支援	完成	指標	負責人	預算	支援	完成	指標	負責人	預算	支援	完成	指標	負責人	預算	支援	完成
友情連結	75	T1			70	75	T1			90	75	T1			75	75	T1			80
WP模板	2	T2		技術部	1	1	T2		技術部	2	2	T2		技術部	2	1	T2		技術部	1
目錄提交	20	T1	1000		20	10	T1	500		8	10	T1	500		8	10	T1	500		10
新聞稿	3	H	3000	公關部	1	1	H	1000	公關部	2	2	H	2000	公關部	2	1	H	1000	公關部	2
誘餌文章	5	T3		編輯部	10	5	T3		編輯部	5	5	T3		編輯部	8	5	T3		編輯部	5

6. 流程定義和規範

每項 SEO 任務都應該有比較明確的規範，不僅有助於提高整體 SEO 工作品質，也能使新加入的員工快速熟悉應該怎樣完成自己的任務。

規範內容舉例：

- 人工撰寫標題時，怎樣進行關鍵字研究及確定標題寫作規範。
- 判斷潛在連結來源品質和價值的標準。
- 交換友情連結時使用的郵件模板，以及應該注意的事項。
- 建立專題內容時怎樣監測熱門關鍵字。
- 怎樣收集和編輯內容。
- 資源型連結誘餌概念創意過程及寫作方式。
- WordPress 模板製作規格及推廣場所、渠道。
- 與其他部落客溝通留言時的注意事項。

這些規範可以只是很簡單的幾條，但明確寫出來才能讓 SEO 人員隨時注意，不降低 SEO 工作標準。

13.5 績效考核

SEO 部門和工作人員的績效考核方法是個難點，不少公司都在摸索改進中。

網站多少個關鍵字在一段時間內排名達到前一頁或前兩頁，或者搜尋流量在幾個月內達到多少日 IP，看似是好的績效考核標準，但其實不一定準確反映出 SEO 人員的工作量和價值。排名和搜尋流量並不受 SEO 人員控制，就算 SEO 部門做了大量工作，排名和搜尋流量也可能沒有顯著提升。現在的工作，可能半年、一年後才顯現出效果，這其中不可控因素太多。僅僅因為排名、搜尋流量不理想就否定 SEO 部門的工作顯然不公平，也不能激發 SEO 們的工作熱情，不能讓 SEO 人員明確今後的工作方向。

所以排名和搜尋流量可以，也應該作為整個 SEO 部門績效考核的重要部分，但針對每個 SEO 員工的績效考核，建議加入真實反映工作量的內容。這種績效考核目標應該是具體的和可測量的。

舉幾個例子。編輯部門績效考核指標可以包括：

- 每天 1 篇原創文章。
- 每星期編輯 100 篇轉載內容。
- 每星期撰寫 1 篇資源型連結誘餌內容。
- 每天編輯、調整 10 個客戶發布的 B2B 產品資訊。
- 每個月建立 3 個熱門搜尋詞的專題欄目。

外部連結建設可以設定這樣的指標：

- 每星期聯繫 100 個潛在友情連結網站。
- 每星期確保獲得 20 個友情連結。
- 每天利用進階搜尋指令，找到 100 個可以聯繫的外部連結來源網站。
- 每星期找到並發出 10 個單向連結請求郵件。
- 每天在相關論壇發文或回文 10 篇。
- 每個月設計 2 個 WordPress 模板。

從上面的例子可以看到，衡量工作量的指標必須是某種具體行動，而且有明確數目可以衡量。只要 SEO 策略、方向正確，不使用黑帽 SEO 方法，這些具體工作量長期累積下來，一定會導致排名與搜尋流量的提高。在對 SEO 人員績效考核過程中，具體可測量的工作量應該占重要部分。

13.6　獲得高層支援

在大中型公司，沒有公司高層的全力支援，SEO 經常寸步難行。有一定規模的公司，最終的執行網站最佳化、改動網站架構、修改頁面程式碼很少是 SEO 人員直接完成的。SEO 方案和計劃通常需要交由技術、設計、內容編輯、產品等部門執

行。SEO 部門在公司裡的位置最多與其他部門平級,很多時候比技術等部門級別低,加上其他部門人員可能對 SEO 沒有什麼概念,SEO 人員要想順利推動其他部門準確執行最佳化,是一件很有挑戰性的工作。其他部門各有自己分內的工作,SEO 人員提交的最佳化方案需要排期,需要評估對網站其他方面性能、表現的影響,連一個很小的改動也要等上幾個月,這並不是罕見的情況。這時,來自高層的指示和壓力就將非常重要,往往具有決定性意義。

1. SEO 價值

公司高層一般不會對 SEO 技術細節感興趣,但是會對 SEO 帶來的價值與好處很感興趣。SEO 人員為說服高層,可以在前期關鍵字研究的基礎上,以明確詳細的資料及圖表說明 SEO 對公司營收的價值。

比如使用下面這類資料和邏輯。當然,做成圖表為主的 PPT 效果更好。

- 公司業務最主要的 3 個關鍵字,在 Google 月搜尋總次數為 20,000 次。

- 根據搜尋結果前 10 名點擊量分布,排在第 1 名的結果將獲得約 42% 的點擊。如果 3 個關鍵字都排在第 1 名,將獲得 8400 個搜尋流量。如果排在第 5 名,點閱率為 4.9%,也將獲得 980 個搜尋流量。

- 經過關鍵字研究,網站分類頁面設定二級關鍵字 50 個,總搜尋次數為 50,000。如果都排在第 1 位,將獲得 21,000 個點擊。排在第 5 位將獲得 2450 個點擊。假設 50 個關鍵字排名成功率 50%,最好獲得 10,500 個點擊,最壞也將獲得 1225 個點擊。

- 如果 SEO 較為成功,一級和二級關鍵字將獲得 18,900 個點擊。

- 通常大中型網站長的尾流量至少占總流量的 60% ～ 70%,所以一個成功執行 SEO 的網站,首頁、分類頁面加上長尾流量,將獲得 63,000 個點擊流量。

- 基於網站現有轉化率為 1%,63,000 個流量將帶來 630 個訂單。網站平均每單銷售額為 100 元,搜尋流量將帶來 63,000 元的訂單。網站歷史資料顯示,平均利潤率為 30%,上述搜尋流量將帶來 18,900 元毛利。

- SEO 成功實施後,預計可以為網站每月帶來 63,000 個 IP 流量,以及 63,000 元銷售額、18,900 元毛利。

公司高層可以對技術細節不感興趣,但是對具體的流量及收入成長潛力一目了然。雖然上面提到的數字都是估算,如關鍵字搜尋次數、各個排名位置的點閱率、能達到的排名等,但至少可以給公司高層一個數字上的概念。

當然,再成功的 SEO 執行也不可能把所有關鍵字都做到第一位。SEO 部門應該根據自身人員、資源投入、競爭對手情況,估計可以實現的目標,列出最好情況下的 SEO 價值,能帶來的銷售額及毛利的成長,以及正常和最差情況下的預期數字。

2. 競爭對手情況

有時候指出競爭對手排名和搜尋流量的良好表現,和自己因為沒有做 SEO 而失去的市場機會,能帶給高層更大緊迫感。SEO 部門可以在報告中列出主要競爭對手目前的關鍵字排名情況,根據百度指數等工具估算可能得到的流量數字,競爭對手流量占據總搜尋次數的市場占有率,競爭對手在 SEO 方面做了哪些工作等,高層人員對同行業整體市場占有率分布將有更清晰的了解,對自身網站可能的成長潛力也會有更清晰的預期。

3. 預算

天下沒有白吃的午餐,實現 SEO 價值不可能沒有代價。SEO 部門需要根據前面 SEO 流程中提到的任務分解、時間資源分配,計算未來一段時間需要投入的人員、資金,以及需要其他部門配合的地方,做出 SEO 專案的預算。

4. 設定期望值

SEO 可能帶來的收入和盈利潛力,通常會是個很讓人期待的數字。不過還要給高層設定一個現實的期望值。不要讓老闆覺得經過 SEO,流量和銷售就唾手可得、板上釘釘,以免期望越大,日後失望越大。

提交給高層的報告中應該明確指出存在的風險和代價,除了預算,還包括執行 SEO 需要比較長的時間,通常需要至少 6 ～ 12 個月,不要把 SEO 與搜尋競價相提並論。SEO 成功與否、成功到什麼程度,不是自己能夠決定的,就算 SEO 策略、方法完全正確,執行也到位,還必須考慮到搜尋引擎演算法的改變、其他部門的配合、競爭對手加強 SEO 力度等情況。

5. 執行報告

為持續獲得高層支援，定期提交 SEO 報告是必要的。

首先需要確定流量分析及跟蹤主要關鍵字排名所使用的軟體或工具，一旦確定了就不要輕易更改。每種工具都有自己的局限性，不同工具在同一時間記錄的資料很可能不同，但只要持續使用相同工具就可以了，各項資料隨時間變化的趨勢才是最重要的。然後設定報告中應包含的各項 SEO 指標，包括收錄數、各級關鍵字排名、總搜尋流量、轉化率、搜尋流量帶來的銷售收入等。

為了準確顯示 SEO 效果，設定必須比較基準，包括兩部分：一是 SEO 執行前網站的收錄數、排名、流量等；二是主要競爭對手的收錄數、排名、流量。

每個月甚至每個星期，固定時間記錄各項指標的變化情況。最好能以圖表形式顯示出隨著時間推移，收錄數、排名與流量相對於最初基準的成長或下降情況。

完善的執行報告既能向高層顯示 SEO 的效果，也能讓 SEO 部門明確工作行程和效果。看到各項指標數字的成長，日常看似無聊的內容編輯、連結建設，都將變得有意義。

13.7　溝通、培訓及規範

由於各部門任務分配交叉，很多最佳化工作並不是 SEO 人員最終直接完成的。公司越大，越依靠其他部門執行 SEO 方案。SEO 部門經常處於策劃、建議、監督的位置，程式碼的修改需要技術部門完成，頁面最佳化需要前端人員，網站欄目規劃、建立需要產品部門完成，撰寫和編輯內容需要編輯部門完成。

1. 溝通

SEO 部門有責任使公司所有部門意識到 SEO 的價值，SEO 的成功與否關係到整個公司和網站的績效甚至成敗。沒有流量，程式、內容都將失去意義（當然，SEO 只是網路行銷、吸引流量的其中一個方法）。

與其他部門的積極溝通十分重要，SEO 專案經理的重要工作內容之一就是溝通。溝通技巧與 SEO 技術本身關係不大，不再詳細討論。唯一的建議是，SEO 部門可以設定一個 SEO 進度內部公告板，供公司全體查看。公告板上貼出 SEO 工作目標及分解後的詳細任務，以及時間、責任分配表，明確哪些工作應該由哪個部門在哪段時間完成，標註工作完成進度。對於沒有完成的工作，高層及全體人員都可以從公告板中看到責任在哪個部門，進而督促公司全體人員按計劃執行設定好的 SEO 任務。

2. 內部培訓

內部培訓也是 SEO 部門的重要工作內容之一。其他部門人員對 SEO 細節畢竟不能完全理解，對 SEO 任務中的具體工作很可能知其然而不知其所以然。我在顧問諮詢服務過程中就經常遇到這種情況，技術部門人員沒能充分理解最佳化細節的真正目的，自由發揮，使用他們自己認為有同樣效果的其他方法，其實與 SEO 要達到的效果南轅北轍。

要確保其他部門能準確執行 SEO 計劃，並且在他們自己的日常工作中不要犯致命的 SEO 錯誤，SEO 部門最好能夠定期組織內部 SEO 培訓，講解 SEO 基本原理及最新趨勢，尤其是為技術、產品和內容編輯部門。對大中型公司來說，內部 SEO 培訓幾乎是必須的。

3. 建立規範

建立網站 SEO 規範也是 SEO 部門的重要工作內容。網路公司人員流動頻繁，新來的員工很可能對 SEO 一無所知。給各部門發布需要遵守的 SEO 規範，是保證網站不出現重大技術失誤的重要方法。SEO 專案經理應該為各部門制定簡單而明確的技術規範，規範文件不需要很長，幾頁內容就能防止網站上出現重大搜尋引擎不友善內容。

舉例來說，給技術部門的規範可以包括：

- URL 命名系統規範。
- 系統自動生成頁面 Title、H1 標籤、圖片 ALT 文字規範和格式。

- 網站地圖生成規範。

- 麵包屑導覽規範。

- CSS、JavaScript 腳本使用規範。

- 網站內部連結及欄目設定規範。

給內容編輯部門的 SEO 規範可以包括：

- 關鍵字研究流程。

- 文章標題寫作規範和舉例。

- 文章關鍵字分布要求。

- 正文內部連結生成方法及規範。

- 監測熱門關鍵字及建立專題流程。

- 使用者貢獻內容審核編輯規範。

筆者的部落格上有一份技術部門 SEO 規範，讀者可以下載參考：

https://www.seozac.com/seo-guidelines.pdf

大中型網站的 SEO 不是 SEO 部門或人員本身能完全控制的，必須依靠其他部門的配合才能達到最好效果。

13.8　應急計劃

雖然誰都不希望 SEO 專案出現問題，但搜尋排名和流量不是自己能控制的，出問題是很正常的，應該提早做準備。商業網站更應該有適當的應急計劃。

1. 監控

應急計劃的第一部分是隨時監控。SEO 出現問題的常見現象主要有兩方面，一是總搜尋流量下降，二是網站主要關鍵字排名大幅下降。

搜尋流量週期性波動很正常，比如週末流量通常會比工作日低很多，有的網站可能會低 30% ～ 40%。但同樣在工作日，如果總搜尋流量下降 20% 以上，說明很可能出現了問題。

一般來說，單個關鍵字排名波動也很正常，尤其對大中型網站來說，一部分關鍵字排名上升，另一部分排名下降是正常現象，只要總搜尋流量穩定，通常不是問題。

網站核心關鍵字排名在 20 名以內波動，一般也是正常現象。但如果突然下降三四頁以上，說明很可能 SEO 方面出現了問題，網站被降權。

第 8 章所提到的日常監測內容對判斷和啟用應急措施起到至關重要的作用。網站如果同時出現下面三種情況，應該啟動應急措施：

- 總搜尋流量下降 20% 以上。
- 首頁主關鍵字下降三四十位以上。
- 所有長尾關鍵字排名整體明顯下降。

2. 替代流量

個人網站的搜尋流量下降一段時間，一般還可以承受，最多是收入減少。但對某些嚴重依賴搜尋流量的公司網站來說，搜尋流量大幅下降很可能給公司營運帶來致命性的打擊，尤其是完全依靠網站進行銷售的電子商務公司。流量大幅降低，但客服、庫存等營運成本不會下降，為維持公司運作，必須立即啟動替代流量來源，哪怕不賺錢，至少可以維持現金流，為改進 SEO 贏得時間。

最方便的替代流量來源是搜尋廣告，只要開通 GoogleAds 帳號，設定相應關鍵字，立即會帶來流量，而且流量品質與免費搜尋流量不相上下。

另一個立即會有效果的替代流量是網站自身積累的郵件列表。無論是免費電子雜誌的訂戶，還是資料庫中的付費使用者，這時都可能成為最好的暫時替代流量來源。只要運用資料庫中的電子郵件發幾封推廣郵件，就可以帶來不少重複流量，把以前的使用者拉回網站。電子郵件行銷是最有效的網路行銷方法之一。

網路廣告、事件行銷、論壇行銷等也都可以作為替代流量來源選項。

3. 網站診斷

確定 SEO 方面出現了問題，在啟動替代流量的同時，要立即對網站進行問題診斷。除第 9 章中提到的診斷過程和方法，還應注意以下幾點：

在監控自己網站的同時，也要注意主要競爭對手網站排名情況，查看他們的整體排名是否都有下降？如果以前排名不錯的主要競爭對手排名都下降，很可能說明問題在於搜尋引擎調整演算法。那麼排名下降的網站有沒有共同特徵？新上來的網頁又有什麼共同特徵？

關注搜尋及 SEO 界的最新趨勢。與同行的溝通聯繫此時就顯得很重要。當搜尋引擎演算法有重大變化時，業界人士通常會在部落格、論壇中討論，提出可能的原因及補救方法。有的時候搜尋引擎演算法更新效果不如預期，過幾天還可能還原。這時要多聽多看，先不要輕舉妄動。

關注關鍵字搜尋趨勢。使用 Google 趨勢之類的關鍵字工具查看搜尋流量下降是否是因為使用者關注度及搜尋次數下降。如果整個產品線或行業關注度都下降，就不是網站自身努力所能補救的了。

仔細查看以前記錄的網站修改日誌。前面提到的網站修改日誌對診斷 SEO 問題至關重要。如果只是自己的網站出現問題，很可能是在這之前某個時間的網站修改有方向性錯誤，分析哪些修改最有可能導致問題，是否有過度最佳化之嫌，嘗試逐步修改回原始狀態。

有的時候網站搜尋流量整體下降並不能找到具體原因。這時只能繼續增加高品質原創內容，改進使用者體驗，吸引高品質外部連結，累積域名權重，等待搜尋引擎重新評估網站。

14

搜尋引擎演算法更新

前面的章節討論了很多 SEO 技術。本章歸納了 Google 的演算法更新，並詳細介紹了其中幾個比較重要的演算法更新。讀者可以把本章的列表當作速查手冊使用。

搜尋引擎演算法更新是十分頻繁的。絕大部分演算法的改進或變動影響範圍有限，使用者和 SEO 都覺察不到。對搜尋排名影響大的演算法更新，搜尋引擎公布或承認了一部分，有的還給出了名稱。本章列出的演算法更新都是搜尋引擎官方公布或承認的，歸納的資訊包括更新上線時間、主要影響範圍和演算法針對目標。了解演算法更新歷史，能使 SEO 更深入理解搜尋引擎關注點的發展脈絡，也是 SEO 診斷網站、採取行動的重要依據之一。

14.1 Google Dance

Google Dance 是 SEO 界很有名，但也經常被誤解的一個概念。

14.1.1 什麼是 Google Dance

Google Dance 指的是 2003 年以前，Google 每個月進行一次的整個索引庫和演算法更新。在這個更新過程中，頁面索引庫會加入新頁面、刪除舊頁面，排名演算法也有重大改變，很多網站排名有大幅變化。由於 Google 有很多資料中心，新的索引

庫及演算法在多個資料中心同步更新就需要一段時間。在這段 Dance 期間，一部分網站排名上下浮動，不同使用者看到的排名也不一樣，同一個使用者在不同時間可能訪問的是不同的資料中心，看到的排名也可能不一樣。所以整個 Google 搜尋排名處於一種上躥下跳的狀態，這也就是叫「Google Dance」的原因。

從 2000 年 7 月開始，WebmasterWorld 每個月開一個新帖，討論每次 Google Dance 情況，一直到 2003 年 2 月的 Boston 更新第一次有了名稱，在這之前的 Google Dance 都是沒有名字的。

2003 年 2 月波士頓舉行的 SES 大會上，Google 員工將當月更新命名為 Boston，以示和其他 Google Dance 的區別。WebmasterWorld 創始人 Brett Tabke 認為給更新取名字是個挺好的主意，所以就效仿美國國家颶風中心給颱風命名的方法為 Google 演算法更新命名，按字母排序，男名女名間隔，也得到了 Google 的首肯。所以早期的 Google 演算法更新大多是 WebmasterWorld 命名的。2003 年的幾次 Google Dance 名稱如表 14-1 所示。

表 14-1　2003 年的幾次 Google Dance 名稱

時間	Google Dance 名稱
2003 年 2 月	Boston
2003 年 4 月	Cassandra
2003 年 5 月	Dominic
2003 年 6 月	Esmeralda
2003 年 11 月	Florid

2003 年 11 月進行的 Florida 更新，是所有 Google Dance 中最著名的一次，SEO 從業人員也都耳熟能詳。Florida 也是 WebmasterWorld 命名的，因為他們的命名方法該排到字母 F 開頭了，而第二年 2 月他們要在佛羅里達的奧蘭多舉行 PubCon 大會，所以就取名 Florida。在這次更新中，很多經過 SEO 的網站排名一夜之間消失得無影無蹤，一些網站排名從此再也沒有復原。Florida 更新為 SEO 界帶來了翻天覆地的影響，一些靠搜尋流量的小公司倒閉，有的 SEO 公司陷入困境。Florida

更新的後果大到，Google 曾經承諾，以後不在年底上線這麼大的更新了，以免劇烈影響很多商家的購物季銷售業績。

Florida 更新打擊了一系列不自然的最佳化方法，包括隱藏文字、關鍵字堆積、連結農場、大量交換連結、過度最佳化。Florida 更新徹底改變了 SEO，可以說是現在 SEO 方法的起點。

14.1.2 Google 不再 Dance

2004 年以後，Google 已經停止了 Google Dance。這是很多 SEO 人員誤解的地方。直到現在很多人一看到網站的 Google 排名有些變化，就說 Google 又 Dance 了，其實 Google 已經不 Dance 很久了。2004 年以後，Google 演算法更新都是以一種不間斷的，但是小幅度的方式進行，不是每個月大更新一次，而是新的網頁不斷進入索引庫，新的排名演算法也隨時啟用。這種新的更新方式被稱為 everflux。

在 2003 年以後才開始接觸 SEO 的人，沒有親身體驗過當年 Google Dance 帶來的影響，很難對此有感性認識，不能感受到 Google Dance 與現在 everflux 更新的區別，所以一看到排名變化就認為是 Dance 了。

Google Dance 的另一個意思是指 Google 在 SES 搜尋引擎大會上組織和贊助的晚會。這個被稱為 Google Dance 的晚會也早已經停辦了。

14.2 Google 的熊貓更新和企鵝更新

14.2.1 熊貓（Panda）更新

2011 年 2 月 23 日，Google 上線了一個針對低品質內容的懲罰演算法，即著名的熊貓（Panda）演算法，這個演算法對 SEO 界影響深遠。

最初這個演算法被 Search Engine Land 的 Danny Sullivan 稱為 Farmer（農夫）更新，因為被懲罰的很多網站是內容農場類的，也就是批次製作出來的、品質很低

的內容頁面。後來 Google 負責搜尋的副總裁 Amit Singal 和反垃圾組負責人 Matt Cutts 在接受 wired.com 專訪時說，Google 內部把這個更新稱為 Panda，因為寫這個程式碼的主要人物之一名字是 Panda。

Panda 演算法判斷頁面品質的基本方法是：將頁面發給外部品質評估員做內容品質評估，並問一些問題，諸如「你會很放心把信用卡資料交給這個網站嗎？」有一位工程師專門設計了很多這種問題，然後 Google 透過機器學習，找出低品質內容的定義和特徵。同時，Google Chrome 瀏覽器有網站黑名單（為了避免歧視性用語的爭議，2020 改名為封鎖名單）功能，使用者可以把不想看到的網站列入黑名單。這個黑名單資料沒有被用在演算法中，但將 Panda 演算法的結果與 Chrome 黑名單資料做比較，發現有 84% 的重疊率，說明 Panda 演算法對內容品質的判斷是比較準確的。

Panda 第一期演算法上線後影響了 12% 的搜尋結果。有的受影響的網站損失搜尋流量高達 90%，而且從後來的發展看，要恢復是很困難的，需要對網站內容品質做根本性的提升。

Panda 演算法更新是針對整個域名的，但不同頁面和欄目被懲罰的程度和方式可能是不同的。一個欄目下低品質內容多，整個欄目可能會被懲罰得更嚴重，欄目下個別品質高的頁面也被牽連。有的頁面雖然被懲罰，但如果有其他高品質內容，可能懲罰效果並不明顯。

Panda 演算法懲罰的是頁面，不分關鍵字，一旦被懲罰，所有關鍵字排名全部大幅下滑。

Amit Singal 在 Panda 演算法上線三個月後發表了一篇章，專門探討了 Panda 演算法，解釋了「一些影響我們演算法發展的想法和研究」，列出了一些「我們在寫評估網站品質的演算法時會問我們自己的問題」。搜尋引擎不會告訴我們具體演算法，但了解搜尋工程師寫演算法時的思維方式對我們判斷自己網站的品質肯定大有幫助。

這些問題到現在也沒有過時，對任何語言的網站都適用。

- 你信任這篇文章呈現的資訊嗎？
- 這篇文章是深入了解這個話題的專家或愛好者寫的，還是只是很淺顯的東西？
- 網站上是否有相同或相似主題的重複、內容重複或多餘的文章，區別只是一些關鍵字變化形式？
- 你能安心地把信用卡資料交給這個網站嗎？
- 這篇文章是否有錯字、文法或事實錯誤？
- 這些話題是為滿足網站讀者的真正興趣寫的，還是靠試圖猜測什麼能獲得好的搜尋排名而製造的內容？
- 文章是否提供了原創內容或資訊、原創報告、原創研究或原創分析？
- 與搜尋結果中其他頁面相比，這個頁面是否提供實質價值？
- 內容做了多少品質控制？
- 文章是否描述了一件事的正反兩面？
- 這個網站是否被認為是相關話題的權威？
- 內容是否由大量寫手批次製作，或者外包給他們，或者內容分散在大量站群網路上，因而單個頁面或網站得不到多少關注？
- 網站是經過了認真編輯的，還是顯得草草了事？
- 對一個健康相關的查詢詞，你會信任這個網站的資訊嗎？
- 提到網站名稱時，你能判斷出這是不是一個權威消息來源嗎？
- 文章是否提供了話題的全面、完整描述？
- 文章是否包含並非顯而易見的、有見地的分析或有意思的資訊？
- 這是不是你會收入書籤、與朋友分享、向朋友推薦的那種頁面？
- 文章是否有大量廣告，干擾到主體內容？
- 你覺得這篇文章有可能會出現在印刷的雜誌、百科全書或書籍中嗎？
- 文章是否很短，或缺少有用的具體細節？
- 頁面製作是非常關注細節，還是不太注重細節？
- 使用者看到這個網站的頁面會不會不滿意？

典型的低品質內容頁面是這樣生產的。一個包羅萬象的內容網站，SEO 做大範圍關鍵字研究，列出有搜尋量的查詢詞，然後將文章寫作外包給印度等地的大學生（成本低、英語好），由他們按分配到的關鍵字批次製作內容。由於關鍵字數量龐大，很可能無法對關鍵字進行合理歸類、整理，所以經常出現「怎樣學習彈鋼琴」和「如何學好鋼琴」被分配給不同寫手的情況，寫出多篇文章，其實完全是一個意思，沒必要寫成不同文章。這些寫手通常也不是專家，只能上網四處收集、拼湊內容，稍好一點的會進行改寫。結果就是，一篇以「如何學習彈鋼琴」為標題的文章，告訴讀者得先買一架鋼琴，到琴行如何殺價，學鋼琴應該去德國留學等。文章裡頭是有關鍵字，語義分析也是相關的，但對讀者而言，基本是沒用的。

很多大量製造低品質內容的內容網站被 Panda 演算法懲罰，SEO 們意識到高品質內容不僅要相關、全面，還要原創、有深度、有獨特價值、真正對使用者有幫助、贏得使用者信任。

Google 共進行了 29 次幅度不同的 Panda 更新，最後一次是 2015 年 7 月的 Panda 4.2，歷時幾個月才結束。在那之後，Panda 演算法成為 Google 核心演算法的一部分，沒有單獨的更新和名字了。

14.2.2 企鵝（Penguin）更新

2014 年 4 月 24 日，Google 上線了針對垃圾和作弊網站的懲罰演算法：企鵝（Penguin）演算法。後續的分析發現，Penguin 演算法懲罰對象以垃圾連結和低品質連結為主。Penguin 演算法對 SEO 界外部連結建設的思維及方法產生了巨大影響。

Penguin 1.0 上線影響了 3.1% 的英文查詢，3% 左右的中文、德文等查詢。據調查，60% 的 SEO 反映自己有網站被 Penguin 演算法懲罰過。Google 先後上線了 7 次 Penguin 更新，最後一次上線是 2016 年 9 月的 Penguin 4.0。那以後，Penguin 演算法成為 Google 核心演算法的一部分，即時上線。

最初的 Penguin 演算法是週期性計算、集中上線，被懲罰的網站即使做了改進，在下一次 Penguin 更新上線前都只能保持被懲罰狀態。成為核心演算法一部分、

即時上線後，隨著頁面被重新抓取索引，資料隨時重新計算，也就隨時更新懲罰或不懲罰狀態。

早期的 Penguin 演算法是針對整站的，Penguin4.0 上線後更溫和一些，可能只影響特定頁面或網站的一部分。

Penguin 的另一個演變是，早期 Penguin 演算法會懲罰有垃圾連結的網站，Penguin 4.0 以後改為忽略垃圾連結，大大降低負面 SEO 的可能性。

除了清理頁面上有可能被認為是作弊的東西，如關鍵字堆積、隱藏文字、隱藏頁面等，受 Penguin 演算法影響的網站還需要清理外部連結，諸如：

- 以商業性關鍵字為錨文字的外部連結比例過高。
- 文字連結和來自部落格的外部連結比例過高。
- 外部連結增加速度過快。
- 外部連結數量多，權重也高，但可信度低。
- 買賣連結痕跡明顯。
- 大量黑鏈及來自含有病毒、惡意軟體下載網站的外部連結。
- 以完全匹配關鍵字為錨文字的外部連結過多。
- 大量交換連結。
- 論壇、部落格群發連結。

由於垃圾外部連結是 Penguin 演算法懲罰的最重要原因，在 Penguin 更新後，相信很多做英文網站的站長都注意到一個現象，不僅聯繫交換連結的情況大幅減少，很多站長反倒開始要求把以前交換過的連結撤下來。

以前有很多提供外部連結建設服務的 SEO 公司，現在又出現一個新興行業：幫站長清理外部連結。更有趣的是，現在要幫你清理外部連結的，常常就是以前幫你建設這些垃圾外部連結的公司。甚至還出現了這樣賺錢的，建一批純垃圾網站，把你的網站連結放上去，然後找你或者等你找他，若想把連結拿下來，可以，請付費。

在 Penguin 更新後，負面 SEO 也開始成為 SEO 們擔心的焦點之一。就算 Penguin 4.0 後的演算法處理是忽略垃圾連結，不是自動懲罰，但因為垃圾連結被人工懲罰依然是可能發生的。

受 Penguin 更新影響的網站，最好能清理低品質的外部連結。從 Google 站長工具和 Moz 工具、Majestic SEO 等服務下載盡量多的外部連結資料，把自己以前建設的外部連結審查、清理一遍，是否屬於垃圾連結，其實 SEO 自己心裡是清楚的，不要自欺欺人。不熟悉的域名人工查看後發現垃圾網站，嘗試聯繫對方拿下連結，但通常對方不會搭理，那就盡快在站長工具中拒絕這些外部連結。

Penguin 更新給了 SEO 們一個教訓，以前熱衷於交換連結、論壇部落格群發、買賣連結等行為，一時也沒有負面影響，還常常對排名有效。但搜尋引擎一旦找到對付方法，上線新演算法，以前的債就要一起還了。這迫使 SEO 們回歸經營網站的根本，提供好的內容，透過口碑、內容傳播，自動吸引外部連結。

14.3　Google 核心演算法更新及 E-A-T 概念

近兩年，Google 很少公布針對特定問題的演算法更新，公布的基本上都是所謂核心演算法更新（Core Algorithm Update）。

14.3.1　Google 核心演算法更新

2018 年 3 月 4 日開始，Google 排名大幅波動，持續了將近兩週，Glenn Gabe 將其稱為 Brackets Update。Google 確認了這次更新，但沒有給出更多資訊，只是表示像這樣的全面核心演算法更新，每年會有幾次。Google 解決特定問題的更新，通常在內部稱為 focused，這種不針對特定問題的，稱為 core update，也就是核心演算法更新。

2018 年 8 月 1 日，SEO 相關論壇開始有人反應網站排名和搜尋流量出現大幅變化。Google 官方 Twitter 當天確認這是一次全面核心演算法更新（Broad Core Algorithm Update）。Google 表示這次更新是全球範圍，針對所有網站、所有查詢

詞的。不過一些統計表明，某些行業受的影響更大，受影響最大的是健康醫藥行業，所以 SEO 們又把這次更新稱為 Medic Core Algorithm Update。

2019 年 3 月 12 日開始，SEO 相關論壇很多人發現 Google 排名有大幅度變化，應該是有比較大的演算法更新。WebmasterWord 的 Brett Tabke 一時興起，在命名 Florida 更新 15 年後，再次把這次更新命名為 Florida 2 更新，因為他們剛好在佛羅里達開完 PubCon 大會。Google 官方很快承認確實上線了核心演算法更新，為了避免 SEO 們混淆，把這次更新正式命名為「2019 年 3 月核心更新」（March 2019 Core Update），並表示以後核心演算法更新命名都用這種格式，更新類型和時間都一目了然。到 2020 年 12 月為止，Google 又上線了幾次核心演算法更新：2019 年 6 月，2019 年 9 月，2020 年 1 月，2020 年 5 月，2020 年 12 月。

14.3.2　被核心演算法更新影響怎麼辦？

Google 在每次核心演算法更新後都表示，沒辦法針對核心演算法更新進行最佳化，SEO 們能做的只是專心做好高品質內容。如果 Google 演算法更新是針對特定問題，如頁面速度、連結、行動友善等，他們會公布的，但這種核心演算法更新是全面性的，SEO 沒什麼能最佳化的，Google 的原話是「no fix」。在更新中排名下降也不一定是頁面有問題，而是其他頁面以前被低估，現在被重新認可上升了。

那麼，什麼樣的內容會被 Google 認為是高品質的呢？以前是 SEO 權威、2017 年加入 Google 的 Danny Sullivan 多次建議 SEO 們仔細研讀《Google 搜尋品質評估指南》（簡稱「指南」）。這份指南是 Google 品質評估員的訓練教材，2008 年就開始在網路上流傳，2013 年 Google 直接提供官方下載[1]了。

Google 品質評估員是 Google 透過第三方公司聘用的約聘或兼職，工作內容就是對搜尋結果進行評估。他們大部分不是站長或 SEO，只是一般使用者，很多是主婦、無業人員、學生，他們是從一般使用者的角度評估搜尋結果和頁面品質的。當然，也有 SEO 做評估員的，我就認識幾個。全球有大約 1 萬名品質評估員。應徵人員需要透過考試，一部分是 24 道理論題，另一部分是 270 道實作題，要求較

1　https://services.google.com/fh/files/misc/hsw-sqrg.pdf

高，所以必須有訓練教材。指南發布了好幾個版本，讀者感興趣的話可以到我部落格下載最新及歷史版本[2]。

14.3.3 YMYL 網站及 E-A-T 概念

2019 年版的《Google 搜尋品質評估指南》引起 SEO 們最大關注的是兩個概念：一個是 YMYL 類型頁面，一個是 E-A-T 概念。

YMYL 是 Your Money or Your Life 的簡寫，我把它翻譯為「要嘛要錢，要嘛要命」類頁面，指的是影響使用者未來快樂、健康、財政穩定、安全等的頁面，包括：

- 購物網站，以及可以線上轉帳、付帳單等交易的頁面。
- 提供有關投資、稅務、退休計劃、買房、大學學費、買保險等方面建議或資訊的頁面。
- 提供健康、藥物、疾病、精神健康、營養等方面建議或資訊的頁面。
- 提供重要公眾資訊的官方或新聞頁面，如涉及當地 / 國家政府政策、流程、法律、災難應急服務等資訊的頁面，涉及重要國際事件、商業、政治、科技等的新聞頁面。這部分需要評估員運用自己的知識和判斷力，不是所有新聞頁面都屬於 YMYL 頁面。

Google 對 YMYL 頁面有最高要求，要想得到頁面品質高分，需要審查：

- 達到頁面的目的，滿足使用者搜尋需求。
- 專業度、權威度、可信度，也就是所謂 E-A-T（下文將進行說明）。
- 高品質內容，包括文字、圖片、影片、功能。除了品質，還要求有合適的數量。
- 網站背景資訊、主體內容創作者資訊，包括網站本身描述的和其他資訊來源的。
- 網站和主體內容創作者聲譽，主要依據獨立資訊來源判斷。

尤其要注意的是，品質評估員不僅要看頁面本身，還會到其他資訊來源調查網站及內容創造者的背景和聲譽。

2　https://www.seozac.com/google/google-quality-rating-guidelines/

所謂 E-A-T，是英文 Expertise, Authoritativeness, Trustworthiness 的縮寫，也就是頁面的專業度、權威度、可信度。頁面內容質量所表現出的時間、人力等成本，所需要的專業性、才能和技巧，往往是 E-A-T 高低的依據之一。同樣，網站負責人、內容創作者背景、名譽等第三方資訊也是 E-A-T 的判斷依據之一。

內容本身的高品質要求是顯而易見的。值得注意的是，以前大家比較少考慮的內容創造者的專業資質要求。

有些類型或主題的頁面，對正規專業資質沒那麼高的要求。比如回答癌症患者存活期這類問題的論壇貼文，雖然與醫藥有關，屬於 YMYL 主題，但這個具體問題並不需要什麼特殊專業資質，需要的只是相關生活經驗。

再比如很多極為詳細、對使用者很有幫助的餐廳、酒店評論，還有食譜、笑話之類的網站，也沒什麼正式專業要求，有真實消費或實際體驗就行。

這種頁面內容創作者只要有足夠的相關生活經驗，就可以成為這個領域的專家，不需要正規學歷、訓練，Google 稱之為「日常生活專業度」，同樣予以重視。在部分主題下，具有日常生活經驗的普通人才是真正的專家。

有些主題則不同，尤其是 YMYL 頁面，需要正規的專業性，而專業性是權威性和可信度的前提。這類主題如下：

- 醫療建議類內容要想獲得 E-A-T 高分，內容創作者應該是有醫學相關資質的機構或個人。另外，醫療建議類內容使用專業格式，經常編輯更新。

- 高 E-A-T 的新聞文章應該是專業記者寫的，而且要事實準確、條理清晰。高 E-A-T 的新聞源通常會公布成熟的編輯準則和詳細審核過程。

- 高 E-A-T 的科學話題內容應該是具有適當的科學專業性的機構或個人寫的。如果是科學界有共識的問題，文章應該代表共識意見。

- 高 E-A-T 的金融 / 財政、法律、稅務建議類內容應該來自被信任的資訊來源，且經常維護、更新。

- 有些日常但還是需要些專業性的話題，如房屋改建、養兒育兒，高 E-A-T 的內容還是應該來自專家或使用者可以信任的有經驗人士。

- 業餘愛好如攝影、彈琴，高 E-A-T 的內容也需要專業性。

了解 Google 近幾年核心演算法更新歷程及 E-A-T 概念後，很多 SEO 會心生感慨，SEO 也太難了，這些都遠遠超出 SEO 控制範圍了。也許這就是 Google 的目的和 SEO 的未來，在解決技術問題和頁面抓取、頁面易用性和使用者體驗後，SEO 接下來就要比拼專業內容品質了。

14.4 Google 演算法更新列表

下面是 Google Florida 演算法之後的更新列表。最新完整 Google 演算法更新列表，讀者可以參考部落格「SEO 每天一貼」中的文章《Google 演算法更新大全》[3]。

文章會隨時更新，具有時效性。

Florida Update

上線時間：2003 年 11 月

受影響網站：以商業意圖明顯的關鍵字為主。

Florida Update 打擊了一系列不自然的最佳化方法，包括隱藏文字、關鍵字堆積、連結農場、大量交換連結、過度最佳化等。

Brandy Update

上線時間：2004 年 2 月

受影響網站：連結錨文字作用提高，連結需要來自好鄰居的概念第一次被提出來。索引庫成長，抓取索引了很多新的連結，一些網站獲得了更高權威度。

Allegra Update

上線時間：2005 年 2 月

受影響網站：不明確，或者說範圍廣泛，包括低品質外部連結、關鍵字堆積、過度最佳化等。

3　https://www.seozac.com/ gg/google-algorithm-updates/

Jagger Update

上線時間：2005 年 9 ～ 11 月

受影響網站：Jagger 分 3 個階段上線，所以包含了有 Jagger1、Jagger2、Jagger3 名字的網站。Jagger 更新主要打擊低品質連結，如交換連結、連結農場、買賣連結等。

大爸爸（Big Daddy）

上線時間：2005 年 12 月至 2006 年 3 月

大爸爸是一次 Google 演算法基礎架構的重寫，解決了網址規範化、301 轉向、302 轉向等技術問題。大爸爸是逐個資料中心更新的，不是同時上線。

大爸爸這名字怎麼來的？據 Matt Cutts 文章中表示，在 2005 年 12 月的 PubCon 會議上，Matt Cutts 徵求大家對這次更新的回饋，Matt Cutts 知道更新已經在一個資料中心上線了，所以問大家有什麼好名字來代表這個資料中心，一位站長說，叫 Big Daddy 吧，他的孩子就這麼叫他的，Matt Cutts 覺得不錯，就使用這個名字了。

Vince/ 品牌更新（Vince/Brand Update）

上線時間：2009 年 2 月 1 日

受影響網站：大品牌網站頁面在很多查詢結果中（都是非長尾的大詞）排名顯著提高，所以最初被稱為品牌更新。

Matt Cutts 後來解釋，這次更新其實只是很小的變化，負責的 Google 工程師名字叫 Vince，所以 Google 內部代碼名稱是 Vince。這個變化並不是刻意針對大品牌的，而是提升可信度在排名中的作用，而在可信度、品質、連結這些方面，大品牌更有優勢，所以表現出來的效果好像是大品牌頁面被提升。

頁面速度因素（Page Speed Ranking Factor）

上線時間：2010 年 4 月

受影響網站：顧名思義，打開速度快的頁面排名會給予提升，雖然幅度不大。速度的測量包括蜘蛛抓取時頁面的反應速度和工具列紀錄的使用者打開頁面時間。

2013 年 6 月，Matt Cutts 暗示，速度特別慢的頁面可能會被懲罰，不過也不用特別擔心，除非頁面速度慢到一定程度才會有影響。

Mayday Update

上線時間：2010 年 4 月 28 日至 5 月 3 日

受影響網站：根據 Matt Cutts 的影片說明，Mayday Update 主要針對長尾查詢詞，演算法會尋找哪些網站的頁面品質更符合要求。SEO 們的觀察是，受影響的主要是大型網站上與首頁點擊距離比較遠、沒什麼外部連結、內容沒有什麼附加價值的頁面。很多電商網站的產品頁面就是這樣的，內容是供應商給的，也不大可能有外部連結。

咖啡因更新（Caffeine Update）

上線時間：2010 年 6 月 1 日

咖啡因更新是一次索引系統程式碼的重寫，新系統對舊系統 50% 的內容更新，索引數量更大，更有擴展性，速度更快。原來的索引系統是分層的，有的內容（重要內容）抓取索引更快，有的內容就得等比較長時間。咖啡因系統把網路分成小區塊，持續更新索引庫，發現新頁面或老頁面上的新內容，直接進入索引庫。

負面評價處理（Negative Review）

上線時間：2010 年 12 月 1 日

受影響網站：這個演算法起源於 Google 員工讀到了《紐約時報》的一篇報導，一位顧客在某商家的體驗很差，所以上網寫了負面評論，但負面評論卻給商家帶來更多連結，連結又導致商家網站排名上升，帶來更多生意。Google 很快採取措施，檢測這類負面評論的情緒意義，降低相應商家排名。

採集懲罰演算法（Scraper Algorithm）

上線時間：2011 年 1 月 28 日

受影響網站：採集、抄襲的內容頁面被懲罰，獎勵原出處。2% 的查詢受影響。

熊貓更新（Panda Update）

上線時間：2011 年 2 月 24 日

受影響網站：低品質內容頁面排名被降低。詳見 14.2.1 節。

新鮮度更新（Freshness Update）

上線時間：2011 年 11 月 3 日

受影響網站：更新鮮的內容會被更多地展示在搜尋結果中，尤其是最近事件或熱門話題、定期舉辦或發生的事件（如奧運會之類）、經常會更新的訊息（如最新產品）。影響了 35% 的查詢。當然，這只適用於更需要新鮮資訊的查詢，有的查詢並沒有太大實效性，如食譜，就不必太擔心。

頁面布局懲罰演算法（Page Layout Algorithm）

上線時間：2012 年 1 月

受影響網站：第一屏顯示過多廣告的頁面會被降低排名，因此也常被稱為 Ads Above The Fold（第一屏廣告）演算法。1% 的查詢詞受影響。被懲罰的網站修改頁面布局後，Google 會重新抓取、索引，如果頁面使用者體驗已經改善，就會自動復原。2012 年 10 月 9 日，Page Layout 2.0 上線，2014 年 2 月 6 日，Page Layout 3.0 上線。

企鵝更新（Penguin Update）

上線時間：2012 年 4 月 24 日

受影響網站：Google 的官方文章聲明此更新打擊的是違反 Google 品質評估指南的垃圾網站，後續排名變化的分析表明受懲罰的主要是垃圾外部連結、低品質外部連結，詳見 14.2.2 節。

DMCA 懲罰演算法（DMCA Takedown Penalty）

上線時間：2012 年 8 月 13 日

受影響網站：DMCA 是《美國千禧年數位版權法》（Digital Millennium Copyright Act）的縮寫。根據這個法案，版權作品被侵權，版權所有人可以向服務商要求刪除侵權內容，服務商可以是主機商、域名註冊商、ISP，以及搜尋引擎。DMCA 演算法就是對收到很多侵權投訴刪除要求的網站，Google 給予排名懲罰。

DMCA Takedown Penalty

又被稱為 Pirate Update（海盜演算法）。

上線時間：2014 年 10 月 21 日

DMCA 懲罰演算法上線 2.0 版本，很多 BT 種子網站、影片網站被大幅懲罰。

完全匹配域名懲罰（EMD Update）

上線時間：2012 年 9 月 29 日

受影響網站：低品質的完全匹配域名（Exact Match Domain）網站，也就是域名與目標關鍵字完全一樣的網站。URL 中包含關鍵字對排名有一些幫助，所以不少 SEO 用目標關鍵字註冊域名。這種域名確實有過好處，但現在內容品質不高的話反而可能被懲罰。

發薪日貸款演算法（Payday Loan Algorithm）

上線時間：2013 年 6 月 13 日

受影響網站：針對垃圾和黑帽手法盛行的一些行業的查詢詞重點打擊，如 Payday Loan（發薪日貸款，一種小額、短期、利息高的貸款，一般下個發薪日就還上）、色情行業等。這些行業常用的作弊手法也多是非法的。2014 年 5 月 16 日，發薪日貸款演算法 2.0 上線，2014 年 6 月 12 日，發薪日貸款演算法 3.0 上線。

蜂鳥演算法（Hummingbird Algorithm）

上線時間：2013 年 8 月

受影響網站：蜂鳥演算法是一次排名演算法的重寫，改進對查詢詞真實意圖的理解，更重要的是未來的擴展性。雖然程式碼是完全重寫的，但排名因素及參數變化不多，所以上線後 SEO 界基本沒有人注意到。

鴿子更新（Pigeon Update）

上線時間：2014 年 7 月 24 日

受影響網站：鴿子更新是本地搜尋演算法的一次更新，改進了距離和定位排名演算法參數。這個名字不是 Google 命名的，是 Search Engine Land 給予的命名。之所以取「鴿子」這個名字是因為鴿子會回家，有本地意識。

HTTPS 更新（HTTPS Update）

上線時間：2014 年 8 月 7 日

受影響網站：使用了 HTTPS 的頁面排名會稍微提升一點。Google 聲明這只是個很小的排名因素，但事實上對網站採用 HTTPS 發揮了很大的影響力。

行動友善演算法（Mobile Friendly Algorithm）

上線時間：2015 年 4 月 21 日

受影響網站：在行動搜尋中給予行動友善的頁面排名提升，也被稱為 Mobilegeddon —— 天劫演算法。

Google 曾經預報說行動友善演算法比熊貓更新和企鵝更新的影響還要大，但由於 Google 很早就提醒 SEO 們行動友善的重要性，很多網站已經做了行動最佳化，所以這次更新沒有預計的那麼有震撼性。

品質更新（Quality Update）

上線時間：2015 年 5 月 1 日左右

受影響網站：內容品質低的頁面，但不是熊貓演算法。Google 雖然確認了這次更新，但表示這只是 Google 經常做的演算法更新之一，調整了評估內容品質的方法。

RankBrain

上線時間：消息是 2015 年 10 月 26 日透過 Bloomberg 的一篇文章公布的。演算法上線時間應該在 2015 年上半年。

RankBrain 嚴格來說不算排名演算法，而是以人工智慧為基礎的深入理解使用者查詢詞真實意圖的系統，尤其是長尾的、不常出現的查詢。2015 年剛上線時，15% 查詢詞經過 RankBrain 處理，2016 年開始，所有查詢詞都經過 RankBrain 處理。

被黑網站刪除演算法（Hacked Spam）

上線時間：2015 年 10 月

受影響網站：被駭的網站，包括病毒、引導流量到色情、侵權產品、非法藥物網站等。這些頁面會從搜尋結果中直接刪除，所以有時候搜尋結果頁面可能只有 8 ～ 9 個結果。以前通常是在搜尋結果中標註這個頁面可能被駭了，現在就直接刪除了。5% 左右的查詢受到影響。

App 安裝插頁廣告懲罰（App Install Interstitial Penalty）

上線時間：2015 年 11 月 2 日

受影響網站：頁面會彈出大幅、遮擋主體內容的插頁，要求使用者下載 App，這種頁面被認為不行動友善，在行動搜尋中會被降低排名。頁面可以建議使用者下載 App，但不要使用大幅甚至全螢幕廣告，用頂部 banner 廣告是沒有問題的。

行動友善演算法 2（Mobile Friendly Algorithm 2）

上線時間：2016 年 5 月 12 日

受影響網站：2015 年 4 月 21 日 Google 行動友善演算法的第一次更新，使更多行動友善頁面能被使用者看到。

行動裝置版頁面干擾插頁懲罰演算法（Intrusive Interstitial Penalty）

上線時間：2017 年 1 月 10 日

受影響網站：這個懲罰演算法針對行動裝置版頁面上擋住主題內容的跳出視窗，以及干擾使用者訪問的大幅插頁式廣告。使用者需要關掉插頁才能看到頁面實際內容，有時候需要等待 5 ～ 10 秒才能關掉插頁。據統計，此次更新被懲罰的網站並不多。

弗雷德更新（Fred Update）

上線時間：2017 年 3 月 8 日

受影響網站：廣告過多的低品質內容網站，這類網站之所以存在，就是為了放 AdSense 之類的廣告，並沒有提供給使用者更多價值。

貓頭鷹更新（Project Owl）

上線時間：2017 年 4 月 25 日

受影響網站：虛假新聞內容，如編造的假新聞、極度偏見、煽動仇恨、謠言等。

行動版內容優先索引系統（Mobile First Index）

上線時間：2017 年 10 月中旬

受影響網站：行動版內容優先索引系統指的是 Google 優先索引網站行動版本，並作為排名依據。以前索引庫是以 PC 版本為主的。Google 在 2016 年年底就開始宣傳行動版內容優先索引系統，2017 年 10 月中旬，Google 透露一小部分網站開始轉為行動版內容優先索引系統。

之後的三年時間裡，大部分網站逐漸轉為行動版內容優先索引系統。2020 年 10 月，John Muller 在 PubCon 大會上公布；2021 年 3 月，Google 把所有網站轉為行動版內容優先索引系統，不再索引 PC 頁面。

馬加比更新（Maccabees Update）

上線時間：2017 年 12 月 12 日

受影響網站：刻意為各種關鍵詞組合建立的大量著陸頁，比如「地名 A+ 服務 a」、「地名 A+ 服務 b」、「地名 B+ 服務 a」等，為了覆蓋這些關鍵字，製造大量頁面，品質通常不會高。

Brackets 核心演算法更新（Brackets Update）

上線時間：2018 年 3 月 7 日

受影響網站：所有網站。

這是一次全面核心演算法更新。

行動裝置版頁面速度更新（Mobile Speed Update）

上線時間：2018 年 7 月 9 日

受影響網站：頁面速度影響行動搜尋排名。從 2010 年開始，頁面開啟速度就是排名因素之一，但以前指的是影響 PC 端搜尋排名，這次才開始影響行動搜尋排名。

多樣性更新（Diversity Update）

上線時間：2019 年 6 月 4 日

受影響網站：在搜尋結果前幾頁有多個排名的網站。

所謂多樣性更新指的是，大部分查詢詞，Google 將只給同一個域名最多兩個排名（應該指的是前幾頁的排名），這樣搜尋使用者不會在搜尋結果頁面上看到同一個網站占據很多位置。子域名和域名採用同樣的對待方式，所以多個不同子域名也最多給兩個排名。

BERT 演算法更新

上線時間：2019 年 10 月 22 日

受影響網站：大致 10% 的查詢詞。

BERT 是一種基於神經網路的自然語言處理預訓練技術，可以更深入地從完整的上下文理解詞義，也能更準確理解搜尋查詢詞背後的真正意圖。

Google 認為 BERT 演算法更新是自 5 年前 RankBrain 之後在演算法方面最大的突破性進展，也是搜尋歷史上最大的突破之一。

Chapter 15

SEO 案例分析

市面上已經有很多 SEO 的書籍了。在規劃本書內容時，我一直在琢磨怎樣才能讓本書與眾不同，而且對想實踐 SEO 的讀者最有助益。研究了一些 SEO 書和教學後覺得，一個完整、詳細的案例可能是個亮點。不是那種簡單幾頁的分析說明，而是非常完整、詳細的案例，從競爭研究到網站診斷，還包括最佳化細節說明。

選擇案例時經過了一些思考。

首先，網站不能太大，也不能太小，不然對普通站長和企業的借鑑意義不大。畢竟，不可能人人都做一個上千萬頁面的入口網站，分析幾十頁幾百頁的小網站又會漏掉很多重要的 SEO 技巧。所以，案例網站的規模應該為幾十萬至幾百萬頁面為最佳。最後選定的億賜客網站是幾百萬頁面規模。

其次，網站不能是和自己無關的，不然所謂的案例就只能從表面現象分析，而不一定能看到本質。經常在網路上看到分析成名網站 SEO 方法的文章，但其實在沒有內部消息的情況下分析別人的網站有時是不可靠的，因為很多時候網站上存在的東西外人無法知道其真正原因。就算仔細研究一個 SEO 非常成功的網站，他們使用的方法可能是很多因素和限制折中後的結果，而不是最好的方法，甚至可能是他們 SEO 部門深惡痛絕卻沒有權力改變的辦法。

舉個例子，美麗說是前些年 SEO 及品牌都表現不錯的網站之一，曾經火爆一時。美麗說網站有不少顛覆傳統 SEO 的地方，比如產品頁面既沒有麵包屑導覽，也沒

有側導覽，這在傳統使用者體驗和 SEO 觀念中是不應該的。但一個 SEO 表現很好的網站就這麼做了，這是為什麼？要不要學？外人很難知道背後的原因。其實也很簡單，和 SEO 沒有什麼關係。美麗說的創始人認為，一個「美」的頁面就應該沒有那些導覽的干擾。不知道內情的人去分析，很可能分析出不著邊際的原因來。

當然，分析別人的網站是學習 SEO 技巧的重要途徑之一，但首先需要學會鑑別，以免被誤導。

只有自己經手最佳化的網站才能對其從裡到外徹底了解，知道每個地方改進了什麼，為什麼改進，改進了以後有沒有效果。所以本書選定了億賜客網站作為案例與合作夥伴，我出報告，他們可以實施最佳化。

另外，網站要不怕被曝光。這是不能選 SEO 服務客戶的原因之一。很少有公司願意透露網站資料和最佳化過程，因為面臨被搜尋引擎注意和被同行抄襲的很大風險。億賜客團隊對此的態度是：我們堅信自己的網站是同業中使用者體驗最好、技術最優秀、保證完全使用白帽的，不怕被曝光、被抄襲。

最重要的是，網站不能是以前的專案，不然說服力不大。誰都能拿一個已經成功的網站來舉例，不成功的專案就不提了。所以本章中的案例是專門為本書選擇和最佳化的，並且案例網站在本書第 1 版出版以前就公布了。我的最佳化報告於 2009 年 10 月提供給億賜客網站，2010 年 1 月第一個最佳化版本上線，之後又經過了多次的觀察和修改。

所以，本案例是個真正詳細說明最佳化過程及效果的案例。我在寫最佳化報告和本書的其他章節時，自己都還不知道效果會如何。

我希望，這是這本書最有說服力的地方。我還沒見過這樣的案例。大家都明白，這是要冒風險的，除了曝光、抄襲的顧慮，畢竟搜尋引擎不是我們掌控的，誰也不能保證排名和流量。但我還是決心實施並公布這樣一個案例。要做，就做不一樣的。哪怕案例失敗，相信很多人也能從中獲取經驗教訓。

看過我部落格的人一定都知道，在我開始寫這本書時就確定了這樣一個案例，而且間接提到過案例網站，所以，冒險公布未完成案例是一開始就決定的，而不是看到最佳化有效果後再來公布。

現在距離案例網站操作已經過了 10 年，很多情況發生了變化，不僅搜尋引擎演算法有改變，億賜客網站出於商業原因已經業務轉型，當時研究的主要競爭對手也都消失了，可以說，國內比較購物這個業務模式已經失敗。但是，SEO 的基本原理、過程和技巧並沒有太大變化，網站分析及最佳化的思路沒有變化，而且我預計在接下來四五年內依然不會有大的變化。所以，案例中的競爭對手分析、網站本身診斷過程和最佳化方法目前同樣適用。

實際上，白帽 SEO 手法在過去 10 年來基本沒有發生什麼本質變化，因為搜尋引擎本身的目的沒有變，那就是為使用者提供有用的訊息。

希望下面的案例詳情對廣大站長和企業有所幫助。

15.1　競爭對手分析

億賜客（yicike.com）是一個比較購物網站。除了產品說明，使用者還可以在網站上看到產品在不同電子商務網站的報價和一些其他訊息（如促銷、配送方式等），是幫助使用者選擇最好商品的購買網站。

2009 年 6 月，我剛剛接觸對方時，其名稱為「億枝客」。2010 年才改為「億賜客」。

首先，確定主要競爭對手。這一步相對簡單，在搜尋引擎輸入「比較購物」，再簡單查看一些相關文章，就可以大致確定幾個主要競爭對手網站：

- 聰明點
- 智購
- 大拿網
- 丫丫網
- 特價王

在開始這項專案之前，我對中文比較購物網站了解不多。搜尋以後確定的幾個競爭網站，與從億賜客那裡得到的訊息基本一致。

15.1.1 了解網站基本資料

了解網站基本資料，尤其是外部連結和社群網站資料，可以使用 SEOBook 的 SEO for Firefox 外掛程式（本節提到和使用的外掛程式和查詢工具在本書第 12 章中都有詳細介紹），如圖 15-1 所示。

圖 15-1　2009 年 7 月 12 日幾個比較購物網站資料抓圖

從圖 15-1 可見，在搜尋「比較購物」時，圖中幾個網站並沒有連續排在一起。為顯示和比較方便，此處將幾個主要競爭對手網站剪裁到一個圖片中。這是本書唯一經過處理的抓圖。

本章對各相關網站分析的圖片絕大部分來自 2009 年 7 月的抓圖。本書引用的競爭對手網站資料均來自網路上免費、公開的資料，任何人都可以查詢，不涉及商業機密。

如圖 15-1 所示，各個競爭對手的基本情況一目了然。表 15-1 是從抓圖中挑出的幾個最重要資料。

表 15-1　2009 年 7 月 12 日記錄的競爭對手資料

	Google PR 值	首頁快照新鮮度	年齡	雅虎全站外鏈	雅虎首頁外鏈	Google 收錄	開放目錄
聰明點	6	2009 年 7 月 10 日	2003 年 10 月	1250000	1200000	6640000	收錄
智購	5	2009 年 7 月 11 日	2004 年 4 月	163000	69900	1580000	無
丫丫網	6	2009 年 7 月 8 日	2004 年 12 月	154000	130000	471000	無
特價王	5	2009 年 7 月 10 日	2001 年 2 月	220000	72700	289000	收錄
大拿網	6	2009 年 7 月 9 日	2005 年 10 月	426000	330000	842000	收錄

相比之下，億賜客域名 2007 年 8 月才註冊，網站首頁 PR 值為 5，快照日期沒有顯示，雅虎全站外鏈 2 萬個左右，Google 收錄頁面 6 萬多個。可以看到，億賜客網站除了擁有年齡最短這個無法改變的劣勢，其外部連結數量不到最弱競爭對手的 15%，收錄頁面不到總頁面數的 10%。最佳化網站架構，增加外部連結，提高網站權重，進而改善收錄和長尾關鍵字排名將會是個艱巨的任務。

15.1.2　外部連結

從外部連結的絕對數量來看，需要增加十倍甚至上百倍的連結才能與競爭對手相抗衡。但是以億賜客團隊的規模而言，這是辦不到的。為了更深入地了解外部連結上的差距，我用 Majesty SEO 進行了查詢。由於 Majesty SEO 並非免費工具，其資料不是公開的，下面的抓圖就不提是哪個網站的資料了，只是為了讓讀者能夠有一個大致的概念。

圖 15-2 顯示的是其中一個競爭對手網站外部連結按不同種類域分類得到的資料。「Referring domains」指的是總域名數，「External backlinks」指的是總外部連結數。可以看到，雖然這些競爭對手的總外部連結數都在十多萬、幾十萬個以上，但其實連結來自有限數目的域名，總域名數遠遠低於總外部連結數，通常是2000 ～ 3000 個獨特域名。相信其中也有一些域名網站規模大，給了全站連結的原因，所以造成總外部連結數龐大。

#	Short TLD	Long TLD	Referring domains	External backlinks
1	au	.com.au	1	18
2	be	.be	1	2
3	bg	.bg	1	1
4	biz	.biz	6	19
5	ca	.ca	2	2
6	cc	.cc	33	598
7	ch	.ch	3	3
8	cn	.cn	766	42,711
9	cn	.com.cn	290	27,012
10	cn	.edu.cn	4	13
11	cn	.gov.cn	5	13
12	cn	.net.cn	25	71
13	cn	.org.cn	21	105
14	com	.com	2,072	836,514
15	de	.de	12	9,087
16	es	.es	1	2
17	eu	.eu	4	6
18	fi	.fi	1	3
19	fr	.fr	1	22,422
20	hk	.hk	5	13
21	hk	.com.hk	1	7
22	ie	.ie	1	1
23	in	.in	3	4
24	info	.info	32	57
25	io	.io	2	5
26	it	.it	6	7

圖 15-2　某比較購物網站來自不同種類域名的外部連結

從 2000 ～ 3000 個不同域名吸引外部連結,看起來就變成一個有可能達到的目標。前面提到過,外部連結的來源域名數目是決定外部連結實力的主要依據之一,從某種程度上說,這比外部連結絕對數量更重要。這個資料使我們增強了信心,在外部連結建設方面還有機會拉近與競爭對手的距離。

15.1.3　Alexa 資料

Alexa 是站長都非常熟悉的流量排名服務,還可以查看一些其他網站訊息。如圖 15-3 所示的是五個競爭對手的 Alexa 排名。

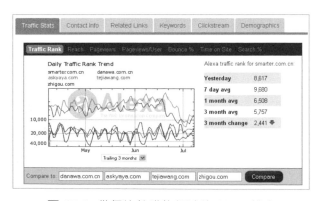

圖 15-3　幾個比較購物網站的 Alexa 排名

可以看到聰明點和丫丫網排名比較靠前，其他三個大致相同。不過種種跡象顯示，丫丫網的流量應該沒有達到聰明點的水準。Alexa 提供的資料並不準確，只能提供大致的參考。

如圖 15-4 所示的是使用者每次訪問平均瀏覽的頁面數。

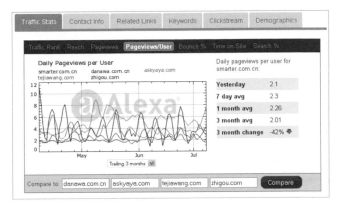

圖 15-4　比較購物網站使用者每次訪問平均瀏覽的頁面數

智購網、丫丫網瀏覽頁面數起伏過大，沒有什麼參考意義。聰明點和大拿網的瀏覽頁數都是 2 左右，這個數字相較其他類型網站顯得略低，說明比較購物網站黏度都不高。不過這也符合比較購物網站的特點，其目的就在於把使用者送到其他購物網站上。

如圖 15-5 所示的是這幾個競爭對手的跳出率。

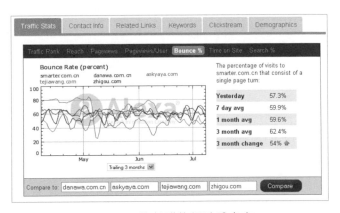

圖 15-5　比較購物網站跳出率

同樣，丫丫網的跳出率起伏過大，不具參考意義。其他幾個網站的跳出率都在 60% 左右，這樣的跳出率相較於正常購物網站就顯得偏高。和使用者瀏覽頁面數一樣，這大概也是比較購物網站的特性所決定的。

使用者停留時間與瀏覽頁面數保持了基本相同的趨勢，使用者在網站上的停留時間平均不超過 2 分鐘，如圖 15-6 所示。

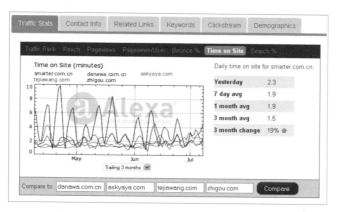

圖 15-6 比較購物網站使用者停留時間

圖 15-7 顯示的是搜尋流量占所有流量的比例。

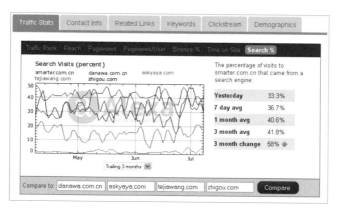

圖 15-7 比較購物網站搜尋流量占所有流量的比例

聰明點網站的搜尋流量比例最高，達到 40% ～ 50%。從下面對網站頁面的分析也可以看到，聰明點網站 SEO 做得很好。智購網和大拿網搜尋流量也占 30% ～

40%，並且智購網的搜尋流量所占比例在不斷提高中。對網站的簡單分析顯示，智購網的 SEO 水準也很不錯。

丫丫網的搜尋流量所占比例不到 10%，顯得不合常理。加上頁面瀏覽數和跳出率資料的大幅起伏，丫丫網流量可能包含一些很不一般的來源。

15.1.4　Google Trends 流量

Alexa 排名只顯示網站的流量世界排名，並不顯示具體流量數字，Google Trends 則能顯示具體數字。如圖 15-8 所示是 2009 年 7 月 Google Trends 所顯示的五個競爭對手網站流量。

圖 15-8　2009 年 7 月 Google Trends 顯示的競爭對手網站流量

可以看到，聰明點網站流量最大，4 月時達到日 IP 16 萬左右。不過 2009 年 12 月再用 Google Trends 查流量時看到，從 6 月開始聰明點的網站流量由於某種原因急劇下降，但還是保持在第一梯隊中，如圖 15-9 所示。

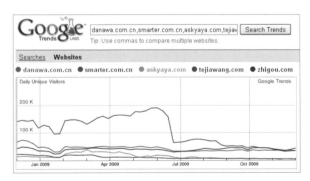

圖 15-9　2009 年 12 月 Google Trends 顯示的競爭對手網站流量

2009 年 7 月和 12 月的流量數字都顯示，聰明點、智購網和大拿網的網站流量應該在每天 5 萬 IP 上下。特價王網和丫丫網的流量不到上面三個網站的一半。在五個競爭對手網站中，聰明點和智購網沒有使用 Google Analytics，丫丫網、特價王網、大拿網都使用了 Google Analytics，所以至少丫丫網、特價王網、大拿網的流量數字是相對準確的。透過相關的業內人士從側面了解到，當時第一梯隊比較購物網站的真實流量與此數字相差不遠。

15.1.5　網站品牌名稱熱度

使用者搜尋網站品牌名稱的次數能很好地顯示網站的知名度。使用 Google Trends 搜尋億賜客及主要競爭對手的品牌名稱，搜尋趨勢如圖 15-10 所示。

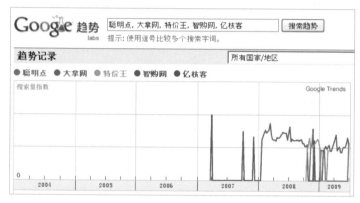

圖 15-10　Google Trends 顯示的品牌名稱搜尋趨勢

搜尋大拿網、聰明點和特價王網的稍微多一點，但是曲線起伏過大，說明搜尋次數絕對數值都比較小，一點點數量變化都會造成曲線的大幅波動。這個情況說明在 2010 年前，比較購物在中國還沒有被普遍接受，更沒有權威的、知名度高的品牌。

Google Insights 服務也可以顯示品牌名稱搜尋趨勢，如圖 15-11 所示。

由圖 15-11 可見，曲線稍微平滑一些，大拿網的搜尋次數最多，但近期呈下降趨勢。聰明點的品牌關注度則穩步上升，是最值得關注的競爭對手。

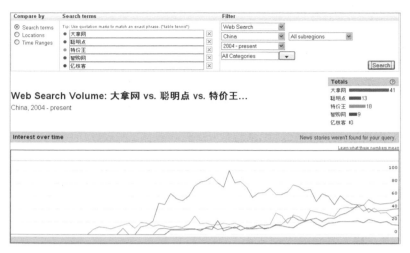

圖 15-11　Google Insights 顯示的品牌名稱搜尋趨勢

圖 15-10、圖 15-11 都顯示億賜客（當時名稱為億枝客）在當時的品牌關注度近乎為零。

15.1.6　英文比較購物網站情況

我也簡單查看了一下英文主要比較購物網站的 SEO 資料，如圖 15-12 所示。

同樣，從中選出最重要的指標並排列成表 15-2。

圖 15-12　2009 年 7 月 22 日英文主要比較購物網站 SEO 資料

表 15-2 2009 年 7 月 22 日記錄的英文主要比較購物網站資料

	Google PR 值	首頁快照新鮮度	年齡	美味書籤	Yahoo! 全站外鏈	Yahoo! 首頁外鏈	Google 收錄	開放目錄
PriceGrabber	7	無	1995 年 5 月	4712	8320000	1260000	2170000	收錄
NexTag	7	2009 年 7 月 22 日	1999 年 10 月	1943	2120000	1450000	8110000	收錄
BizRate	7	2009 年 7 月 20 日	1997 年 10 月	2238	13500000	750000	2770000	收錄

再看這三個英文比較購物網站的流量，如圖 15-13 所示。

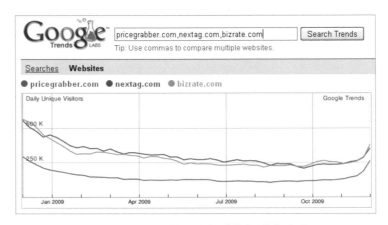

圖 15-13 三個英文比較購物網站的流量

這三個網站流量都相對穩定，只是在聖誕購物期間流量有所成長，沒有像中文網站那麼多的起伏。2009 年 NexTag 和 BizRate 網站的流量基本穩定在日 25 萬 IP 以上。

從網站歷史、收錄、外部連結和流量看，英文購物網站的實力比中文購物網站要高出一個數量級。尤其是外部連結，更是達到了千萬級別，而且連結分布非常自然，首頁連結只占連結總數的很小一部分。

15.2　競爭對手網站研究

下面我們再進一步觀察競爭對手網站更詳細的情況，尤其是頁面及結構的最佳化。

從上面的大致資料可以看到，聰明點是比較強的競爭對手，所以單個網站的進一步分析就以聰明點為例。

15.2.1　域名註冊訊息

如圖 15-14 所示，聰明點域名註冊於 2002 年 11 月，不算是一個很老的域名，但與億賜客及其他同業網站相比，已經算是比較有歷史的域名了，佔有一定先天優勢。

```
Whois Record

Domain Name: smarter.com.cn
ROID: 20021209s10011s00075663-cn
Domain Status: ok
Registrant Organization: 滿星計算機技術(上海)有限公司
Registrant Name: 郭歲
Administrative Email: dns@mezimedia.com
Sponsoring Registrar: 网络中心
Name Server:ns1.mezimedia.com
Name Server:ns2.mezimedia.com
Registration Date: 2002-11-26 00:00
Expiration Date: 2010-11-26 00:00
```

圖 15-14　聰明點域名註冊訊息

15.2.2　基本訊息

還是使用 SEOBook 的 SEO for Firefox 外掛程式獲取網站基本資料。如圖 15-15 是 2009 年 7 月 12 日的抓圖，快照來自 2 天前。網站既有迷你全站連結，也有普通全站連結。

圖 15-15　聰明點網站基本資料

15.2.3 外部連結

透過 Yahoo! Site Explorer 連結工具查看，聰明點網站全站外部連結為 100 萬個以上，如圖 15-16 所示。Yahoo! Site Explorer 連結工具大致是按連結的重要性排序的。在排在前面的外部連結中可以看到不少權重相當高的網站，如阿里媽媽、美國聰明點總部網站等，如圖 15-17 所示。

圖 15-16　聰明點網站外部連結

圖 15-17　聰明點網站首頁外部連結

如圖 15-17 所示，Yahoo! Site Explorer 連結工具顯示的首頁外部連結有 92 萬多個，說明絕大多數外部連結是指向首頁的，與主流英文比較購物網站相比過於集中，分類和產品頁面外部連結比較少。

15.2.4　收錄

圖 15-18 顯示的是 2009 年 7 月聰明點網站在 Google 的收錄數，共計 580 多萬個頁面，是一個有相當規模的網站。其在百度的同期收錄數則更高，達到 1000 萬個以上，如圖 15-19 所示。

圖 15-18　聰明點網站在 Google 的收錄

圖 15-19　聰明點網站在百度的收錄

另一個與收錄有關的重要資料是網站近期收錄的新頁面數。使用 Google 百寶箱可以看到，在過去 24 小時內，聰明點網站新增加收錄頁面 1290 個，如圖 15-20 所示。

圖 15-20　過去 24 小時聰明點網站新收錄頁面

聰明點網站在過去一星期新收錄 25,000 多個頁面，如圖 15-21 所示。

圖 15-21　過去一星期聰明點網站新收錄頁面

聰明點網站在過去一年新收錄 50 萬個頁面，如圖 15-22 所示。

圖 15-22　過去一年聰明點網站新收錄頁面

網站新增加的收錄頁面數能夠在一定程度上體現出網站在搜尋引擎眼中的權重。
按照這個速度，聰明點網站每年增加 50 萬個甚至更多的新頁面，帶來的長尾流量
自然也會增加。

15.2.5　QQ 書籤

SEO for Firefox 外掛程式包含了美味書籤、Digg 等常用英文社會化網站資料，
這對中文網站來說並不太重要。為了查看競爭對手網站在社會化書籤服務中的表
現，這裡選擇了中文使用者常用的 QQ 書籤。

從圖 15-23 中可以看到，聰明點在 QQ 書籤中被收藏過 300 次以上，其中大部分
是首頁，被收藏 296 次。

相比之下，大拿網被收藏 1000 多次，如圖 15-24 所示。

圖 15-23 聰明點在 QQ 書籤中的表現

圖 15-24 大拿網在 QQ 書籤中的表現

丫丫網被收藏 60 多次。智購網被收藏 20 多次。億賜客網站只被 QQ 書籤收藏了 1
次，如圖 15-25 所示。

圖 15-25　億賜客在 QQ 書籤中的表現

15.2.6　外鏈錨文字

啟用 SEO Link Analysis 外掛程式，然後在 Yahoo! Site Explorer 查外部連結，可以
看到外部連結使用的錨文字，如圖 15-26 所示。

圖 15-26　聰明點網站外部連結使用的錨文字

可以看出，聰明點網站並沒有把注意力放在「比較購物」上，而是放在「網路上
購物」這個更通用、更熱門的關鍵字上。外部連結錨文字是聰明點網站在搜尋
「網路上購物」時排名不錯的原因之一。圖 15-27 是我在 2009 年 7 月 22 日查詢
的聰明點網站主要關鍵字排名。

		百度	Google
1	报表生成时间:2009-07-22 02:45:50		
2	查询网址:http://www.smarter.com.cn	查询范围:1-10页	
3			
4	**关键字/搜索引擎**	**百度**	**Google**
5	购物	在1-10页中未查询到结果	搜索排名为37
6	网上购物	搜索排名为53（推广4 - 自然49）	搜索排名为17
7	网购	在1-10页中未查询到结果	在1-10页中未查询到结果
8	比较购物	搜索排名为10（推广0 - 自然10）	搜索排名为2
9	导购网	在1-10页中未查询到结果	搜索排名为46
10	购物网站	在1-10页中未查询到结果	搜索排名为14
11	网上商城	在1-10页中未查询到结果	在1-10页中未查询到结果

圖 15-27　聰明點網站主要關鍵字排名

2009 年 12 月再次查詢時，聰明點網站在 Google「網路上購物」這個詞的排名上升到第 12 位。外部連結的數量固然重要，使用的錨文字與排名也有直接關係。

做個比較，我們再看智購網的外部連結錨文字，如圖 15-28 所示。

圖 15-28　智購網外部連結使用的錨文字

可以看到智購網更是把目標放在「網路上購物」這個關鍵字上，相應地，智購網的「網路上購物」這個詞在百度及 Google 排名都更靠前，如圖 15-29 所示。

1	报表生成时间:2009-07-22 03:15:10		
2	查询网址:http://www.zhigou.com　查询范围:1-10页		
3			
4	**关键字/搜索引擎**	**百度**	**Google**
5	购物	在1-10页中未查询到结果	搜索排名为31
6	网上购物	搜索排名为15（推广4 - 自然11）	搜索排名为7
7	网购	在1-10页中未查询到结果	在1-10页中未查询到结果
8	比较购物	搜索排名为13（推广0 - 自然13）	搜索排名为9
9	导购网	在1-10页中未查询到结果	在1-10页中未查询到结果
10	购物网站	在1-10页中未查询到结果	在1-10页中未查询到结果
11	网上商城	在1-10页中未查询到结果	在1-10页中未查询到结果

圖 15-29 智購網主要關鍵字排名

考慮到智購網外部連結總數比聰明點少得多，更可以看出錨文字的重要意義。

我們再看大拿網外部連結使用的錨文字，如圖 15-30 所示。

22.	**PR 7 "大拿网比较购物"** 您可信赖的行货手机、原装电池平价专卖店_18900手机网 text/html http://www.18900.com/ - 44k - cache	Explore
23.	**PR 5 "大拿网"** 好图书 - 网上购书搜索,图书优惠大汇总,帮你找到最低价 text/html http://www.haotushu.com/ - 49k - cache	Explore
24.	**PR 5 "◆ŁC◆◆◆"** ZDNet China-合作网站 text/html http://soft.zdnet.com.cn/i/zdnetnews/div/links/links_all.htm - 42k - cache	Explore
25.	PR - Link not found wenyi.com - Traffic Details from Alexa text/html http://www.alexa.com/data/details/traffic_details?q=&url=www.wenyi.c om - 29k - cache	Explore
26.	PR 0 Link not found 深圳好材科技有限公司网站 text/html http://www.hxj1314.cn/ - 82k - cache	Explore
27.	**PR 5 "比较购物"** UMPC之家-中国最大的UMPC网站-提供最新最全面的UMPC,上网本,MID,NetBook资讯 text/html http://www.umpchome.net/ - 36k - cache	Explore
28.	**PR 3 "大拿网"** 索亚尼购物商城——手机、电脑、电脑配件、数码相机、导航仪、家电百货 text/html http://39dushopping.com/ - 69k - cache	Explore
29.	**PR 5 "CHINA"** 행복쇼핑의 시작! 다나와 (가격비교) - Danawa.com text/html http://xn--910bo7b362a.kr/ - 37k - cache	Explore
30.	PR - Link not found 辛集市福尔琦皮业有限公司 text/html http://fuerqi.cn.alibaba.com/ - 76k - cache	Explore
31.	**PR 4 "大拿网购物搜索"** 合作伙伴--络龙医疗健康搜索引擎 text/html http://www.yisou.us/links/ - 122k - cache	Explore
32.	**PR - "大拿网"** 金融危机下电子商务迎来又一春,网易有道搜索曲线进军比较购物 - 李清的电子商务策划博客 text/html http://www.litao.biz/youdao-bijiaogouwu-gouwusousuo/ - 43k - cache	Explore
33.	**PR - "http://www.danawa.com.cn/"** 购物搜索引擎-分类搜索-你的倩影 text/html http://ndqy.com/gongju/gouwu.html - 7k - cache	Explore

圖 15-30 大拿網外部連結使用的錨文字

由圖 15-30 中可見，目標比較分散，其結果就是大拿網在「網路上購物」這類最熱門的關鍵字排名與智購網和聰明點有一定差距。

而丫丫網的外部連結錨文字則放在了「比較購物」上，如圖 15-31 所示。

由於「比較購物」被搜尋的次數不高，就算這個詞排名在前面，能給丫丫網帶來的流量也十分有限。

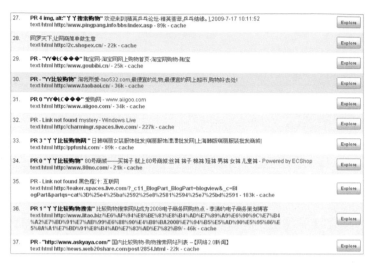

圖 15-31　丫丫網外部連結使用的錨文字

15.2.7　網站首頁最佳化

判斷一個網站的 SEO 水準，除了看外部連結資料，還要看網站本身的頁面及結構最佳化。有時候外部連結強大，只是因為公司是大品牌，不用 SEO 人員進行連結建設，公司的品牌、歷史、公共關係就足以吸引巨量連結。從這個意義上來說，網站本身的最佳化更能體現出 SEO 水準。

下面我們就來簡單看一下聰明點本身的最佳化情況。聰明點首頁如圖 15-32 所示。

總體上來說，看過首頁原始碼後，就可以知道這是一個經過專業 SEO 處理的網站，而且水準相當高。下面幾點可以說明。

圖 15-32　聰明點首頁

1. META 標籤

頁面 META 標籤部分程式碼是這樣的：

```
<TITLE> 網路上購物 / 商品導購網 / 比價購物 - 聰明點比較購物網 </TITLE>
<META name="description" content=" 聰明點比較購物網，致力於提供方便、詳細地比較
```

相似商品的價格、規格參數，我們的產品訊息達到 100 多萬筆，是您網路購物時最佳的比價購物網，我們的產品包括電腦硬體、數位產品、手機、汽車用品、辦公用品、鮮花園藝、化妝品等。聰明點幫您作出最聰明的網路上購物選擇。">

```
<META name="keywords" content=" 網路上購物 , 比價購物 , 購物網 , 商品導購 ">
```

可以感覺到，頁面標題是經過精心設計的，長度適當，將最重要的關鍵字「網路上購物」放在最前面，其他次要關鍵字，如比價購物、比較購物、商品導購，各出現一次。整個標題突出了關鍵字而不堆積。

描述標籤雖然對排名沒什麼影響，但對吸引點擊有不小的作用。聰明點首頁的說明標籤寫得也很自然，既包含了相應關鍵字，又突出了方便、詳細、資料量大等特點，吸引使用者點擊。

2. H1 標籤

H1 標籤用在頁面右上角公告欄，文字「聰明點比較購物更省錢更省心」的地方，錨文字只包含「聰明點比較購物」。相應的 HTML 程式碼是：

```
<DIV class="content_gonggao">
•<H1> 聰明點比較購物 </H1>，更省錢，更省心！<BR>
•千家網路商店，近 300 萬線上商品！
</DIV>
```

右上角公告欄處的這一行文字從視覺上看與普通文字沒有明顯差異，很難看出會是 H1 標籤，這顯然是 SEO 的結果。

聰明點的 H1 標籤並沒有放上最重要的關鍵字「網路購物」。其原因不得而知，但這並不表示首頁沒有做好最佳化。外人看一些大網站，往往並不能知道很多細節處理的真正原因。前面提到，在本節的詳細 SEO 案例中我不會去分析其他網站，

哪怕是 SEO 做得非常好的網站，因為外人不知道呈現出來的程式碼具體原因是什麼，就像這個地方。

通常的觀點是一定要把「網路購物」這個詞放進 H1 標籤中。但聰明點的 SEO 人員沒有放，有各種可能的原因。比如：

- 他們不想使頁面過度最佳化。

- 因為使用者體驗，文字「聰明點比較購物更省錢更省心」，比「聰明點網路上購物更省錢更省心」，更能說明網站的功能。

- 在做測試，也可能就是測試的結果。

- 網站流量依靠長尾，熱門關鍵字帶來的流量有限，不必太最佳化。

- SEO 團隊認為 H1 標籤作用很小。

總之，判斷一個網站的 SEO 情況，不能從單一細節出發，而要看整體。某個特定細節很可能顯得不夠最佳化，甚至是有問題的，但外人並不了解這樣做的真正原因。

3. H2 標籤的使用

頁面上也適當使用了 H2 標籤，比如左側導覽的分類文字就是放在 H2 標籤中的，HTML 程式碼如下：

```
<!-- 導覽開始 -->
            <DIV class="sidebox">
            <DIV id="nav">
                <UL>
                  <LI class="line"><A
href="http://www.smarter.com.cn/ cosmetics-693/"><H2> 化妝品

</H2></A></LI>
                  <LI class="line"><A
href="http://www.smarter.com.cn/ shoessuitcasesbags-1018/"><H2> 鞋子箱包
</H2></A></LI>
                  <LI class="line"><A
href="http://www.smarter.com.cn/baby-1014/"><H2> 母嬰用品 </H2></A></LI>
```

頁面中間的小標題，如「熱賣商品」，也放在 H2 標籤中，與整個頁面的語義結構相符合。HTML 程式碼如下：

```
<DIV class="title">
    <H2> 熱賣商品 </H2>
</DIV>
```

4. 文案寫作

頁面導覽、產品列表、新聞訊息等都來自資料庫，而且大部分應該是經常自動更新的，其文字比較難以從 SEO 角度進行最佳化。聰明點首頁特意拿出一塊只適用於首頁的固定地方，放上與主要關鍵字高度相關的文字，這就是左側導覽下面的「聰明點宣言」，如圖 15-33 所示。

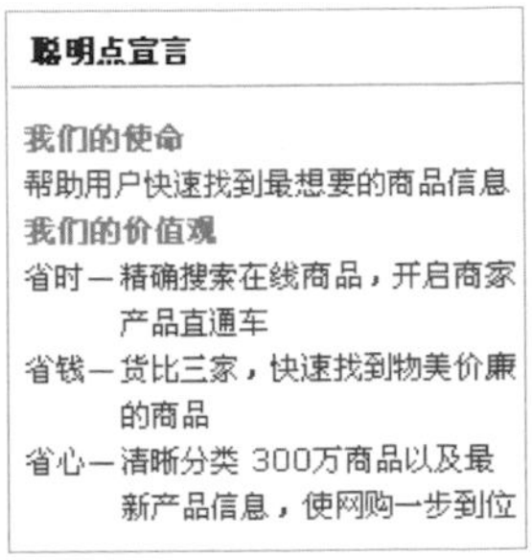

聰明点宣言

我们的使命
帮助用户快速找到最想要的商品信息
我们的价值观
省时—精确搜索在线商品，开启商家
　　　产品直通车
省钱—货比三家，快速找到物美价廉
　　　的商品
省心—清晰分类 300万商品以及最
　　　新产品信息，使网购一步到位

圖 15-33　聰明點首頁宣言

透過這段文字，文案寫作人員簡明扼要地告訴使用者為什麼應該使用聰明點的服務。同時，在使用者體驗的基礎上自然地融入了相關詞彙，適當地提到了相關關鍵字，如商品、商家、產品、網購、線上等，這些詞都是與「網路上購物」語義相關的，對網路上購物這個詞起到支援作用。

5. URL 靜態化

整個網站的 URL 完全靜態化，包括分類頁面、產品頁面、產品列表頁面上的翻頁等，幾乎所有頁面都做了靜態化處理。更難得的是連搜尋頁面也做了靜態化，如頁面頂部「熱門搜尋」中，每個搜尋詞對應的連結都是靜態化 URL，其 HTML 程式碼如下：

```
<STRONG> 熱門搜尋：</STRONG><A
href="http://www.smarter.com.cn/_nemllgkpnakm -se-ch-1008-c-6/"> 運動鞋
</A> <A
href="http://www.smarter.com.cn/sharp-se -ch-666-c-667/">Sharp 手機
</A> <A
href="http://www.smarter.com.cn/ _miljnhnd-se-ch-1016-c-6/"> 裙子
</A> <A
href="http://www.smarter.com.cn/ communication-666/category/threeg-671/
```

```
">3G 手機 </A> <A
href="http://www. smarter.com.cn/_lhmamjlj-se-ch-693-c-695/"> 防曬
</A> <A
href="http://www. smarter.com.cn/_mgllljpl-se-ch-642-c-647/"> 蘋果播放器
</A> <A
href="http: //www.smarter.com.cn/_nfkfngknllpk-se-ch-1015-c-19/"> 榨汁機
</A> <A href= "http://www.smarter.com.cn/auto-1020/prod-83876/"> 一
汽馬自達 </A>    <A
href="http://www.smarter.com.cn/top-searches
.htm"> 更多…</A>
```

像這麼完整 URL 靜態化的大型網站並不多見。

6. nofollow 的使用

整個頁面上多次使用 nofollow 屬性，並且
使用目的明確。比如熱賣商品部分的產品
連結，如圖 15-34 所示。

圖 15-34 聰明點熱賣商品的產品連結

其 HTML 程式碼如下：

```
<LI class="border_bottom ">
        <SPAN class="pro_boximg"><A href="
http://www.smarter.com.cn/ gift-1010/prod-704564/"
target="_blank"><IMG src="./704564.jpg" alt=" 瑞士刀 Victorinox 維氏 - 瑞士
卡（…"></A></SPAN>
            <STRONG><A href="http://www.smarter.com.cn/gift-1010/
prod-704564/" target="_blank"> 瑞士刀 Victorinox 維氏 - 瑞士卡（…</A></STRONG>
            <SPAN class="blue">
            <A href="http://www.smarter.com.cn/gift-1010/prod-
704564/" target="_blank" rel="nofollow">
                        ￥125.00 - ￥179.00
                    </A>
        </SPAN>
        <DIV class="but">
            <A href="http://www.smarter.com.cn/gift-1010/prod-
704564/" target="_blank" rel="nofollow">
```

```
                                              <IMG src="./but_price.gif"
alt=" 比較價格 ">
                                   </A>
             </DIV>

</LI>
```

可以看到，產品圖片、名稱、價格和「比較價格」按鈕都是指向產品頁面的連結，但其中價格和比較價格按鈕使用了 nofollow 屬性，使搜尋引擎蜘蛛不要跟蹤這兩個連結，其意義就在於這兩個連結的錨文字對產品頁面沒有任何幫助。第一個連結中的圖片 ALT 文字和第二個連結中的錨文字，都可以提高對應的產品頁面相關性，從而改善排名。而「￥125.00 ～￥179.00」這樣的文字，和比較價格按鈕中的 ALT 文字「比較價格」，對產品頁面沒有任何說明意義。這兩個連結如果允許搜尋引擎跟蹤，並把錨文字計入演算法中，只能沖淡相關性。

順便提一下，在查看聰明點首頁時，曾有一個迷惑不解的地方，就是熱賣商品下的 6 個產品，有 4 個使用「比較價格」作為按鈕上的文字，有 2 個使用「產品詳細」作為按鈕上的文字，如圖 15-32 所示，一開始不知道意義在哪裡，以為可能是某種測試，看哪個點閱率比較高。

後來多次查看首頁發現，不同按鈕文字的數目、位置並不固定，如圖 15-35 所示的首頁產品按鈕就顯示了另一種布局。後經讀者指點才明白，「產品詳細」對應頁面是只有一個商家在賣的產品，不存在「比較價格」的問題。

圖 15-35　聰明點首頁產品按鈕

左側的商家排行連結中使用了 NF，程式碼如下：

```
<DIV class="buss_top"> 商家降價幅度排行 </DIV>
    <UL>
                        <LI class="lileft">1</LI>
                        <LI class="limid"><A
href="http://www.smarter. com.cn/goldenbook-5954/mcate-1011-0/"> 中國科技
金書網 </A></LI>
                        <LI class="liright"><STRONG><A
href="http://www. smarter.com.cn/goldenbook-5954/mcate-1011-0/"
rel="nofollow">179731</A></STRONG></LI>
                        </UL>
                                         <UL>
```

同樣，第一個連結使用商家本身的名稱為錨文字，增加了相關性。第二個連結錨文字是一個數字，應該是這個商家的產品總數，對商家頁面沒有任何語義上的相關性，所以使用 nofollow 屬性阻止搜尋引擎跟蹤和計算錨文字。

頁面底部連結也有一些使用了 nofollow 屬性，比如「免責聲明」、「聯繫我們」。顯然，這些頁面在搜尋意義上並不重要，通常就不應該分散權重到這些頁面。而像「網站地圖」、「友情連結」這些頁面對 SEO 有很大意義，通常不使用 nofollow。

15.2.8　其他頁面最佳化

我們再來簡單看一下其他頁面。

1. 一級分類頁面

如圖 15-36 所示為化妝品這個一級分類頁面。

圖 15-36　聰明點一級分類頁面

麵包屑導覽、左側分類都很清晰，有利於使用者瀏覽和搜尋引擎抓取。右上角的推薦品牌列表和左側導覽部分的推薦商家，都連結到相應的品牌及商家產品頁面，這是常用的增加頁面收錄入口的手法。

有意思的 SEO 技巧出現在「化妝品簡介」部分，如圖 15-37 所示的一級分類頁面底部說明文字。

圖 15-37　聰明點一級分類頁面底部說明文字

通常電子商務網站的分類頁面很難提供獨特的原創內容。大多數電子商務網站都是從資料庫中提取熱門產品列在分類頁面上，這導致不同網站之間及同一網站不同頁面之間內容的相似。為了紓解這個問題，聰明點網站給所有分類頁面，包括一級分類頁面和二級分類頁面，都寫了一段文字說明。這段文字說明在有的頁面上是使用模板插入分類名稱自動生成的，有的是根據不同分類的特點寫的獨特文字，如圖 15-37 所示的「化妝品簡介」。

2. 二級分類頁面

產品列表翻頁，不同的排列方式（如受歡迎程度、商品評分、價格排序），不同的顯示方式（列表顯示、柵格顯示），所有 URL 全部靜態化，如圖 15-38 所示的二級分類頁面。

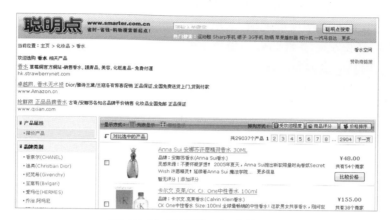

圖 15-38　聰明點二級分類頁面

比較有意思的 SEO 手法也出現在底部，如圖 15-39 所示的二級分類頁面底部文字及連結。

圖 15-39　聰明點二級分類頁面底部文字及連結

除了「香水簡介」部分的原創文字，頁面還列出了熱門搜尋和熱門類別，這些連結為相應的頁面提供了更多收錄入口，提高了整個網站的收錄比例。

3. 產品頁面

產品頁面上的安排與大多數電子商務網站類似。在這裡我發現了一個有意思的現象，幾個主要競爭對手網站都使用了這個手法，那就是把產品分成不同的頁面，也就是用主產品頁面顯示產品說明及價格比較，如圖 15-40 所示。

圖 15-40　聰明點主產品頁面

使用者點擊「產品參數」或「發表評論」這兩個頁籤後，將被帶到不同的頁面。
如圖 15-40 所示，產品主頁面 URL 是：

http://www.smarter.com.cn/cosmetics-693/prod-70740478/

而產品參數頁面 URL 是：http://www.smarter.com.cn/cosmetics-693/pspec-70740478/，
如圖 15-41 所示。

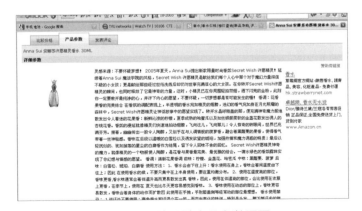

圖 15-41　聰明點產品參數頁面

產品評論頁面 URL 是：http://www.smarter.com.cn/cosmetics-693/pwrite-70740478/，
如圖 15-42 所示。

圖 15-42　聰明點產品評論頁面

通常，使用頁籤的目的是節省頁面空間，使用者點擊頁籤後顯示相應內容，但頁
面並不改變 URL，也不重新調入。聰明點和其他幾個中文比較購物網站把產品參
數和發表評論這樣的頁籤安排成不同的頁面、不同的 URL，我猜想其目的在於增
加網站總頁面數，使網站看起來規模更大，也使權重增加。另外，不同頁面也方
便針對不同的關鍵字，比如主頁面關鍵字是「產品名稱 + 價格 / 報價」，產品參數
頁面的主打關鍵字就變成「產品名稱 + 參數」，發表評論頁面主打關鍵字變成「產
品名稱 + 評論」。

在 Google 搜尋一下就會看到產品頁面確實都有收錄，如圖 15-43 所示。

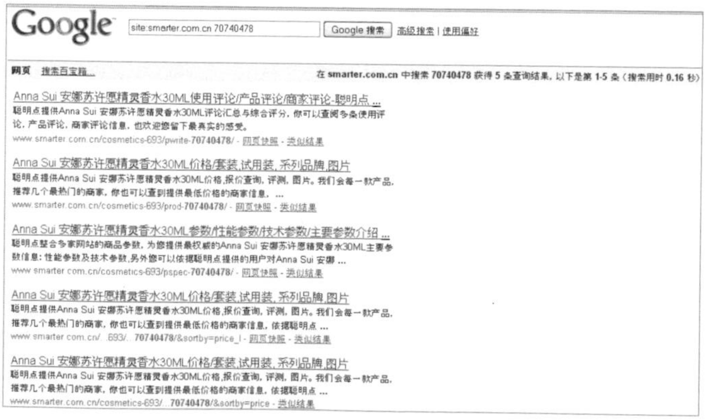

圖 15-43　聰明點產品頁面收錄

應該說這是一個不錯的想法，不過並不適用於所有網站。在億賜客這個案例中，我傾向於不要學習這種方式。

綜合外部連結及網站本身最佳化的情況看，聰明點是一個經過專業 SEO 處理的網站，而且水準相當高。其他幾個競爭對手網站也都最佳化得不錯，尤其是智購網，與聰明點不相上下。

15.3　億賜客網站分析

本節看一下億賜客網站在 2009 年 7 月最佳化前的情況。

15.3.1　域名註冊

如圖 15-44 所示，億賜客域名 whois 訊息顯示其註冊時間為 2007 年 8 月。雖然算不上一個全新的網站，但與其他競爭對手網站，或廣泛點說，與其他電子商務網站相比，算是年輕的。所以，域名權重較難在短期內有質的飛躍，除非能自然獲得大量高品質外鏈，這種外鏈可遇而不可求，外鏈建設任重道遠。

```
Domain names in the .com and .net domains can now be registered
with many different competing registrars. Go to http://www.internic.net
for detailed information.

Domain Name: YICIKE.COM
Registrar: XIN NET TECHNOLOGY CORPORATION
Whois Server: whois.paycenter.com.cn
Referral URL: http://www.xinnet.com
Name Server: NS.XINNET.CN
Name Server: NS.XINNETDNS.COM
Status: ok
Updated Date: 17-nov-2008
Creation Date: 21-aug-2007
Expiration Date: 21-aug-2010
```

圖 15-44　億賜客域名 whois 訊息

15.3.2　Google PR 值

在 2009 年 6 月 23 日 Google 工具列 PR 值更新中，億賜客的 PR 值剛剛從 4 升到 5。PR 值並不是線性的，PR 值在 1 和 2 之間的差距，比 PR 值在 4 和 5 之間的差距要小得多。PR 值越高，要想提升就越困難。億賜客網站應該還處於 PR 值為 5 的低端，與普遍 PR 值 6 的競爭對手相比，還有一些差距。

15.3.3　收錄

如圖 15-45 所示是億賜客在 Google 的收錄情況。

圖 15-45　億賜客網站在 Google 的收錄

根據技術人員的統計，2009 年 7 月，億賜客網站已經有上百萬的產品資料，而 Google 只收錄了 7 萬多個頁面，說明收錄非常不充分。收錄不好的原因無外乎以下幾個：網站權重太低、網站內容原創度太低、網站架構不利於收錄。由於網站 PR 值和權重及內容本身不容易迅速改進，改善網站架構就成了提高收錄的主要方法。

單純 site: 指令的準確性較低，我也經常使用另一個方法估算網站被收錄頁面數，就是搜尋一個在其他網站上不會有、而在你的網站上每個頁面都會有的獨特字串，比如公司電話、地址、電子郵件地址、口號等。對中文網站來說，一個很好的獨特字串是正常情況下（如不存在多個網站共用一個備案號）的備案號碼。搜尋億賜客網站備案號，如圖 15-46 所示，Google 顯示的是 45,900 多個頁面，與 site: 指令得到的數字在同一量級，說明億賜客網站在 7 月的收錄數大致不會超過 10 萬。也就是說，收錄率在 10% 以下，有很大的改進空間。圖 15-47 是在百度的收錄資料抓圖。

圖 15-46　在 Google 搜尋億賜客備案號

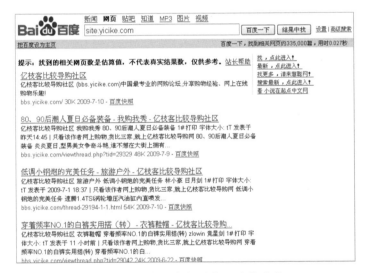

圖 15-47　億賜客網站在百度的收錄

億賜客在百度收錄了 335,000 個頁面，比在 Google 中表現稍微好一點，但是 30%
多的收錄率還是比較低的。

我們再來看最新收錄的頁面資料。使用 Google 百寶箱按時間顯示功能，可以看到
億賜客網站在過去 24 小時收錄了 550 個新頁面，如圖 15-48 所示。

圖 15-48 過去 24 小時收錄新頁面

億賜客網站在過去一個星期收錄了 4170 個新頁面,如圖 15-49 所示。

圖 15-49 過去一星期收錄新頁面

億賜客網站在過去一年收錄了 2 萬多個新頁面，如圖 15-50 所示。

圖 15-50　過去一年收錄新頁面

與前面看過的聰明點網站相比，這個收錄速度相差甚遠。如果在收錄上不能有質的改變，收錄頁面差距將越拉越大，而收錄數量直接決定了長尾流量的多少，是這種中型網站最佳化最最重要的一個方面，必須解決。

診斷大中型網站收錄問題時經常需要分析伺服器原始日誌，查看搜尋引擎蜘蛛抓取頁面時是否遇到了技術障礙，是否網站權重分配方面的問題造成了某些欄目過度抓取、某些欄目又沒有被抓取等。針對億賜客網站則沒有分析日誌的必要了，不到10% 的收錄率說明整個網站 URL 規則、網站結構、內鏈分布都存在明顯問題。

15.3.4　外部連結

如圖 15-51 所示，在 Yahoo! Site Explorer 查詢億賜客，其網站全站外部連結為 2 萬多個，排在前面的沒有什麼著名網站，至少沒有我所知道的著名網站。

圖 15-51 億賜客網站全站外部連結

其中，首頁的外部連結有 18,000 多個，也就是說 90% 以上的外部連結集中在首頁，整個網站的外部連結構成不是很理想，缺少指向內頁的連結，如圖 15-52 所示。

圖 15-52 億賜客網站首頁外鏈

我們再看億賜客網站的外部連結錨文字，如圖 15-53 所示。

圖 15-53　億賜客網站外部連結錨文字

顯然億賜客一直以來把「比較導購」作為首頁的目標關鍵字。比較導購雖然是對這類網站相對準確的功能描述，但是搜尋數量太少，從 SEO 角度來看基本沒有什麼價值，不適合作為主要目標關鍵字。以後在交換連結或其他連結建設時，都需要把目標錨文字改到重新定位的主關鍵字上。

15.3.5　QQ 書籤

如圖 15-25 所示，億賜客網站在 QQ 書籤只有兩個收藏，其中一個還是後台管理，應該是億賜客公司內部人員的書籤。

15.3.6　基本流量資料

現在我們看一下 Google Analytics 顯示的網站基本流量資料。

網站流量分析是一門很深的學問。分析流量，找出問題，改進網站，往往是投入產出比最高的網路行銷活動。

SEO 只是能從流量分析中獲益的一小部分，流量分析的作用遠遠超出 SEO 範圍，對於改進使用者體驗、提高轉化率、提高銷售都有重大意義。這些超出 SEO 範疇

的內容在這裡就不深入討論了。下面只向大家展示億賜客網站最佳化前的基本流量資料，讓讀者有個初步認識，以作為比較的基準。

1. 流量概況

如圖 15-54 所示是 Google Analytics 控制台及億賜客流量概況抓圖。

圖 15-54　Google Analytics 控制台及億賜客流量概況

平均日 IP 為 2000 多。對一個有百萬資料的網站來說，這個流量表現不能令人滿意，應該有很大的成長空間。

跳出率為 83.48%，平均網站停留時間為 1 分 1 秒，使用者每次訪問 1.55 個頁面，這三個資料都表示網站黏度不高，但是與同行業網站比較也不算太差，黏度比較低是比較購物網站的共同特徵。

2. 流量來源

圖 15-55 顯示的是億賜客網站流量來源分布。由圖 15-55 可見，搜尋流量占所有流量的 77.52%，如果統計準確的話，這雖然屬於正常範圍，但有些偏高。從後面的資料分析可以看到，真實搜尋流量的比例應該比這個數字還要高。相對來說，網站對搜尋引擎的依賴已經比較大，這是潛在風險之一。如果可能，應該開拓使用者重複瀏覽及來自其他網站的點擊流量。搜尋流量細節如圖 15-56 所示。

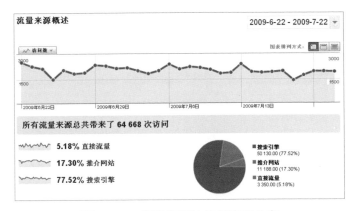

圖 15-55　億賜客網站流量來源分布

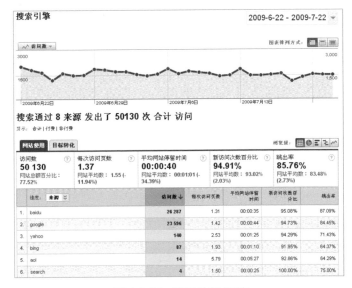

圖 15-56　搜尋流量細節

來自百度和 Google 的流量大致相當。由於百度在國內市場佔有率遠高於 Google，這樣的搜尋流量比例說明在百度的排名表現有更大問題，也就有更多的改善空間。從使用者訪問頁數和停留時間看，Google 流量黏度稍微高於百度流量，但差距不是很大。

來自雅虎和必應的搜尋流量黏度比百度、Google 都要高出不少，很可惜這兩個搜尋引擎的市場占有率太低，可以忽略不計。

我們再看一下所有流量來源黏度，如圖 15-57 所示。

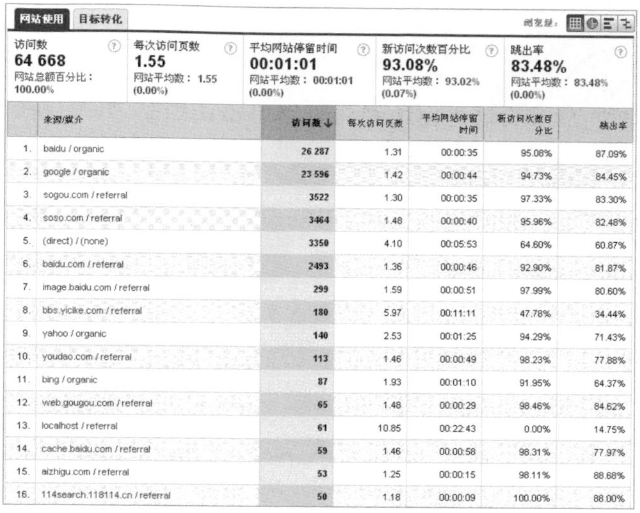

	来源/媒介	访问数 ↓	每次访问页数	平均网站停留时间	新访问次数百分比	跳出率
1.	baidu / organic	26 287	1.31	00:00:35	95.08%	87.09%
2.	google / organic	23 596	1.42	00:00:44	94.73%	84.45%
3.	sogou.com / referral	3522	1.30	00:00:35	97.33%	83.30%
4.	soso.com / referral	3464	1.48	00:00:40	95.96%	82.48%
5.	(direct) / (none)	3350	4.10	00:05:53	64.60%	60.87%
6.	baidu.com / referral	2493	1.36	00:00:46	92.90%	81.87%
7.	image.baidu.com / referral	299	1.59	00:00:51	97.99%	80.60%
8.	bbs.yicike.com / referral	180	5.97	00:11:11	47.78%	34.44%
9.	yahoo / organic	140	2.53	00:01:25	94.29%	71.43%
10.	youdao.com / referral	113	1.46	00:00:49	98.23%	77.88%
11.	bing / organic	87	1.93	00:01:10	91.95%	64.37%
12.	web.gougou.com / referral	65	1.48	00:00:29	98.46%	84.62%
13.	localhost / referral	61	10.85	00:22:43	0.00%	14.75%
14.	cache.baidu.com / referral	59	1.46	00:00:58	98.31%	77.97%
15.	aizhigu.com / referral	53	1.25	00:00:15	98.11%	88.68%
16.	114search.118114.cn / referral	50	1.18	00:00:09	100.00%	88.00%

圖 15-57 所有流量來源黏度

其中，標為 organic 的是自然搜尋流量，標為 referral 的是來自其他網站的點擊流量，標為 direct 的是直接訪問流量（如使用者從瀏覽器書籤瀏覽網站）。可以看到，直接訪問流量黏度通常高於其他流量來源，這很符合邏輯，絕大部分網站都如此。

圖 15-58 顯示的是所有流量來源的目標轉化率。

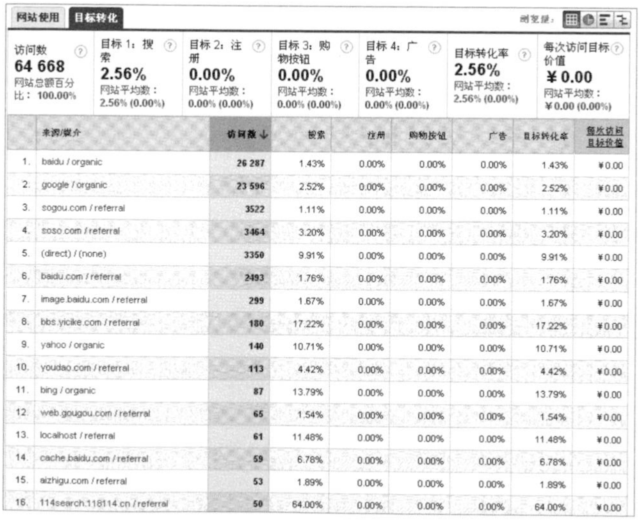

	来源/媒介	访问数 ↓	搜索	注册	购物按钮	广告	目标转化率	每次访问目标价值
1.	baidu / organic	26 287	1.43%	0.00%	0.00%	0.00%	1.43%	¥0.00
2.	google / organic	23 596	2.52%	0.00%	0.00%	0.00%	2.52%	¥0.00
3.	sogou.com / referral	3522	1.11%	0.00%	0.00%	0.00%	1.11%	¥0.00
4.	soso.com / referral	3464	3.20%	0.00%	0.00%	0.00%	3.20%	¥0.00
5.	(direct) / (none)	3350	9.91%	0.00%	0.00%	0.00%	9.91%	¥0.00
6.	baidu.com / referral	2493	1.76%	0.00%	0.00%	0.00%	1.76%	¥0.00
7.	image.baidu.com / referral	299	1.67%	0.00%	0.00%	0.00%	1.67%	¥0.00
8.	bbs.yicike.com / referral	180	17.22%	0.00%	0.00%	0.00%	17.22%	¥0.00
9.	yahoo / organic	140	10.71%	0.00%	0.00%	0.00%	10.71%	¥0.00
10.	youdao.com / referral	113	4.42%	0.00%	0.00%	0.00%	4.42%	¥0.00
11.	bing / organic	87	13.79%	0.00%	0.00%	0.00%	13.79%	¥0.00
12.	web.gougou.com / referral	65	1.54%	0.00%	0.00%	0.00%	1.54%	¥0.00
13.	localhost / referral	61	11.48%	0.00%	0.00%	0.00%	11.48%	¥0.00
14.	cache.baidu.com / referral	59	6.78%	0.00%	0.00%	0.00%	6.78%	¥0.00
15.	aizhigu.com / referral	53	1.89%	0.00%	0.00%	0.00%	1.89%	¥0.00
16.	114search.118114.cn / referral	50	64.00%	0.00%	0.00%	0.00%	64.00%	¥0.00

圖 15-58 所有流量來源的目標轉化率

億賜客網站把使用者在網站上完成一次搜尋設定為一次轉化。在後面的最佳化報告中我會提到，這並不是一個好的轉化目標，不過也在一定程度上說明了使用者在網站上的互動和參與度，也有一定意義。Google 流量參與度比百度流量稍微高一點，雅虎和必應的流量品質高出更多。

排在第三位和第四位的分別是搜狗和搜搜，Google Analytics 把它們列為點擊流量（referral），但其實這兩個流量中的絕大部分也都應該是搜尋流量。

圖 15-59 顯示的是搜狗流量來源細分。

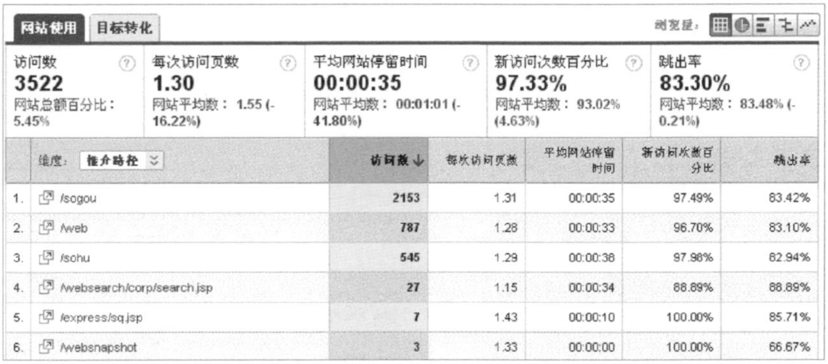

	维度：推介路径	访问数 ↓	每次访问页数	平均网站停留时间	新访问次数百分比	跳出率
1.	/sogou	2153	1.31	00:00:35	97.49%	83.42%
2.	/web	787	1.28	00:00:33	96.70%	83.10%
3.	/sohu	545	1.29	00:00:38	97.98%	82.94%
4.	/websearch/corp/search.jsp	27	1.15	00:00:34	88.89%	88.89%
5.	/express/sq.jsp	7	1.43	00:00:10	100.00%	85.71%
6.	/websnapshot	3	1.33	00:00:00	100.00%	66.67%

圖 15-59　搜狗流量來源細分

從來源 URL（http://www.sogou.com/sogou? 是搜尋結果頁面 URL 的最前一部分）可以看出，其實就是搜狗網站上的搜尋流量。搜搜流量也是如此。這也就是為什麼前面提到，搜尋流量的比例實際高於 Google Analytics 顯示的數字。Google Analytics 畢竟主要服務於英文網站，可能沒有深入了解所有中文搜尋引擎，沒有把搜狗、搜搜這些小一點的中文搜尋引擎流量算成搜尋流量，而是算成點擊流量。

3. 使用者忠誠度

下面幾個抓圖顯示的都是使用者忠誠度或黏度。

首先是使用者訪問次數，如圖 15-60 所示。

来自此访问者的访问次数（包括当次访问）	访问者访问了 N 次的访问的次数	占所有访问的百分比
1 次		
20090622-20090722	60 195.00	93.08%
2 次		
20090622-20090722	2093.00	3.24%
3 次		
20090622-20090722	401.00	0.62%
4 次		
20090622-20090722	184.00	0.28%
5 次		
20090622-20090722	114.00	0.18%
6 次		
20090622-20090722	70.00	0.11%

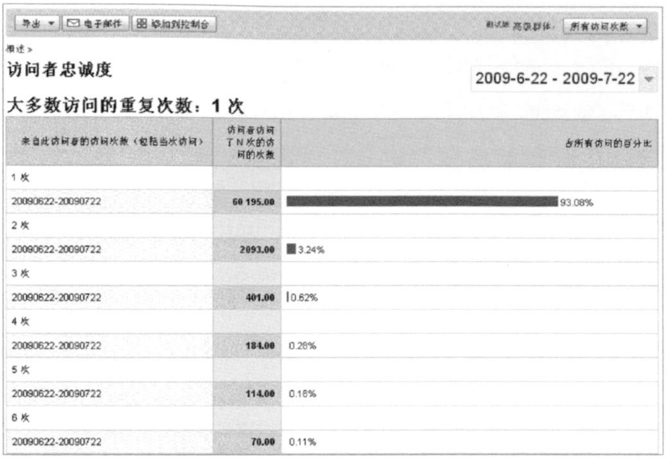

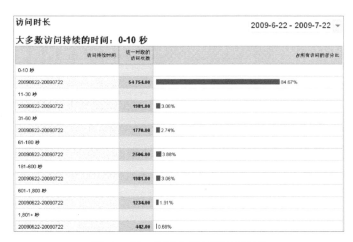

圖 15-60 使用者訪問次數

93% 的使用者只瀏覽網站一次，回頭客太少。如果可能，增加互動性質的內容或者電子雜誌，吸引使用者多次訪問，降低風險。

使用者訪問持續時間如圖 15-61 所示。

访问持续时间	这一时段的访问次数	占所有访问的百分比
0-10 秒		
20090622-20090722	54 754.00	84.67%
11-30 秒		
20090622-20090722	1981.00	3.06%
31-60 秒		
20090622-20090722	1770.00	2.74%
61-180 秒		
20090622-20090722	2506.00	3.88%
181-600 秒		
20090622-20090722	1981.00	3.06%
601-1,800 秒		
20090622-20090722	1234.00	1.91%
1,801+ 秒		
20090622-20090722	442.00	0.68%

圖 15-61 使用者訪問持續時間

84.67% 的使用者訪問只持續了 10 秒以內就離開了網站，如果是訊息類或普通電子商務網站，這是個過短的時間，使用者沒看什麼內容就離開了，說明網站可能在視覺設計或易用性方面存在問題。由於比較購物網站有一定的特殊性，與搜尋

引擎有點類似，這種網站的目標就是把使用者送到其他網站，所以網站訪問時間短並不一定是件壞事，具體還要看網站轉化率如何。

頁面跳出率如圖 15-57 所示，網站整體跳出率為 83.48%，不太理想。其原因主要在於最終產品頁面的跳出率比較高，其實首頁和分類頁面跳出率還算不錯。如圖 15-62 顯示的是圖書分類頁面使用者跳出率。

我們可以看到，90.44% 的使用者其實點擊訪問了後續頁面，表現還算不錯。所以從網路行銷角度看，真正要解決的是產品頁面使用者跳出率。

圖 15-62　圖書分類頁面使用者跳出率

和上面說的使用者忠誠度、黏度一樣，跳出率對比較購物網站來說也有它的特殊考慮，必須綜合轉化率來看。

4. 使用者地理位置

圖 15-63 顯示了使用者地理位置。

其中一個資料比較奇怪。來自上海的使用者目標轉化率明顯高於其他任何地方，黏度也同樣如此。由於網站伺服器位於上海，我曾經以為是因為伺服器速度問題導致其他省市使用者訪問起來太慢，影響使用者體驗，所以轉化率、黏度大幅下降，但後來透過流量細分發現不是這個原因。

64,668 次访问来自 5,737 网络位置

	网络位置	访问数 ↓	搜索	应用	购物按钮	广告	目标转化率	每次访问目标价值
1.	chinanet guangdong province network	6766	2.29%	0.00%	0.00%	0.00%	2.29%	￥0.00
2.	chinanet shanghai province network	5501	5.82%	0.00%	0.00%	0.00%	5.82%	￥0.00
3.	chinanet jiangsu province network	3094	1.55%	0.00%	0.00%	0.00%	1.55%	￥0.00
4.	china unicom beijing province network	1958	1.99%	0.00%	0.00%	0.00%	1.99%	￥0.00
5.	cncgroup beijing province network	1703	2.52%	0.00%	0.00%	0.00%	2.52%	￥0.00
6.	chinanet fujian province network	1637	1.65%	0.00%	0.00%	0.00%	1.65%	￥0.00
7.	chinanet hubei province network	1424	1.97%	0.00%	0.00%	0.00%	1.97%	￥0.00
8.	chinanet sichuan province network	1335	2.40%	0.00%	0.00%	0.00%	2.40%	￥0.00
9.	china unicom shandong province net...	1159	1.81%	0.00%	0.00%	0.00%	1.81%	￥0.00
10.	chinanet anhui province network	1076	1.30%	0.00%	0.00%	0.00%	1.30%	￥0.00

圖 15-63　使用者地理位置

細分是流量分析的重要方法之一，像前面提到的按不同搜尋引擎查看流量品質、轉化就是細分的一種。

Google Analytics 提供了一些簡單的細分工具，並將它稱為群體。

如圖 15-64 所示，站長可以使用 Google Analytics 提供的群體進行流量細分，也可以自訂其他細分群體。

圖 15-64　使用 Google Analytics 提供的群體進行流量細分

我在查看新訪問者和回訪者（也就是老使用者）的地理位置資料時，發現上海地區使用者新訪問者與其他地區新訪問者沒有那麼大的區別，但回訪者的黏度遠遠高於其他省市回訪者的黏度，如圖 15-65 所示。

圖 15-65　使用者地理位置資料再按新舊使用者細分

這說明問題在於上海地區回訪者,而不在於上海地區的所有使用者。考慮到億賜客公司就在上海,基本上可以斷定這部分上海地區的回訪者絕大部分是公司員工,所以黏度極高,並拉高了上海使用者的整體數字。這從上海地區回訪者比例遠遠高出其他省市回訪者比例也可以得到驗證。

5. 帶來流量的關鍵字

如圖 15-66 顯示的是百度帶來搜尋流量的前 15 個關鍵字。

圖 15-66　百度帶來搜尋流量的前 15 個關鍵字

如圖 15-67 顯示的是百度帶來搜尋流量中靠後一些的關鍵字。

32.	光泉冲浪踏步机	11	1.91	00:01:08	100.00%
33.	哈尔滨冰纯啤酒价格	11	1.18	00:00:08	100.00%
34.	森森水族箱报价	11	1.18	00:00:10	100.00%
35.	瑞虎一洗黑洗染香波	11	1.73	00:00:47	100.00%
36.	马连奴钱包价格	11	1.09	00:00:14	100.00%
37.	324777-007	10	1.20	00:02:13	70.00%
38.	great wall 长城 m172 17英寸 液晶显示器	10	10.30	00:28:06	0.00%
39.	vzi氨疗雪肌素价格	10	1.00	00:00:00	100.00%
40.	www.flyco.com	10	1.10	00:00:03	100.00%
41.	腾通价格	10	1.00	00:00:00	100.00%
42.	西施兰夏露价格	10	1.10	00:00:23	100.00%

圖 15-67 百度帶來搜尋流量靠後的關鍵字

Google 帶來搜尋流量的前 16 個關鍵字如圖 15-68 所示。

网站使用 目标转化　浏览量：

访问数	每次访问页数	平均网站停留时间	新访问次数百分比	跳出率
23 596	**1.42**	**00:00:44**	**94.73%**	**84.45%**
网站总额百分比：36.49%	网站平均数：1.55 (-8.64%)	网站平均数：00:01:01 (-26.78%)	网站平均数：93.02% (1.83%)	网站平均数：83.48% (1.16%)

	维度：关键字	访问数 ↓	每次访问页数	平均网站停留时间	新访问次数百分比	跳出率
1.	亿技客	267	6.87	00:10:45	46.82%	24.34%
2.	e家网购物	110	1.00	00:00:00	100.00%	100.00%
3.	亿技客 綦文卫	75	14.53	00:24:55	0.00%	16.00%
4.	蛋券	40	1.02	> 00:00:00	97.50%	97.50%
5.	卡西欧指针mtp腕表	36	1.11	00:00:12	100.00%	94.44%
6.	铭瑄(maxsun)8600gt留賦氪	30	7.13	00:13:10	0.00%	10.00%
7.	亿炊客	23	9.35	00:09:52	26.09%	0.00%
8.	site:www.yicike.com	20	11.15	00:11:23	15.00%	20.00%
9.	亿技购物网	18	1.06	> 00:00:00	5.56%	94.44%
10.	佐川藤井	17	1.00	00:00:00	100.00%	100.00%
11.	p2222	16	1.12	00:00:38	93.75%	87.50%
12.	俏物悄语	16	3.88	00:03:37	68.75%	75.00%
13.	礼想家单身贵族咖啡泡茶兼容机	12	1.33	00:00:16	91.67%	75.00%
14.	老花镜价格	12	1.42	00:00:23	100.00%	75.00%
15.	318220-103	11	1.27	00:00:50	63.64%	63.64%
16.	lv男士手包	10	1.30	00:00:10	80.00%	70.00%

圖 15-68 Google 帶來搜尋流量的前 16 個關鍵字

Google 帶來搜尋流量的一些靠後的關鍵字如圖 15-69 所示。

49.	t014.421.11.037.00	6	1.67	00:00:16	83.33%	50.00%
50.	乐蜂网	6	1.17	00:00:13	83.33%	83.33%
51.	导购网	6	2.50	00:00:44	100.00%	50.00%
52.	小康之家网上购物	6	1.17	00:01:52	100.00%	83.33%
53.	咬人xiaoshuo	6	1.00	00:00:00	100.00%	100.00%
54.	海斯 太阳能	6	2.50	00:00:25	100.00%	83.33%
55.	电动键切机的价格	6	1.00	00:00:00	100.00%	100.00%
56.	石榴石的价格	6	1.00	00:00:00	100.00%	100.00%
57.	砗磲	6	1.00	00:00:00	100.00%	100.00%
58.	维维嚼益嚼密养辣	6	1.00	00:00:00	100.00%	100.00%
59.	美的(midea)欧式抽油烟机cxw-200-ct17b	6	1.00	00:02:05	100.00%	83.33%
60.	西尔屏炎价格	6	1.17	00:00:06	100.00%	83.33%
61.	50度古井贡酒价格	5	1.00	00:00:00	100.00%	100.00%
62.	chanel项链价格	5	1.00	00:00:00	100.00%	100.00%
63.	crocs鞋价格	5	1.20	00:01:00	100.00%	80.00%
64.	dpr-1061	5	1.20	00:01:09	100.00%	80.00%
65.	e13kc1	5	1.00	00:00:00	100.00%	100.00%
66.	jy8009-55e	5	1.00	00:00:00	80.00%	100.00%
67.	ks-207d	5	1.20	00:00:58	100.00%	80.00%
68.	sex dvd	5	1.00	00:00:00	100.00%	100.00%
69.	t62望远镜	5	1.40	00:02:55	80.00%	60.00%
70.	tcl 冰箱bc-92b	5	1.80	00:00:23	100.00%	60.00%

圖 15-69　Google 帶來搜尋流量靠後的關鍵字

比較這幾個抓圖可以看到，除了涉及億賜客品牌名稱（當時叫億枝客）的搜尋外，帶來搜尋流量的絕大部分是長尾關鍵字。最重要的網路上購物、購物網站、網購等相關詞，沒有排名也就沒有流量。產品分類頁面也很少帶來流量，因為對應關鍵字（「數位產品」、「母嬰用品」等）也很熱門，競爭激烈。

從 Google 和百度同時帶來搜尋流量的關鍵字非常少，很少有頁面在這兩個搜尋引擎上都有較好的排名。

我也檢查了幾個關鍵字在百度和 Google 的具體排名，如圖 15-70 所示是關鍵字「多普達 p2222」在百度的排名。

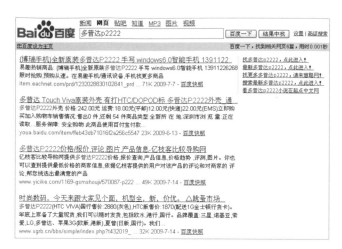

圖 15-70　關鍵字「多普達 P2222」在百度的排名

如圖 15-71 所示是關鍵字「motoe6 報價」在百度的排名。

圖 15-71　關鍵字「motoe6 報價」在百度的排名

這兩個帶來搜尋流量靠前的詞其實也都是很長尾的詞，返回的頁面很少，所以這種長尾詞排名還有進一步改進的可能。改進長尾關鍵字需要投入的時間、精力比較少，是比較好實現的方法。由於各種原因，並不會因為有幾個很強的競爭對手，就一定會在長尾詞上輸給他們。不同的最佳化方式、不同的收錄規模、不同的資料源等，使得再強大的競爭對手也一定有不能覆蓋到的關鍵字。

從圖 15-72 中可以看到，億賜客網站在一個月時間內，有 44,202 個關鍵字帶來過流量。這對一個擁有百萬個以上頁面的網站來說是比較低的。下面有效收錄頁面的數字就更能說明這一點，如圖 15-73 所示。

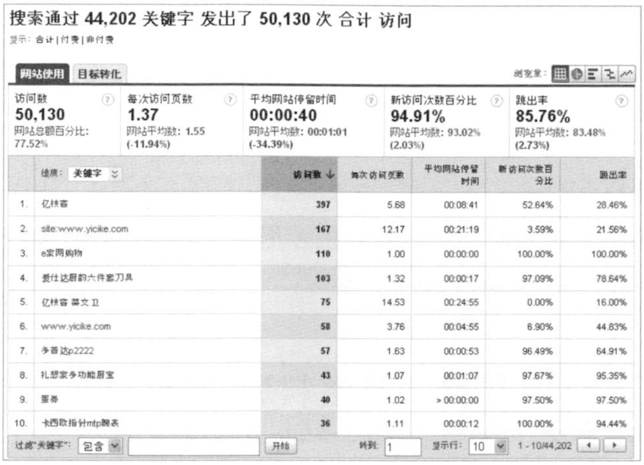

圖 15-72　帶來搜尋流量的關鍵字

網站流量工具所列出的所有搜尋使用者進入頁面，可以理解為有效收錄頁面，因為只有這些頁面才帶來了搜尋流量，其他頁面雖然被收錄，卻沒有帶來任何流量。如圖 15-73 所示，在一個月時間內，有 28,927 個頁面帶來過搜尋流量，與整個網站百萬個頁面相比，這顯得比較低。

圖 15-73　有效收錄頁面

但是，相對於網站收錄頁面數在百度是 30 多萬個，在 Google 是低於 10 萬個，這個有效收錄頁面比例就顯得高多了。假定有效收錄頁面占所有收錄頁面之比固定，如果我們能大幅提高搜尋引擎收錄頁面數，就意味著能大幅提高有效收錄頁面數，也就是提高流量。

所以我們可以得到一個結論，對億賜客網站來說，要提高流量，關鍵在於提高收錄率。從前面的統計可以看出，目前億賜客網站的收錄頁面數還太低，還有很大改進空間。

當然，不同的網站必須具體問題具體分析，提高流量的關鍵可能有很大差別。這裡所說的關鍵在於收錄，只針對億賜客網站。

15.3.7　Google 網管工具資料和分析

Google 網管工具（Google Search Console）是一個非常強大，也非常有用的 SEO 工具。建議所有做 SEO 的人都要在網管工具註冊自己的網站，能從中發現不少問題。下面就以億賜客網站為例看看怎樣從 Google 網管工具中發現對 SEO 有用的訊息。

下面的 Google 網管工具抓圖都是 2009 年的舊版。Google 網管工具已經過數次改版，但下面這些功能都還在，最新版中各種功能在選單中的位置可能有變化。

1. 外鏈錨文字

如圖 15-74 所示是 Google 網管工具顯示的指向億賜客網站的外部連結所使用的錨文字（網管工具稱為定位文字）。

外鏈錨文字是排名很重要的因素之一。根據 Google 網管工具給出的資料，SEO 人員能夠輕易地看出自己的目標關鍵字是否出現在外鏈錨文字中。如果這裡列出的都是一些無關或次要的詞彙，說明外部連結建設需要某種技巧上的改進。從圖 15-74 中可以看到，億賜客網站外鏈錨文字相對自然，但是針對主要關鍵字的外部連結比較少。

圖 15-74　Google 網管工具顯示的外鏈錨文字

2. 網站內容

如圖 15-75 顯示的是 Google 看到的最常見到的網站內容和關鍵字。順便提一下，很多人把「關鍵字」稱為「關鍵字」，Google 網管工具也是如此。我個人認為是很不恰當的用詞。中文使用者搜尋主要是以「詞」為基礎的，而不是單個的「字」。

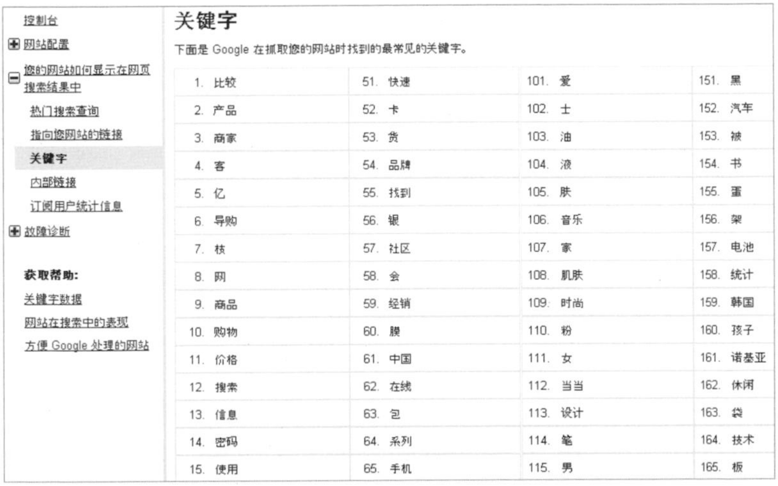

圖 15-75　Google 看到的最常見的網站內容和關鍵字

這個資料反映出網站內容是否真的與自己想最佳化的關鍵字相吻合。如果搜尋引擎看到的關鍵字都是與你的目標關鍵字不相關的，網站主題與目標關鍵字有差距，自然很難獲得好的排名。從圖 15-75 可以看到，億賜客網站內容相關性還不錯，諸如比較、產品、商家、商品、購物、搜尋等都出現在最常見的關鍵字中。

3. 速度影響抓取

如圖 15-76 顯示的是 Google 抓取頁面的統計，包括每天抓取的網頁數量、每天下載的資料量和下載頁面所用時間。

從圖 15-76 中我們可以明顯看到一個現象，在 2009 年 5 月中旬的幾天，當下載頁面所用時間明顯上升時，抓取的頁面數量就急劇下降，也就是說網站下載速度直接影響了頁面抓取數量。這驗證了前面提到過的，搜尋引擎蜘蛛在一個特定網站上爬行、抓取的總時間是有限的。當然權重越高，這個限制值也就越大。億賜客網站在 5 月中旬的幾天，因為某種原因伺服器速度降低，每下載一個頁面需要的時間大大增加，Google 蜘蛛爬行很少頁面就用完了分配給億賜客網站的總爬行時間，因此沒有時間爬行更多頁面。

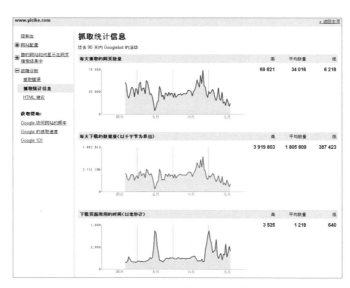

圖 15-76　Google 抓取頁面的統計

如果讀者看一下自己的網站，可能會發現很多網站下載所用時間與抓取網頁數量不一定成反比，因為這些網站並沒有用完 Google 給予這個網站的總爬行時間。

所以億賜客網站需要盡量提高網站速度，包括最佳化資料庫、減少頁面檔案、刪除無關程式碼，這也很可能對提高收錄率有幫助。

4. HTML 程式碼建議

Google 網管工具另一個非常重要的功能是 HTML 建議，Google 要發現網站頁面可能存在問題時，會列在這裡供站長參考。SEO 人員經常可以從這些建議中發現網站的重大問題，如圖 15-77 所示。

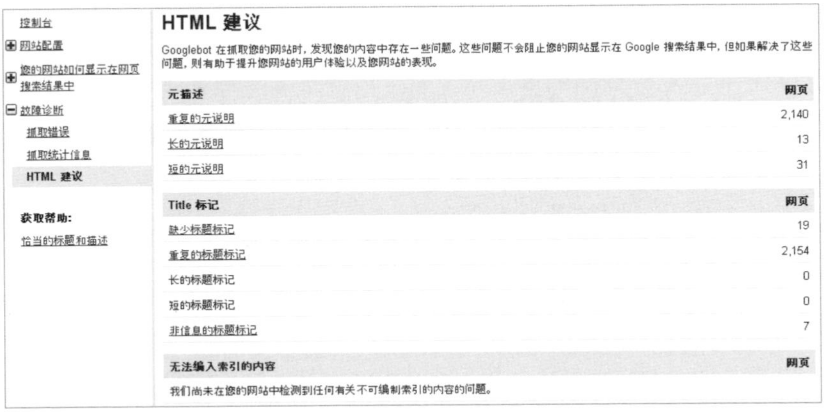

圖 15-77　網管工具 HTML 建議

下面就舉幾億賜客網站的例子。

（1）無標題標籤。

無標題標籤是最簡單也最容易更改的錯誤，站長自己卻往往發現不了這個問題，如果能發現就不會不寫標題標籤了，一般都是因為疏忽大意。

從圖 15-78 可以看到，出現無標題標籤的頁面經常是「關於我們」、「聯繫我們」等容易被忽略的頁面。

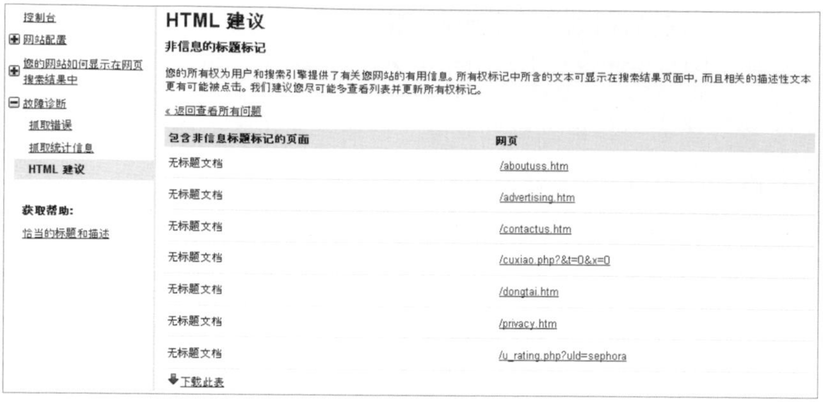

圖 15-78　無標題分頁面

（2）重複內容頁面。

　　HTML 建議部分列出的重複元說明（也就是描述標籤）、重複標題標籤這兩部分經常可以讓站長發現網站上的重複內容或者網站架構上的問題。比如億賜客網站就存在幾種原因造成的重複內容。

① 顯示方式導致的重複標題及重複內容頁面。

　　如圖 15-79 所示，列在重複標題標記最前面的這幾個頁面，從 URL 就可以看出這是網站顯示方式所造成的，也就是產品列表頁面（也就是最末一級分類頁面，通常是三級分類頁面，有時也可能是二級分類頁面）上按價格排列、按評論排列、按名稱排列、按冊格方式顯示、按列表方式顯示等各種排列顯示方法所造成的重複頁面。

圖 15-79　網站顯示方式造成的重複標題標籤和內容

網管工具列出的「護髮乳護髮素」分類頁面，預設顯示方式是如圖 15-80
所示的按柵格方式排列。

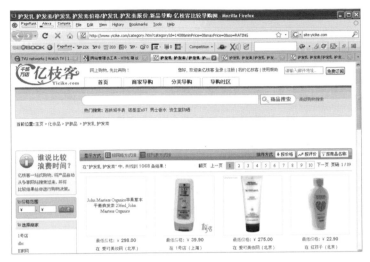

圖 15-80　分類頁面預設按柵格方式排列顯示

如圖 15-81 所示，使用者點擊按列表方式排列後，URL 變化，頁面顯示
方式變化，但顯示的內容是完全一樣的，頁面 Title 也一樣。與此類似，
使用者點擊右上角的按價格、按評價、按商品名稱排序時都會生成不同
的 URL，但頁面內容重複。

圖 15-81　分類頁面按列表方式排列

② 技術問題導致的重複標題和重複內容頁面。

我們再看重複標題部分列出的第三個頁面，HOYA 多層鍍膜產品頁面，如圖 15-82 所示。

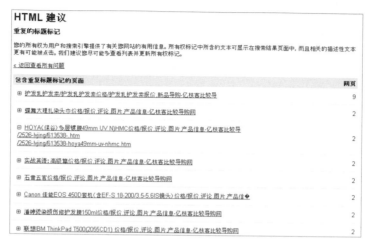

圖 15-82　技術問題導致的重複內容頁面

這一項列出的兩個 URL 比較怪異，顯然不是翻頁或顯示方式導致的。第一個頁面的 URL 是 http://www.yicike.com/2526-lvjing/613538-.htm，如圖 15-83 所示。第二個頁面 URL 是 http://www.yicike.com/2526-lvjing/613538-hoya49mm-uv-nhmc.htm，如圖 15-84 所示。

圖 15-83　頁面 2526-lvjing/613538-.htm

圖 15-84　頁面 2526-lvjing/613538-hoya49mm-uv-nhmc.htm

第二個頁面 URL 最後面的字元是從產品名稱中的數字及英文字元提取的。這兩個 URL 是同一個產品頁面。

第一個 URL 去掉產品編號後面的橫線：

http://www.yicike.com/2526-lvjing/613538.htm

顯示的還是同一個產品頁面。

更不妙的是，其實我們可以把產品編號之後的數字及字母部分改為任意其他字元，如：

http://www.yicike.com/2526-lvjing/613538-xxx.htm

如圖 15-85 所示，網站系統還會正常顯示同樣產品的頁面。也就是說，只要產品系列編號 613538 出現在 URL 中，不管後面加上什麼字元，都顯示同一個頁面內容，而不是 404 錯誤。這是一個技術上的錯誤，可能導致無窮多個重複內容頁面。由於某種原因，網站上確實出現了至少兩個 URL 版本，還被搜尋引擎收錄了，也就是上面看到的，一個 URL 只出現產品編號，一個 URL 是產品編號加上產品名稱中的數字及英文字元。這屬於比較嚴重的技術問題。

圖 15-85　產品編號後加任意字元

③ 考慮不周導致的重複標題及重複內容頁面。

我們再來看一個例子，如圖 15-86 所示。

圖 15-86　考慮不周等導致的重複內容

「衛生紙」分類頁面也出現了重複標題。第一個 URL 是正常的三級分類頁面，如圖 15-87 所示。

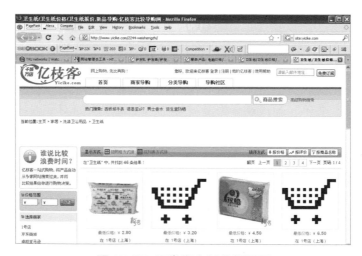

圖 15-87　正常衛生紙分類頁面

而第二個 URL 實際上是在正常分類頁面上，使用者點擊左側導覽中「選擇商家」下面的商家連結後所到達的頁面，比如點擊「1 號店」將來到如圖 15-88 所示的頁面。

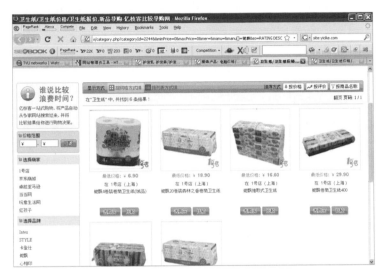

圖 15-88　點擊「1 號店」後到達頁面

問題在於，選擇了商家「1 號店」之後，頁面標題標籤、麵包屑導覽、顯示方式下面的說明文字都沒有任何變化，與衛生紙分類首頁完全相同，使用者很難感覺到已經將產品限制在某個商家。這既對使用者不友善，使用者無法從頁面看出這實際上是一號店衛生紙產品列表，也對搜尋引擎不友善，搜尋引擎同樣無法分辨這兩個頁面的區別。

④ 同一產品出現在不同分類導致的重複標題及重複內容頁面。

我們再看下面「蘭亭序 VCD」產品頁面。從列出的重複頁面 URL 我們就可以看出，由於某種原因，「蘭亭序 VCD」這個產品出現在兩個不同分類中，分別是分類編號 1685 和 1687。點擊這兩個 URL，打開的確實是同一個產品頁面，只不過 URL 不同，如圖 15-89、圖 15-90 所示。

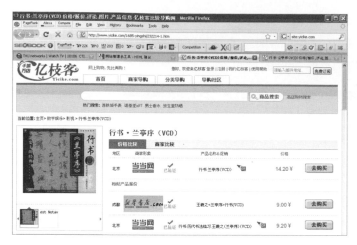

圖 15-89 「蘭亭序 VCD」在分類 1685 中

圖 15-90 「蘭亭序 VCD」在分類 1687 中

從 URL 中的拼音看，這個產品似乎更應該屬於編號為 1685 的影視分類。如果我們直接訪問編號為 1687 的分類頁面，會看到這實際上是太陽傘分類列表，如圖 15-91 所示。

圖 15-91　編號為 1687 的太陽傘分類

不知道為什麼「蘭亭序 VCD」這個產品會出現在這兩個分類目錄中。

從上面的幾個例子可以看到，在 Google 網管工具中能發現的問題，常常是人工觀察網站很難注意到的。對稍微有些規模的網站，你不太可能瀏覽和研究網站的大部分頁面，逐一查看連結和 URL 是否有問題。查看搜尋引擎收錄的所有頁面 URL，也只能看有限頁數而已。對這種幾十萬個甚至幾百萬個頁面的網站來說，很難透過人工觀察網站發現這種隱藏的重複內容頁面和技術問題。這就是使用 Google 網管工具的重要意義所在。

15.4　關鍵字研究

針對億賜客網站情況，我把整個網站分為六種頁面，分別研究需要最佳化的關鍵字。這六種頁面是：

- 首頁
- 分類頁面
- 商家頁面
- 品牌頁面
- 產品頁面
- 搜尋頁面

15.4.1 首頁

首頁是整個網站權重最高、排名能力最強的頁面,通常把最熱門的關鍵字放在首頁上。這裡有兩個選擇:一是針對比較購物類的關鍵字,如「比較購物」、「購物搜尋」、「導購網」等;二是針對更通用的購物關鍵字,如「網路上購物」、「購物網站」、「網購」、「網路商城」等。

如圖 15-92 所示是 Google 趨勢所顯示的這兩類關鍵字搜尋次數對比,「網路上購物」這類關鍵字的搜尋數量遠遠大於「比較購物」。

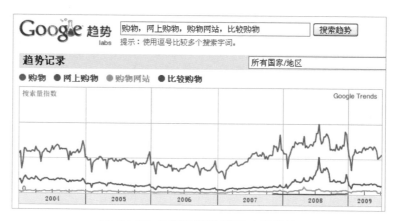

圖 15-92 兩類關鍵字搜尋次數對比

從時間上看,2006 年以後兩類關鍵字的搜尋次數都呈上升趨勢,但是在 2008 年下半年國際金融風暴之後,搜尋次數有所下降,說明整體經濟形勢也影響了使用者在網路上購物的意願。

百度指數也顯示,「網路上購物」和「比較購物」這兩類關鍵字搜尋數量差距很大。「網路上購物」指數在 2000 以上,而「比較購物」指數只有兩位數。所以就算「比較購物」這類詞排到第一,能帶來的流量也非常有限,甚至可以說,從搜尋流量角度看,這種詞對億賜客網站沒有意義。

鑑於這種情況,我覺得億賜客網站應該把首頁的目標關鍵字定在「網路上購物」這種搜尋量更大的關鍵字上。

然後使用 Google 關鍵字工具，進一步挖掘相關關鍵字搜尋情況。如表 15-3 所示的是從 Google 關鍵字工具得出的一部分搜尋量資料。

表 15-3　網路上購物類關鍵字擴展

關鍵詞	廣告客戶競爭程度	本機搜尋次數：6 月	全球每月搜尋次數
[網路購物]	1	301000	301000
[背背佳]	0.8	40500	135000
[eBay]	0.8	690500	135000
[安利]	0.93	110000	110000
[購物網站]	0.93	90500	90500
[宜家]	0.8	90500	90500
[紅孩子]	0.7	3135000	74000
[團購]	0.86	201000	74000
[網路商城]	0.93	18100	49500
[淘寶商城]	0.66	49500	49500
[網路書店]	0.8	22200	40500
[亞馬遜]	0.73	60500	40500
[日本代購]	0.73	133	100
[九陽豆漿機]	0.66	22200	33100
[購物網]	0.93	33100	33100
[網購]	0.82	46000	33100
[佐丹奴]	0.73	18100	27100
[eBay 網]	0.8	22200	27100
[橡果國際]	0.66	18100	22200
[豆漿機]	0.86	14800	14800
[網路上買東西]	0.6	720	12100
[qq 商城]	0.46	-1	9900
[網路購物網站]	0.8	5400	9900
[購物論壇]	0.73	-1	8100

關鍵詞	廣告客戶競爭程度	本機搜尋次數：6月	全球每月搜尋次數
[代購]	0.8	-1	8100
[導購網]	0.53	-1	6600
[網購手機]	0.6	-1	4400
[eBay 購物網]	0.8	2400	4400
[美國代購]	0.6	-1	3600
[代購網]	0.66	-1	2900
[手機導購]	0.93	2400	2900
[網路超市]	0.66	2900	2400
[手機商城]	0.73	6600	2400
[大拿網]	0.4	-1	1600
[香港網路購物]	0.6	-1	1600
[美國購物網]	0.53	-1	1600
[網路商店系統]	0.6	880	1300
[比較購物]	0.53	-1	1000
[聰明點]	0.46	-1	1000
[網路商店]	0.6	-1	1000
[日本購物網站]	0.6	-1	880
[美國購物網站]	0.46	-1	880
[網路店鋪]	0.66	1000	880
[大拿]	0.26	-1	720
[手機網購]	0.53	-1	720
[網路上代購]	0.6	-1	590
[香水網路上]	0.33	-1	590
[手機超市]	0.46	390	590
[購物搜尋]	0.6	1900	590
[網路商場]	0.6	-1	480
[網路上手機商城]	0.53	210	480
[淘寶網路上購物]	0.6	1000	480

關鍵詞	廣告客戶競爭程度	本機搜尋次數：6 月	全球每月搜尋次數
[淘寶導購網]	0.2	-1	390
[線上購買]	X	170	320
[網購圖書]	0.26	-1	260
[線上購物網站]	0.66	140	260
[網路上購物商店]	0.66	210	260
[網路上購物超市]	0.53	110	210

刪除其中不太相關的詞和搜尋量很小的詞之後，挑出最重要的關鍵字並整理在表 15-4 中。

表 15-4　主要關鍵字搜尋次數及競爭程度

關鍵詞	廣告客戶競爭程度	本機搜尋次數：6 月	全球每月搜尋次數	搜尋結果數	前兩頁強域名數	前兩頁域名首頁數	allintitle:指令數字	廣告數
[導購網]	0.53	1	6600	23600000	1	19	6110000	1
[網路上買東西]	0.6	720	12100	10800000	12	1	18400	3
[網路上超市]	0.66	2900	2400	14900000	3	15	3400000	1
[網路上購物網站]	0.8	5400	9900	12900000	7	18	95400	3
[網路商城]	0.93	18100	49500	22100000	11	16	19600000	8
[購物網站]	0.93	90500	90500	13200000	6	17	36000000	6
[網購]	0.8	246000	33100	19700000	5	19	4080000	6
[網路購物]	1	301000	301000	21000000	7	16	21900000	8
[購物搜尋]	0.6	1900	590	13000000	5（4 個競爭對手）	16	55700000	1
[線上購買]	X	170	320	13100000	4	3	2690000	0

除了 Google 關鍵字工具給出的廣告客戶競爭程度、本地搜尋量、全球搜尋量，表 15-4 還列出了另外幾個資料。

- 搜尋結果數：搜尋結果數越大，參與競爭的頁面數越多，要獲得好的排名也越困難。

- 前兩頁強域名數：排在前兩頁的強域名越多，競爭也越厲害。這裡所說的強域名不一定準確，比較個人化。我所列出的強域名指的是我個人聽說過的網站，諸如大的入口網站、著名電子商務網站等。

- 前兩頁域名首頁數：如果排在前面的都是域名首頁，說明競爭程度高，網站內頁很少有機會排到前面。

- allintitle: 指令數字：也就是頁面標題標籤中出現相應關鍵字的搜尋結果數。這個數字越大，說明針對這個關鍵字最佳化的頁面數越多，也就是競爭越厲害。

- 廣告數：顯然廣告越多，競爭越強。

觀察表 15-4，我覺得下面三個詞可以列為億賜客首頁的目標關鍵字：「網路上購物」、「網購」、「購物網站」。而「網路上購物」和「購物網站」連在一起，又可以生成「網路上購物網站」這個搜尋數也還不錯的關鍵字。

表格中的搜尋數量使用了廣泛匹配，是為了從總體上看關鍵字的熱門程度，而不是預估流量，所以數字比完全匹配要高出 3 ～ 4 倍。比如「網路上購物」這個詞，廣泛匹配每個月有 30 萬次搜尋量，使用完整匹配的話，每個月只有 10 萬次左右的搜尋量，平均到每天為 3000 多次搜尋。

從搜尋量看，就算「網路上購物」、「購物網站」這類搜尋量比較大的詞排到前面，帶來的流量也不會很高。圖 15-93 顯示的是 Google Adwords 點擊量預估工具列出的數字。

「網路上購物」這個詞，如果廣告商連結排在 1 ～ 3 位，每天帶來的流量也只不過是 50 個左右。左側自然排名的點擊量通常會比右側廣告多 5 倍以上，也就是說自然搜尋流量只能帶來兩三百個 IP 而已。考慮到 Google 和百度各自在中國的市場佔有率，網路上購物、購物網站這類詞即使能在百度和 Google 排到第一（這幾乎是不可能的），帶來的搜尋流量也不會超過幾千個。從這個意義上來說，要增加

網站的流量還是要靠數量巨大的長尾關鍵字和產品頁面，熱門關鍵字能起到的作用有限。

再來看一下這幾個主要關鍵字目前是哪些網站排在前面，億賜客是否有機會獲得好的排名。2009 年 7 月，在 Google 搜尋「網路上購物」，排在前面的 10 個頁面是：

点击量估算工具

« 修改设置 | 以 csv 格式下载

所有估算值仅作为参考指南提供，它们是根据整个系统内的平均值计算的。您的实际费用和广告排名可能有所不同。要查看根据您关键字的效果历史记录计算的估算值，请使用相应广告组中的点击量估算工具。了解详情

平均每次点击费用：**¥2.61** (最高每次点击费用为 ¥11.54)
估算的每日点击次数：**764 - 948** (每日预算为 ¥2,600.00)

估算值取决于您的出价以及地理定位选择。因为点击量估算工具不会考虑您的每日预算，您的广告获得的点击次数可能低于估算值。

最高每次点击费用: **每日预算** 获得新的估算值

关键字 ▼	搜索量	估算平均每次点击费用	估算的广告排名	估算的每天点击量	估算的每天费用
搜索网络总计		**¥1.93 - ¥2.78**	**1 - 3**	**764 - 948**	**¥1,500 - ¥2,600**
比较购物		数据不足无法算出估算值。			
充值卡		¥0.57 - ¥0.95	1 - 3	8 - 10	¥10
导购网		¥0.72 - ¥1.20	1 - 3	0	¥10
购物		¥1.19 - ¥1.89	1 - 3	179 - 227	¥300 - ¥500
购物网站		¥1.88 - ¥2.85	1 - 3	7 - 9	¥20 - ¥30
化妆品		¥2.06 - ¥2.86	1 - 3	137 - 174	¥300 - ¥500
数码相机		¥2.25 - ¥3.46	1 - 3	96	¥300 - ¥400
网购		¥1.09 - ¥1.90	1 - 3	83 - 105	¥100 - ¥200
网购书		¥2.90 - ¥4.35	1 - 3	5 - 7	¥20 - ¥40
网购物		¥0.67 - ¥1.23	1 - 3	43 - 54	¥30 - ¥70
网上购物		¥1.84 - ¥2.71	1 - 3	45 - 62	¥90 - ¥200
网上商城		¥3.47 - ¥4.52	1 - 3	16 - 21	¥60 - ¥100
鲜花		¥2.87 - ¥3.73	1 - 3	143 - 182	¥500 - ¥700
搜索网络总计		**¥1.93 - ¥2.78**	**1 - 3**	**764 - 948**	**¥1,500 - ¥2,600**

圖 15-93 點擊量預估

（1） www.taobao.com/

（2） www.taobao.com/index_n.php

（3） www.hao123.com/netbuy.htm

（4） www.amazon.cn/

（5） www.amazon.cn/b/63153

（6） www.dangdang.com/

（7） www.265.com/Wangshang_Gouwu/

（8） www.zhigou.com/

（9） bbs.egou.com/

（10）www.smarter.com.cn/

搜尋「購物網站」排在前 10 名的頁面是：

（1） www.hao123.com/netbuy.htm

（2） www.taobao.com/

（3） www.1b2g.com/shop.php

（4） www.eachnet.com/

（5） www.amazon.cn/

（6） site.baidu.com/list/33wangshanggouwu.htm

（7） www.usashopcn.com/

（8） www.dangdang.com/

（9） www.7shop24.com/

（10） www.wooha.com/

這兩個比較熱門的關鍵字，搜尋結果頁面中排名靠前的多是淘寶、噹噹這種「巨無霸」級別的網站，億賜客要躋身第一頁難度很大，暫時可以不用考慮了。

所以就首頁來說，我們的策略是順其自然，瞄準應該瞄準的，但短期不寄希望於能排到前面。

在首頁的文字內容上，需要參考與「網購」語義相關的詞彙。使用 Google Sets 工具可以生成一系列語義相關的詞，供文案寫作時參考。比如 Google Sets 工具提示與「網購」相關的詞包括網路上購物、購物網站、購物網、團購、代購、淘寶、店鋪、商品、價格、旺旺、服務、圖片、購買、鑽石、朋友等。

15.4.2 分類頁面

網站產品分類已經固定，關鍵字研究所能做的主要不是尋找主關鍵字，而是找出每個分類應該使用哪種組合描述方法，Title、Heading、頁面文字等都需要按關鍵字搜尋次數安排。我們分類時所使用的詞與使用者真正搜尋的詞可能並不相同，需要進行基本的關鍵字研究。

網站有 18 個一級分類，每個分類都用 Google 關鍵字工具進行了分析，列出搜尋次數比較多的備選關鍵字。以「家電」分類為例，表 15-5 是 Google 關鍵字工具顯示的相關關鍵字搜尋次數。

表 15-5 「家電」分類相關關鍵字搜尋次數

關鍵詞	廣告客戶競爭程度	本機搜尋量：6月（次）	全球每月搜尋量（次）
家電	0.93	2 740 000	1 500 000
家用電器	0.86	1 220 000	450 000
家電團購	0.66	2900	2900
寧波家電	0.26	3600	2900
品牌家電	0.46	27100	18100
小家電	0.86	110 000	246 000
家電網	0.6	60,500	60,500
促銷 家電	0	2900	4400
家用電器 電視	0	-1	9900
團購家電	0.26	2900	2900
三星家電	0.53	1900	1300
家用電器產品	0.33	-1	1900
松下家電	0.33	-1	1000
武漢家電	0.33	-1	2900
西門子家電	0.6	4400	2900
家電廠	0.26	-1	1300
家電電視	0	-1	33 100
工貿家電	0.53	-1	2900
廣東家電	0.33	-1	1900
電器家電	0.33	-1	3600
上海永樂家電	0.53	-1	2900
家電公司	0.53	-1	6600
家電杭州	0.26	600	5400

關鍵詞	廣告客戶競爭程度	本機搜尋量：6月（次）	全球每月搜尋量（次）
選購家電	0	390	2400
美的家電	0.61	4 800	9900
中國家電	0.6	40500	27100
中國家電網	0.6	9900	9900
家電 寧波	0	3600	2900
永樂 家電	0.53	14 800	14 800
永樂家電 上海	0	-1	2900
家電代理	0.53	3600	5400
家電報價	0.62	2 200	14 800
小家電網	0.6	5400	2400
家電廠家	0.4	-1	880
慈谿家電	0.4	-1	1000
九陽家電	0.4	-1	1900
佛山家電	0.13	-1	1000
農村家電	0	-1	1000
南京家電	0.2	-1	1900
南昌家電	0	-1	6600
大連家電	0	-1	880
天津家電	0.13	-1	1600
家電交易	0	-1	1300
家電加盟	0.46	-1	1000
家電商場	0.46	-1	2400
家電展	0.53	1900	1900
小家電批發市場	0.4	-1	1300
成都家電	0.33	2900	2900
瀋陽家電	0	-1	1600
西安家電	0	-1	1900
鄭州家電	0	-1	1000

關鍵詞	廣告客戶競爭程度	本機搜尋量:6月（次）	全球每月搜尋量（次）
重慶家電	0	-1	1900
長沙家電	0	-1	1000
長虹家電	0.4	1900	1600
青島家電	0.4	-1	1000

刪除不太相關的一些關鍵字，如「中國家電」、「家電網」、「家電公司」後，搜尋次數最多的是「家電」、「家用電器」、「小家電」、「品牌家電」、「家電報價」這幾個詞。

另外，還可以觀察到有兩類搜尋詞很常見：一類是「地名＋家電」，比如南昌家電、寧波家電、武漢家電、成都家電、廣東家電等；另一類是「品牌名＋家電」，如永樂家電、美的家電、西門子家電、長虹家電、三星家電等。這是非常有價值的訊息。第 3 章競爭研究中對於關鍵字研究曾提到過，關鍵字研究是網站內容策劃、擴展的重要來源和依據之一，第 15.5 節我們再詳細討論怎樣根據這些觀察到的關鍵字擴展內容、更改網站架構。

其他分類原理完全一致，這裡就不再詳細提供列表，只給出結論，也就是每個一級分類搜尋次數比較高的備選關鍵字。

- 圖書：圖書批發，圖書購買，圖書網，圖書音像，特價圖書，網路書店。
- 娛樂：最新遊戲，最新音樂，電影娛樂。
- 服裝鞋帽：品牌服裝，韓國服裝，流行服裝，時尚服裝。
- 珠寶飾品：珠寶飾品，時尚服飾，流行服飾，珠寶首飾，韓國服飾，休閒服飾。
- 禮品鮮花：鮮花速遞，網路上訂花，禮品網，禮品公司，商務禮品，禮物，工藝品，地名＋鮮花，地名＋禮品。
- 手機通信：手機軟體，手機配件，手機報價，智慧型手機，最新手機，品牌名＋手機，地名＋手機。
- 電腦：筆記型電腦報價，電腦價格，筆記型電腦，特價電腦，購買電腦。
- 數位產品：數位產品報價，數位攝影機，數碼商城。

- 家電：家用電器，家電報價，小家電，品牌家電，地名＋家電，品牌名＋家電。

- 化妝護膚：化妝品，日本化妝品，化妝品價格，品牌化妝品，韓國化妝品。

- 汽車用品：汽車用品，汽車裝飾用品，汽車美容，汽車零件，汽車音響，地名＋汽車用品。

- 家居園藝：家具用品，家具飾品，家具裝飾，宜家家居，時尚家居，家具建材，園藝用品，智慧家居。

- 母嬰用品：母嬰用品店，寶寶用品，嬰兒用品，兒童用品，母嬰用品批發。

- 運動戶外：戶外運動，運動器材，運動服裝，運動休閒。

- 健康醫藥：健康醫藥，醫療器械，健康飲食，醫療保健，兩性健康。

- 辦公用品：辦公用品，辦公家具，辦公文具，公司辦公用品，辦公裝置，地名＋辦公用品。

- 食品飲料：食品飲料，食品網，綠色食品，休閒食品，進口食品，地名＋食品。

- 玩具寵物：寵物用品，模型玩具，絨毛玩具。

網站上還有大量的二級分類和三級分類，原則上也應該使用 Google 關鍵字工具檢查關鍵字搜尋次數，然後列出搜尋最多的 2 ～ 3 個關鍵字，作為相應分類頁面的最主要目標關鍵字。二級分類和三級分類加起來數量上千個，工作量很大，這部分只能留給網站的 SEO 人員去慢慢進行了。

如圖 15-94 所示是 Google 趨勢顯示的幾個分類頁面關鍵字搜尋量，其趨勢與首頁上的「網路上購物」等詞大致相同。

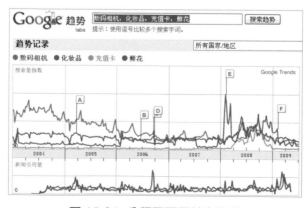

圖 15-94　分類頁面關鍵字趨勢

再來看一下分類頁面排名難度。圖 15-95
顯示的是在 Google 搜尋「數位相機」的結
果頁面及 SEO for Firefox 顯示的各頁面概
況。

圖 15-95　「數位相機」搜尋結果頁面

圖 15-96 顯示的是在 Google 搜尋「化妝
品」的結果頁面情況。

從圖中可以看到，排在這兩個一級分類關
鍵字前面的都是很著名的入口網站或電子
商務網站，尤其是數位相機分類，競爭更
為激烈，都是大型入口網站的頻道頁面。
要想排進前 10 名，可能性極低。

圖 15-96　「化妝品」搜尋結果頁面

圖 15-97 顯示的是搜尋「手機電池」這個
二級分類的結果頁面。

圖 15-97　「手機電池」搜尋結果頁面

排在前面的雖然還基本上是大網站，如中
關村線上、阿里巴巴等，區別在於出現了
一些不是那麼強的 B2C 網站。另一個更
重要的數字是，排名頁面的 Yahoo! 連結
數相比前面兩個一級分類而言，下降了很
多，排在前面的一些內頁外鏈只有幾十個
或幾百個。二級分類這個級別已經開始出
現能獲得排名的希望。

圖 15-98 顯示的是「珍珠粉」這個三級分
類的搜尋結果頁面。

圖 15-98　「珍珠粉」搜尋結果頁面

圖 15-99 顯示「豆漿機」這個三級分類的
搜尋結果頁面。

圖 15-99　「豆漿機」搜尋結果頁面

圖 15-99　「豆漿機」搜尋結果頁面

三級分類搜尋結果頁面的形勢更加樂觀，出現了不少內頁，雅虎連結數有幾個是
個位數，說明億賜客網站三級分類對應關鍵字獲得排名的可能性比較大。除了首
先關注長尾流量，三級分類名稱也可以作為較熱門關鍵字的突破口。當然，前提
是域名權重足夠大，而且三級分類頁面也有一定數量的外部連結。

15.4.3　商家頁面

億賜客網站上每個商家都有一個單獨的介紹頁面。這些商家頁面除了商家名稱本
身，還可以最佳化哪些關鍵字呢？圖 15-100 ～圖 15-103 是百度的相關搜尋，顯示
在搜尋「當當網」、「京東商城」、「凡客誠品」、「紅孩子」等商家名稱時，使用者
還搜尋了哪些與之相關的關鍵字。

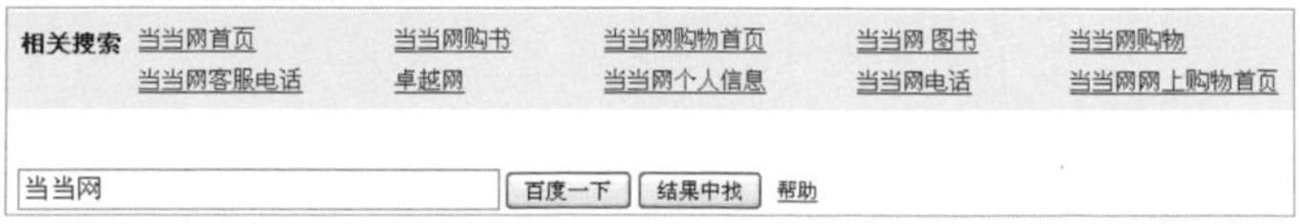

相關搜索	當当网首页	当当网购书	当当网购物首页	当当网图书	当当网购物
	当当网客服电话	卓越网	当当网个人信息	当当网电话	当当网网上购物首页

当当网	百度一下	結果中找	帮助

圖 15-100　「當當網」相關搜尋

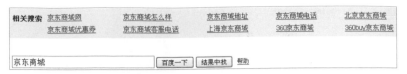

圖 15-101 「京東商城」相關搜尋

圖 15-102 「凡客誠品」相關搜尋

圖 15-103 「紅孩子」相關搜尋

從這四張抓圖可以看到幾個經常出現又能適用於所有商家的擴展詞：網站、優惠券、客服電話、地址、怎麼樣、評價等。這幾個詞與商家名稱搭配組合，可以生成不少關鍵字，商家頁面就是針對這類關鍵字最佳化的最合適頁面。

像這種擴展詞 SEO 人員自己也可以想到一些，但畢竟不如搜尋引擎告訴你使用者真正在搜尋什麼更準確。這類相關擴展詞使用 Google 關鍵字工具也可以得到類似結果。使用哪個工具並不重要，重要地是從不同搜尋關鍵字中找到規律，並運用在自己的網站上。

諸如「圖書」、「女裝」這種擴展詞只能用於某些商家，SEO 人員有時間人工調整頁面 Title、正文文字時可以考慮使用。用於模板式最佳化的只能是前面列出的適用於所有商家的詞。

15.4.4　品牌頁面

與商家頁面類似，可以給每個品牌建立一個頁面，最佳化相關關鍵字和組合。

2009 年 7 月時億賜客網站並沒有品牌頁面，但其實與品牌相關的搜尋數量不小，這是關鍵字研究決定網站內容的又一個例子。

除了品牌名稱，品牌頁面還可以融入哪些詞呢？使用 Google 關鍵字工具可以觀察到一些常見的、與品牌名稱相關的詞語，其原理和上面商家頁面使用百度相關搜尋一樣。

表 15-6 ～表 15-8 分別是與索尼、惠普、華碩這幾個品牌名稱相關的搜尋詞，其中包含了不少只和這個品牌有關而不具普遍性的詞，比如索尼電腦、索尼隨身聽、惠普印表機等。電腦、隨身聽、印表機這些詞不能普遍適用於所有品牌名稱，只能用於人工調整。

表 15-6　「索尼」相關搜尋

關鍵詞	廣告客戶競爭程度	本機搜尋量：6月（次）	全球每月搜尋量（次）
索尼攝影機	0.66	74,000	74,000
索尼電腦	0.66	74,000	49,500
索尼	0.86	2,240,000	1,830,000
索尼隨身聽	0.4	2900	1900
索尼有限公司	0.33	-1	4400
索尼中國	0.53	9900	9900
東芝，索尼	0.2	-1	260
投影機，索尼	0	8100	5400
索尼，評測	0.2	-1	18,100
dv, 索尼	0	5400	4400
md, 索尼	0.2	2400	1300
攝影機，索尼	0.2	74,000	74,000
電腦，索尼	0	74,000	49,500

關鍵詞	廣告客戶競爭程度	本機搜尋量：6月（次）	全球每月搜尋量（次）
筆記本 , 索尼	0.21	35,000	110,000
索尼 , 產品	0.26	-1	-1
索尼 , 價格	0.26	-1	22,200
索尼 , 評價	0.26	-1	1600
索尼 , 測評	0.26	-1	3600
耳機 , 索尼	0.13	-18,100	14,800
索尼 f828	0.33	590	880
索尼 15e	0.26	-1	46
psp 索尼	0	27,100	27,100
上海索尼	0.33	8100	8100
數碼索尼	0.46	368,000	368,000
索尼 20e	0.26	-1	28
索尼 dcr	0.33	-1	12,100
索尼 dv	0.46	5400	4400
索尼 f717	0.4	1000	1000
索尼 hc15e	0.26	-1	110
索尼 md	0.33	2400	1300
索尼 psp	0.6	27,100	27,100
索尼上海	0.2	8100	8100
索尼中國	0.2	-1	480
索尼中國網站	0.2	-1	1000
索尼中文	0.2	-1	1900
索尼中文網站	0.2	-1	320
索尼產品	0.33	6600	4400
索尼介紹	0.26	-1	1300
索尼官方	0.33	-1	14,800
索尼官方網站	0.46	12,100	12,100

關鍵詞	廣告客戶競爭程度	本機搜尋量：6月（次）	全球每月搜尋量（次）
索尼報價	0.33	-1	33,100
索尼數碼	0.66	368,000	368,000
索尼筆記本	0.81	35,000	110,000
索尼網站	0.41	4,800	14,800
中國索尼	0	-1	73
索尼中國	0.2	-1	73
索尼愛立	0.4	1000	880
索尼說明書	0	-1	8100
索尼配件	0.33	-1	1900
索尼集團	0.26	-1	590
索尼驅動	0.26	-1	8100
索尼公司	0.46	14,800	14,800
索尼投影機	0.73	8100	5400
索尼首頁	0.2	-1	170
中國索尼	0	9900	9900
索尼耳機	0.53	18,100	14,800
索尼中國	0	-1	22
索尼電池	0.46	14,800	12,100
數位攝影機, 索尼	0.13	33,100	33,100
電視機, 索尼	0	8100	8100
收音機, 索尼	0	5400	9900
彩電, 索尼	0	4400	4400
ibm, 索尼	0	-1	73
索尼, 參數	0	-1	2400
電池, 索尼	0	14,800	12,100
索尼, 中國有限公司	0.4	-1	-1
索尼, 愛立信	0.46	-1	-1

表 15-7 「惠普」相關搜尋

關鍵詞	廣告客戶競爭程度	本機搜尋量：6月（次）	全球每月搜尋量（次）
惠普	0.86	1,830,000	1,500,000
惠普 ,hp,pavilion	0	-1	590
惠普 , 中國	0.33	-1	-1
上海 , 惠普	0.26	-1	-1
惠普 , 評測 0.21	-1	4,800	
惠普 ,6315	0.26	-1	-1
招聘 , 惠普	0	4400	8100
惠普 ,photosmart	0.2	-1	1600
惠普 , 印表機	0.6	-1	-1
聯想 , 惠普	0	-1	720
繪圖儀 , 惠普	0	4400	2400
惠普 , 伺服器	0.4	-1	-1
惠普 , 製造商	0.2	-1	-1
惠普 , 筆記本	0.53	-1	-1
惠普 , 電腦 , 產品 , 上海有限公司	0	-1	-1
惠普 , 部落格	0.2	-1	-1
惠普 , 音響	0.26	-1	-1
顯示器 , 惠普	0	-1	1900
hp 惠普	0.46	-1	49,500
惠普電腦	0.8	201,000	165,000
惠普暢遊	0.2	-1	720
惠普市場	0.2	-1	480
愛惠普	0.4	1900	1900
惠普墨	0.2	-1	2400
上海惠普	0.4	12,100	12,100

關鍵詞	廣告客戶競爭程度	本機搜尋量：6月（次）	全球每月搜尋量（次）
惠普 pavilion	0.33	-1	5400
惠普機	0.13	-1	14,800
惠普性能	0.2	-1	390
惠普科技	0.26	-1	880
惠普維修	0.6	33,100	27,100
墨盒，惠普	0	27,100	18,100
惠普專賣	0.53	3600	3600
惠普 nx9040	0.2	-1	46
惠普 1940	0.2	-1	91
惠普印表機	0.8	-1	10,000
惠普,cn	0	-1	1000
惠普墨盒	0.73	27,100	18,100
惠普 pda	0.53	1900	2900
惠普 nc6000	0.26	-1	480
惠普公司	0.53	14,800	14,800
惠普雷射印表機	0.66	22,200	12,100
電腦惠普	0.2	201,000	165,000
惠普 2210	0.26	-1	210
惠普 m2000	0.2	-1	110
惠普驅動	0.47	4,000	74,000
惠普報價	0.33	-1	18,100
惠普,評價	0.13	-1	1000
惠普,ibm	0.13	-1	260
惠普筆記本	0.83	68,000	301,000
惠普價格	0	-1	12,100
雷射印表機,惠普	0	22,200	12,100
惠普,測評	0.13-	1	880

關鍵詞	廣告客戶競爭程度	本機搜尋量：6月（次）	全球每月搜尋量（次）
惠普系列	0.2	-1	2900
惠普 3538	0.2	-1	210
惠而普	0.2	-1	880
pda, 惠普	0	1900	2900
惠普產品	0.33	-1	880
惠普, 評論	0.2	-1	390
惠普 1010	0.26	-1	1000
惠普 dv1000	0.26	-1	260
惠普服務	0.4	18,100	14,800

表 15-8 「華碩」相關搜尋

關鍵詞	廣告客戶競爭程度	本機搜尋量：6月（次）	全球每月搜尋量（次）
華碩	0.81	,220,000	1,220,000
機箱, 華碩	0	-1	1000
華碩, 評測	0.13	-1	18,100
手機, 華碩	0	-1	8100
顯示卡, 華碩	0	-1	18,100
超頻, 華碩	0	-1	2400
光碟機, 華碩	0	-1	1900
cpu, 華碩	0	-1	1600
intel, 華碩	0	-1	260
華碩, 測試	0.2	-1	320
華碩, 參數	0.13	-1	1600
華碩, m2npv,vm	0.2	-1	-1
華碩, a8, 測評	0.2	-1	-1
華碩電腦	0.73	-135,000	110,000
華碩 s200	0.33	480	720

關鍵詞	廣告客戶競爭程度	本機搜尋量：6月（次）	全球每月搜尋量（次）
華碩 a730	0.26	-1	10210
華碩 a620+	0.26	-1	22
華碩 , 評論	0.2	-1	390
華碩筆記本	0.73	246,000	246,000
華碩報價	0.26	27,100	27,100
華碩 , 測評	0.2	-1	1600
電腦華碩	0	135,000	110,000
華碩 m2400	0.26	-1	1000
華碩 , 價格	0.2	-1	8100
華碩系列	0.26	-1	3600
華碩 m6n	0.26	-1	36
華碩 s200n	0.26	-1	140
華碩 s300	0.26	-1	73
華碩 s300n	0.2	-1	91
華碩促銷	0.2	-1	260
華碩驅動	0.26	-1	49,500
華碩 m5	0.2	-1	170
華碩程式	0.2	-1	1600

那些能普遍適用於所有品牌的擴展詞才能在品牌頁面上自動生成文字內容。觀察一下上面三個表，就會發現產品、評價、評測、服務、專賣店、網站、公司這些詞經常會與品牌名稱一起搜尋，而且可以適用於所有品牌。這些詞加上品牌名稱，就可以作為品牌頁面的目標關鍵字。

15.4.5 產品頁面

顯然，產品名稱是產品頁面首要目標關鍵字。那麼還有哪些擴展詞可以適用於所有產品，自動最佳化進所有產品頁面中呢？圖 15-104 ～圖 15-111 是在百度搜尋不同產品名稱時得到的相關搜尋。

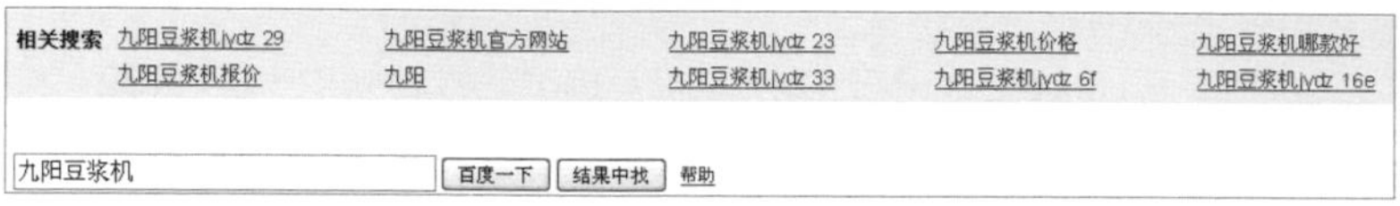

圖 15-104 「九陽豆漿機」相關搜尋

圖 15-105 「諾基亞 n95」相關搜尋

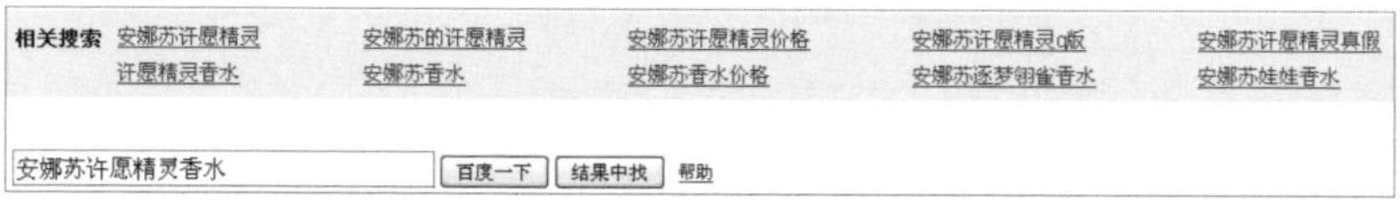

圖 15-106 「安娜蘇許願精靈香水」相關搜尋

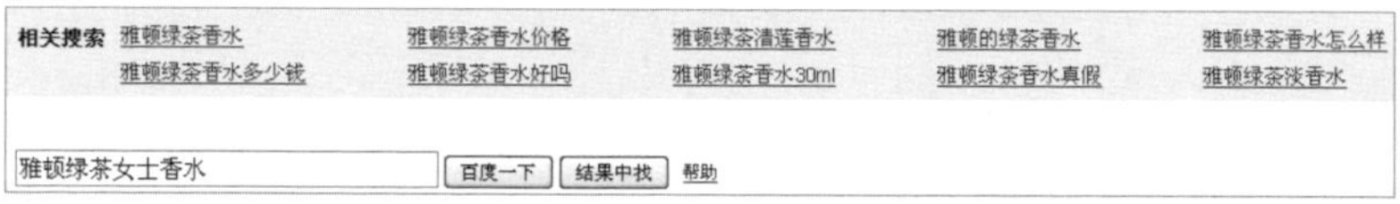

圖 15-107 「雅頓綠茶女士香水」相關搜尋

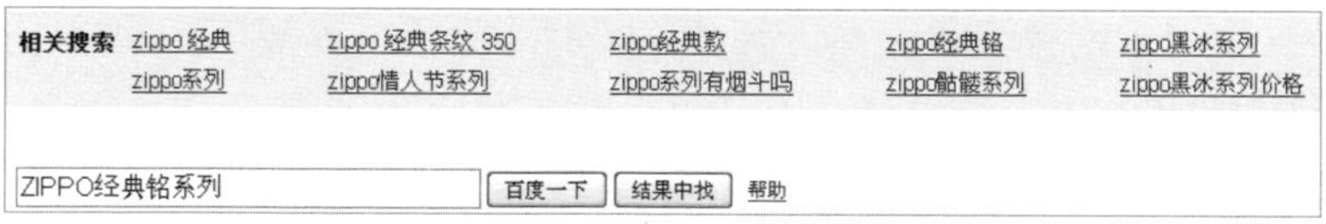

圖 15-108 「ZIPPO 經典銘系列」相關搜尋

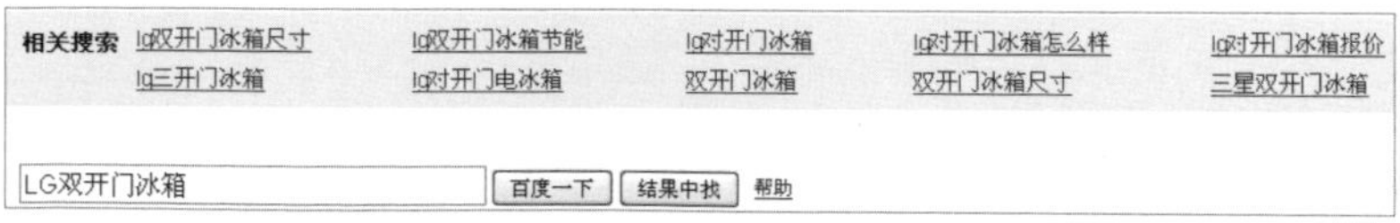

圖 15-109 「LG 雙開門冰箱」相關搜尋

圖 15-110 「飛利浦刮鬍刀 HQ6073」相關搜尋

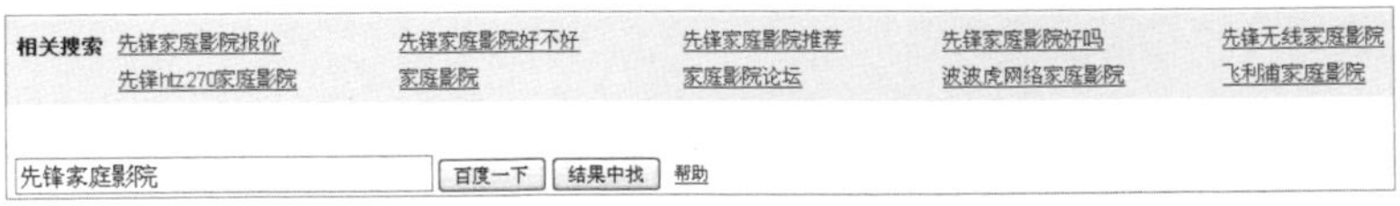

圖 15-111 「先鋒家庭影院」相關搜尋

同樣，仔細觀察這些以產品名稱為搜尋詞的相關搜尋，會發現經常出現產品名稱加上價格、報價、怎麼樣、好嗎、真假這幾個擴展詞，這些詞也不局限於特定產品，可以加在任何產品名稱後。這些詞都有真實的使用者在搜尋，SEO 人員自己很難靠想像了解全面。比如「九陽豆漿機怎麼樣」這種詞，很少有電子商務網站專門做頁面來進行最佳化，發現了這些帶有一定規律性的擴展詞，就可以有意識地在頁面上進行最佳化。

15.4.6 搜尋頁面

搜尋頁面無法進行特定的關鍵字研究，不過前面的關鍵字研究已經提示我們，有些關鍵字雖然很難放在上面五類頁面上，卻可以簡單地作為搜尋頁面的目標關鍵字。

比如前面提到的「寧波家電」、「廣東家電」這類詞，要在網站主體分類結構中進行最佳化比較困難，很難有邏輯性地將其放入哪個分類。但將這些詞做成搜尋頁面則順理成章。搜尋頁面和 tags 頁面類似，頁面之間沒有從屬關係，也就無須考慮結構關係，只要在其他頁面出現爬行和抓取入口（搜尋頁面的連結）就可以。這類詞其實不少，比如「地名＋辦公用品」、「地名＋食品」、「地名＋汽車用品」等，而且搜尋量不小。

細心的讀者可能發現，這個案例中所講的關鍵字研究，與第 3 章中提到的關鍵字研究中討論的一般性方法有些區別。通常一般性的關鍵字研究是要找到搜尋次數比較多、競爭比較小的關鍵字，這樣得到好排名的可能性比較大。而億賜客網站關鍵字研究所做的並不是這樣。可以說，我們基本上不太考慮能獲得好排名的可

能性，而是直接把目標放在了搜尋次數比較多的關鍵字上，而不管最後能不能排上去。這樣做有兩個原因。

（1） 億賜客這樣的網站關鍵字包羅萬象，由產品分類決定，幾乎已經無法改變，或者說產品分類不是 SEO 人員所能確定的，所以 SEO 人員明知某些關鍵字難度大，也不能改變。

（2） 熱門關鍵字至少在網站最佳化的頭一兩年不是重點，能做到什麼程度就做到什麼程度，帶來流量的重點是長尾關鍵字和產品頁面。

這個案例也可以說明，SEO 必須具體問題具體分析，沒有適合於所有網站的金科玉律。

- 結合上面的關鍵字分析和競爭對手分析，可以得到幾點結論。
- 首頁和一級、二級分類頁面目標關鍵字要得到好排名的可能性很小，我們就順其自然，做好內部最佳化，近期不寄希望獲得排名。
- 三級分類關鍵字有獲得排名的可能性。除頁面本身的最佳化之外，友情連結交換可以從三級分類頁面開始。
- 主要競爭對手有 5 ～ 6 個，其網站實力比億賜客要強，歷史比億賜客要久，但還沒有一個占絕對性、壓倒性優勢的中文比較購物網站。
- 2009 年第一梯隊的比較購物網站流量日 IP 在 5 萬左右，這也就是億賜客網站 SEO 的目標：在 1 ～ 2 年內搜尋流量達到 5 萬日 IP，進入第一競爭梯隊。
- 提高搜尋流量的關鍵在於長尾詞和產品頁面。
- 獲得長尾流量的關鍵在於網站收錄，這就需要在網站架構、頁面內容的擴充上下一番工夫。
- 幾個主要競爭對手應該是經過專業 SEO 最佳化的，尤其是聰明點和智購網。

15.5 億賜客網站最佳化建議

以下是我在 2009 年 10 月提供給億賜客團隊的最佳化建議。為保持原意和真實性，除了更正錯別字之類的明顯錯誤，其餘沒有做什麼修飾，讀者在這裡看到的基本上就是億賜客團隊收到的。因此，請讀者包涵文字的粗糙。

報告裡比較詳細地寫了如何修改，有的地方寫明了修改原因，有的地方沒有寫。沒有寫原因的部分，讀者參考本書前面章節都可以找到答案。

讀者看到本書時，億賜客網站已經和我當初診斷時完全不同了，已經放棄比較購物業務。我盡量留下原始 URL、程式碼和抓圖等資料，以使讀者了解診斷的原始物件。即使這樣，下面的報告還是相當煩瑣、枯燥的，有的地方可能不容易明白。真正能靜下心來看完、看明白這個報告的讀者，相信會有很大收穫，尤其是沒有 SEO 實戰經驗，面對網站不知道如何下手的新手。

圖 15-112 ～圖 15-121 是 2009 年 7 月我診斷網站時的抓圖，讀者看下面診斷及建議時可能需要經常參考。

圖 15-112　億賜客網站首頁

圖 15-113　一級分類（以數位產品為例）頁面

圖 15-114　二級分類（以消費數碼為例）頁面

圖 15-115　三級分類（以錄音筆為例）頁面

圖 15-116 產品（以京華錄音筆為例）頁面

圖 15-117 在產品列表頁面上選擇商家過濾條件

圖 15-118　在產品列表頁面上選擇品牌過濾條件

圖 15-119　商家介紹頁面

圖 15-120　搜尋結果頁面

圖 15-121　「關於我們」頁面

15.5.1　涉及全站的調整

1. 產品分類稍做調整

18 個一級分類，放在左側導覽中大致為一屏，方便使用者瀏覽。

盡量將各分類下的次級分類及最終產品數均衡。例如，原圖書一級分類下有以下二級分類：文學小說、人文社科、經濟管理、教育技術、工具書、生活娛樂、外文原版。而圖書分類下產品數眾多，二級分類偏少，使產品列表翻頁過多，不利於收錄。建議在圖書分類下增加二級分類，如建築、電腦、教育、英文、醫學等，既能使分類和瀏覽更準確，也使到達產品頁面的點擊距離最短。

若二級分類下產品過多，盡量再細分為三級分類。增加分類看似使某些產品離首頁更遠了一層，其實使絕大部分產品與首頁的總體距離大大縮短。

2. 頂部導覽

目前首頁頂部中央是 Logo 及首頁、商家導購（連向商家列表）、分類導購（連向產品分類列表）、導購社群（連向論壇）四個導覽連結，只有四個選擇，卻占據了過大空間。首頁第一屏應該迅速展現主題內容。另外，商家導購、導購社群不是網站的主體部分，放在這裡浪費空間和連結權重，也不利於使用者快速尋找產品。

建議改為橫貫頁面的產品分類導覽列，連結指向圖書、化妝護膚、服裝、數碼等一級分類頁面。視頁面寬度，能放下幾個就放幾個。最後一個為「所有分類」，連結至目前「分類導購」頁面。

頂部導覽列設計為下拉選單，CSS 控制，不可以使用 JavaScript，使用者滑鼠放到一級分類名稱時，下拉選單列出最多 10 個二級分類，最後一個是「更多」，連結至一級分類首頁。

這樣，搜尋引擎蜘蛛和使用者都可以迅速沿著連結進入主體，也就是各產品分類。

3. 搜尋框

目前首頁搜尋框位置太靠下，不明顯，移到頂部導覽列下，如其他頁面一樣。搜尋框占用空間也太大，高度應縮小。搜尋框本身及熱門搜尋連結可放在同一行，減少空間，也不影響使用者使用。

刪除「進階購物搜尋」連結。據流量統計顯示，幾乎沒有人使用進階搜尋。

4. H1 文字

將所有頁面放在麵包屑導覽下，正文內容前加頁面標題，用 H1 文字。目前有的頁面在麵包屑導覽裡的文字做成了 H1，須全部取消。

H1 文字下添加一行簡短文字說明，具體文字有的頁面需要人工輸入（如分類頁面），有的自動生成（如產品頁面、搜尋頁面），下面有具體說明。

5. URL 問題

所有 URL 需要靜態化。除了各分類頁面、產品頁面，也包括不容易處理的產品列表頁面（三級分類頁面）上的按商家、品牌過濾及各種排列方式。

目前有大量相同頁面具有不同 URL，造成重複內容。如：

- http://www.yicike.com/1169-GSMshouji-/248102-n2680s.htm（為什麼 GSM 手機分類後面有個 -，而其他分類沒有？取消這個連線符，並做 301 轉向）

- http://www.yicike.com/1169-GSMshouji-/248102-.htm

- http://www.yicike.com/1169-GSMshouji-/248102-xxx.htm（xxx 可以是任意字元）

上面三個 URL 都是諾基亞 N2680S 頁面，並且網站上出現了前兩個 URL，都有收錄，浪費資源，擠占了其他頁面的收錄機會，並造成重複內容。

另外，http://www.yicike.com/1169-GSMshouji-/248102.htm 這個 URL 顯示的又與 http://www.yicike.com/1169-GSMshouji-/ 一樣。

建議：

無論目錄還是 htm 檔，結尾處的連接符號「-」一律刪除。

http://www.yicike.com/1169-GSMshouji-/

301 轉向至

http://www.yicike.com/1169-GSMshouji/

http://www.yicike.com/1169-GSMshouji-/248102-.htm

301 轉向至

http://www.yicike.com/1169-GSMshouji/248102.htm

產品頁面 URL 一律只包含產品 ID 編號，刪除從產品名稱中提取的英文或數字字元。

http://www.yicike.com/1169-GSMshouji-/248102-n2680s.htm 以及

http://www.yicike.com/1169-GSMshouji-/248102-xxx.htm

301 轉向至

http://www.yicike.com/1169-GSMshouji/248102.htm

這些 URL 的改動和合併需要做 301 轉向。由於 URL 中包含分類編號和產品編號，可以根據編號做判斷並做轉向。

不同頁面 URL 格式下面還有相關說明。

6. 熱門搜尋連結

視允許頁面寬度，搜尋框右側的（目前是下面，如前述，移至搜尋框右側，同一行）熱門搜尋增加至 7 ～ 10 個，連至靜態 URL 的搜尋頁面。

不同頁面使用不同的熱門搜尋詞。例如，首頁是全站熱門產品搜尋，分類頁面是本分類之內的熱門搜尋，產品頁面是本身所在分類的熱門搜尋。不可全站都是一樣的熱門搜尋，而且最好能輪換，使搜尋引擎能抓取更多搜尋頁面。所以，資料庫中熱門搜尋詞需要按產品分類劃分類別。

熱門搜尋詞可以來源於以下幾個方面：

- 前面關鍵字研究提到，部分一級分類有很多「地名＋產品名」格式的搜尋詞，如「台北鮮花」、「台中禮品」、「台北家電」、「台北商品」、「台北辦公用品」等，須人工輸入資料庫。做分類關鍵字研究時，看到這類不好歸入某分類、搜尋量又比較大的關鍵字，都可以做成搜尋頁面。

- 在關鍵字研究中，搜尋次數較少，不能作為分類頁面主要目標關鍵字的，如「促銷家電」，須人工輸入。

- 二級和三級分類頁面，因為數量巨大，我沒有做更深入的關鍵字研究，需要 SEO 人員在 Google 關鍵字工具裡，填寫本分類名稱，生成相關關鍵字列表。除了使用兩三個搜尋次數最多的詞作為本分類頁面的主要目標關鍵字，寫入頁面 Title，其他搜尋次數少的可以輸入資料庫，作為二級和三級分類頁面的熱門搜尋連結。

- 記錄使用者實際搜尋的詞。在不同頁面做的搜尋記錄在相應分類中。搜尋詞先記錄下來，不立即上線，需要人工在後台審核一下，以防搜尋詞太不相關。

- 產品頁面，不同產品可以隨機呼叫不同的（但還是本三級分類下的）熱門搜尋詞，使更多熱門搜尋詞有機會出現。

搜尋頁面 URL 和頁面內容詳見後文。

左側導覽最下面也增加熱門搜尋。提取本分類搜尋次數最多的 20 個熱門搜尋，做成連結連向搜尋頁面。這裡說的左側導覽熱門搜尋與搜尋框下的熱門搜尋連結處理方法一樣，搜尋框下呼叫 7 ～ 10 個，左側導覽處繼續從資料庫中提取不同的 20 個搜尋詞。

7. 增加產品資訊新聞板塊

新增加資訊、新聞部分，放在 /info/ 或 /news/ 之類的目錄下。將優惠券及促銷資訊納入這個資訊板塊。

從商家網站轉載更多優惠券和促銷訊息，並從商家網站轉載、收集更多產品資訊性內容、產品評測。

資訊內容也按產品對應的結構分類。因三級分類數量太大，資訊只分到二級分類即可。麵包屑導覽及 URL 都按分類明確某個資訊頁面所在位置。如某條屬於電視機的資訊訊息的麵包屑導覽可以是：

```
首頁 - 資訊 - 家電 - 大家電 - 訊息標題
```

URL 則是：

```
/info/1725/article123.htm
```

每個資訊頁面按所屬分類在頁面底部呼叫 7 ～ 10 個本分類熱銷產品。

8. 廣告位

網站所有頁面按常見廣告格式（banner、button、skyscrapper 等）預留廣告位。廣告管理後台可以控制廣告發布到哪些頁面，如所有分類頁面或全站。

在「關於我們」部分加一個廣告訊息頁面，列出不同級別的廣告價格。

目前沒有廣告時先放自己網站的廣告，連結到熱門分類、促銷產品等。

目前除了 Google Adsense 等聯盟性質的廣告，似乎沒有商家直接買的廣告。在流量達到一定水準後，直接賣廣告也是一個很可能的收入來源。建議提前準備。

9. 產品屬性過濾頁面

產品列表頁面，通常也就是三級分類頁面（有時是二級分類，總之是出現產品列表的頁面），按產品屬性，也就是各種過濾條件，生成不同產品過濾頁面，在左側列出連結。

首先最明顯和簡單的是按價格、商家、品牌過濾。目前這三個過濾已有，但存在些許問題。

以「電視機」分類頁面為例，網址為 http://www.yicike.com/1725-dianshiji/，如圖 15-122 所示。

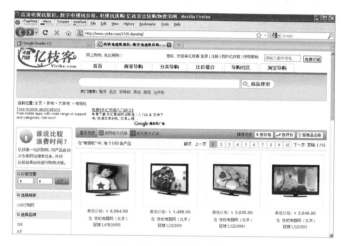

圖 15-122　電視機分類頁面

使用者點擊商家「168 訂購網」後出現如圖 15-123 所示商家過濾頁面。

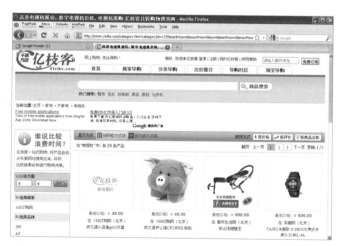

圖 15-123　電視機分類商家過濾頁面

此處存在幾個問題：

- 按價格過濾目前是使用者填寫價格範圍，單擊「過濾」按鈕。這樣，頁面上不存在使用者和蜘蛛可以點擊、爬行的連結。建議列出各個價格範圍，做成連結連至相應價格過濾頁面。

- 左側列出的商家和品牌過濾條件顯然有技術問題。商家只列出一個。列出的品牌不是電視機的品牌，似乎所有產品列表頁面列出的品牌都是「3M」。

- 使用者點擊商家過濾條件後，列出的產品似乎不準確，並不限於所選商家。這一點對 SEO 的影響倒不大。

- 過濾頁面 URL 沒有靜態化，而且太長、太複雜。

- 使用者 / 蜘蛛選擇過濾條件後，頁面 Title、麵包屑導覽、正文頂部說明文字都不能表現出已經選擇了過濾條件，頁面上唯一的區別是產品數減少了。這無法讓使用者和蜘蛛辨認內容的區別，更不能突出過濾頁面應該針對的關鍵字。如電視機分類，「168 訂購網」商家過濾，本來目標關鍵字是「168 訂購網電視機」，但過濾頁面上的 Title、麵包屑導覽、說明文字都沒有「168 訂購網電視機」這個關鍵字。

建議修改如下：

（1） 按價格過濾（數字只是舉例，下同）。

　　500 ～ 1000 元，連結至 http://www.yicike.com/1725-dianshiji/500-1000.htm。

- 麵包屑導覽：首頁 - 家電 - 大家電 - 電視機 - 500 ～ 1000 元。
- H1 文字：500 ～ 1000 元電視機。
- Title：500 ～ 1000 元電視機價格、最新報價、評價評測 - 億賜客比較購物網。

　　1001 ～ 2000 元，連結至 http://www.yicike.com/1725-dianshiji/1001-2000.htm。

　　2001 ～ 4000 元，連結至 http://www.yicike.com/1725-dianshiji/2001-4000.htm。

　　4000 元以上，連結至 http://www.yicike.com/1725-dianshiji/4001.htm。

（2）按品牌過濾。

康佳，連結至 http://www.yicike.com/1725-dianshiji/kongka.htm。

- 麵包屑導覽：首頁 - 家電 - 大家電 - 電視機 - 康佳。
- H1 文字：康佳電視機。
- Title：康佳電視機價格、最新報價、評價評測 - 億賜客比較購物網。

索尼，連結至 http://www.yicike.com/1725-dianshiji/sony.htm。

長虹，連結至 http://www.yicike.com/1725-dianshiji/changhong.htm。

（3）按商家過濾。

京東商城，連結至 http://www.yicike.com/1725-dianshiji/360buy.htm。

- 麵包屑導覽：首頁 - 家電 - 大家電 - 電視機 - 京東商城。
- H1 文字：京東商城電視機。
- Title：京東商城電視機價格、最新報價、評價評測 - 億賜客比較購物網。

1 號店，連結至 http://www.yicike.com/1725-dianshiji/1haodian.htm。

世紀電器網，連結至 http://www.yicike.com/1725-dianshiji/51mdq.htm。

另外，大多數產品還可以再按某種參數過濾，如電視機還可以按尺寸過濾：

21 英寸以下連結至 http://www.yicike.com/1725-dianshiji/21.htm。

- 麵包屑導覽：首頁 - 家電 - 大家電 - 電視機 - 21 英寸以下。
- H1 文字：21 英寸以下電視機。
- Title：21 英寸以下電視機價格、最新報價、評價評測—億賜客比較購物網。

21 ～ 24 英寸，連結至 http://www.yicike.com/1725-dianshiji/21-24.htm。

25 ～ 30 英寸，連結至 http://www.yicike.com/1725-dianshiji/25-30.htm。

30 英寸以上，連結至 http://www.yicike.com/1725-dianshiji/30.htm。

電視機還可以按功能過濾：

電漿，連結至 http://www.yicike.com/1725-dianshiji/plasma.htm。

- 麵包屑導覽：首頁 - 家電 - 大家電 - 電視機 - 電漿。
- H1 文字：電漿電視機。
- Title：電漿電視機價格、最新報價、評價評測 - 億賜客比較購物網。

液晶，連結至 http://www.yicike.com/1725-dianshiji/lcd.htm。

普通，連結至 http://www.yicike.com/1725-dianshiji/putong.htm。

不同的產品分類，需要不同的參數，不知道是否能自動檢測生成，否則需要人工定義，可能還需要資料庫結構變化，涉及上千個三級分類，工作量不小。透過組合可生成大量長尾關鍵字，如上面的「電漿電視機」等。

使情況更為複雜的是，使用者可能選擇多項屬性，如使用者點擊了電視機 - 索尼 - 京東商城—液晶，此時 URL 就需要是：

http://www.yicike.com/1725-dianshiji/sony-360buy-lcd.htm。

- 麵包屑導覽：首頁 - 家電 - 大家電 - 電視機 - 索尼 - 京東商城 - 液晶。
- H1 文字：京東商城索尼液晶電視機。
- Title：京東商城索尼液晶電視機價格、最新報價、評價評測 - 億賜客比較購物網。

URL 中的順序需要統一和固定，如上面的「品牌 - 商家 - 功能」順序，無論使用者是按電視機 - 索尼 - 京東商城 - 液晶順序來到這個頁面，還是按電視機 - 京東商城 - 索尼 - 液晶順序來到這個頁面，URL 都要是一樣的。所有屬性定義優先順序，URL 按固定順序生成。

同樣，麵包屑導覽、H1 文字和 Title 也需要定義固定順序。

在某個過濾條件被選擇時，這個屬性右側加一個「取消」連結，點擊這個連結將取消選擇這個過濾條件。

按屬性生成過濾頁面的邏輯比較複雜，但很重要。其對使用者有益，直接點擊就可以找到自己想要的產品。對 SEO 更重要的是，過濾頁面會組合出大量有意義的關鍵字，如「京東商城電視機」、「索尼液晶電視機」、「2000 元康佳電視機」、「京東商城 21 英寸康佳電視機」等，其中有些關鍵字搜尋量相當大，如「索尼電視機」之類。這種方式組合生成的頁面關鍵字很難用其他方式最佳化。

10. 商家列表及商家介紹頁面

商家有關頁面分為幾類。

（1） 商家列表頁面。

　　主商家列表頁面（舊版網站稱為商家導購）為 http://www.yicike.com/ merchant_ ranking.htm，如圖 15-124 所示。

　　建議建立下級（按產品分類）商家列表頁面。

圖 15-124　主商家列表頁面

　　商家列表頁面相當於商家網站地圖，需要連結至各商家介紹頁面。人工選出 20 ～ 30 個最主要商家，列在主列表頁。其他商家按產品分類，列在下一級（對應一級產品分類）列表中。如 /merchant/1000-tushu.htm，列出所有網路書店。

　　主列表頁如下：

- 麵包屑導覽：首頁 - 所有商家。
- H1 文字：網路商城所有商家。
- Title：網路商城所有商家列表評測 - 億賜客比較購物網。

按分類商家列表頁：/merchant/1000-tushu.htm。

- 麵包屑導覽：首頁 - 所有商家 - 圖書。
- H1 文字：圖書網路商城。
- Title：圖書網路商城及商家網店列表評測 - 億賜客比較購物網。

將商家再分類的原因和前面過濾條件頁面的原因相同，可以組合生成「圖書網路商城」、「家電網路商城」等關鍵字，用專門頁面最佳化。這樣更方便使用者瀏覽，現有商家導覽頁面只能列出很小一部分商家，實際上商家數目龐大，使用者沒有簡單方法到達所有商家頁面。做好最佳化也可給搜尋引擎蜘蛛預備好更多有明確目標關鍵字的頁面。這種最佳化的實現並不困難，只要挖掘自身資料庫就可以。

目前商家導覽頁面底部列出了按地點過濾的方式，這是個很好的做法，因為如「北京網路商城」這種詞也有人搜尋。不過目前的實現方法存在問題，使用者點擊地名後，JS 呼叫了所選地區的商家顯示在頁面上，URL 卻未變化，沒有生成新頁面，如圖 15-125 所示。

改為連結至不同的 URL，如點擊北京，連結至 /merchant/beijing.html，在北京頁面上列出北京地區或可以發貨至北京的商家。

商家按地點過濾頁：/merchant/beijing.html。

- 麵包屑導覽：首頁 - 所有商家 - 北京。
- H1 文字：北京網路上購物商城。
- Title：北京網路上購物商城及商家網店列表評測 - 億賜客比較購物網。

（2）商家介紹頁面。

商家介紹頁面也就是目前 http://www.yicike.com/merchanthome/ejia.htm 這種頁面，如圖 15-119 所示。

圖 15-125　商家導覽頁面上的按地點過濾

除了商家基本訊息，還列出這個商家所有產品的商家產品分類頁面（見下文）。如京東商城在大家電、電腦、數位產品、家具分類都有產品，則列出這些商家產品分類頁面。這些分類頁面可以列在「產品列表」頁籤下。

- 麵包屑導覽：首頁 - 商家 - E 家網。
- H1 文字：E 家網網站詳細介紹。
- Title：E 家網購物商城網站介紹、優惠券、客服電話、地址（原因見15.4 節）。

（3）商家評論頁面。

目前商家介紹頁面上的「商家評論」頁籤做成連結連至獨立的商家評論頁面，如：

http://www.yicike.com/merchanthome/ejia-comments.htm

這個頁面允許使用者發表評論。

- 麵包屑導覽：首頁 - 商家 - E 家網評論。
- H1 文字：E 家網使用者評價。
- Title：E 家網怎麼樣 - E 家網評價。

在頁面正文（使用者評論）前的標題或說明文字處，加上「E 家網使用者評價」、「您覺得 E 家網怎麼樣？歡迎提交評論」之類的文字。

（4）商家產品分類頁面。

一級和二級分類頁面（還沒有產品列表的頁面），左側導覽列出本分類下有產品的商家。如京東商城在家電、電腦、數位產品、家具分類都有產品，則上述分類頁面分別列出這些連結：

yicike.com/1009-jiadian/360buy.htm（家電 - 京東商城）

yicike.com/1007-diannao/360buy.htm 商家一級分類頁面（電腦 - 京東商城）

yicike.com/1008-shumachanpin/360buy.htm 商家一級分類頁面（數碼 - 京東商城）

yicike.com/1012-jiaju/360buy.htm 商家一級分類頁面（家具 - 京東商城）

- 麵包屑導覽：首頁 - 家電 - 京東商城。
- H1 文字：京東商城家電。
- Title：京東商城家電價格、最新報價、評價評測 - 億賜客比較購物網。

商家一級分類頁面（家電 - 京東商城）則列出商家二級分類頁面，如 yicike.com/1194-dajiadian/360buy.htm（大家電 - 京東商城）。

在商家二級分類頁面列出的是前面討論的產品按商家過濾頁面，如 http://www.yicike.com/1725-dianshiji/360buy.htm（電視機 - 京東商城）。

商家分類頁面既出現在一級和二級產品分類頁面左側導覽，也出現在商家介紹頁面的「產品列表」頁籤中。

前面討論的產品按商家過濾頁面出現在三級分類頁面（產品列表頁面），商家分類頁面其實就是產品按商家過濾頁面在一級、二級分類頁面的體現。

11. 品牌頁面

目前沒有品牌頁面。與商家頁面結構類似，給品牌建立一套單獨頁面。

（1）品牌列表頁面。

與商家列表頁面類似，舉例如下：

- 品牌主列表頁面：www.yicike.com/brands.htm
- 按分類列表頁面：www.yicike.com/brands/1000-tushu.htm

（2）品牌介紹頁面。

使用類似 http://www.yicike.com/brand/hp.htm 這種 URL。

- 麵包屑導覽：首頁 - 品牌 - 惠普。
- H1 文字：惠普報價及產品訊息。
- Title：惠普報價、專賣店價格、產品訊息。

頁面內容也與商家頁面類似，除了品牌基本訊息，還列出這個品牌有產品的品牌產品分類頁面（見下文）。例如，惠普在家電、電腦、數位產品等分類都有產品，則列出這些品牌產品分類頁面。

（3）品牌評論頁面。

在品牌主頁面上加連結到品牌評論頁面，如：

http://www.yicike.com/brand/hp-comments.htm

這個頁面允許使用者發表評論。

- 麵包屑導覽：首頁 - 品牌 - 惠普評論。
- H1 文字：惠普使用者評價。
- Title：惠普產品評測、使用者評論。

（4）品牌產品分類頁面。

與商家產品分類頁面類似。一級和二級分類頁面（還沒有產品列表的頁面），左側導覽列出本分類下有產品的品牌。如家電分類下有美的家電、西門子家電、三星家電……

以美的家電為例，有 yicike.com/1009-jiadian/meidi.htm。

- 麵包屑導覽：首頁 - 家電 - 美的。
- H1 文字：美的家電。
- Title：美的家電價格、最新報價、評價評測 - 億賜客比較購物網。

電腦分類下：聯想電腦，三星電腦，惠普電腦。

化妝護膚：DHC 化妝品，資生堂化妝品，雅芳化妝品，迪奧化妝品。

數碼：索尼數碼，佳能數碼，三星數碼，松下數碼。

食品：統一食品，百事食品，雨潤食品，達利食品，光明食品。

手機通信：諾基亞手機，三星手機，索愛手機，聯想手機，多普達手機。

品牌產品分類頁面則列出產品按品牌過濾連結，如康佳電視機 http://www.yicike.com/1725-dianshiji/kongka.htm。

（5）CSS。

除了外部的 CSS 檔，頁面 HTML 中還有大量 CSS 程式碼，須刪除或集中到外部 CSS 檔。直觀從 HTML 程式碼看，div 類的程式碼非常多，應盡量刪除，可能可以使頁面縮小 50% 或更多，可以減少干擾，也使頁面訪問速度更快。

JavaScript 程式碼，如果是多個頁面常用的，也盡量放在外部檔案；不能用外部檔案時也盡量放在程式碼底部。

12. 網站 Logo

所有頁面左上角 Logo 做成連至首頁的連結。ALT 文字：「網路上購物網站排名問網購專家—億賜客比較購物搜尋網。」圖片 ALT 文字相當於連結錨文字，為避免過度最佳化，應與首頁 Title 稍作區別。

13. 註冊和免費訂閱

我嘗試註冊，但一直顯示「驗證碼錯誤」（我的驗證碼輸入肯定是正確的），所以不知道註冊使用者帳號裡有什麼功能。免費訂閱註冊後也沒有收到什麼郵件。

這兩個功能建議合併。如果需要做郵件行銷，向註冊使用者發郵件就可以，不必做成兩個資料庫。在吸引瀏覽者註冊方面還需要改進，目前看不出註冊有什麼好處。

吸引使用者註冊是非常重要的，比較購物網站的致命缺陷之一就是沒有真正屬於自己的使用者。

14. 頁尾

億賜客網站頁尾如圖 15-126 所示。

首頁頁尾增加連結至使用條款 terms.htm、隱私權政策 privacy.htm。其他頁面頁尾不要這兩個連結，以免浪費權重。

圖 15-126　億賜客網站頁尾

以下指全站頁尾。

「比較指南」部分全部刪除。可以放一個「幫助」或「使用者指南」之類的連結，連至常見問題列表。但沒有必要在全部頁面上列出多個問題，以免浪費權重。使用者有不明白的地方，有一個「幫助」連結已經足夠了。

「網站導覽」部分：

- 「導購社群」連結移至頁頭右側、「使用幫助」前。

- 「分類導購」文字改為「產品分類」；「商家比較」改為「所有商家」。這樣意義更明確。

- 增加「網購資訊」，連結至資訊部分首頁。

- 增加「所有品牌」，連結至品牌列表頁面。

- 刪除「廣告服務」、「人才招聘」連結，在「關於我們」頁面加上這兩個頁面連結，沒有必要出現在所有頁面。

版權聲明部分，添加中文「億賜客比較購物搜尋」並連結至首頁。

15. 網站目標及匯出連結跟蹤

目前 Groole Analytics 中設置的轉化目標是實現一次站內搜尋。這並不是一個適合億賜客的網站目標。目前億賜客的主要盈利模式是聯署計劃（網站聯盟），通常這種網站目標應定為使用者點擊導向商家網站的聯署連結。億賜客網站本身的目的就是吸引、推動使用者點擊聯署連結，點擊越多，獲得佣金的機會越大。使用者到達商家網站後怎樣轉化，則是商家網站需要研究的問題。

為了記錄、研究、最佳化網站轉化，所有導向商家的連結都需要做點擊跟蹤。Google Analytics 中記錄點擊（到其他網站）並把點擊設定為轉化的說明：

http://www.google.com/support/googleanalytics/bin/answer.py?hl=en&answer=55527

http://www.google.com/support/analytics/bin/answer.py?hl=en&answer=72712

今後網站擴展其他盈利模式，大致上也應該以點擊到其他網站次數為基礎，如直接賣給廣告商的顯示廣告、按點擊收費等，有了 Google Analytics 記錄的點擊數字，就可以提供潛在廣告資料，說服廣告商。

16. 分類頁面友情連結

除首頁底部友情連結外，所有分類頁面也在底部留出友情連結位置，並在後台管理。除首頁外，分類頁面也可以交換連結。從三級分類頁面開始交換深層連結，而不是從一級分類頁面開始。當然不是絕對的，只是將大部分時間和人力首先分配到三級分類頁面。

在交換連結時，錨文字須交替使用。比如首頁就可以交替使用億賜客、億賜客購物搜尋、億賜客網路上購物、購物網站比價、億賜客網購比價、億賜客比較購物、購物網站評測等。分類頁面也如此，錨文字不要僅用分類名稱，還要多一些變化形式，交替使用。

17. 網站名稱

使用「億賜客」有什麼特殊考慮？為什麼不是與域名拼音相符的「億次客」？最好不要使用戶有任何混淆的機會，好不容易記住網站名稱、敲入拼音，卻找不到網站。

15.5.2 首頁修改

除了前面討論的涉及全站和網站結構方面的改動，還建議進行如下修改。參考圖
15-127 給出的簡陋的手繪首頁示意圖。

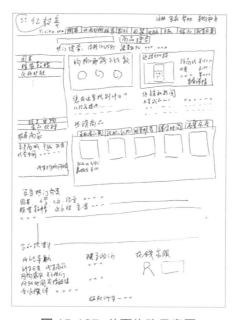

圖 15-127 首頁修改示意圖

Title：網路上購物網站誰最好？問網購專家—億賜客比較購物搜尋網。

- 融合三個最主要關鍵字：網路上購物、購物網站、網購，又自然組合出「網
  路上購物網站」（參考第 15.4.1 節）。

- 以問句吸引使用者點擊。

- 包含品牌名稱。

- 結尾處出現「比較購物」、「購物搜尋」，為在行業內建立品牌做準備。

Meta Description：網路上購物網站哪家最好？哪裡價格最便宜？網購專家 —— 億
枝客比較購物搜尋網幫你省錢省時間。千家網路商城，數百萬商品最新報價，促
銷優惠券，使用者評論，購買竅門，盡在億賜客。

- 出現目標關鍵字，主要作用是吸引點擊。

頁面頂部 Logo 位置改到左上角，與其他頁面一致。左上角口號「網路上購物，先比再購」刪除。Logo 右側放文字「網路上購物網站誰最好？問網購專家億賜客！」使用 H1 文字。

頂部導覽見全站頂部導覽說明，頂部導覽下為搜尋框。

左側加 CSS 導覽，列出所有一級分類頁面及 10 個二級分類頁面。

左側導覽下方，推薦展示 20 個商家連結，連至相應商家介紹頁面。最後是「所有購物網站」，連至商家主列表頁面。不宜列出過多，首頁權重應該盡量導向網站主體架構：分類頁面和產品。

左側的「產品排行榜」全部刪除。排行榜中的連結其實大部分是商家介紹頁面，已有推薦商家代替。

將目前搜尋框下的「推薦商品分類」和「推薦購物網站」兩個頁籤及其內容全部刪除。

賣點框（購物哪能不比較）和促銷大比拼占用太多空間，須將尺寸縮小並右移。促銷大比拼部分，「查看詳情」只保留一個，沒有必要以「查看詳情」這樣的連結分散錨文字相關性。商家圖片連結直接透過聯署連結匯出至商家網站（而不是本網站上的產品詳情頁面），盡快完成網站目標。

賣點框下面是網站說明文字，作用相當於目前底部的「我們在做什麼」部分。標題修改為「您在這裡能找到什麼？」，文字盡量融合網路上購物、網購、購物網站、購物網、團購、代購、淘寶、店鋪、商品、價格、旺旺、服務、圖片、購買、鑽石、朋友等。目前的分類名稱羅列沒有必要。

參考文字：

> 簡單說，最快速地找到最低價格 —— 網路上購物價值最大化。上千個購物網站，數百萬件商品，從淘寶店鋪到 B2C 購物網，從個人網購到團購代購。資料及時更新。全面、公正、透明的網路上購買體驗，從億賜客開始。

說明文字右側展示 10 條左右「促銷和購物新聞」相關連結，連至資訊新聞內容。

熱賣商品以頁籤形式實現，大幅節省頁面空間。「最低商家」語義不清，應改為「最低價商家」。商家名稱直接連結到商家網站，而不是商家介紹頁面，盡快完成網站目標。不要放促銷訊息，熱賣商品處的促銷訊息連結過多將浪費寶貴的首頁連結權重。

更多熱門分類，類似目前首頁「推薦商品分類」部分，但應該更有條理。每個一級分類一行，一級分類名稱列在最左側，右面列出左導覽 CSS 選單中沒有列出的二級和三級分類名稱。二級和三級分類用不同顏色字體，以示區別。

視頁面美觀與否，「更多熱門分類」也可以分為兩列，這樣 18 個一級分類，只需要 9 行，視覺上不至於失衡。

15.5.3 一級分類頁面

一級分類頁面指此類頁面，如 http://www.yicike.com/1008-shumachanpin/，參考圖 15-113。

目前一級和二級分類頁面不知道為什麼側導覽放在了右側，看不出有什麼特殊益處。建議全站統一，全部放左側，或全部放右側。

H1 文字緊接在麵包屑導覽下面：×××價格 / 報價（×××為分類名稱，下同），如「數位產品價格 / 報價」。

H1 下面一行說明文字需要根據關鍵字研究人工撰寫，自然融合搜尋次數最多的 6 ～ 8 個相關關鍵字。目前的說明文字為：

> 億枝客數碼產品頻道：提供數碼產品價格、行情、數位產品報價、最新數碼產品導購、數碼產品圖片、新聞、數碼產品評論、產品參數，幫助你挑選出最滿意的數位產品。

稍有關鍵字堆積之嫌，並且沒有出現其他主要的相關關鍵字。應根據關鍵字研究重寫，如根據 Google 關鍵字工具給出的數位產品關鍵字，如圖 15-128 所示。

	A	B	C	D
1	关键字	广告客户竞争程度	本地搜索量：6月	全球每月搜索量
2	数码摄像机	0.93	673000	450000
3	数码产品	0.93	201000	201000
4	数码照相机	0.86	165000	165000
5	数码商城	0.66	27100	27100
6	数码产品配件	0.46	-1	3600
7	数码相机产品	0.53	6600	1900
8	数码产品报价	0.53	1900	1900
9	数码产品商城	0.46	-1	880
10	数码产品销售	0.4	880	880
11	数码产品代理	0.6	590	720
12	代理数码产品	0.46	590	720
13	索尼数码产品	0.53	1300	720
14	数码产品 深圳	0	-1	590
15	深圳数码产品	0.4	-1	590
16	mp3数码产品	0.4	880	390
17	数码产品mp3	0.46	880	390
18	数码产品价格	0.53	-1	390
19	北京数码产品	0.4	480	390

圖 15-128　數位產品關鍵字

可考慮說明文字寫為：

> 數碼產品報價，包括數碼攝影機、照相機、MP3 等商品，數百家數碼商城
> 最新價格比較，以及產品配件、圖片、使用者評論，幫你找到最低價的數位
> 產品。

請注意寫法的不同：

- 不僅要包含「數碼產品」，也要包含數碼攝影機、數碼商城、配件等搜尋次數
  多的相關關鍵字。「數位攝影機」這種詞不是要用這個頁面最佳化，它應該有
  自己相應的二級分類頁面，放在這裡是為了支撐「數位產品」的語義相關性。

- 不必多次重複「數位產品」，出現兩三次就足夠了。

- 比 Title 包含更多關鍵字，Title 中出現的關鍵字必須出現在這段說明文字中。

- 可以加一些無關的詞語（如「數百家」、「幫你找到」這類詞），使句子讀起來
  更加自然。

再舉例，「食品飲料」關鍵字如圖 15-129 所示。

去除不太相關的「食品機械」等，說明文字可寫為：

> 食品飲料網購最低價格，數百家食品網站最新報價，綠色休閒食品批發零
> 售，匯集全國各地如廣東、深圳、天津，以及進口食品。

	A	B	C	D
1	关键字	广告客户竞争程度	本地搜索量：6月	全球每月搜索量
2	食品	1	4090000	3350000
3	食物	0.8	1000000	823000
4	饮料	0.86	673000	450000
5	食品饮料	0.73	90500	90500
6	食品网	0.6	90500	90500
7	食品机械	0.86	74000	74000
8	绿色食品	0.8	60500	60500
9	食品批发	0.6	90500	49500
10	休闲食品	0.8	60500	40500
11	进口食品	0.66	33100	40500
12	饮料机械	0.8	14800	33100
13	日本食品	0.66	9900	33100
14	餐饮食品	0.4	-1	33100
15	广东食品	0.46	40500	27100
16	小食品	0.73	22200	27100
17	天津食品	0.46	40500	22200
18	深圳食品	0.33	22200	22200
19	广州食品	0.26	-1	14800

圖 15-129　食品飲料關鍵字

不同分類有不同關鍵字，說明文字寫法也不同，不能用統一格式自動生成。在完成人工撰寫之前，暫時先用格式套用：

> 億賜客 ××× 頻道：提供 ××× 價格、行情、最新報價、導購資訊、圖片、新聞、評論、產品參數，幫助你挑選出最滿意的 ×××。

左側欄如下：

- CSS 控制右拉選單：列出所有二級分類，及每個二級分類下的 5 ～ 7 個三級分類。

- 推薦商家：列出 20 個本分類有產品的商家，使用文字連結到相應的商家產品分類頁面（不是商家介紹頁面）。最後是「所有商家」連結，連結至本分類所有商家列表。

- 推薦品牌：列出 20 個本分類有產品的品牌，使用文字連結到品牌產品分類頁面。最後是「所有品牌」連結，連結至本分類所有品牌列表。

- 分類資訊：列出 5 條新增加的與本分類相關的資訊連結。相當於目前右側導覽底部的「最新優惠券」、「最新促銷資訊」，但不用列出 10 條這麼多，以免過多分散權重。只列出本分類下的資訊，而不是目前這樣全站列出的都是相同的 10 條資訊，不然這 10 個資訊頁面獲得了全站連結及沒有必要的高權重。

- 熱門搜尋：列出 20 個與本分類相關的搜尋連結。

熱賣產品：目前頁面最上部產品。照片、產品名稱、「詳情」連結到產品頁面，但注意 URL 需要統一，目前圖片和產品名稱的連結不是一個版本的 URL。將「最低價格」下面的「在 ××× 去購買」用聯署連結到商家網站，同目前「價格比較」下商家 Logo 連結一樣，而不是連結到商家介紹頁面，文字改為「到 ××× 去看看」。不要直接放聯盟連結，須和產品頁面一樣，打開新視窗，使用腳本轉向，並用 Google Analytics 跟蹤點擊次數，記為一次轉化。

正文部分 ××× 分類列表：熱賣產品下面列出所有下級分類，包括二級分類和三級分類。

最新產品（原推薦產品）：列出 15 ～ 20 個產品，只需要列出圖片（連結至產品頁面）、產品名稱（連結至產品頁面）、最低價格及商家（聯署連結至商家網站）。「比較價格」和「降價通知」則沒有必要列出。

H2 文字：××× 產品分類、推薦商家、推薦品牌、分類資訊、熱門搜尋、熱賣產品、××× 分類列表、××× 最新產品，這些小標題使用 H2 文字。

Title：針對分類名稱做關鍵字研究，然後人工撰寫 Title。下面列出我根據關鍵字搜尋次數寫的 Title，供參考。

- 圖書分類 Title：圖書批發購買，網路書店特價圖書音像價格 - 億賜客比較購物。

- 娛樂分類 Title：最新遊戲，最新音樂，電影娛樂產品價格 - 億賜客比較購物。

- 服裝鞋帽分類 Title：品牌服裝，韓國服裝，時尚流行服裝價格 - 億賜客比較購物。

- 珠寶飾品分類 Title：珠寶飾品，休閒流行時尚服飾，韓國服飾價格 - 億賜客比較購物。

- 禮品鮮花分類 Title：鮮花速遞，網路上訂花，禮物工藝品，禮品網價格 - 億賜客比較購物。

- 手機通信分類 Title：智慧型手機報價，最新手機配件價格 - 億賜客比較購物。

- 電腦分類 Title：筆記型電腦報價，特價筆記型電腦價格，電腦配件 - 億賜客比較購物。

- 數位產品分類 Title：數位產品報價，數碼商城產品價格 - 億賜客比較購物。

- 家電分類 Title：家用電器，品牌家電報價，小家電價格 - 億賜客比較購物。

- 化妝護膚分類 Title：化妝品價格，韓國日本化妝品，品牌化妝品護膚品 - 億賜客比較購物。

- 汽車用品分類 Title：汽車用品報價，汽車美容裝飾用品，配件及維修 - 億賜客比較購物。

- 家居園藝分類 Title：家居用品，園藝用品，時尚智慧家居裝飾飾品 - 億賜客比較購物。

- 母嬰用品分類 Title：母嬰用品，兒童嬰兒用品，寶寶用品報價 - 億賜客比較購物。

- 運動戶外分類 Title：戶外運動服裝，運動器材，運動休閒服飾 - 億賜客比較購物。

- 健康醫藥分類 Title：健康醫藥產品，醫療器械，醫療保健產品報價 - 億賜客比較購物。

- 辦公用品分類 Title：公司辦公用品批發，辦公家具文具裝置報價 - 億賜客比較購物。

- 食品飲料分類 Title：食品飲料，綠色休閒食品，進口食品價格 - 億賜客比較購物。

- 玩具寵物分類 Title：模型玩具，絨毛玩具，寵物用品價格 - 億賜客比較購物。

人工寫 Title 注意幾點：

- 整個 Title 最多使用 30 個漢字。

- 選取 2 ～ 3 個搜尋次數最多的詞，搜尋次數最多的排在最前面。

- 不必刻意重複分類名稱。

- 句子需要盡量通順。

如果能把關鍵字連起來、組合在一起，則可以列出更多關鍵字。比如化妝護膚分類，搜尋次數多的關鍵字包括化妝品、日本化妝品、化妝品價格、品牌化妝品、韓國化妝品，整合為「化妝品價格，韓國日本化妝品，品牌化妝品護膚品 - 億賜客比較購物」，3 個短語包括了 5 個關鍵字，而且讀起來也還通順。

15.5.4　二級分類頁面

二級分類頁面指這類頁面：http://www.yicike.com/1186-xiaofeishuma/，參考圖 15-114。

二級分類頁面與一級分類頁面幾乎相同。

使用 H1 文字，緊接在麵包屑導覽下面：×××價格 / 報價。

H1 文字下面一行說明文字須根據關鍵字研究人工撰寫，自然融合搜尋次數最多的 6 ～ 8 個相關關鍵字。寫法參考 15.5.3 節關於一級分類頁面部分的舉例和說明。這部分很花費時間，可以慢慢做，並不緊急。

左側導覽中的 ×××產品分類列出 15 ～ 20 個三級分類。

正文中 ×××分類列表列出所有三級分類。

Title：二級分類不算很多，可根據關鍵字研究人工撰寫 Title。這部分可以慢慢做。

15.5.5　三級分類頁面（產品列表頁面）

三級分類頁面（產品列表頁面）指這類頁面：http://www.yicike.com/1360-luyinbi/，參考圖 15-115。

1. 左側欄

- 「誰說比較浪費時間」部分：刪除，內容沒有必要。
- 價格範圍：不要使用表格方式，改為列表和連結。見前面產品按屬性過濾部分說明。

- 產品功能過濾：不同產品有不同功能或參數過濾條件，如錄音筆可以有錄音時長、信噪比等（見前面產品按屬性過濾部分說明）。
- 推薦商家：列出 20 個本分類有產品的商家，使用文字連結，連結到按商家過濾頁面（見前面產品按屬性過濾部分說明）。
- 推薦品牌：列出 20 個本分類有產品的品牌，使用文字連結，連結到按品牌過濾頁面（見前面產品按屬性過濾部分說明）。
- 熱門搜尋：列出 20 個本分類的搜尋連結。

2. 翻頁連結

產品較多的分類會有數百個翻頁，按目前 1 ～ 10 這種標準翻頁連結格式，要訪問或爬行到第幾百頁，得點擊幾十次。這對搜尋引擎蜘蛛來說是不可能的，也是可能造成收錄問題的原因之一，被推到後面翻頁的產品沒有機會被爬行，如圖 15-130 所示。

圖 15-130　產品列表頁面上的翻頁連結

建議頂部及底部翻頁都分為兩排。在目前 1，2，3，……，10 下，加一行：

11，21，31，41，51，61，71，81，91，101

視排版和頁面寬度，兩行翻頁連結都可以不止 10 個。這樣，兩行翻頁有不同步長，將大大減少到達產品頁面所需點擊數，縮短產品頁面距首頁的距離。

翻頁連結均需要靜態化，如第一個分類頁面是 http://www.yicike.com/1594-doujiangji/，則第二頁是 http://www.yicike.com/1594-doujiangji-p2/

3. 各種顯示方式

產品列表頁面的各種顯示方式如圖 15-131 所示。

圖 15-131　產品列表頁面的各種顯示方式

（1） 按網格方式顯示：預設方式。顯示按網格方式排序頁面時，此格式突顯並設定為非連結（已經在此顯示方式，不可點擊），「按列表方式排」則為可點擊的 JavaScript 連結，點擊後頁面變為按列表方式排，這裡的 JavaScript 連結阻止搜尋引擎爬行和抓取。

（2） 按列表方式排：顯示按列表方式排序頁面時突顯並設定為非連結，同時「按網格方式排」設定為正常（非 JavaScript）連結。

（3） 按評價排：預設方式。顯示按評價排序頁面本身時，此格式突顯並設定為非連結，按價格排序、按名稱排序設定為 JavaScript 連結，可點擊訪問，但阻止蜘蛛爬行。

（4） 按價格排序、按名稱排序：同上處理。

也就是說，只有按網格方式＋評價排序的頁面（包括其翻頁）才被收錄，其他所有排列方式都用 JavaScript 連結，阻止搜尋引擎爬行。為保險，其他排列方式頁面加 noindex 標籤與 nofollow 標籤禁止搜尋引擎收錄和索引。

各種顯示方式、排列方式頁面本身是沒有排名意義的（有一個分類頁面就足夠了），被收錄唯一的好處是給產品頁面提供更多爬行入口。建議不允許收錄除「網格＋評價排序」的列表頁面，原因有以下兩個方面：

- 億賜客網站 PR 值和權重還不太高，能被收錄的頁面總數可能在幾百萬頁之內。如果允許各種顯示方式、排列方式的頁面都被收錄，可能減少其他更應該被收錄的頁面（如最終產品頁面）被收錄的機會。

- 只要 「網格＋評價排序」列表頁面翻頁結構解決好，才可以為產品頁面提供爬行入口。

當然，這是針對目前億賜客網站情況的策略。如果以後網站 PR 值達到高端 6 或 7，能帶動的總頁面數上升到幾千萬個，也不妨允許收錄各種顯示方式、排列方式的頁面，提供更多產品的頁面入口，進一步提高收錄率。

目前預設的顯示方式是按價格排序，建議改為按評價排序，因為按價格排序，第一頁有時是價格低但不太相關的產品，比如攝影機分類，排在第一頁的是插頭、擦布、錄影帶、玩具攝影機之類的，而不是使用者期待看到的攝影機。預設

按評價排序還可以在一定程度上人工調整排在第一頁的產品，只要人工添加幾個評價。

4. 顯示產品訊息

產品訊息顯示如圖 15-132 所示。

- 「最低價格：×××元」處文字，字號放大，甚至可以用紅色，視覺上突出，吸引點擊。

- 「在×××」商家文字，透過聯署連結連至價格最低商家網站，而不是目前的商家介紹頁面。注意前面提到的網站目標設定和點擊跟蹤。

- 「去購買」按鈕：透過聯署連結連至價格最低商家網站。

- 產品圖片加 ALT 文字，與產品名同。圖片透過聯署連結連至價格最低商家網站。

- 產品名稱不要用 H3 文字。

- 產品名稱下面（或後面）加文字，「共××個商家報價」，連結至產品頁面。

以上六點也適用於搜尋頁面等處的產品訊息顯示。

圖 15-132

5. 麵包屑導覽

麵包屑導覽處本分類名稱不要用 H1 文字，視實際視覺效果，可考慮改為粗體。

6. H2 文字

左側導覽的「產品參數過濾」、「價格範圍」、「推薦商家」、「推薦品牌」、「×××相關搜尋」等用 H2 文字。

7. H1 文字

緊接麵包屑導覽下面加 H1 文字：

「分類名稱」+ 價格，最新報價

比如錄音筆分類就是：

> 錄音筆價格，最新報價

8. 說明文字

H1 文字下面或右側增加分類說明文字。與一級、二級分類一樣，根據關鍵字研究撰寫說明文字。

比如「豆漿機」分類：

> 各種家用、全自動、多功能、大型、小型豆漿機價格、報價，配件、維修、
> 二手求購訊息

再舉一例，「嬰兒推車」分類：

> 嬰兒車價格／報價，各種嬰兒推車、嬰兒手推車、雙胞胎嬰兒車網路上購買
> 訊息

9. Title

從關鍵字研究可以看到，「豆漿機」這個詞相關的搜尋次數最多的是：九陽豆漿機、豆漿機、全自動豆漿機，豆漿機配件、家用豆漿機、豆漿機價格、大型豆漿機、多功能豆漿機、豆漿機維修、小型豆漿機等。

Title 可寫為：

> 豆漿機價格／報價，全自動、家用、多功能豆漿機產品訊息

除了「××××價格／報價」，再選擇搜尋次數最多的 2～4 個關鍵字。後面不必加「億賜客比較購物搜尋網」。

三級分類有上千個，需要人工做關鍵字研究並寫 Title 和說明文字，熟練後也大概至少需要 5～10 分鐘做一個分類，工作量大。不必求快，慢慢做。

人工處理前，暫時先自動按分類名稱生成 Title 和說明文字。

- Title：××××價格／報價／評測 - 億賜客幫你網路上購買最低價的××××。

- 說明文字：億賜客 ××× 頻道，提供 ××× 價格、行情、最新報價、導購資訊、圖片、新聞、評論、產品參數，幫助你挑選出最滿意的 ×××。

翻頁後，從第二個頁面開始，Title、H1 文字需要與第一個頁面有所區別。如第二個頁面：

http://www.yicike.com/1594-doujiangji-p2/

- Title：第二頁─豆漿機價格 / 報價，全自動、家用、多功能豆漿機產品訊息。
- H1：豆漿機價格，最新報價─第二頁

同樣，第二頁按表格顯示，按評價、名稱排列，雖然使用 JavaScript 連結使搜尋引擎不能爬行，但 Title、H1 文字也需要與第一個頁面有所區別，利於使用者分辨自己所在位置。

15.5.6　產品頁面

參考圖 15-116。

麵包屑導覽裡的產品名稱可以考慮改為粗體，如果視覺上不會突兀難看的話。

正文最前面的藍色粗體產品名稱放入 H1 中。

產品圖片 ALT 文字與產品名稱同。

價格比較、商家比較、詳細資料、查看評論 4 個頁籤位置不變，文字放入 H2。

價格比較 - 商家形象下的 Logo，及商家比較 - 評級裡的商家名稱，連結到商家網站（透過聯署連結及跟蹤），不要連結到商家介紹頁面。紅色促銷標誌也同樣。網站的目標是盡快讓使用者點擊聯署連結，商家介紹頁面沒有必要被連結這麼多次。

做實驗看「去購買」和「去看看」、「查看詳情」等按鈕文字哪個轉化率高。不必用工具，每個實驗組放 24 小時就可以查看結果。

正文中間的產品品牌、分類、產品人氣，分類的所有連結似乎都是連到無效頁面，顯示 ID Not Found，修改連結連至正確的分類頁面。品牌名稱連結連至品牌分類頁面。

如圖 15-133 所示，檢舉及剪貼圖示無法辨認，不點擊根本不知道是什麼。書籤圖示混淆，不宜使用 RSS 圖示，建議使用文字圖示。

圖 15-133

Title：（×××為產品名稱）。

說明文字：××× 價格 / 報價，×××怎麼樣？好嗎？產品評價，圖片 - 億賜客比較購物搜尋網。

寫法原因見 15.4.5 節產品頁面中對關鍵字研究的介紹。

富摘要（rich snippets）：rich snippets 是 Google 前不久推出的一種標籤格式，在 HTML 程式碼中加入標籤，Google 搜尋結果將顯示標籤裡的格式化內容。比如，論壇貼文就可以顯示作者、回復數、最新回覆日期等。

在產品頁面加入 rich snippets 標籤，可使顯示結果更突出，提高點閱率。產品頁面上的這幾個訊息適合加入 rich snippets：

- 最低價格。
- 品牌。
- 評論數或產品人氣。
- 報價商家數量。

如果技術上可以實現的話，可以加入某些規格參數，如手機待機時間、記憶體等。但不同產品勢必選取不同參數，不知技術上實現難度如何，難度太大的話，就不必考慮了，前面 4 個就夠了。

程式碼寫法參考：

http://googlewebmastercentral.blogspot.com/2009/05/introducing-rich-snippets.html

http://www.google.com/webmasters/tools/richsnippets

15.5.7　產品按屬性過濾頁面

前面全站修改部分對產品按屬性過濾頁面已經說明和舉例，這裡只簡單總結。

以「電視機」分類為例：

http://www.yicike.com/1725-dianshiji/

按價格過濾：

500 ～ 1000 元，URL 為 http://www.yicike.com/1725-dianshiji/500-1000.htm。

- 麵包屑導覽：首頁 - 家電 - 大家電 - 電視機 - 500 ～ 1000 元。
- H1 文字：500 ～ 1000 元電視機。
- Title：500 ～ 1000 元電視機價格、最新報價、評價評測 - 億賜客比較購物網。

麵包屑導覽、H1 文字、Title 都需要包括分類名稱（電視機）及屬性（500 ～ 1000 元），由程式自動生成。

這也適用於商家分類頁面、品牌分類頁面。

15.5.8　搜尋頁面

搜尋頁面 URL 也需要靜態化。統一採取 www.yicike.com/search-xxx/ 格式。其中 ××× 最好是符合這樣條件的英文字串：

- 不同搜尋詞，字串也不同。
- 相同搜尋詞，字串也相同（所以 URL 也就相同）。

簡單地說，每個搜尋詞對應唯一的 URL，使每個搜尋頁面成為一個獨立的可被收錄的靜態頁面。這對英文網站來說很簡單，xxx 部分取代為搜尋詞就可以了。中文搜尋詞則不同。如果技術上實現太困難，也可以直接使用搜尋詞，中文搜尋詞也原樣用在 URL 中。

不同產品排列方式（網格、列表，價格、評價、名稱）的處理與三級分類頁面相同，包括使用 JS 連結阻止爬行，Title、說明文字的區分（即使已經阻止爬行）。

翻頁處理與三級分類頁面不同。所有翻頁連結不用正常連結，而是用 JS 腳本實現，與按價格、名稱排序的連結相同。也就是說，搜尋頁面只有第一個頁面允許收錄，其他（第二頁，第三頁，按列表顯示，按價格、名稱排序）都不允許搜尋引擎爬行，因為這些頁面上的產品都已經在三級分類頁面上出現和爬行了，第一個頁面用於關鍵字排名已經足夠，其他頁面沒必要爬行和收錄。

需要重點強調的是，與此類似，凡是出現產品列表的地方（因此出現幾十個、上百個翻頁），如商家分類和過濾頁面、品牌分類和過濾頁面、按參數過濾頁面等，都用相同方法處理翻頁，使商家分類和過濾頁面、品牌分類和過濾頁面、參數過濾頁面等都只收錄第一個頁面，從第二頁開始都使用 JS 腳本甚至 AJAX 阻止爬行。結果是，所有產品頁面只有一個收錄入口，也就是三級分類頁面。

搜尋頁面其他地方大致與三級分類頁面相同。

麵包屑導覽處搜尋詞不要用 H1 文字。

左側導覽的所有小標題（價格範圍、選擇分類、選擇商家、選擇品牌等）用 H2文字。

緊接在麵包屑導覽下面加 H1 文字：

    "搜尋詞" + 價格，最新報價

比如：

    衝鋒衣價格，最新報價

H1 下面或右側說明文字：

    網路上購買 ×××× 最低價格，購物網站最新報價，產品訊息，圖片，評價評測。

比如：

    網路上購買衝鋒衣最低價格，購物網站最新報價，產品訊息，圖片，評價評測。

頁面 Title：

> 熱門搜尋：×××× 價格／報價／評價 — 億賜客幫你網路上購買最低價的
> ××××

比如：

> 熱門搜尋：衝鋒衣價格／報價／評價 — 億賜客幫你網路上購買最低價的衝鋒衣

15.6 執行、效果及後續

2009 年 10 月，在我提交了最佳化建議後，億賜客團隊當月就完成了 URL 靜態
化，收錄很快開始成長。2010 年年初，在觀察了一段時間效果並考慮一些技術問
題後，對 URL 格式又做了兩次大規模變動。例如，原計劃產品頁面 URL 為：

http://www.yicike.com/1169-GSMshouji/248102.htm

但考慮到有些時候產品可能需要移動至另一個分類（如人工檢查、調整產品分類準
確性時），上述格式勢必產生 URL 變化，因此去掉分類目錄，只保留產品編號：

http://www.yicike.com/248102.htm

產品分類編號也做了重新調整。前面最佳化報告中提到的一級分類：

http://www.yicike.com/1008-shumachanpin/

現在 URL 為：

http://www.yicike.com/100001008-shumachanpin/

因此從編號就可以知道是哪一級分類。

2010 年上半年，由於 URL 系統的變動，收錄波動較大。即使做了 301 轉向，新
舊 URL 也很長一段時間同時存在於搜尋引擎資料庫中，尤其是百度，對 301 轉向
反應很慢。但從總體上看，做了 URL 靜態化和網站連結結構的修改，收錄明顯快
速增加。

2010 年 1 月 1 日，第一個較完整最佳化版本上線。2 月底，網站流量上升到每天 5 萬個 IP 以上。對比網站最佳化前的流量，這就是本書副標題「60 天網站流量提高 20 倍」的由來，如圖 15-134 所示。

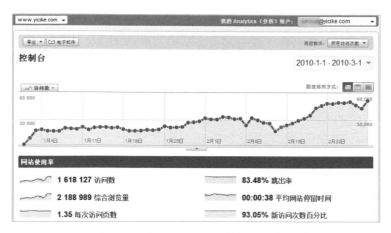

圖 15-134　億賜客網站 2010 年 2 月流量

當然，1 月 1 日上線的版本還有錯誤和不完善之處，後來的執行過程中也遇到各種問題，計劃也有相應變化。例如：

- 原建議書中提到的左側導覽底部的熱門搜尋、推薦商家、推薦品牌等連結，在一級、二級分類頁面上都移到了右側正文最下面。

- 產品列表頁面上採用按價格過濾的方式，做成列表及連結後效果不好。不同產品種類有不同的價格區間，價格過濾條件就必須不一樣，比如電視機和圖書類別的價格過濾條件相差很大。以程式計算最合適的價格過濾條件遇到一些問題，有的分類列出的價格不太可靠。比如某個商家某本書價格錯寫為 50 萬元，就可能使整個圖書類別最低價格區間變成 0 ～ 1000 元，使整個價格過濾系統失去意義。因此最後又取消了按價格過濾連結，復原為原來的使用者在表格中輸入價格。

- 產品按參數或功能過濾，由於比較複雜、工作量大，沒有實施。

- 網站連結結構修改過程中，由於一個大家都沒注意到的技術細節，網站實際上生成了上億個頁面，當然，都是複製內容。我查看網站日誌時，發現搜尋

引擎蜘蛛在爬行某類 URL 時似乎陷入無限循環，根本沒時間爬行其他 URL 了，才發現了這個技術問題。

- 品牌相關頁面，由於工作量比較大、時間又緊，沒有實施，以搜尋頁面代替。

- 2010 年 3 月 17 ～ 19 日，百度有一次演算法的改變，使幾乎所有比較購物類網站（也包括其他類網站）受到重挫，流量大幅下降，包括億賜客。2010 年 5 月初，Google 有一次被稱為「May Day」的演算法更新，對長尾詞影響巨大，億賜客也受到波及。2010 年 4 月～ 2010 年 6 月，我們對億賜客及新演算法又做了分析和調整。2010 年 7 月調整基本完成，等待搜尋引擎重新收錄和計算。2010 年 8 月底流量重新復原和上升。

執行、觀察效果、發現問題、再次修改，循環往復，再加上競爭對手及搜尋引擎演算法的不停變化，所有網站的最佳化都處於不斷調整、變動的過程中，沒有終止。

SEO 術語

301 轉向（301 Redirect）

301 轉向也稱為 301 重定向、301 跳轉。

301 轉向是使用者瀏覽器或搜尋引擎蜘蛛向網站伺服器發出訪問網址 A 的請求時，伺服器返回的 HTTP 資料標頭訊息狀態碼的一種，表示請求的網址 A 永久性地轉移到另一個網址 B。

301 轉向是搜尋引擎友善的轉向，網址 A 的權重和 PR 值將會被轉移到網址 B 上。所以當網站上有網址變動甚至更換域名時，建議使用 301 轉向。

302 轉向（302 Redirect）

302 轉向也稱為 302 重定向、302 跳轉。

302 轉向是使用者瀏覽器或搜尋引擎蜘蛛，向網站伺服器發出訪問網址 A 的請求時，伺服器返回的頭訊息中狀態碼的一種，表示所請求的網址 A 暫時性轉移到另一個網址 B。除非網頁 A 真的是短時間轉移到網頁 B，過一段時間會轉回網址 A，可以使用 302 轉向，否則不建議使用，302 轉向對搜尋引擎不太友善。

白帽 SEO（Whitehat SEO）

白帽 SEO 指的是合理合法，有利於使用者體驗，符合搜尋引擎品質規範的 SEO 手法。通常使用白帽 SEO 手法獲得的排名會比較持久和穩定。

標籤（Tag）

標籤指的是用來說明一個頁面或一篇文章主要內容的關鍵字或術語。Web 2.0 網站經常使用標籤，將網站頁面按不同的標籤重新聚合。

在網站結構上，分頁面與網站分類頁面類似。分類頁面是列出本分類下的內容頁面，分頁面是列出標有相同標籤的內容頁面。二者的區別在於，標籤並不存在分類系統那樣的上下從屬關係，如分類頁面可以有一級產品分類，其下再分為多個二級產品分類，再向下還可以分出更多。而標籤不存在這種關係，每一個標籤都是平等的，只不過有些標籤下包含的頁面可能更多。

垂直搜尋（Vertical Search）

指的是專注於某個行業領域的搜尋。垂直領域既可能是不同的主題，如生活搜尋、購物搜尋、交通搜尋，也可能是不同的媒介形式，如影片搜尋、圖片搜尋。

Class C IP 位址（Class C IP Address）

一個 IP 位址如 198.197.196.195，其中第三組數字 196 被稱為 Class C。

Class C 數字相同的 IP 位址，通常是同一台伺服器或處在同一網路上的伺服器。所以如果兩個網站 IP 位址前三組數字相同，如 198.197.196.195 和 198.197.196.194，搜尋引擎很可能判斷這兩個網站是在同一架伺服器上或至少是同一個主機商的不同伺服器上，因而是有一定關聯的。SEO 業界由此認為，具有相同 C 類 IP 位址的網站應該盡量避免互相連結，不然很容易被認為是站群或連結農場。需要說明的是，這裡所說的 Class C IP 位址在技術上並不準確，這只是 SEO 界的通行說法。

長尾關鍵字（Longtail Keywords）

長尾關鍵字指的是單個搜尋次數比較少、但總體數量巨大的非熱門關鍵字。長尾這個術語源自《連線》雜誌主編 Chris Anderson 於 2004 年發表的系列文章，其在 2006 年出版的《長尾》一書中做了完整論述。

懲罰（Penalty）

懲罰指網站因為使用不符合搜尋引擎品質規範的手法，被搜尋引擎給予不同程度的排名下降甚至刪除處理。

CMS

內容管理系統，是英文 Content Management System 的縮寫。指的是用來建立和管理網站內容的軟體。目前大部分網站都是使用 CMS 系統來管理、資料庫驅動的動態頁面。

CPA

英文 Cost Per Action 的縮寫，中文譯為每次行動成本。CPA 也就是 PPA 模式中廣告雙方所商定的，使用者每完成一次特定行為時，廣告商需要支付的廣告價格。

CPC

英文 Cost Per Click 的縮寫，中文譯為每次點擊成本。CPC 就是在 PPC 模式下，使用者每次點擊，廣告商所要支付的廣告價格。

CPL

英文 Cost Per Lead 的縮寫，中文譯為每次引導成本。CPL 就是在 PPL 模式中，使用者每完成一次引導，廣告商所要付出的廣告費用。

CPM

英文 Cost Per Mille 的縮寫，中文譯為每千次顯示成本，其中 M 是拉丁文一千次的縮寫。CPM 也就是 PPI 模式的廣告價格。由於廣告顯示一次的價格很低，所以通常按顯示付費的廣告是以每千次顯示計價。

CPS

英文 Cost Per Sale 的縮寫，中文譯為每次銷售成本。CPS 就是在 PPS 模式下，使用者每完成一次購買後，廣告商所要付出的廣告價格。

匯出連結（Outbound Links）

頁面 A 上有一個連結指向頁面 B，這個連結對頁面 A 來說就是一個匯出連結。

倒排索引（Inverted Index）

為了提高搜尋引擎即時返回搜尋結果的速度，直接用於排名的索引庫不是正向索引，而是倒排索引。所謂倒排索引，是對索引庫重新組織，形成一個從關鍵字到頁面的映射。

地理定位（Geo-targeting）

搜尋引擎根據使用者 IP 位址判斷出使用者所在地理位置，返回更適合這個使用者地理位置的搜尋結果。有一些關鍵字搜尋與地理位置有較強的關係，如天氣、送餐、洗衣服務等。按地理定位提供相應的搜尋結果，是搜尋引擎改善使用者體驗的方法。

第一屏（Above The Fold）

直譯是「摺疊以上的地方」。所謂「摺疊」，原指報紙被摺疊起來時，讀者若不打開摺疊的話，只能看到頭版頭條位置的內容。在網路上，指的是使用者打開頁面後，不需要拉動頁面右側滑動條或滑鼠就能看到的網頁最上部的內容。由於這是使用者第一眼看到的網頁內容，SEO 人員，或者更廣泛地說，網路行銷人員，應該把最重要的訊息放在第一屏，在幾秒鐘內吸引住使用者注意。

點閱率（Click-through Rate）

使用者實際點擊一個搜尋結果頁面的次數與這個搜尋結果被展示的總次數之比。在排名不變的情況下，提高點閱率也就意味著提高流量。

動態 URL（Dynamic URL）

指的是包含有問號、等號及參數的 URL。如：

http://www.domain.com/index.php?catID=1&storyID=12345

通常動態 URL 對應的就是動態頁面。問號、等號等字元後面所跟的參數就是需要查詢的資料庫資料。

動態頁面（Dynamic Pages）

與靜態頁面相對應。動態頁面並不真實存在於伺服器上，沒有一個真正存在的檔案對應。動態頁面是由資料庫驅動、程式腳本生成的頁面。當使用者訪問動態頁面時，程式將查詢資料庫，並即時生成一個頁面。目前大部分網站都是以動態頁面為主。

Everflux

2003 年之後，Google 不再進行劇烈的 Google Dance，索引庫資料以及排名演算法更新都是不間斷、小規模地隨時啟用，稱為 Everflux。

反向連結（Back Links）

反向連結又稱為匯入連結（inbound links）。一個頁面 A 上有一個連結指向頁面 B，這個連結對頁面 B 來說就是一個反向連結。

複製內容（Duplicate Content）

複製內容是指完全相同或非常相似的內容出現在多個頁面上。複製內容既可能是由於轉載、抄襲等原因出現在不同網站上，也可能是因為技術原因或網站結構方面的缺點而出現在同一個網站上。搜尋引擎通常根據演算法選出一個版本作為原創，其他頁面上的相同內容被判斷為複製內容，排名會受影響。

個人化搜尋（Personalized Search）

個人化搜尋也可翻譯為個性化搜尋。指的是搜尋引擎根據使用者個人訊息返回不同的、更符合使用者需求的搜尋結果。引發不同搜尋結果的因素包括瀏覽器設定、使用者地理位置、使用者搜尋歷史和網站瀏覽歷史等。

工具列（Toolbar）

一種安裝在瀏覽器上的外掛程式，提供一些搜尋引擎或其他附加功能。使用者可以在工具列上的搜尋框內輸入關鍵字進行直接搜尋，而不必瀏覽搜尋引擎網站。幾乎所有搜尋引擎都開發了工具列供使用者下載使用。

工具列 PR 值（Toolbar PR）

工具列 PR 值指的是 Google 工具列顯示的，站長可以查看的頁面 Google PR 值。工具列 PR 值以數字 0 ～ 10 表示，0 為最低，代表重要性最低的頁面，10 代表重要性最高的頁面。要注意的是，工具列 PR 值並不是 Google PR 值的絕對真實反映。

Google 保齡（Google Bowling）

這是惡意破壞競爭對手排名的一種方法。給競爭對手網站購買或群發大量垃圾連結，使 Google 誤以為競爭對手作弊，從而懲罰競爭對手的網站。雖然 Google 保齡發生的機率很低，但現實中確實會發生。雖然以 Google 命名，但這種現象存在於所有搜尋引擎。

Google Dance

2003 年以前，Google 每個月會大規模更新索引庫和排名演算法，這個過程需要持續幾天才能完成所有資料中心的更新。在 Google Dance 期間，很多網站的排名出現劇烈波動，訪問不同資料中心看到的搜尋結果也不同。目前已經進行 Google Dance 了。

Google 迷你全站連結（Google Oneline Sitelinks）

顧名思義，這是 Google 全站連結的迷你版，不是顯示 2 列 4 行共計 8 個連結，而是顯示 1 行共計 4 個內頁連結。

Google PR 值

Google PR 值是 Google 透過連結關係計算出來的,是一個用來衡量頁面重要性的指標。其原理是把連結當作一個民主投票,頁面 A 連結到頁面 B,就意味著 A 對 B 進行了一次信任投票,提高 B 的重要性。

決定 PR 值的既有反向連結的數量,也有連結品質。頁面 A 本身的 PR 值高,傳遞給頁面 B 的 PR 值也越高。另外,頁面 A 上的匯出連結總數也影響每個連結所能傳遞的 PR 值,頁面 A 上匯出的連結越多,能分配和傳遞到頁面 B 的 PR 值越低。

Google 全站連結(Google Sitelinks)

這是 Google 給予權重比較高的網站的一種特殊排名顯示格式。除了正常的頁面標題、說明、URL,還在結果下面按 2 列 4 行顯示最多 8 個網站內頁連結。

Google 炸彈(Google Bombing)

很多網站使用相同的錨文字指向一個特定頁面,雖然這個頁面上並沒有出現連結中的錨文字,但因為錨文字是搜尋演算法的重要排名因素之一,被指向的頁面在搜尋這個錨文字時,還是能排到搜尋結果的最前面,這種現象被稱為 Google 炸彈。雖然稱為 Google 炸彈,但其實主流搜尋引擎都有這個現象。

關鍵字密度(Keyword Density)

關鍵字密度指的是頁面上特定關鍵字出現次數與頁面全部詞數之比。

黑帽 SEO(Blackhat SEO)

黑帽 SEO 是指使用欺騙性的,違反搜尋引擎品質規範的作弊手法,使網站排名提高。典型的黑帽 SEO 手法包括隱藏文字、隱藏連結、垃圾連結、橋頁等。黑帽 SEO 違反搜尋引擎品質規範,被搜尋引擎發現時,通常會導致懲罰甚至網站完全被刪除。

HTTP 標頭訊息（HTTP Header）

將使用者瀏覽器或搜尋引擎蜘蛛向伺服器發出訪問請求後，伺服器所返回的響應訊息中最前面定義訊息特徵的一段訊息。比如，下面是一段典型的標頭訊息：

```
#1 Server Response: http://www.seozac.com
HTTP/1.1 200 OK
Date: Tue, 18 Feb 2014 17:33:15 GMT
Server: Apache
Vary: Accept-Encoding,Cookie
Cache-Control: max-age=3, must-revalidate
WP-Super-Cache: Served supercache file from PHP
Connection: close
Content-Type: text/html; charset=UTF-8
```

其中定義了伺服器狀態碼、頁面返回時間、伺服器類型、PHP 版本等訊息。

HTTP 狀態碼（HTTP Status Code）

HTTP 狀態碼是 HTTP 標頭訊息中最前面的一段，表明伺服器回應的狀態。如：

```
HTTP Status Code: HTTP/1.1 200 OK
```

常見的狀態碼如下：

- 200：表示一切正常，訪問請求成功。
- 301：永久轉向。
- 302：暫時轉向。
- 404：檔案不存在。
- 500：伺服器內部錯誤。

檢查 HTTP 狀態碼有助於 SEO 觀察伺服器是否工作正常，以及所設定的轉向是否符合要求（是否是搜尋引擎友善的 301 轉向），頁面不存在時是否返回 404 狀態碼等。

灰帽 SEO（Greyhat SEO）

灰帽 SEO 是介於黑帽 SEO 和白帽 SEO 之間，比較有爭議性的 SEO 手法，比如連結買賣和軟文發布等。這些手法既可能有益於使用者，並遵守搜尋引擎規則，也可能被濫用來獲得欺騙性的排名。

降權

域名權重因為使用黑帽或灰帽手法而下降。降權既可能是搜尋引擎演算法自動甄別和處理，也可能是人工檢查和處理。降權有點類似於懲罰，不同之處是，降權指的是整個域名排名能力下降，而懲罰有可能是針對特定頁面或特定關鍵字。

交叉連結（Crosslink）

交叉連結指一組網站之間互相連結，目的是提高所有網站的外部連結數量。通常交叉連結的網站都是一個站長所控制，或同屬於一個連結農場。這樣得到的連結經常被搜尋引擎認為是不自然的連結。

進入頁面（Entry Page）

流量分析術語，指的是使用者進入網站訪問的第一個頁面。

靜態 URL（Static URL）

指不包含問號、# 號、等號及參數的 URL，比如：

http://www.domain.com/news/12345.html

原本靜態 URL 是與靜態頁面相對應的。隨著 SEO 觀念的深入，以及 URL 重寫技術的普遍應用，動態頁面也可以實現靜態 URL，稱之為偽靜態。

靜態頁面（Static Pages）

指伺服器上真實存在的檔案對應的網站頁面。無論哪個使用者在什麼時間訪問這個頁面，其內容都不會發生變化，除非站長在這個頁面檔案上的 HTML 程式碼中做了修改。

鏡像網站（Mirrored Site）

指一個或多個域名不同、但內容完全相同的網站。鏡像網站的出現有可能是有意的（甚至可能是被別人陷害），也可能是無意的。鏡像網站會造成複製內容，對原創內容網站或站長想獲得排名的網站可能造成無法預知的影響。所以就算沒有 SEO 意圖的鏡像網站，使用時也要小心。

絕對路徑（Absolute Path）及相對路徑（Relative Path）

頁面需要連結到另一個網頁時使用的 HTTP 地址中，包含了域名的完整網址稱為絕對路徑。如果使用的是不包含域名的、被連結頁面相對於目前頁面的相對網址，則稱為相對路徑。

開放目錄（DMOZ）

英文全稱為 Open Directory Project，縮寫為 ODP，意譯即為開放目錄專案。官方名稱 DMOZ 源自於 Directory Mozilla，也就是目錄中的 Mozilla。Mozilla 最初是網景瀏覽器（Netscape，最早的瀏覽器之一）的開發代號，現在已經演變為網路上影響力最大的全球社群和非營利組織之一，也是很多開源軟體的總稱。

DMOZ 是一個只有幾個管理人員，由招募的義務編輯來管理、審核網站的人工目錄。開放目錄的資料被包括 Google 等在內的很多網站使用。由於是人工編輯，在一定程度上保證了收錄網站的質量，所以開放目錄是少數幾個有價值的網站目錄之一。開放目錄專案現在已經停止。

垃圾（Spam）

顧名思義，就是使用者不需要的內容，如垃圾郵件。在搜尋引擎及 SEO 行業中，垃圾指的是黑帽 SEO 純粹為了獲取排名而建立的沒有意義的內容及連結。

來路（Referral）

使用者從頁面 A 點擊一個連結來到頁面 B，則頁面 A 就是頁面 B 的一個來路，也就是說訪問頁面 B 的使用者是點擊頁面 A 上的連結來的。

連結果汁（Link Juice）

連結果汁是一個比較籠統的概念，指的是連結所能傳遞到目標頁面的權重。連結果汁多少取決於連結源頁面本身權重、匯出連結數目、頁面是否被懲罰、是否被判定為付費連結等。

連結流行度（Link Popularity）

也稱為連結廣度、連結廣泛度。指的是一個頁面所獲得的反向連結數量及品質的總和。連結流行度是頁面重要性的指標之一。

連結農場（Link Farm）

指沒有任何實質內容，專門用來大量交換連結或給自己的網站製造連結的網站群。連結農場網站頁面上除了大量連結，通常沒有其他有意義的內容。連結農場網站經常屬於同一個站長或同一個網路聯盟。

連結農場網站及其上面的連結，目前都被搜尋引擎認為是黑帽 SEO 手法。一旦被判斷為連結農場，網站會被懲罰甚至刪除。

連結 nofollow 屬性

頁面超連結的一個屬性，也常俗稱為 nofollow 標籤。程式碼寫法如下：

```
<a href="http://www.example.com/" rel="nofollow">這個連結將不被搜尋引擎跟蹤
</a>
```

連結加了 nofollow 屬性，就是告訴搜尋引擎蜘蛛不要順著這個連結爬行下去，連結權重也不傳遞。目前主流搜尋引擎，包括百度、Google、必應等都支援 nofollow 屬性。

連結誘餌（Link Bait）

這是常用的外部連結建設方法之一。指的是建立能吸引目光，比如有爭議、好玩、資源性、工具性的內容，吸引其他站長主動給予連結。

LSI

英文 Latent Semantic Indexing 的縮寫，中文譯是潛在語義索引。潛在語義索引指的是透過巨量文獻找出詞彙之間的關係。當兩個詞或一組詞大量出現在同一份文件時，這些詞之間就可以被認為是語義相關的。

錨文字（Anchor Text）

也就是連結文字，頁面上超連結中可以點擊的那段文字。以下列 http 程式碼為例：

```
<a href="https://www.seozac.com/"> 這裡是錨文字 </a>
```

錨文字對於目前頁面及被指向的頁面主題都有很強的提示作用，是搜尋引擎判斷內容相關性的因素之一，對 SEO 有很大幫助。

meta nofollow 屬性

頁面 HTML 程式碼中 meta 標籤（元標籤）的一種，格式如下：

```
<meta name="robots" content="nofollow" />
```

這個 meta 指示搜尋引擎不要跟蹤和爬行這個頁面上的所有連結。與連結 nofollow 屬性不同的是，meta nofollow 標籤對本頁面上的所有連結都起作用，連結 nofollow 屬性只對一個連結起作用。

MFA 網站

英文 Made For AdSense 縮寫，也就是只為了做 Google AdSense 廣告而存在的網站。Google 並不喜歡這種網站（至少 Google 表面上是這樣說的），雖然這些網站都參與了 Google AdSense，也為 Google 賺了錢。

通常 MFA 網站沒有什麼實質內容，而是抄襲、採集其他網站文章，或用程式採集搜尋引擎的搜尋結果，自動生成大量頁面，然後放上 Google AdSense 程式碼賺錢。絕大部分 MFA 網站的使用者體驗都很差。

麵包屑導覽（Breadcrumbs）

這是網站導覽的一種，通常位於頁面左上角，以一行文字連結的方式告訴使用者，目前所在的頁面處於網站整體結構的哪個位置。頁面麵包屑導覽包括了本頁面的所有上級目錄連結，所以使用者可以一眼判斷出自己目前所在的位置。

內部連結（Internal Links）

同一個域名之間的連結就是內部連結。與外部連結類似，內部連結也可以分為內部反向連結和內部匯出連結。

內部最佳化（On-page Optimization）

或者稱為頁面上的最佳化，指的是在網站內部進行、完全由站長自己所控制的 SEO 工作。如頁面 meta 標籤的撰寫和修改、網站結構和內部連結的最佳化等。

爬行和抓取（Crawl）

爬行指的是搜尋引擎蜘蛛沿著超連結，從一個頁面爬到另一個頁面，發現更多網址的過程，就好像蜘蛛在蜘蛛網上爬行一樣，蜘蛛及爬行都因此而得名。搜尋引擎蜘蛛發現新的 URL，就會像瀏覽器一樣訪問這個 URL，讀取內容，記錄下來存入資料庫，稱為抓取。

排名演算法（Algorithm）

搜尋引擎排名演算法指的是使用者輸入查詢詞後，搜尋引擎會在自己的頁面資料庫中尋找、篩選，並且按一定規則對結果頁面進行排名的過程。

PPA

英文 Pay Per Action 的縮寫，中文譯為按行動付費。PPA 是網路廣告定價模式的一種，廣告商在使用者完成一個特定行動後，支付一定的廣告費用。這個特定行動可以是一次購買，也可以是填寫線上表格，訂閱電子雜誌，打電話聯繫廣告商等。PPA 廣告模式通常使用在聯署計劃中。

PPC

PPC 是英文 Pay Per Click 的縮寫，中文譯為按點擊付費。

PPC 是一種網路廣告模式。廣告商每得到一次廣告點擊，就按商定的價格支付費用。雖然普通網站也可以按 PPC 模式賣廣告，但網路上使用 PPC 最為廣泛的還是

搜尋競價廣告，包括搜尋結果頁面和內容發布網站上的內容匹配廣告。在搜尋引擎廣告 PPC 模式中，廣告商通常針對關鍵字進行競價。

PPC 是 SEM 的重要組成部分之一。

PPI

英文 Pay Per Impression 的縮寫，中文譯為按顯示付費。

PPI 也是網路廣告計價模式的一種，廣告商的廣告每顯示一次，廣告商就要付費，無論是否產生了點擊、引導或銷售。按顯示付費是早期網路廣告的最重要形式，目前在主流入口網站上依然占據很大份額。

PPL

英文 Pay Per Lead 的縮寫，中文譯為按引導付費。

PPL 是 PPA（按行動付費）的一種，也就是使用者每完成一次引導行為，廣告商就要付費。這裡所說的引導通常是指使用者沒有購買，但與廣告商發生聯繫的一次行為，諸如訂閱電子雜誌，註冊為免費使用者，填寫線上聯繫表格，給廣告商打一次電話等。這種引導行動比點擊瀏覽網站更靠近完成銷售。

PPS

英文 Pay Per Sale 的縮寫，中文譯為按銷售付費。PPS 是 PPA 的一種，使用者完成一次購買行為，廣告商需要支付廣告費用。

PR 劫持（PR Hijacking）

指使用作弊手法將自己網站工具列 PR 值提高，通常是透過跳轉（如 301 轉向和 302 轉向）實現。

QDF

英文 Query Deserves Freshness 的縮寫，中文譯為應該返回新鮮內容的搜尋。Google 根據搜尋趨勢檢測出社會熱點話題，與之相關的查詢詞會返回更多新鮮的頁面，包括新建立的頁面和剛剛更新的頁面。

移除重複資料

指搜尋引擎分析一個網站的所有頁面，消除存在於所有頁面的重複部分，如導覽、廣告、版權聲明等，提取頁面上獨特內容的過程。

robots 檔

指放在網站根目錄下的一個純文字檔 robots.txt，用來指示搜尋引擎蜘蛛哪些頁面可以被抓取。搜尋引擎蜘蛛瀏覽一個網站時，首先要讀取 robots 檔內容（當然不是每次訪問時都重新讀取 robots 檔，而是每隔幾天讀取一次，看看 robots 檔有沒有變化），凡是 robots 檔指明禁止搜尋引擎抓取的，搜尋引擎就會忽略，不再抓取。部分惡意蜘蛛會忽略 robots 檔，因為它們的目的只是為了掃描郵件地址或抄襲文章，不會理睬 robots 檔。

三向連結

這是一種擴展的友情連結。比如網站 A 連結到網站 B，網站 B 連結到網站 C，網站 C 再連結回網站 A。站長為了避免友情連結被搜尋引擎檢測出來而降低連結的效果，希望透過三向連結使外部連結看起來像是單向連結。其實搜尋引擎很容易就可以檢測到這種模式還是一種友情連結。

SEM

英文 Search Engine Marketing 的縮寫，中文譯為搜尋引擎行銷。SEM 是指在搜尋引擎上推廣網站，提高網站可見度，從而帶來流量的網路行銷活動。SEM 包括 SEO 和 PPC（搜尋競價排名）。

SEO

英文 Search Engine Optimization 的縮寫，中文譯為搜尋引擎最佳化。SEO 是指在了解搜尋引擎自然排名機制的基礎上，對網站進行內部及外部的調整最佳化，改進網站在搜尋引擎中的關鍵字自然排名，獲得更多流量，從而達成網站銷售及品牌建設的目標。

SERP

Search Engine Results Page 的縮寫，中文譯為搜尋引擎結果頁面。使用者輸入查詢詞，點擊搜尋按鈕後，搜尋引擎返回顯示的結果頁面。

沙盒效應（Sandbox）

這是 Google 對新網站的一種排名延遲處理方式。新網站在一段時間內無論如何最佳化，競爭度比較高的主要關鍵字都很難有好的排名，這段期間就稱為沙盒。沙盒可以理解為 Google 給新網站的見習期。大部分主流搜尋引擎都有類似效應，並不僅限於 Google。

刪除（Ban）

網站因為嚴重作弊，所有頁面被搜尋引擎從資料庫中刪除，不予收錄。

深度連結（Deep Links）

或者叫深層連結，指的是指向網站內頁，而非首頁的外部連結。

樞紐網站（Hub）

樞紐網站指的是大量匯出連結向高品質、高權威度的相關網站的網站。一般來說，樞紐網站本身也是權威度高的網站，因為這種網站內容主題集中，提供大量使用者需要的資源連結。

SMM

英文 Social Media Marketing 的縮寫，中文譯為社群媒體行銷。SMM 指的是在社群媒體網站，如部落格、FB、Twitter、線上社群、維基、影片分享網站、圖片分享網站等，進行行銷和公關等活動。SMM 與 SEO 既有很大區別，也有互相促進和交叉的部分。

搜尋引擎友善（Search Engine Friendly）

搜尋引擎友善指的是搜尋引擎容易爬行、抓取，容易提煉相關關鍵字的網站設計。要做到搜尋引擎友善，涉及網站整體結構、內部連結、頁面減肥、各種 HTML 程式碼的書寫等。

索引（Index）

搜尋引擎對抓取來的文件進行預處理，經過刪除停止詞、中文分詞、關鍵字提取等過程，形成一個從頁面到關鍵字集合的映射存入資料庫，這個過程就叫索引，得到的資料庫叫做索引庫。

停止詞（Stop Words）

指在自然語言中出現頻率非常高，但是對文章或頁面的意義沒有實質影響的那類詞。如英文中的「the」、「and」、「of」等，中文中的「的」、「也」、「啊」等。停止詞使用頻繁，但對語義影響很小，搜尋引擎遇到停止詞時，不管是在索引還是排名時，通常都會將其忽略。忽略停止詞對搜尋排名幾乎沒有什麼影響。

投資回報率（ROI）

英文 Return On Investment 的縮寫。ROI 指的是獲得的收益與投入之比，這是衡量行銷活動成功與否的最重要標誌之一。在 PPC 行銷中，ROI 的測量相對明確，因為每一個點擊以及帶來的銷售數字都是有明確價值的。SEO 同樣也有要達到的 ROI，只不過要計算的投入和收益，尤其是投入部分，不是那麼明確，比如投入的時間、人力成本，要轉化為金額就不容易很準確，有很多因素要考慮。

圖片 ALT 屬性（Image ALT Text）

指的是網頁上的圖片因為某種原因不能被顯示時應該出現的替代文字（alternative text）。如下面這段程式碼所示：

```
<img src="images/pic.jpg" alt=" 這裡就是 ALT 替代文字 ">
```

準確地說,圖片替代文字是 ALT 屬性,而不是 ALT 標籤。但有時也常被稱為 ALT 標籤,屬於大家約定俗成的稱呼。

網站導覽(Navigation)

指頁面上幫助使用者明確目前所在位置,使用戶能夠比較容易地繼續訪問其他頁面的一套連結系統。通常表現為頁面頂部的選單系統,左側或右側的導覽列,頁尾的輔助選單等。一般情況下,網站導覽系統與主要內容版塊是一一對應的,有助於使用者輕鬆找到相應內容。

轉向(Redirect)

也稱跳轉、重定向。轉向是指當使用者訪問頁面 A 時,被自動轉移到頁面 B,而使用者並沒有點擊任何連結。轉向可以由多種方式實現,如伺服器端的 301 轉向、302 轉向,用戶端的 JavaScript 轉向,meta 重新整理(meta refresh)等。跳轉經常被黑帽 SEO 當作一種作弊手段。

URL 靜態化

指透過 URL 重寫技術(URL rewrite),將動態 URL 轉變為靜態 URL。

在 LAMP(Linux+Apache+MySQL+PHP)主機上,URL 重寫通常是透過 mod_rewrite 模組。在 Windows 主機上,通常是透過 ISAPI Rewrite 和 IIS Rewrite 模組。

外部連結(External Links)

不同域名之間的連結叫做外部連結。比如域名 A 上的任何一個頁面 a,有連結指向域名 B 上的任何一個頁面 b,這個連結對域名 A 和 B,以及頁面 a 和 b 來說都是外部連結。

外部連結又可以分為外部反向連結和外部匯出連結。上面所舉的例子,對域名 A 來說是一個外部匯出連結,對域名 B 來說,就是一個外部反向連結。對 SEO 人員來說,外部反向連結是影響排名的至關重要的因素,所以外部連結也常常特指外部反向連結,也就是來自其他域名的反向連結。

外部最佳化（Off-page Optimization）

或者稱為頁面之外的最佳化。指的是不在網站本身上進行的 SEO，通常包括外部連結建設、社群媒體網站的參與等。

網頁快照（Cache）

指的是搜尋引擎資料庫中記錄的頁面內容複製。搜尋引擎在結果中給出「網頁快照」（或其他類似稱呼）連結，使用者點擊後看到的就是搜尋引擎資料庫中儲存的頁面內容。使用者因為某種原因不能瀏覽原始網頁時，可以查看網頁快照裡的內容作為參考。

網站目錄（Directory）

也稱為網址站、地址站等。其他站長可以提交自己的網站，目錄所有人審核批准或自己挑選收錄網站。典型的網站目錄，如雅虎目錄、開放目錄、hao123 等。被網站目錄收錄是建立外部連結的最常用手法之一。

網址規範化（URL Canonicalization）

同樣的頁面內容由於種種原因出現在同一個網站的不同 URL 上，搜尋引擎需要判斷哪一個 URL 是真正的，也就是規範化的網址。

信任指數（TrustRank）

信任指數源於史丹佛大學和雅虎的共同研究，是一個衡量網站受信任程度（或者從相反角度看，也可以是垃圾程度）的指標。其原理是，受信任的網站通常不會連結到垃圾網站，所以與信任指數高的網站點擊距離越近的網站，信任指數也越高，距離越遠，信任指數就越低。信任指數最高的是人工挑選出來的一組種子網站。

新聞源

新聞源是搜尋引擎收集新聞的來源網站。被納入新聞源的網站，不僅所發布的新聞會出現在搜尋引擎新聞垂直搜尋中，網站其他內容在普通頁面搜尋中也有比較

高的權重。想要成為新聞源網站有一定的要求，而且需要申請。目前大部分搜尋引擎已經取消新聞源機制，而是透過演算法自動挑選新聞網站。

XML 網站地圖（XML Sitemap）

這是 Google 於 2005 年提出，並且獲得大部分主流搜尋引擎，如 Google、百度、必應等支援的網站地圖標準。所謂 XML 網站地圖就是一個 XML 檔，在這個檔案中列出網站上所有需要收錄的 URL，還可以加上這些 URL 的訊息，如更新日期、相對重要性等，透過這種方式通知搜尋引擎，網站上有哪些 URL 需要收錄。XML 網站地圖對搜尋引擎來說只是一種有益的參考，並不是收錄的保證。

XML Sitemap 中的 Sitemap 這個詞，首字母 S 必須大寫，英文 SEO 文章中的 Sitemap 特指 XML 網站地圖。相對應的，sitemap 通常是指網站上的 HTML 版本的網站地圖頁面。

頁面劫持（Page Hijacking）

頁面劫持是一種 SEO 作弊手法，指的是黑帽 SEO 使用各種手段，將本來應該訪問頁面 A 的使用者，透過程式把使用者轉向到完全無關的（通常是成人內容、賭博、賣各種違禁藥品等的網站）另一個頁面 B。

頁面劫持實際上是利用了其他網站上的高品質內容，卻把使用者劫持到自己的作弊網站上。

頁面正文（Body Text）

SEO 領域中所說的正文並不是指 HTML 程式碼中 <body></body> 之間的內容，而是指排除頁面導覽、頁尾、廣告等之後的網頁實質內容。

友情連結（Reciprocal Links，Exchanged Links）

又可以稱為交換連結、互惠連結等。

友情連結是指 A、B 兩個網站互相連結到對方，也就是說 A 網站連結到 B 網站，B 網站也連結到 A 網站。這是獲得外部連結的最簡單方式。

域名權重（Domain Authority）

指一個域名在搜尋引擎上排名的綜合實力。域名權重是很多因素的總和，包括域名種類、歷史、內容原創性、網站規模、連結關係等。

站群

同一個公司或站長建設多個（通常至少幾十個以上）網站，希望透過自己的這些網站交叉連結，以提高站群內所有網站的外部連結，或者這些網站為另一個商業網站提供外鏈，從而獲得關鍵字排名。搜尋引擎往往認為站群是作弊的一種方式，因為站群網站品質普遍不高，對搜尋使用者沒有實質意義。

著陸頁（Landing Page）

這是進入頁面的一種，不過著陸頁著重於最佳化轉化率的概念，而不是流量分析概念。著陸頁指的是網路行銷人員專門設計的、吸引使用者訪問，並且透過各種手段提高使用者轉化率的一組進入頁面。

整合搜尋（Universal Search）

也可以翻譯為通用搜尋。指的是搜尋引擎在搜尋結果頁面上同時顯示多個垂直搜尋內容，包括圖片、影片、新聞、地圖等。整合搜尋是目前所有主流搜尋引擎顯示搜尋結果頁面的主要排版方式。

蜘蛛（Spider、Bot、Crawler）

也稱為機器人。指的是搜尋引擎執行的電腦程式，沿著頁面上的超連結發現和爬行更多頁面，抓取頁面內容，送入搜尋引擎資料庫。

蜘蛛陷阱（Spider Trap）

蜘蛛陷阱指的是由於網站內部結構的某種特徵，使搜尋引擎蜘蛛陷入無限循環，無法停止爬行。最典型的蜘蛛陷阱是某些頁面上的萬年曆，搜尋引擎蜘蛛可以一直點擊「下個月」陷入無限循環。

中文分詞（Chinese Word Segmentation）

這是中文搜尋特有的過程，指的是將中間沒有空格的、連續的中文字元序列，分隔成一個一個單獨的、有意義的單字的過程。在英文等拉丁文字中，詞與詞之間有空格自然區隔，所以沒有分詞的必要。而中文句子包含很多詞，詞之間沒有自然分隔，搜尋引擎在提取、索引關鍵字及使用者輸入了查詢詞需要進行排名時，都需要先進行分詞。

轉化率（Conversion Rate）

使用者瀏覽網站後，達成網站所定義的目標行動就稱為一次轉化，如完成訂單、註冊郵件列表、填寫聯繫表格等。完成轉化的使用者數與所有訪問使用者數之比就稱為轉化率。

自然排名（Organic Ranking，Natural Ranking）

指與付費和廣告無關，只是依靠頁面本身相關性、重要性而出現在搜尋引擎結果頁面的排名。在一個搜尋引擎結果頁面上，廣告或付費排名通常標有推廣、贊助商連結之類的名稱，自然排名則沒有這些標記。

自願連結（Editorial Links）

英文 Editorial Links 原意指的是有編輯意義的連結，也就是說其他站長因為你網站的內容有價值，而自願連結到你的網站。Editorial links 不容易直譯，所以我把它稱為自願連結。自願連結才是最有價值的連結，對網站排名幫助最多，不過獲得自願連結的難度也相對較大。

下一步做什麼

（1） 如果覺得本書對你有幫助，請在你的部落格、網站上給「SEO 每天一貼」做個連結，網址是：

https://www.seozac.com/

我將繼續更新部落格，發布最新 SEO 動態。

（2） 如果你已經有網站，請從關鍵字研究開始，重新審視你的網站，相信一定能發現可以改進的地方。

如果你還沒有網站，請立即動手做一個網站，從關鍵字研究開始，到網站結構、頁面最佳化、外鏈建設、流量分析，自己真正做一遍。第一個網站不一定成功，但不動手做就一定沒有成功的可能。只要你認真讀完本書，相信自己，你已經比大部分做網站的人更懂 SEO 了，盡快開始做網站吧。

（3） 關注 SEO 最新消息和進展。下面是一些值得推薦的部落格及網站。

- John 的英文 SEO 實戰派：https://www.seoactionblog.com/
- David Yin 的部落格：https://seo.g2soft.net/
- Search Engine Roundtable —— https://www.seroundtable.com/
- SEOMoz —— https://moz.com/blog
- Search Engine Land —— https://searchengineland.com/
- Search Engine Journal —— https://www.searchenginejournal.com/
- Google Webmaster Central —— https://googlewebmastercentral.blogspot.com/
- Matt Cutts —— https://www.mattcutts.com/blog。
- SEObook —— https://www.seobook.com/
- Bing Webmaster Blog —— https://blogs.bing.com/webmaster/

（4） 需要 SEO 顧問諮詢或培訓服務，請參考：https://www.seozac.com/services/

（5） 發現本書中任何錯誤，或希望看到哪些內容，歡迎指正、交流，請透過電子郵件與我聯繫：zanhui@gmail.com

實戰 SEO 第四版｜60 天讓網站流量增加 20 倍

作　　　者：昝輝(Zac)
企劃編輯：蔡彤孟
文字編輯：江雅鈴
設計裝幀：張寶莉
發　行　人：廖文良

發　行　所：碁峰資訊股份有限公司
地　　　址：台北市南港區三重路 66 號 7 樓之 6
電　　　話：(02)2788-2408
傳　　　真：(02)8192-4433
網　　　站：www.gotop.com.tw
書　　　號：ACN037200
版　　　次：2023 年 07 月三版
建議售價：NT$650

商標聲明：本書所引用之國內外公司各商標、商品名稱、網站畫面，其權利分屬合法註冊公司所有，絕無侵權之意，特此聲明。

版權聲明：本著作物內容僅授權合法持有本書之讀者學習所用，非經本書作者或碁峰資訊股份有限公司正式授權，不得以任何形式複製、抄襲、轉載或透過網路散佈其內容。

版權所有 ● 翻印必究

國家圖書館出版品預行編目資料

實戰 SEO：60 天讓網站流量增加 20 倍 / 昝輝(Zac)原著. -- 三版.
　-- 臺北市：碁峰資訊, 2023.07
　　面；　公分
　　ISBN 978-626-324-548-8(平裝)
　1.CST：搜尋引擎　2.CST：關鍵詞　3.CST：網路行銷
312.1653　　　　　　　　　　　　　　　　112010053

讀者服務

● 感謝您購買碁峰圖書，如果您對本書的內容或表達上有不清楚的地方或其他建議，請至碁峰網站：「聯絡我們」\「圖書問題」留下您所購買之書籍及問題。(請註明購買書籍之書號及書名，以及問題頁數，以便能儘快為您處理)
http://www.gotop.com.tw

● 售後服務僅限書籍本身內容，若是軟、硬體問題，請您直接與軟體廠商聯絡。

● 若於購買書籍後發現有破損、缺頁、裝訂錯誤之問題，請直接將書寄回更換，並註明您的姓名、連絡電話及地址，將有專人與您連絡補寄商品。